EBS 중학

뉴런

| 수학 2(상) |

개념책

Structure 이 책의 구성과 특징

개념책

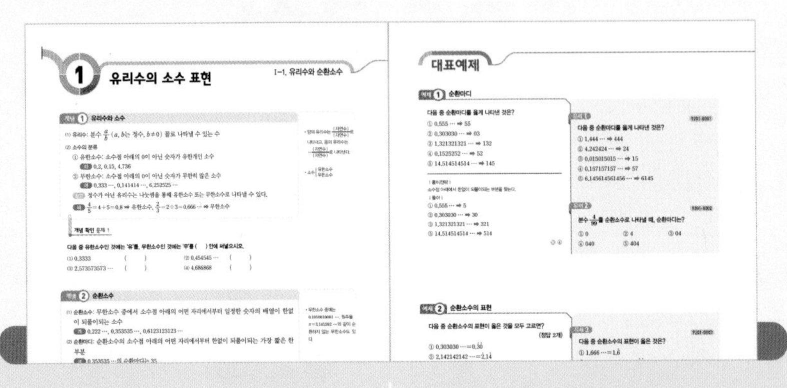

개념&확인 문제

자세하고 상세한 설명으로 쉽게 개념을 이해할 수 있습니다. 개념 확인 문제로 이해한 개념을 확인해 볼 수 있도록 문제를 구성하였습니다.

예제&유제 문제

개념의 대표적인 문제만을 골라 친절한 풀이와 함께 예제로 수록하였습니다. 예제를 통해 대표문제를 확인하고 유제로 다시 한 번 더 연습해 보세요.

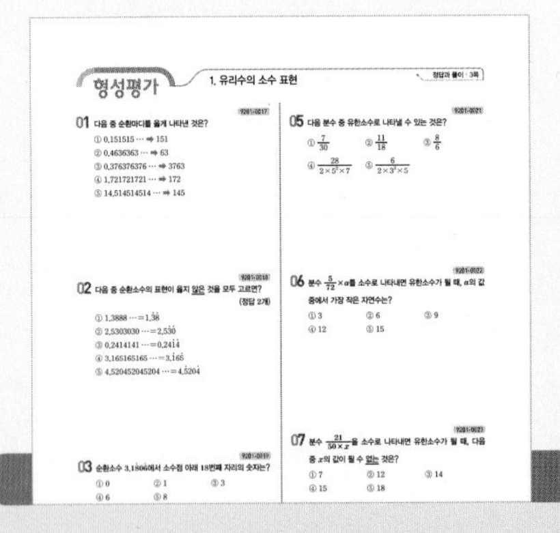

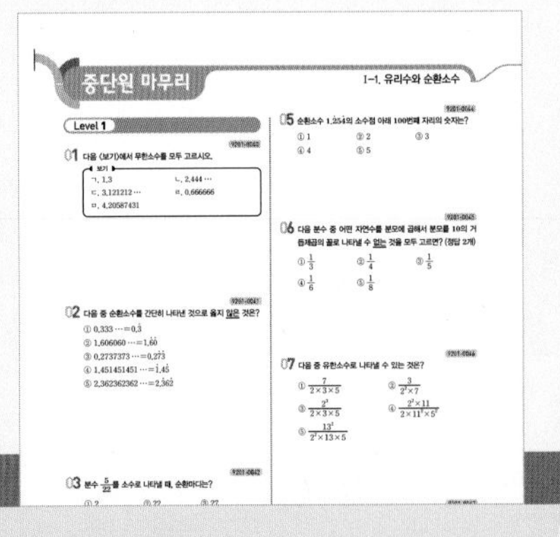

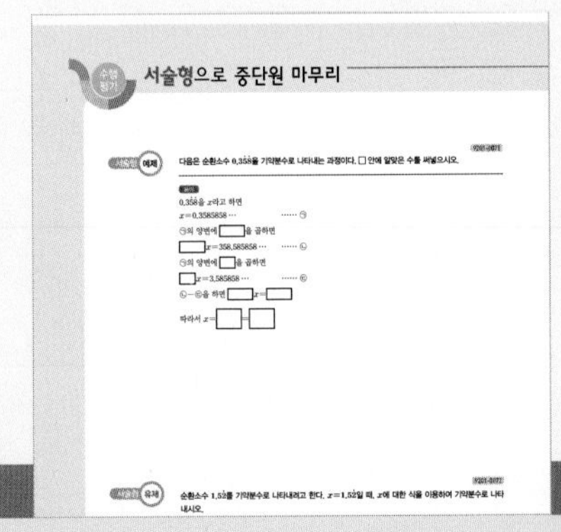

형성평가

소단원의 대표적인 문제를 형성평가 형태로 수록하였습니다. 문제를 통해 소단원 내용을 완전히 내 것으로 만들어 보세요.

중단원 마무리

중단원에서 중요한 문제만을 난이도별로 구성하였습니다. 난이도별로 문제를 풀어 봄으로써 문제 해결력을 기르고 다양한 문제로 중단원을 마무리할 수 있습니다.

수행평가 서술형으로 중단원 마무리

대표적인 서술형 문제를 풀어 봄으로써 서술형 문제를 연습하고, 수행평가에 대비할 수 있습니다.

EBS 중학

| 수학 2(상) |

개념책

| 기획 및 개발 |

최다인 이소민 정혜은(개발총괄위원)

| 집필 및 검토 |

박성복(보성중) 임상현(양정중)

| 검토 |

김명희 정란 노창균 이은영 강해기 김민정

교재 정답지, 정오표 서비스 및 내용 문의 EBS 중학사이트  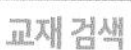 교재 검색  교재 선택

EBS 중학

| 수학 2(상) |

실전책

| 기획 및 개발 |

최다인 이소민 정혜은(개발총괄위원)

| 집필 및 검토 |

박성복(보성중) 임상현(양정중)

| 검토 |

김명희 정란 노창균 이은영 강해기 김민정

교재 정답지, 정오표 서비스 및 내용 문의 EBS 중학사이트  교재 검색  교재 선택

필독 중학 국어로 수능 잡기 시리즈

문학 — 비문학 독해 — 문법 — 교과서 시 — 교과서 소설

EBS 중학

뉴런

| 수학 2(상) |

실전책

Application 이 책의 효과적인 활용법

1 방송 시청을 생활화

방송 강의의 특성상 시청 시간을 한두 번 놓치면 계속 학습할 의욕을 잃게 되기 마련입니다. 강의를 방송 시간에 시청할 수 없을 경우에는 EBS 홈페이지의 무료 VOD 서비스를 활용하도록 하세요.

2 철저한 예습은 필수

방송 강의는 마법이 아닙니다. 자신의 노력 없이 단순히 강의만 열심히 들으면 실력이 저절로 향상될 것이라고 믿으면 오산! 예습을 통해 학습할 내용과 자신의 약한 부분을 파악하고, 강의를 들을 때 이 부분에 중점을 두어 학습하도록 합니다.

3 적극적이고 능동적으로 강의에 참여

수동적으로 강의를 듣기만 하는 것이 아니라 직접 강의에 참여하는 자세가 중요합니다. 중요한 내용이나 의문 사항을 메모하는 습관은 학습 내용의 이해와 복습을 위해 필수입니다.

4 자신의 약점을 파악한 후 선택적으로 집중 복습

자신이 약한 부분과 개념, 문항들을 점검하여 집중 복습함으로써 확실한 자기 지식으로 만드는 과정이 더해진다면, 어느 날 실력이 눈부시게 발전한 자신과 마주하게 될 것입니다.

- EBS 홈페이지(mid.ebs.co.kr)로 들어오셔서 회원으로 등록하세요.
- 본 방송교재의 프로그램 내용은 EBS 인터넷 방송을 통해 동영상(VOD)으로 다시 보실 수 있습니다.

Contents 이 책의 차례

9201-0551

01 다음 중에서 순환소수를 간단히 나타낸 것으로 옳지 않은 것은? [3점]

① $0.777\cdots=0.\dot{7}$
② $1.404040\cdots=1.\dot{4}\dot{0}$
③ $0.2535353\cdots=0.\dot{2}5\dot{3}$
④ $1.261261261\cdots=\dot{1}.2\dot{6}$
⑤ $2.372372372\cdots=2.\dot{3}7\dot{2}$

9201-0552

02 분수 $\frac{3}{22}$을 소수로 나타낼 때, 순환마디는? [3점]

① 1 ② 13 ③ 36
④ 63 ⑤ 136

9201-0553

03 분수 $\frac{5}{12}$를 순환소수로 나타낸 것은? [3점]

① $0.4\dot{1}$ ② $0.\dot{4}\dot{1}$ ③ $0.41\dot{6}$
④ $0.4\dot{1}\dot{6}$ ⑤ $0.\dot{4}1\dot{6}$

9201-0554

04 순환소수 $0.\dot{1}7\dot{3}$의 소수점 아래 30번째 자리의 숫자를 a, 50번째 자리의 숫자를 b라고 할 때, $a+b$의 값은? [3점]

① 2 ② 4 ③ 6
④ 8 ⑤ 10

9201-0555

05 다음은 분수 $\frac{2}{25}$를 유한소수로 나타내는 과정이다. a, b, c에 알맞은 수를 차례로 구한 것은? [3점]

$$\frac{2}{25}=\frac{2}{5^2}=\frac{2\times a}{5^2\times a}=\frac{b}{100}=c$$

① 2, 4, 0.04 ② 2, 8, 0.08
③ 2^2, 4, 0.04 ④ 2^2, 8, 0.08
⑤ 2^3, 8, 0.08

9201-0556

06 다음 〈보기〉의 분수 중 유한소수로 나타낼 수 있는 것의 개수는? [3점]

보기

ㄱ. $\frac{3}{15}$ ㄴ. $\frac{12}{30}$ ㄷ. $\frac{12}{3^2\times 5}$
ㄹ. $\frac{9}{60}$ ㅁ. $\frac{11}{64}$ ㅂ. $\frac{21}{2^2\times 5\times 7}$

① 1개 ② 2개 ③ 3개
④ 4개 ⑤ 5개

9201-0557

07 분수 $\frac{A}{2^2\times 3\times 5}$를 소수로 나타내면 유한소수가 될 때, 다음 중 A의 값이 될 수 있는 것은? [3점]

① 4 ② 5 ③ 6
④ 7 ⑤ 8

9201-0558

08 분수 $\dfrac{21}{5^2 \times a}$을 소수로 나타내면 유한소수가 될 때, 다음 중 a의 값이 될 수 없는 것은? [3점]

① 3 ② 6 ③ 7
④ 9 ⑤ 12

9201-0559

09 두 분수 $\dfrac{x}{15}$와 $\dfrac{x}{28}$를 모두 유한소수로 나타낼 수 있을 때, x의 값이 될 수 있는 가장 작은 자연수는? [4점]

① 7 ② 9 ③ 15
④ 21 ⑤ 35

9201-0560

10 분수 $\dfrac{12}{2^2 \times 5 \times a}$를 소수로 나타내었을 때, 순환소수가 되도록 하는 모든 한 자리의 자연수 a의 값의 합은? [4점]

① 15 ② 16 ③ 17
④ 18 ⑤ 19

9201-0561

11 분수 $\dfrac{a}{210}$를 소수로 나타내면 순환소수가 될 때, 다음 중 a의 값이 될 수 없는 것을 모두 고르면? (정답 2개) [4점]

① 21 ② 24 ③ 35
④ 42 ⑤ 48

9201-0562

12 다음은 순환소수 $0.1\dot{2}\dot{5}$를 분수로 나타내는 과정이다. □ 안에 알맞은 수로 옳지 않은 것은? [3점]

> $0.1\dot{2}\dot{5}$를 x라고 하면
> $x=0.1252525\cdots$ …… ㉠
> ㉠의 양변에 ① 을 곱하면
> ① $x=125.252525\cdots$ …… ㉡
> ㉠의 양변에 ② 을 곱하면
> $10x=$ ③ …… ㉢
> ㉡－㉢을 하면
> ④ $x=$ ⑤

① 1000 ② 10 ③ $1.252525\cdots$
④ 90 ⑤ 124

9201-0563

13 다음 중에서 순환소수 $x=1.\dot{7}\dot{2}$를 분수로 나타낼 때, 가장 편리한 식은? [3점]

① $10x-x$ ② $100x-x$
③ $100x-10x$ ④ $1000x-x$
⑤ $1000x-100x$

9201-0564

14 다음 중에서 순환소수를 분수로 나타낸 것으로 옳지 않은 것을 모두 고르면? (정답 2개) [4점]

① $0.\dot{4}\dot{1}=\dfrac{41}{99}$ ② $0.2\dot{6}=\dfrac{4}{15}$
③ $0.1\dot{6}=\dfrac{5}{33}$ ④ $3.\dot{5}\dot{2}=\dfrac{352}{99}$
⑤ $1.26\dot{7}=\dfrac{1141}{900}$

9201-0565

15 $0.\dot{4}$보다 $2.\dot{7}$만큼 큰 수는? [4점]

① $3.\dot{1}$ ② $3.\dot{1}\dot{5}$ ③ $3.\dot{2}$
④ $3.\dot{2}\dot{5}$ ⑤ $3.\dot{3}$

9201-0566

16 $0.3\dot{8}$에 어떤 자연수를 곱하였더니 유한소수가 되었다. 이때 곱할 수 있는 자연수 중 가장 작은 수는? [4점]

① 6 ② 7 ③ 9
④ 12 ⑤ 18

9201-0567

17 다음 설명 중 옳은 것은? [4점]

① 모든 기약분수는 유한소수로 나타낼 수 있다.
② 유한소수와 무한소수는 모두 유리수이다.
③ 모든 순환소수는 분수로 나타낼 수 있다.
④ 유한소수로 나타낼 수 있는 기약분수는 분모의 소인수가 3 또는 5뿐이다.
⑤ 모든 소수는 분수로 나타낼 수 있다.

주관식

9201-0568

18 분수 $\frac{10}{27}$을 소수로 나타내었을 때, 소수점 아래 첫째 자리의 숫자부터 소수점 아래 20번째 자리의 숫자까지의 합을 구하시오. [6점]

9201-0569

19 분수 $\frac{p}{56}$를 소수로 나타내면 유한소수이고, 이 분수를 기약분수로 나타내면 $\frac{3}{q}$이라고 한다. $20<p<30$일 때, 두 자연수 p, q의 값을 각각 구하시오. [5점]

9201-0570

20 x에 대한 일차방정식 $12x-1=5a$의 해를 소수로 나타내면 유한소수가 된다고 한다. a가 1보다 크고 7보다 작은 자연수일 때, a의 값을 구하시오. [6점]

9201-0571

21 다음 등식을 만족시키는 A의 값을 순환소수로 나타내시오. [5점]

$$0.\dot{4}\dot{3}=A-0.\dot{2}$$

9201-0572

22 어떤 자연수에 $0.\dot{4}$를 곱해야 할 것을 잘못하여 0.4를 곱하였더니 정답과 오답의 차가 2가 되었다. 어떤 자연수를 구하시오. [5점]

서술형 9201-0573

23 분수 $\frac{45}{160\times a}$를 소수로 나타내면 유한소수가 될 때, a의 값이 될 수 있는 한 자리의 자연수의 개수를 구하시오. [4점]

서술형 9201-0574

24 두 분수 $\frac{7}{44}$, $\frac{9}{42}$에 어떤 자연수 n을 각각 곱하여 두 분수를 모두 유한소수가 되게 하려고 한다. 이때 n의 값이 될 수 있는 가장 작은 자연수를 구하시오. [5점]

서술형 9201-0575

25 어떤 기약분수를 소수로 나타내는데 선재는 분자를 잘못 보고 계산하여 $0.\dot{3}$이 되었고, 석현이는 분모를 잘못 보고 계산하여 $1.\dot{5}$가 되었다. 처음 기약분수를 소수로 나타내시오. [6점]

9201-0576

01 $2\times2^3\times2^5=2^n$일 때, n의 값은? [3점]

① 7 ② 8 ③ 9
④ 15 ⑤ 16

9201-0577

02 $(2^2)^3\times2^7=2^n$일 때, n의 값은? [3점]

① 11 ② 12 ③ 13
④ 14 ⑤ 15

9201-0578

03 $(x^3y^2)^4=x^my^n$일 때, 자연수 m, n에 대하여 $m+n$의 값은? [3점]

① 12 ② 14 ③ 16
④ 18 ⑤ 20

9201-0579

04 $9^{x+2}=3^{12}$일 때, 자연수 x의 값은? [3점]

① 3 ② 4 ③ 5
④ 6 ⑤ 7

9201-0580

05 다음 중 계산 결과가 나머지 넷과 다른 하나는? [3점]

① $x^{10}\div x^6$ ② $x^9\div x^3\div x^2$
③ $x^8\div(x^7\div x^3)$ ④ $(x^3)^2\div(x^2)^5$
⑤ $(x^8)^2\div(x^2)^3\div(x^3)^2$

9201-0581

06 $8^4\div4^x=\frac{1}{64}$일 때, 자연수 x의 값은? [3점]

① 6 ② 7 ③ 8
④ 9 ⑤ 10

9201-0582

07 $(x^4)^2\times(x^2)^3\div$ ☐ $=1$일 때, ☐ 안에 알맞은 식은? [3점]

① x^{11} ② x^{12} ③ x^{13}
④ x^{14} ⑤ x^{15}

9201-0583

08 다음 중 옳은 것을 모두 고르면? (정답 2개) [4점]

① $a^2 \times a^3 \times a^4 = a^{24}$

② $a^{16} \div a \div (a^4)^2 = a^2$

③ $\left(-\frac{a^4}{b^2}\right)^3 = -\frac{a^{12}}{b^6}$

④ $2^3 \times 4^4 \times 8^2 = 2^9$

⑤ $2^{15} \div (2^2)^4 \div 4^2 = 2^3$

9201-0584

09 $3^4 \times 3^4 \times 3^4 = 3^x$, $5^4 + 5^4 + 5^4 + 5^4 + 5^4 = 5^y$일 때, $x+y$의 값은? [5점]

① 15 ② 16 ③ 17
④ 18 ⑤ 19

9201-0585

10 $3^x = a$일 때, $3^{x+1} + 3^{x+2}$을 a를 사용하여 나타낸 것은? [5점]

① $3a$ ② $6a$ ③ $9a$
④ $12a$ ⑤ $15a$

9201-0586

11 $\left(\frac{3}{4}x - \frac{3}{2}y\right) - \left(\frac{1}{2}x - \frac{2}{3}y\right) = ax + by$일 때, 상수 a, b에 대하여 $a+b$의 값은? [3점]

① $-\frac{7}{12}$ ② $-\frac{5}{12}$ ③ $-\frac{1}{12}$
④ $\frac{5}{12}$ ⑤ $\frac{7}{12}$

9201-0587

12 $(7x^2 + 3x - 8) - (4x^2 - 2x + 6)$을 계산했을 때, 이차항의 계수와 일차항의 계수의 합은? [3점]

① 5 ② 6 ③ 7
④ 8 ⑤ 9

9201-0588

13 $4y - [6x - y - \{x - (2x + 7y)\}] = ax + by$일 때, 상수 a, b에 대하여 $a+b$의 값은? [3점]

① -9 ② -7 ③ -5
④ -3 ⑤ -1

9201-0589

14 $4x(x-3) - \frac{1}{2}x(8-10x)$를 계산한 것은? [3점]

① $-9x^2 - 16x$ ② $-9x^2 + 16x$
③ $9x^2 - 16x$ ④ $9x^2 + 16x$
⑤ $14x^2 - 20x$

중단원 실전 테스트

9201-0590

15 $(12x^2y^3+24xy^4)\div\frac{3}{4}xy^2$을 계산한 것은? [4점]

① $9xy+18y^2$ ② $9x^2y+18y^2$
③ $12xy+20y^2$ ④ $16xy+32y^2$
⑤ $16x^2y+32y^2$

9201-0591

16 $x(3x-5)+(18x^3-12x^2)\div(-3x)$를 계산한 것은? [4점]

① $-3x^2-4x$ ② $-3x^2-2x$
③ $-3x^2-x$ ④ $-3x^2+x$
⑤ $-3x^2+2x$

9201-0592

17 $(2x^2y)^2\times$ ☐ $\div(-2x^2y^3)=12x^3y^2$일 때, ☐ 안에 알맞은 식은? [5점]

① $-12xy^3$ ② $-12x^2y^3$ ③ $-6xy^3$
④ $-6x^2y^3$ ⑤ $-3xy^3$

주관식

9201-0593

18 $4^8\times5^{19}$은 n자리의 자연수이고 각 자리의 숫자의 합은 a이다. 이때 $a+n$의 값을 구하시오. [6점]

9201-0594

19 $(ax^2+7x-1)-(3x^2+5x+3a)$를 계산했을 때, x^2의 계수와 상수항의 합이 8이다. 이때 상수 a의 값을 구하시오. [4점]

9201-0595

20 다항식 $3x^2-2x+5$에서 어떤 다항식을 빼어야 할 것을 잘못하여 더하였더니 $2x^2-5x-4$가 되었다. 이때 옳게 계산한 식을 구하시오. [5점]

9201-0596

21 다음 등식을 만족시키는 식 A를 구하시오. [5점]

$$6xy^2 \times A \div (-3x^2y) = 8xy^2$$

9201-0597

22 오른쪽 그림과 같이 가로의 길이가 $8a$, 세로의 길이가 $6b$인 직사각형에서 색칠한 부분의 넓이를 구하시오. [5점]

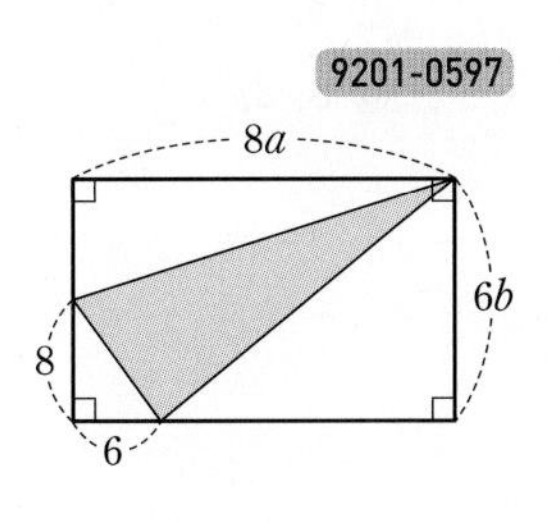

서술형 9201-0598

23 $2^a+2^b=48$, $4^b=256$일 때, $a+b$의 값을 구하시오. [6점]

서술형 9201-0599

24 $-4x(x+2y-5)$를 전개한 식의 x^2의 계수를 a, $-3x(7x-6y+4)$를 전개한 식의 xy의 계수를 b라고 할 때, $a+b$의 값을 구하시오. [4점]

서술형 9201-0600

25 $A=\left(-6x^2y+\frac{9}{5}xy^2\right)\div\frac{3}{5}xy$, $B=\frac{5}{2}\left(6x-\frac{8}{5}y\right)$일 때, $2A-B$를 계산하시오. [5점]

9201-0601

01 다음 중 [ ] 안의 수가 주어진 부등식의 해가 아닌 것은? [3점]

① $2-6x\le-4$ [1]
② $4x>2x+3$ [2]
③ $-3(4-x)<-10$ [0]
④ $2x-14>6x$ [−2]
⑤ $2(x-1)+7>0$ [−1]

9201-0602

02 $a<b$일 때, 다음 중 옳지 않은 것은? [3점]

① $a+2<b+2$
② $a-7<b-7$
③ $4a<4b$
④ $-3a<-3b$
⑤ $\frac{a}{9}<\frac{b}{9}$

9201-0603

03 $-3a-5\ge-3b-5$일 때, 다음 중 옳은 것은? [3점]

① $a\ge b$
② $a+6\ge b+6$
③ $4a-3\ge4b-3$
④ $\frac{a-2}{4}\ge\frac{b-2}{4}$
⑤ $-\frac{a}{5}+\frac{1}{3}\ge-\frac{b}{5}+\frac{1}{3}$

9201-0604

04 다음은 부등식의 성질을 이용하여 부등식 $-2x-3>7$을 푸는 과정이다. ㉠, ㉡, ㉢에 알맞은 수를 차례대로 쓰면? [3점]

$-2x-3>7$에서
$-2x-3+$ ㉠ $>7+$ ㉠
$-2x>10$
$\frac{-2x}{㉡}<\frac{10}{㉡}$
따라서 $x<$ ㉢

① 2, −2, −5
② 2, 2, 5
③ 3, −2, −5
④ 3, −2, 5
⑤ 3, 2, 5

9201-0605

05 다음 중 일차부등식이 아닌 것은? [3점]

① $3x+5>x$
② $x\le-x+8$
③ $4x-3\le5+4x$
④ $2x^2-3>2x^2-5x$
⑤ $-2x+6\ge2x+6$

9201-0606

06 $ax^2+bx>2x^2-5x+8$이 일차부등식이 되기 위한 상수 a, b의 조건은? [3점]

① $a=-2$, $b\ne-5$
② $a=-2$, $b\ne5$
③ $a=0$, $b=8$
④ $a=2$, $b\ne-5$
⑤ $a=2$, $b\ne5$

9201-0607

07 다음 일차부등식 중 해가 나머지 넷과 다른 하나는? [3점]

① $4x-5<2x+5$ ② $2x+8>5x-7$

③ $-x-6>x-4$ ④ $6x-11<2x+9$

⑤ $7x-3<4x+12$

9201-0608

08 일차부등식 $4(x-1)\ge 7(x+2)$의 해를 수직선 위에 옳게 나타낸 것은? [3점]

① 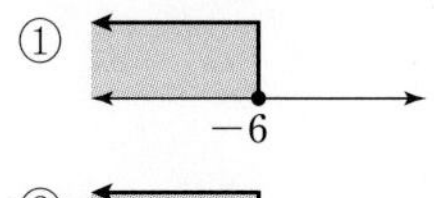

② 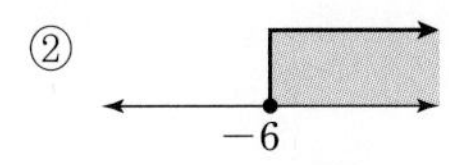

③ 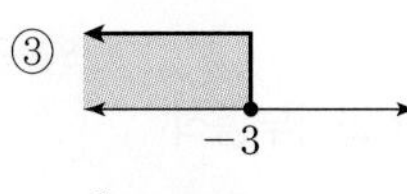

④ 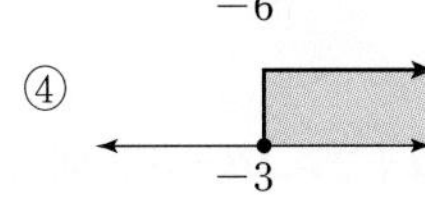

⑤ −2

9201-0609

09 일차부등식 $9(x-4)<2(x+4)$를 만족시키는 모든 자연수 x의 값의 합은? [3점]

① 3 ② 6 ③ 10

④ 15 ⑤ 21

9201-0610

10 일차부등식 $\frac{3}{2}x-\frac{x+5}{3}\ge x-2$를 풀면? [3점]

① $x\le -4$ ② $x\ge -4$ ③ $x\le -2$

④ $x\ge -2$ ⑤ $x\le -1$

9201-0611

11 일차부등식 $2x-9>-3x+a$의 해가 $x>4$일 때, 상수 a의 값은? [3점]

① 11 ② 12 ③ 13

④ 14 ⑤ 15

9201-0612

12 다음 두 일차부등식의 해가 서로 같을 때, 상수 a의 값은? [4점]

$$\frac{3}{4}x-3\le\frac{1}{2}x-\frac{3}{2},\ 2(3-x)\ge 6(4-a)$$

① 5 ② 6 ③ 7

④ 8 ⑤ 9

9201-0613

13 $a<0$일 때, x에 대한 일차부등식 $a(x-2)>5a$를 풀면? [4점]

① $x<-7$ ② $x>-7$ ③ $x<1$

④ $x<7$ ⑤ $x>7$

9201-0614

14 $a<3$일 때, x에 대한 일차부등식 $ax+2a<3x+6$을 풀면? [5점]

① $x<-3$ ② $x>-3$ ③ $x<-2$

④ $x>-2$ ⑤ $x<-1$

9201-0615

15 한 개에 700원인 초콜릿을 1500원짜리 상자에 담아서 사는데 총금액이 8000원 이하가 되게 하려면 초콜릿을 최대 몇 개까지 살 수 있는가? [4점]

① 6개 ② 7개 ③ 8개
④ 9개 ⑤ 10개

9201-0616

16 연속하는 세 자연수의 합이 45보다 클 때, 합이 가장 작은 세 자연수 중 가장 작은 자연수는? [4점]

① 14 ② 15 ③ 16
④ 17 ⑤ 18

9201-0617

17 집 앞 문구점에서는 볼펜 한 자루의 가격이 1200원인데 할인점에서는 800원이다. 할인점에 가려면 왕복 교통비가 5000원 든다고 할 때, 볼펜을 몇 자루 이상 살 경우 할인점에서 사는 것이 유리한가? [5점]

① 11자루 ② 12자루 ③ 13자루
④ 14자루 ⑤ 15자루

주관식

9201-0618

18 일차부등식 $0.3(4x-5)<\frac{4}{5}+0.7x$를 만족시키는 가장 큰 정수를 a, 일차부등식 $\frac{6}{5}x-1.6>0.5x+\frac{7}{2}$을 만족시키는 가장 작은 정수를 b라고 할 때, $a+b$의 값을 구하시오. [5점]

9201-0619

19 $2a+3>4a-5$일 때, x에 대한 일차부등식 $ax+3a<12+4x$를 푸시오. [6점]

9201-0620

20 x에 대한 일차부등식 $ax-8>0$의 해가 $x<-2$일 때, 상수 a의 값을 구하시오. [5점]

9201-0621

21 백현이가 가입한 음원사이트에서는 정액제를 이용할 경우에는 13000원을 내면 한 달 동안 원하는 음원을 무제한으로 내려 받을 수 있고, 정액제를 이용하지 않을 경우에는 기본 요금이 4000원이고 음원 1개당 600원에 내려 받을 수 있다고 한다. 한 달에 몇 개 이상의 음원을 내려 받을 경우 정액제를 이용하는 것이 유리한지 구하시오. [6점]

9201-0622

22 가로의 길이가 세로의 길이보다 12 cm 긴 직사각형이 있다. 이 직사각형의 둘레의 길이가 200 cm 이상이 되도록 하려면 세로의 길이는 몇 cm 이상이어야 하는지 구하시오. [4점]

서술형

9201-0623

23 x에 대한 일차부등식 $2x-a<8$의 해가 $x<3$일 때, 일차부등식 $4(x+3)>7x+3a$를 푸시오. (단, a는 상수) [5점]

서술형

9201-0624

24 사진 8장을 인화하는 가격은 10000원이고, 8장을 초과하여 인화하면 한 장당 600원씩 추가된다고 한다. 사진을 인화하는 가격이 한 장당 800원 이하가 되게 하려면 사진을 몇 장 이상 인화해야 하는지 구하시오. [4점]

서술형

9201-0625

25 A지점에서 7 km 떨어진 B지점까지 가는데 처음에는 시속 4 km로 걷다가 도중에 시속 2 km로 걸어서 3시간 이내에 B지점에 도착하였다. 이때 시속 4 km로 걸은 거리는 몇 km 이상인지 구하시오. [6점]

중단원 실전 테스트 II-2 연립일차방정식

9201-0626

01 상수 a, b에 대하여 방정식
$ax^2+3x+4y-1=-2x^2+(b-5)x+y$가 미지수가 2개인 일차방정식이 되기 위한 조건은? [3점]

① $a=-2$, $b=8$ ② $a=-2$, $b\neq8$
③ $a=0$, $b=5$ ④ $a=2$, $b=8$
⑤ $a=2$, $b\neq8$

9201-0627

02 x, y가 음이 아닌 정수일 때, 일차방정식 $2x+3y=24$의 해의 개수는? [3점]

① 3개 ② 4개 ③ 5개
④ 6개 ⑤ 7개

9201-0628

03 일차방정식 $5x-3y=22$의 한 해가 $(a+3, a-3)$일 때, a의 값은? [3점]

① -3 ② -1 ③ 0
④ 1 ⑤ 3

9201-0629

04 연립방정식 $\begin{cases} 4x+ay=-2 \\ bx+7y=8 \end{cases}$의 해가 $(-3, 2)$일 때, 상수 a, b에 대하여 $a-b$의 값은? [3점]

① 1 ② 2 ③ 3
④ 4 ⑤ 5

9201-0630

05 연립방정식 $\begin{cases} x=5y-3 & \cdots\cdots ㉠ \\ 2x-7y=9 & \cdots\cdots ㉡ \end{cases}$에서 ㉠을 ㉡에 대입하여 x를 없애면 $ky=15$이다. 이때 상수 k의 값은? [3점]

① -5 ② -3 ③ 2
④ 3 ⑤ 5

9201-0631

06 연립방정식 $\begin{cases} y=3x-9 \\ 4x-y=11 \end{cases}$을 풀면? [3점]

① $x=-2$, $y=-15$ ② $x=-1$, $y=-12$
③ $x=0$, $y=-9$ ④ $x=1$, $y=-6$
⑤ $x=2$, $y=-3$

9201-0632

07 연립방정식 $\begin{cases} x=3y-10 \\ y=4x-4 \end{cases}$의 해가 일차방정식 $7x-ay+6=0$을 만족시킬 때, 상수 a의 값은? [3점]

① 2 ② 3 ③ 4
④ 5 ⑤ 6

9201-0633

08 연립방정식 $\begin{cases} 2x+3y=9 & \cdots\cdots ㉠ \\ 3x-5y=4 & \cdots\cdots ㉡ \end{cases}$에서 미지수를 없애기 위해 다음 중 필요한 식을 모두 고르면? (정답 2개) [3점]

① ㉠×2−㉡×3 ② ㉠×3−㉡×2
③ ㉠×3+㉡×2 ④ ㉠×5−㉡×3
⑤ ㉠×5+㉡×3

9201-0634

09 다음 중 연립방정식의 해가 나머지 넷과 다른 하나는? [3점]

① $\begin{cases} 3x+y=-5 \\ y=x+3 \end{cases}$ ② $\begin{cases} y=2x+5 \\ 5x+y=-9 \end{cases}$

③ $\begin{cases} x+3y=1 \\ x-3y=-5 \end{cases}$ ④ $\begin{cases} 2x-y=-4 \\ 2x+3y=4 \end{cases}$

⑤ $\begin{cases} 4x+3y=-5 \\ 3x-y=-7 \end{cases}$

9201-0635

10 연립방정식 $\begin{cases} ax-by=-2 \\ bx+ay=26 \end{cases}$의 해가 $x=2$, $y=4$일 때, $a+b$의 값은? (단, a, b는 상수) [3점]

① 5 ② 6 ③ 7
④ 8 ⑤ 9

9201-0636

11 연립방정식 $\begin{cases} x-5y=a+12 \\ 4x-y=-4 \end{cases}$를 만족시키는 y의 값이 x의 값의 2배일 때, 상수 a의 값은? [4점]

① 2 ② 3 ③ 4
④ 5 ⑤ 6

9201-0637

12 연립방정식 $\begin{cases} 2x+3y=-4 \\ ax+5y=-6 \end{cases}$을 만족시키는 x의 값이 y의 값보다 3만큼 클 때, 상수 a의 값은? [4점]

① 1 ② 2 ③ 3
④ 4 ⑤ 5

9201-0638

13 연립방정식 $\begin{cases} 3x-(a-2)y=-6 \\ 4x-5y=-7 \end{cases}$의 해가 일차방정식 $2x-3y=-5$를 만족시킬 때, 상수 a의 값은? [4점]

① 5 ② 6 ③ 7
④ 8 ⑤ 9

9201-0639

14 연립방정식 $\begin{cases} 4x+5y=8 \\ 3x+2y=-7 \end{cases}$을 풀 때, $3x+2y=-7$의 -7을 잘못 보고 풀어서 $x=-3$이 되었다. 이때 상수항 -7을 어떤 수로 잘못 보고 풀었는가? [5점]

① -9 ② -5 ③ -4
④ -3 ⑤ -1

9201-0640

15 윗변의 길이가 아랫변의 길이보다 5 cm 짧은 사다리꼴이 있다. 이 사다리꼴의 높이가 8 cm이고 넓이가 68 cm^2일 때, 아랫변의 길이는? [4점]

① 11 cm ② 12 cm ③ 13 cm ④ 14 cm ⑤ 15 cm

9201-0641

16 두 자리의 자연수가 있다. 각 자리의 숫자의 합이 10이고, 십의 자리의 숫자와 일의 자리의 숫자를 바꾼 수는 처음 수의 2배보다 1만큼 작다고 한다. 이때 처음 수는? [5점]

① 19 ② 28 ③ 37 ④ 46 ⑤ 64

9201-0642

17 등산을 하는데 올라갈 때는 시속 2 km로 걷고, 내려올 때는 다른 길을 따라 시속 3 km로 걸어서 모두 3시간이 걸렸다. 총 7 km를 걸었을 때, 올라간 거리는? [6점]

① 2 km ② 2.5 km ③ 3 km ④ 3.5 km ⑤ 4 km

주관식

9201-0643

18 일차방정식 $4x+ay=1$의 해가 $(-2,\ -3)$, $(b,\ 5)$일 때, $a+b$의 값을 구하시오. (단, a는 상수) [3점]

9201-0644

19 연립방정식 $\begin{cases} 0.4x+0.9y=0.6 \\ \frac{2}{3}x+\frac{5}{2}y=k \end{cases}$를 만족시키는 y의 값이 x의 값보다 5만큼 클 때, 상수 k의 값을 구하시오. [4점]

9201-0645

20 연립방정식 $\begin{cases} ax+by=16 \\ bx+ay=-14 \end{cases}$에서 잘못하여 a, b를 바꾸어 놓고 풀었더니 해가 $x=2$, $y=-3$이었다. 이때 처음 연립방정식의 해를 구하시오. (단, a, b는 상수) [6점]

9201-0646

21 두 연립방정식

$$\begin{cases} 3x-2y=-9 \\ ax-3y=-11 \end{cases}, \begin{cases} 3x+by=9 \\ 7x+4y=5 \end{cases}$$

의 해가 서로 같을 때, 상수 a, b에 대하여 $a+b$의 값을 구하시오. [5점]

9201-0647

22 현재 이모의 나이는 조카의 나이의 2배이고, 14년 전에는 이모의 나이가 조카의 나이의 4배였다고 한다. 현재 이모와 조카의 나이의 합을 구하시오. [5점]

서술형

9201-0648

23 연립방정식 $\begin{cases} ax+5y=-2 \\ 2x+3y=-2 \end{cases}$의 해가 $(b, 2)$일 때, $a-b$의 값을 구하시오. (단, a는 상수) [4점]

서술형

9201-0649

24 은규는 집에서 10 km 떨어진 공원에 가는데 시속 15 km로 자전거를 타고 가다가 자전거가 고장이 나서 시속 3 km로 걸어갔더니 총 2시간이 걸렸다. 이때 은규가 걸어간 거리를 구하시오. [6점]

서술형

9201-0650

25 어느 박물관의 입장료는 어른이 2000원, 어린이가 1200원이다. 어른과 어린이를 합하여 15명이 입장하였을 때, 총입장료가 25200원이었다. 이때 입장한 어른의 수를 구하시오. [5점]

중단원 실전 테스트 Ⅲ-1 일차함수와 그래프

9201-0651

01 다음 중 y가 x의 함수가 아닌 것은? [3점]

① 자연수 x의 약수의 개수 y
② 자연수 x보다 작은 소수의 개수 y
③ 자연수 x와 서로소인 수 y
④ 밑변의 길이가 x cm, 높이가 8 cm인 삼각형의 넓이 $y\text{ cm}^2$
⑤ 한 변의 길이가 x cm인 정오각형의 둘레의 길이 y cm

9201-0652

02 함수 $f(x)=\frac{4}{5}x-2$에 대하여 $2f(3)+f(-1)$의 값은? [3점]

① -6 ② -5 ③ -4
④ -3 ⑤ -2

9201-0653

03 다음 중 y가 x의 일차함수가 아닌 것은? [3점]

① $x+2y=0$ ② $y=\frac{2x+3}{4}$
③ $xy=2$ ④ $y=x(x+1)-x^2$
⑤ $y=3(x-2)$

9201-0654

04 다음 중 일차함수 $y=-\frac{x}{2}-5$의 그래프 위에 있는 점은? [3점]

① $(-4, 2)$ ② $(-2, 4)$ ③ $(0, 5)$
④ $(2, -6)$ ⑤ $(4, -8)$

9201-0655

05 두 일차함수 $y=ax-a+1$, $y=-\frac{7}{2}x+4$의 그래프가 모두 점 $(2, p)$를 지날 때, ap의 값은? (단, a는 상수) [3점]

① 10 ② 12 ③ 14
④ 16 ⑤ 18

9201-0656

06 다음 일차함수의 그래프 중에서 오른쪽 그림과 같은 직선을 y축의 방향으로 -4만큼 평행이동한 그래프와 일치하는 것은? [3점]

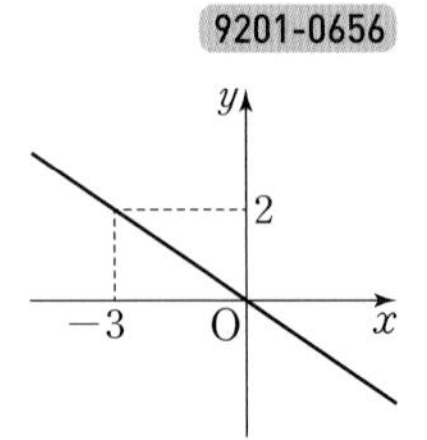

① $y=-\frac{2}{3}x+4$
② $y=-\frac{2}{3}x-4$
③ $y=-\frac{3}{2}x+4$
④ $y=-\frac{3}{2}x-4$
⑤ $y=-2x-4$

9201-0657

07 일차함수 $y=-\frac{4}{5}x-4$의 그래프를 y축의 방향으로 5만큼 평행이동한 그래프가 점 $(a, -11)$을 지날 때, a의 값은? [4점]

① 11 ② 13 ③ 15
④ 17 ⑤ 19

9201-0658

08 일차함수 $y=-\frac{4}{3}x+12$의 그래프의 x절편이 m, y절편이 n일 때, $m+n$의 값은? [3점]

① 15 ② 17 ③ 19
④ 21 ⑤ 23

9201-0659

09 일차함수 $y=\frac{3}{2}x-4$에서 x의 값이 2만큼 증가할 때, y의 값은 -7에서 k까지 증가한다. 이때 k의 값은? [3점]

① -6　② -4　③ -2
④ 2　⑤ 4

9201-0660

10 오른쪽 그래프는 일차함수 $y=-\frac{3}{2}x$의 그래프를 y축의 방향으로 평행이동한 것이다. 이 직선을 그래프로 하는 일차함수의 식은? [3점]

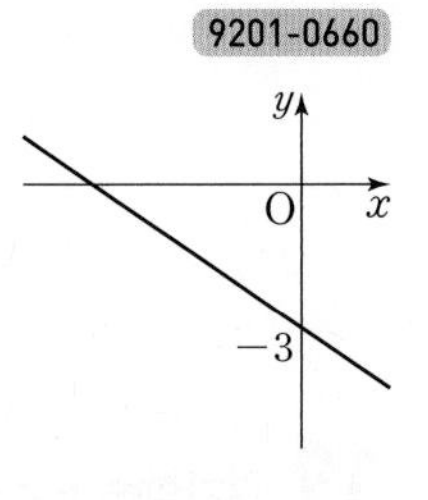

① $y=-3x-\frac{3}{2}$　② $y=-3x-\frac{2}{3}$
③ $y=-\frac{3}{2}x-3$　④ $y=-\frac{3}{2}x+3$
⑤ $y=-\frac{3}{2}x+\frac{1}{3}$

9201-0661

11 일차함수 $y=ax-b$의 그래프의 x절편이 2, y절편이 4일 때, 다음 중 일차함수 $y=bx+a$의 그래프는? (단, a, b는 상수) [4점]

①
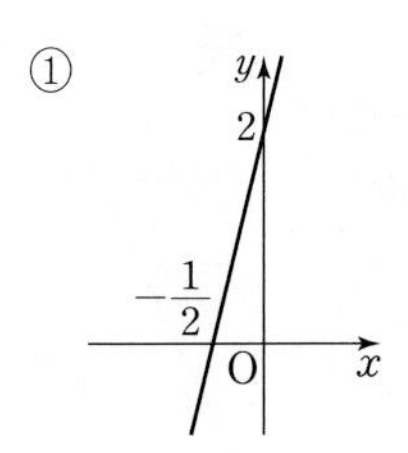

②
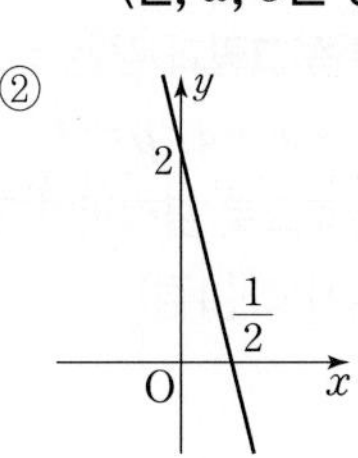

③
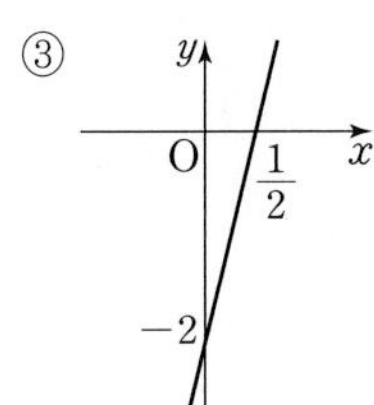

④
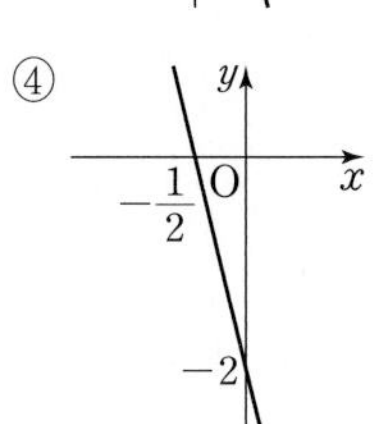

⑤
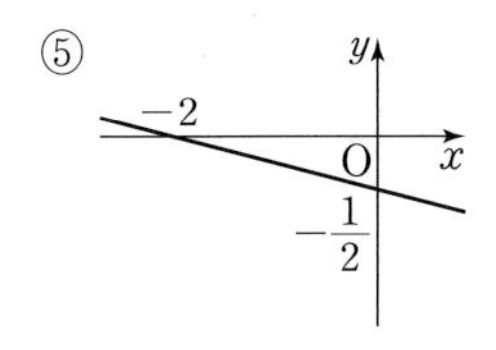

9201-0662

12 다음 중 일차함수 $y=\frac{7}{2}x+14$의 그래프에 대한 설명으로 옳지 않은 것은? [4점]

① 오른쪽 위로 향하는 직선이다.
② x의 값이 2만큼 증가할 때, y의 값은 7만큼 증가한다.
③ $y=\frac{7}{2}x$의 그래프를 y축의 방향으로 14만큼 평행이동한 것이다.
④ 제2사분면을 지나지 않는다.
⑤ x절편은 -4, y절편은 14이다.

9201-0663

13 $ab>0$, $a+b<0$일 때, 일차함수 $y=-ax+b$의 그래프가 지나지 않는 사분면은? (단, a, b는 상수) [5점]

① 제1사분면　② 제2사분면
③ 제3사분면　④ 제4사분면
⑤ 제1, 3사분면

9201-0664

14 두 일차함수 $y=(2a-4)x-\frac{1}{2}$, $y=-2x+\frac{b}{4}$의 그래프가 서로 평행할 때, 상수 a, b의 조건은? [5점]

① $a=1$, $b\neq-2$　② $a\neq1$, $b=-2$
③ $a=2$, $b\neq-4$　④ $a\neq2$, $b\neq-4$
⑤ $a=2$, $b\neq-8$

중단원 실전 테스트

9201-0665

15 두 점 $(-1, 5)$, $(3, -7)$을 지나는 직선의 x절편을 m, y절편을 n이라고 할 때, $6mn$의 값은? [4점]

① 4　② 5　③ 6
④ 7　⑤ 8

9201-0666

16 길이가 25 cm인 양초에 불을 붙이면 20분에 4 cm씩 양초의 길이가 일정하게 짧아진다고 한다. 불을 붙인 지 x분 후의 양초의 길이를 y cm라고 할 때, x와 y 사이의 관계식은 $y=ax+b$이다. 상수 a, b에 대하여 ab의 값은? [5점]

① -8　② -7　③ -6
④ -5　⑤ -4

9201-0667

17 오른쪽 그림은 주전자에 물을 담아 끓일 때 끓이는 시간 x분에 따라 일정하게 변하는 물의 온도 y℃의 관계를 그래프로 나타낸 것이다. 물을 끓이기 시작한 지 10분 후의 물의 온도는? [6점]

y(℃)　50　30　O　2　6　x(분)

① 50 ℃　② 55 ℃　③ 60 ℃
④ 65 ℃　⑤ 70 ℃

주관식

9201-0668

18 $f(x)=ax+2$에 대하여 $f(1)=7$일 때, $2f(-1)+f(2)$의 값을 구하시오. (단, a는 상수) [3점]

9201-0669

19 일차함수 $y=-\frac{4}{5}x+11$의 그래프를 y축의 방향으로 5만큼 평행이동한 그래프의 x절편과 y절편을 각각 a, b라고 할 때, $a-b$의 값을 구하시오. [3점]

9201-0670

20 오른쪽 그림과 같은 두 일차함수 $y=-x+4$, $y=2x-8$의 그래프와 y축으로 둘러싸인 도형의 넓이를 구하시오. [4점]

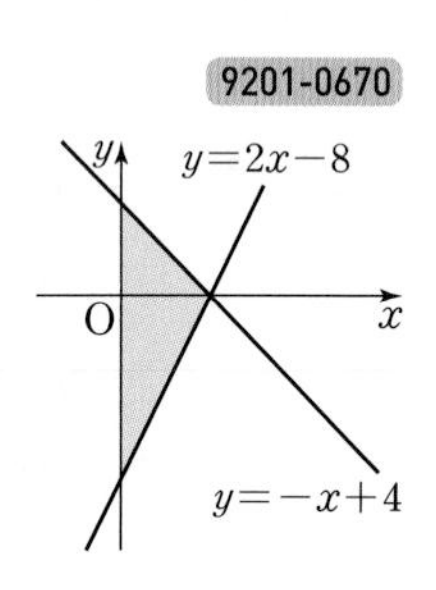

9201-0671

21 오른쪽 그림과 같이 두 점 $(-3, 1)$, $(3, -7)$을 지나는 직선을 y축의 방향으로 k만큼 평행이동한 그래프가 점 $(6, -2)$를 지날 때, k의 값을 구하시오. [4점]

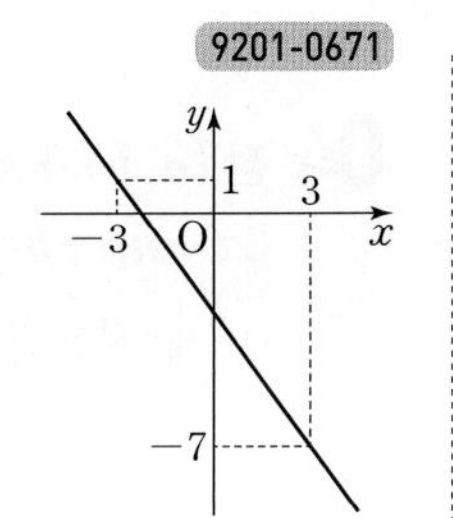

9201-0672

22 두 일차함수 $y=(2a+5)x+b$, $y=bx+(a-2b)$의 그래프가 일치할 때, 상수 a, b에 대하여 ab의 값을 구하시오. [5점]

서술형

9201-0673

23 함수 $f(x)=ax-2b$에 대하여 $f(0)=8$이고 $f(b)=12$일 때, 상수 a, b에 대하여 $a+b$의 값을 구하시오. [5점]

서술형

9201-0674

24 오른쪽 그림과 같이 두 일차함수 $y=-x+3$, $y=-\frac{1}{2}x+5$의 그래프와 x축, y축으로 둘러싸인 도형의 넓이를 구하시오. [6점]

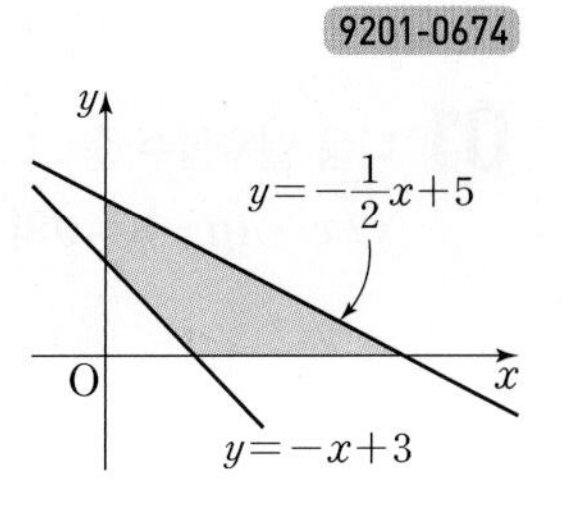

서술형

9201-0675

25 오른쪽 그림에서 점 P는 점 B를 출발하여 점 C까지 $\overline{BC}$를 따라 4초마다 1 cm씩 일정한 속력으로 움직인다. 점 P가 움직이기 시작한 지 x초 후의 두 직각삼각형의 넓이의 합을 y cm^2라고 할 때, 두 직각삼각형의 넓이의 합이 32 cm^2가 되는 것은 점 P가 점 B를 출발한 지 몇 초 후인지 구하시오. [6점]

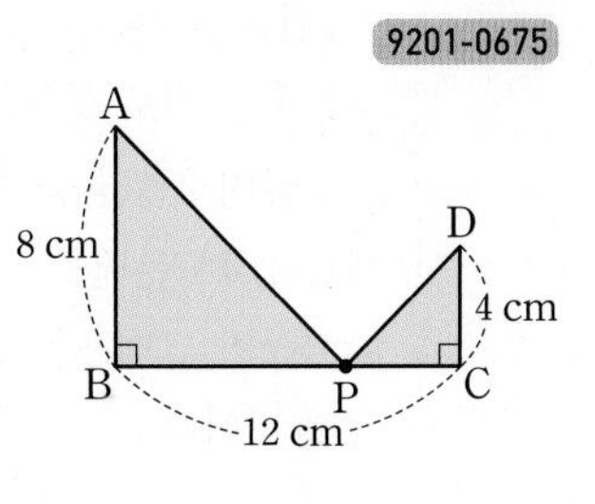

9201-0676

01 다음 일차함수 중 그 그래프가 일차방정식 $12x-4y-8=0$의 그래프와 일치하는 것은? [3점]

① $y=-3x-2$ ② $y=-3x+2$
③ $y=3x-4$ ④ $y=3x-2$
⑤ $y=6x+2$

9201-0677

02 다음 중 일차방정식 $6x+2y-8=0$의 그래프에 대한 설명으로 옳은 것을 모두 고르면? (정답 2개) [3점]

① y절편은 -4이다.
② 오른쪽 아래로 향하는 직선이다.
③ x의 값이 2만큼 증가하면 y의 값은 6만큼 증가한다.
④ 제1, 2, 4사분면을 지난다.
⑤ $y=3x$의 그래프를 y축의 방향으로 -4만큼 평행이동한 것이다.

9201-0678

03 일차방정식 $ax+by-3=0$의 그래프가 오른쪽 그림과 같을 때, 상수 a, b에 대하여 $2a+b$의 값은? [3점]

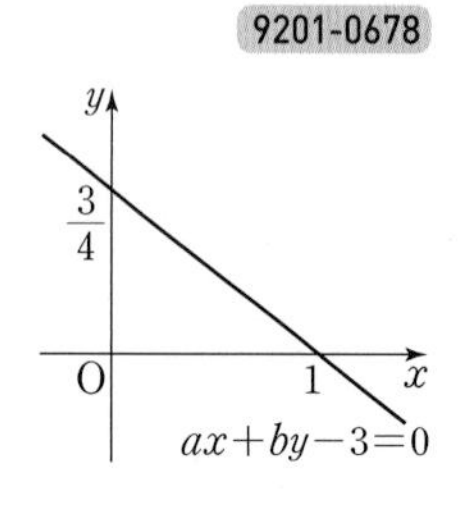

① 10 ② 12
③ 14 ④ 16
⑤ 18

9201-0679

04 점 (a, b)가 제4사분면 위의 점일 때, 일차방정식 $3x-ay+b=0$의 그래프가 지나지 않는 사분면은? [4점]

① 제1사분면 ② 제2사분면
③ 제3사분면 ④ 제4사분면
⑤ 제1, 3사분면

9201-0680

05 일차방정식 $-ax+by+c=0$의 그래프가 오른쪽 그림과 같을 때, 다음 중 a, b, c의 부호가 될 수 있는 것은? (단, a, b, c는 상수) [3점]

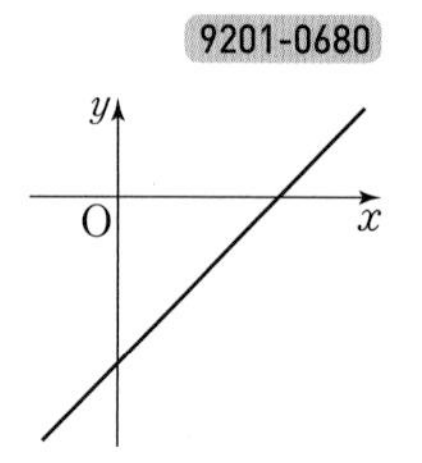

① $a>0$, $b>0$, $c<0$
② $a>0$, $b<0$, $c>0$
③ $a<0$, $b<0$, $c>0$
④ $a>0$, $b<0$, $c<0$
⑤ $a<0$, $b<0$, $c<0$

9201-0681

06 다음 중 직선 $x=-3$에 수직이고 점 $(2, 5)$를 지나는 직선의 방정식은? [3점]

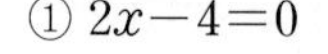
① $2x-4=0$ ② $3x+6=0$ ③ $2x-5=0$
④ $3y-15=0$ ⑤ $2x-y=0$

9201-0682

07 두 점 $(2a-1, 9-4a)$, $(7, -3)$을 지나는 직선이 x축에 평행할 때, a의 값은? [3점]

① 2 ② 3 ③ 4
④ 5 ⑤ 6

9201-0683

08 일차방정식 $ax+by+12=0$의 그래프가 오른쪽 그림과 같이 y축에 평행한 직선일 때, $b-2a$의 값은?
(단, a, b는 상수) [3점]

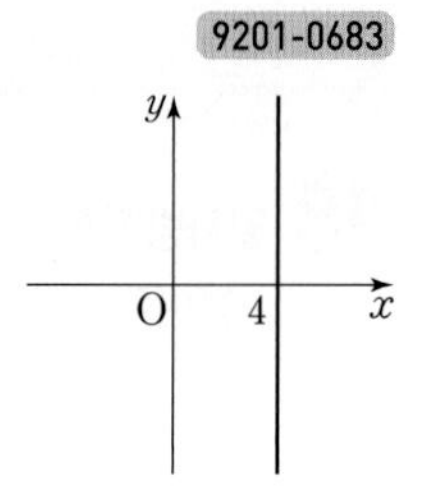

① 4 ② 5
③ 6 ④ 7
⑤ 8

9201-0684

09 일차방정식 $ax+by+c=0$의 그래프가 오른쪽 그림과 같을 때, 다음 중 일차방정식 $bx-cy-a=0$의 그래프는? (단, a, b, c는 상수)
[4점]

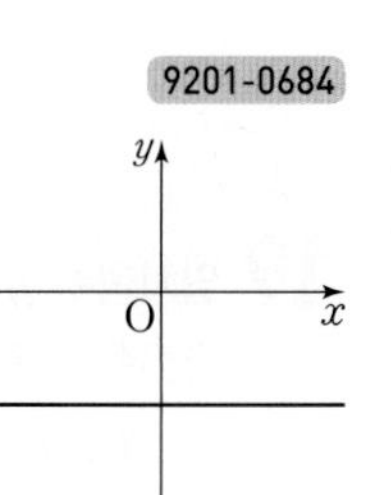

①

②
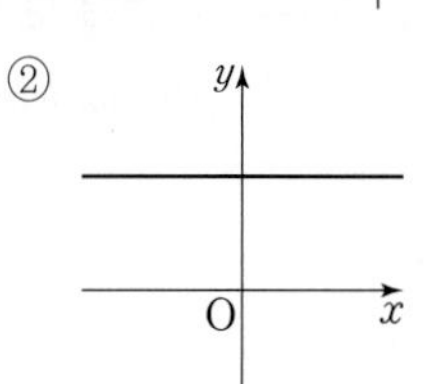

③

④
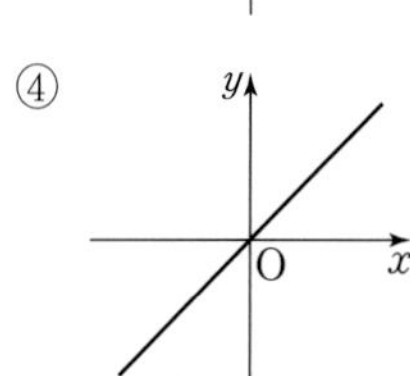

⑤

9201-0685

10 두 일차방정식 $3x+9=0$, $2y-p=0$의 그래프와 x축, y축으로 둘러싸인 직사각형의 넓이가 18일 때, 양수 p의 값은?
[5점]

① 10 ② 12 ③ 14
④ 16 ⑤ 18

9201-0686

11 오른쪽 그림과 같은 두 일차방정식 $3x-y=3$, $x+y=5$의 그래프의 교점의 좌표가 (a, b)일 때, $2a+b$의 값은? [3점]

① 5 ② 6
③ 7 ④ 8
⑤ 9

9201-0687

12 연립방정식 $\begin{cases} ax-y=6 \\ 3x+by=-2 \end{cases}$에서 두 일차방정식의 그래프가 오른쪽 그림과 같을 때, 상수 a, b에 대하여 $b-a$의 값은? [4점]

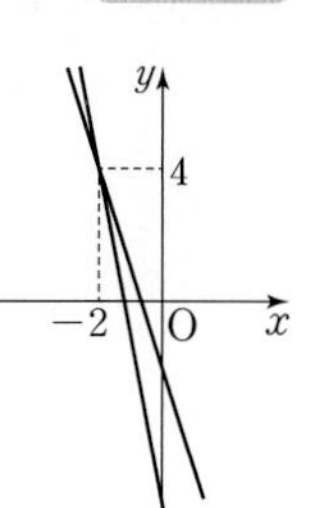

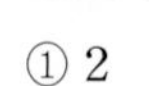

① 2 ② 3
③ 4 ④ 5
⑤ 6

9201-0688

13 오른쪽 그림과 같은 두 일차방정식 $6x+5y-18=0$, $2x-y+10=0$의 그래프와 x축으로 둘러싸인 도형의 넓이는? [4점]

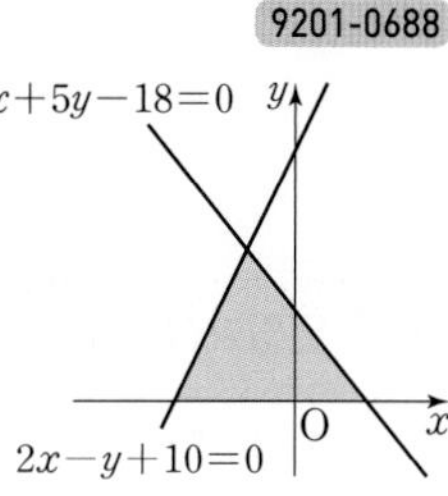

① 16 ② 18 ③ 20
④ 22 ⑤ 24

9201-0689

14 세 직선 $ax-2y=5$, $x-2y=-7$, $2x-y=1$이 한 점에서 만날 때, 상수 a의 값은? [5점]

① 3 ② 4 ③ 5
④ 6 ⑤ 7

9201-0690

15 두 일차방정식 $x-y-6=0$, $x-3y-12=0$의 그래프의 교점을 지나고, 직선 $4x-3y-2=0$과 평행한 직선을 그래프로 하는 일차함수의 식이 $y=ax+b$일 때, $6a-b$의 값은? (단, a, b는 상수) [6점]

① 9 ② 11 ③ 13
④ 15 ⑤ 17

9201-0691

16 다음 연립방정식 중 해가 무수히 많은 것은? [3점]

① $\begin{cases} 2x+y=4 \\ -4x+2y=8 \end{cases}$ ② $\begin{cases} 2x-3y=1 \\ 4x-6y=1 \end{cases}$

③ $\begin{cases} x-2y=2 \\ 3x+6y=2 \end{cases}$ ④ $\begin{cases} 6x-4y=8 \\ -9x+6y=-12 \end{cases}$

⑤ $\begin{cases} 3x=6y-2 \\ 2y=x+1 \end{cases}$

9201-0692

17 연립방정식 $\begin{cases} 3x-ay=1 \\ -6x+2y=-3 \end{cases}$의 해가 없을 때, 상수 a의 값은? [3점]

① -3 ② -2 ③ -1
④ 1 ⑤ 2

주관식

9201-0693

18 일차방정식 $-12x+6y+3=0$의 그래프의 기울기는 a, y절편은 b일 때, $a-4b$의 값을 구하시오. [3점]

9201-0694

19 일차함수 $y=abx+a$의 그래프가 오른쪽 그림과 같을 때, 일차방정식 $(-a+b)x-y+b=0$의 그래프가 지나는 사분면을 모두 구하시오. (단, a, b는 상수) [5점]

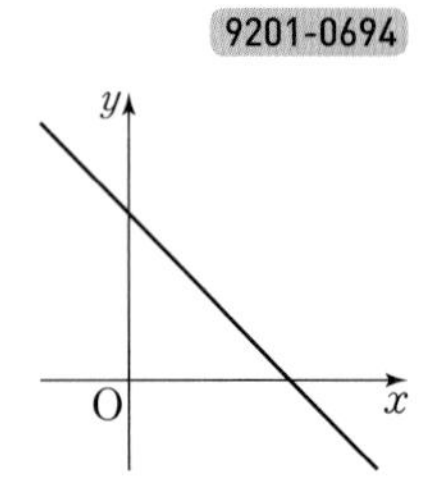

9201-0695

20 두 점 $(-4, 1)$, $(-4, -2)$를 지나는 직선의 방정식이 $ax-by-2=0$일 때, $4a+3b$의 값을 구하시오. (단, a, b는 상수) [4점]

9201-0696

21 오른쪽 그림은 두 일차방정식 $ax-by-1=0$, $2x-3ay-14=0$의 그래프이다. 상수 a, b에 대하여 $b-a$의 값을 구하시오. [4점]

9201-0697

22 오른쪽 그림과 같은 직선의 방정식과 일차방정식 $ax-10y-b=0$을 동시에 만족시키는 해가 없다. 이때 상수 a, b의 조건을 구하시오. [5점]

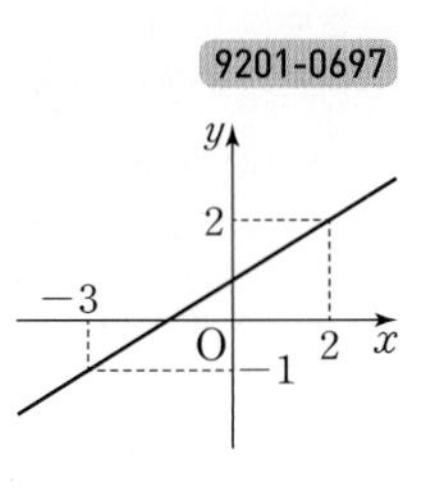

서술형 9201-0698

23 일차방정식 $ax-6y+b=0$의 그래프가 일차함수 $y=-\frac{5}{2}x-3$의 그래프와 평행하고, 일차함수 $y=-\frac{4}{3}x+\frac{1}{2}$의 그래프와 y축에서 만날 때, 상수 a, b에 대하여 $2b-a$의 값을 구하시오. [5점]

서술형 9201-0699

24 오른쪽 그림과 같이 두 점 $(0, -3)$, $(2, 1)$을 지나는 직선을 y축의 방향으로 -6만큼 평행이동한 직선의 방정식이 $ax-3y+b=0$일 때, $2a+b$의 값을 구하시오. (단, a, b는 상수) [6점]

서술형 9201-0700

25 오른쪽 그림은 세 직선 $x-y+6=0$, $2x+y-24=0$, $2y-8=0$의 그래프이다. 이 세 직선으로 둘러싸인 삼각형의 넓이를 구하시오. [6점]

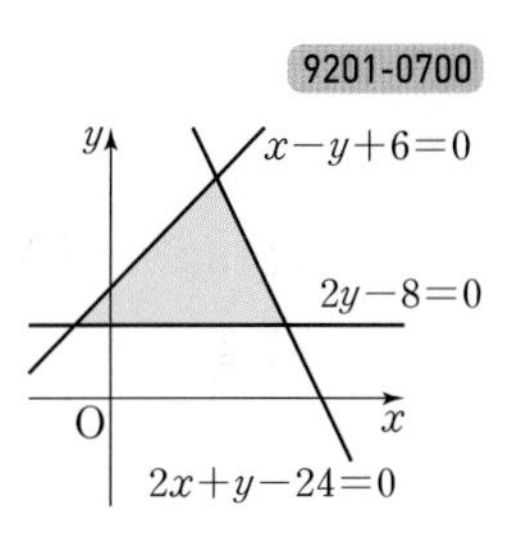

Level 1

9201-0701

01 $0.\dot{2}\dot{4}$의 소수점 아래 20번째 자리의 숫자를 a, $0.\dot{6}1\dot{5}$의 소수점 아래 20번째 자리의 숫자를 b라고 할 때, $a+b$의 값을 구하시오.

풀이 과정

$0.\dot{2}\dot{4}$의 순환마디의 숫자의 개수가 2개이고,
$20=2\times10$이므로 소수점 아래 20번째 자리의 숫자는 4이다.
즉, $a=4$
$0.\dot{6}1\dot{5}$의 순환마디의 숫자의 개수가 3개이고,
$20=3\times6+\square$이므로 소수점 아래 20번째 자리의 숫자는 $\square$이다.
즉, $b=\square$
따라서 $a+b=4+\square=\square$

9201-0702

02 분수 $\frac{x}{350}$를 소수로 나타내면 유한소수가 될 때, 가장 작은 두 자리의 자연수 x의 값을 구하시오.

풀이 과정

$\frac{x}{350}=\frac{x}{2\times5^2\times7}$이므로 x는 $\square$의 배수이다.
따라서 가장 작은 두 자리의 자연수 x의 값은 $\square$이다.

9201-0703

03 순환소수 $0.5\dot{2}$를 분수로 나타내시오.

풀이 과정

$0.5\dot{2}$를 x라고 하면
$x=0.5222\cdots$ ······ ㉠
㉠의 양변에 $\square$을 곱하면
$\square x=52.222\cdots$ ······ ㉡
㉠의 양변에 $\square$을 곱하면
$10x=\square$ ······ ㉢
㉡－㉢을 하면
$\square x=\square$
$x=\square$
따라서 $0.5\dot{2}=\square$

9201-0704

04 순환소수 $0.\dot{2}$의 역수를 a, $1.\dot{3}$의 역수를 b라고 할 때, $\frac{a}{b}$의 값을 구하시오.

풀이 과정

$0.\dot{2}=\frac{2}{9}$이므로 $a=\frac{\square}{2}$

$1.\dot{3}=\frac{12}{9}=\frac{4}{3}$이므로 $b=\frac{\square}{4}$

따라서 $\frac{a}{b}=a\times\frac{1}{b}=\frac{\square}{2}\times\frac{\square}{3}=\square$

Level 2

9201-0705

05 두 분수 $\frac{4}{7}$와 $\frac{9}{11}$를 순환소수로 나타낼 때, 순환마디의 숫자의 개수를 각각 a개, b개라고 하자. 이때 $a+b$의 값을 구하시오.

9201-0706

06 분수 $\frac{10}{7}$을 소수로 나타낼 때, 소수점 아래 100번째 자리의 숫자를 구하시오.

9201-0707

07 분수 $\frac{7}{60}\times a$를 소수로 나타내면 유한소수일 때, 한 자리의 자연수 a의 값을 모두 구하시오.

9201-0708

08 분수 $\frac{x}{3\times 5^3\times 7}$가 다음 조건을 모두 만족시킬 때, 모든 x의 값의 합을 구하시오.

> (가) $\frac{x}{3\times 5^3\times 7}$는 유한소수로 나타내어진다.
> (나) x는 2의 배수이고, 두 자리의 자연수이다.

9201-0709

09 분수 $\frac{72}{75\times a}$를 소수로 나타내면 유한소수가 될 때, a의 값이 될 수 있는 한 자리의 자연수의 개수를 구하시오.

9201-0710

10 분수 $\frac{42}{2^2\times 3\times a}$는 유한소수로 나타낼 수 없다고 한다. 10 이하의 자연수 중 a의 값이 될 수 있는 것을 모두 구하시오.

9201-0711

11 두 분수 $\frac{1}{6}$과 $\frac{3}{5}$ 사이의 분수 중에서 분모가 30이고 소수로 나타내면 유한소수가 되는 것의 개수를 구하시오.

9201-0712

12 분수 $\frac{a}{60}$를 계산기를 이용하여 소수로 나타내었더니 다음과 같은 결과를 얻었다. 이때 자연수 a의 값을 구하시오.

0.2833333333

9201-0713

13 다음 식을 계산하여 기약분수로 나타내면 $\frac{a}{b}$이다. 이때 자연수 a, b에 대하여 $a+b$의 값을 구하시오.

$0.5+0.03+0.003+0.0003+\cdots$

9201-0714

14 $0.\dot{3}\dot{6}=\frac{a}{11}$, $0.3\dot{1}\dot{8}=\frac{7}{b}$일 때, 자연수 a, b에 대하여 $\frac{a}{b}$를 순환소수로 나타내시오.

9201-0715

15 어떤 수에 순환소수 $0.\dot{3}$을 곱해야 할 것을 잘못하여 0.3을 곱하였더니 그 결과가 0.2가 되었다. 이때 옳게 계산한 값을 순환소수로 나타내시오.

9201-0716

16 두 순환소수 $0.3\dot{2}\dot{7}$, $0.2\dot{6}$에 어떤 자연수 a를 각각 곱하면 모두 유한소수가 된다고 한다. 이때 가장 큰 두 자리의 자연수 a의 값을 구하시오.

Level 3

9201-0717

17 분수 $\frac{12}{160}$를 $\frac{b}{10^a}$로 고쳐서 유한소수로 나타낼 때, 가장 작은 자연수 a, b의 값을 각각 구하시오.

9201-0718

18 두 분수 $\frac{9\times N}{52}$, $\frac{7\times N}{120}$을 소수로 나타내면 모두 유한소수가 된다고 한다. 이를 만족시키는 가장 작은 세 자리의 자연수 N의 값을 구하시오.

9201-0719

19 분수 $\frac{a}{550}$를 소수로 나타내면 유한소수가 되고, 기약분수로 나타내면 $\frac{3}{b}$이 된다. $10\le a<100$일 때, 두 자연수 a, b에 대하여 $a+b$의 값 중에서 가장 큰 값을 구하시오.

9201-0720

20 분수 $\frac{30}{42}$을 소수로 나타낼 때, 소수점 아래 n번째 자리의 숫자를 a_n이라고 하자. 이때 $a_{40}+a_{41}+a_{42}$의 값을 구하시오.

9201-0721

21 $0.2\dot{1}\dot{5}\times x$가 유한소수가 되도록 하는 x의 값 중 가장 작은 자연수를 a라 하고, 가장 큰 두 자리의 자연수를 b라고 하자. 이때 $b-a$의 값을 구하시오.

9201-0722

22 어떤 기약분수를 소수로 나타내는데 성호는 분모를 잘못 보아 $1.\dot{6}$으로 나타내었고, 진우는 분자를 잘못 보아 $0.\dot{2}\dot{4}$로 나타내었다. 처음 기약분수를 소수로 바르게 나타내시오.

Level 1

9201-0723

01 $72^3=2^a\times3^b$일 때, 자연수 a, b에 대하여 $a+b$의 값을 구하시오.

풀이 과정

$72^3=(2^3\times3^{\square})^3=2^{3\times3}\times3^{\square\times3}=2^9\times3^{\square}$

이므로 $a=9$, $b=\square$

따라서 $a+b=9+\square=\square$

9201-0724

02 $2^8\times5^7$은 a자리의 자연수이고, $3\times2^{10}\times5^{12}$은 b자리의 자연수일 때, $a+b$의 값을 구하시오.

풀이 과정

$2^8\times5^7=2\times(2^{\square}\times5^7)=2\times(2\times5)^{\square}=2\times10^{\square}$

$2\times10^{\square}=20000000$

이므로 $2\times10^{\square}$은 $\square$자리의 자연수이다.

즉, $a=\square$

$3\times2^{10}\times5^{12}=3\times5^2\times(2^{\square}\times5^{10})=75\times(2\times5)^{\square}$

$=75\times10^{\square}$

$75\times10^{\square}=750000000000$

이므로 $75\times10^{\square}$은 $\square$자리의 자연수이다.

즉, $b=\square$

따라서 $a+b=\square$

9201-0725

03 $(-3x^Ay^3)^2\times3x^6y^5=Bx^{14}y^{11}$일 때, $A+B$의 값을 구하시오. (단, A, B는 자연수)

풀이 과정

$(-3x^Ay^3)^2\times3x^6y^5$

$=9x^{2A}y^6\times3x^6y^5$

$=27x^{2A+\square}y^{11}$

이므로

$B=27$, $2A+\square=14$

$2A=\square$

$A=\square$

따라서 $A+B=\square+27=\square$

9201-0726

04 $(16x^2-12xy)\div4x-(20y^2-15xy)\div5y$
$=ax+by$
일 때, $a+b$의 값을 구하시오. (단, a, b는 상수)

풀이 과정

$(16x^2-12xy)\div4x-(20y^2-15xy)\div5y$

$=(16x^2-12xy)\times\frac{1}{\square}-(20y^2-15xy)\times\frac{1}{\square}$

$=4x-3y-(\square-3x)$

$=4x-3y-\square+3x$

$=7x-\square$

이므로

$a=7$, $b=\square$

따라서 $a+b=7+(\square)=\square$

Level 2

9201-0727

05 $(x^3)^a \times (y^b)^6 = x^{15}y^{24}$일 때, 자연수 a, b에 대하여 ab의 값을 구하시오.

9201-0728

06 $5^3+5^3+5^3+5^3+5^3=5^a$, $4^3 \times 4^3 \times 4^3 = 2^b$일 때, 자연수 a, b에 대하여 $a+b$의 값을 구하시오.

9201-0729

07 $2^x \div 4^3 = 16^2$일 때, 자연수 x의 값을 구하시오.

9201-0730

08 $\dfrac{3^{3a+1}}{3^{a+2}}=243$일 때, 자연수 a의 값을 구하시오.

9201-0731

09 오른쪽 그림에서 A는 한 모서리의 길이가 x^3인 정육면체이고, B는 밑면의 가로와 세로의 길이가 모두 x^2인 직육면체이다. 두 입체도형의 부피가 서로 같을 때, 직육면체 B의 높이를 구하시오.

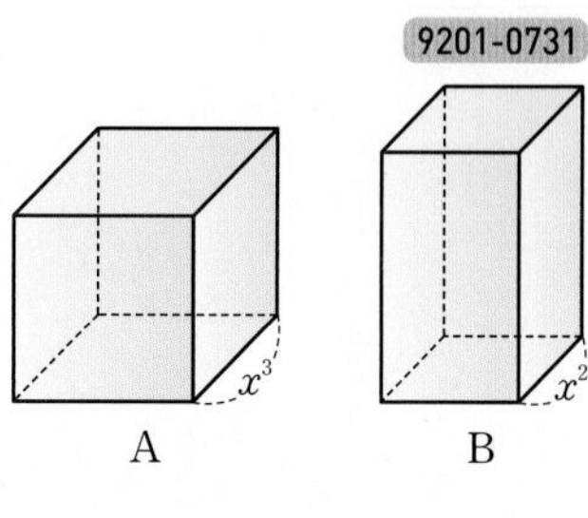

9201-0732

10 다음 A, B, C에 알맞은 식을 구하시오.

$$\boxed{A} \xrightarrow{\times(-y^3)} \boxed{B} \xrightarrow{\times(-2x)^2} \boxed{C} \xrightarrow{\div 4x^4y^5} \boxed{2}$$

9201-0733

11 다음 그림과 같은 전개도로 직육면체를 만들면 서로 마주 보는 면에 적힌 두 다항식의 합이 모두 같다고 한다. 이때 $A-B$를 구하시오.

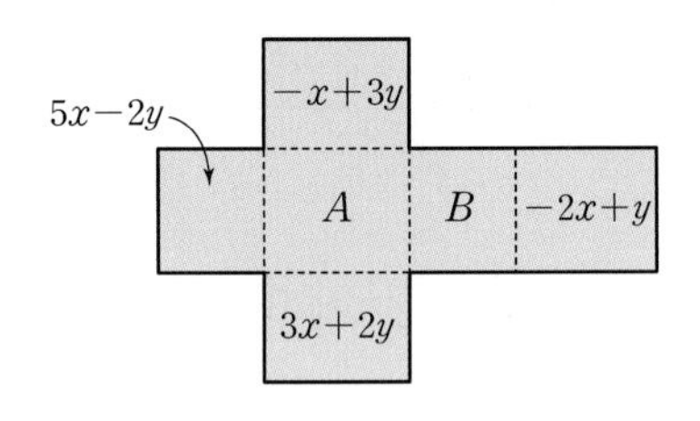

9201-0734

12 $5x^2-[x-2x^2-\{3x-x^2+(-7x+3x^2)\}]$을 계산했을 때, x^2의 계수와 x의 계수의 합을 구하시오.

9201-0735

13 $2x^2-3x+5$에 어떤 다항식 A를 더하면 $-x^2+2x+7$이고, $5x^2-2x+4$에서 어떤 다항식 B를 빼면 $3x+6$일 때, $A+B$를 계산하시오.

9201-0736

14 오른쪽 그림에서 원기둥의 부피는 원뿔의 부피의 몇 배인지 구하시오.

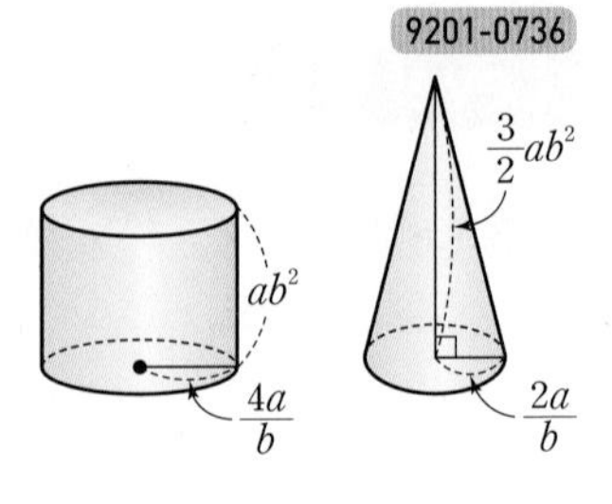

9201-0737

15 어떤 식에 $\frac{b}{3a}$를 곱해야 할 것을 잘못하여 나누었더니 $36a^3$이 되었다. 이때 옳게 계산한 식을 구하시오.

9201-0738

16 오른쪽 그림과 같은 사다리꼴의 넓이가 $4a^3b^2+3a^2b^3$일 때, 이 사다리꼴의 윗변의 길이를 구하시오.

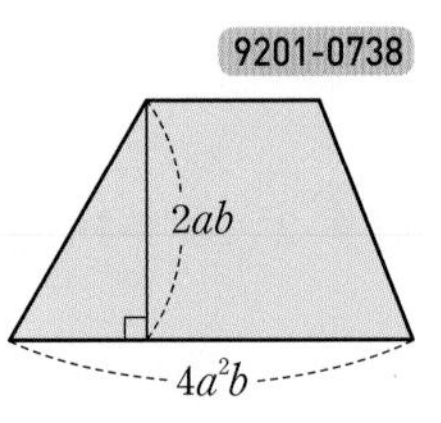

Level 3

9201-0739

17 1부터 10까지의 자연수의 곱을 소인수분해하면 $2^a\times3^b\times5^c\times7$일 때, 자연수 a, b, c에 대하여 $a+b+c$의 값을 구하시오.

9201-0740

18 $6\times4^8\times5^{12}$이 n자리의 자연수이고, 각 자리의 숫자의 합을 m이라고 할 때, $m+n$의 값을 구하시오.

9201-0741

19 다음 표에서 가로, 세로, 대각선에 있는 세 다항식의 합이 모두 $12x^2-9$로 일정할 때, $A-B$를 계산하시오.

B		$3x^2+x-7$
x^2-2x+4	$4x^2-3$	A

9201-0742

20 밑면인 원의 반지름의 길이가 $2a^2b$인 원뿔에 가득 담긴 물을 밑면인 원의 반지름의 길이가 $3ab^2$이고 높이가 $4ab^2$인 원기둥 모양의 그릇에 부었더니 높이의 $\frac{2}{3}$만큼 채워졌다. 이때 원뿔의 높이를 구하시오.

9201-0743

21 다음을 만족시키는 세 식 A, B, C에 대하여 $A\div B\times C$를 계산하시오.

(가) $\left(-\frac{1}{2a}\right)\times A=B$

(나) $A\times\frac{2}{3}ab^2=4a^3b^3$

(다) $C\div\left(-\frac{4}{3}b\right)=B$

9201-0744

22 오른쪽 그림과 같은 집 모양의 그림에서 직사각형 모양인 두 창문의 크기는 같다. 이때 지붕과 창문을 제외한 부분의 넓이를 구하시오.

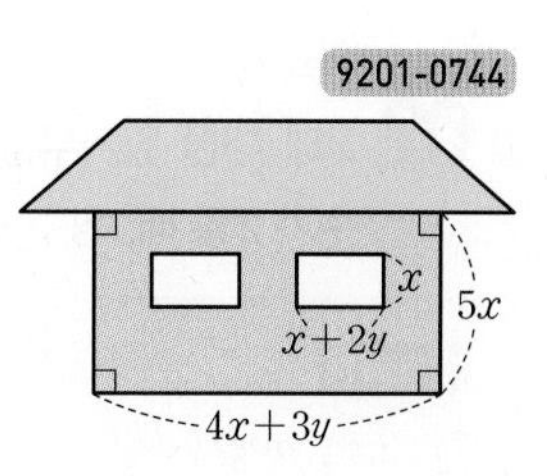

Level 1

9201-0745

01 일차부등식 $4x+3>2x-5$의 해가 $x>a$이고, 일차부등식 $3x-2\geq 6x+7$의 해가 $x\leq b$일 때, $a+b$의 값을 구하시오.

풀이 과정

$4x+3>2x-5$에서

$4x-2x>-5-3$, $2x>-8$

$x>-4$

즉, $a=-4$

또, $3x-2\geq 6x+7$에서

$3x-6x\geq 7+\square$, $-3x\geq\square$

$x\leq\square$

즉, $b=\square$

따라서 $a+b=-4+(\square)=\square$

9201-0746

02 x에 대한 일차부등식 $7-2x\leq a$의 해 중 가장 작은 수가 2일 때, 상수 a의 값을 구하시오.

풀이 과정

$7-2x\leq a$에서

$-2x\leq a-7$

$x\geq\dfrac{a-7}{\square}$

해 중 가장 작은 수가 2이므로 $\dfrac{a-7}{\square}=2$

$a-7=\square$

따라서 $a=\square$

9201-0747

03 어떤 정수의 3배에서 5를 뺀 값이 그 수에서 3을 뺀 값의 2배보다 크지 않다. 이를 만족시키는 어떤 정수 중 가장 큰 수를 구하시오.

풀이 과정

어떤 정수를 x라고 하면

$3x-5\leq 2(x-\square)$

$3x-5\leq 2x-\square$

$x\leq\square$

따라서 구하는 가장 큰 수는 $\square$이다.

9201-0748

04 차가 6인 두 정수의 합이 38보다 작다고 한다. 이와 같은 두 정수 중에서 가장 큰 두 정수를 구하시오.

풀이 과정

두 정수를 x, $x+6$이라고 하면

$x+(x+\square)<38$

$2x<\square$

$x<\square$

따라서 구하는 가장 큰 두 정수는 15, $\square$이다.

Level 2

9201-0749

05 $x \le 7$이고 $A=2x+5$일 때, A의 값의 범위를 구하시오.

9201-0750

06 일차부등식 $2x-11<13-3x$를 만족시키는 모든 자연수 x의 값의 합을 구하시오.

9201-0751

07 일차부등식 $2x-5>4x+1$을 풀고, 그 해를 수직선 위에 나타내시오.

9201-0752

08 일차부등식 $7-2(x+1)<-5(x+4)$를 만족시키는 x의 값 중에서 가장 큰 정수를 구하시오.

9201-0753

09 일차부등식 $7x-3(x+2)<a$의 해를 수직선 위에 나타내면 오른쪽 그림과 같다. 이때 상수 a의 값을 구하시오.

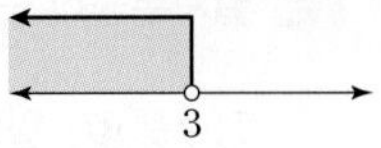

3

9201-0754

10 일차부등식 $0.3(x-4)-0.2(4-x)<0.7$을 참이 되게 하는 x의 값 중에서 가장 큰 정수를 구하시오.

9201-0755

11 일차부등식 $\frac{2x+3}{4}-\frac{x-2}{3}>0$을 참이 되게 하는 x의 값 중에서 가장 작은 정수를 구하시오.

9201-0756

12 일차부등식 $\frac{1}{2}(x-4)<0.4x-1.3$을 만족시키는 가장 큰 정수를 a, 일차부등식 $0.3x-0.6<\frac{3}{5}x+\frac{3}{2}$을 만족시키는 가장 작은 정수를 b라고 할 때, $a+b$의 값을 구하시오.

9201-0757

13 x에 대한 일차부등식 $4x-a>10$의 해가 $x>3$일 때, 일차부등식 $2(x+7)<8x-5a$의 해를 구하시오.

(단, a는 상수)

9201-0758

14 x에 대한 일차부등식 $ax-4>x+6$의 해가 $x<-2$일 때, 상수 a의 값을 구하시오.

9201-0759

15 x에 대한 일차부등식 $x-a\geq-2x+4$의 해 중 가장 작은 수가 5일 때, 상수 a의 값을 구하시오.

9201-0760

16 x에 대한 두 일차부등식 $5x+4\leq2x-8$, $2x+a\leq7$의 해가 서로 같을 때, 상수 a의 값을 구하시오.

Level 3

9201-0761

17 x에 대한 일차부등식 $(a+b)x-2a+b<0$의 해가 $x<-\frac{1}{4}$일 때, 일차부등식 $(7a-3b)x+9a-5b>0$을 푸시오.

9201-0762

18 오른쪽 그림의 사다리꼴 ABCD에서 점 P가 꼭짓점 B에서 출발하여 꼭짓점 C까지 변 BC를 따라 움직인다. $\triangle$APD의 넓이가 사다리꼴 ABCD의 넓이의 $\frac{2}{5}$ 이하가 되도록 할 때, 선분 BP의 길이는 최대 몇 cm가 될 수 있는지 구하시오.

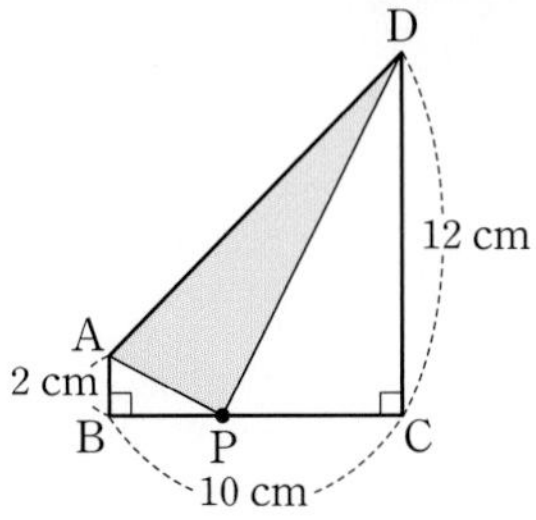

D
12 cm
A
2 cm
B
P
C
10 cm

9201-0763

19 원가가 20000원인 티셔츠를 정가의 25 %를 할인하여 팔려고 한다. 이 티셔츠로 원가의 20 % 이상의 이익을 얻으려면 정가를 얼마 이상으로 정해야 하는지 구하시오.

9201-0764

20 음료수를 형과 동생이 나누어 마시려고 하는데 형은 들어 있는 양의 $\frac{1}{3}$을 마시고, 동생은 형이 마시고 남아 있는 양의 $\frac{1}{4}$을 마셨다. 남아 있는 음료수의 양이 300 mL 이상일 때, 처음에 들어 있던 음료수의 양은 몇 mL인지 구하시오.

9201-0765

21 40명 미만의 우현이네 반 학생들이 영화를 보려고 하는데, 이 영화의 관람료는 오른쪽과 같다. 몇 명 이상일 때, 40명의 단체 관람권을 사는 것이 개인 관람권을 사는 것보다 비용이 적게 드는지 구하시오.

영화 관람료
개인: 8000원
단체: 6000원 (40명 이상)

9201-0766

22 엄마가 집에서 시장에 갈 때에는 분속 60 m로, 시장에서 집으로 돌아올 때에는 분속 50 m로 걸었다. 시장에서 물건을 사는 데 걸린 시간 25분을 포함하여 집으로 돌아오는 데 총 1시간 20분을 넘기지 않았을 때, 시장과 집 사이의 거리는 몇 m 이하인지 구하시오.

Level 1

9201-0767

01 일차방정식 $2x+ay=2$의 해가 $(4, 2)$, $(-5, b)$일 때, $a+b$의 값을 구하시오. (단, a는 상수)

풀이 과정

$x=4$, $y=2$를 $2x+ay=2$에 대입하면

$8+2a=2$, $2a=-6$

$a=-3$

$x=-5$, $y=b$를 $2x-3y=2$에 대입하면

$-10-3b=2$, $-3b=\square$

$b=\square$

따라서 $a+b=-3+(\square)=\square$

9201-0768

02 연립방정식 $\begin{cases} ax-3y=1 \\ 4x+by=2 \end{cases}$의 해가 $x=2$, $y=3$일 때, $a-b$의 값을 구하시오. (단, a, b는 상수)

풀이 과정

$x=2$, $y=3$을 $ax-3y=1$에 대입하면

$2a-9=1$, $2a=10$

$a=5$

$x=2$, $y=3$을 $4x+by=2$에 대입하면

$8+3b=2$, $3b=\square$

$b=\square$

따라서 $a-b=5-(\square)=\square$

9201-0769

03 합이 28이고 차가 4인 두 자연수를 구하시오.

풀이 과정

작은 자연수를 x, 큰 자연수를 y라고 하면

$\begin{cases} x+y=\square \\ y-x=\square \end{cases}$

연립방정식을 풀면 $x=12$, $y=\square$

따라서 두 자연수는 12, $\square$이다.

9201-0770

04 두 자연수의 합은 51이고 큰 수는 작은 수의 2배와 같을 때, 이 두 수를 구하시오.

풀이 과정

작은 자연수를 x, 큰 자연수를 y라고 하면

$\begin{cases} x+y=\square \\ y=\square \end{cases}$

연립방정식을 풀면 $x=17$, $y=\square$

따라서 두 수는 17, $\square$이다.

Level 2

9201-0771

05 두 순서쌍 $(3, 1)$, $(a, 1)$이 모두 일차방정식 $2x+by=5$의 해일 때, 상수 a, b에 대하여 $a-b$의 값을 구하시오.

9201-0772

06 연립방정식 $\begin{cases} 3x+4y=6 \\ ax+y=-5 \end{cases}$의 해가 $(b, b+5)$일 때, ab의 값을 구하시오. (단, a는 상수)

9201-0773

07 연립방정식 $\begin{cases} 5x+2y=-8 \\ 3x-2y=-2a+2 \end{cases}$의 해가 $(-4, b)$일 때, $a+b$의 값을 구하시오. (단, a는 상수)

9201-0774

08 연립방정식 $\begin{cases} y=-2x-4 \\ 3x+7y=5 \end{cases}$의 해가 $x=a$, $y=b$일 때, a^2-b^2의 값을 구하시오.

9201-0775

09 연립방정식 $\begin{cases} 5x-6y=3 \\ 2x+3y=12 \end{cases}$의 해가 일차방정식 $x+3y=a$를 만족시킬 때, 상수 a의 값을 구하시오.

9201-0776

10 연립방정식 $\begin{cases} 3(x+4y)=7(y-2)+2 \\ 2-\{2x-(5x-4y)+14\}=3y+12 \end{cases}$를 만족시키는 x, y에 대하여 xy의 값을 구하시오.

9201-0777

11 연립방정식 $\begin{cases} 0.1x-0.2y=0.6 \\ \frac{1}{3}x+\frac{1}{2}y=\frac{5}{6} \end{cases}$ 의 해가 $x=a$, $y=b$일 때, $a+b$의 값을 구하시오.

9201-0778

12 연립방정식 $\begin{cases} ax+by=-16 \\ bx-ay=18 \end{cases}$ 의 해가 $(2,\ -4)$일 때, 상수 a, b에 대하여 $a+b$의 값을 구하시오.

9201-0779

13 연립방정식 $\begin{cases} 2x+5y=k \\ 5x+2y=11 \end{cases}$ 의 해가 일차방정식 $x+4y=-5$의 해일 때, 상수 k의 값을 구하시오.

9201-0780

14 연립방정식 $\begin{cases} x+3y=-10 \\ 4x-y=3-k \end{cases}$ 를 만족시키는 y의 값이 x의 값의 3배일 때, 상수 k의 값을 구하시오.

9201-0781

15 두 연립방정식

$$\begin{cases} 2x-y=1 \\ x+5y=m \end{cases},\ \begin{cases} nx-y=9 \\ x+3y=11 \end{cases}$$

의 해가 서로 같을 때, 상수 m, n에 대하여 $m+n$의 값을 구하시오.

9201-0782

16 연립방정식 $\begin{cases} 3x+5y=9 \\ 2x+y=5 \end{cases}$ 에서 $3x+5y=9$의 9를 잘못 보고 풀어서 $y=-1$을 얻었다. 9를 어떤 수로 잘못 보고 풀었는지 구하시오.

Level 3

9201-0783

17 연립방정식 $\begin{cases} 4x-3y=-18 \\ 3x+ay=-1 \end{cases}$의 해를 $x=m$, $y=n$이라고 하면 연립방정식 $\begin{cases} bx+6y=6 \\ 4x+5y=-1 \end{cases}$의 해는 $x=m-1$, $y=2n-1$이다. 이때 상수 a, b의 값을 각각 구하시오.

9201-0784

18 연립방정식 $\begin{cases} ax+by=-8 \\ cx-2y=18 \end{cases}$을 풀 때, 선주는 바르게 풀어서 $x=2$, $y=-4$를 얻었고, 민호는 c를 잘못 보고 풀어서 $x=-1$, $y=-2$를 얻었다. 이때 $a+b+c$의 값을 구하시오.

9201-0785

19 A, B 두 사람이 가위바위보를 하여 이긴 사람은 계단을 2개씩 올라가고, 진 사람은 계단을 1개씩 내려가기로 한 결과 처음보다 A는 10개의 계단을, B는 4개의 계단을 올라가 있었다. A가 이긴 횟수를 구하시오.

(단, 비긴 경우는 없다고 한다.)

9201-0786

20 다음 표는 어느 공장에서 제품 (가), (나)를 각각 1개씩 만드는 데 필요한 두 원료 A, B의 양과 제품 1개당 이익을 나타낸 것이다. A원료는 44 kg, B원료는 64 kg을 모두 사용하여 제품 (가), (나)를 만들었을 때의 총이익을 구하시오.

	A(kg)	B(kg)	이익(만 원)
제품 (가)	3	6	7
제품 (나)	4	5	6

9201-0787

21 민호와 재원이가 함께 하면 4일 만에 끝낼 수 있는 일을 민호가 3일 동안 하고, 나머지는 재원이가 8일 동안 하여 끝냈다. 이 일을 재원이가 혼자 하면 며칠이 걸리는지 구하시오.

9201-0788

22 집에서 서점까지 가는데 처음에는 시속 20 km로 자전거를 타고 가다가 자전거가 고장이 나서 시속 4 km로 자전거를 끌면서 걸었더니 1시간 만에 서점에 도착하였다. 자전거를 타고 간 거리가 걸어서 간 거리의 5배일 때, 집에서 서점까지의 거리를 구하시오.

중단원 서술형 대비 III-1 일차함수와 그래프

Level 1

9201-0789

01 함수 $f(x)=-\frac{3}{2}x+a$에 대하여 $f(-2)=-1$, $f(a)=b$일 때, $b-a$의 값을 구하시오. (단, a는 상수)

풀이 과정

$f(x)=-\frac{3}{2}x+a$에서

$f(-2)=-\frac{3}{2}\times(\square)+a=-1$이므로

$a=\square$

$f(\square)=-\frac{3}{2}\times(\square)-\square=b$, 즉 $b=\square$

따라서 $b-a=\square$

9201-0790

02 일차함수 $y=2ax$의 그래프를 y축의 방향으로 8만큼 평행이동한 그래프는 기울기가 6이고, 일차함수 $y=-4x+2$의 그래프를 y축의 방향으로 k만큼 평행이동한 그래프와 y축에서 만날 때, $a+k$의 값을 구하시오. (단, a는 상수)

풀이 과정

일차함수 $y=2ax$의 그래프를 y축의 방향으로 8만큼 평행이동하면

$y=2ax+\square$이고, 기울기가 6이므로

$2a=\square$, $a=\square$

일차함수 $y=-4x+2$의 그래프를 y축의 방향으로 k만큼 평행이동하면

$y=-4x+\square$이고, y절편이 같으므로

$\square=8$, $k=\square$

따라서 $a+k=\square$

9201-0791

03 오른쪽 그림은 두 일차함수 $y=-x+4$, $y=\frac{1}{2}x+4$의 그래프이다. 두 일차함수 $y=-x+4$, $y=\frac{1}{2}x+4$의 그래프와 x축으로 둘러싸인 도형의 넓이를 구하시오.

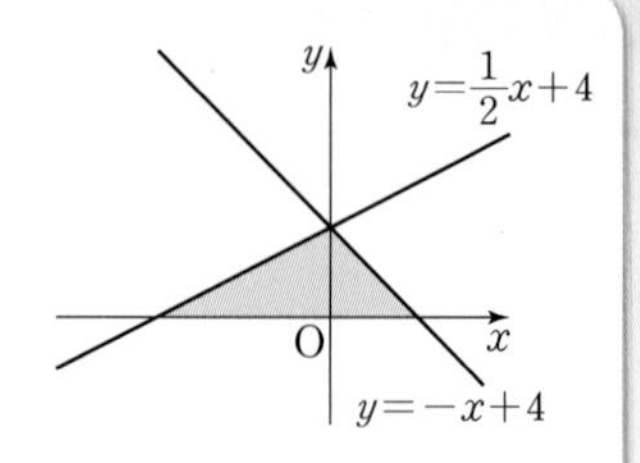

풀이 과정

$y=-x+4$에

$y=0$을 대입하면 $x=\square$

즉, x절편은 $\square$, y절편은 $\square$

$y=\frac{1}{2}x+4$에

$y=0$을 대입하면 $x=\square$

즉, x절편은 $\square$, y절편은 $\square$

따라서 두 일차함수의 그래프와 x축으로 둘러싸인 도형의 넓이는 $\frac{1}{2}\times\square\times\square=\square$

9201-0792

04 오른쪽 그림과 같이 x절편이 3, y절편이 6인 직선이 점 $(4a, -10)$을 지날 때, a의 값을 구하시오.

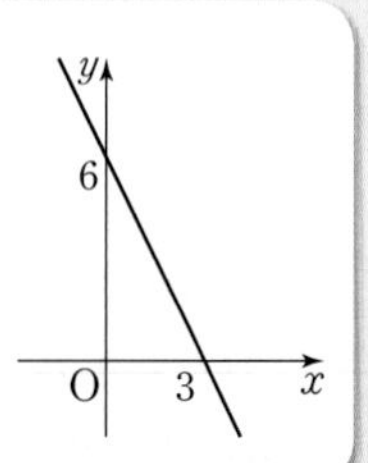

풀이 과정

두 점 $(0, 6)$, $(3, 0)$을 지나는 직선의 기울기는

$\frac{\square-\square}{3-0}=\square$이고, y절편은 6이므로

이 직선을 그래프로 하는 일차함수의 식은

$y=\square x+\square$

이 식에 $x=4a$, $y=-10$을 대입하면

$-10=\square\times4a+\square$

따라서 $a=\square$

Level 2

9201-0793

05 $y=x(ax-4)+3x^2+bx-2$가 x에 대한 일차함수가 되게 하는 상수 a, b의 조건을 구하시오.

9201-0794

06 일차함수 $f(x)=ax-1$에서 $f(5)=-16$, $f(b)=5$일 때, $a+b$의 값을 구하시오. (단, a는 상수)

9201-0795

07 일차함수 $y=\frac{a}{3}x-2$의 그래프를 y축의 방향으로 k만큼 평행이동한 그래프가 일차함수 $y=-\frac{5}{3}x+1$의 그래프와 평행하고, 일차함수 $y=-\frac{3}{4}x-9$의 그래프와 x축에서 만난다고 할 때, $a-k$의 값을 구하시오. (단, a는 상수)

9201-0796

08 세 점 $(-3, 1)$, $(1, 3)$, $(7, k)$가 한 직선 위에 있을 때, k의 값을 구하시오.

9201-0797

09 일차함수 $y=ax-b$의 그래프가 오른쪽 그림과 같을 때, 일차함수 $y=-\frac{a}{b}x+a$의 그래프가 지나지 않는 사분면을 구하시오.

(단, a, b는 상수)

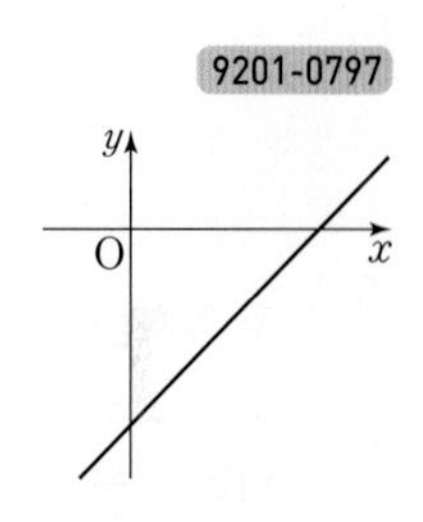

9201-0798

10 기울기가 $-\frac{5}{4}$이고 점 $(-8, 6)$을 지나는 직선이 두 점 $(a, 1)$, $(12, b)$를 지날 때, $2a-b$의 값을 구하시오.

9201-0799

11 오른쪽 그림과 같은 일차함수의 그래프와 평행하고 점 $(2,\ -2)$를 지나는 직선의 x절편을 m, y절편을 n이라고 할 때, $5m+n$의 값을 구하시오.

9201-0800

12 두 일차함수 $y=x+10$, $y=ax+b$의 그래프가 오른쪽 그림과 같을 때, $\triangle$ABC의 넓이가 20이다. 이때 상수 a, b에 대하여 $10a+b$의 값을 구하시오.

9201-0801

13 두 점 $(-9,\ 2)$, $(-3,\ -2)$를 지나는 일차함수의 그래프의 기울기를 a, x절편을 k라고 할 때, $3a-2k$의 값을 구하시오.

9201-0802

14 두 일차함수 $y=-2x+a-2b$와 $y=(a+3)x+7$의 그래프가 서로 일치할 때, 상수 a, b에 대하여 $a+b$의 값을 구하시오.

9201-0803

15 냄비에 담긴 80 ℃의 물을 실온에 둔 지 15분 후의 물의 온도가 60 ℃이었다. 실온에 둔 지 x분 후의 물의 온도를 y ℃라고 할 때, x와 y 사이의 관계식을 구하고, 물의 온도가 40 ℃가 되는 것은 실온에 둔 지 몇 분 후인지 구하시오.

(단, 실온에서 물의 온도는 일정하게 내려간다.)

9201-0804

16 오른쪽 그림과 같이 가로의 길이가 16 cm, 세로의 길이가 10 cm인 직사각형 ABCD에서 점 P가 점 D를 출발하여 점 C까지 $\overline{\text{CD}}$를 따라 1 cm 움직이는 데 4초가 걸렸다. 점 P가 점 D를 출발한 지 x초 후 사각형 ABCP의 넓이를 y cm²라고 할 때, x와 y 사이의 관계식을 구하고, 점 P가 점 D를 출발한 지 10초 후의 사각형 ABCP의 넓이를 구하시오.

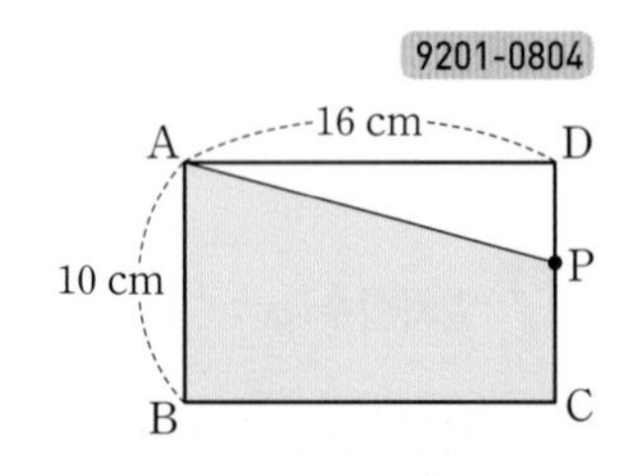

(단, 점 P의 속력은 일정하다.)

Level 3

9201-0805

17 일차함수 $y=ax+b$의 그래프를 y축의 방향으로 -3만큼 평행이동하면 점 $(-2, 5)$를 지나고, 이 평행이동한 그래프를 다시 한 번 y축의 방향으로 -5만큼 평행이동하면 점 $(3, -5)$를 지날 때, $b-a$의 값을 구하시오.
(단, a, b는 상수)

9201-0806

18 서로 평행한 두 일차함수 $y=-\frac{1}{2}x+1$, $y=ax+b$의 그래프가 x축과 만나는 점을 각각 A, B라고 할 때, $\overline{AB}=3$이다. 이때 상수 a, b에 대하여 가능한 $4a+2b$의 값을 모두 구하시오.

9201-0807

19 오른쪽 그림은 두 일차함수 $y=\frac{4}{3}x+m$과 $y=-\frac{1}{3}x+m$의 그래프이다. $\overline{BC}$의 길이가 $\overline{OA}$의 길이보다 11만큼 길 때, 이 두 일차함수의 그래프와 x축으로 둘러싸인 삼각형 ABC의 넓이를 구하시오. (단, m은 상수)

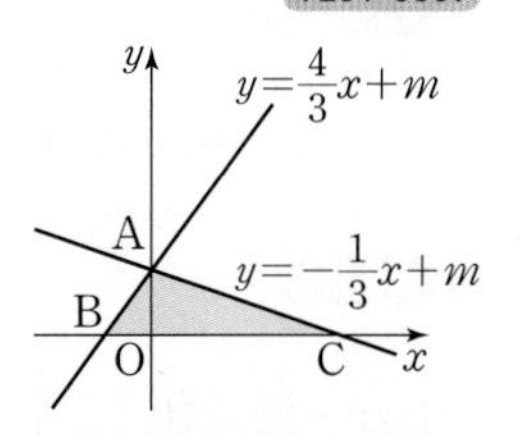

9201-0808

20 두 일차함수 $y=(3a-b)x+a+12$, $y=-4x-(a-2b)$의 그래프가 서로 일치할 때, $b-2a$의 값을 구하시오. (단, a, b는 상수)

9201-0809

21 직선의 반대 방향으로 서로 280 km 떨어져 있는 곳에서 지수와 삼촌은 동시에 상대방을 향하여 출발해서 중간에 만나기로 했다. 지수는 시속 48 km의 속력으로, 삼촌은 시속 42 km의 속력으로 오전 9시에 동시에 출발했다고 한다. 지수와 삼촌이 출발한 지 x시간 후에 서로 떨어진 거리를 y km라고 할 때, x와 y 사이의 관계식을 구하고, 지수와 삼촌이 160 km 떨어져 있는 곳에 있게 되는 시각을 구하시오.

9201-0810

22 물이 들어 있는 긴 원기둥 모양의 수조에서 일정한 비율로 물을 빼내고 있다. 물을 빼기 시작한 지 5분과 10분 후에 수면의 높이를 재었더니 각각 50 cm, 40 cm이었다. 수조에서 물을 빼내기 시작한 지 x분 후의 수조의 물의 높이를 y cm라고 할 때, x와 y 사이의 관계식을 구하고, 수조를 다 비울 때까지 걸리는 시간을 구하시오.

Level 1

9201-0811

01 일차방정식 $4x+ay-2b=0$의 그래프의 기울기가 $-\frac{2}{3}$이고 y절편이 $\frac{5}{3}$일 때, $a+b$의 값을 구하시오. (단, a, b는 상수)

풀이 과정

$4x+ay-2b=0$에서 $y=-\frac{4}{a}x+\square$

기울기가 $-\frac{2}{3}$이므로

$-\frac{4}{a}=\square$, $a=\square$

y절편이 $\frac{5}{3}$이므로

$\square=\frac{5}{3}$, $b=\square$

따라서 $a+b=\square$

9201-0812

02 일차방정식 $(a-2)x+(b+3)y-4=0$의 그래프가 x축에 평행하고 점 $(-3, -2)$를 지날 때, 상수 a, b에 대하여 $3a+2b$의 값을 구하시오.

풀이 과정

x축에 평행하고 점 $(-3, -2)$를 지나는 직선의 방정식은

$y=\square$이고

$\square y-4=0$이므로

$a-2=\square$, $a=\square$

$b+3=\square$, $b=\square$

따라서 $3a+2b=\square$

9201-0813

03 오른쪽 그림은 연립방정식 $\begin{cases} ax-3y=10 \\ x+by=6 \end{cases}$의 해를 구하기 위하여 두 일차방정식의 그래프를 각각 그린 것이다. 이때 $b-a$의 값을 구하시오. (단, a, b는 상수)

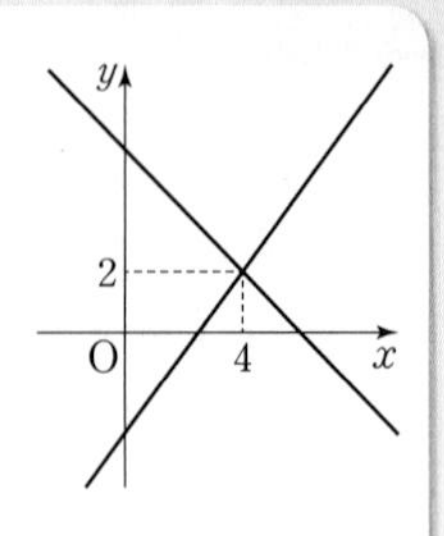

풀이 과정

$ax-3y=10$에 $x=\square$, $y=\square$를 대입하면

$a\times\square-3\times\square=10$, $a=\square$

$x+by=6$에 $x=\square$, $y=\square$를 대입하면

$\square+b\times\square=6$, $b=\square$

따라서 $b-a=\square$

9201-0814

04 연립방정식 $\begin{cases} ax+2y=10 \\ 4x-3y=b \end{cases}$의 해가 무수히 많을 때, 상수 a, b에 대하여 $3a-b$의 값을 구하시오.

풀이 과정

$\begin{cases} ax+2y=10 \\ 4x-3y=b \end{cases}$에서 $\begin{cases} y=\square x+5 \\ y=\frac{4}{3}x-\square \end{cases}$

두 일차방정식의 그래프의 기울기가 같으므로

$\square=\frac{4}{3}$, $a=\square$

y절편도 같으므로

$5=\square$, $b=\square$

따라서 $3a-b=\square$

Level 2

9201-0815

05 일차방정식 $-6x+ay-3b=0$의 그래프의 기울기가 $\frac{3}{4}$이고 x절편이 1일 때, 상수 a, b에 대하여 $a-b$의 값을 구하시오.

9201-0816

06 오른쪽 그림과 같은 직선을 y축의 방향으로 -2만큼 평행이동한 직선을 그래프로 하는 일차방정식이 $ax-10y-5b=0$일 때, $a+b$의 값을 구하시오. (단, a, b는 상수)

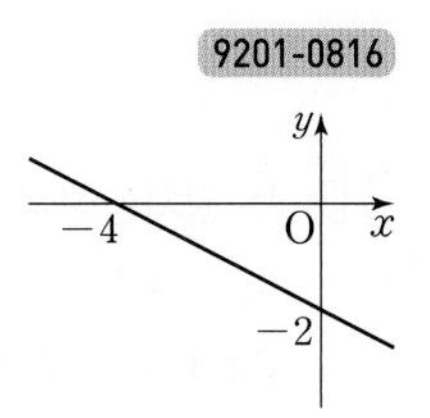

9201-0817

07 일차방정식 $ax+4y+12=0$의 그래프와 x축, y축으로 둘러싸인 삼각형의 넓이가 9일 때, 상수 a의 값을 구하시오. (단, $a<0$)

9201-0818

08 일차방정식 $(2a-1)x-2y+3-b=0$의 그래프가 오른쪽 그림의 그래프와 평행하고 점 $(-2, -2)$를 지날 때, 상수 a, b에 대하여 $2a+b$의 값을 구하시오.

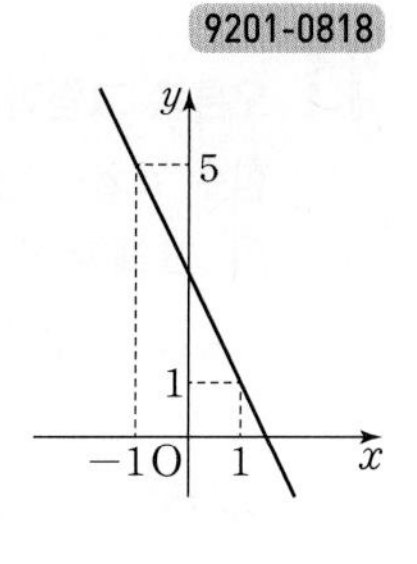

9201-0819

09 점 (ab, a)가 제3사분면 위의 점일 때, 일차방정식 $ax-by+a-b=0$의 그래프가 지나지 않는 사분면을 구하시오.

9201-0820

10 일차방정식 $5x+2y+6=0$의 그래프 위의 점 $(k, 3-k)$를 지나고 y축에 평행한 직선의 방정식이 $ax+by-12=0$일 때, $a-b+k$의 값을 구하시오. (단, a, b는 상수)

9201-0821

11 오른쪽 그림과 같이 일차함수 $ax-2y+12=0$의 그래프가 정사각형 OABC의 넓이를 이등분할 때, 상수 a의 값을 구하시오.

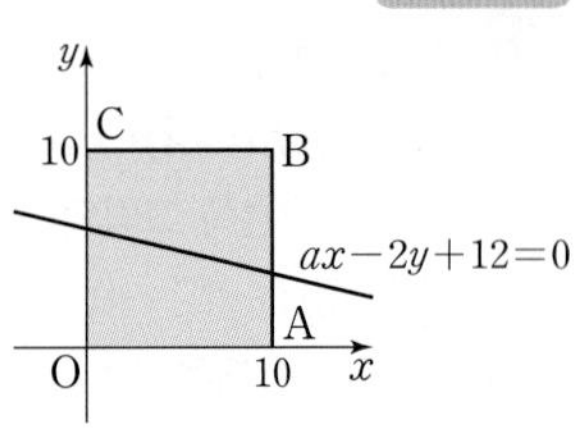

9201-0822

12 세 직선 $x=5$, $y=6$, $x+y=6$으로 둘러싸인 도형의 넓이를 구하시오.

9201-0823

13 두 직선 $2x-5y=-2$, $x+2y=8$의 교점을 지나는 일차방정식 $3x+ay+8=0$의 그래프의 y절편을 구하시오.

(단, a는 상수)

9201-0824

14 오른쪽 그림과 같이 두 일차방정식 $ax-2y-12=0$, $x+2y-2=0$의 그래프의 교점의 좌표가 $(-2, k)$일 때, $k-a$의 값을 구하시오.

(단, a는 상수)

9201-0825

15 두 일차방정식 $3x-4y=-12$, $2x+y=14$의 그래프가 오른쪽 그림과 같을 때, 삼각형 ABC의 넓이를 구하시오.

9201-0826

16 두 직선 $5x-3y=b$, $ax+2y=4$의 교점이 무수히 많을 때, 상수 a, b에 대하여 $b-6a$의 값을 구하시오.

Level 3

9201-0827

17 일차방정식 $(a-3b)x-y+2a=0$의 그래프를 y축의 방향으로 -3만큼 평행이동한 그래프의 기울기가 -2이고 y절편이 5일 때, 상수 a, b에 대하여 $a+b$의 값을 구하시오.

9201-0828

18 일차방정식 $-5x+(a-b)y+ab=0$의 그래프가 제1사분면만을 지나지 않을 때, 일차방정식 $ax-by+a-b=0$의 그래프가 지나는 사분면을 모두 구하시오.

(단, a, b는 상수)

9201-0829

19 두 점 $(3a-2,\ -12)$, $(10-a,\ 3a)$를 지나고 x축에 평행한 직선의 방정식이 $mx+ny+6a=0$일 때, $a-m-n$의 값을 구하시오. (단, a, m, n은 상수)

9201-0830

20 직선의 방정식 $ax+4y-b=0$의 그래프는 두 일차방정식 $3x+2y=6$, $4x+3y=6$의 그래프의 교점과 두 일차방정식 $2x+3y=-5$, $3x-5y=21$의 그래프의 교점을 지날 때, 상수 a, b에 대하여 $a+b$의 값을 구하시오.

9201-0831

21 오른쪽 그림과 같이 세 직선 $-x+y=3$, $y=1$, $2x+y-12=0$으로 둘러싸인 도형의 넓이를 구하시오.

9201-0832

22 오른쪽 그림과 같이 두 일차방정식 $2x-y=-1$, $x-2y=-5$의 그래프의 교점은 P이고 이 두 그래프와 두 점 A, C에서 만나는 정사각형 ABCD는 한 변의 길이가 3이다. 이때 점 P와 점 B를 지나는 직선을 그래프로 하는 일차함수의 식을 구하시오.

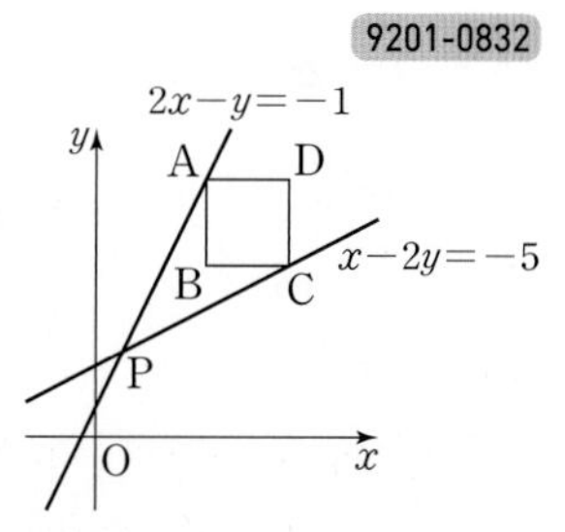

(단, $\overline{AB}$는 y축에 평행, $\overline{BC}$는 x축에 평행하다.)

9201-0833

01 순환소수 $5.6\dot{2}0\dot{4}$에서 소수점 아래 20번째 자리의 숫자는?

① 0 ② 2 ③ 4
④ 5 ⑤ 6

9201-0834

02 다음은 분수 $\frac{9}{2^3 \times 5^2}$를 유한소수로 나타내는 과정이다. 이때 알맞은 A, B, C에 대하여 $A+B+C$의 값을 구하시오.

$$\frac{9}{2^3 \times 5^2} = \frac{9 \times A}{2^3 \times 5^2 \times A} = \frac{B}{1000} = C$$

9201-0835

03 다음 분수 중 유한소수로 나타낼 수 있는 것은?

① $\frac{10}{75}$ ② $\frac{24}{84}$ ③ $\frac{45}{120}$
④ $\frac{12}{3^2 \times 5^3}$ ⑤ $\frac{42}{2^2 \times 3^2 \times 7}$

9201-0836

04 분수 $\frac{A}{2 \times 5^2 \times 7}$를 소수로 나타내면 유한소수가 된다. 다음 중 A의 값이 될 수 있는 것을 모두 고르면? (정답 2개)

① 6 ② 7 ③ 14
④ 15 ⑤ 20

9201-0837

05 분수 $\frac{7}{32 \times x}$을 소수로 나타내면 유한소수가 될 때, 한 자리의 자연수 x의 개수는?

① 5개 ② 6개 ③ 7개
④ 8개 ⑤ 9개

9201-0838

06 두 분수 $\frac{a}{2^3 \times 7}$와 $\frac{a}{3 \times 5^2}$가 모두 유한소수로 나타내어질 때, a의 값이 될 수 있는 가장 작은 자연수는?

① 3 ② 7 ③ 11
④ 21 ⑤ 42

발전

9201-0839

07 두 분수 $\frac{1}{5}$과 $\frac{5}{12}$ 사이에 있는 분모가 60인 분수 중 유한소수로 나타낼 수 있는 분수는 모두 몇 개인가?

① 2개 ② 3개 ③ 4개
④ 5개 ⑤ 6개

서술형 9201-0840

08 분수 $\frac{x}{72}$를 소수로 나타내면 유한소수가 되고, 기약분수로 나타내면 $\frac{1}{y}$이 된다. $10<x<20$일 때, 두 자연수 x, y에 대하여 $x-y$의 값을 구하시오.

9201-0841

09 다음 중 순환소수 $x=0.5\dot{1}\dot{3}$을 분수로 나타낼 때, 가장 편리한 식은?

① $10x-x$ ② $100x-x$
③ $100x-10x$ ④ $1000x-10x$
⑤ $10000x-1000x$

9201-0842

10 다음은 순환소수 $1.2\dot{5}\dot{3}$을 기약분수로 나타내는 과정이다. □ 안에 알맞은 수로 옳지 않은 것은?

> $1.2\dot{5}\dot{3}$을 x로 놓으면
> $x=1.2535353\cdots$ ...... ㉠
> ㉠의 양변에 [①]을 곱하면
> [①]$x=1253.535353\cdots$ ...... ㉡
> ㉠의 양변에 [②]을 곱하면
> [②]$x=12.535353\cdots$ ...... ㉢
> ㉡−㉢을 하면
> [③]$x=$[④]
> 따라서 $x=$[⑤]

① 1000 ② 10 ③ 990
④ 1241 ⑤ $\frac{1241}{900}$

9201-0843

11 다음 중 순환소수를 분수로 나타낸 것으로 옳지 않은 것은?

① $0.\dot{1}\dot{5}=\frac{5}{33}$ ② $0.\dot{2}0\dot{5}=\frac{205}{909}$
③ $0.1\dot{3}=\frac{2}{15}$ ④ $1.\dot{2}\dot{5}=\frac{124}{99}$
⑤ $2.0\dot{6}=\frac{31}{15}$

발전 9201-0844

12 어떤 기약분수를 소수로 나타내는데 형우는 분모를 잘못 보아 $0.0\dot{7}$로 나타내었고, 지민이는 분자를 잘못 보아 $0.\dot{4}\dot{1}$로 나타내었다. 처음 기약분수를 $\frac{a}{b}$라고 할 때, 자연수 a, b에 대하여 $b-a$의 값을 구하시오.

9201-0845

13 순환소수 $0.\dot{4}$의 역수를 a, $1.\dot{7}$의 역수를 b라고 할 때, $\frac{a}{b}$의 값을 구하시오.

9201-0846

14 다음 설명 중 옳은 것은?

① 0은 분수로 나타낼 수 없다.
② 유한소수 중에는 유리수가 아닌 것도 있다.
③ 모든 무한소수는 유리수이다.
④ 모든 순환소수는 유리수이다.
⑤ 정수가 아닌 모든 유리수는 소수로 나타내면 유한소수로 나타내어진다.

9201-0847

15 다음 중 옳은 것은?

① $x^2\times x^5=x^{10}$ ② $\frac{x^8}{x^2}=x^4$

③ $(-x^2)^5=-x^{10}$ ④ $x^7\div x^7=0$

⑤ $\left(\frac{x^2}{y^3}\right)^4=\frac{x^8}{y^7}$

9201-0848

16 $2^x\times64=2^{10}$, $3^y\div3^2=3^8$을 만족시키는 자연수 x, y에 대하여 $x+y$의 값은?

① 11 ② 12 ③ 13
④ 14 ⑤ 15

발전

9201-0849

17 $\frac{3^2\times3^2\times3^2}{2^2+2^2}\times\frac{4^3+4^3}{3^4+3^4+3^4+3^4}$을 계산한 것은?

① 6 ② 12 ③ 18
④ 36 ⑤ 72

9201-0850

18 $2^4=A$라고 할 때, 8^8을 A를 사용하여 나타낸 것은?

① A^2 ② A^3 ③ A^4
④ A^5 ⑤ A^6

9201-0851

19 $2^9\times5^5$이 n자리의 자연수일 때, n의 값은?

① 5 ② 6 ③ 7
④ 8 ⑤ 9

9201-0852

20 다음 중 옳지 않은 것은?

① $2x^3\times(-3x^5)=-6x^8$

② $(x^2)^3\times4x^5=4x^{11}$

③ $18ab\div6a=3b$

④ $(2ab^2)^3\div\frac{1}{4}a^2b=2ab^5$

⑤ $a^3b^2\times(-2a^2b^3)^2=4a^7b^8$

9201-0853

21 $3a^2b\div\square\times(-4ab^2)^2=4ab^2$일 때, $\square$ 안에 알맞은 식은?

① $3a^2b^2$ ② $3a^3b^3$ ③ $6a^2b^3$
④ $12a^2b^2$ ⑤ $12a^3b^3$

9201-0854

22 오른쪽 그림과 같이 밑면의 반지름의 길이가 $3ab^2$인 원뿔의 부피가 $15\pi a^4b^5$일 때, 원뿔의 높이를 구하시오.

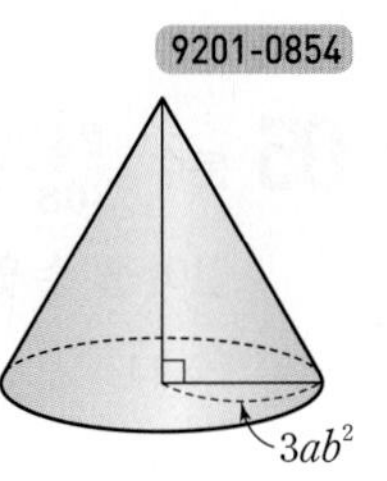

9201-0855

23 $6x-4y+5-2(x-3y+4)=ax+by+c$일 때, 상수 a, b, c에 대하여 $a+b+c$의 값은?

① 1　② 2　③ 3　④ 4　⑤ 5

9201-0856

24 $7x+3y-\{2x-(x+2y)\}=ax+by$일 때, 상수 a, b에 대하여 $a-b$의 값은?

① 1　② 2　③ 3　④ 4　⑤ 5

9201-0857

25 다음 식을 간단히 하였을 때, x의 계수와 상수항의 합을 구하시오.

$$(3x^2+2x+5)-(7x^2-4x+2)$$

9201-0858

26 $(2xy-3x^2)\times 2y+(-12x^2y^2+9x^3y)\div(-3x)$를 계산한 것은?

① $-9x^2y$　② $-3x^2y$　③ $6xy^2-4x^2y$　④ $8xy^2-9x^2y$　⑤ $8xy^2-3x^2y$

대단원 실전 테스트

서술형　9201-0859

27 어떤 다항식에 $-3x^2-8x+5$를 더해야 할 것을 잘못하여 빼었더니 $2x^2-5x+6$이 되었다. 이때 옳게 계산한 식을 구하시오.

9201-0860

28 오른쪽 그림과 같은 사다리꼴의 넓이는?

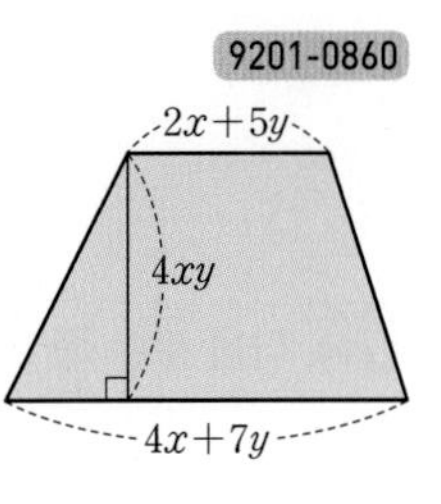

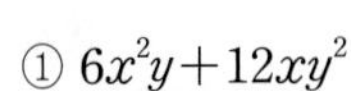

① $6x^2y+12xy^2$
② $9x^2y+18xy^2$
③ $12x^2y+24xy^2$
④ $15x^2y+30xy^2$
⑤ $24x^2y+48xy^2$

9201-0861

01 순환소수 $0.\dot{8}4615\dot{3}$에서 소수점 아래 50번째 자리의 숫자는?

① 1 ② 3 ③ 4
④ 5 ⑤ 6

9201-0862

02 두 분수 $\frac{9}{22}$와 $\frac{7}{36}$을 소수로 나타내었을 때, 순환마디의 숫자의 개수를 각각 a개, b개라고 하자. 이때 $a+2b$의 값은?

① 3 ② 4 ③ 5
④ 6 ⑤ 7

9201-0863

03 분수 $\frac{3}{40}$을 $\frac{a}{10^n}$의 꼴로 바꿀 때, $a+n$의 최솟값을 구하시오. (단, a, n은 자연수)

9201-0864

04 다음 분수 중 유한소수로 나타낼 수 있는 것은?

① $\frac{5}{12}$ ② $\frac{4}{24}$ ③ $\frac{15}{33}$
④ $\frac{14}{35}$ ⑤ $\frac{21}{36}$

9201-0865

05 분수 $\frac{23}{308}\times x$를 소수로 나타내면 유한소수가 될 때, x의 값이 될 수 있는 가장 작은 두 자리의 자연수는?

① 11 ② 14 ③ 22
④ 44 ⑤ 77

서술형

9201-0866

06 두 분수 $\frac{8}{15}$, $\frac{21}{66}$에 어떤 자연수 a를 각각 곱하여 두 분수를 모두 유한소수가 되게 하려고 한다. 이때 a의 값이 될 수 있는 가장 작은 세 자리의 자연수를 구하시오.

9201-0867

07 분수 $\frac{42}{2^3\times5\times a}$를 소수로 나타내면 유한소수가 될 때, 다음 중 a의 값이 될 수 없는 것은?

① 7 ② 9 ③ 12
④ 15 ⑤ 21

9201-0868

08 분수 $\frac{1}{450}$, $\frac{2}{450}$, $\frac{3}{450}$, $\cdots$, $\frac{50}{450}$ 중 유한소수로 나타낼 수 있는 분수는 모두 몇 개인가?

① 3개 ② 4개 ③ 5개
④ 6개 ⑤ 7개

발전 9201-0869

09 분수 $\frac{a}{140}$를 소수로 나타내면 유한소수가 되고, 기약분수로 나타내면 $\frac{3}{b}$이 된다. 이때 두 자연수 a, b에 대하여 $a-b$의 값을 구하시오. (단, $40<a<50$)

9201-0870

10 다음 중 순환소수를 분수로 나타내는 과정으로 옳지 않은 것은?

① $0.\dot{3}\dot{2}=\frac{32}{99}$
② $1.\dot{5}=\frac{15-1}{9}$
③ $0.5\dot{2}\dot{3}=\frac{523-5}{990}$
④ $1.5\dot{3}=\frac{153-15}{90}$
⑤ $2.\dot{7}\dot{4}=\frac{274-2}{90}$

9201-0871

11 순환소수 $0.2575757\cdots=\frac{a}{66}$, $0.225225225\cdots=\frac{25}{b}$일 때, 자연수 a, b에 대하여 $b-a$의 값은?

① 91 ② 92 ③ 93
④ 94 ⑤ 95

발전 9201-0872

12 $0.48+0.008+0.0008+0.00008+\cdots$을 계산하여 기약분수로 나타내면 $\frac{a}{b}$일 때, 자연수 a, b에 대하여 $b-a$의 값은?

① 21 ② 22 ③ 23
④ 24 ⑤ 25

9201-0873

13 $\frac{9}{10}=x+0.3\dot{9}$일 때, x의 값을 기약분수로 나타낸 것은?

① $\frac{1}{5}$ ② $\frac{1}{3}$ ③ $\frac{2}{5}$
④ $\frac{1}{2}$ ⑤ $\frac{2}{3}$

9201-0874

14 다음 〈보기〉 중 옳은 것은 모두 몇 개인가?

보기

ㄱ. 유한소수 중에는 유리수가 아닌 것도 있다.
ㄴ. 무한소수는 모두 순환소수이다.
ㄷ. 유한소수 또는 순환소수는 모두 유리수이다.
ㄹ. 모든 무한소수는 유리수이다.
ㅁ. 정수가 아닌 유리수 중에 유한소수로 나타낼 수 없는 것은 모두 순환소수로 나타낼 수 있다.

① 1개 ② 2개 ③ 3개
④ 4개 ⑤ 5개

대단원 실전 테스트

9201-0875

15 다음 중 옳은 것은?

① $5^2\times5^2\times5^2=5^8$
② $(2^3)^5\times(2^2)^4=2^{21}$
③ $3^8\div3^4\div3^2=3$
④ $2^5\div\frac{1}{2^5}=1$
⑤ $\left(-\frac{2x}{y^2}\right)^3=-\frac{8x^3}{y^6}$

9201-0876

16 $2^{2a-1}\times4^{a-3}=8^{a+1}$을 만족시키는 자연수 a의 값은?

① 7 ② 8 ③ 9
④ 10 ⑤ 11

9201-0877

17 $\frac{4^3+4^3+4^3+4^3}{3^3+3^3+3^3}\times\frac{9^2+9^2+9^2}{2^5+2^5}$을 계산한 것은?

① 4 ② 6 ③ 9
④ 12 ⑤ 36

9201-0878

18 $2^6=a$, $3^3=b$라고 할 때, $\left(\frac{81}{16}\right)^6$을 a, b를 사용하여 나타낸 것은?

① $\frac{b^6}{a^3}$ ② $\frac{b^6}{a^4}$ ③ $\frac{b^8}{a^3}$
④ $\frac{b^8}{a^4}$ ⑤ $\frac{b^{12}}{a^6}$

발전 9201-0879

19 $2^{15}\times3^2\times5^{12}$이 n자리의 자연수일 때, n의 값은?

① 12 ② 13 ③ 14
④ 15 ⑤ 16

9201-0880

20 다음 중 옳지 않은 것은?

① $-2a\times(-5a^2)=10a^3$
② $-2a^3b\times a^2b^3=-2a^5b^4$
③ $8a^3\div\frac{4}{3}a=6a^4$
④ $-a^2b^3\div\frac{1}{4}a^3b=-\frac{4b^2}{a}$
⑤ $(-2a^2b)^3\times(ab^2)^2=-8a^8b^7$

9201-0881

21 $(-4a^2b)^2\times$ $\square$ $\div(-8a^3b)=-12a^2b^3$일 때, $\square$ 안에 알맞은 식은?

① $3ab^2$ ② $3a^2b$ ③ $6ab^2$
④ $6a^2b$ ⑤ $12ab$

9201-0882

22 다음 그림과 같이 가로의 길이가 $4a^2b$, 세로의 길이가 $3ab^3$인 직사각형과 밑변의 길이가 $4ab^2$인 삼각형의 넓이의 비가 $2:1$일 때, 삼각형의 높이를 구하시오.

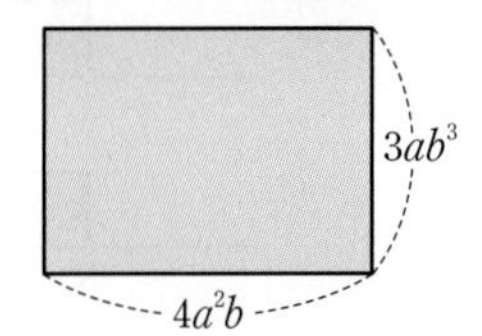

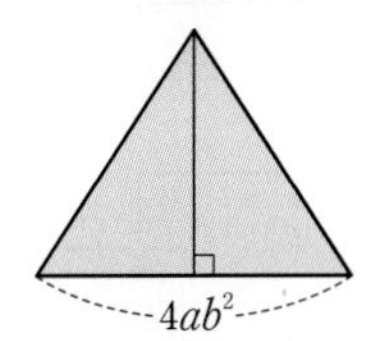

9201-0883

23 $-2(x-5y+3)-(4x+2y-8)$을 간단히 하면 $Ax+By+C$일 때, $A+B+C$의 값은?

(단, A, B, C는 상수)

① 1 ② 2 ③ 3
④ 4 ⑤ 5

9201-0884

24 $4a-[5b-2a-\{7a-(\square+b)\}]=10a-6b$일 때, $\square$ 안에 알맞은 식을 구하시오.

9201-0885

25 $\frac{2}{3}(x^2+4x-2)-\frac{1}{2}(3x^2-5x-1)$을 계산하여 얻은 다항식에서 x^2의 계수를 a, x의 계수를 b라고 할 때, $a+b$의 값은?

① $\frac{11}{3}$ ② 4 ③ $\frac{13}{3}$
④ $\frac{14}{3}$ ⑤ 5

9201-0886

26 $(15xy-12x^2)\div3x-(16x^2y-10xy^2)\div2xy$를 계산한 것은?

① $-12x-10y$ ② $-12x+10y$
③ $-6x+8y$ ④ $12x-10y$
⑤ $12x+10y$

9201-0887

27 어떤 다항식에서 $3x^2-5x+4$를 빼어야 할 것을 잘못하여 더하였더니 $-2x^2+3x-7$이 되었다. 이때 옳게 계산한 식을 구하시오.

서술형

9201-0888

28 오른쪽 그림과 같이 밑면의 가로의 길이가 $3a$, 세로의 길이가 $2b$인 직육면체의 부피가 $30a^2b^2-12a^3b$일 때, 이 직육면체의 높이를 구하시오.

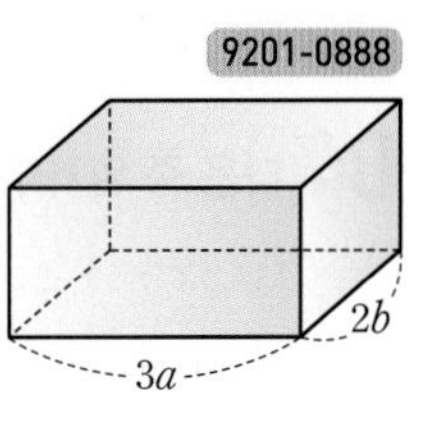

대단원 실전 테스트

9201-0889

01 다음 [ ] 안의 수가 주어진 부등식의 해가 아닌 것은?

① $x-2>4$ [7] ② $x\geq 3x$ [-2]
③ $3x-4\leq -4$ [0] ④ $5-2x>1$ [2]
⑤ $2x-3<x+2$ [3]

9201-0890

02 $6-4a<6-4b$일 때, 다음 중 옳은 것은?

① $a<b$ ② $-5a>-5b$
③ $7a-3>7b-3$ ④ $\frac{a}{6}<\frac{b}{6}$
⑤ $\frac{2}{3}a-4<\frac{2}{3}b-4$

9201-0891

03 $x>-5$이고 $A=4-2x$일 때, A의 값의 범위는?

① $A<-6$ ② $A>-6$ ③ $A>3$
④ $A<14$ ⑤ $A>14$

9201-0892

04 다음 중 일차부등식인 것은?

① $3x^2-1\geq x^2$ ② $-5<7$
③ $4x+2<2x-6$ ④ $3x-8>4+3x$
⑤ $-2x+5\leq -2(x+5)$

9201-0893

05 일차부등식 $5x-2>2x+7$의 해를 수직선 위에 옳게 나타낸 것은?

① -3 ② -3
③ 3 ④ 3
⑤ 5

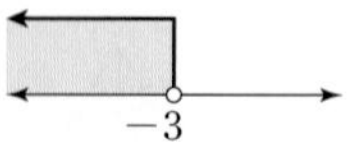

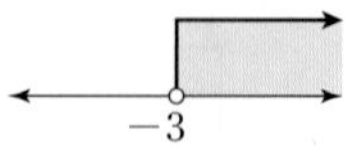

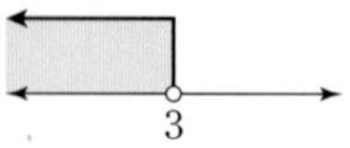

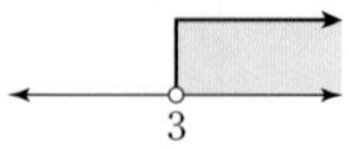

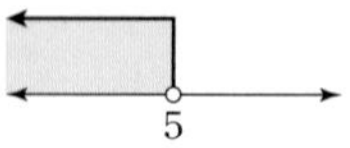

9201-0894

06 일차부등식 $2x-3(8-x)\geq 6$을 풀면?

① $x\leq 2$ ② $x\geq 2$ ③ $x\leq 3$
④ $x\leq 6$ ⑤ $x\geq 6$

9201-0895

07 일차부등식 $0.3x-0.8>0.5x$를 풀면?

① $x<-4$ ② $x>-4$ ③ $x<-2$
④ $x>-2$ ⑤ $x<4$

9201-0896

08 일차부등식 $\frac{2}{3}x+\frac{5-x}{2}\le 3$을 풀면?

① $x\le -3$　② $x\ge -3$　③ $x\le 3$
④ $x\ge 3$　⑤ $x\le 6$

발전

9201-0897

09 $a<2$일 때, x에 대한 일차부등식 $ax-3<2x-5a+7$을 풀면?

① $x<-10$　② $x>-10$　③ $x<-5$
④ $x>-5$　⑤ $x<-2$

9201-0898

10 x에 대한 두 일차부등식 $x\ge a-5$와 $x+2\le 5(x-2)$의 해가 서로 같을 때, 상수 a의 값은?

① 5　② 6　③ 7
④ 8　⑤ 9

9201-0899

11 12000원 이하의 돈으로 900원짜리 볼펜과 700원짜리 연필을 합하여 15자루를 사려고 한다. 이때 900원짜리 볼펜은 최대 몇 자루까지 살 수 있는지 구하시오.

9201-0900

12 가로의 길이가 세로의 길이보다 6 cm 긴 직사각형이 있다. 이 직사각형의 둘레의 길이가 80 cm 이상이 되게 하려면 세로의 길이는 몇 cm 이상이어야 하는지 구하시오.

서술형

9201-0901

13 은주는 등산을 하는데 올라갈 때는 시속 3 km로 걷고, 내려올 때는 같은 길을 따라 시속 5 km로 걸어서 2시간 이내에 등산을 마치려고 한다. 이때 최대 몇 km 지점까지 올라갔다 올 수 있는지 구하시오.

9201-0902

14 다음 중 일차방정식 $3x-y=18$의 해가 아닌 것은?

① $(5, -3)$　② $(6, 0)$　③ $(7, 2)$
④ $(8, 6)$　⑤ $(9, 9)$

9201-0903

15 x, y가 자연수일 때, 일차방정식 $3x+4y=35$의 해의 개수는?

① 2개 ② 3개 ③ 4개
④ 5개 ⑤ 6개

9201-0904

16 일차방정식 $3x-2y=11$의 한 해가 $(a+1, a-3)$일 때, a의 값은?

① -2 ② -1 ③ 0
④ 1 ⑤ 2

9201-0905

17 연립방정식 $\begin{cases} 2x+ay=3 \\ bx-2y=14 \end{cases}$의 해가 $x=4$, $y=-1$일 때, $a+b$의 값은? (단, a, b는 상수)

① 5 ② 6 ③ 7
④ 8 ⑤ 9

9201-0906

18 연립방정식 $\begin{cases} 4x+3y=-4 \\ x=y+6 \end{cases}$의 해가 (a, b)일 때, $a-2b$의 값은?

① 10 ② 11 ③ 12
④ 13 ⑤ 14

9201-0907

19 연립방정식 $\begin{cases} 3x-2y=4 & \cdots\cdots ㉠ \\ 5x+6y=16 & \cdots\cdots ㉡ \end{cases}$에서 x 또는 y를 없애기 위해 다음 중 필요한 식을 모두 고르면? (정답 2개)

① ㉠$\times 3-$㉡ ② ㉠$\times 3+$㉡
③ ㉠$\times 5-$㉡$\times 3$ ④ ㉠$\times 5+$㉡$\times 3$
⑤ ㉠$\times 6-$㉡$\times 3$

9201-0908

20 연립방정식 $\begin{cases} 7x-3(x+y)=-14 \\ 5y+2(x+y)=10 \end{cases}$의 해가 $x=m$, $y=n$일 때, $m+n$의 값은?

① -2 ② -1 ③ 0
④ 1 ⑤ 2

9201-0909

21 연립방정식 $\begin{cases} 0.1x+0.3y=0.6 \\ \frac{2}{3}x-\frac{3}{2}y=\frac{1}{2} \end{cases}$을 풀면?

① $x=-6$, $y=4$ ② $x=-3$, $y=3$
③ $x=0$, $y=2$ ④ $x=3$, $y=1$
⑤ $x=6$, $y=0$

9201-0910

22 연립방정식 $\begin{cases} 7x+2ay=-4 \\ x-2y=-4 \end{cases}$의 해가 일차방정식 $5x+4y=22$를 만족시킬 때, 상수 a의 값을 구하시오.

9201-0911

23 연립방정식 $\begin{cases} 5x-2y=2 \\ 3x-5y=7a-4 \end{cases}$를 만족시키는 x와 y의 값의 비가 $1:3$일 때, 상수 a의 값은?

① 1　② 2　③ 3　④ 4　⑤ 5

9201-0912

24 다음 두 연립방정식의 해가 서로 같을 때, $a+b$의 값은? (단, a, b는 상수)

$$\begin{cases} 4x+3y=-1 \\ 5x+ay=-11 \end{cases}, \begin{cases} bx-2y=10 \\ 2x+y=1 \end{cases}$$

① 1　② 3　③ 5　④ 7　⑤ 9

발전

9201-0913

25 연립방정식 $\begin{cases} ax+by=1 \\ bx+ay=13 \end{cases}$을 푸는데 잘못하여 a, b를 바꾸어 놓고 풀었더니 해가 $x=-1$, $y=3$이 되었다. 이때 처음 연립방정식의 해를 구하시오. (단, a, b는 상수)

9201-0914

26 토마토 3개와 사과 5개의 값은 7200원이고 토마토 6개와 사과 7개의 값은 10800원일 때, 토마토 1개의 가격을 구하시오.

9201-0915

27 A, B 두 제품을 합하여 65000원에 사서 A제품은 원가의 10 %, B제품은 원가의 15 %의 이익을 붙여서 판매하였더니 8000원의 이익을 얻었다. A제품의 원가를 구하시오.

서술형

9201-0916

28 둘레의 길이가 7 km인 호수공원에서 시속 6 km로 뛰다가 힘들어서 시속 3 km로 걸었더니 이 공원을 한 바퀴 도는 데 1시간 30분이 걸렸다. 뛰어간 거리와 걸어간 거리의 차를 구하시오.

대단원 실전 테스트

9201-0917

01 다음 부등식 중 $x=-2$를 해로 갖지 않는 것은?

① $2x+4\le0$ ② $x+3>-1$
③ $3x-2\le-10$ ④ $-2x+5\ge9$
⑤ $-4x-7\ge1$

9201-0918

02 $\frac{5-3a}{4}<\frac{5-3b}{4}$일 때, 다음 중 옳은 것은?

① $a-2<b-2$ ② $-3a+2>-3b+2$
③ $4+6a<4+6b$ ④ $-\frac{a}{7}+5<-\frac{b}{7}+5$
⑤ $-2a+4>-2b+4$

9201-0919

03 부등식 $4x^2+ax<bx^2+2x-5$가 일차부등식이기 위한 상수 a, b의 조건은?

① $a\ne-2$, $b=-4$ ② $a\ne-2$, $b=4$
③ $a=0$, $b=-5$ ④ $a\ne2$, $b=-4$
⑤ $a\ne2$, $b=4$

9201-0920

04 일차부등식 $4x+2\le5(2x-3)-7$을 풀면?

① $x\le2$ ② $x\ge2$ ③ $x\ge4$
④ $x\le6$ ⑤ $x\ge6$

9201-0921

05 일차부등식 $\frac{2(x-1)}{3}<\frac{3x+2}{5}$를 만족시키는 x의 값 중에서 가장 큰 정수는?

① 15 ② 16 ③ 17
④ 18 ⑤ 19

9201-0922

06 x가 자연수일 때, 일차부등식 $0.7x-0.9<\frac{x+8}{5}$의 모든 해의 합은?

① 3 ② 6 ③ 10
④ 15 ⑤ 21

9201-0923

07 일차부등식 $6x+2\ge4a$를 만족시키는 x의 최솟값이 5일 때, 상수 a의 값은?

① 5 ② 6 ③ 7
④ 8 ⑤ 9

9201-0924

08 일차부등식 $0.5x-0.3(x-2)>1.4$의 해가 일차부등식 $4x+a<2+7x$의 해와 같을 때, 상수 a의 값은?

① 11 ② 12 ③ 13
④ 14 ⑤ 15

9201-0925

09 x에 대한 일차부등식 $-3x+a<7$의 해가 $x>-2$일 때, 상수 a의 값은?

① -2 ② -1 ③ 1
④ 2 ⑤ 3

9201-0926

10 일차부등식 $3(x-2)-a<2(x-5)+4$를 만족시키는 자연수 x가 4개일 때, 상수 a의 값의 범위는?

① $3\le a<4$ ② $3<a\le 4$
③ $4\le a<5$ ④ $4<a\le 5$
⑤ $4\le a\le 5$

9201-0927

11 최대 용량이 1500 kg인 엘리베이터가 있다. 몸무게가 70 kg인 사람 2명이 120 kg짜리 짐을 실어 나르려고 한다. 한 번에 실어 나를 수 있는 짐은 최대 몇 개인가?

① 9개 ② 10개 ③ 11개
④ 12개 ⑤ 13개

서술형

9201-0928

12 어느 미술관의 입장료가 한 사람당 3000원이고, 40명 이상의 단체에게는 입장료의 10 %를 할인해 준다고 한다. 몇 명 이상이면 40명의 단체 입장권을 사는 것이 유리한지 구하시오.

9201-0929

13 건우는 걷기 대회에 참가하여 총 15 km를 가는데 처음에는 시속 3 km로 걸어가다 도중에 시속 4 km로 걸었더니 4시간 30분 이내에 도착하였다. 이때 시속 3 km로 걸어간 거리는 몇 km 이하인지 구하시오.

9201-0930

14 다음 중 일차방정식 $3x-y=11$의 해를 모두 고르면? (정답 2개)

① $(-2, -5)$ ② $(-1, -14)$ ③ $(0, 11)$
④ $(2, 5)$ ⑤ $(4, 1)$

9201-0931

15 x, y가 자연수일 때, 일차방정식 $x+4y=16$의 해의 개수를 a개, 일차방정식 $3x+y=21$의 해의 개수를 b개라고 할 때, $a+b$의 값은?

① 7 ② 8 ③ 9 ④ 10 ⑤ 11

9201-0932

16 두 순서쌍 $(3, 2)$, $(b, -12)$가 일차방정식 $ax-4y=13$의 해일 때, $a+b$의 값은? (단, a는 상수)

① -2 ② -1 ③ 0 ④ 1 ⑤ 2

9201-0933

17 연립방정식 $\begin{cases} mx+3y=-2 \\ -3x+ny=-22 \end{cases}$의 해가 $(2, -m+1)$일 때, $m+n$의 값은? (단, m, n은 상수)

① 5 ② 6 ③ 7 ④ 8 ⑤ 9

9201-0934

18 다음 일차방정식 중 연립방정식 $\begin{cases} x=4y+11 \\ 2x-3y=12 \end{cases}$의 해를 한 해로 갖는 것을 모두 고르면? (정답 2개)

① $x+2y=1$ ② $3x-y=11$ ③ $x-4y=-5$ ④ $-3x+4y=-1$ ⑤ $5x+2y=11$

9201-0935

19 연립방정식 $\begin{cases} 3(x+y)-2x=5 \\ 8x+5(y-x)=7 \end{cases}$을 풀면?

① $x=-4$, $y=3$ ② $x=-1$, $y=2$ ③ $x=2$, $y=1$ ④ $x=5$, $y=0$ ⑤ $x=8$, $y=-1$

9201-0936

20 연립방정식 $\begin{cases} \frac{3}{4}(x-2)+\frac{1}{2}y=-1 \\ 0.5(x-y)+0.1y=-2.6 \end{cases}$의 해가 (a, b)일 때, $b-a$의 값은?

① 5 ② 6 ③ 7 ④ 8 ⑤ 9

9201-0937

21 연립방정식 $\begin{cases} 0.3(x+y)-0.4y=0.8 \\ (x+3):(2y+1)=2:1 \end{cases}$의 해가 (a, b)일 때, $a+b$의 값은?

① 1 ② 2 ③ 3 ④ 4 ⑤ 5

서술형 9201-0938

22 연립방정식 $\begin{cases} 3x-5y=-16 \\ ax+2y=-8 \end{cases}$을 만족시키는 x의 값이 y의 값보다 4만큼 작을 때, 상수 a의 값을 구하시오.

9201-0939

23 다음 두 연립방정식의 해가 서로 같을 때, ab의 값은? (단, a, b는 상수)

$$\begin{cases} 4x-y=-14 \\ ax+5y=4 \end{cases}, \begin{cases} bx+(1-a)y=7 \\ 2x-3y=-12 \end{cases}$$

① -10 ② -8 ③ -6
④ -4 ⑤ -2

9201-0940

24 연립방정식 $\begin{cases} ax+by=0 \\ bx-ay=10 \end{cases}$에서 a와 b를 바꾸어 놓고 풀었더니 해가 $x=2$, $y=-1$이었다. 이때 처음 연립방정식의 해를 구하시오.

발전 9201-0941

25 연립방정식 $\begin{cases} ax+4y=-4 \\ 3x+by=-2 \end{cases}$를 푸는데 윤수는 a를 잘못 보고 풀어서 $x=2$, $y=-4$를 얻었고, 상우는 b를 잘못 보고 풀어서 $x=-2$, $y=1$을 얻었다. 이때 처음 연립방정식의 해를 구하시오. (단, a, b는 상수)

9201-0942

26 둘레의 길이가 64 cm인 직사각형에서 가로의 길이는 세로의 길이의 2배보다 4 cm 짧다고 한다. 이때 이 직사각형의 넓이는?

① 120 cm^2 ② 150 cm^2 ③ 180 cm^2
④ 210 cm^2 ⑤ 240 cm^2

발전 9201-0943

27 어떤 물통에 물을 A호스로 2분 동안 넣은 후 B호스로 9분 동안 넣거나 A호스로 6분 동안 넣은 후 B호스로 3분 동안 넣으면 가득 채울 수 있다고 한다. 이 물통에 물을 A호스만으로 가득 채우는 데는 몇 분이 걸리는지 구하시오.

서술형 9201-0944

28 형이 분속 40 m로 걸어서 산책을 나간지 20분 후에 동생이 자전거를 타고 같은 길을 분속 120 m로 형을 뒤따라갔다. 동생은 출발한지 몇 분 후에 형과 만나는지 구하시오.

9201-0945

01 다음 중 y가 x의 함수가 아닌 것은?

① 자연수 x의 약수의 개수 y
② 절댓값이 x인 수 y
③ 한 권에 x원 하는 노트 3권의 값 y원
④ 넓이가 36 cm^2인 삼각형의 밑변의 길이가 x cm일 때, 높이 y cm
⑤ 자동차가 시속 x km로 2시간 동안 달린 거리 y km

9201-0946

02 함수 $f(x)=2x+5$에 대하여 $f(3)-2f(-1)$의 값은?

① 1 ② 3 ③ 5
④ 7 ⑤ 9

9201-0947

03 다음 중 일차함수인 것은?

① $y=x(x-2)$ ② $y=1-\frac{2}{x}$
③ $y=6(x-4)-3x$ ④ $y+2x=2(x+3)$
⑤ $y=x(x-1)-2x^2$

9201-0948

04 일차함수 $f(x)=\frac{2x+a}{3}$에 대하여 $f(6)=3$일 때, $f(3)=b$이다. 이때 $b-a$의 값은? (단, a는 상수)

① -4 ② -2 ③ 2
④ 4 ⑤ 6

9201-0949

05 일차함수 $y=-\frac{1}{5}x+2$의 그래프를 y축의 방향으로 -4 만큼 평행이동한 직선을 그래프로 하는 일차함수의 식은?

① $y=-5x-2$ ② $y=-5x+2$
③ $y=-\frac{1}{5}x-6$ ④ $y=-\frac{1}{5}x-2$
⑤ $y=-\frac{1}{5}x+2$

9201-0950

06 일차함수 $y=\frac{4}{3}x-2$의 그래프를 y축의 방향으로 p만큼 평행이동한 그래프가 점 $(-6, 3p)$를 지날 때, p의 값을 구하시오.

9201-0951

07 일차함수 $y=\frac{3}{2}x-9$의 그래프와 x축 및 y축으로 둘러싸인 삼각형의 넓이는?

① 23 ② 24 ③ 25
④ 26 ⑤ 27

9201-0952

08 다음 중 일차함수 $y=-\frac{3}{4}x+6$의 그래프는?

①

②

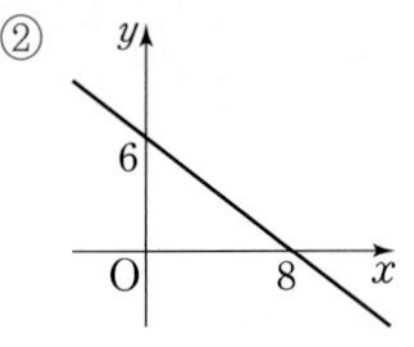

③

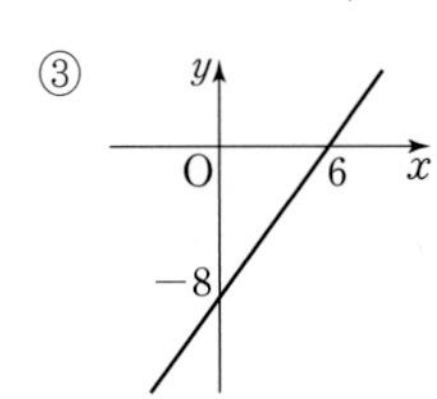

④

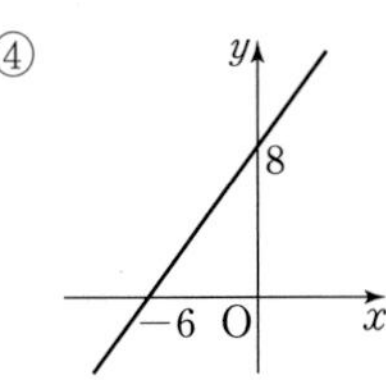

⑤

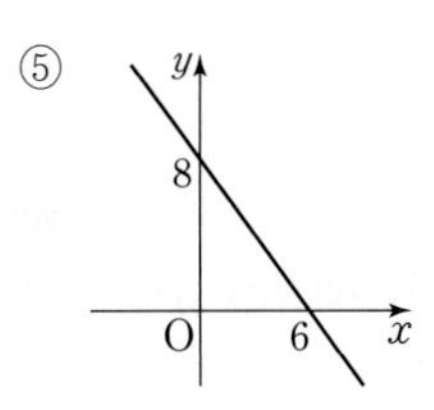

서술형

9201-0953

09 일차함수 $y=ax-1$의 그래프를 y축의 방향으로 -3만큼 평행이동한 그래프가 점 $(3, -10)$을 지날 때, 이 그래프의 x절편은 m이다. 이때 $a+m$의 값을 구하시오.

(단, a는 상수)

9201-0954

10 일차함수 $y=-ax+ab$의 그래프가 오른쪽 그림과 같을 때, 일차함수 $y=-\frac{b}{a}x-a$의 그래프가 지나지 않는 사분면을 구하시오.

(단, a, b는 상수)

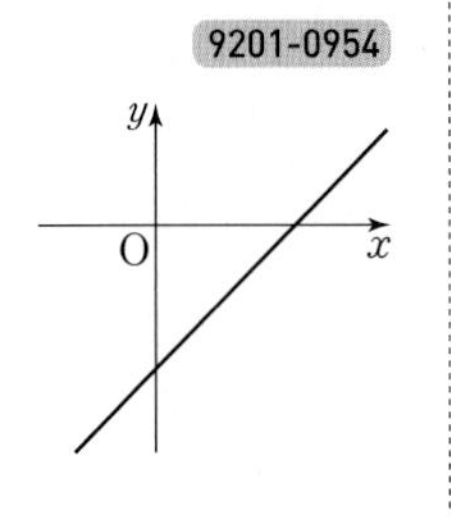

9201-0955

11 두 점 $(-4, 2)$, $(2, k)$를 지나는 일차함수의 그래프의 기울기가 $-\frac{3}{2}$일 때, k의 값은?

① -4　② -5　③ -6
④ -7　⑤ -8

9201-0956

12 두 일차함수 $y=-2x+6$, $y=\frac{1}{2}x+6$의 그래프와 x축으로 둘러싸인 도형의 넓이는?

① 40　② 45　③ 50
④ 55　⑤ 60

9201-0957

13 다음 중 일차함수 $y=\frac{5}{4}x-\frac{3}{4}$의 그래프에 대한 설명으로 옳은 것을 모두 고르면? (정답 2개)

① 오른쪽 아래로 향하는 직선이다.
② x절편은 $\frac{3}{5}$, y절편은 $-\frac{3}{4}$이다.
③ x의 값이 2만큼 증가할 때, y의 값은 5만큼 증가한다.
④ 제1, 3, 4사분면을 지난다.
⑤ y축과 양의 부분에서 만난다.

대단원 실전 테스트

서술형 9201-0958

14 일차함수 $y=ax+b$의 그래프는 오른쪽 그림의 직선과 평행하고, 점 $(3,\ -5)$를 지난다. 이때 상수 a, b에 대하여 $a-b$의 값을 구하시오.

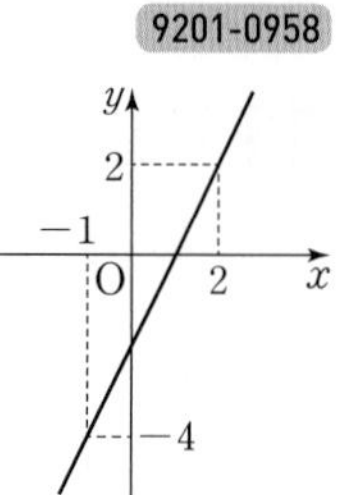

9201-0959

15 공기 중에서 소리의 속력은 기온이 0 ℃일 때 초속 331 m이고, 기온이 10 ℃ 오를 때마다 소리의 속력은 초속 5 m씩 증가한다고 한다. 기온이 26 ℃일 때 소리의 속력은?

① 초속 340 m ② 초속 342 m
③ 초속 344 m ④ 초속 346 m
⑤ 초속 348 m

서술형 발전 9201-0960

16 집에서 3 km 떨어진 서점까지 가는데 동생은 걸어서 가고, 형은 동생이 출발한 지 5분 후에 자전거를 타고 갔다. 오른쪽 그림은 동생이 출발한 지 x분 후에 집으로부터 동생과 형이 있는 지점까지의 거리를 y km라고 할 때, x와 y 사이의 관계를 나타낸 것이다. 형과 동생이 만나는 것은 동생이 출발한 지 몇 분 후인지 구하시오.

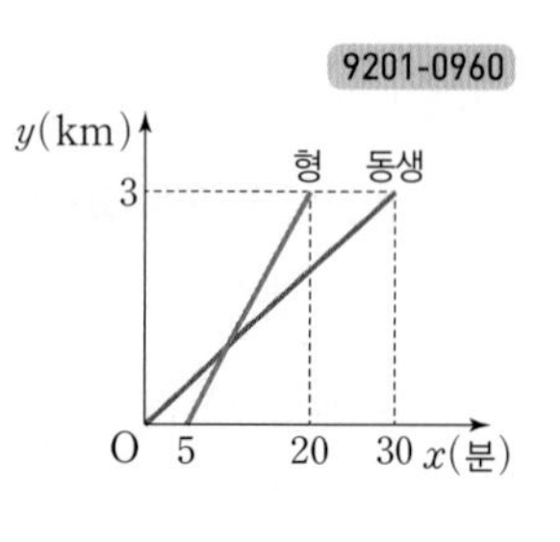

9201-0961

17 다음 중 그 그래프가 일차방정식 $-2x-10y+6=0$의 그래프와 일치하는 것은?

① $y=-\frac{1}{5}x-\frac{3}{5}$ ② $y=-\frac{1}{5}x+\frac{3}{5}$
③ $y=-5x-\frac{3}{5}$ ④ $y=-5x+\frac{3}{5}$
⑤ $y=\frac{1}{5}x+\frac{3}{5}$

9201-0962

18 일차방정식 $6x-2y+a=0$의 그래프를 y축의 방향으로 -5만큼 평행이동한 직선을 그래프로 하는 일차함수의 식이 $y=bx-1$일 때, 상수 a, b에 대하여 $a+b$의 값은?

① 11 ② 12 ③ 13
④ 14 ⑤ 15

9201-0963

19 다음 중 일차방정식 $2x-3y-7=0$의 그래프 위의 점 $(k,\ 2k+1)$을 지나고 x축에 평행한 직선의 방정식은?

① $2x-5=0$ ② $-2x+12=0$
③ $y+6=0$ ④ $2y-8=0$
⑤ $2y+8=0$

9201-0964

20 네 직선 $y=-1$, $y-3=0$, $x-p=0$, $2x+6p=0$으로 둘러싸인 사각형의 넓이가 96일 때, 양수 p의 값을 구하시오.

9201-0965

21 두 일차방정식 $x-5y-5=0$, $3x-y+13=0$의 그래프의 교점을 (p, q)라고 할 때, $p+q$의 값은?

① -9 ② -8 ③ -7
④ -6 ⑤ -5

9201-0966

22 일차함수 $y=ax+b$의 그래프는 일차방정식 $3x-2y+12=0$의 그래프와 x축에서 만나고, 일차방정식 $3x+y=2$의 그래프와 y축에서 만날 때, $2a+b$의 값은? (단, a, b는 상수)

① 3 ② 5 ③ 7
④ 9 ⑤ 11

발전

9201-0967

23 오른쪽 그림은 연립방정식 $\begin{cases} 2x+ay=2b+1 \\ (a-1)x-by=2 \end{cases}$의 해를 구하기 위하여 두 일차방정식의 그래프를 각각 그린 것이다. 두 상수 a, b에 대하여 $3a+b$의 값을 구하시오.

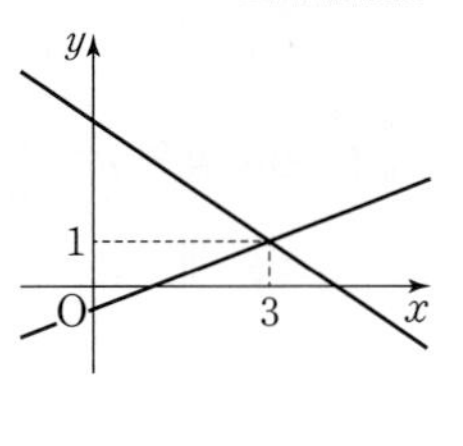

9201-0968

24 세 직선 $3ax+4y=-6$, $3x+y=9$, $2x-y=1$이 한 점에서 만날 때, 상수 a의 값은?

① -5 ② -4 ③ -3
④ -2 ⑤ -1

발전

9201-0969

25 오른쪽 그림과 같이 두 직선 $y=2x$, $x+y=6$의 교점을 지나면서 두 직선과 x축으로 둘러싸인 도형의 넓이를 이등분하는 직선의 방정식이 $ax+by=12$일 때, 상수 a, b에 대하여 $2a+3b$의 값을 구하시오.

9201-0970

26 두 직선 $(a+b)x+2y=1$, $x-4y=a$의 교점이 무수히 많을 때, 상수 a, b에 대하여 ab의 값은?

① -3 ② $-\frac{5}{2}$ ③ -2
④ $-\frac{3}{2}$ ⑤ -1

대단원 실전 테스트 2회 III. 함수

9201-0971

01 함수 $f(x)=\frac{32}{x}+1$에 대하여 $f(2)-f(8)$의 값은?

① 6 ② 8 ③ 10
④ 12 ⑤ 14

9201-0972

02 일차함수 $f(x)=-\frac{4x+a}{3}$에 대하여 $f(-3)=-2$일 때, $f(-12)$의 값은? (단, a는 상수)

① 10 ② 12 ③ 14
④ 15 ⑤ 18

9201-0973

03 $y=a(2x-3)+12-8x$가 x에 대한 일차함수가 되게 하는 상수 a의 조건은?

① $a=4$ ② $a\neq4$ ③ $a=6$
④ $a\neq6$ ⑤ $a=8$

9201-0974

04 일차함수 $y=-\frac{6}{5}x+4$의 그래프를 y축의 방향으로 k만큼 평행이동한 그래프가 일차함수 $y=ax+9$의 그래프와 일치할 때, $10a+5k$의 값을 구하시오. (단, a는 상수)

9201-0975

05 오른쪽 그림과 같은 일차함수의 그래프를 y축의 방향으로 -6만큼 평행이동한 그래프가 점 $(a, -12)$를 지날 때, a의 값은?

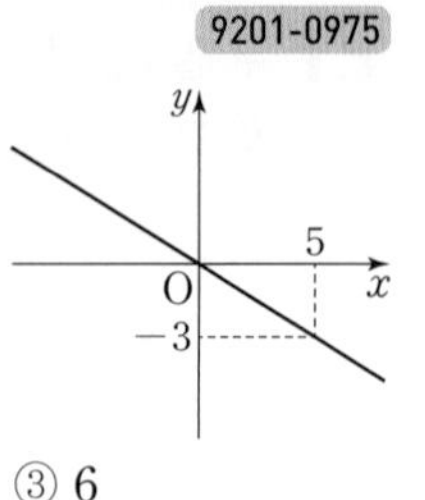

① 2 ② 4 ③ 6
④ 8 ⑤ 10

서술형

9201-0976

06 두 일차함수 $y=3x-2$, $y=-\frac{1}{5}x+a$의 그래프를 각각 y축의 방향으로 k만큼 평행이동했더니 두 그래프 모두 점 $(5, 8)$을 지났다. 이때 $a-k$의 값을 구하시오.

(단, a는 상수)

9201-0977

07 일차함수 $y=\frac{5}{6}x-10$의 그래프의 x절편이 m, y절편이 n일 때, $m+n$의 값은?

① -2 ② 0 ③ 2
④ 4 ⑤ 6

9201-0978

08 일차함수 $y=\frac{3}{2}x-2$의 그래프에서 x의 값이 -8에서 2까지 증가할 때, y의 값의 증가량은?

① 6 ② 9 ③ 12
④ 15 ⑤ 18

9201-0979

09 일차함수 $y=ax-1$의 그래프를 y축의 방향으로 k만큼 평행이동한 일차함수의 그래프가 오른쪽 그림과 같을 때, $2a+k$의 값은? (단, a는 상수)

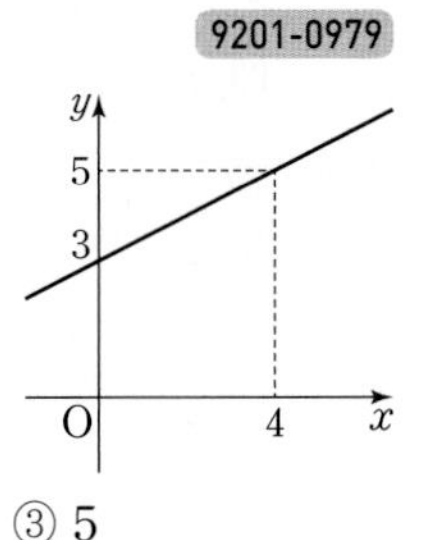

① 3 ② 4 ③ 5
④ 6 ⑤ 7

9201-0980

10 오른쪽 그림과 같이 일차함수 $y=ax-6$의 그래프가 x축, y축과 만나는 점을 각각 A, B라고 할 때, 삼각형 ABO의 넓이가 27이다. 이때 음수 a의 값을 구하시오.

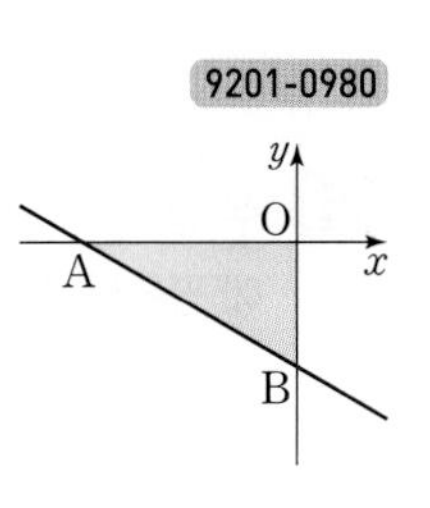

9201-0981

11 오른쪽 그림과 같이 일차함수 $y=-\frac{3}{4}x+9$의 그래프가 x축, y축과 만나는 점을 각각 A, B라고 할 때, 직선 $y=ax$가 △BOA의 넓이를 이등분하도록 하는 상수 a의 값은?

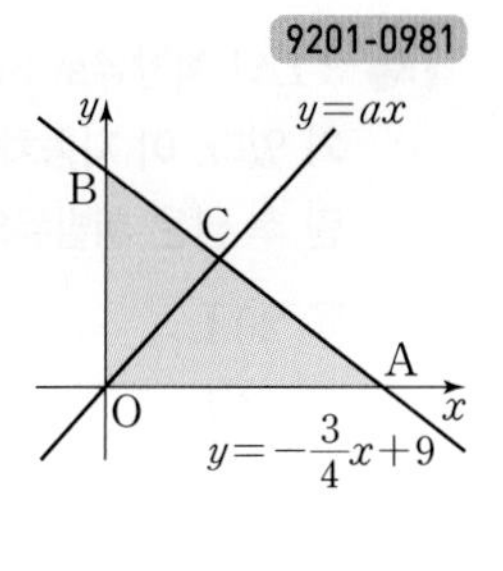

① $\frac{2}{3}$ ② $\frac{3}{4}$ ③ $\frac{4}{5}$
④ $\frac{5}{6}$ ⑤ 1

서술형 발전

9201-0982

12 오른쪽 그림은 일차함수 $y=(a-b)x+ab$의 그래프이다. 일차함수 $y=(a+2)x-\frac{a^2}{b}$의 그래프가 지나지 않는 사분면을 구하시오. (단, a, b는 상수)

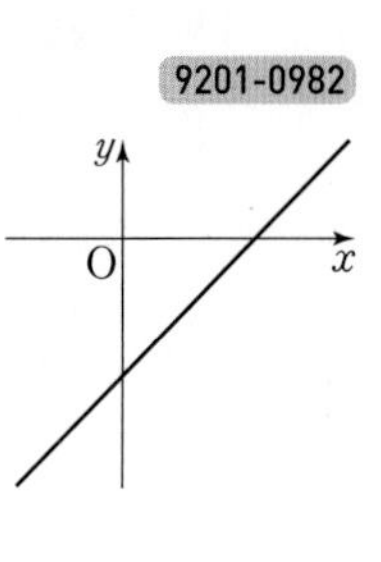

9201-0983

13 일차함수 $y=ax+b$의 그래프는 일차함수 $y=-\frac{7}{3}x-14$의 그래프와 x축에서 만나고, 일차함수 $y=\frac{1}{3}x-2$의 그래프와 y축에서 만난다. 이때 상수 a, b에 대하여 $3a+b$의 값은?

① -6 ② -5 ③ -4
④ -3 ⑤ -2

9201-0984

14 3 L의 휘발유로 60 km를 달릴 수 있는 하이브리드 자동차가 있다. 이 자동차에 36 L의 휘발유를 넣고 240 km를 달린 후 남은 휘발유의 양은?

① 20 L ② 21 L ③ 22 L
④ 23 L ⑤ 24 L

서술형 9201-0985

15 다음 그림은 800만 원을 A은행의 어느 상품에 예금하였을 때, 시간이 지남에 따라 원금과 이자의 합계 금액을 나타낸 그래프이다. 예금한 지 x년 후의 원금과 이자의 합계 금액을 y만 원이라고 할 때, 원금과 이자의 합계 금액이 원금의 2배가 되는 것은 예금한 지 몇 년 후인지 구하시오.

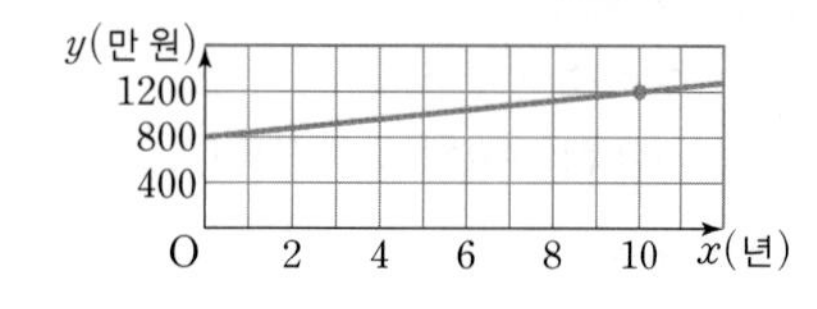

9201-0986

16 일차방정식 $8x+6y-10=0$의 그래프의 기울기와 y절편은?

① 기울기: $-\frac{5}{3}$, y절편: $\frac{4}{3}$
② 기울기: $-\frac{4}{3}$, y절편: $\frac{5}{3}$
③ 기울기: $\frac{5}{3}$, y절편: $-\frac{4}{3}$
④ 기울기: $-\frac{4}{3}$, y절편: $-\frac{5}{3}$
⑤ 기울기: $\frac{4}{3}$, y절편: $\frac{5}{3}$

9201-0987

17 다음 중 일차방정식 $6x-4y+2=0$의 그래프에 대한 설명으로 옳은 것은?

① x절편은 $-\frac{4}{5}$이다.
② 오른쪽 아래로 향하는 직선이다.
③ y축과 음의 부분에서 만난다.
④ 제1, 2, 3사분면을 지나는 직선이다.
⑤ x의 값이 3만큼 증가할 때, y의 값은 2만큼 증가한다.

9201-0988

18 일차방정식 $3x-4y+20=0$의 그래프를 y축의 방향으로 -2만큼 평행이동한 그래프의 x절편이 m, y절편이 n일 때, $n-m$의 값은?

① 5 ② 6 ③ 7
④ 8 ⑤ 9

9201-0989

19 일차방정식 $9x+3y-6=0$의 그래프를 y축의 방향으로 10만큼 평행이동한 그래프와 x축, y축으로 둘러싸인 도형의 넓이를 구하시오.

9201-0990

20 두 점 $(4a-2, 5a+1)$, $(a+7, 3a-7)$을 지나고, x축에 평행한 직선의 방정식은?

① $x+13=0$ ② $x+15=0$ ③ $y+15=0$
④ $y+17=0$ ⑤ $y+19=0$

9201-0991

21 일차방정식 $5ax+(b+1)y-4=0$의 그래프는 두 일차방정식 $2x+3y=-1$, $4x-y-5=0$의 그래프의 교점을 지나고, y축에 수직인 직선이다. 이때 상수 a, b에 대하여 $a-b$의 값은?

① 3 ② 5 ③ 7
④ 9 ⑤ 11

9201-0992

22 두 일차방정식
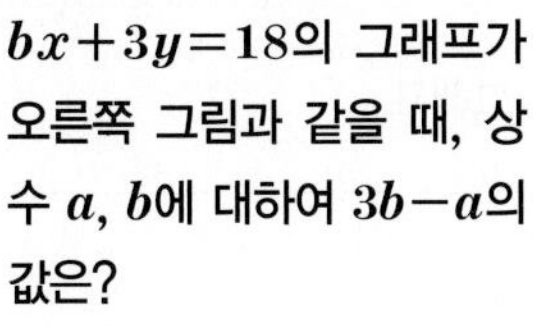
$2x+ay-8=0$,
$bx+3y=18$의 그래프가 오른쪽 그림과 같을 때, 상수 a, b에 대하여 $3b-a$의 값은?

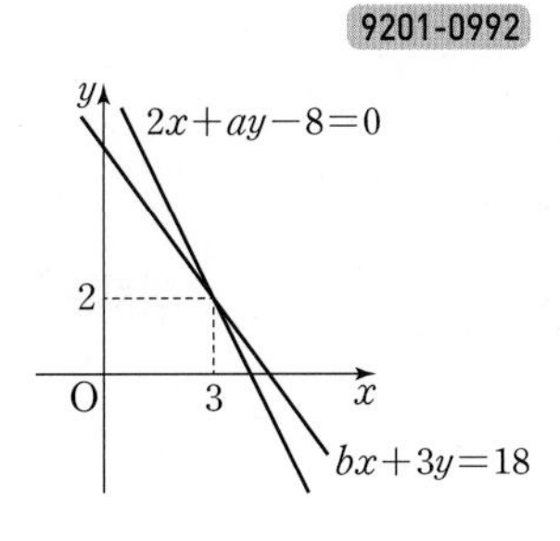

① 7 ② 9
③ 11 ④ 13
⑤ 15

발전

9201-0993

23 오른쪽 그림과 같이 세 직선 $x-y=4$, $2x+5y=1$, $x+2=0$으로 둘러싸인 삼각형 ABC의 넓이를 구하시오.

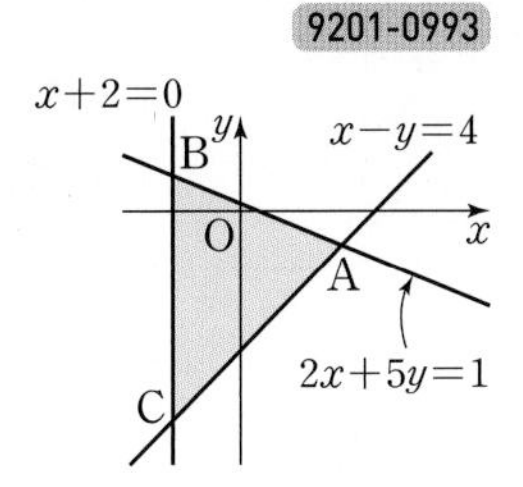

발전

9201-0994

24 두 일차방정식 $3x-2y=19$, $2x+y=1$의 그래프의 교점을 지나는 직선의 방정식 $ax+by+20=0$이 두 일차방정식 $x+3y=-14$, $6x+y=1$의 그래프의 교점을 지날 때, $2a+3b$의 값은? (단, a, b는 상수)

① 8 ② 9 ③ 10
④ 11 ⑤ 12

발전

9201-0995

25 세 직선 $2x-5y-5=0$, $3x-2y-13=0$, $y=ax$로 둘러싸인 도형이 삼각형이 되지 않도록 하는 상수 a의 값을 모두 구하시오.

9201-0996

26 연립방정식 $\begin{cases} 3x+ay=4 \\ -3x+5y=b \end{cases}$의 해가 없기 위한 상수 a, b의 조건은?

① $a=-5$, $b\neq-4$ ② $a=-5$, $b\neq-2$
③ $a=-3$, $b\neq-2$ ④ $a=-3$, $b\neq-4$
⑤ $a=3$, $b\neq-4$

개념 내용 체제도

● 수와 연산

중1	중2	중3
소인수분해 정수와 유리수	유리수와 순환소수	제곱근과 실수

● 문자와 식

중1	중2	중3
문자의 사용과 식의 계산 일차방정식	식의 계산 일차부등식과 연립일차방정식	다항식의 곱셈과 인수분해 이차방정식

● 함수

중1	중2	중3
좌표평면과 그래프	일차함수와 그래프 일차함수와 일차방정식의 관계	이차함수와 그래프

● 기하

중1	중2	중3
기본도형 작도와 합동 평면도형의 성질 입체도형의 성질	삼각형과 사각형의 성질 도형의 닮음 피타고라스 정리	삼각비 원의 성질

● 확률과 통계

중1	중2	중3
자료의 정리와 해석	확률과 그 기본 성질	대푯값과 산포도 상관관계

MEMO

MEMO

MEMO

MEMO

EBS 중학

뉴런

| 수학 2(상) |

정답과 풀이 <개념책>

정답과 풀이 개념책

I 수와 식의 계산

1. 유리수와 순환소수

유리수의 소수 표현 본문 8~13쪽

개념 확인 문제

1 (1) 유 (2) 무 (3) 무 (4) 유 2 (1) 7 (2) 85 (3) 41 (4) 231
3 (1) 5^2, 100, 0.75 (2) 2^2, 16, 0.16 4 (1) 유 (2) 순 (3) 순 (4) 유

유제 1

① 1.444 ⋯ ➡ 4
③ 0.015015015 ⋯ ➡ 015
④ 0.157157157 ⋯ ➡ 157
⑤ 6.145614561456 ⋯ ➡ 1456

답 ②

유제 2

$\frac{4}{99}=0.040404\cdots$이므로 순환마디는 04

답 ③

유제 3

② $0.2050505\cdots=0.2\dot{0}\dot{5}$
③ $15.315315315\cdots=15.\dot{3}1\dot{5}$
④ $0.202020\cdots=0.\dot{2}\dot{0}$
⑤ $0.372037203720\cdots=0.\dot{3}72\dot{0}$

답 ①

유제 4

$\frac{3}{44}=0.06818181\cdots$이므로 순환소수로 나타내면 $0.06\dot{8}\dot{1}$

답 ⑤

유제 5

① 순환마디의 숫자의 개수가 1개이므로 소수점 아래 15번째 자리의 숫자는 5
② 순환마디의 숫자의 개수가 2개이고, $15=2\times7+1$이므로 소수점 아래 15번째 자리의 숫자는 3
③ 순환마디의 숫자의 개수가 3개이고, $15=3\times5$이므로 소수점 아래 15번째 자리의 숫자는 4
④ 순환마디의 숫자의 개수가 1개이므로 소수점 아래 15번째 자리의 숫자는 3
⑤ 순환마디의 숫자의 개수가 2개이고, $15=1+2\times7$이므로 소수점 아래 15번째 자리의 숫자는 7

답 ⑤

유제 6

$\frac{4}{27}=0.\dot{1}4\dot{8}$의 순환마디의 숫자의 개수가 3개이고,
$20=3\times6+2$이므로 구하는 합은
$(1+4+8)\times6+(1+4)=83$

답 83

유제 7

$\frac{6}{25}=\frac{6}{5^2}=\frac{6\times2^2}{5^2\times2^2}=\frac{24}{100}=0.24$
따라서 $a=4$, $b=24$, $c=0.24$

답 $a=4$, $b=24$, $c=0.24$

유제 8

$\frac{7}{40}=\frac{7}{2^3\times5}=\frac{7\times5^2}{2^3\times5\times5^2}=\frac{175}{1000}=0.175$
따라서 $a=25$, $b=175$, $c=0.175$

답 $a=25$, $b=175$, $c=0.175$

유제 9

① $\frac{7}{15}=\frac{7}{3\times5}$은 분모에 소인수 3이 있으므로 유한소수로 나타낼 수 없다.
② $\frac{9}{21}=\frac{3}{7}$은 분모에 소인수 7이 있으므로 유한소수로 나타낼 수 없다.
③ $\frac{8}{48}=\frac{1}{6}=\frac{1}{2\times3}$은 분모에 소인수 3이 있으므로 유한소수로 나타낼 수 없다.
④ $\frac{6}{81}=\frac{2}{27}=\frac{2}{3^3}$는 분모에 소인수 3이 있으므로 유한소수로 나타낼 수 없다.
⑤ $\frac{12}{150}=\frac{2}{25}=\frac{2}{5^2}$는 분모의 소인수가 5뿐이므로 유한소수로 나타낼 수 있다.

답 ⑤

유제 10

① $\frac{7}{28}=\frac{1}{4}=\frac{1}{2^2}$은 분모의 소인수가 2뿐이므로 유한소수로 나타낼 수 있다.

② $\frac{14}{60}=\frac{7}{30}=\frac{7}{2\times3\times5}$은 분모에 소인수 3이 있으므로 유한소수로 나타낼 수 없다.

③ $\frac{9}{2^3\times3}=\frac{3}{2^3}$은 분모의 소인수가 2뿐이므로 유한소수로 나타낼 수 있다.

④ $\frac{11}{50}=\frac{11}{2\times5^2}$은 분모의 소인수가 2와 5뿐이므로 유한소수로 나타낼 수 있다.

⑤ $\frac{21}{2\times5^2\times7}=\frac{3}{2\times5^2}$은 분모의 소인수가 2와 5뿐이므로 유한소수로 나타낼 수 있다.

답 ②

유제 11

$\frac{6}{252}=\frac{2\times3}{2^2\times3^2\times7}=\frac{1}{2\times3\times7}$이므로 a가 21의 배수이면 유한소수가 된다.
따라서 구하는 가장 작은 자연수 a는 21이다.

답 21

유제 12

$\frac{1}{150}=\frac{1}{2\times3\times5^2}$이므로 a가 3의 배수이면 유한소수가 된다.
따라서 a의 값이 될 수 없는 것은 ④ 10이다.

답 ④

유제 13

$\frac{15}{2^2\times5\times x}=\frac{3}{2^2\times x}$이므로 x가 될 수 있는 수는 3, 소인수가 2 또는 5뿐인 수, 3×(소인수가 2 또는 5뿐인 수)이다.
$8=2^3$, $12=2^2\times3$이므로 x의 값이 될 수 있는 수는 8, 12이다.

답 ②, ⑤

유제 14

$\frac{3}{8\times x}=\frac{3}{2^3\times x}$이므로 x가 될 수 있는 수는 3, 소인수가 2 또는 5뿐인 수, 3×(소인수가 2 또는 5뿐인 수)이다.
이때 한 자리 자연수 x는 1, 2, 3, 4, 5, 6, 8의 7개이다.

답 ③

유제 15

$\frac{15}{2^3\times5\times a}=\frac{3}{2^3\times a}$이므로 a가 7 또는 9이면 순환소수가 된다.
따라서 구하는 a의 값의 합은 $7+9=16$

답 ④

유제 16

① $\frac{28}{3}$이므로 순환소수가 된다.

② $\frac{28}{5}$이므로 유한소수가 된다.

③ $\frac{28}{21}=\frac{4}{3}$이므로 순환소수가 된다.

④ $\frac{28}{24}=\frac{7}{6}=\frac{7}{2\times3}$이므로 순환소수가 된다.

⑤ $\frac{28}{35}=\frac{4}{5}$이므로 유한소수가 된다.

답 ②, ⑤

형성평가

본문 14쪽

01 ② **02** ①, ③ **03** ① **04** 100.075 **05** ④
06 ③ **07** ⑤ **08** ②, ③

01

① 0.151515 ⋯ ➡ 15
③ 0.376376376 ⋯ ➡ 376
④ 1.721721721 ⋯ ➡ 721
⑤ 14.514514514 ⋯ ➡ 514

답 ②

02

① $1.3888\cdots=1.3\dot{8}$
③ $0.2414141\cdots=0.2\dot{4}\dot{1}$

답 ①, ③

03

순환마디의 숫자의 개수는 3개이고, $18=1+3\times5+2$이므로 소수점 아래 18번째 자리의 숫자는 0이다.

답 ①

04

$\frac{3}{40}=\frac{3}{2^3\times5}=\frac{3\times5^2}{2^3\times5\times5^2}=\frac{75}{1000}=0.075$
따라서 $a=25$, $b=75$, $c=0.075$이므로
$a+b+c=100.075$

답 100.075

05

기약분수로 나타낸 후 분모를 소인수분해하면

① $\frac{7}{30}=\frac{7}{2\times3\times5}$은 분모에 소인수 3이 있으므로 유한소수로 나타낼 수 없다.

② $\frac{11}{18}=\frac{11}{2\times3^2}$은 분모에 소인수 3이 있으므로 유한소수로 나타낼 수 없다.

③ $\frac{8}{6}=\frac{4}{3}$는 분모에 소인수 3이 있으므로 유한소수로 나타낼 수 없다.

④ $\frac{28}{2\times5^2\times7}=\frac{2}{5^2}$는 분모의 소인수가 5뿐이므로 유한소수로 나타낼 수 있다.

⑤ $\frac{6}{2\times3^2\times5}=\frac{1}{3\times5}$은 분모에 소인수 3이 있으므로 유한소수로 나타낼 수 없다.

답 ④

06

$\frac{5}{72}=\frac{5}{2^3\times3^2}$이므로 a가 3^2의 배수이면 유한소수가 된다.

따라서 가장 작은 자연수 a는 9이다.

답 ③

07

① $\frac{21}{50\times7}=\frac{3}{2\times5^2}$이므로 유한소수가 된다.

② $\frac{21}{50\times12}=\frac{7}{2^3\times5^2}$이므로 유한소수가 된다.

③ $\frac{21}{50\times14}=\frac{3}{2^2\times5^2}$이므로 유한소수가 된다.

④ $\frac{21}{50\times15}=\frac{7}{2\times5^3}$이므로 유한소수가 된다.

⑤ $\frac{21}{50\times18}=\frac{7}{2^2\times3\times5^2}$이므로 유한소수가 되지 않는다.

답 ⑤

08

$\frac{a}{280}=\frac{a}{2^3\times5\times7}$이므로 a가 7의 배수가 아니면 순환소수가 된다.

따라서 9, 11은 7의 배수가 아니므로 a의 값이 될 수 있다.

답 ②, ③

2 순환소수의 분수 표현

본문 15~18쪽

개념 확인 문제

1 (1) 10, 9, 9 (2) 10, 90, 56 **2** (1) 9 (2) 17, 161

3 (1) 7, 11 (2) 13, 8 (3) 6, 8 (4) 2, 2, 4

4 (1) ○ (2) × (3) × (4) ○

유제 1

주어진 순환소수와 소수점 아래의 부분이 같도록 하는 두 식을 구하면

$1000x=3207.\dot{2}0\dot{7}$, $x=3.\dot{2}0\dot{7}$

따라서 가장 편리한 식은 ③ $1000x-x$이다.

답 ③

유제 2

$1.2\dot{5}$를 x라고 하면 $x=1.2555\cdots$ …… ㉠

㉠의 양변에 100을 곱하면

$100x=125.555\cdots$ …… ㉡

㉠의 양변에 10을 곱하면

$10x=12.555\cdots$ …… ㉢

㉡−㉢을 하면 $90x=113$

따라서 $x=\frac{113}{90}$

답 (가): 100 (나): 10 (다): 90 (라): 113 (마): $\frac{113}{90}$

유제 3

① $0.\dot{7}\dot{2}=\frac{72}{99}=\frac{8}{11}$

② $2.\dot{1}\dot{5}=\frac{215-2}{99}=\frac{213}{99}=\frac{71}{33}$

③ $1.\dot{3}=\frac{13-1}{9}=\frac{12}{9}=\frac{4}{3}$

④ $0.5\dot{3}=\frac{53-5}{90}=\frac{48}{90}=\frac{8}{15}$

⑤ $0.\dot{7}2\dot{5}=\frac{725}{999}$

답 ②, ④

유제 4

① $1.0\dot{5}=\frac{105-10}{90}$

③ $3.\dot{1}\dot{5}=\frac{315-3}{99}$

답 ①, ③

유제 5

$2.\dot{8}-0.\dot{5}=\frac{28-2}{9}-\frac{5}{9}=\frac{21}{9}=2.\dot{3}$

답 ⑤

유제 6

$a-b=0.\dot{4}\dot{5}-0.\dot{2}\dot{7}=\frac{45}{99}-\frac{27}{99}=\frac{18}{99}=0.\dot{1}\dot{8}$

답 ③

유제 7

유리수는 두 정수 a, b에 대하여 $\frac{a}{b}$ $(b\neq0)$ 꼴로 나타낼 수 있는 수이다.

① 정수는 유리수이다.
③ 유한소수는 유리수이다.
④ 순환소수는 유리수이다.
⑤ 원주율 π는 유리수가 아니다.

답 ⑤

유제 8

ㄴ. 정수가 아닌 유리수 중에는 유한소수로 나타내지 못하고 순환소수로 나타내어지는 수가 있다.
ㄷ. 소수 중에서 순환하지 않는 무한소수는 유리수가 아니다.
ㄹ. 정수가 아닌 유리수는 유한소수로 나타내어지지 않으면 순환소수로 나타내어진다.

따라서 옳은 것은 ㄱ, ㄷ, ㄹ이다.

답 ㄱ, ㄷ, ㄹ

형성평가

본문 19쪽

01 ② 02 ③ 03 ⑤ 04 ① 05 ② 06 ②
07 ②, ④

01

주어진 순환소수와 소수점 아래의 부분이 같도록 하는 두 식을 구하면

$100x=253.\dot{5}\dot{3}$, $x=2.\dot{5}\dot{3}$

따라서 가장 편리한 식은 ② $100x-x$이다.

답 ②

02

③ 990

답 ③

03

① $0.\dot{1}\dot{3}=\frac{13}{99}$

② $0.4\dot{1}=\frac{41-4}{90}=\frac{37}{90}$

③ $1.\dot{7}\dot{3}=\frac{173-1}{99}=\frac{172}{99}$

④ $0.\dot{3}6\dot{0}=\frac{360}{999}=\frac{40}{111}$

⑤ $2.4\dot{8}\dot{5}=\frac{2485-24}{990}=\frac{2461}{990}$

답 ⑤

04

$0.\dot{6}+2.\dot{4}=\frac{6}{9}+\frac{22}{9}=\frac{28}{9}=3.\dot{1}$

답 ①

05

$0.\dot{5}\dot{4}-0.\dot{3}\dot{6}=\frac{54}{99}-\frac{36}{99}=\frac{18}{99}=\frac{2}{11}$

이므로 $a=2$, $b=11$

따라서 $a+b=2+11=13$

답 ②

06

② 유한소수는 모두 유리수이다.
④ 유리수 중에서 순환소수는 무한소수이다.
⑤ 무한소수 중에는 순환하지 않는 무한소수도 있다.

답 ②

07

② 유리수는 모두 $\frac{a}{b}$ (a, b는 정수, $b\neq0$) 꼴로 나타낼 수 있다.
④ 정수가 아닌 유리수는 유한소수와 순환소수 둘 중의 하나로 나타내어진다.

답 ②, ④

중단원 마무리

본문 20~23쪽

01 ㄴ, ㄷ	02 ④	03 ③	04 ③	05 ②	06 ①, ④
07 ⑤	08 $4.444\cdots$, 4, $\frac{4}{9}$, $\frac{4}{9}$			09 ③	10 ⑤
11 ④	12 ④	13 ③	14 ③	15 ③	16 ②
17 ④	18 ②, ④	19 ④	20 ②	21 ③, ④	22 ②
23 ③	24 ⑤	25 ④	26 ⑤	27 ④	28 ㄱ, ㄷ
29 ③	30 ④	31 $5.\dot{6}$			

01
무한소수는 소수점 아래의 0이 아닌 숫자가 무한히 많은 소수이므로 ㄴ, ㄷ이다.

답 ㄴ, ㄷ

02
④ $1.451451451\cdots=1.\dot{4}5\dot{1}$

답 ④

03
$\frac{5}{22}=0.2272727\cdots$이므로 순환마디는 27

답 ③

04
$\frac{7}{12}=0.58333\cdots$이므로 $0.58\dot{3}$

답 ③

05
순환마디의 숫자의 개수가 3개이고, $100=3\times33+1$이므로 소수점 아래 100번째 자리의 숫자는 2이다.

답 ②

06
분모의 소인수가 2 또는 5뿐이면 분모를 10의 거듭제곱의 꼴로 나타낼 수 있다.

① 분모에 소인수 3이 있으므로 10의 거듭제곱의 꼴로 나타낼 수 없다.

④ 분모 $6=2\times3$에서 소인수 3이 있으므로 10의 거듭제곱의 꼴로 나타낼 수 없다.

답 ①, ④

07
⑤ $\frac{13^2}{2^2\times13\times5}=\frac{13}{2^2\times5}$이고, 이때 분모의 소인수가 2와 5뿐이므로 유한소수로 나타낼 수 있다.

답 ⑤

08
$0.\dot{4}$를 x라고 하면 $x=0.444\cdots$ …… ㉠

㉠의 양변에 10을 곱하면

$10x=4.444\cdots$ …… ㉡

㉡－㉠을 하면 $9x=4$

따라서 $x=\frac{4}{9}$이므로

$0.\dot{4}=\frac{4}{9}$

답 $4.444\cdots$, 4, $\frac{4}{9}$, $\frac{4}{9}$

09
$\frac{3}{22}=0.1363636\cdots=0.1\dot{3}\dot{6}$

순환마디의 숫자의 개수가 2개이고, $70=1+2\times34+1$이므로 소수점 아래 70번째 자리의 숫자는 3이다.

답 ③

10
$0.\dot{2}5\dot{8}$의 순환마디의 숫자의 개수는 3개이고,

$30=3\times10$이므로 $a=8$

$50=3\times16+2$이므로 $b=5$

따라서 $a+b=8+5=13$

답 ⑤

11
$\frac{3}{25}=\frac{3}{5^2}=\frac{3\times2^2}{5^2\times2^2}=\frac{12}{100}=0.12$

따라서 $a=2^2$, $b=12$, $c=0.12$

답 ④

12
ㄱ. $\frac{6}{15}=\frac{2}{5}$는 분모의 소인수가 5뿐이므로 유한소수로 나타낼 수 있다.

ㄴ. $\frac{12}{60}=\frac{1}{5}$은 분모의 소인수가 5뿐이므로 유한소수로 나타낼 수 있다.

ㄷ. $\frac{15}{3^2\times5^2}=\frac{1}{3\times5}$은 분모에 소인수 3이 있으므로 유한소수로 나타낼 수 없다.

ㄹ. $\frac{9}{84}=\frac{3}{28}=\frac{3}{2^2\times7}$은 분모에 소인수 7이 있으므로 유한소수로 나타낼 수 없다.

ㅁ. $\frac{17}{125}=\frac{17}{5^3}$ 은 분모의 소인수가 5뿐이므로 유한소수로 나타낼 수 있다.

ㅂ. $\frac{26}{2^2\times5\times13}=\frac{1}{2\times5}$ 은 분모의 소인수가 2와 5뿐이므로 유한소수로 나타낼 수 있다.

따라서 유한소수로 나타낼 수 있는 것은 ㄱ, ㄴ, ㅁ, ㅂ의 4개이다.

답 ④

13

A가 3의 배수이면 유한소수가 된다.

따라서 A의 값이 될 수 있는 것은 ③ 6이다.

답 ③

14

① $\frac{33}{2^3\times3}=\frac{11}{2^3}$이므로 유한소수가 된다.

② $\frac{33}{2^3\times6}=\frac{11}{2^4}$이므로 유한소수가 된다.

③ $\frac{33}{2^3\times9}=\frac{11}{2^3\times3}$이므로 유한소수가 될 수 없다.

④ $\frac{33}{2^3\times11}=\frac{3}{2^3}$이므로 유한소수가 된다.

⑤ $\frac{33}{2^3\times12}=\frac{11}{2^5}$이므로 유한소수가 된다.

답 ③

15

$\frac{x}{12}=\frac{x}{2^2\times3}$이므로 x는 3의 배수

$\frac{x}{35}=\frac{x}{5\times7}$이므로 x는 7의 배수

즉, x는 3의 배수이고 7의 배수이므로 21의 배수이다.

따라서 구하는 가장 작은 자연수 x는 21이다.

답 ③

16

기약분수로 나타냈을 때, 분모가 2 또는 5 이외의 소인수를 가지면 순환소수가 된다.

ㄱ. $\frac{9}{4}=\frac{9}{2^2}$이므로 유한소수가 된다.

ㄴ. $\frac{21}{6}=\frac{7}{2}$이므로 유한소수가 된다.

ㄷ. $\frac{8}{15}=\frac{8}{3\times5}$이므로 순환소수가 된다.

ㄹ. $\frac{33}{55}=\frac{3}{5}$이므로 유한소수가 된다.

ㅁ. $\frac{4}{56}=\frac{1}{14}=\frac{1}{2\times7}$이므로 순환소수가 된다.

따라서 순환소수가 되는 것은 ㄷ, ㅁ의 2개이다.

답 ②

17

$\frac{6}{2^2\times5\times a}=\frac{3}{2\times5\times a}$이므로 구하려는 한 자리 자연수 a는 7, 9이다.

따라서 구하는 a의 값의 합은

$7+9=16$

답 ④

18

$\frac{a}{180}=\frac{a}{2^2\times3^2\times5}$이므로 a가 9의 배수가 아니면 순환소수가 된다.

따라서 24, 30은 9의 배수가 아니므로 a의 값이 될 수 있다.

답 ②, ④

19

④ 990

답 ④

20

주어진 순환소수와 소수점 아래의 부분이 같도록 하는 두 식을 구하면

$100x=185.858585\cdots$, $x=1.858585\cdots$

따라서 가장 편리한 식은 ② $100x-x$이다.

답 ②

21

② $0.5\dot{3}=\frac{53-5}{90}=\frac{48}{90}=\frac{8}{15}$

③ $0.1\dot{2}=\frac{12-1}{90}=\frac{11}{90}$

④ $1.\dot{2}\dot{4}=\frac{124-1}{99}=\frac{123}{99}=\frac{41}{33}$

⑤ $1.24\dot{7}=\frac{1247-124}{900}=\frac{1123}{900}$

답 ③, ④

22

$1.2\dot{7}=\frac{127-12}{90}=\frac{115}{90}=\frac{23}{18}$

이므로 $a=18$, $b=23$

따라서 $a+b=18+23=41$

답 ②

23

$0.\dot{6}+2.\dot{8}=\frac{6}{9}+\frac{26}{9}=\frac{32}{9}=3.\dot{5}$

답 ③

24

$A=0.\dot{5}\dot{4}+0.\dot{3}$

$=\frac{54}{99}+\frac{3}{9}$

$=\frac{54}{99}+\frac{33}{99}$

$=\frac{87}{99}$

$=0.\dot{8}\dot{7}$

답 ⑤

25

어떤 자연수를 x라고 하면

$0.0\dot{4}=\frac{4}{90}=\frac{2}{45}=\frac{2}{3^2\times5}$이므로 x는 9의 배수이다.

따라서 구하는 가장 작은 수는 9이다.

답 ④

26

어떤 자연수를 x라고 하면

$0.\dot{5}>0.5$이므로

$0.\dot{5}x-0.5x=5$

$\frac{5}{9}x-\frac{5}{10}x=5$

$\frac{1}{9}x-\frac{1}{10}x=1$

$10x-9x=90$

$x=90$

따라서 어떤 자연수는 90이다.

답 ⑤

27

① 정수가 아닌 모든 유리수는 유한소수 또는 순환소수로 나타낼 수 있다.

② 유한소수는 모두 유리수이다.

③ 순환소수는 모두 유리수이다.

⑤ 유리수를 기약분수로 나타냈을 때 분모의 소인수가 2 또는 5뿐인 유리수는 유한소수가 된다.

답 ④

28

ㄴ. 유한소수로 나타낼 수 있는 기약분수는 분모의 소인수가 2 또는 5뿐이다.

ㄹ. 원주율 π는 소수로 나타내면 순환하지 않는 무한소수이다.

따라서 옳은 것은 ㄱ, ㄷ이다.

답 ㄱ, ㄷ

29

$\frac{5}{7}=0.\dot{7}1428\dot{5}$

순환마디의 숫자의 개수가 6개이고,

$35=6\times5+5$이므로

소수점 아래 35번째 자리의 숫자는 8이다.

즉, $a=8$

또, $45=6\times7+3$이므로

소수점 아래 45번째 자리의 숫자는 4이다.

즉, $b=4$

따라서 $a+b=8+4=12$

답 ③

30

유한소수로 나타낼 수 있는 것은 2부터 50까지의 자연수 중에서 소인수분해하였을 때

(i) 소인수가 2뿐인 것

$2,\ 2^2,\ 2^3,\ 2^4,\ 2^5$의 5개

(ii) 소인수가 5뿐인 것

$5,\ 5^2$의 2개

(iii) 소인수가 2와 5뿐인 것

$2\times5,\ 2^2\times5,\ 2^3\times5,\ 2\times5^2$의 4개

따라서 유한소수로 나타낼 수 없는 것의 개수는

$49-(5+2+4)=38$(개)

답 ④

31

지현이는 분자를 잘못 보았으므로 분모는 제대로 보았다.

$0.\dot{3}=\frac{3}{9}=\frac{1}{3}$이므로 처음 기약분수의 분모는 3

우준이는 분모를 잘못 보았으므로 분자는 제대로 보았다.

$1.\dot{8}=\frac{17}{9}$이므로 처음 기약분수의 분자는 17

따라서 처음 기약분수를 소수로 나타내면 $\frac{17}{3}=5.\dot{6}$

답 $5.\dot{6}$

수행평가 서술형으로 중단원 마무리

본문 24~25쪽

서술형 예제 1000, 1000, 10, 10, 990, 355, $\frac{355}{990}$, $\frac{71}{198}$

서술형 유제 $\frac{137}{90}$

1 5 **2** 6개 **3** 38 **4** 33

서술형 예제

$0.\dot{3}5\dot{8}$을 x라고 하면 $x=0.3585858\cdots$ ...... ㉠

㉠의 양변에 $\boxed{1000}$을 곱하면

$\boxed{1000}\,x=358.585858\cdots$ ...... ㉡ ... 1단계

㉠의 양변에 $\boxed{10}$을 곱하면

$\boxed{10}\,x=3.585858\cdots$ ...... ㉢ ... 2단계

㉡−㉢을 하면 $\boxed{990}\,x=\boxed{355}$

따라서 $x=\boxed{\frac{355}{990}}=\boxed{\frac{71}{198}}$ ... 3단계

답 풀이 참조

단계	채점 기준	비율
1단계	$1000x$의 값을 구한 경우	30 %
2단계	$10x$의 값을 구한 경우	30 %
3단계	x를 기약분수로 나타낸 경우	40 %

서술형 유제

$x=1.5222\cdots$ ...... ㉠

㉠의 양변에 100을 곱하면

$100x=152.222\cdots$ ...... ㉡ ... 1단계

㉠의 양변에 10을 곱하면

$10x=15.222\cdots$ ...... ㉢ ... 2단계

㉡−㉢을 하면 $90x=137$

따라서 $x=\frac{137}{90}$ ... 3단계

답 $\frac{137}{90}$

단계	채점 기준	비율
1단계	$100x$의 값을 구한 경우	30 %
2단계	$10x$의 값을 구한 경우	30 %
3단계	x를 기약분수로 나타낸 경우	40 %

1

$\frac{17}{330}=0.0515151\cdots=0.0\dot{5}\dot{1}$ ... 1단계

이므로 순환마디의 숫자의 개수가 2개이고,

$30=1+2\times14+1$이므로 ... 2단계

소수점 아래 30번째 자리의 숫자는 5이다. ... 3단계

답 5

단계	채점 기준	비율
1단계	$\frac{17}{330}$을 순환소수로 나타낸 경우	40 %
2단계	30을 순환마디의 숫자의 개수를 이용하여 나타낸 경우	40 %
3단계	소수점 아래 30번째 자리의 숫자를 구한 경우	20 %

2

$\frac{28}{80\times a}=\frac{7}{20\times a}=\frac{7}{2^2\times5\times a}$ ... 1단계

a의 값이 될 수 있는 한 자리의 자연수는

1, 2, 4, 5, 7, 8 ... 2단계

따라서 구하는 a의 값의 개수는 6개이다. ... 3단계

답 6개

단계	채점 기준	비율
1단계	$\frac{28}{80}$을 기약분수로 나타낸 후 분모를 소인수분해한 경우	40 %
2단계	a의 값을 구한 경우	40 %
3단계	a의 값의 개수를 구한 경우	20 %

3

$\frac{a}{360}=\frac{a}{2^3\times3^2\times5}$이므로 a는 3^2의 배수

$10<a<20$이므로 $a=18$ ... 1단계

$\frac{18}{360}=\frac{1}{20}$이므로 $b=20$ ... 2단계

따라서 $a+b=18+20=38$ ... 3단계

답 38

단계	채점 기준	비율
1단계	a의 값을 구한 경우	40 %
2단계	b의 값을 구한 경우	40 %
3단계	$a+b$의 값을 구한 경우	20 %

4

$\frac{5}{88}=\frac{5}{2^3\times11}$이므로 n은 11의 배수 ... 1단계

$\frac{13}{12}=\frac{13}{2^2\times3}$이므로 n은 3의 배수 ... 2단계

n은 11의 배수이고 3의 배수이므로 33의 배수이다. ... 3단계

따라서 구하는 가장 작은 자연수 n은 33이다. ... 4단계

답 33

단계	채점 기준	비율
1단계	n이 11의 배수임을 구한 경우	30 %
2단계	n이 3의 배수임을 구한 경우	30 %
3단계	n이 33의 배수임을 구한 경우	30 %
4단계	가장 작은 수를 구한 경우	10 %

2. 단항식과 다항식의 계산

지수법칙

본문 26~31쪽

개념 확인 문제

1 (1) 4, 6 (2) 5, 8 (3) 4, 7 (4) 1, 1, 6

2 (1) 4, 8 (2) 4, 12 (3) 5, 10 (4) 2, 10

3 (1) 2, 3 (2) 6, 3 (3) 4, 2 (4) 7, 5

4 (1) 3, 3 (2) 4, 4 (3) 3, 3, 3, 6 (4) 4, 4, 8, 4

유제 1

$a^4\times a\times a^x=a^{4+1}\times a^x=a^{4+1+x}=a^9$

즉, $4+1+x=9$에서

$x=4$

답 ④

유제 2

$4^{x+2}=4^x\times4^2=4^x\times16$

따라서 $\square=16$

답 ⑤

유제 3

$(2^2)^4\times(2^{\square})^3=2^{2\times4}\times2^{\square\times3}=2^{8+3\times\square}$

즉, $8+3\times\square=20$에서

$3\times\square=12$

따라서 $\square=4$

답 ③

유제 4

$\{(a^3)^2\}^4=(a^{3\times2})^4=(a^6)^4=a^{6\times4}=a^{24}$

따라서 $n=24$

답 ⑤

유제 5

$2^{12}\div2^x=2^y$이라고 하면

$2^y\div2^2=2^3$

$2^{y-2}=2^3$

$y-2=3$

따라서 $y=5$

$2^{12}\div2^x=2^5$에서

$2^{12-x}=2^5$

$12-x=5$

따라서 $x=7$

답 ③

유제 6

① $a^8\div a^4=a^{8-4}=a^4$

② $a^2\div a^3=\dfrac{1}{a^{3-2}}=\dfrac{1}{a}$

③ $a^6\div(a^2)^3=a^6\div a^6=1$

④ $(a^3)^2\div a^3=a^6\div a^3=a^{6-3}=a^3$

⑤ $a^5\div a^2\div a^4=a^{5-2}\div a^4=a^3\div a^4=\dfrac{1}{a^{4-3}}=\dfrac{1}{a}$

답 ③

유제 7

$(x^{2a}y^b)^3=(x^{2a})^3\times(y^b)^3=x^{2a\times3}y^{b\times3}=x^{6a}y^{3b}$

$6a=12$, $a=2$

$3b=12$, $b=4$

따라서 $a+b=2+4=6$

답 ④

유제 8

$\left(\dfrac{3x^a}{y^4}\right)^2=\dfrac{(3x^a)^2}{(y^4)^2}=\dfrac{3^2\times x^{2a}}{y^8}=\dfrac{9x^{2a}}{y^8}$

이므로 $b=9$, $2a=6$, $c=8$

$2a=6$에서 $a=3$

따라서 $a+b+c=3+9+8=20$

답 ①

유제 9

① $a^2\times a^4=a^{2+4}=a^6$

② $(a^3)^2=a^{3\times2}=a^6$

③ $a^8\div a^2=a^{8-2}=a^6$

④ $(a^3)^5\div a^7\div a^2=a^{15}\div a^7\div a^2=a^{15-7}\div a^2$
$=a^8\div a^2=a^{8-2}=a^6$

⑤ $a^{10}\times\dfrac{1}{a^2}\div(a^3)^2=a^{10}\div a^2\div(a^3)^2$
$=a^{10-2}\div a^6=a^8\div a^6=a^{8-6}=a^2$

답 ⑤

유제 10

① $a^{\square}\times a^3=a^{\square+3}$
$\square+3=7$, $\square=4$

② $(a^{\square})^2=a^{\square\times2}$
$\square\times2=8$, $\square=4$

③ $a^{\square}\div a^4=1$이므로 $\square=4$

④ $(ab^2)^4=a^4b^8$이므로 $\square=4$

⑤ $\left(\dfrac{2x^2}{y}\right)^{\square}=\dfrac{2^{\square}x^{2\times\square}}{y^{\square}}$, $\square=3$

답 ⑤

유제 11

$3^7+3^7+3^7=3^7\times3=3^{7+1}=3^8$

따라서 $x=8$

답 ②

유제 12

$2^6+2^6+2^6+2^6=2^6\times4=2^6\times2^2=2^{6+2}=2^8$

답 ②

유제 13

$3^{x+2}=3^x\times3^2=a\times9=9a$

따라서 $3^x+3^{x+2}=a+9a=10a$

답 ⑤

유제 14

$4^{10}=(2^2)^{10}=2^{20}=(2^4)^5=A^5$

답 ④

유제 15

$2^9\times5^{11}=2^9\times5^9\times5^2=(2\times5)^9\times5^2=25\times10^9$

$25\times10^9=25000000000$

따라서 $n=11$

답 ③

유제 16

$2^{12}\times5^8=2^4\times2^8\times5^8=2^4\times(2\times5)^8=16\times10^8$

$16\times10^8=1600000000$

띠리서 $n=10$

답 ④

형성평가 (본문 32쪽)

01 ④ 02 ④ 03 ④ 04 ① 05 ② 06 ④
07 ② 08 ③

01

$2^4\times32=2^4\times2^5=2^{4+5}=2^9$

따라서 $a=9$

답 ④

02

$(3^2)^3\times(3^a)^2=3^6\times3^{2a}=3^{6+2a}$

$6+2a=16$, $2a=10$

따라서 $a=5$

답 ④

03

① $a^{11}\div a^4\div a^3=a^7\div a^3=a^4$

② $a^9\div a^3\div a^2=a^6\div a^2=a^4$

③ $a^6\div(a^7\div a^5)=a^6\div a^2=a^4$

④ $a^9\times(a^2\div a^6)=a^9\times\dfrac{1}{a^4}=a^5$

⑤ $a^8\div(a\times a^3)=a^8\div a^4=a^4$

답 ④

04

$(5x^a)^b=5^bx^{ab}$

$5^b=125$이므로 $b=3$

$ab=15$이므로 $3a=15$, $a=5$

따라서 $a+b=5+3=8$

답 ①

05

① $(x^2)^3\times x^4=x^6\times x^4=x^{10}$

② $x^8\div(x^3)^4=x^8\div x^{12}=\dfrac{1}{x^4}$

③ $x^5\times x^6\div x^8=x^{11}\div x^8=x^3$

④ $(x^4y^3)^2=(x^4)^2\times(y^3)^2=x^8y^6$

⑤ $\left(-\dfrac{2x^2}{y}\right)^3=\dfrac{(-2x^2)^3}{y^3}=\dfrac{(-2)^3\times(x^2)^3}{y^3}=-\dfrac{8x^6}{y^3}$

답 ②

06

$3^5+3^5+3^5=3\times3^5=3^{1+5}=3^6$

이므로 $x=6$

$4^8+4^8+4^8+4^8=4\times4^8=4^{1+8}=4^9$

이므로 $y=9$

따라서 $x+y=6+9=15$

답 ④

07

$16^3=(2^4)^3=2^{12}=(2^6)^2=A^2$

답 ②

08

$2^{12}\times5^7=2^5\times2^7\times5^7=2^5\times(2\times5)^7=32\times10^7$

$32\times10^7=320000000$

따라서 $n=9$

답 ③

2 다항식의 덧셈과 뺄셈

본문 33~35쪽

개념 확인 문제

1 (1) $6x-4y$ (2) $-2x+2y$ (3) $5a-5b$ (4) $-3a-b$

2 (1) × (2) ○ (3) ○ (4) ○

유제 1

$(x+ay)+(3x-5y)$

$=x+ay+3x-5y$

$=x+3x+ay-5y$

$=4x+(a-5)y$

이므로 $b=4$, $a-5=-2$

$a-5=-2$에서 $a=3$

따라서 $a+b=3+4=7$

답 ⑤

유제 2

$(4x-5y+2)-2(3x-4y-1)$

$=4x-5y+2-6x+8y+2$

$=4x-6x-5y+8y+2+2$

$=-2x+3y+4$

이므로 $a=-2$, $b=3$, $c=4$

따라서 $a+b+c=-2+3+4=5$

답 ①

유제 3

$(-x^2+6x-5)-4(x^2+2x-3)$

$=-x^2+6x-5-4x^2-8x+12$

$=-x^2-4x^2+6x-8x-5+12$

$=-5x^2-2x+7$

이므로 $a=-5$, $b=-2$, $c=7$

따라서 $a+b+c=-5+(-2)+7=0$

답 ③

유제 4

$\left(-x^2+\frac{7}{2}x-\frac{1}{3}\right)-\left(-3x^2-\frac{3}{2}x+\frac{2}{3}\right)$

$=-x^2+\frac{7}{2}x-\frac{1}{3}+3x^2+\frac{3}{2}x-\frac{2}{3}$

$=-x^2+3x^2+\frac{7}{2}x+\frac{3}{2}x-\frac{1}{3}-\frac{2}{3}$

$=2x^2+5x-1$

답 ④

유제 5

$6x-[2x-y+\{3x-5y-2(x-y)\}]$

$=6x-\{2x-y+(3x-5y-2x+2y)\}$

$=6x-(2x-y+x-3y)$

$=6x-(3x-4y)$

$=6x-3x+4y$

$=3x+4y$

답 ⑤

유제 6

$5x-[6x-4y-\{2x+y-(3x+4y)\}]$

$=5x-\{6x-4y-(2x+y-3x-4y)\}$

$=5x-\{6x-4y-(-x-3y)\}$

$=5x-(6x-4y+x+3y)$

$=5x-(7x-y)$

$=5x-7x+y$

$=-2x+y$

이므로 $a=-2$, $b=1$

따라서 $ab=-2\times1=-2$

답 ③

유제 7

어떤 다항식을 A라고 하면

$(7x+2y+4)-A=-x+5y-3$

$A=(7x+2y+4)-(-x+5y-3)$

$\quad=8x-3y+7$

따라서 옳게 계산한 식은

$(7x+2y+4)+(8x-3y+7)$

$=15x-y+11$

답 $15x-y+11$

유제 8

어떤 다항식을 A라고 하면

$(4x^2-2)+A=-6x^2-x-1$

$A=(-6x^2-x-1)-(4x^2-2)$
$=-10x^2-x+1$
따라서 옳게 계산한 식은
$(4x^2-2)-(-10x^2-x+1)$
$=14x^2+x-3$

답 $14x^2+x-3$

3 다항식의 곱셈과 나눗셈

본문 36~40쪽

개념 확인 문제

1 (1) 5, 15 (2) -6, -12 (3) 3, -6 (4) -3, -12
2 (1) $2a$, 3 (2) $-2x$, -5 (3) 2, 24 (4) 5, -10
3 (1) $3b$, -1, 6, 2 (2) $2x$, $-y$, 6, 3 (3) a, $-2b$, 5, 3, 6, 15
(4) $-2x$, $-2x$, $-2x$, -2, 10, 8
4 (1) $3a$, $3a$, $3a$, 2, 3 (2) 2, 2, 2, 16, 24

유제 1

① $(-2x)\times 4x^2=-2\times 4\times x\times x^2=-8x^3$
② $3ab\times 2ab^2=3\times 2\times a\times b\times a\times b^2$
$=6a^2b^3$
③ $(-3x^2y)^2\times 2xy=9x^4y^2\times 2xy$
$=9\times 2\times x^4\times y^2\times x\times y$
$=18x^5y^3$
④ $\frac{2b}{3a^2}\times(-3a^2b)^2=\frac{2b}{3a^2}\times 9a^4b^2$
$=6a^2b^3$
⑤ $\frac{y^4}{2x}\times\frac{6x^2}{y^2}=3xy^2$

답 ④

유제 2

$4x^3y^2\times(-2x^2y^A)^3=4x^3y^2\times(-8x^6y^{3A})$
$=4\times(-8)\times x^3\times y^2\times x^6\times y^{3A}$
$=-32x^9y^{2+3A}$
$=Bx^9y^{11}$
이므로 $B=-32$
$2+3A=11$, $3A=9$
$A=3$
따라서 $A-B=3-(-32)=35$

답 35

유제 3

① $8a^3\div 2a=\frac{8a^3}{2a}=4a^2$
② $(-3x^6)\div\frac{1}{3}x^2=(-3x^6)\times\frac{3}{x^2}=-9x^4$
③ $12ab^2\div 4a^2b=\frac{12ab^2}{4a^2b}=\frac{3b}{a}$
④ $(-3x^2y)^3\div 3x^4y^2=-27x^6y^3\div 3x^4y^2$
$=\frac{-27x^6y^3}{3x^4y^2}=-9x^2y$
⑤ $\left(-\frac{2}{5}a^2b\right)\div\frac{a}{10b}=\left(-\frac{2}{5}a^2b\right)\times\frac{10b}{a}$
$=-4ab^2$

답 ②

유제 4

$32x^7y^A\div(-2xy)^3=32x^7y^A\div(-8x^3y^3)$
$=\frac{32x^7y^A}{-8x^3y^3}$
$=-4x^4y^{A-3}=Bx^4y^2$
이므로 $B=-4$
$A-3=2$, $A=5$
따라서 $A+B=5+(-4)=1$

답 ④

유제 5

$2x(2x-3y+5)$
$=2x\times 2x+2x\times(-3y)+2x\times 5$
$=4x^2-6xy+10x$
이므로 $a=4$, $b=-6$, $c=10$
따라서 $a+b+c=4+(-6)+10=8$

답 ②

유제 6

$2x(3x-5)-2(x^2-3x+4)$
$=2x\times 3x+2x\times(-5)-2\times x^2-2\times(-3x)-2\times 4$
$=6x^2-10x-2x^2+6x-8$
$=4x^2-4x-8$

답 ⑤

유제 7

$(-6x^2+24xy)\div(-3x)$

$=(-6x^2+24xy)\times\left(-\frac{1}{3x}\right)$
$=-6x^2\times\left(-\frac{1}{3x}\right)+24xy\times\left(-\frac{1}{3x}\right)$
$=2x-8y$
이므로 $a=2$, $b=-8$
따라서 $a-b=2-(-8)=10$

답 ⑤

유제 8

$(6x^2y^2-3xy^2)\div\frac{1}{3}xy$
$=(6x^2y^2-3xy^2)\times\frac{3}{xy}$
$=6x^2y^2\times\frac{3}{xy}-3xy^2\times\frac{3}{xy}$
$=18xy-9y$
이므로 $a=18$, $b=-9$
따라서 $a+b=18+(-9)=9$

답 ③

유제 9

$\boxed{}=(4ab-3a+2)\times 2ab$
$=4ab\times 2ab-3a\times 2ab+2\times 2ab$
$=8a^2b^2-6a^2b+4ab$

답 ④

유제 10

$A\div 7x=-4y+5$이므로
$A=(-4y+5)\times 7x$
$=-4y\times 7x+5\times 7x$
$=-28xy+35x$

답 $-28xy+35x$

유제 11

직육면체의 밑면의 넓이를 A라고 하면
$A\times 3x=6x^3-3x^2+15x$
$A=(6x^3-3x^2+15x)\div 3x$
$=(6x^3-3x^2+15x)\times\frac{1}{3x}$
$=2x^2-x+5$
따라서 직육면체의 밑면의 넓이는 $2x^2-x+5$이다.

답 $2x^2-x+5$

유제 12

(넓이)$=\frac{1}{2}\times\{(a+3b)+(4a-b)\}\times 2ab$
$=(5a+2b)\times ab$
$=5a^2b+2ab^2$

답 $5a^2b+2ab^2$

형성평가

본문 41쪽

01 ⑤ **02** ⑤ **03** $-x^2-7x+11$ **04** ⑤ **05** ④
06 ② **07** ① **08** $40x^3y^2-30x^2y^2$

01

$(-5x+3y-9)-2(3x-4y-7)$
$=-5x+3y-9-6x+8y+14$
$=-5x-6x+3y+8y-9+14$
$=-11x+11y+5$

답 ⑤

02

$5y-[x+y-\{2x-(6x-7y)\}]$
$=5y-\{x+y-(2x-6x+7y)\}$
$=5y-\{x+y-(-4x+7y)\}$
$=5y-(x+y+4x-7y)$
$=5y-(5x-6y)$
$=5y-5x+6y$
$=-5x+11y$
이므로 $a=-5$, $b=11$
따라서 $a+b=-5+11=6$

답 ⑤

03

어떤 다항식을 A라고 하면
$(2x^2-3x+4)-A=5x^2+x-3$
$A=(2x^2-3x+4)-(5x^2+x-3)$
$=-3x^2-4x+7$
따라서 옳게 계산한 식은
$(2x^2-3x+4)+(-3x^2-4x+7)$
$=-x^2-7x+11$

답 $-x^2-7x+11$

04

$\left(-\frac{2}{3}x^4y^3\right)^2\times 18xy^3\div 2x^4y^2$

$=\frac{4}{9}x^8y^6\times 18xy^3\div 2x^4y^2$

$=8x^9y^9\div 2x^4y^2$

$=\frac{8x^9y^9}{2x^4y^2}=4x^5y^7$

이므로 $A=4$, $B=5$, $C=7$

따라서 $A+B-C=4+5-7=2$

답 ⑤

[다른 풀이]

$\left(-\frac{2}{3}x^4y^3\right)^2\times 18xy^3\div 2x^4y^2$

$=\frac{4}{9}x^8y^6\times 18xy^3\times\frac{1}{2x^4y^2}$

$=\frac{4}{9}\times 18\times\frac{1}{2}\times x^8\times x\times\frac{1}{x^4}\times y^6\times y^3\times\frac{1}{y^2}$

$=4x^5y^7$

05

$-3x(x^2-2x+5)$

$=-3x\times x^2-3x\times(-2x)-3x\times 5$

$=-3x^3+6x^2-15x$

이므로 $a=-3$, $b=6$, $c=-15$

따라서 $a+b+c=-3+6+(-15)=-12$

답 ④

06

$(12x^2y^3+6xy^2)\div\frac{3}{2}xy$

$=(12x^2y^3+6xy^2)\times\frac{2}{3xy}$

$=12x^2y^3\times\frac{2}{3xy}+6xy^2\times\frac{2}{3xy}$

$=8xy^2+4y$

답 ②

07

$\boxed{}$

$=(-4a^2b+8ab-6ab^2)\times\left(-\frac{2a}{b}\right)$

$=-4a^2b\times\left(-\frac{2a}{b}\right)+8ab\times\left(-\frac{2a}{b}\right)-6ab^2\times\left(-\frac{2a}{b}\right)$

$=8a^3-16a^2+12a^2b$

답 ①

08

(넓이)$=(8xy-6y)\times 5x^2y$

$=8xy\times 5x^2y-6y\times 5x^2y$

$=40x^3y^2-30x^2y^2$

답 $40x^3y^2-30x^2y^2$

중단원 마무리

본문 42~45쪽

01 ②	02 ④	03 ⑤	04 ④	05 ①	06 ⑤
07 ②	08 ⑤	09 ②	10 ③	11 ④	12 ⑤
13 ⑤	14 ③	15 ③, ⑤	16 ④	17 ④	18 $-6x^3$
19 ③	20 ①	21 ④	22 ①	23 $8x^2-8x+8$	
24 ④	25 ④	26 ③	27 ①	28 $\frac{3}{2}a$	29 29
30 $-3x+8y-2$	31 $10a+6b-6$				

01

$2\times 2^3\times 2^4=2^4\times 2^4=2^8$이므로 $n=8$

답 ②

02

$(2^2)^4\times 2^6=2^8\times 2^6=2^{14}$이므로 $n=14$

답 ④

03

$2^8\div 2^n=2^{8-n}$이므로 $8-n=2$

따라서 $n=6$

답 ⑤

04

$(x^4y^2)^3=(x^4)^3\times(y^2)^3=x^{12}y^6$

이므로 $m=12$, $n=6$

따라서 $m+n=12+6=18$

답 ④

05

$(5a-3b)+(3a-7b)=5a-3b+3a-7b$

$=8a-10b$

답 ①

06

$(4x^2+x-3)-(2x^2-5x+5)$
$=4x^2+x-3-2x^2+5x-5$
$=2x^2+6x-8$

답 ⑤

07

$3x(2x-y)=3x\times 2x-3x\times y=6x^2-3xy$
이므로 $a=6$, $b=-3$
따라서 $a+b=6+(-3)=3$

답 ②

08

$(8x^2-4x)\div 2x=(8x^2-4x)\times\frac{1}{2x}$
$=8x^2\times\frac{1}{2x}-4x\times\frac{1}{2x}$
$=4x-2$
이므로 $a=4$, $b=-2$
따라서 $a-b=4-(-2)=6$

답 ⑤

09

$3^{x-1}\times 3^3=3^{x-1+3}=3^{x+2}$, $243=3^5$이므로
$x+2=5$
따라서 $x=3$

답 ②

10

$9^{x+2}=(3^2)^{x+2}=3^{2x+4}$이므로
$2x+4=14$, $2x=10$
따라서 $x=5$

답 ③

11

① $x^9\div x^6=x^{9-6}=x^3$
② $x^8\div x^3\div x^2=x^{8-3}\div x^2=x^5\div x^2=x^{5-2}=x^3$
③ $x^5\div(x^7\div x^5)=x^5\div x^{7-5}=x^5\div x^2=x^{5-2}=x^3$
④ $(x^2)^3\div(x^3)^3=x^6\div x^9=\frac{1}{x^{9-6}}=\frac{1}{x^3}$
⑤ $(x^3)^5\div(x^2)^4\div(x^2)^2=x^{15}\div x^8\div x^4=x^{15-8}\div x^4$
$=x^7\div x^4=x^{7-4}=x^3$

답 ④

12

$16^3\div 4^x=(2^4)^3\div(2^2)^x=2^{12}\div 2^{2x}=\frac{1}{2^{2x-12}}$, $\frac{1}{256}=\frac{1}{2^8}$이므로
$2x-12=8$, $2x=20$
따라서 $x=10$

답 ⑤

13

$\square=(x^5)^2\times(x^2)^3=x^{10}\times x^6=x^{10+6}=x^{16}$

답 ⑤

14

$(2x^ay^3)^4=2^{1\times 4}x^{a\times 4}y^{3\times 4}=2^4x^{4a}y^{12}$이므로
$b=2^4=16$, $4a=24$, $c=12$
$4a=24$에서 $a=6$
따라서 $a+b+c=6+16+12=34$

답 ③

15

① $a^2\times a^3\times a^5=a^{2+3}\times a^5=a^5\times a^5=a^{10}$
② $a^{16}\div a\div(a^8)^2=a^{16-1}\div a^{8\times 2}=a^{15}\div a^{16}=\frac{1}{a}$
③ $\left(-\frac{b^3}{a^2}\right)^4=\frac{(-b^3)^4}{(a^2)^4}=\frac{(-1)^4\times(b^3)^4}{(a^2)^4}=\frac{b^{12}}{a^8}$
④ $2^6\times 4^3\times 8^2=2^6\times(2^2)^3\times(2^3)^2$
$=2^6\times 2^6\times 2^6=2^{12}\times 2^6=2^{18}$
⑤ $3^{18}\div(3^2)^4\div 9^2=3^{18}\div 3^8\div(3^2)^2$
$=3^{10}\div 3^4=3^6$

답 ③, ⑤

16

$4^5\times 4^5\times 4^5=4^{10}\times 4^5=4^{15}$이므로 $x=15$
$4^5+4^5+4^5+4^5=4^5\times 4=4^6$이므로 $y=6$
따라서 $x+y=15+6=21$

답 ④

17

$2^{x+1}+2^{x+2}=2^x\times 2+2^x\times 2^2$
$=2a+4a$
$=6a$

답 ④

18

$3xy^2\times A\div(-2x^3y)=9xy$이므로
$A=9xy\div 3xy^2\times(-2x^3y)$
$=9xy\times\frac{1}{3xy^2}\times(-2x^3y)$
$=-6x^3$

답 $-6x^3$

19

$2^9\times5^{12}=2^9\times5^9\times5^3=(2\times5)^9\times5^3=125\times10^9$

$125\times10^9=125000000000$

따라서 $n=12$

답 ③

20

$\left(\frac{5}{6}x-\frac{2}{3}y\right)-\left(\frac{1}{4}x-\frac{3}{4}y\right)=\frac{5}{6}x-\frac{2}{3}y-\frac{1}{4}x+\frac{3}{4}y$

$=\left(\frac{5}{6}-\frac{1}{4}\right)x+\left(-\frac{2}{3}+\frac{3}{4}\right)y$

$=\frac{7}{12}x+\frac{1}{12}y$

이므로 $a=\frac{7}{12}$, $b=\frac{1}{12}$

따라서 $a+b=\frac{7}{12}+\frac{1}{12}=\frac{8}{12}=\frac{2}{3}$

답 ①

21

$(8x^2+3x-5)-(4x^2-2x+3)$

$=8x^2+3x-5-4x^2+2x-3$

$=4x^2+5x-8$

따라서 이차항의 계수는 4, 일차항의 계수는 5이므로 구하는 합은 $4+5=9$

답 ④

22

$4y-[5x-y-\{x-(2x+6y)\}]$

$=4y-\{5x-y-(x-2x-6y)\}$

$=4y-\{5x-y-(-x-6y)\}$

$=4y-(5x-y+x+6y)$

$=4y-(6x+5y)$

$=4y-6x-5y$

$=-6x-y$

이므로 $a=-6$, $b=-1$

따라서 $a+b=-6+(-1)=-7$

답 ①

23

어떤 다항식을 A라고 하면

$(2x^2-3x+1)+A=-4x^2+2x-6$

$A=(-4x^2+2x-6)-(2x^2-3x+1)$

$=-6x^2+5x-7$

따라서 옳게 계산한 식은

$(2x^2-3x+1)-(-6x^2+5x-7)=8x^2-8x+8$

답 $8x^2-8x+8$

24

$3x(x-4)-\frac{1}{2}x(6-10x)=3x^2-12x-3x+5x^2$

$=8x^2-15x$

답 ④

25

$(24x^2y^3+12xy^4)\div\frac{4}{3}xy^2$

$=(24x^2y^3+12xy^4)\times\frac{3}{4xy^2}$

$=24x^2y^3\times\frac{3}{4xy^2}+12xy^4\times\frac{3}{4xy^2}$

$=18xy+9y^2$

답 ④

26

$x(3x-6)+(15x^3-9x^2)\div(-3x)$

$=x\times3x-x\times6+(15x^3-9x^2)\times\left(-\frac{1}{3x}\right)$

$=3x^2-6x+15x^3\times\left(-\frac{1}{3x}\right)-9x^2\times\left(-\frac{1}{3x}\right)$

$=3x^2-6x-5x^2+3x$

$=-2x^2-3x$

답 ③

27

$\square=18xy^5\div(3xy^2)^2\times(-3x^2y^3)$

$=18xy^5\div9x^2y^4\times(-3x^2y^3)$

$=18xy^5\times\frac{1}{9x^2y^4}\times(-3x^2y^3)$

$=-6xy^4$

답 ①

28

직육면체의 높이를 A라고 하면

$3a\times6b\times A=27a^2b$

$18ab\times A=27a^2b$

$A=27a^2b\div18ab=27a^2b\times\frac{1}{18ab}=\frac{3}{2}a$

따라서 직육면체의 높이는 $\frac{3}{2}a$이다.

답 $\frac{3}{2}a$

29

$4^9\times5^{21}=(2^2)^9\times5^{21}=2^{18}\times5^{21}$
$=2^{18}\times5^{18}\times5^3=(2\times5)^{18}\times5^3$
$=125\times10^{18}$

21자리의 자연수이므로 $n=21$

각 자리의 숫자의 합은 $1+2+5=8$이므로 $a=8$

따라서 $a+n=8+21=29$

답 29

30

$A=\left(3x^2y-\frac{1}{4}xy^2\right)\div\frac{3}{4}xy$
$=\left(3x^2y-\frac{1}{4}xy^2\right)\times\frac{4}{3xy}$
$=3x^2y\times\frac{4}{3xy}-\frac{1}{4}xy^2\times\frac{4}{3xy}$
$=4x-\frac{1}{3}y$

$B=\frac{5}{2}\left(\frac{4}{5}x-\frac{8}{15}y\right)$
$=\frac{5}{2}\times\frac{4}{5}x+\frac{5}{2}\times\left(-\frac{8}{15}y\right)$
$=2x-\frac{4}{3}y$

$A-(B+C)=A-B-C=5x-7y+2$에서

$C=A-B-(5x-7y+2)$
$=\left(4x-\frac{1}{3}y\right)-\left(2x-\frac{4}{3}y\right)-(5x-7y+2)$
$=4x-\frac{1}{3}y-2x+\frac{4}{3}y-5x+7y-2$
$=-3x+8y-2$

답 $-3x+8y-2$

31

(색칠한 부분의 넓이)

$=5a\times4b-\frac{1}{2}\times(5a-3)\times4b-\frac{1}{2}\times5a\times(4b-4)$
$-\frac{1}{2}\times3\times4$

$=20ab-(5a-3)\times2b-5a\times(2b-2)-6$
$=20ab-10ab+6b-10ab+10a-6$
$=10a+6b-6$

답 $10a+6b-6$

수행평가 서술형으로 중단원 마무리

본문 46~47쪽

서술형 예제 6, 3, 8, 32, 5, 5, 3, 8

서술형 유제 7

1 30 **2** $5x^2-2x-2$ **3** 13 **4** 8

서술형 예제

$4^b=64$에서 $(2^2)^b=2^6$, $2^{2b}=2^6$

$2b=\boxed{6}$, $b=\boxed{3}$ … 1단계

$2^a+2^b=40$에서 $2^a+\boxed{8}=40$

$2^a=\boxed{32}$, $a=\boxed{5}$ … 2단계

따라서 $a+b=\boxed{5}+\boxed{3}=\boxed{8}$ … 3단계

답 풀이 참조

단계	채점 기준	비율
1단계	b의 값을 구한 경우	40 %
2단계	a의 값을 구한 경우	40 %
3단계	$a+b$의 값을 구한 경우	20 %

서술형 유제

$8^b=2^6$에서 $(2^3)^b=2^6$, $2^{3b}=2^6$

$3b=6$, $b=2$ … 1단계

$2^a-4^b=16$에서 $2^a-16=16$

$2^a=32$, $a=5$ … 2단계

따라서 $a+b=5+2=7$ … 3단계

답 7

단계	채점 기준	비율
1단계	b의 값을 구한 경우	40 %
2단계	a의 값을 구한 경우	40 %
3단계	$a+b$의 값을 구한 경우	20 %

1

$(ab^2)^3=a^3(b^2)^3=a^3b^6$

이므로 $x=6$ … 1단계

$\left(\frac{b}{a^x}\right)^4=\frac{b^4}{(a^x)^4}=\frac{b^4}{a^{4x}}$

이므로 $y=4x=4\times6=24$ … 2단계

따라서 $x+y=6+24=30$ … 3단계

답 30

단계	채점 기준	비율
1단계	x의 값을 구한 경우	40 %
2단계	y의 값을 구한 경우	40 %
3단계	$x+y$의 값을 구한 경우	20 %

2

어떤 다항식을 A라고 하면

$(x^2+x-5)-A=-3x^2+4x-8$

$A=(x^2+x-5)-(-3x^2+4x-8)$

$=4x^2-3x+3$ … 1단계

따라서 옳게 계산한 식은

$(x^2+x-5)+(4x^2-3x+3)=5x^2-2x-2$ … 2단계

답 $5x^2-2x-2$

단계	채점 기준	비율
1단계	어떤 다항식을 구한 경우	50 %
2단계	옳게 계산한 식을 구한 경우	50 %

3

$12x^5y^7 \div 6x \div (2x^3y)^3 = 12x^5y^7 \div 6x \div 8x^9y^3$

$= 12x^5y^7 \times \frac{1}{6x} \times \frac{1}{8x^9y^3}$

$= \frac{y^4}{4x^5}$ … 1단계

이므로 $a=4$, $b=5$, $c=4$ … 2단계

따라서 $a+b+c=4+5+4=13$ … 3단계

답 13

단계	채점 기준	비율
1단계	좌변의 식을 계산한 경우	50 %
2단계	a, b, c의 값을 구한 경우	30 %
3단계	$a+b+c$의 값을 구한 경우	20 %

4

$-4x(x+9y-4)=-4x\times x-4x\times 9y-4x\times(-4)$

$=-4x^2-36xy+16x$

에서 x^2의 계수는 -4이므로 $a=-4$ … 1단계

$-3x(2x-4y+6)=-3x\times 2x-3x\times(-4y)-3x\times 6$

$=-6x^2+12xy-18x$

에서 xy의 계수는 12이므로 $b=12$ … 2단계

따라서 $a+b=-4+12=8$ … 3단계

답 8

단계	채점 기준	비율
1단계	a의 값을 구한 경우	40 %
2단계	b의 값을 구한 경우	40 %
3단계	$a+b$의 값을 구한 경우	20 %

Ⅱ 부등식과 연립방정식

1. 일차부등식

1 부등식과 그 해

본문 50~51쪽

개념 확인 문제

1 (1) × (2) ○ (3) × (4) ○

2 −1, 1, <, 거짓, 3, =, 참

유제 1

①, ②, ⑤ 부등호가 있으므로 부등식이다.

③, ④ 부등호가 없으므로 부등식이 아니다.

답 ③, ④

유제 2

ㄱ, ㄷ, ㅁ. 부등호가 있으므로 부등식이다.

ㄴ, ㄹ, ㅂ. 부등호가 없으므로 부등식이 아니다.

따라서 부등식인 것의 개수는 3개이다.

답 3개

유제 3

① $x=0$을 대입하면

$4\times 0\le 0$이므로 참

② $x=-4$를 대입하면

$\frac{1}{2}\times(-4)+3=1\ge 0$이므로 참

③ $x=-1$을 대입하면

$-2\times(-1)+3=5>2$이므로 거짓

④ $x=2$를 대입하면

$5-3\times 2=-1\le 0$이므로 참

⑤ $x=3$을 대입하면

$-2\times 3+3=-3$, $5-4\times 3=-7$에서

$-3>-7$이므로 거짓

답 ③, ⑤

유제 4

$x=1$을 대입하면

$4-5\times 1=-1$, $-2\times 1-2=-4$에서

$-1>-4$이므로 거짓

$x=2$를 대입하면

$4-5\times 2=-6$, $-2\times 2-2=-6$에서

$-6=-6$이므로 거짓

$x=3$을 대입하면

$4-5\times 3=-11$, $-2\times 3-2=-8$에서

$-11<-8$이므로 참

따라서 해는 3이다.

답 3

2 부등식의 성질 본문 52~53쪽

개념 확인 문제

1 (1) < (2) < (3) < (4) >

2 >, >

유제 1

① $a>b$의 양변에 5를 더하면 $a+5>b+5$

② $a>b$의 양변에서 7을 빼면 $a-7>b-7$

③ $a>b$의 양변에 4를 곱하면 $4a>4b$

④ $a>b$의 양변에 -1을 곱하면 $-a<-b$

⑤ $a>b$의 양변을 6으로 나누면 $\frac{a}{6}>\frac{b}{6}$

답 ④

유제 2

① $-4a+3<-4b+3$의 양변에서 3을 빼면 $-4a<-4b$

$-4a<-4b$의 양변을 -4로 나누면 $a>b$

② $a>b$의 양변을 2로 나누면 $\frac{a}{2}>\frac{b}{2}$

③ $a>b$의 양변에서 6을 빼면 $a-6>b-6$

④ $a>b$의 양변에 -3을 곱하면 $-3a<-3b$

$-3a<-3b$의 양변에 4를 더하면 $4-3a<4-3b$

⑤ $a>b$의 양변에 5를 곱하면 $5a>5b$

$5a>5b$의 양변에 3을 더하면 $5a+3>5b+3$

답 ③

유제 3

양변에서 3을 빼면 $-2x+3-3\geq 9-3$

정리하면 $-2x\geq 6$

양변을 -2로 나누면 $x\leq -3$

답 3, 3, 6, -3

유제 4

양변에서 4를 빼면 $-\frac{1}{3}x+4-4>2-4$

정리하면 $-\frac{1}{3}x>-2$

양변에 -3을 곱하면 $x<6$

답 $x<6$

형성평가 본문 54쪽

01 ①, ③ **02** ③ **03** ③ **04** ②, ⑤ **05** ④ **06** ⑤
07 ② **08** 4, -2, 5

01

①, ③ 부등호가 있으므로 부등식이다.

②, ④, ⑤ 부등호가 없으므로 부등식이 아니다.

답 ①, ③

02

'크지 않다.'는 '작거나 같다.'는 의미이므로

$3(x-4)\leq 2x+6$

답 ③

03

$x=3$을 각각 대입하면

① $2\times 3-4=2$이므로 거짓

② $3>-3$이므로 거짓

③ $-2\times 3+7=1\leq 1$이므로 참

④ $0.3\times 3+0.2=1.1>1$이므로 거짓

⑤ $\frac{3}{6}+\frac{1}{2}=1>0$이므로 거짓

답 ③

04

$x=-2$를 각각 대입하면

① $2\times(-2)-3=-7$, $3\times(-2)=-6$에서

$-7<-6$이므로 거짓

② $-(-2)+3=5\geq 5$이므로 참

③ $3\times(-2)-4=-10$이므로 거짓

④ $0.5\times(-2)+6=5$이므로 거짓

⑤ $\frac{1}{2}\times(-2)+3=2$, $-(-2)=2$에서 $2\leq 2$이므로 참

답 ②, ⑤

05

① $x=1$을 대입하면

$3-5\times 1=-2\leq -2$이므로 참

② $x=2$를 대입하면

$3\times 2=6$, $2+3=5$에서 $6>5$이므로 참

③ $x=0$을 대입하면

$-4\times(2-0)=-8<-6$이므로 참

④ $x=-2$를 대입하면
$0.4\times(-2)+2=1.2$, $-0.6\times(-2)=1.2$에서
$1.2=1.2$이므로 거짓
⑤ $x=-1$을 대입하면
$\frac{-1-2}{4}+1=\frac{1}{4}>0$이므로 참

답 ④

06

① $a<b$의 양변에 2를 곱하면 $2a<2b$
$2a<2b$의 양변에서 5를 빼면 $2a-5<2b-5$
② $a<b$의 양변을 -7로 나누면
$a\div(-7)>b\div(-7)$
③ $a<b$의 양변에 -1을 곱하면 $-a>-b$
$-a>-b$의 양변에 4를 더하면 $4-a>4-b$
④ $a<b$의 양변에 6을 곱하면 $6a<6b$
$6a<6b$의 양변에서 -3을 빼면
$6a-(-3)<6b-(-3)$
⑤ $a<b$의 양변을 -8로 나누면 $-\frac{a}{8}>-\frac{b}{8}$
$-\frac{a}{8}>-\frac{b}{8}$의 양변에 2를 더하면 $-\frac{a}{8}+2>-\frac{b}{8}+2$

답 ⑤

07

① $-5a-2>-5b-2$의 양변에 2를 더하면 $-5a>-5b$
$-5a>-5b$의 양변을 -5로 나누면 $a<b$
② $a<b$의 양변에 -8을 곱하면 $-8a>-8b$
③ $a<b$의 양변에 4를 곱하면 $4a<4b$
$4a<4b$의 양변에서 2를 빼면 $4a-2<4b-2$
④ $a<b$의 양변을 9로 나누면 $\frac{a}{9}<\frac{b}{9}$
⑤ $a<b$의 양변을 -4로 나누면 $-\frac{a}{4}>-\frac{b}{4}$
$-\frac{a}{4}>-\frac{b}{4}$의 양변에 6을 더하면 $6-\frac{a}{4}>6-\frac{b}{4}$

답 ②

08

$-2x+4>-6$에서
$-2x+4-4>-6-4$
$-2x>-10$
$\frac{-2x}{-2}<\frac{-10}{-2}$
따라서 $x<5$
즉, ㉠: 4, ㉡: -2, ㉢: 5

답 4, -2, 5

3 일차부등식의 풀이

본문 55~59쪽

개념 확인 문제

1 (1) ○ (2) × (3) × (4) ○ **2** <, <, > **3** 풀이 참조
4 8, 2, 2, 8, 4

3 답 (1) $x<4$ (2) $x>3$ (3) $x\le-2$ (4) $x\ge7$

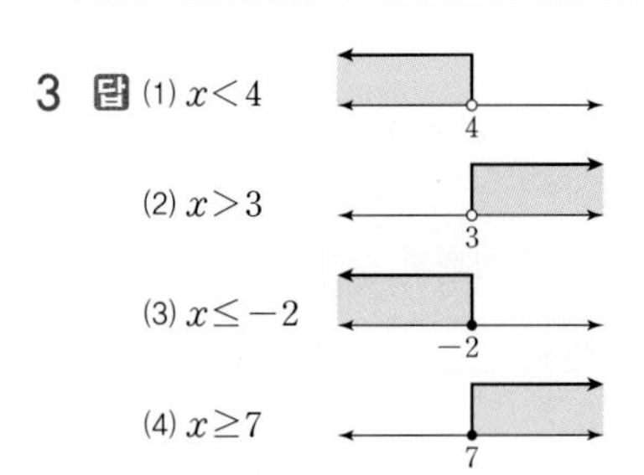

유제 1

모든 항을 좌변으로 이항하여 정리하면
① $3>0$이므로 일차부등식이 아니다.
② $x^2-2x+1\ge0$이므로 일차부등식이 아니다.
③ $0\le0$이므로 일차부등식이 아니다.
④ $x^2+4x\le x^2-4$, $4x+4\le0$이므로 일차부등식이다.
⑤ $-3x+3>x+5$, $-4x-2>0$이므로 일차부등식이다.

답 ④, ⑤

유제 2

$ax-2>7-3x$에서 모든 항을 좌변으로 이항하여 정리하면
$(a+3)x-9>0$이므로 $a+3\ne0$, 즉 $a\ne-3$이어야 한다.
따라서 a의 값이 될 수 없는 것은 ② -3이다.

답 ②

유제 3

① $2x<-4$에서 $x<-2$
② $x-4x>6$에서 $-3x>6$, $x<-2$
③ $-3x>2x+10$에서 $-3x-2x>10$
$-5x>10$, $x<-2$
④ $4x-7<-3$에서 $4x<-3+7$
$4x<4$, $x<1$
⑤ $-x+4>x+8$에서 $-x-x>8-4$
$-2x>4$, $x<-2$

답 ④

유제 4

$-2x-7<8+x$에서 $-2x-x<8+7$

$-3x<15$, $x>-5$

따라서 구하는 가장 작은 정수는 -4이다.

답 -4

유제 5

$2x+9>6x-15$에서 $2x-6x>-15-9$

$-4x>-24$, $x<6$

따라서 수직선 위에 나타내면 다음 그림과 같다.

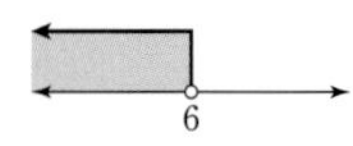

답 풀이 참조

유제 6

① $3x+3<-12$에서 $3x<-12-3$

$3x<-15$, $x<-5$

② $2x-1>7$에서 $2x>7+1$

$2x>8$, $x>4$

③ $-2x+9>x-6$에서 $-2x-x>-6-9$

$-3x>-15$, $x<5$

④ $12-4x<x-13$에서 $-4x-x<-13-12$

$-5x<-25$, $x>5$

⑤ $5-3x<x-7$에서 $-3x-x<-7-5$

$-4x<-12$, $x>3$

답 ④

유제 7

$4(2x-5)>3(2x-8)-10$에서

$8x-20>6x-24-10$

$8x-6x>-34+20$

$2x>-14$, $x>-7$

따라서 구하는 가장 작은 정수는 -6이다.

답 -6

유제 8

$-2(4x-9)+3x\geq-2(x-2)$에서

$-8x+18+3x\geq-2x+4$

$-5x+2x\geq4-18$

$-3x\geq-14$, $x\leq\frac{14}{3}=4.6\times\times\times$

따라서 자연수 x는 1, 2, 3, 4의 4개이다.

답 ②

유제 9

$0.2x-0.9<0.4x+0.5$의 양변에 10을 곱하면

$2x-9<4x+5$

$2x-4x<5+9$

$-2x<14$, $x>-7$

따라서 구하는 가장 작은 정수는 -6이다.

답 ③

유제 10

$0.3x-0.6<-\frac{x-7}{5}$의 양변에 10을 곱하면

$3x-6<-2(x-7)$

$3x-6<-2x+14$

$3x+2x<14+6$, $5x<20$

따라서 $x<4$

답 ①

유제 11

$ax>3a$의 양변을 a로 나누면 $a<0$이므로

$\frac{ax}{a}<\frac{3a}{a}$

따라서 $x<3$

답 ③

유제 12

$ax+2>x+6$에서 $ax-x>6-2$

$(a-1)x>4$

양변을 $a-1$로 나누면 $a-1<0$이므로

$\frac{(a-1)x}{a-1}<\frac{4}{a-1}$

따라서 $x<\frac{4}{a-1}$

답 ③

형성평가 본문 60쪽

01 ④, ⑤ 02 ④ 03 ④ 04 ④ 05 ② 06 ②
07 ① 08 ③

01

모든 항을 좌변으로 이항하여 정리하면

① $x+2-x-6\leq 0$, $-4\leq 0$이므로 일차부등식이 아니다.

② $x^2+4+2x-5\leq 0$, $x^2+2x-1\leq 0$이므로 일차부등식이 아니다.

③ $2x-10<4+2x$, $2x-10-4-2x<0$, $-14<0$이므로 일차부등식이 아니다.

④ $3x-2-8\leq 0$, $3x-10\leq 0$이므로 일차부등식이다.

⑤ $2x^2-3x\geq 2x^2-x+9$, $2x^2-3x-2x^2+x-9\geq 0$, $-2x-9\geq 0$이므로 일차부등식이다.

답 ④, ⑤

02

① $2x<-8$에서 $x<-4$

② $-x-2x>12$에서 $-3x>12$, $x<-4$

③ $3x+9<-3$에서 $3x<-3-9$
$3x<-12$, $x<-4$

④ $x+7<3x-1$에서 $x-3x<-1-7$
$-2x<-8$, $x>4$

⑤ $4x+5<x-7$에서 $4x-x<-7-5$
$3x<-12$, $x<-4$

답 ④

03

① $12+5x>-3$에서 $5x>-3-12$
$5x>-15$, $x>-3$

② $3x-6<5x$에서 $3x-5x<6$
$-2x<6$, $x>-3$

③ $5x-8<x+6$에서 $5x-x<6+8$
$4x<14$, $x<\frac{7}{2}$

④ $11x+4<7x-8$에서 $11x-7x<-8-4$
$4x<-12$, $x<-3$

⑤ $4+x>10-x$에서 $x+x>10-4$
$2x>6$, $x>3$

답 ④

04

$\frac{2}{3}x-\frac{5}{6}<\frac{1}{2}x$의 양변에 6을 곱하면

$4x-5<3x$, $4x-3x<5$, $x<5$

따라서 자연수 x는 1, 2, 3, 4이므로 구하는 합은

$1+2+3+4=10$

답 ④

05

$2.5-x>\frac{1}{2}(x-4)$의 양변에 10을 곱하면

$25-10x>5(x-4)$, $25-10x>5x-20$

$-10x-5x>-20-25$, $-15x>-45$

$x<3$

따라서 자연수 x는 1, 2의 2개이다.

답 ②

06

$2a(x+3)-7\leq 5+4x$에서

$2ax+6a-7\leq 5+4x$

$2ax-4x\leq -6a+12$

$2(a-2)x\leq -6(a-2)$

양변을 $2(a-2)$로 나누면 $2(a-2)<0$이므로

$\frac{2(a-2)}{2(a-2)}x\geq\frac{-6(a-2)}{2(a-2)}$

따라서 $x\geq -3$

답 ②

07

$ax-4<8$에서

$ax<8+4$, $ax<12$

해가 $x>-2$이므로 $a<0$

$ax<12$의 양변을 a로 나누면

$x>\frac{12}{a}$

따라서 $\frac{12}{a}=-2$이므로

$a=-6$

답 ①

08

$5x-2a\leq 4x-a$에서

$5x-4x\leq -a+2a$

$x\leq a$

자연수 x의 개수가 3개이므로 $3\leq a<4$

답 ③

4 일차부등식의 활용

본문 61~64쪽

개념 확인 문제

1 $\le$, $\le$, $\le$, 8

2 9, 9, 16, 8, 7, 16

유제 1

사과의 개수를 x개라고 하면

$2000+1500x\le20000$

$1500x\le18000$

$x\le12$

따라서 사과는 최대 12개까지 넣을 수 있다.

답 ②

유제 2

빵의 개수를 x개라고 하면 음료수의 개수는 $(40-x)$개이므로

$1000x+700(40-x)\le34000$

$1000x+28000-700x\le34000$

$300x\le6000$

$x\le20$

따라서 빵은 최대 20개까지 살 수 있다.

답 ①

유제 3

연속하는 세 정수를 x, $x+1$, $x+2$라고 하면

$x+(x+1)-(x+2)<8$

$x<9$

따라서 구하는 가장 큰 정수는 8, 9, 10이다.

답 8, 9, 10

유제 4

연속하는 세 짝수를 x, $x+2$, $x+4$라고 하면

$x+(x+2)+(x+4)>45$

$3x>39$, $x>13$

따라서 구하는 가장 작은 세 짝수는 14, 16, 18이다.

답 14, 16, 18

유제 5

x일 후부터라고 하면

$6000+500x>20000$

$500x>14000$

$x>28$

따라서 29일 후부터 예금액이 20000원보다 많아진다.

답 ④

유제 6

x개월 후부터라고 하면

$10000+4000x>2(25000+1000x)$

$10000+4000x>50000+2000x$

$2000x>40000$

$x>20$

따라서 21개월 후부터 형의 예금액이 동생의 예금액의 2배보다 많아진다.

답 ①

유제 7

삼각형의 높이를 x cm라고 하면

$\frac{1}{2}\times8\times x\ge48$, $4x\ge48$

$x\ge12$

따라서 삼각형의 높이는 12 cm 이상이어야 한다.

답 ②

유제 8

사다리꼴의 아랫변의 길이를 x cm라고 하면

$\frac{1}{2}\times(6+x)\times8\ge64$, $24+4x\ge64$

$4x\ge40$, $x\ge10$

따라서 사다리꼴의 아랫변의 길이는 10 cm 이상이어야 한다.

답 ③

유제 9

생수를 x통 산다고 하면

$1400x>1000x+3000$

$400x>3000$, $x>7.5$

따라서 생수를 8통 이상 사야 할인매장에서 사는 것이 유리하다.

답 ③

유제 10

x명이 입장한다고 하면

$3000x>30\times2500$

$x>25$

따라서 26명 이상이면 30명의 단체 입장권을 사는 것이 유리하다.

답 ⑤

유제 11

x km까지 올라갔다 온다고 하면

$\frac{x}{2}+\frac{x}{3}\le5$, $3x+2x\le30$

$5x\le30$, $x\le6$
따라서 최대 6 km까지 올라갔다 올 수 있다.

답 ④

유제 12
시속 2 km로 걸은 거리를 x km라고 하면 시속 4 km로 걸은 거리는 $(x+1)$ km이므로
$\frac{x}{2}+\frac{x+1}{4}\le4$
$2x+x+1\le16$
$3x\le15$, $x\le5$
따라서 시속 2 km로 걸은 거리는 최대 5 km이다.

답 ⑤

형성평가

본문 65쪽

01 ⑤	02 ③	03 17, 22	04 ②	05 ④
06 ⑤	07 ③	08 ⑤		

01
장미꽃을 x송이 넣는다고 하면
$2000+1000x+3000\le20000$
$1000x\le15000$
$x\le15$
따라서 장미꽃은 최대 15송이까지 넣을 수 있다.

답 ⑤

02
빵을 x개 산다고 하면 음료수는 $(20-x)$개 사므로
$1200x+900(20-x)\le21000$
$1200x+18000-900x\le21000$
$300x\le3000$
$x\le10$
따라서 빵은 최대 10개까지 살 수 있다.

답 ③

03
두 정수를 x, $x+5$라고 하면
$x+(x+5)<40$
$2x<35$
$x<\frac{35}{2}=17.5$
따라서 구하는 가장 큰 정수는 17, 22이다.

답 17, 22

04
x주 후부터라고 하면
$10000+1500x>20000+1000x$
$500x>10000$, $x>20$
따라서 21주 후부터 형의 예금액이 동생의 예금액보다 많아진다.

답 ②

05
세로의 길이를 x cm라고 하면
$2(8+x)\le42$, $16+2x\le42$
$2x\le26$, $x\le13$
따라서 세로의 길이는 13 cm 이하이어야 한다.

답 ④

06
x명이 입장한다고 하면
$6000x>40\times6000\times0.9$
$x>36$
따라서 37명 이상이면 40명의 단체 입장권을 사는 것이 유리하다.

답 ⑤

07
생수를 x통 산다고 하면
$1200x>700x+3000$
$500x>3000$, $x>6$
따라서 생수를 7통 이상 사야 할인매장에서 사는 것이 유리하다.

답 ③

08
x km 떨어진 지점까지 갔다온다고 하면
$\frac{x}{2}+\frac{x}{3}\le4$, $3x+2x\le24$
$5x\le24$, $x\le\frac{24}{5}=4.8$
따라서 최대 4.8 km 떨어진 지점까지 갔다올 수 있다.

답 ⑤

중단원 마무리

본문 66~69쪽

01 ②, ④	02 ②	03 3, 4	04 ④	05 ④	06 ③
07 ③	08 ④	09 ②	10 ②	11 ④	12 ③
13 ④	14 ①	15 ③	16 ③	17 ②	18 ③
19 ④	20 ③	21 ⑤	22 ②	23 ④	24 ②
25 ④	26 ⑤	27 ④	28 ⑤	29 ②	30 $a<4$
31 2.5 km					

01

②, ④ 부등호가 있으므로 부등식이다.

답 ②, ④

02

'작지 않다.'는 '크거나 같다.'는 의미이므로

$2x+9\geq 4(x-3)$

답 ②

03

$3x-4>3$에

$x=1$을 대입하면 $3\times1-4=-1<3$이므로 거짓

$x=2$를 대입하면 $3\times2-4=2<3$이므로 거짓

$x=3$을 대입하면 $3\times3-4=5>3$이므로 참

$x=4$를 대입하면 $3\times4-4=8>3$이므로 참

따라서 해는 3, 4이다.

답 3, 4

04

$x=-4$를 각각 대입하면

① $-4+7=3$, $3\times(-4)=-12$에서 $3>-12$이므로 거짓

② $-2\times(-4)+2=10$이므로 거짓

③ $-(-4)+2=6>5$이므로 거짓

④ $4\times(-4)+4=-12\leq-10$이므로 참

⑤ $\frac{1}{2}\times(-4)-5=-7>-8$이므로 거짓

답 ④

05

① $a<b$의 양변에 3을 더하면 $a+3<b+3$

② $a<b$의 양변에서 6을 빼면 $a-6<b-6$

③ $a<b$의 양변에 5를 곱하면 $5a<5b$

④ $a<b$의 양변에 -4를 곱하면 $-4a>-4b$

⑤ $a<b$의 양변을 7로 나누면 $\frac{a}{7}<\frac{b}{7}$

답 ④

06

모든 항을 좌변으로 이항하여 정리하면

① $2x+8-x>0$, $x+8>0$이므로 일차부등식이다.

② $x+x-6\geq0$, $2x-6\geq0$이므로 일차부등식이다.

③ $2x-5-9-2x<0$, $-14<0$이므로 일차부등식이 아니다.

④ $x^2-2-x^2+4x>0$, $4x-2>0$이므로 일차부등식이다.

⑤ $-x+7-x-7\geq0$, $-2x\geq0$이므로 일차부등식이다.

답 ③

07

$13-2x>3x-7$에서

$-2x-3x>-7-13$

$-5x>-20$

따라서 $x<4$

답 ③

08

$-3x-5\leq4x+9$에서

$-3x-4x\leq9+5$

$-7x\leq14$, $x\geq-2$

따라서 해를 수직선 위에 나타내면 ④와 같다.

답 ④

09

① $-2a+7\leq-2b+7$의 양변에서 7을 빼면 $-2a\leq-2b$

$-2a\leq-2b$의 양변을 -2로 나누면 $a\geq b$

② $a\geq b$의 양변에 4를 더하면 $a+4\geq b+4$

③ $a\geq b$의 양변에 2를 곱하면 $2a\geq2b$

$2a\geq2b$의 양변에서 5를 빼면 $2a-5\geq2b-5$

④ $a\geq b$의 양변에서 1을 빼면 $a-1\geq b-1$

$a-1\geq b-1$의 양변을 3으로 나누면 $\frac{a-1}{3}\geq\frac{b-1}{3}$

⑤ $a\geq b$의 양변을 -6으로 나누면 $-\frac{a}{6}\leq-\frac{b}{6}$

$-\frac{a}{6}\leq-\frac{b}{6}$의 양변에 $\frac{1}{2}$을 더하면 $-\frac{a}{6}+\frac{1}{2}\leq-\frac{b}{6}+\frac{1}{2}$

답 ②

10

① $-x-4<-3x+6$에서 $-x+3x<6+4$

$2x<10$, $x<5$

② $2x-12>6x-8$에서 $2x-6x>-8+12$

$-4x>4$, $x<-1$

③ $8-x>2x-7$에서 $-x-2x>-7-8$
$-3x>-15$, $x<5$
④ $3x-2<8+x$에서 $3x-x<8+2$
$2x<10$, $x<5$
⑤ $7x-7<5x+3$에서 $7x-5x<3+7$
$2x<10$, $x<5$

답 ②

11
$ax^2+bx>x^2-6x+9$의 모든 항을 좌변으로 이항하여 정리하면
$ax^2+bx-x^2+6x-9>0$
$(a-1)x^2+(b+6)x-9>0$
$a-1=0$, $b+6\neq0$
따라서 $a=1$, $b\neq-6$

답 ④

12
$2(x+7)>5(x-2)$에서 $2x+14>5x-10$
$2x-5x>-10-14$, $-3x>-24$
$x<8$
따라서 해를 수직선 위에 나타내면 ③과 같다.

답 ③

13
$7(x-3)<2(x+3)$에서 $7x-21<2x+6$
$7x-2x<6+21$, $5x<27$
$x<\frac{27}{5}=5.4$
따라서 자연수 x는 1, 2, 3, 4, 5이므로 구하는 합은
$1+2+3+4+5=15$

답 ④

14
$\frac{1}{3}x-\frac{x+2}{4}\leq x+5$의 양변에 12를 곱하면
$4x-3(x+2)\leq12(x+5)$
$4x-3x-6\leq12x+60$
$x-12x\leq60+6$, $-11x\leq66$
따라서 $x\geq-6$

답 ①

15
$0.4(x-5)<\frac{2}{5}-0.3x$의 양변에 10을 곱하면
$4(x-5)<4-3x$, $4x-20<4-3x$
$4x+3x<4+20$, $7x<24$
$x<\frac{24}{7}=3.4\times\times\times$
x의 값 중 가장 큰 정수는 3이므로 $a=3$
또, $\frac{3}{5}x-0.8>0.4x+\frac{3}{2}$의 양변에 10을 곱하면
$6x-8>4x+15$, $6x-4x>15+8$
$2x>23$, $x>\frac{23}{2}=11.5$
x의 값 중 가장 작은 정수는 12이므로 $b=12$
따라서 $a+b=3+12=15$

답 ③

16
$2x-5\leq-4x+a$에서
$2x+4x\leq a+5$, $6x\leq a+5$
$x\leq\frac{a+5}{6}$
해가 $x\leq3$이므로 $\frac{a+5}{6}=3$
$a+5=18$
따라서 $a=13$

답 ③

17
$\frac{5}{6}x-2\geq\frac{1}{2}x+\frac{1}{3}$의 양변에 6을 곱하면
$5x-12\geq3x+2$, $5x-3x\geq2+12$
$2x\geq14$, $x\geq7$
또, $2(1-x)\leq6(2+a)$에서
$2-2x\leq12+6a$, $-2x\leq12+6a-2$
$-2x\leq6a+10$, $x\geq-3a-5$
$-3a-5=7$이므로 $-3a=12$
따라서 $a=-4$

답 ②

18
$a(x+2)>5a$에서 $ax+2a>5a$
$ax>5a-2a$, $ax>3a$
양변을 a로 나누면 $a<0$이므로
$x<3$

답 ③

19

$ax-4a<8-2x$에서

$ax+2x<8+4a$

$(a+2)x<4(a+2)$

양변을 $a+2$로 나누면 $a+2<0$이므로

$x>4$

답 ④

20

$ax+6<0$에서 $ax<-6$

해가 $x>3$이므로 $a<0$

$ax<-6$의 양변을 a로 나누면

$x>-\frac{6}{a}$

$-\frac{6}{a}=3$이므로 $a=-2$

답 ③

21

$(a-2)x-6\leq12$에서

$(a-2)x\leq12+6$

$(a-2)x\leq18$

해가 $x\leq6$이므로 $a-2>0$

$(a-2)x\leq18$의 양변을 $a-2$로 나누면

$x\leq\frac{18}{a-2}$

$\frac{18}{a-2}=6$이므로 $6(a-2)=18$, $a-2=3$

따라서 $a=5$

답 ⑤

22

초콜릿을 x개 산다고 하면

$800x+1000\leq6000$

$800x\leq5000$

$x\leq\frac{25}{4}=6.25$

따라서 초콜릿을 최대 6개까지 살 수 있다.

답 ②

23

빵을 x개 산다고 하면 우유는 $(15-x)$개 사므로

$1500x+700(15-x)\leq20000$

$1500x+10500-700x\leq20000$

$800x\leq9500$

$x\leq\frac{95}{8}=11.8\times\times\times$

따라서 빵은 최대 11개까지 살 수 있다.

답 ④

24

연속하는 세 자연수를 x, $x+1$, $x+2$라고 하면

$x+(x+1)+(x+2)>43$

$3x>40$

$x>\frac{40}{3}=13.3\times\times\times$

따라서 합이 가장 작은 세 자연수는 14, 15, 16이고 이 중 가장 작은 자연수는 14이다.

답 ②

25

x주 후부터라고 하면

$22000+1000x<11000+1500x$

$-500x<-11000$, $x>22$

따라서 23주 후부터 동생의 저축액이 형의 저축액보다 많아진다.

답 ④

26

사다리꼴의 윗변의 길이를 x cm라고 하면

$\frac{1}{2}\times(x+15)\times8\leq96$, $4x+60\leq96$

$4x\leq36$, $x\leq9$

따라서 사다리꼴의 윗변의 길이는 9 cm 이하가 되어야 한다.

답 ⑤

27

볼펜을 x자루 산다고 하면

$1100x>800x+4000$

$300x>4000$

$x>\frac{40}{3}=13.3\times\times\times$

따라서 볼펜을 14자루 이상 살 경우 할인점에서 사는 것이 유리하다.

답 ④

28

뛴 거리를 x km라고 하면 걸은 거리는 $(15-x)$ km이므로

$\frac{15-x}{4}+\frac{x}{8}\le 3$, $2(15-x)+x\le 24$

$30-2x+x\le 24$, $-x\le -6$

$x\ge 6$

따라서 6 km 이상을 뛰어가야 한다.

답 ⑤

29

$-a-3>2a+6$에서

$-a-2a>6+3$, $-3a>9$

$a<-3$

즉, $ax+5a<-15-3x$에서

$ax+3x<-5a-15$

$(a+3)x<-5(a+3)$

양변을 $a+3$으로 나누면 $a+3<0$이므로

$x>-5$

답 ②

30

$2x-8\ge 6x-3a$에서

$2x-6x\ge -3a+8$

$-4x\ge -3a+8$

$x\le \frac{3a-8}{4}$

이를 만족시키는 자연수 x의 값이 존재하지 않으므로

$\frac{3a-8}{4}<1$

$3a-8<4$, $3a<12$

따라서 $a<4$

답 $a<4$

31

역에서 상점까지의 거리를 x km라고 하면

$\frac{x}{3}+\frac{20}{60}+\frac{x}{3}\le 2$, $\frac{2x}{3}+\frac{1}{3}\le 2$

$2x+1\le 6$, $2x\le 5$

$x\le \frac{5}{2}=2.5$

따라서 상점이 역에서부터 2.5 km의 범위 내에 있어야 물건을 살 수 있다.

답 2.5 km

수행평가 서술형으로 중단원 마무리

본문 70~71쪽

서술형 예제 2, 2, 2, 2

서술형 유제 9 km

1 -7 **2** $x>7$ **3** 10송이 **4** 30 cm

서술형 예제

시속 4 km로 걸은 거리를 x km라고 하면 시속 2 km로 걸은 거리는 $(5-x)$ km이므로

$\frac{x}{4}+\frac{5-x}{\boxed{2}}\le \boxed{2}$ … 1단계

부등식을 풀면 $x\ge \boxed{2}$ … 2단계

따라서 시속 4 km로 걸은 거리는 $\boxed{2}$ km 이상이다. … 3단계

답 풀이 참조

단계	채점 기준	비율
1단계	일차부등식을 세운 경우	40 %
2단계	일차부등식을 푼 경우	40 %
3단계	시속 4 km로 걸은 거리를 구한 경우	20 %

서술형 유제

집에서 자전거가 고장난 지점까지의 거리를 x km라고 하면 시속 2 km로 걸은 거리는 $(10-x)$ km이므로

$\frac{x}{6}+\frac{10-x}{2}\le 2$ … 1단계

부등식을 풀면 $x\ge 9$ … 2단계

따라서 고장난 지점은 집에서 최소 9 km 떨어져 있다. … 3단계

답 9 km

단계	채점 기준	비율
1단계	일차부등식을 세운 경우	40 %
2단계	일차부등식을 푼 경우	40 %
3단계	집에서 자전거가 고장난 지점까지의 거리를 구한 경우	20 %

1

$3(2x-1)<x+7$에서 $6x-3<x+7$

$6x-x<7+3$, $5x<10$, $x<2$ … 1단계

$x<2$의 양변에 -6을 곱하면 $-6x>-12$

$-6x>-12$의 양변에 4를 더하면 $-6x+4>-8$ … 2단계

따라서 가장 작은 정수 A의 값은 -7이다. … 3단계

답 -7

단계	채점 기준	비율
1단계	$3(2x-1)<x+7$을 푼 경우	40 %
2단계	$-6x+4$의 범위를 구한 경우	40 %
3단계	가장 작은 정수 A의 값을 구한 경우	20 %

2

$3x-a>5$에서 $3x>a+5$

$x>\frac{a+5}{3}$

해가 $x>1$이므로 $\frac{a+5}{3}=1$

$a+5=3$

$a=-2$ … 1단계

즉, $5(x+2)<7x-4$에서 $5x+10<7x-4$

$5x-7x<-4-10$, $-2x<-14$

따라서 $x>7$ … 2단계

답 $x>7$

단계	채점 기준	비율
1단계	a의 값을 구한 경우	40 %
2단계	$5(x+2)<7x-4$를 푼 경우	60 %

3

장미꽃을 x송이 넣는다고 하면

$1500+600x+2000\le 10000$ … 1단계

$600x\le 6500$

$x\le\frac{65}{6}=10.8\times\times\times$ … 2단계

따라서 장미꽃은 최대 10송이까지 넣을 수 있다. … 3단계

답 10송이

단계	채점 기준	비율
1단계	일차부등식을 세운 경우	40 %
2단계	일차부등식을 푼 경우	40 %
3단계	장미꽃의 개수를 구한 경우	20 %

4

세로의 길이를 x cm라고 하면 가로의 길이는 $(x+15)$ cm이므로

$2\{x+(x+15)\}\ge 150$ … 1단계

$2(2x+15)\ge 150$, $4x+30\ge 150$

$4x\ge 120$, $x\ge 30$ … 2단계

따라서 세로의 길이는 최소 30 cm이다. … 3단계

답 30 cm

단계	채점 기준	비율
1단계	일차부등식을 세운 경우	40 %
2단계	일차부등식을 푼 경우	40 %
3단계	세로의 길이를 구한 경우	20 %

2. 연립일차방정식

1 미지수가 2개인 일차방정식 본문 72~74쪽

개념 확인 문제

1 (1) × (2) ○ (3) × (4) × **2** 3, 1, -1, 3, 1

유제 1

ㄱ. $2x^2$은 차수가 1이 아니므로 미지수가 2개인 일차방정식이 아니다.

ㄷ. xy는 차수가 1이 아니므로 미지수가 2개인 일차방정식이 아니다.

ㄹ. $x-3y-x-7=0$, $-3y-7=0$
미지수가 1개이므로 미지수가 2개인 일차방정식이 아니다.

ㅁ. $2x^2-2x^2+2x+y-3=0$, $2x+y-3=0$이므로 미지수가 2개인 일차방정식이다.

따라서 미지수가 2개인 일차방정식은 ㄴ, ㅁ이다.

답 ㄴ, ㅁ

유제 2

모든 항을 좌변으로 이항하여 정리하면

$ax+3y-4x+y=0$, $(a-4)x+4y=0$

즉, $a-4\ne 0$이어야 하므로 $a\ne 4$

따라서 a의 값이 될 수 없는 것은 ⑤ 4이다.

답 ⑤

유제 3

① $x=-2$, $y=11$을 $2x+y=7$에 대입하면
$2\times(-2)+11=7$

② $x=-1$, $y=8$을 $2x+y=7$에 대입하면
$2\times(-1)+8=6\ne 7$

③ $x=0$, $y=-6$을 $2x+y=7$에 대입하면
$2\times 0+(-6)=-6\ne 7$

④ $x=1$, $y=4$를 $2x+y=7$에 대입하면
$2\times 1+4=6\ne 7$

⑤ $x=2$, $y=3$을 $2x+y=7$에 대입하면
$2\times 2+3=7$

답 ①, ⑤

유제 4

$x=-1$, $y=2$를 각 방정식에 대입해 보면

① $2x+y=-1$에 대입하면
$2\times(-1)+2=0\ne -1$

② $x+3y=5$에 대입하면

$-1+3\times2=5$

③ $3x+y=1$에 대입하면

$3\times(-1)+2=-1\neq1$

④ $4x-2y=-8$에 대입하면

$4\times(-1)-2\times2=-8$

⑤ $5x+2y=-2$에 대입하면

$5\times(-1)+2\times2=-1\neq-2$

답 ②, ④

유제 5

해는 $(1, 6)$, $(3, 3)$, $(5, 0)$의 3개이다.

답 3개

유제 6

$2x+3y=17$의 해는 $(1, 5)$, $(4, 3)$, $(7, 1)$의 3개이므로 $a=3$
$4x+y=20$의 해는 $(1, 16)$, $(2, 12)$, $(3, 8)$, $(4, 4)$의 4개이므로 $b=4$
따라서 $a+b=3+4=7$

답 ③

유제 7

$x=-1$, $y=k$를 $3x-2y+9=0$에 대입하면
$3\times(-1)-2k+9=0$
$-2k=-6$
따라서 $k=3$

답 ⑤

유제 8

$x=a$, $y=b$를 $-2x+3y=6$에 대입하면
$-2a+3b=6$, $2a-3b=-6$
따라서 $2a-3b+11=-6+11=5$

답 ②

2 연립방정식과 그 해

본문 75~76쪽

개념 확인 문제

1 (1) 4 (2) 300 (3) 4, 300　2 (1) ○ (2) × (3) ○ (4) ×

유제 1

$x=-1$, $y=3$을 각 방정식에 대입해 보면
① $x+2y=3$에 대입하면 $-1+2\times3=5\neq3$
② $x=2y-1$에 대입하면 $-1\neq2\times3-1=5$
③ $x-3y=-8$에 대입하면 $-1-3\times3=-10\neq-8$
④ $y=x+2$에 대입하면 $3\neq-1+2=1$
⑤ $3x+y=0$에 대입하면 $3\times(-1)+3=0$
$x+3y=8$에 대입하면 $-1+3\times3=8$

답 ⑤

유제 2

$x=1$, $y=-2$를 각 방정식에 대입해 보면
ㄱ. $x+4y=-7$에 대입하면 $1+4\times(-2)=-7$
ㄴ. $-2x+y=0$에 대입하면 $-2\times1+(-2)=-4\neq0$
ㄷ. $3x-y-1=0$에 대입하면 $3\times1-(-2)-1=4\neq0$
ㄹ. $4x=3y+10$에 대입하면 $4\times1=3\times(-2)+10$
따라서 ㄱ, ㄹ을 짝 지어 연립방정식을 만들면 해가 $x=1$, $y=-2$가 된다.

답 ③

유제 3

$x=4$, $y=b$를 $x+3y=-2$에 대입하면
$4+3b=-2$, $3b=-6$, $b=-2$
$x=4$, $y=-2$를 $ax+y=10$에 대입하면
$4a-2=10$, $4a=12$, $a=3$
따라서 $a-b=3-(-2)=5$

답 ③

유제 4

$x=b$, $y=-b+4$를 $2x-3y=3$에 대입하면
$2b-3(-b+4)=3$, $2b+3b-12=3$
$5b=15$, $b=3$
$x=3$, $y=1$을 $ax+y=7$에 대입하면
$3a+1=7$, $3a=6$, $a=2$
따라서 $a+b=2+3=5$

답 5

형성평가

본문 77쪽

01 ④　02 ②, ⑤　03 ④　04 $(7, 3)$, $(8, 6)$, $(9, 9)$
05 ③　06 ③　07 ②　08 3

01

ㄱ. xy의 차수는 2이므로 미지수가 2개인 일차방정식이 아니다.
ㄴ. $x-4y-y+x=0$, $2x-5y=0$이므로 미지수가 2개인 일차방정식이다.
ㄷ. $2x-y-7-2x+6y=0$, $5y-7=0$
미지수가 1개이므로 미지수가 2개인 일차방정식이 아니다.
ㄹ. $-x^2+x-y-3+x^2=0$, $x-y-3=0$이므로 미지수가 2개인 일차방정식이다.
ㅁ. $4x-2y-8+2y+4x=0$, $8x-8=0$
미지수가 1개이므로 미지수가 2개인 일차방정식이 아니다.
따라서 미지수가 2개인 일차방정식은 ㄴ, ㄹ이다.

답 ④

02

$x=3$, $y=-2$를 각 방정식에 대입해 보면
① $x+3y=3$에 대입하면 $3+3\times(-2)=-3\neq3$
② $2x-y=8$에 대입하면 $2\times3-(-2)=8$
③ $-x+2y=-4$에 대입하면 $-3+2\times(-2)=-7\neq-4$
④ $3x-y=10$에 대입하면 $3\times3-(-2)=11\neq10$
⑤ $2x+5y=-4$에 대입하면 $2\times3+5\times(-2)=-4$

답 ②, ⑤

03

해는 (0, 5), (3, 4), (6, 3), (9, 2), (12, 1), (15, 0)의 6개이다.

답 ④

04

해는 (7, 3), (8, 6), (9, 9)이다.

답 (7, 3), (8, 6), (9, 9)

05

$x=-1$, $y=2$를 $4x-ay+10=0$에 대입하면
$4\times(-1)-2a+10=0$
$-4-2a+10=0$, $-2a=-6$
$a=3$
$x=2$를 $4x-3y+10=0$에 대입하면
$4\times2-3y+10=0$
$8-3y+10=0$, $-3y=-18$
따라서 $y=6$

답 ③

06

$x=3$, $y=2$를 $ax-5y=-4$에 대입하면
$3a-5\times2=-4$, $3a-10=-4$
$3a=6$, $a=2$
$x=b$, $y=-2$를 $2x-5y=-4$에 대입하면
$2b-5\times(-2)=-4$, $2b+10=-4$
$2b=-14$, $b=-7$
따라서 $a+b=2+(-7)=-5$

답 ③

07

$x=-3$, $y=a$를 $2x+3y=a+2$에 대입하면
$2\times(-3)+3a=a+2$, $-6+3a=a+2$
$2a=8$, $a=4$
$x=-3$, $y=4$를 $3x+by=-1$에 대입하면
$3\times(-3)+4b=-1$, $-9+4b=-1$
$4b=8$, $b=2$
따라서 $a+b=4+2=6$

답 ②

08

$x=4$를 $2x-5y=-2$에 대입하면
$2\times4-5y=-2$, $8-5y=-2$
$-5y=-10$, $y=2$
$x=4$, $y=2$를 $ax-3y=6$에 대입하면
$4a-3\times2=6$
$4a-6=6$, $4a=12$
따라서 $a=3$

답 3

3 연립방정식의 풀이

본문 78~84쪽

개념 확인 문제

1 9, 6, 2, 2, 2, 5 **2** −4, 2, 2, 2, 1 **3** −1, 8, 7, 1, 1, −4
4 −5, −3, −8, −2, −2, 1

유제 1

㉠을 ㉡에 대입하면
$-y=-3$, $y=3$

$y=3$을 ㉠에 대입하면 $x=1$
따라서 $a=-1$, $b=3$, $c=1$이므로
$a+b+c=-1+3+1=3$

답 ①

유제 2

$x=3y-2$를 $3x-5y=2$에 대입하면
$3(3y-2)-5y=2$, $9y-6-5y=2$
$4y=8$, $y=2$
$y=2$를 $x=3y-2$에 대입하면
$x=3\times2-2=4$
따라서 $a=4$, $b=2$이므로
$a+b=4+2=6$

답 6

유제 3

㉠$\times3-$㉡을 하면 $4y=-4$
따라서 $a=4$

답 4

유제 4

x를 없애기 위해 필요한 식은 ㉠$\times3-$㉡$\times4$
y를 없애기 위해 필요한 식은 ㉠$\times2+$㉡$\times5$
따라서 필요한 식은 ㄴ, ㄷ이다.

답 ③

유제 5

㉠$-$㉡$\times2$를 하면
$-5x=-10$, $x=2$
$x=2$를 ㉡에 대입하면
$6-y=2$, $y=4$
$x=2$, $y=4$를 $5x-y=a$에 대입하면
$10-4=a$
따라서 $a=6$

답 ②

유제 6

$x=5$, $y=4$를 $ax+by=-2$에 대입하면
$5a+4b=-2$ …… ㉠
$x=-4$, $y=-2$를 $ax+by=-2$에 대입하면
$-4a-2b=-2$ …… ㉡
㉠$+$㉡$\times2$를 하면
$-3a=-6$, $a=2$
$a=2$를 ㉡에 대입하면
$-8-2b=-2$, $-2b=6$, $b=-3$
따라서 $ab=2\times(-3)=-6$

답 ③

유제 7

괄호를 풀어 정리하면
$\begin{cases} x+4y=9 & \cdots\cdots ㉠ \\ 3x+2y=-3 & \cdots\cdots ㉡ \end{cases}$
㉠$-$㉡$\times2$를 하면
$-5x=15$, $x=-3$
$x=-3$을 ㉡에 대입하면
$-9+2y=-3$, $2y=6$, $y=3$
따라서 $m=-3$, $n=3$이므로
$m+n=-3+3=0$

답 ③

유제 8

괄호를 풀어 정리하면
$\begin{cases} 2x+3y=9 & \cdots\cdots ㉠ \\ 2x-y=5 & \cdots\cdots ㉡ \end{cases}$
㉠$-$㉡을 하면
$4y=4$, $y=1$
$y=1$을 ㉡에 대입하면
$2x-1=5$, $2x=6$, $x=3$
따라서 $x+y=3+1=4$

답 ④

유제 9

두 일차방정식의 양변에 10을 각각 곱하면
$\begin{cases} x+4y=6 & \cdots\cdots ㉠ \\ 2x+3y=2 & \cdots\cdots ㉡ \end{cases}$
㉠$\times2-$㉡을 하면
$5y=10$, $y=2$
$y=2$를 ㉠에 대입하면
$x+8=6$, $x=-2$
따라서 $m=-2$, $n=2$이므로
$mn=-2\times2=-4$

답 ②

유제 10

두 일차방정식의 양변에 10과 100을 각각 곱하면

$\begin{cases} 2x+3y=-8 & \cdots\cdots ㉠ \\ x-2y=10 & \cdots\cdots ㉡ \end{cases}$

㉠$-$㉡$\times 2$를 하면

$7y=-28$, $y=-4$

$y=-4$를 ㉡에 대입하면

$x+8=10$, $x=2$

따라서 $x-y=2-(-4)=6$

답 ②

유제 11

두 일차방정식의 양변에 4와 6을 각각 곱하면

$\begin{cases} x+2y=-1 & \cdots\cdots ㉠ \\ 3x+2y=5 & \cdots\cdots ㉡ \end{cases}$

㉠$-$㉡을 하면

$-2x=-6$, $x=3$

$x=3$을 ㉠에 대입하면

$3+2y=-1$, $2y=-4$, $y=-2$

따라서 $m=3$, $n=-2$이므로

$m+n=3+(-2)=1$

답 ①

유제 12

두 일차방정식의 양변에 6과 4를 각각 곱하면

$\begin{cases} 3x-2y=-2 & \cdots\cdots ㉠ \\ 3x+y=10 & \cdots\cdots ㉡ \end{cases}$

㉠$-$㉡을 하면

$-3y=-12$, $y=4$

$y=4$를 ㉠에 대입하면

$3x-8=-2$, $3x=6$, $x=2$

따라서 $y-x=4-2=2$

답 ②

유제 13

$x=2$, $y=-3$을 두 일차방정식에 각각 대입하면

$\begin{cases} 2a-3b=12 & \cdots\cdots ㉠ \\ 3a+2b=5 & \cdots\cdots ㉡ \end{cases}$

㉠$\times 2+$㉡$\times 3$을 하면

$13a=39$, $a=3$

$a=3$을 ㉡에 대입하면

$9+2b=5$, $2b=-4$, $b=-2$

따라서 $a+b=3+(-2)=1$

답 ③

유제 14

$x=m$, $y=2$를 두 일차방정식에 각각 대입하여 정리하면

$\begin{cases} 2m+5n=6 & \cdots\cdots ㉠ \\ 3m+8n=10 & \cdots\cdots ㉡ \end{cases}$

㉠$\times 3-$㉡$\times 2$를 하면

$-n=-2$, $n=2$

$n=2$를 ㉠에 대입하면

$2m+10=6$, $2m=-4$, $m=-2$

따라서 $mn=-2\times 2=-4$

답 ②

유제 15

y의 값이 x의 값의 3배이므로 $y=3x$

$\begin{cases} 3x+y=12 & \cdots\cdots ㉠ \\ y=3x & \cdots\cdots ㉡ \end{cases}$

㉡을 ㉠에 대입하면

$3x+3x=12$, $6x=12$, $x=2$

$x=2$를 ㉡에 대입하면

$y=3\times 2=6$

$x=2$, $y=6$을 $2x-y=a+3$에 대입하면

$4-6=a+3$

따라서 $a=-5$

답 ②

유제 16

$\begin{cases} 2x-3y=-12 & \cdots\cdots ㉠ \\ x+4y=5 & \cdots\cdots ㉡ \end{cases}$

㉠$-$㉡$\times 2$를 하면

$-11y=-22$, $y=2$

$y=2$를 ㉡에 대입하면

$x+8=5$, $x=-3$

$x=-3$, $y=2$를 $ax+7y=5$에 대입하면

$-3a+14=5$, $-3a=-9$

따라서 $a=3$

답 ④

유제 17

$x=3$을 $3x-y=5$에 대입하면

$9-y=5$, $y=4$

$4x-3y=-8$의 3을 A로 놓고

$x=3$, $y=4$를 $4x-Ay=-8$에 대입하면

$12-4A=-8$, $-4A=-20$, $A=5$

따라서 3을 5로 잘못 보고 풀었다.

답 ②

유제 18

a, b를 서로 바꾸면

$\begin{cases} bx-ay=-10 \\ -ax+by=11 \end{cases}$

$x=-1$, $y=2$를 각각 대입하면

$\begin{cases} -2a-b=-10 & \cdots\cdots ㉠ \\ a+2b=11 & \cdots\cdots ㉡ \end{cases}$

㉠×2+㉡을 하면

$-3a=-9$, $a=3$

$a=3$을 ㉠에 대입하면

$-6-b=-10$, $b=4$

따라서 $a+b=3+4=7$

답 ⑤

유제 19

$\begin{cases} 4x-3y=10 & \cdots\cdots ㉠ \\ 2x-y=6 & \cdots\cdots ㉡ \end{cases}$

㉠−㉡×2를 하면

$-y=-2$, $y=2$

$y=2$를 ㉡에 대입하면

$2x-2=6$, $2x=8$, $x=4$

$x=4$, $y=2$를 $ax-2y=8$에 대입하면

$4a-4=8$, $4a=12$, $a=3$

$x=4$, $y=2$를 $3x-by=-2$에 대입하면

$12-2b=-2$, $-2b=-14$, $b=7$

따라서 $b-a=7-3=4$

답 4

유제 20

$\begin{cases} x-2y=5 & \cdots\cdots ㉠ \\ 2x-3y=9 & \cdots\cdots ㉡ \end{cases}$

㉠×2−㉡을 하면

$-y=1$, $y=-1$

$y=-1$을 ㉠에 대입하면

$x+2=5$, $x=3$

$x=3$, $y=-1$을 $ax+by=11$에 대입하면

$3a-b=11$ $\cdots\cdots$ ㉢

$x=3$, $y=-1$을 $bx+ay=-17$에 대입하면

$-a+3b=-17$ $\cdots\cdots$ ㉣

㉢+㉣×3을 하면

$8b=-40$, $b=-5$

$b=-5$를 ㉣에 대입하면

$-a-15=-17$, $a=2$

따라서 $a+b=2+(-5)=-3$

답 ①

형성평가

본문 85~86쪽

01 ③	**02** ⑤	**03** ⑤	**04** ②, ⑤	**05** 5	**06** ②
07 ②	**08** ②	**09** ①	**10** ③	**11** ⑤	**12** ⑤
13 ③	**14** $x=5$, $y=-\frac{3}{2}$	**15** ④	**16** $a=2$, $b=5$		

01

$x=y-3$을 $3x-2y=-4$에 대입하면

$3(y-3)-2y=-4$, $3y-9-2y=-4$

$y=5$

$y=5$를 $x=y-3$에 대입하면

$x=5-3=2$

따라서 $a=2$, $b=5$이므로

$a+b=2+5=7$

답 ③

02

x의 값이 y의 값의 3배이므로 $x=3y$

$x=3y$를 $x-2y=2$에 대입하면

$3y-2y=2$, $y=2$

$y=2$를 $x=3y$에 대입하면

$x=3\times2=6$

따라서 $a=6$, $b=2$이므로

$a-b=6-2=4$

답 ⑤

03

$2y=3x-5$를 $x+4y=11$에 대입하면

$x+2(3x-5)=11$, $x+6x-10=11$

$7x=21$, $x=3$

$x=3$을 $2y=3x-5$에 대입하면

$2y=9-5=4$, $y=2$

$x=3$, $y=2$를 $2x+3y-5=k$에 대입하면

$6+6-5=k$

따라서 $k=7$

답 ⑤

04

x를 없애기 위해 필요한 식은 ㉠×3−㉡×2

y를 없애기 위해 필요한 식은 ㉠×4+㉡×3

따라서 필요한 식은 ②, ⑤이다.

답 ②, ⑤

개념책

05

$$\begin{cases} x+2y=1 & \cdots\cdots ㉠ \\ 3x-4y=13 & \cdots\cdots ㉡ \end{cases}$$

㉠$\times 2+$㉡을 하면

$5x=15$, $x=3$

$x=3$을 ㉠에 대입하면

$3+2y=1$, $2y=-2$, $y=-1$

$x=3$, $y=-1$을 $2x+y=a$에 대입하면

$6-1=a$

따라서 $a=5$

답 5

06

$x=2$, $y=3$을 $ax+by=4$에 대입하면

$2a+3b=4$ ⋯⋯ ㉠

$x=4$, $y=8$을 $ax+by=4$에 대입하면

$4a+8b=4$ ⋯⋯ ㉡

㉠$\times 2-$㉡을 하면

$-2b=4$, $b=-2$

$b=-2$를 ㉠에 대입하면

$2a-6=4$, $2a=10$, $a=5$

따라서 $ab=5\times(-2)=-10$

답 ②

07

괄호를 풀어 정리하면

$$\begin{cases} 3x-2y=8 & \cdots\cdots ㉠ \\ x-4y=-4 & \cdots\cdots ㉡ \end{cases}$$

㉠$\times 2-$㉡을 하면

$5x=20$, $x=4$

$x=4$를 ㉠에 대입하면

$12-2y=8$, $-2y=-4$, $y=2$

따라서 $m=4$, $n=2$이므로

$m+n=4+2=6$

답 ②

08

두 일차방정식의 양변에 10과 100을 각각 곱하면

$$\begin{cases} 2x-4y=16 & \cdots\cdots ㉠ \\ 3x-2y=16 & \cdots\cdots ㉡ \end{cases}$$

㉠$-$㉡$\times 2$를 하면

$-4x=-16$, $x=4$

$x=4$를 ㉡에 대입하면

$12-2y=16$, $-2y=4$, $y=-2$

따라서 $a=4$, $b=-2$이므로

$a+b=4+(-2)=2$

답 ②

09

두 일차방정식의 양변에 10과 6을 각각 곱하면

$$\begin{cases} x+2y=7 & \cdots\cdots ㉠ \\ 3x-4y=1 & \cdots\cdots ㉡ \end{cases}$$

㉠$\times 2+$㉡을 하면

$5x=15$, $x=3$

$x=3$을 ㉠에 대입하면

$3+2y=7$, $2y=4$, $y=2$

따라서 $a=3$, $b=2$이므로

$a+b=3+2=5$

답 ①

10

y의 값이 x의 값의 2배이므로 $y=2x$

$$\begin{cases} 3x-y=2 & \cdots\cdots ㉠ \\ y=2x & \cdots\cdots ㉡ \end{cases}$$

㉡을 ㉠에 대입하면

$3x-2x=2$, $x=2$

$x=2$를 ㉡에 대입하면

$y=2\times 2=4$

$x=2$, $y=4$를 $x+3y=a+10$에 대입하면

$2+12=a+10$

따라서 $a=4$

답 ③

11

x의 값이 y의 값보다 3만큼 크므로 $x=y+3$

$$\begin{cases} 2x+y=3 & \cdots\cdots ㉠ \\ x=y+3 & \cdots\cdots ㉡ \end{cases}$$

㉡을 ㉠에 대입하면

$2(y+3)+y=3$, $3y=-3$

$y=-1$

$y=-1$을 ㉡에 대입하면

$x=-1+3=2$

$x=2$, $y=-1$을 $3x-2y=3k-1$에 대입하면

$6+2=3k-1$, $-3k=-9$

따라서 $k=3$

답 ⑤

12

$\begin{cases} x-2y=-7 & \cdots\cdots ㉠ \\ 5x+2y=1 & \cdots\cdots ㉡ \end{cases}$

㉠+㉡을 하면

$6x=-6$, $x=-1$

$x=-1$을 ㉡에 대입하면

$-5+2y=1$, $2y=6$, $y=3$

$x=-1$, $y=3$을 $x+(2a+1)y=20$에 대입하면

$-1+3(2a+1)=20$, $-1+6a+3=20$

$6a=18$

따라서 $a=3$

답 ⑤

13

$x=4$, $y=-1$을 두 일차방정식에 각각 대입하면

$\begin{cases} 4a-b=5 & \cdots\cdots ㉠ \\ -a+4b=10 & \cdots\cdots ㉡ \end{cases}$

㉠×4+㉡을 하면

$15a=30$, $a=2$

$a=2$를 ㉠에 대입하면

$8-b=5$, $b=3$

따라서 $a+b=2+3=5$

답 ③

14

a를 $a+2$로 놓으면

$\begin{cases} 3x-(a+2)y=18 & \cdots\cdots ㉠ \\ x-2y=8 & \cdots\cdots ㉡ \end{cases}$

$x=2$, $y=k$를 ㉡에 대입하면

$2-2k=8$, $-2k=6$, $k=-3$

$x=2$, $y=-3$을 ㉠에 대입하면

$6+3(a+2)=18$, $6+3a+6=18$

$3a=6$, $a=2$

$\begin{cases} 3x-2y=18 & \cdots\cdots ㉢ \\ x-2y=8 & \cdots\cdots ㉣ \end{cases}$

㉢−㉣을 하면

$2x=10$, $x=5$

$x=5$를 ㉣에 대입하면

$5-2y=8$, $-2y=3$

따라서 $y=-\frac{3}{2}$

답 $x=5$, $y=-\frac{3}{2}$

15

$x=-2$를 $2x+5y=-9$에 대입하면

$-4+5y=-9$, $5y=-5$, $y=-1$

$x-4y=5$의 5를 A로 놓고

$x=-2$, $y=-1$을 $x-4y=A$에 대입하면

$-2+4=A$, $A=2$

따라서 5를 2로 잘못 보고 풀었다.

답 ④

16

$\begin{cases} 2x-y=4 & \cdots\cdots ㉠ \\ 4x+y=14 & \cdots\cdots ㉡ \end{cases}$

㉠+㉡을 하면

$6x=18$, $x=3$

$x=3$을 ㉡에 대입하면

$12+y=14$, $y=2$

$x=3$, $y=2$를 $ax+3y=12$에 대입하면

$3a+6=12$, $3a=6$

따라서 $a=2$

$x=3$, $y=2$를 $6x-by=8$에 대입하면

$18-2b=8$, $-2b=-10$

따라서 $b=5$

답 $a=2$, $b=5$

4 연립방정식의 활용

본문 87~90쪽

개념 확인 문제

1 13, 17 **2** 7, y, x, x, y, 7, y, x, x, y

1 큰 수를 x, 작은 수를 y라고 하자.

큰 수와 작은 수의 합이 30이므로

$x+y=30$ ⋯⋯ ㉠

큰 수와 작은 수의 차가 4이므로

$x-y=4$ ⋯⋯ ㉡

㉠+㉡을 하면

$2x=34$, $x=17$

$x=17$을 ㉠에 대입하면

$17+y=30$, $y=13$

따라서 구하는 두 수는 13, 17이다.

답 13, 17

유제 1

십의 자리의 숫자를 x, 일의 자리의 숫자를 y라고 하면

$\begin{cases} x+y=10 \\ 10y+x=10x+y+54 \end{cases}$

연립방정식을 풀면 $x=2$, $y=8$

따라서 처음 수는 28이다.

답 28

유제 2

십의 자리의 숫자를 x, 일의 자리의 숫자를 y라고 하면

$\begin{cases} y=2x-1 \\ 10y+x=2(10x+y)-20 \end{cases}$

연립방정식을 풀면 $x=4$, $y=7$

따라서 처음 수는 47이다.

답 ④

유제 3

500원짜리 볼펜의 개수를 x자루, 800원짜리 볼펜의 개수를 y자루라고 하면

$\begin{cases} x+y=12 \\ 500x+800y=7500 \end{cases}$

연립방정식을 풀면 $x=7$, $y=5$

따라서 500원짜리 볼펜은 7자루 샀다.

답 ⑤

유제 4

흰 우유의 개수를 x개, 초코 우유의 개수를 y개라고 하면

$\begin{cases} 700x+1100y=12700 \\ y=2x+1 \end{cases}$

연립방정식을 풀면 $x=4$, $y=9$

따라서 전체 우유의 개수는 $4+9=13$(개)

답 ④

유제 5

현재 아버지의 나이를 x살, 아들의 나이를 y살이라고 하면

$\begin{cases} x-y=32 \\ x+6=3(y+6) \end{cases}$

연립방정식을 풀면 $x=42$, $y=10$

따라서 현재 아버지의 나이는 42살이다.

답 ③

유제 6

현재 이모의 나이를 x살, 조카의 나이를 y살이라고 하면

$\begin{cases} x=y+23 \\ x+10=2(y+10)+2 \end{cases}$

연립방정식을 풀면 $x=34$, $y=11$

따라서 현재 이모의 나이는 34살이다.

답 ①

유제 7

윗변의 길이를 x cm, 아랫변의 길이를 y cm라고 하면

$\begin{cases} x=y-4 \\ \frac{1}{2}\times(x+y)\times 8=72 \end{cases}$

연립방정식을 풀면 $x=7$, $y=11$

따라서 사다리꼴의 아랫변의 길이는 11 cm이다.

답 ③

유제 8

처음 직사각형의 가로의 길이를 x cm, 세로의 길이를 y cm라고 하면

$\begin{cases} 2(x+y)=36 \\ 2\{(x+8)+2y\}=64 \end{cases}$

연립방정식을 풀면 $x=12$, $y=6$

따라서 처음 직사각형의 가로의 길이는 12 cm이다.

답 ③

유제 9

작년 남학생 수를 x명, 여학생 수를 y명이라고 하면

$\begin{cases} x+y=400 \\ -\frac{10}{100}x+\frac{5}{100}y=-7 \end{cases}$

연립방정식을 풀면 $x=180$, $y=220$

따라서 작년의 여학생 수는 220명이다.

답 ②

유제 10

A제품의 원가를 x원, B제품의 원가를 y원이라고 하면

$\begin{cases} x+y=50000 \\ \frac{5}{100}x+\frac{10}{100}y=3800 \end{cases}$

연립방정식을 풀면 $x=24000$, $y=26000$

따라서 A제품의 원가는 24000원이다.

답 ③

유제 11

걸은 거리를 x km, 달린 거리를 y km라고 하면

$$\begin{cases} x+y=5 \\ \frac{x}{4}+\frac{y}{8}=1 \end{cases}$$

연립방정식을 풀면 $x=3$, $y=2$

따라서 정우가 달린 거리는 2 km이다.

답 2 km

유제 12

올라간 거리를 x km, 내려온 거리를 y km라고 하면

$$\begin{cases} \frac{x}{3}+\frac{y}{5}=3 \\ x+y=11 \end{cases}$$

연립방정식을 풀면 $x=6$, $y=5$

따라서 올라간 거리는 6 km이다.

답 ③

형성평가

본문 91쪽

01 42 02 ② 03 ⑤ 04 ③ 05 ③ 06 ①

07 ③ 08 ①

01

십의 자리의 숫자를 x, 일의 자리의 숫자를 y라고 하면

$$\begin{cases} 10x+y=7(x+y) \\ 10y+x=10x+y-18 \end{cases}$$

연립방정식을 풀면 $x=4$, $y=2$

따라서 처음 수는 42이다.

답 42

02

사탕 1개의 가격을 x원, 초콜릿 1개의 가격을 y원이라고 하면

$$\begin{cases} 2x+3y=2700 \\ 3x+4y=3700 \end{cases}$$

연립방정식을 풀면 $x=300$, $y=700$

따라서 사탕 1개의 가격은 300원이다.

답 ②

03

자두의 개수를 x개, 오렌지의 개수를 y개라고 하면

$$\begin{cases} x+y=12 \\ 600x+1200y=9000 \end{cases}$$

연립방정식을 풀면 $x=9$, $y=3$

따라서 구입한 자두의 개수는 9개이다.

답 ⑤

04

현재 아버지의 나이를 x살, 딸의 나이를 y살이라고 하면

$$\begin{cases} x+y=57 \\ x+10=3(y+10)+1 \end{cases}$$

연립방정식을 풀면 $x=48$, $y=9$

따라서 현재 딸의 나이는 9살이다.

답 ③

05

가로의 길이를 x cm, 세로의 길이를 y cm라고 하면

$$\begin{cases} y=x+6 \\ 2(x+y)=40 \end{cases}$$

연립방정식을 풀면 $x=7$, $y=13$

따라서 직사각형의 넓이는 $7\times13=91\,(\mathrm{cm}^2)$

답 ③

06

작년 남학생 수를 x명, 여학생 수를 y명이라고 하면

$$\begin{cases} x+y=200 \\ \frac{10}{100}x-\frac{5}{100}y=2 \end{cases}$$

연립방정식을 풀면 $x=80$, $y=120$

따라서 작년의 남학생 수는 80명이다.

답 ①

07

시속 4 km로 걸은 거리를 x km, 시속 2 km로 걸은 거리를 y km라고 하면

$$\begin{cases} x+y=7 \\ \frac{x}{4}+\frac{y}{2}=3 \end{cases}$$

연립방정식을 풀면 $x=2$, $y=5$

따라서 시속 4 km로 걸은 거리는 2 km이다.

답 ③

08

올라간 거리를 x km, 내려온 거리를 y km라고 하면

$$\begin{cases} y=x+3 \\ \frac{x}{2}+\frac{y}{4}=3 \end{cases}$$

연립방정식을 풀면 $x=3$, $y=6$

따라서 올라간 거리는 3 km이다.

답 ①

중단원 마무리

본문 92~95쪽

01 ㄱ, ㄴ 02 풀이 참조
03 (1) (4, 3), (8, 2), (12, 1) (2) (2, 6), (4, 3)
04 ㄱ, ㄷ 05 ① 06 ⑤ 07 ④ 08 ④ 09 ⑤
10 ③ 11 ⑤ 12 ⑤ 13 ③ 14 ③ 15 ③
16 ① 17 ①, ④ 18 ③ 19 ④ 20 ③ 21 ②
22 ④ 23 $x=-2$, $y=2$ 24 ⑤ 25 ② 26 ②
27 ④ 28 ③ 29 ③ 30 $x=3$, $y=-2$ 31 ⑤

01
ㄷ. $x+7y-x+7y-3=0$, $14y-3=0$
미지수가 1개이므로 미지수가 2개인 일차방정식이 아니다.
ㄹ. $x^2-5x+8=0$
x^2은 차수가 2이므로 미지수가 2개인 일차방정식이 아니다.
따라서 미지수가 2개인 일차방정식은 ㄱ, ㄴ이다.

답 ㄱ, ㄴ

02
답

x	1	2	3	4
y	4	3	2	1

03
답 (1) (4, 3), (8, 2), (12, 1)
(2) (2, 6), (4, 3)

04
$x=2$, $y=3$을 각 방정식에 대입해 보면
ㄱ. $x-y=-1$에 대입하면
$2-3=-1$
$2x+y=7$에 대입하면
$2\times2+3=7$
ㄴ. $2x-y=-1$에 대입하면
$2\times2-3=1\neq-1$
ㄷ. $2x-3y=-5$에 대입하면
$2\times2-3\times3=-5$
$4x+3y=17$에 대입하면
$4\times2+3\times3=17$
ㄹ. $2x-5y=-9$에 대입하면
$2\times2-5\times3=-11\neq-9$
따라서 해가 (2, 3)인 연립방정식은 ㄱ, ㄷ이다.

답 ㄱ, ㄷ

05
㉠을 ㉡에 대입하면 $4y+2-10y=14$
$-6y=12$
따라서 $k=-6$

답 ①

06
$y=2x-7$을 $3x-y=11$에 대입하면
$3x-(2x-7)=11$, $3x-2x+7=11$
$x=4$
$x=4$를 $y=2x-7$에 대입하면
$y=2\times4-7=1$

답 ⑤

07
y를 없애기 위해 y의 계수의 절댓값이 2, 5의 최소공배수인 10으로 y의 계수의 절댓값을 맞춘 다음 y의 계수의 부호가 다르므로 더한다.
따라서 필요한 식은 ㉠$\times5+$㉡$\times2$

답 ④

08
$\begin{cases}2x-y=-1 & \cdots\cdots ㉠\\ x+2y=7 & \cdots\cdots ㉡\end{cases}$
㉠$\times2+$㉡을 하면
$5x=5$, $x=1$
$x=1$을 ㉠에 대입하면
$2-y=-1$, $y=3$

답 ④

09
모든 항을 좌변으로 이항하여 정리하면
$(a-2)x^2+(7-b)x+2y-1=0$
$a-2=0$, $7-b\neq0$
따라서 $a=2$, $b\neq7$

답 ⑤

10
해는 (0, 4), (5, 3), (10, 2), (15, 1), (20, 0)의 5개이다.

답 ③

11
$x=a+2$, $y=a-1$을 $3x-2y=11$에 대입하면
$3(a+2)-2(a-1)=11$
$3a+6-2a+2=11$
따라서 $a=3$

답 ⑤

12

$x=2$, $y=a$를 $2x-3y=-8$에 대입하면

$4-3a=-8$, $-3a=-12$

$a=4$

$x=b$, $y=6$을 $2x-3y=-8$에 대입하면

$2b-18=-8$, $2b=10$

$b=5$

따라서 $a+b=4+5=9$

답 ⑤

13

$x=3$, $y=-4$를 $2x-ay=26$에 대입하면

$6+4a=26$, $4a=20$, $a=5$

$x=-2$를 $2x-5y=26$에 대입하면

$-4-5y=26$, $-5y=30$

따라서 $y=-6$

답 ③

14

$x=3$, $y=-2$를 $4x+ay=2$에 대입하면

$12-2a=2$, $-2a=-10$

$a=5$

$x=3$, $y=-2$를 $bx-3y=12$에 대입하면

$3b+6=12$, $3b=6$

$b=2$

따라서 $a-b=5-2=3$

답 ③

15

$x=a$, $y=2a$를 $x+2y=-10$에 대입하면

$a+4a=-10$, $5a=-10$

$a=-2$

$x=-2$, $y=-4$를 $4x-3y=b+2$에 대입하면

$-8+12=b+2$, $-b=-2$

$b=2$

따라서 $a+b=-2+2=0$

답 ③

16

$x=2$, $y=b$를 $x+3y=17$에 대입하면

$2+3b=17$, $3b=15$

$b=5$

$x=2$, $y=5$를 $ax-y=3$에 대입하면

$2a-5=3$, $2a=8$

$a=4$

따라서 $b-a=5-4=1$

답 ①

17

$y=3x-9$를 $2x+3y=-5$에 대입하면

$2x+3(3x-9)=-5$

$2x+9x-27=-5$

$11x=22$, $x=2$

$x=2$를 $y=3x-9$에 대입하면

$y=6-9=-3$

$x=2$, $y=-3$을 각 방정식에 대입해 보면

① $x-y=5$에 대입하면
  $2+3=5$

② $2x+y=-1$에 대입하면
  $4-3=1\neq-1$

③ $x-3y=9$에 대입하면
  $2+9=11\neq9$

④ $4x-2y=14$에 대입하면
  $8+6=14$

⑤ $5x-2y=4$에 대입하면
  $10+6=16\neq4$

답 ①, ④

18

$x=2y-2$를 $y=3x-9$에 대입하면

$y=3(2y-2)-9$, $y=6y-6-9$

$-5y=-15$, $y=3$

$y=3$을 $x=2y-2$에 대입하면

$x=6-2=4$

$x=4$, $y=3$을 $5x-ay-8=0$에 대입하면

$20-3a-8=0$, $-3a=-12$

따라서 $a=4$

답 ③

19

① $y=x-4$를 $4x+y=11$에 대입하면
  $4x+x-4=11$, $5x=15$, $x=3$
  $x=3$을 $y=x-4$에 대입하면
  $y=3-4=-1$

② $y=3x-10$을 $5x+y=14$에 대입하면

$5x+3x-10=14$, $8x=24$, $x=3$

$x=3$을 $y=3x-10$에 대입하면

$y=9-10=-1$

③ $\begin{cases} x+2y=1 & \cdots\cdots ㉠ \\ x-2y=5 & \cdots\cdots ㉡ \end{cases}$

㉠+㉡을 하면 $2x=6$, $x=3$

$x=3$을 ㉠에 대입하면

$3+2y=1$, $2y=-2$, $y=-1$

④ $\begin{cases} 2x-y=5 & \cdots\cdots ㉠ \\ 2x+y=7 & \cdots\cdots ㉡ \end{cases}$

㉠+㉡을 하면 $4x=12$, $x=3$

$x=3$을 ㉡에 대입하면

$6+y=7$, $y=1$

⑤ $\begin{cases} 2x-3y=9 & \cdots\cdots ㉠ \\ 3x+y=8 & \cdots\cdots ㉡ \end{cases}$

㉠+㉡×3을 하면

$11x=33$, $x=3$

$x=3$을 ㉡에 대입하면

$9+y=8$, $y=-1$

답 ④

20

$x=2$, $y=4$를 일차방정식에 각각 대입하면

$\begin{cases} 2a-4b=-4 & \cdots\cdots ㉠ \\ 4a+2b=22 & \cdots\cdots ㉡ \end{cases}$

㉠×2−㉡을 하면

$-10b=-30$, $b=3$

$b=3$을 ㉠에 대입하면

$2a-12=-4$, $2a=8$, $a=4$

따라서 $a+b=4+3=7$

답 ③

21

x의 값이 y의 값보다 5만큼 작으므로 $x=y-5$

$\begin{cases} 4x+y=-5 & \cdots\cdots ㉠ \\ x=y-5 & \cdots\cdots ㉡ \end{cases}$

㉡을 ㉠에 대입하면

$4(y-5)+y=-5$, $4y-20+y=-5$

$5y=15$, $y=3$

$y=3$을 ㉡에 대입하면

$x=3-5=-2$

$x=-2$, $y=3$을 $ax+3y=5$에 대입하면

$-2a+9=5$, $-2a=-4$

따라서 $a=2$

답 ②

22

$\begin{cases} 3x-2y=8 & \cdots\cdots ㉠ \\ 4x-y=14 & \cdots\cdots ㉡ \end{cases}$

㉠−㉡×2를 하면

$-5x=-20$, $x=4$

$x=4$를 ㉡에 대입하면

$16-y=14$, $y=2$

$x=4$, $y=2$를 $x+(a-2)y=16$에 대입하면

$4+2(a-2)=16$, $4+2a-4=16$

$2a=16$

따라서 $a=8$

답 ④

23

$bx+2y=-4$는 제대로 보고 풀어서 $x=-3$, $y=4$가 되었으므로

$x=-3$, $y=4$를 $bx+2y=-4$에 대입하면

$-3b+8=-4$, $-3b=-12$, $b=4$

$2x+ay=2$는 제대로 보고 풀어서 $x=-8$, $y=6$이 되었으므로

$x=-8$, $y=6$을 $2x+ay=2$에 대입하면

$-16+6a=2$, $6a=18$, $a=3$

$\begin{cases} 2x+3y=2 & \cdots\cdots ㉠ \\ 4x+2y=-4 & \cdots\cdots ㉡ \end{cases}$

㉠×2−㉡을 하면

$4y=8$, $y=2$

$y=2$를 ㉠에 대입하면

$2x+6=2$, $2x=-4$, $x=-2$

따라서 처음 연립방정식의 해는 $x=-2$, $y=2$

답 $x=-2$, $y=2$

24

$\begin{cases} 3x-y=7 & \cdots\cdots ㉠ \\ 4x+3y=5 & \cdots\cdots ㉡ \end{cases}$

㉠×3+㉡을 하면

$13x=26$, $x=2$

$x=2$를 ㉠에 대입하면

$6-y=7$, $y=-1$

$x=2$, $y=-1$을 $ax+y=11$에 대입하면

$2a-1=11$, $2a=12$, $a=6$

$x=2$, $y=-1$을 $3x-by=8$에 대입하면

$6+b=8$, $b=2$

따라서 $a-b=6-2=4$

답 ⑤

25

십의 자리의 숫자를 x, 일의 자리의 숫자를 y라고 하면

$\begin{cases} x+y=11 \\ 10y+x=2(10x+y)+7 \end{cases}$

연립방정식을 풀면 $x=3$, $y=8$

따라서 처음 수는 38이다.

답 ②

26

돼지의 수를 x마리, 닭의 수를 y마리라고 하면

$\begin{cases} x+y=15 \\ 4x+2y=42 \end{cases}$

연립방정식을 풀면 $x=6$, $y=9$

따라서 돼지와 닭의 수의 차는 $9-6=3$(마리)

답 ②

27

윗변의 길이를 x cm, 아랫변의 길이를 y cm라고 하면

$\begin{cases} x=y-6 \\ \frac{1}{2}\times(x+y)\times 10=110 \end{cases}$

연립방정식을 풀면 $x=8$, $y=14$

따라서 사다리꼴의 아랫변의 길이는 14 cm이다.

답 ④

28

올라간 거리를 x km, 내려온 거리를 y km라고 하면

$\begin{cases} \frac{x}{2}+\frac{y}{4}=2 \\ x+y=5 \end{cases}$

연립방정식을 풀면 $x=3$, $y=2$

따라서 올라간 거리는 3 km이다.

답 ③

29

y의 값이 x의 값보다 4만큼 크므로 $y=x+4$

$0.2x-0.7y=-1.3$의 양변에 10을 곱하면

$2x-7y=-13$

$\begin{cases} y=x+4 & \cdots\cdots ㉠ \\ 2x-7y=-13 & \cdots\cdots ㉡ \end{cases}$

㉠을 ㉡에 대입하면

$2x-7(x+4)=-13$

$2x-7x-28=-13$

$-5x=15$, $x=-3$

$x=-3$을 ㉠에 대입하면

$y=-3+4=1$

$x=-3$, $y=1$을 $\frac{1}{3}x+\frac{3}{2}y=k$에 대입하면

$-1+\frac{3}{2}=k$

따라서 $k=\frac{1}{2}$

답 ③

30

a, b를 바꾸어 놓으면

$\begin{cases} bx+ay=-4 \\ ax+by=11 \end{cases}$

$x=-2$, $y=3$을 대입하면

$\begin{cases} 3a-2b=-4 & \cdots\cdots ㉠ \\ -2a+3b=11 & \cdots\cdots ㉡ \end{cases}$

㉠$\times 3+$㉡$\times 2$를 하면

$5a=10$, $a=2$

$a=2$를 ㉠에 대입하면

$6-2b=-4$, $-2b=-10$, $b=5$

처음 연립방정식은

$\begin{cases} 2x+5y=-4 & \cdots\cdots ㉢ \\ 5x+2y=11 & \cdots\cdots ㉣ \end{cases}$

㉢$\times 5-$㉣$\times 2$를 하면

$21y=-42$, $y=-2$

$y=-2$를 ㉢에 대입하면

$2x-10=-4$, $2x=6$, $x=3$

따라서 처음 연립방정식의 해는 $x=3$, $y=-2$

답 $x=3$, $y=-2$

31

맞힌 문제의 개수를 x개, 틀린 문제의 개수를 y개라고 하면

$\begin{cases} x+y=20 \\ 5x-2y=79 \end{cases}$

연립방정식을 풀면 $x=17$, $y=3$

따라서 맞힌 문제의 개수는 17개이다.

답 ⑤

수행평가 서술형으로 중단원 마무리

본문 96~97쪽

서술형 예제 5, 8, 1, 3, 2, 2

서술형 유제 8 km

1 -1 **2** 7 **3** 7명 **4** 45살

서술형 예제

시속 4 km로 걸어간 거리를 x km, 시속 8 km로 뛰어간 거리를 y km라고 하면

$$\begin{cases} x+y=\boxed{5} \\ \frac{x}{4}+\frac{y}{\boxed{8}}=\boxed{1} \end{cases}$$ … 1단계

연립방정식을 풀면 $x=\boxed{3}$, $y=\boxed{2}$ … 2단계

따라서 기태가 뛰어간 거리는 $\boxed{2}$ km이다. … 3단계

답 풀이 참조

단계	채점 기준	비율
1단계	연립방정식을 세운 경우	40 %
2단계	연립방정식을 푼 경우	40 %
3단계	기태가 뛰어간 거리를 구한 경우	20 %

서술형 유제

자전거를 타고 간 거리를 x km, 걸어간 거리를 y km라고 하면

$$\begin{cases} x+y=10 \\ \frac{x}{16}+\frac{y}{4}=1 \end{cases}$$ … 1단계

연립방정식을 풀면 $x=8$, $y=2$ … 2단계

따라서 광호가 자전거를 타고 간 거리는 8 km이다. … 3단계

답 8 km

단계	채점 기준	비율
1단계	연립방정식을 세운 경우	40 %
2단계	연립방정식을 푼 경우	40 %
3단계	광호가 자전거를 타고 간 거리를 구한 경우	20 %

1

$x=-4$, $y=-3$을 $5x+ay=-11$에 대입하면

$-20-3a=-11$, $-3a=9$

$a=-3$ … 1단계

$x=b$, $y=7$을 $5x-3y=-11$에 대입하면

$5b-21=-11$, $5b=10$

$b=2$ … 2단계

따라서 $a+b=-3+2=-1$ … 3단계

답 -1

단계	채점 기준	비율
1단계	a의 값을 구한 경우	40 %
2단계	b의 값을 구한 경우	40 %
3단계	$a+b$의 값을 구한 경우	20 %

2

$x : y=2 : 3$이므로 $2y=3x$

$$\begin{cases} 5x-2y=8 & \cdots\cdots ㉠ \\ 2y=3x & \cdots\cdots ㉡ \end{cases}$$ … 1단계

㉡을 ㉠에 대입하면

$5x-3x=8$, $2x=8$, $x=4$

$x=4$를 ㉡에 대입하면

$2y=12$, $y=6$ … 2단계

$x=4$, $y=6$을 $ax-4y=4$에 대입하면

$4a-24=4$, $4a=28$

따라서 $a=7$ … 3단계

답 7

단계	채점 기준	비율
1단계	새로운 연립방정식을 세운 경우	40 %
2단계	연립방정식을 푼 경우	40 %
3단계	a의 값을 구한 경우	20 %

3

입장한 어른의 수를 x명, 어린이의 수를 y명이라고 하면

$$\begin{cases} x+y=15 \\ 1500x+500y=15500 \end{cases}$$ … 1단계

연립방정식을 풀면 $x=8$, $y=7$ … 2단계

따라서 입장한 어린이의 수는 7명이다. … 3단계

답 7명

단계	채점 기준	비율
1단계	연립방정식을 세운 경우	40 %
2단계	연립방정식을 푼 경우	40 %
3단계	입장한 어린이의 수를 구한 경우	20 %

4

현재 고모의 나이를 x살, 조카의 나이를 y살이라고 하면

$$\begin{cases} x=2y \\ x-10=4(y-10) \end{cases}$$ … 1단계

연립방정식을 풀면 $x=30$, $y=15$ … 2단계

따라서 현재 고모와 조카의 나이의 합은

$30+15=45$(살) … 3단계

답 45살

단계	채점 기준	비율
1단계	연립방정식을 세운 경우	40 %
2단계	연립방정식을 푼 경우	40 %
3단계	현재 고모와 조카의 나이의 합을 구한 경우	20 %

Ⅲ 함수

1. 일차함수와 그래프

1 함수와 함숫값 본문 100~101쪽

개념 확인 문제

1 풀이 참조, 함수이다. 2 (1) 9 (2) 1 (3) 0 (4) −11

1

x	1	2	3	4	5	⋯
y	120	60	40	30	24	⋯

x의 값이 1, 2, 3, 4, 5, ⋯로 변함에 따라 y의 값이 120, 60, 40, 30, 24, ⋯로 하나씩 정해지므로 y는 x의 함수이다.

2 (1) $f(-4)=-2\times(-4)+1=9$

(2) $f(0)=-2\times0+1=1$

(3) $f\left(\frac{1}{2}\right)=-2\times\frac{1}{2}+1=0$

(4) $f(6)=-2\times6+1=-11$

유제 1

(1) x의 값이 1, 2, 3, ⋯으로 변함에 따라 y의 값이 6, 12, 18, ⋯로 하나씩 정해지므로 y는 x의 함수이다.

(2) x의 값이 2일 때, y의 값은 2, 4, 6, ⋯으로 하나씩 정해지지 않으므로 y는 x의 함수가 아니다.

답 (1) 함수이다. (2) 함수가 아니다.

유제 2

ㄴ. x의 값이 10일 때, y의 값이 1, 2, 5, 10과 같이 x의 값 하나에 y의 값이 오직 하나씩 정해지지는 않으므로 y는 x의 함수가 아니다.

ㄹ. 둘레의 길이가 10 cm인 직사각형의 넓이는 직사각형의 가로의 길이와 세로의 길이의 합이 5 cm이므로 y의 값은 $1\times4=4$, $2\times3=6$, ⋯이다. 즉 x의 값 하나에 y의 값이 오직 하나씩 정해지지는 않으므로 y는 x의 함수가 아니다.

따라서 y가 x의 함수인 것은 ㄱ, ㄷ이다.

답 ②

유제 3

$f(-1)=5\times(-1)-1=-6$, $f(4)=5\times4-1=19$이므로

$f(-1)+f(4)=-6+19=13$

답 ③

유제 4

$f(3)=-3\times3+a=-5$, $-9+a=-5$

따라서 $a=4$

답 ②

형성평가 본문 102쪽

01 (1) 풀이 참조 (2) 함수이다. **02** ⑤ **03** ④ **04** ③
05 ④ **06** ② **07** ⑤ **08** ①

01

(1)

x	1	2	3	4	⋯
y	12	24	36	48	⋯

(2) x의 값이 1, 2, 3, 4, ⋯로 변함에 따라 y의 값이 12, 24, 36, 48, ⋯로 하나씩 정해지므로 y는 x의 함수이다.

답 (1) 풀이 참조 (2) 함수이다.

02

① x의 값이 2일 때, y의 값은 1, 2이므로 y는 x의 함수가 아니다.

② x의 값이 1일 때, y의 값은 3, 4, 5, ⋯이므로 y는 x의 함수가 아니다.

③ x의 값이 2일 때, y의 값은 1, 3, 5, 7, ⋯이므로 y는 x의 함수가 아니다.

④ x의 값이 4일 때, y의 값은 1, 3이므로 y는 x의 함수가 아니다.

답 ⑤

03

ㄴ. x의 값이 1일 때, y의 값은 2, 3, 5, ⋯이므로 y는 x의 함수가 아니다.

ㄷ. x의 값이 10일 때, y의 값은 $1\times9=9$, $2\times8=16$, $3\times7=21$, ⋯이므로 y는 x의 함수가 아니다.

따라서 y가 x의 함수가 아닌 것은 ㄴ, ㄷ이다.

답 ④

04

① $f(-8)=\frac{24}{-8}=-3$

② $f(-4)=\frac{24}{-4}=-6$

③ $f(-2)=\frac{24}{-2}=-12$

개념책

④ $f(3)=\frac{24}{3}=8$

⑤ $f(6)=\frac{24}{6}=4$

답 ③

05

$f(-2)=-\frac{1}{2}\times(-2)+6=7$, $f(4)=-\frac{1}{2}\times4+6=4$이므로

$f(-2)+f(4)=7+4=11$

답 ④

06

$f(4)=\frac{4+6}{3}=\frac{10}{3}$, $f(-3)=\frac{-3+6}{3}=1$이므로

$3f(4)-6f(-3)=3\times\frac{10}{3}-6\times1=4$

답 ②

07

$f(-4)=\frac{a}{-4}=-3$, $a=12$

답 ⑤

08

$f(3)=5\times3+a=12$, $a=-3$

즉, $f(x)=5x-3$

$f(-1)=5\times(-1)-3=b$, $b=-8$

따라서 $a-b=-3-(-8)=5$

답 ①

2 일차함수와 그 그래프

본문 103~108쪽

개념 확인 문제

1 (1) ○ (2) × (3) ○ (4) × 2 (1) 풀이 참조 (2) 풀이 참조

3 (1) x절편: -5, y절편: 5 (2) x절편: -3, y절편: -6

(3) x절편: -6, y절편: 9 (4) x절편: 6, y절편: 2

4 x절편: -2, y절편: 3, 풀이 참조

5 (1) 기울기: $\frac{1}{2}$, y의 값의 증가량: 1

(2) 기울기: -3, y의 값의 증가량: -6

(3) 기울기: 4, y의 값의 증가량: 8

(4) 기울기: $-\frac{5}{2}$, y의 값의 증가량: -5

6 y절편: 4, 기울기: $-\frac{2}{3}$, 풀이 참조

1 (1) $-5x+2$는 x에 대한 일차식이므로 일차함수이다.

(2) $y=-6$에서 -6은 x에 대한 일차식이 아니므로 일차함수가 아니다.

(3) $y=2x-3$에서 $2x-3$은 x에 대한 일차식이므로 일차함수이다.

(4) $-\frac{2}{x}+6$은 다항식이 아니다. 즉, x에 대한 일차식이 아니므로 일차함수가 아니다.

2 (1) 일차함수 $y=-\frac{1}{2}x+2$의 그래프는 $y=-\frac{1}{2}x$의 그래프를 y축의 방향으로 2만큼 평행이동한 직선이다.

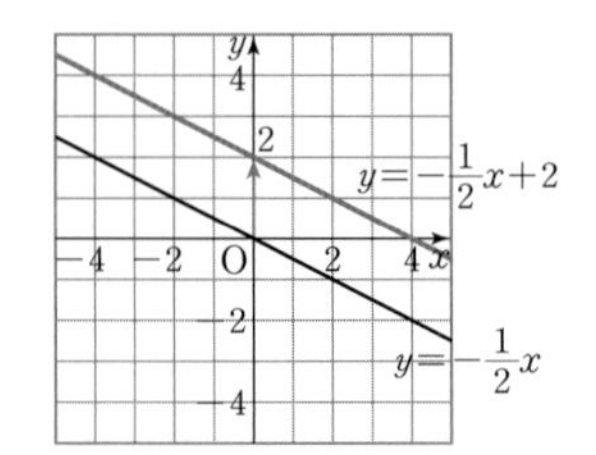

(2) 일차함수 $y=2x-4$의 그래프는 $y=2x$의 그래프를 y축의 방향으로 -4만큼 평행이동한 직선이다.

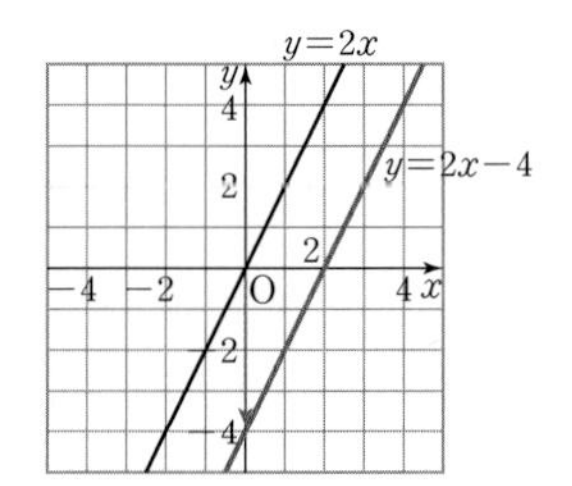

3 (1) 일차함수 $y=x+5$의 그래프에서

$y=0$일 때, $0=x+5$, $x=-5$ ➡ x절편: -5

$x=0$일 때, $y=0+5=5$ ➡ y절편: 5

(2) 일차함수 $y=-2x-6$의 그래프에서

$y=0$일 때, $0=-2x-6$, $x=-3$ ➡ x절편: -3

$x=0$일 때, $y=-2\times0-6=-6$ ➡ y절편: -6

(3) 일차함수 $y=\frac{3}{2}x+9$의 그래프에서

$y=0$일 때, $0=\frac{3}{2}x+9$, $x=-6$ ➡ x절편: -6

$x=0$일 때, $y=\frac{3}{2}\times0+9=9$ ➡ y절편: 9

(4) 일차함수 $y=-\frac{1}{3}x+2$의 그래프에서

$y=0$일 때, $0=-\frac{1}{3}x+2$, $x=6$ ➡ x절편: 6

$x=0$일 때, $y=-\frac{1}{3}\times0+2=2$ ➡ y절편: 2

4 일차함수 $y=\frac{3}{2}x+3$의 그래프에서

$y=0$일 때, $0=\frac{3}{2}x+3$, $x=-2$ ➡ x절편: -2

$x=0$일 때, $y=\frac{3}{2}\times0+3=3$ ➡ y절편: 3

따라서 일차함수의 그래프는 다음 그림과 같이 두 점 $(-2, 0)$, $(0, 3)$을 연결한 직선이다.

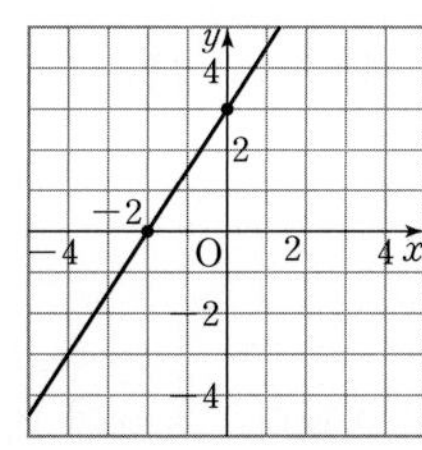

5 (1) 일차함수 $y=\frac{1}{2}x+6$의 그래프에서 기울기는 $\frac{1}{2}$이므로

$\frac{(y\text{의 값의 증가량})}{2-0}=\frac{1}{2}$, $(y$의 값의 증가량$)=1$

(2) 일차함수 $y=-3x+1$의 그래프에서 기울기는 -3이므로

$\frac{(y\text{의 값의 증가량})}{2-0}=-3$, $(y$의 값의 증가량$)=-6$

(3) 일차함수 $y=4x-2$의 그래프에서 기울기는 4이므로

$\frac{(y\text{의 값의 증가량})}{2-0}=4$, $(y$의 값의 증가량$)=8$

(4) 일차함수 $y=-\frac{5}{2}x-6$의 그래프에서 기울기는 $-\frac{5}{2}$이므로

$\frac{(y\text{의 값의 증가량})}{2-0}=-\frac{5}{2}$, $(y$의 값의 증가량$)=-5$

6 y절편이 4이고, 기울기가 $-\frac{2}{3}$이므로

점 $(0, 4)$에서 x축의 방향으로 3만큼, y축의 방향으로 -2만큼 이동한 점은 $(3, 2)$이다.

따라서 일차함수의 그래프는 다음 그림과 같이 두 점 $(0, 4)$, $(3, 2)$를 연결한 직선이다.

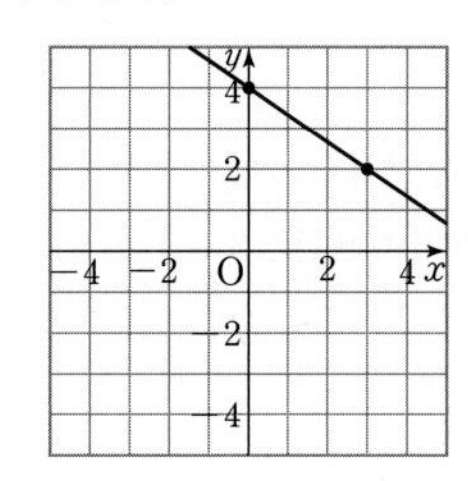

유제 1

ㄱ. $y=x-3$에서 $x-3$은 x에 대한 일차식이므로 일차함수이다.

ㄴ. $y=-\frac{3}{x}$에서 $-\frac{3}{x}$은 x에 대한 일차식이 아니다.

ㄷ. $y=2x^2-x$에서 $2x^2-x$는 x에 대한 일차식이 아니다.

ㄹ. $y=-x$에서 $-x$는 x에 대한 일차식이므로 일차함수이다.

따라서 일차함수인 것은 ㄱ, ㄹ이다.

답 ②

유제 2

(1) $y=-2x+10000$

$-2x+10000$은 x에 대한 일차식이므로 일차함수이다.

(2) $y=\pi x^2$

πx^2은 x에 대한 일차식이 아니므로 일차함수가 아니다.

답 (1) $y=-2x+10000$, 일차함수이다. (2) $y=\pi x^2$, 일차함수가 아니다.

유제 3

일차함수 $y=2x$의 그래프를 y축의 방향으로 4만큼 평행이동하면 $y=2x+4$

답 ④

유제 4

일차함수 $y=-3x$의 그래프를 y축의 방향으로 a만큼 평행이동하면 $y=-3x+a$

$y=-3x+a$에 $x=-1$, $y=5$를 대입하면

$5=-3\times(-1)+a$

따라서 $a=2$

답 ③

유제 5

일차함수 $y=-\frac{1}{4}x+\frac{1}{2}$의 그래프에서

$y=0$일 때, $0=-\frac{1}{4}x+\frac{1}{2}$, $x=2$, 즉 $a=2$

$x=0$일 때, $y=-\frac{1}{4}\times0+\frac{1}{2}=\frac{1}{2}$, 즉 $b=\frac{1}{2}$

따라서 $4ab=4\times2\times\frac{1}{2}=4$

답 ③

유제 6

일차함수 $y=2x$의 그래프를 y축의 방향으로 -8만큼 평행이동하면

$y=2x-8$

일차함수 $y=2x-8$의 그래프에서

$y=0$일 때, $0=2x-8$, $x=4$, 즉 $a=4$

$x=0$일 때, $y=2\times0-8=-8$, 즉 $b=-8$

따라서 $a-b=4-(-8)=12$

답 ②

유제 7

x절편이 $\frac{3}{2}$이므로 일차함수 $y=ax-3$의 그래프는 점 $\left(\frac{3}{2}, 0\right)$을 지난다.

$y=ax-3$에 $x=\frac{3}{2}$, $y=0$을 대입하면

$0=a\times\frac{3}{2}-3$

따라서 $a=2$

답 ④

유제 8

x절편이 -9이므로 일차함수 $y=\frac{2}{3}x+k$의 그래프는 점 $(-9, 0)$을 지난다.

$y=\frac{2}{3}x+k$에 $x=-9$, $y=0$을 대입하면

$0=\frac{2}{3}\times(-9)+k$

따라서 $k=6$

답 6

유제 9

(x의 값의 증가량)$=1-(-7)=8$이므로

(기울기)$=\frac{(y\text{의 값의 증가량})}{8}=-\frac{3}{4}$

따라서 (y의 값의 증가량)$=-6$

답 ②

유제 10

(기울기)$=\frac{(y\text{의 값의 증가량})}{(x\text{의 값의 증가량})}=\frac{k-(-1)}{3}=-3$

$k+1=-9$

따라서 $k=-10$

답 -10

유제 11

(1) (기울기)$=\frac{(y\text{의 값의 증가량})}{(x\text{의 값의 증가량})}=\frac{12-6}{4-2}=\frac{6}{2}=3$

(2) (기울기)$=\frac{-5-4}{1-(-5)}=\frac{-9}{6}=-\frac{3}{2}$

답 (1) 3 (2) $-\frac{3}{2}$

유제 12

(기울기)$=\frac{-12-3}{1-(-2)}=\frac{-15}{3}=-5$이므로

$\frac{(y\text{의 값의 증가량})}{2}=-5$

따라서 (y의 값의 증가량)$=-10$

답 ③

형성평가

본문 109~110쪽

01 ④ 02 ④ 03 ② 04 ⑤

05 (1) $y=-\frac{1}{3}x-4$ (2) $y=-\frac{1}{3}x+3$ 06 ② 07 ⑤

08 ③ 09 ② 10 ⑤ 11 ⑤ 12 ④ 13 ①

14 ④ 15 17

01

① $\frac{1}{x-3}$은 다항식이 아니다. 즉, x에 대한 일차식이 아니므로 일차함수가 아니다.

② $y=-15$에서 -15는 x에 대한 일차식이 아니므로 일차함수가 아니다.

③ $y=3x^2-x$에서 $3x^2-x$는 x에 대한 일차식이 아니므로 일차함수가 아니다.

④ $y=5x-5$에서 $5x-5$는 x에 대한 일차식이므로 일차함수이다.

⑤ $y=x^2$에서 x^2은 x에 대한 일차식이 아니므로 일차함수가 아니다.

답 ④

02

ㄱ. $y=\frac{x^2-3x}{2}$이므로 일차함수가 아니다.

ㄴ. $y=5x$이므로 일차함수이다.

ㄷ. $xy=50$, $y=\frac{50}{x}$이므로 일차함수가 아니다.

ㄹ. $y=2x+1600$이므로 일차함수이다.

따라서 y가 x의 일차함수인 것은 ㄴ, ㄹ이다.

답 ④

03

$y=6x+4-2ax$, $y=(6-2a)x+4$

y가 x에 대한 일차함수이므로 $6-2a\neq0$

따라서 $a\neq3$

답 ②

04

일차함수 $y=6x$의 그래프를 y축의 방향으로 5만큼 평행이동하면 $y=6x+5$

답 ⑤

05

(1) 일차함수 $y=-\frac{1}{3}x$의 그래프를 y축의 방향으로 -4만큼 평행이동한 것이므로 $y=-\frac{1}{3}x-4$

(2) 일차함수 $y=-\frac{1}{3}x$의 그래프를 y축의 방향으로 3만큼 평행이동한 것이므로 $y=-\frac{1}{3}x+3$

답 (1) $y=-\frac{1}{3}x-4$ (2) $y=-\frac{1}{3}x+3$

06

$y=-2(x+4)+3$에서 $y=-2x-5$

$y=-2x-5$의 그래프는 $y=-2x$의 그래프를 y축의 방향으로 -5만큼 평행이동한 것이다.

답 ②

07

일차함수 $y=\frac{1}{2}x-6$의 그래프를 y축의 방향으로 10만큼 평행이동하면

$y=\frac{1}{2}x-6+10$, $y=\frac{1}{2}x+4$이므로

$a=\frac{1}{2}$, $b=4$

따라서 $ab=\frac{1}{2}\times4=2$

답 ⑤

08

일차함수 $y=3(x+1)=3x+3$의 그래프를 y축의 방향으로 k만큼 평행이동하면

$y=3x+3+k$

이 식에 $x=-2$, $y=4$를 대입하면

$4=3\times(-2)+3+k$

따라서 $k=7$

답 ③

09

일차함수 $y=\frac{7}{3}x-7$의 그래프에서

$y=0$일 때, $0=\frac{7}{3}x-7$, $x=3$, 즉 $a=3$

$x=0$일 때, $y=\frac{7}{3}\times0-7=-7$, 즉 $b=-7$

따라서 $ab=3\times(-7)=-21$

답 ②

10

일차함수 $y=\frac{1}{2}x-2$의 그래프에서

$y=0$일 때, $0=\frac{1}{2}x-2$, $x=4$, 즉 x절편은 4

$x=0$일 때, $y=\frac{1}{2}\times0-2=-2$, 즉 y절편은 -2

따라서 일차함수 $y=\frac{1}{2}x-2$의 그래프는 다음 그림과 같이 두 점 $(4, 0)$, $(0, -2)$를 연결한 직선이다.

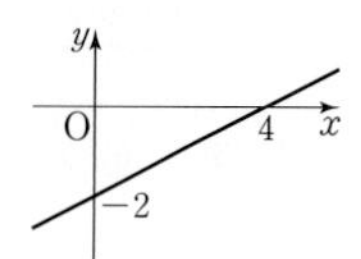

답 ⑤

11

$y=3x+k$에 $x=-2$, $y=0$을 대입하면

$0=3\times(-2)+k$, $k=6$

즉, $y=3x+6$

이 식에 $x=-3$, $y=m$을 대입하면

$m=3\times(-3)+6=-3$

따라서 $k-m=6-(-3)=9$

답 ⑤

12

$(\text{기울기})=\frac{(y\text{의 값의 증가량})}{9}=-\frac{5}{3}$

따라서 (y의 값의 증가량)$=-15$

답 ④

13

두 점 $(-3, 0)$, $(0, -6)$을 지나는 직선의 기울기는

$\frac{-6-0}{0-(-3)}=-2$

답 ①

14

두 점 $(-2, -1)$, $(2, 4)$를 지나는 직선의 기울기는

$\frac{4-(-1)}{2-(-2)}=\frac{5}{4}$이므로

$\frac{(y\text{의 값의 증가량})}{7-(-1)}=\frac{5}{4}$

따라서 (y의 값의 증가량)$=10$

답 ④

15

두 점 $(-6, 2)$, $(-4, 8)$을 지나는 직선의 기울기는

$\frac{8-2}{-4-(-6)}=3$이므로

두 점 $(-4, 8)$, $(-1, a)$를 지나는 직선의 기울기도 3이다.

즉, $\frac{a-8}{-1-(-4)}=3$에서 $a-8=9$

따라서 $a=17$

답 17

3 일차함수의 그래프의 성질 본문 111~116쪽

개념 확인 문제

1 (1) × (2) ○ (3) × (4) ○ (5) × (6) × (7) ○
2 (1) $a>0$, $b>0$ (2) $a<0$, $b<0$
3 (1) 한점 (2) 평행 (3) 일치 (4) 평행
4 -6, -6, 4, -6, 4
5 2, -6, $-\frac{1}{2}$, $-\frac{1}{2}$, -1, $-\frac{1}{2}$, 1

1 일차함수 $y=-2x+4$의 그래프는
(1), (2) 기울기가 음수이므로 오른쪽 아래로 향하는 직선이다.
(3), (4), (5) y절편이 양수이므로 y축과 양의 부분에서 만난다. 즉, 원점을 지나지 않는다.
(6), (7) 기울기의 절댓값이 2이므로 일차함수 $y=4x+4$의 그래프보다 y축에 가깝지 않지만 일차함수 $y=\frac{1}{2}x+4$의 그래프보다는 y축에 가깝다.

2 (1) 제1, 3, 4사분면을 지나는 직선이므로
$a>0$, $-b<0$, 즉 $a>0$, $b>0$
(2) 제1, 2, 4사분면을 지나는 직선이므로
$a<0$, $-b>0$, 즉 $a<0$, $b<0$

3 (1) 기울기가 다르므로 한 점에서 만난다.
(2) 기울기는 같고 y절편이 다르므로 서로 평행하다.
(3) 기울기가 같고 y절편도 같으므로 일치한다.
(4) 기울기는 같고 y절편이 다르므로 서로 평행하다.

4 기울기가 -6이므로 구하는 일차함수의 식을 $y=\boxed{-6}x+b$라고 놓는다.
이 그래프가 점 $(1, -2)$를 지나므로 $y=\boxed{-6}x+b$에 $x=1$, $y=-2$를 대입하면 $b=\boxed{4}$
따라서 구하는 일차함수의 식은 $y=\boxed{-6}x+\boxed{4}$

5 두 점 $(-6, 2)$, $(-2, 0)$을 지나는 직선의 기울기는
$\frac{0-\boxed{2}}{-2-(\boxed{-6})}=\boxed{-\frac{1}{2}}$이므로
구하는 일차함수의 식을 $y=\boxed{-\frac{1}{2}}x+b$로 놓고,
$x=-2$, $y=0$을 대입하면
$b=\boxed{-1}$
따라서 구하는 일차함수의 식은 $y=\boxed{-\frac{1}{2}}x-\boxed{1}$

유제 1
일차함수의 그래프 중에서 그 기울기가 음수인 것은
① $y=-x+6$, ⑤ $y=-\frac{1}{2}x+\frac{3}{4}$

답 ①, ⑤

유제 2
(1) 기울기가 음수일 때, 일차함수의 그래프는 오른쪽 아래로 향하는 직선이므로 ㄱ, ㄹ이다.
(2) y절편이 음수일 때, y축과 음의 부분에서 만나므로 ㄱ, ㄴ이다.

답 (1) ㄱ, ㄹ (2) ㄱ, ㄴ

유제 3
일차함수 $y=ax+ab$의 그래프는
(기울기)$=a<0$, (y절편)$=ab>0$이므로
제1, 2, 4사분면을 지난다.
따라서 주어진 그래프는 제3사분면을 지나지 않는다.

답 ③

유제 4
$a<0$, $b<0$이므로 일차함수 $y=\frac{a}{b}x+ab$의 그래프의
(기울기)$=\frac{a}{b}>0$, (y절편)$=ab>0$이다.
따라서 주어진 그래프는 제1, 2, 3사분면을 지난다.

답 제1, 2, 3사분면

유제 5
① $y=-3x-3$, ② $y=-3x-18$, ⑤ $y=\frac{1}{3}x-2$는 기울기가 다르므로 한 점에서 만난다.
③ $y=-\frac{1}{3}x-2$는 기울기와 y절편이 같으므로 일치한다.

답 ④

유제 6
두 일차함수 $y=mx-3$과 $y=\frac{2}{3}x+n$의 그래프가 서로 일치하므로 기울기와 y절편이 같다.
따라서 $m=\frac{2}{3}$, $n=-3$이므로
$3mn=3\times\frac{2}{3}\times(-3)=-6$

답 -6

유제 7

(기울기)$=-5$, (y절편)$=-6$이므로

일차함수의 식은 $y=-5x-6$

따라서 $a=-5$, $b=-6$이므로

$a-2b=-5-2\times(-6)=7$

답 ③

유제 8

일차함수의 식은 $y=-2x+7$이므로

이 식에 $x=k-1$, $y=k$를 대입하면

$k=-2(k-1)+7$, $3k=9$

따라서 $k=3$

답 ④

유제 9

(기울기)$=\frac{8}{2}=4$이므로 구하는 일차함수의 식을 $y=4x+b$라고 놓는다.

이 식에 $x=3$, $y=0$을 대입하면

$0=4\times3+b$, $b=-12$

즉, 구하는 일차함수의 식은 $y=4x-12$

따라서 $a=4$, $b=-12$이므로

$a+b=4+(-12)=-8$

답 ⑤

유제 10

기울기가 $-\frac{1}{3}$이므로 구하는 일차함수의 식을 $y=-\frac{1}{3}x+b$라고 놓는다.

이 식에 $x=-12$, $y=5$를 대입하면

$5=-\frac{1}{3}\times(-12)+b$, $b=1$

즉, 구하는 일차함수의 식은 $y=-\frac{1}{3}x+1$

이 식에 $x=k$, $y=-4$를 대입하면

$-4=-\frac{1}{3}\times k+1$

따라서 $k=15$

답 15

유제 11

(기울기)$=\frac{3-(-1)}{3-(-3)}=\frac{2}{3}$이므로 구하는 일차함수의 식을 $y=\frac{2}{3}x+b$라고 놓는다.

이 식에 $x=3$, $y=3$을 대입하면

$3=\frac{2}{3}\times3+b$, $b=1$

따라서 구하는 일차함수의 식은 $y=\frac{2}{3}x+1$

답 ④

유제 12

(기울기)$=\frac{-6-0}{0-(-2)}=-3$이고, y절편은 -6이므로

두 점 $(-2, 0)$, $(0, -6)$을 지나는 직선을 그래프로 하는 일차함수의 식은 $y=-3x-6$

일차함수 $y=-3x-6$의 그래프를 y축의 방향으로 3만큼 평행이동하면

$y=-3x-6+3$

따라서 구하는 일차함수의 식은 $y=-3x-3$

답 $y=-3x-3$

형성평가

본문 117~118쪽

01 ④ 02 ②, ⑤ 03 ② 04 ③ 05 ①

06 (1) $a=-\frac{1}{2}$, $b\neq6$ (2) $a=-\frac{1}{2}$, $b=6$ 07 ⑤ 08 ②

09 ③ 10 ④ 11 ③ 12 ① 13 ② 14 ①

15 -5

01

일차함수 중에서 그 그래프의 기울기가 양수인 것은

ㄴ. $y=\frac{7}{3}x-1$, ㄷ. $y=3x-2$이므로

일차함수의 그래프 중 오른쪽 위로 향하는 것은 ㄴ, ㄷ이다.

답 ④

02

② 기울기가 음수이므로 오른쪽 아래로 향하는 직선이다.

⑤ $\left|-\frac{5}{4}\right|<\frac{3}{2}$이므로 일차함수 $y=\frac{3}{2}x+6$의 그래프가 y축에 더 가깝다.

답 ②, ⑤

03

(기울기)$=3>0$, (y절편)$=-2<0$이므로 제1, 3, 4사분면을 지나는 직선이다.

따라서 일차함수 $y=3x-2$의 그래프는 제2사분면을 지나지 않는다.

답 ②

04
일차함수 $y=ax-b$의 그래프가 제2, 3, 4사분면을 지나는 직선이므로

$a<0$, $-b<0$, 즉 $a<0$, $b>0$

답 ③

05
$a<0$, $b<0$이므로

일차함수 $y=abx-b$의 그래프에서

(기울기)$=ab>0$, (y절편)$=-b>0$

따라서 $y=abx-b$의 그래프는 제1, 2, 3사분면을 지나는 직선이므로 ①과 같다.

답 ①

06
(1) 두 일차함수의 그래프가 서로 평행할 때, 두 그래프의 기울기가 같고, y절편은 다르므로

$a=-\frac{1}{2}$, $b\neq6$

(2) 두 일차함수의 그래프가 서로 일치할 때, 두 그래프의 기울기, y절편이 각각 같으므로

$a=-\frac{1}{2}$, $b=6$

답 (1) $a=-\frac{1}{2}$, $b\neq6$ (2) $a=-\frac{1}{2}$, $b=6$

07
① $y=-\frac{1}{2}x+4$, ② $y=-\frac{1}{2}x+3$은 $y=\frac{1}{2}x+4$의 그래프와 기울기가 다르므로 한 점에서 만난다.

③, ④ $y=\frac{1}{2}x+4$는 기울기와 y절편이 각각 같으므로 일치한다.

⑤ $y=\frac{1}{2}x+7$은 기울기가 같고 y절편이 다르므로 서로 평행하다. 즉, $y=\frac{1}{2}x+4$의 그래프와 서로 만나지 않는다.

답 ⑤

08
일차함수 $y=\frac{3}{8}x+b$의 그래프를 y축의 방향으로 10만큼 평행이동하면 $y=\frac{3}{8}x+b+10$이므로

$a=\frac{3}{8}$, $b+10=2$, 즉 $b=-8$

따라서 $ab=\frac{3}{8}\times(-8)=-3$

답 ②

09
일차함수의 식이 $y=-2x+5$이므로

이 식에 $x=a$, $y=-3$을 대입하면

$-3=-2\times a+5$

따라서 $a=4$

답 ③

10
구하는 일차함수의 식을 $y=6x+b$라고 놓는다.

이 식에 $x=-2$, $y=-9$를 대입하면

$-9=6\times(-2)+b$, $b=3$

따라서 구하는 일차함수의 식은 $y=6x+3$

답 ④

11
두 점 $(0, 1)$, $(4, 4)$를 지나는 직선의 기울기는

$\frac{4-1}{4-0}=\frac{3}{4}$, y절편은 1이므로 일차함수의 식은

$y=\frac{3}{4}x+1$

평행한 일차함수의 그래프는 기울기는 같고, y절편은 다르므로

③ $y=\frac{3}{4}x-1$이다.

답 ③

12
(기울기)$=\frac{4-0}{0-(-3)}=\frac{4}{3}$, y절편은 4이므로 일차함수의 식은

$y=\frac{4}{3}x+4$

구하는 일차함수의 식을 $y=\frac{4}{3}x+b$라고 놓는다.

이 식에 $x=6$, $y=0$을 대입하면

$0=\frac{4}{3}\times6+b$, $b=-8$

따라서 구하는 일차함수의 식은 $y=\frac{4}{3}x-8$

답 ①

13
(기울기)$=\frac{4-1}{3-(-2)}=\frac{3}{5}$이므로 구하는 일차함수의 식을

$y=\frac{3}{5}x+b$라고 놓는다.

이 식에 $x=3$, $y=4$를 대입하면

$4=\frac{3}{5}\times3+b$, $b=\frac{11}{5}$

따라서 구하는 일차함수의 식은 $y=\frac{3}{5}x+\frac{11}{5}$이므로 y절편은 $\frac{11}{5}$이다.

답 ②

14

(기울기)$=a=\frac{-2-10}{2-(-1)}=-4$이므로 구하는 일차함수의 식을 $y=-4x+b$라고 놓는다.

이 식에 $x=-1$, $y=10$을 대입하면

$10=-4\times(-1)+b$, $b=6$

따라서 $3a+b=3\times(-4)+6=-6$

답 ①

15

(기울기)$=\frac{7-(-5)}{3-1}=6$이므로 구하는 일차함수의 식을 $y=6x+b$라고 놓는다.

이 식에 $x=1$, $y=-5$를 대입하면

$-5=6\times1+b$, $b=-11$

즉, 일차함수의 식은 $y=6x-11$

일차함수 $y=6x-11$의 그래프를 y축의 방향으로 k만큼 평행이동하면 $y=6x-11+k$

이 식에 $x=2$, $y=-4$를 대입하면

$-4=6\times2-11+k$

따라서 $k=-5$

답 -5

일차함수의 활용 본문 119~120쪽

개념 확인 문제

1 (1) 풀이 참조 (2) $y=-3x+82$ (3) 37 ℃

1 (1)

x(분)	0	1	2	3	⋯
y(℃)	82	79	76	73	⋯

(2) 1분마다 물의 온도가 3 ℃씩 내려가므로 x분 후 $3x$ ℃ 내려간다. 따라서 x와 y 사이의 관계식은 $y=-3x+82$

(3) $y=-3x+82$에 $x=15$를 대입하면

$y=-3\times15+82=37$

따라서 15분 후 주전자에 있는 물의 온도는 37 ℃이다.

유제 1

양초에 불을 붙인 지 x분 후의 양초의 길이를 y cm라고 하면 양초의 길이가 매분마다 0.4 cm씩 짧아지므로 기울기는 -0.4이다.

즉, $y=-0.4x+20$

이 식에 $x=20$을 대입하면

$y=-0.4\times20+20=12$

따라서 불을 붙인 지 20분 후의 양초의 길이는 12 cm이다.

답 ③

유제 2

물이 흘러 나가기 시작하여 x분 후에 물통에 남아 있는 물의 양을 y L라고 하면 5분마다 15 L씩 물이 흘러 나갔으므로 기울기는 $-\frac{15}{5}=-3$이다.

즉, $y=-3x+100$

이 식에 $x=22$를 대입하면

$y=-3\times22+100=34$

따라서 22분 후에 물통에 남아 있는 물의 양은 34 L이다.

답 ⑤

유제 3

삼각형 DPC의 밑변의 길이는 $(8-x)$ cm이므로

$y=\frac{1}{2}\times(8-x)\times6$, $y=-3x+24$

따라서 $a=-3$, $b=24$이므로

$b-a=24-(-3)=27$

답 ②

형성평가 본문 121쪽

01 (1) $y=-12x+500$ (2) 140 mL
02 (1) $y=-\frac{1}{5}x+16$ (2) 12.8 cm **03** ③ **04** ④
05 ③ **06** (1) $y=-3x+180$ (2) 120 cm^2

01

(1) 1분에 12 mL씩 링거액이 일정하게 투여되므로

$y=-12x+500$

(2) $y=-12x+500$에 $x=30$을 대입하면

$y=-12\times30+500=140$

따라서 링거를 투여한 지 30분 후에 남아 있는 링거액의 양은 140 mL이다.

답 (1) $y=-12x+500$ (2) 140 mL

02

(1) 10분에 2 cm씩 짧아지므로 1분에 $\frac{2}{10}=\frac{1}{5}$(cm)씩 짧아진다.

즉, $y=-\frac{1}{5}x+16$

(2) $y=-\frac{1}{5}x+16$에 $x=16$을 대입하면

$y=-\frac{1}{5}\times16+16=\frac{64}{5}=12.8$

따라서 불을 붙인 지 16분 후의 양초의 길이는 12.8 cm이다.

답 (1) $y=-\frac{1}{5}x+16$ (2) 12.8 cm

03

1 g의 추를 달 때마다 용수철의 길이는 $0.5=\frac{1}{2}$(cm)씩 늘어나므로

$y=\frac{1}{2}x+15$

이 식에 $y=23.5$를 대입하면

$23.5=\frac{1}{2}x+15$, $x=17$

따라서 매단 추의 무게는 17 g이다.

답 ③

04

5분 후의 물의 온도가 10 ℃ 내려갔으므로 1분에 $\frac{10}{5}=2$(℃)씩 내려간다.

즉, $y=-2x+80$

이 식에 $x=24$를 대입하면

$y=-2\times24+80=32$

따라서 실온에 둔 지 24분 후에 컵에 담긴 물의 온도는 32 ℃이다.

답 ④

05

x절편은 160, y절편은 80이므로

$y=-\frac{1}{2}x+80$

이 식에 $y=35$를 대입하면

$35=-\frac{1}{2}x+80$, $x=90$

따라서 방향제를 개봉하고 90일 후이다.

답 ③

06

(1) 점 P는 1초에 $0.5=\frac{1}{2}$(cm)씩 움직이므로

$\overline{CP}=\left(15-\frac{1}{2}x\right)$ cm

즉, $y=\frac{1}{2}\times\left\{15+\left(15-\frac{1}{2}x\right)\right\}\times12$, $y=-3x+180$

(2) 이 식에 $x=20$을 대입하면

$y=-3\times20+180=120$

따라서 20초 후의 사각형 ABCP의 넓이는 120 cm^2이다.

답 (1) $y=-3x+180$ (2) 120 cm^2

중단원 마무리

본문 122~125쪽

01 ③	02 ④	03 ②	04 ①	05 ②	06 ②, ⑤
07 ③	08 ④	09 ③	10 ④	11 ②	12 ④
13 ①	14 ④	15 ③	16 ⑤	17 ②	18 ④
19 ②, ⑤	20 ⑤	21 ②	22 ①	23 ④	24 ③
25 ④	26 ⑤	27 ③	28 55	29 제1, 3, 4사분면	
30 30분 후					

01

$f(4)=-\frac{3}{2}\times4+1=-5$

답 ③

02

① $y=-4$에서 -4는 일차식이 아니므로 일차함수가 아니다.

② $3x^2+2x$는 일차식이 아니므로 일차함수가 아니다.

③ $-\frac{3}{x+2}$은 다항식이 아니다. 즉, 일차식이 아니므로 일차함수가 아니다.

④ $y=-\frac{3}{5}x-1$에서 $-\frac{3}{5}x-1$은 일차식이므로 일차함수이다.

⑤ $y=x^2-2x$에서 x^2-2x는 일차식이 아니므로 일차함수가 아니다.

답 ④

03

일차함수 $y=-5x$의 그래프를 y축의 방향으로 8만큼 평행이동하면 $y=-5x+8$

답 ②

04

$y=\frac{1}{2}x-3$에

$y=0$을 대입하면 $0=\frac{1}{2}x-3$, $x=6$, 즉 $a=6$

$x=0$을 대입하면 $y=\frac{1}{2}\times0-3=-3$, 즉 $b=-3$

따라서 $a-b=6-(-3)=9$

답 ①

05

$\frac{(y\text{의 값의 증가량})}{4}=-\frac{5}{4}$

따라서 (y의 값의 증가량)$=-5$

답 ②

06

일차함수의 그래프의 기울기가 음수일 때, 일차함수의 그래프는 오른쪽 아래로 향하는 직선이다.

따라서 ② $y=-8x+1$, ⑤ $y=-\frac{6}{7}x+1$이다.

답 ②, ⑤

07

(기울기)$=4>0$, (y절편)$=-1<0$이므로

일차함수 $y=4x-1$의 그래프는 제1, 3, 4사분면을 지나는 직선이다.

답 ③

08

일차함수 $y=-\frac{1}{2}x+2$의 그래프와 평행하므로

기울기는 $-\frac{1}{2}$이다.

따라서 구하는 일차함수의 식은 $y=-\frac{1}{2}x+4$

답 ④

09

ㄴ. x의 값이 2일 때, y의 값은 2, 4, 6, $\cdots$이므로 y는 x의 함수가 아니다.

ㄷ. x의 값이 3일 때, y의 값은 5, 7, 11, $\cdots$이므로 y는 x의 함수가 아니다.

따라서 y가 x의 함수인 것은 ㄱ, ㄹ이다.

답 ③

10

$f(2)=-\frac{3}{2}\times2+2=-1$, $f(-4)=-\frac{3}{2}\times(-4)+2=8$

이므로

$5f(2)+2f(-4)=5\times(-1)+2\times8=11$

답 ④

11

$f(3)=4\times3-8=4$, 즉 $a=4$

$f(4)=4\times4-8=8$, 즉 $b=8$

따라서 $a+b=4+8=12$

답 ②

12

$y=3(ax-2)+3-12x$, $y=(3a-12)x-3$이 x에 대한 일차함수이므로

$3a-12\neq0$

따라서 $a\neq4$

답 ④

13

일차함수 $y=\frac{8}{5}x-7$의 그래프를 y축의 방향으로 -9만큼 평행이동하면

$y=\frac{8}{5}x-7-9$, $y=\frac{8}{5}x-16$

따라서 $a=\frac{8}{5}$, $b=-16$이므로

$\frac{b}{a}=b\div a$

$=-16\div\frac{8}{5}$

$=-16\times\frac{5}{8}=-10$

답 ①

14

일차함수 $y=-5x$의 그래프를 y축의 방향으로 $2k$만큼 평행이동하면

$y=-5x+2k$

이 식에 $x=k$, $y=-12$를 대입하면

$-12=-5k+2k$, $3k=12$

따라서 $k=4$

답 ④

15

① $y=2x-16$에 $y=0$을 대입하면

$0=2x-16$, $x=8$

② $y=-\frac{1}{2}x+4$에 $y=0$을 대입하면

$0=-\frac{1}{2}x+4$, $x=8$

③ $y=-3x+12$에 $y=0$을 대입하면

$0=-3x+12$, $x=4$

④ $y=4x-32$에 $y=0$을 대입하면

$0=4x-32$, $x=8$

⑤ $y=-\frac{1}{8}x+1$에 $y=0$을 대입하면

$0=-\frac{1}{8}x+1$, $x=8$

답 ③

16

$y=ax-2a+12$에 $x=-2$, $y=0$을 대입하면

$0=a\times(-2)-2a+12$, $4a=12$

따라서 $a=3$

답 ⑤

17

$y=-2x+8$의 그래프의 x절편은 4, y절편은 8이고

$y=\frac{1}{2}x+8$의 그래프의 x절편은 -16, y절편은 8이므로

두 일차함수의 그래프는 다음 그림과 같다.

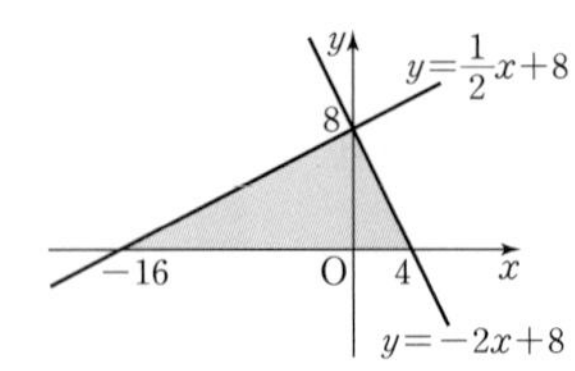

따라서 구하는 도형의 넓이는 $\frac{1}{2}\times20\times8=80$

답 ②

18

(기울기)$=\frac{k-(-3)}{4}=\frac{7}{2}$, $k+3=14$

따라서 $k=11$

답 ④

19

구하는 일차함수의 식은 $y=-\frac{3}{2}x+3$

①, ② (기울기)$=-\frac{3}{2}<0$, (y절편)$=3>0$이므로 제1, 2, 4사분면을 지난다.

⑤ $y=-\frac{3}{2}x+3$에 $y=0$을 대입하면

$0=-\frac{3}{2}x+3$, $x=2$, 즉 x절편은 2이다.

답 ②, ⑤

20

(가)에서 기울기가 양수이다.

(나)에서 y절편은 음수이다.

(다)에서 기울기의 절댓값이 $|-2|=2$보다 크다.

따라서 세 조건을 만족시키는 직선을 그래프로 하는 일차함수의 식이 될 수 있는 것은 ⑤ $y=\frac{5}{2}x-6$이다.

답 ⑤

21

(기울기)$=-a<0$, $a>0$

(y절편)$=ab<0$, $b<0$

답 ②

22

두 일차함수 $y=3x+3a$, $y=-bx-15$의 그래프가 일치하므로

$-b=3$, $b=-3$

$3a=-15$, $a=-5$

따라서 $a+b=-5+(-3)=-8$

답 ①

23

(기울기)$=\frac{-12}{3}=-4$이므로 구하는 일차함수의 식을

$y=-4x+b$라고 놓는다.

이 식에 $x=-2$, $y=-2$를 대입하면

$-2=-4\times(-2)+b$, $b=-10$, 즉 $y=-4x-10$

$y=-4x-10$에 $x=k$, $y=2$를 대입하면

$2=-4\times k-10$, $4k=-12$

따라서 $k=-3$

답 ④

24

두 점 $(0, 3)$, $(5, 0)$을 지나는 직선의 기울기는 $\frac{0-3}{5-0}=-\frac{3}{5}$

이므로 구하는 일차함수의 식은

$y=-\frac{3}{5}x+3$

따라서 $a=-\frac{3}{5}$, $b=3$이므로

$5a+3b=5\times\left(-\frac{3}{5}\right)+3\times3=6$

답 ③

25

(기울기)$=a=\frac{4-2}{5-1}=\frac{1}{2}$이므로 구하는 일차함수의 식을

$y=\frac{1}{2}x+b$라고 놓는다.

이 식에 $x=1$, $y=2$를 대입하면

$2=\frac{1}{2}\times1+b$, $b=\frac{3}{2}$

즉, $y=\frac{1}{2}x+\frac{3}{2}$

$y=\frac{1}{2}x+\frac{3}{2}$에 $y=0$을 대입하면

$0=\frac{1}{2}x+\frac{3}{2}$, $x=-3$, 즉 $m=-3$

따라서 $a-m=\frac{1}{2}-(-3)=\frac{7}{2}$

답 ④

26

이 자동차로 x km를 달릴 때, 남은 휘발유의 양을 y L라고 하면 12 km를 달리는 데 1 L의 휘발유가 사용되므로 1 km를 달리는 데 $\frac{1}{12}$ L의 휘발유가 사용된다.

x km를 달리는 데 $\frac{1}{12}x$ L의 휘발유를 사용하므로

$y=-\frac{1}{12}x+60$

이 식에 $x=132$를 대입하면

$y=-\frac{1}{12}\times132+60=49$

따라서 132 km를 달린 후에 남아 있는 휘발유는 49 L이다.

답 ⑤

27

점 P가 점 B를 출발한 지 x초 후의 삼각형 APC의 넓이를 y cm^2라고 할 때, 점 B를 출발해서 매초마다 $\frac{1}{2}$ cm씩 변 AB를 따라 점 A를 향하여 움직이므로 $\overline{PB}$의 길이는 $\frac{1}{2}x$ cm이다.

즉, $y=\frac{1}{2}\times\left(14-\frac{1}{2}x\right)\times6$, $y=-\frac{3}{2}x+42$

이 식에 $x=10$을 대입하면

$y=-\frac{3}{2}\times10+42=27$

따라서 점 P가 점 B를 출발한 지 10초 후의 삼각형 APC의 넓이는 27 cm^2이다.

답 ③

28

일차함수 $y=\frac{1}{2}x-3$의 그래프의 x절편은 6, y절편은 -3

일차함수 $y=\frac{1}{2}x-3$의 그래프를 y축의 방향으로 -5만큼 평행이동하면

$y=\frac{1}{2}x-3-5$, $y=\frac{1}{2}x-8$

일차함수 $y=\frac{1}{2}x-8$의 그래프의 x절편은 16, y절편은 -8이므로 두 일차함수의 그래프를 그리면 다음 그림과 같다.

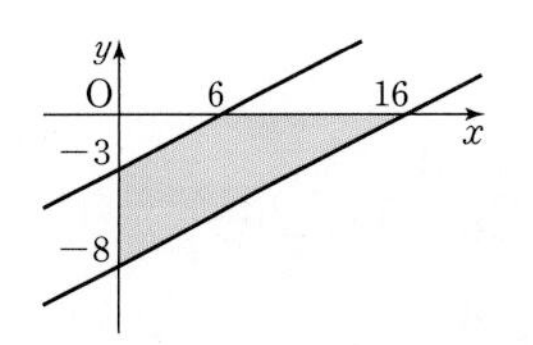

따라서 두 일차함수의 그래프와 x축, y축으로 둘러싸인 도형의 넓이는

$\frac{1}{2}\times16\times8-\frac{1}{2}\times6\times3=55$

답 55

29

일차함수 $y=-acx-\frac{1}{c}$의 그래프는 제1, 3, 4사분면을 지나므로

(y절편)$=-\frac{1}{c}<0$, $c>0$

(기울기)$=-ac>0$, $ac<0$, 즉 $a<0$

일차함수 $y=abx-3$의 그래프에서

(기울기)$=ab<0$, $b>0$

따라서 일차함수 $y=bcx-b$의 그래프에서

(기울기)$=bc>0$, (y절편)$=-b<0$이므로

제1, 3, 4사분면을 지난다.

답 제1, 3, 4사분면

30

형이 출발한 후 x시간 동안 걸을 때, 연준이와 형 사이의 거리를 y km라고 하면 x시간 동안 형이 걸은 거리는 $5x$ km이고,

연준이는 형이 출발하기 전에 $\frac{1}{3}$시간 동안, 즉 $3\times\frac{1}{3}=1$(km) 더 걸었으므로 형이 출발한 후 x시간 동안 연준이가 걸은 거리는 $(3x+1)$ km이다.

즉, $y=(3x+1)-5x$, $y=-2x+1$

이 식에 $y=0$을 대입하면

$0=-2x+1$, $x=\frac{1}{2}$

따라서 두 사람이 만나는 것은 형이 출발한 지 30분 후이다.

답 30분 후

수행평가 서술형으로 중단원 마무리

본문 126~127쪽

서술형 예제 5, −1, 2, 2, 2, 3, 2, 3, 2, 3, 5

서술형 유제 4

1 6 **2** $y=-\frac{1}{2}x-3$ **3** 54 **4** 18

서술형 예제

(기울기)$=\frac{\boxed{5}-(\boxed{-1})}{1-(-2)}=\boxed{2}$이므로 구하는 일차함수의 식을

$y=\boxed{2}x+b$라고 놓자. … 1단계

$y=\boxed{2}x+b$에 $x=1$, $y=5$를 대입하면

$b=\boxed{3}$

즉, 구하는 일차함수의 식은 $y=\boxed{2}x+\boxed{3}$ … 2단계

이 식에 $x=k$, $y=3k-2$를 대입하면

$3k-2=\boxed{2}\times k+\boxed{3}$

따라서 $k=\boxed{5}$ … 3단계

답 풀이 참조

단계	채점 기준	비율
1단계	기울기를 구한 경우	30 %
2단계	일차함수의 식을 구한 경우	30 %
3단계	k의 값을 구한 경우	40 %

서술형 유제

(기울기)$=\frac{0-2}{2-(-4)}=-\frac{1}{3}$이므로 구하는 일차함수의 식을

$y=-\frac{1}{3}x+b$라고 놓자. … 1단계

$y=-\frac{1}{3}x+b$에 $x=2$, $y=0$을 대입하면

$0=-\frac{1}{3}\times 2+b$, $b=\frac{2}{3}$

즉, 구하는 일차함수의 식은 $y=-\frac{1}{3}x+\frac{2}{3}$ … 2단계

이 식에 $x=2k$, $y=2-k$를 대입하면

$2-k=-\frac{1}{3}\times 2k+\frac{2}{3}$, $6-3k=-2k+2$, $-k=-4$

따라서 $k=4$ … 3단계

답 4

단계	채점 기준	비율
1단계	기울기를 구한 경우	30 %
2단계	일차함수의 식을 구한 경우	30 %
3단계	k의 값을 구한 경우	40 %

1

일차함수 $y=ax+8$에 $x=3$, $y=-1$을 대입하면

$-1=a\times 3+8$, $a=-3$ … 1단계

즉, $y=-3x+8$

$y=-3x+8$의 그래프를 y축의 방향으로 b만큼 평행이동하면

$y=-3x+8+b$

이 식에 $x=2$, $y=11$을 대입하면

$11=-3\times 2+8+b$, $b=9$ … 2단계

따라서 $a+b=-3+9=6$ … 3단계

답 6

단계	채점 기준	비율
1단계	a의 값을 구한 경우	40 %
2단계	b의 값을 구한 경우	40 %
3단계	$a+b$의 값을 구한 경우	20 %

2

$y=-\frac{5}{3}x-10$에 $y=0$을 대입하면

$0=-\frac{5}{3}x-10$, $x=-6$, 즉 x절편은 -6 … 1단계

$y=-\frac{5}{7}x-3$에 $x=0$을 대입하면

$y=-\frac{5}{7}\times 0-3$, $y=-3$, 즉 y절편은 -3 … 2단계

두 점 $(-6, 0)$, $(0, -3)$을 지나는 직선의 기울기는

$\frac{-3-0}{0-(-6)}=-\frac{1}{2}$

따라서 구하는 일차함수의 식은 $y=-\frac{1}{2}x-3$ … 3단계

답 $y=-\frac{1}{2}x-3$

단계	채점 기준	비율
1단계	x절편을 구한 경우	30 %
2단계	y절편을 구한 경우	30 %
3단계	일차함수의 식을 구한 경우	40 %

3

두 점 $(-1, -4)$, $(5, -2)$를 지나는 직선의 기울기는

$\frac{-2-(-4)}{5-(-1)}=\frac{1}{3}$이므로 구하는 일차함수의 식을 $y=\frac{1}{3}x+b$라고 놓자. … 1단계

이 식에 $x=-9$, $y=3$을 대입하면

$3=\frac{1}{3}\times(-9)+b$, $b=6$

즉, $y=\frac{1}{3}x+6$ … 2단계

$y=\frac{1}{3}x+6$에 $y=0$을 대입하면 $x=-18$

$x=0$을 대입하면 $y=6$

즉, x절편, y절편은 각각 -18, 6이다. … 3단계

이 직선의 그래프는 다음 그림과 같다.

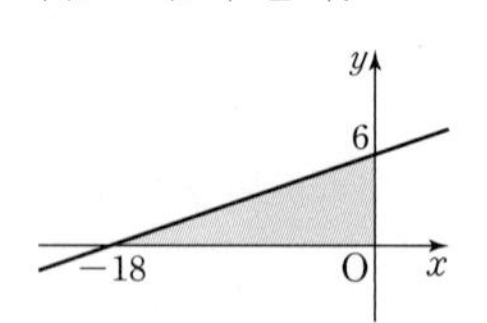

따라서 구하는 도형의 넓이는

$\frac{1}{2} \times 18 \times 6 = 54$ … 4단계

답 54

단계	채점 기준	비율
1단계	기울기를 구한 경우	20 %
2단계	일차함수의 식을 구한 경우	20 %
3단계	x절편, y절편을 각각 구한 경우	30 %
4단계	도형의 넓이를 구한 경우	30 %

4

두 점 $(0, 260)$, $(2, 100)$을 지나는 직선의 기울기는

$\frac{100-260}{2-0} = -80$ … 1단계

즉, 일차함수의 식은 $y=-80x+260$ … 2단계

$y=-80x+260$에 $y=0$을 대입하면

$0=-80x+260$, $x=\frac{13}{4}$

따라서 A 휴양지에 도착하는 데 걸리는 시간은 $\frac{13}{4}$시간, 즉 3시간 15분이다. … 3단계

따라서 $a=3$, $b=15$이므로

$a+b=3+15=18$ … 4단계

답 18

단계	채점 기준	비율
1단계	기울기를 구한 경우	30 %
2단계	일차함수의 식을 구한 경우	20 %
3단계	A 휴양지에 도착하는 데 걸리는 시간을 구한 경우	40 %
4단계	$a+b$의 값을 구한 경우	10 %

2. 일차함수와 일차방정식의 관계

1 일차함수와 일차방정식

본문 128~130쪽

개념 확인 문제

1 (1) $y=-3x-5$ (2) $y=2x-1$ (3) $y=-4x-2$

(4) $y=2x+\frac{1}{3}$

2 (1) 풀이 참조 (2) 풀이 참조 (3) 풀이 참조 (4) 풀이 참조

1 (1) $3x+y+5=0$에서 $y=-3x-5$

(2) $2x-y-1=0$에서 $-y=-2x+1$, $y=2x-1$

(3) $8x+2y+4=0$에서 $2y=-8x-4$, $y=-4x-2$

(4) $6x-3y+1=0$에서 $-3y=-6x-1$, $y=2x+\frac{1}{3}$

2 (1) $x=-4$의 그래프는 점 $(-4, 0)$을 지나고 y축에 평행한 직선이다.

(2) $y=2$의 그래프는 점 $(0, 2)$를 지나고 x축에 평행한 직선이다.

(3) $x=3$의 그래프는 점 $(3, 0)$을 지나고 y축에 평행한 직선이다.

(4) $y=-3$의 그래프는 점 $(0, -3)$을 지나고 x축에 평행한 직선이다.

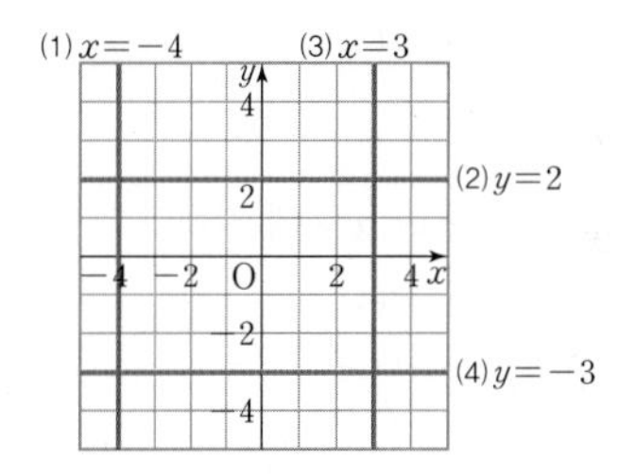

유제 1

$15x-5y-10=0$에서 $-5y=-15x+10$, $y=3x-2$

따라서 $a=3$, $b=2$이므로

$a+b=3+2=5$

답 ②

유제 2

$6x+9y-12=0$에서 $9y=-6x+12$, $y=-\frac{2}{3}x+\frac{4}{3}$

따라서 기울기가 $-\frac{2}{3}$이고, y절편이 -3인 직선을 그래프로 하는 일차함수의 식은 $y=-\frac{2}{3}x-3$

답 $y=-\frac{2}{3}x-3$

유제 3

$9x-3y-15=0$에서 $-3y=-9x+15$, $y=3x-5$

$y=3x-5$의 그래프를 y축의 방향으로 -2만큼 평행이동하면

$y=3x-5-2$, $y=3x-7$

따라서 $a=3$, $b=-7$이므로

$a+b=3+(-7)=-4$

답 ③

유제 4

$2x+5y-4=0$에서 $5y=-2x+4$, $y=-\frac{2}{5}x+\frac{4}{5}$

$y=-\frac{2}{5}x+\frac{4}{5}$의 그래프를 y축의 방향으로 2만큼 평행이동하면

$y=-\frac{2}{5}x+\frac{4}{5}+2$, $y=-\frac{2}{5}x+\frac{14}{5}$

이 식에 $y=0$을 대입하면

$0=-\frac{2}{5}x+\frac{14}{5}$, $x=7$

따라서 x절편은 7이다.

답 ⑤

유제 5

점 $(-3, 5)$를 지나고, y축에 평행한 직선의 방정식은 $x=-3$이므로 $3x+9=0$

답 ②

유제 6

점 $(-2, -1)$을 지나고, x축에 평행한 직선의 방정식은

$y=-1$이므로 $-4y-4=0$

따라서 $a=0$, $b=-4$이므로

$b-a=-4-0=-4$

답 ③

유제 7

두 직선 $x=5$, $y=-6$의 그래프는 다음 그림과 같다.

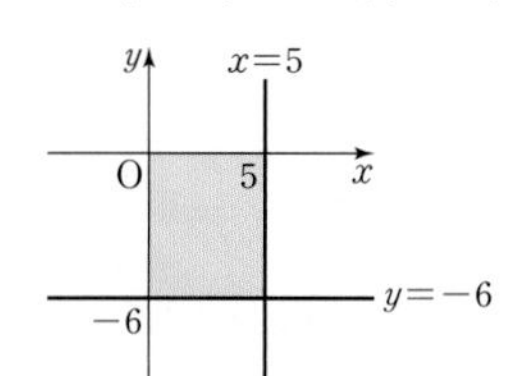

따라서 두 직선 $x=5$, $y=-6$과 x축, y축으로 둘러싸인 도형의 넓이는

$5\times6=30$

답 ①

유제 8

두 직선 $x=a$, $y=3$의 그래프는 다음 그림과 같다.

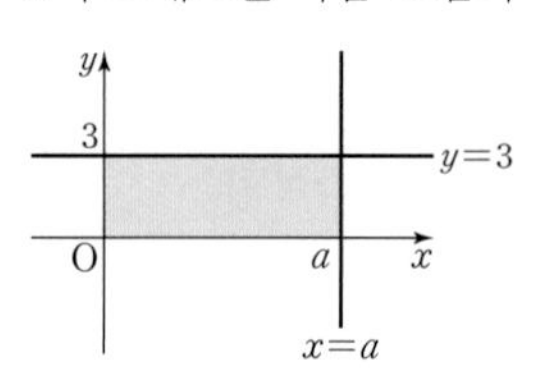

(도형의 넓이)$=a\times3=27$

따라서 $a=9$

답 9

형성평가

본문 131쪽

01 ③ 02 ③, ⑤ 03 ② 04 ④ 05 ④ 06 ④ 07 ③ 08 ①

01

$4x-3y+2=0$에서 $-3y=-4x-2$

따라서 $y=\frac{4}{3}x+\frac{2}{3}$

답 ③

02

$5x-3y+10=0$에서 $y=\frac{5}{3}x+\frac{10}{3}$

① y절편은 $\frac{10}{3}$이다.

② $y=\frac{5}{3}x+\frac{10}{3}$에 $x=2$를 대입하면

$y=\frac{5}{3}\times2+\frac{10}{3}=\frac{20}{3}$

즉, 점 $(2, 1)$을 지나지 않는다.

③ (기울기)$=\frac{5}{3}>0$이므로 오른쪽 위로 향하는 직선이다.

④ 직선 $y=-\frac{5}{3}x+1$과 기울기가 다르므로 한 점에서 만난다.

⑤ (기울기)$=\frac{5}{3}>0$, (y절편)$=\frac{10}{3}>0$이므로 제1, 2, 3사분면을 지난다.

답 ③, ⑤

03

$2x+3y-5=0$에 $x=-2$, $y=a$를 대입하면

$2\times(-2)+3\times a-5=0$, $3a=9$

따라서 $a=3$

답 ②

04

$2x-4y-12=0$에서 $y=\frac{1}{2}x-3$

$y=\frac{1}{2}x-3$의 그래프를 y축의 방향으로 -1만큼 평행이동하면

$y=\frac{1}{2}x-3-1$, $y=\frac{1}{2}x-4$

$y=-\frac{a}{4}x+\frac{b}{4}$의 그래프와 겹쳐지므로

$-\frac{a}{4}=\frac{1}{2}$, $a=-2$

$\frac{b}{4}=-4$, $b=-16$

따라서 $a-b=-2-(-16)=14$

답 ④

05

$ax+3y-9=0$에 $x=-3$, $y=2$를 대입하면

$a\times(-3)+3\times2-9=0$, $a=-1$

즉, $-x+3y-9=0$에서

$3y=x+9$, $y=\frac{1}{3}x+3$

$y=\frac{1}{3}x+3$에 $y=0$을 대입하면

$0=\frac{1}{3}x+3$, $x=-9$, 즉 $m=-9$

$y=\frac{1}{3}x+3$에 $x=0$을 대입하면

$y=\frac{1}{3}\times0+3$, $y=3$, 즉 $n=3$

따라서 $a+m+n=-1+(-9)+3=-7$

답 ④

06

두 점 $(-6, 4)$, $(-4, 4)$를 지나는 직선의 방정식은 $y=4$이므로 $3y-12=0$

답 ④

07

y축에 평행하므로 두 점의 x좌표는 같다.

따라서 $2a=3a+2$에서 $a=-2$

답 ③

08

네 직선 $x=-2$, $x=4$, $y=-1$, $y=3$의 그래프는 다음 그림과 같다.

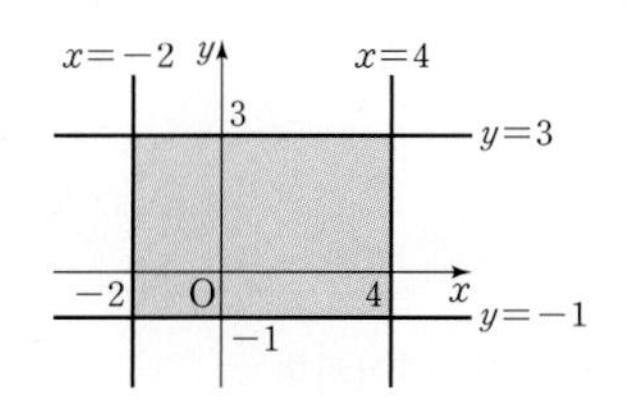

따라서 구하는 도형의 넓이는

$6\times4=24$

답 ①

2 두 일차함수와 일차방정식의 관계 본문 132~134쪽

개념 확인 문제

1 풀이 참조, $x=1$, $y=2$

2 (1) $a\neq-2$ (2) $a=-2$, $b\neq2$ (3) $a=-2$, $b=2$

1 $\begin{cases}2x-y=0\\x+y=3\end{cases}$에서 $\begin{cases}y=2x\\y=-x+3\end{cases}$이므로

두 일차방정식의 그래프는 다음 그림과 같다.

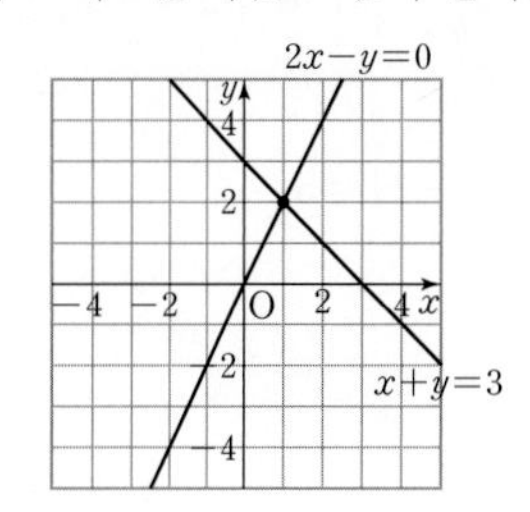

이때 교점의 좌표가 $(1, 2)$이므로 구하는 해는 $x=1$, $y=2$

2 $\begin{cases}ax+y=2\\4x-2y=-2b\end{cases}$에서 $\begin{cases}y=-ax+2\\y=2x+b\end{cases}$

(1) 해가 한 쌍이므로 기울기가 다르다.

즉, $-a\neq2$, $a\neq-2$

(2) 해가 없으므로 기울기는 같고, y절편은 다르다.

즉, $-a=2$, $a=-2$, $b\neq2$

(3) 해가 무수히 많으므로 기울기와 y절편이 모두 같다.

즉, $-a=2$, $a=-2$, $b=2$

유제 1

교점의 좌표가 $(3, 2)$이므로

$x+y=a$에 $x=3$, $y=2$를 대입하면

$3+2=a$, $a=5$

$x+by=-1$에 $x=3$, $y=2$를 대입하면

$3+b\times2=-1$, $b=-2$

따라서 $a-b=5-(-2)=7$

답 ③

유제 2

$-2x-3y=6$에 $x=0$을 대입하면

$-2\times0-3y=6$, $y=-2$

즉, 교점의 좌표가 $(0,\ -2)$이므로

$3x-ay=10$에 $x=0$, $y=-2$를 대입하면

$3\times0-a\times(-2)=10$

따라서 $a=5$

답 5

유제 3

연립방정식 $\begin{cases}2x+3y-3=0\\x-y=4\end{cases}$의 해가 $x=3$, $y=-1$이므로

$a=3$, $b=-1$

따라서 $ab=3\times(-1)=-3$

답 ⑤

유제 4

연립방정식 $\begin{cases}x+2y=4\\6x+5y=3\end{cases}$의 해가 $x=-2$, $y=3$이므로

$p=-2$, $q=3$

따라서 $q-p=3-(-2)=5$

답 5

유제 5

연립방정식 $\begin{cases}2x-3y=2\\ax+6y=3\end{cases}$에서 $\begin{cases}y=\frac{2}{3}x-\frac{2}{3}\\y=-\frac{a}{6}x+\frac{1}{2}\end{cases}$

해가 없으므로

$\frac{2}{3}=-\frac{a}{6}$

따라서 $a=-4$

답 ②

유제 6

연립방정식 $\begin{cases}ax+2y=b\\5x+4y=-6\end{cases}$에서 $\begin{cases}y=-\frac{a}{2}x+\frac{b}{2}\\y=-\frac{5}{4}x-\frac{3}{2}\end{cases}$

해가 없으므로

$-\frac{a}{2}=-\frac{5}{4}$, $a=\frac{5}{2}$

$\frac{b}{2}\neq-\frac{3}{2}$, $b\neq-3$

답 $a=\frac{5}{2}$, $b\neq-3$

유제 7

연립방정식 $\begin{cases}ax+7y=4\\8x-14y=b\end{cases}$에서 $\begin{cases}y=-\frac{a}{7}+\frac{4}{7}\\y=\frac{4}{7}x-\frac{b}{14}\end{cases}$

해가 무수히 많으므로

$-\frac{a}{7}=\frac{4}{7}$, $a=-4$

$\frac{4}{7}=-\frac{b}{14}$, $b=-8$

따라서 $ab=(-4)\times(-8)=32$

답 ②

유제 8

연립방정식 $\begin{cases}10x-15y=a\\bx-3y=2\end{cases}$에서 $\begin{cases}y=\frac{2}{3}x-\frac{a}{15}\\y=\frac{b}{3}x-\frac{2}{3}\end{cases}$

해가 무수히 많으므로

$\frac{2}{3}=\frac{b}{3}$, $b=2$

$-\frac{a}{15}=-\frac{2}{3}$, $a=10$

따라서 $2a+b=2\times10+2=22$

답 22

형성평가

본문 135쪽

01 ② 02 ③ 03 ① 04 ④ 05 ⑤ 06 3
07 ③ 08 ②

01

$3x+2y=a$에 $x=1$, $y=3$을 대입하면

$3\times1+2\times3=a$, $a=9$

$4x-3y=b$에 $x=1$, $y=3$을 대입하면

$4\times1-3\times3=b$, $b=-5$

따라서 $a+b=9+(-5)=4$

답 ②

02

$-2x+ay=-5$에 $x=-2$, $y=-3$을 대입하면

$-2\times(-2)+a\times(-3)=-5$, $a=3$

$bx-y=-5$에 $x=-2$, $y=-3$을 대입하면

$b\times(-2)-(-3)=-5$, $b=4$

따라서 $2a+b=2\times3+4=10$

답 ③

03

연립방정식 $\begin{cases} 5x-y=1 \\ 2x+y=6 \end{cases}$의 해가 $x=1$, $y=4$이므로

$a=1$, $b=4$

따라서 $b-a=4-1=3$

답 ①

04

연립방정식 $\begin{cases} x+2y=4 \\ 3x-4y=2 \end{cases}$의 해가 $x=2$, $y=1$이므로

$2x-ay=-4$에 $x=2$, $y=1$을 대입하면

$2\times2-a\times1=-4$

따라서 $a=8$

답 ④

05

$6x-4y=3$에 $y=0$을 대입하면

$6x-4\times0=3$, $x=\frac{1}{2}$

즉, 교점의 좌표가 $\left(\frac{1}{2}, 0\right)$이므로

$kx+2y=k+2$에 $x=\frac{1}{2}$, $y=0$을 대입하면

$k\times\frac{1}{2}+2\times0=k+2$

따라서 $k=-4$

답 ⑤

06

$x+y=1$에 $x=0$을 대입하면

$0+y=1$, $y=1$, 즉 y절편은 1

$x-2y=4$에 $x=0$을 대입하면

$0-2y=4$, $y=-2$, 즉 y절편은 -2

한편, 연립방정식 $\begin{cases} x+y=1 \\ x-2y=4 \end{cases}$의 해가 $x=2$, $y=-1$이므로

그래프는 다음 그림과 같다.

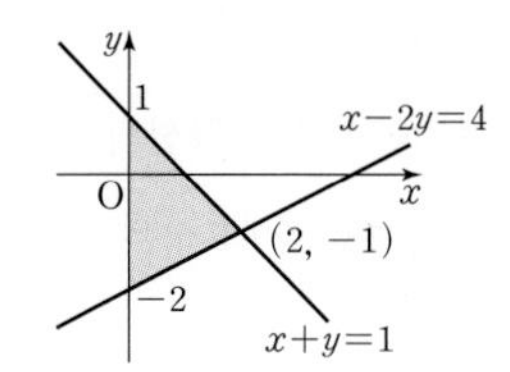

따라서 구하는 도형의 넓이는

$\frac{1}{2}\times3\times2=3$

답 3

07

① $\begin{cases} y=-x+5 \\ y=-\frac{1}{2}x+\frac{1}{2} \end{cases}$에서 기울기가 다르므로 해가 한 쌍이다.

② $\begin{cases} y=\frac{3}{2}x-1 \\ y=\frac{3}{2}x-1 \end{cases}$에서 기울기와 y절편이 모두 같으므로 해가 무수히 많다.

③ $\begin{cases} y=\frac{2}{3}x-\frac{1}{3} \\ y=\frac{2}{3}x+\frac{1}{3} \end{cases}$에서 기울기는 같지만 y절편이 다르므로 해가 없다.

④ $\begin{cases} y=5x-1 \\ y=5x-1 \end{cases}$에서 기울기와 y절편이 모두 같으므로 해가 무수히 많다.

⑤ $\begin{cases} y=\frac{1}{2}x+6 \\ y=2x+1 \end{cases}$에서 기울기가 다르므로 해가 한 쌍이다.

답 ③

08

$\begin{cases} (a-3)x+2y=12 \\ 4x-y=b \end{cases}$에서 $\begin{cases} y=-\frac{a-3}{2}x+6 \\ y=4x-b \end{cases}$

해가 무수히 많으므로

$-\frac{a-3}{2}=4$, $a=-5$

$-b=6$, $b=-6$

따라서 $a+b=-5+(-6)=-11$

답 ②

중단원 마무리

본문 136~139쪽

01 ⑤	02 ④	03 ①	04 ④	05 ②	06 ⑤
07 ①	08 -9	09 ④	10 ⑤	11 ④	12 ①
13 ③	14 ③	15 ②, ⑤	16 ③	17 ①	18 ⑤
19 ②	20 ②	21 ⑤	22 ②	23 $y=-\frac{4}{5}x+\frac{9}{5}$	
24 ⑤	25 ③	26 ④	27 11	28 제1사분면	
29 $-\frac{5}{2}$	30 5				

01

$6x-2y+10=0$에서 $-2y=-6x-10$, $y=3x+5$

답 ⑤

02

$3x-5y-8=0$에 $x=a$, $y=2$를 대입하면

$3\times a-5\times 2-8=0$, $3a=18$

따라서 $a=6$

답 ④

03

$5x+2y+8=0$에서 $y=-\frac{5}{2}x-4$

(기울기)$=-\frac{5}{2}<0$, (y절편)$=-4<0$이므로

제2, 3, 4사분면을 지난다. 따라서 제1사분면을 지나지 않는다.

답 ①

04

x축에 평행한 일차방정식은 $y=p$ $(p\neq 0)$의 꼴이다.

따라서 ④ $y=-2$이다.

답 ④

05

두 점 $(-5, 4)$, $(-5, -4)$를 지나는 직선의 방정식은

$x=-5$이므로 $2x+10=0$

답 ②

06

$2x+3y=a$에 $x=2$, $y=1$을 대입하면

$2\times 2+3\times 1=a$, $a=7$

$2x-5y=b$에 $x=2$, $y=1$을 대입하면

$2\times 2-5\times 1=b$, $b=-1$

따라서 $a-b=7-(-1)=8$

답 ⑤

07

연립방정식 $\begin{cases} 2x+y=1 \\ x-y=-10 \end{cases}$의 해가 $x=-3$, $y=7$이므로

$a=-3$, $b=7$

따라서 $a+b=-3+7=4$

답 ①

08

연립방정식 $\begin{cases} 3x-4y=7 \\ ax+12y=2 \end{cases}$에서 $\begin{cases} y=\frac{3}{4}x-\frac{7}{4} \\ y=-\frac{a}{12}x+\frac{1}{6} \end{cases}$

해가 없으므로 $\frac{3}{4}=-\frac{a}{12}$

따라서 $a=-9$

답 -9

09

$6x-10y+5=0$에서 $y=\frac{3}{5}x+\frac{1}{2}$

① 기울기가 $\frac{3}{5}$이므로 일차함수 $y=\frac{3}{5}x-1$의 그래프와 평행하다.

② $x=0$을 대입하면 $y=\frac{3}{5}\times 0+\frac{1}{2}=\frac{1}{2}$

즉, y절편은 $\frac{1}{2}$이다.

③ $y=0$을 대입하면 $0=\frac{3}{5}x+\frac{1}{2}$, $x=-\frac{5}{6}$

즉, x절편은 $-\frac{5}{6}$이다.

④ (기울기)>0, (y절편)>0이므로 제1, 2, 3사분면을 지난다. 즉, 제4사분면을 지나지 않는다.

⑤ (기울기)>0이므로 오른쪽 위로 향하는 직선이다.

답 ④

10

$12x-8y-16=0$에서 $y=\frac{3}{2}x-2$

이 그래프를 y축의 방향으로 8만큼 평행이동하면

$y=\frac{3}{2}x-2+8$, $y=\frac{3}{2}x+6$

답 ⑤

11

$ax+2y+6=0$에서 $y=-\frac{a}{2}x-3$

이 그래프를 y축의 방향으로 -3만큼 평행이동하면

$y=-\frac{a}{2}x-3-3$, $y=-\frac{a}{2}x-6$

이 식에 $x=-4$, $y=a$를 대입하면

$a=-\frac{a}{2}\times(-4)-6$, $a=2a-6$, $-a=-6$

따라서 $a=6$

답 ④

12

$-ax+by+6=0$에서 $y=\frac{a}{b}x-\frac{6}{b}$

두 점 $(-4, 0)$, $(0, 3)$을 지나는 직선의 기울기는

$\frac{3-0}{0-(-4)}=\frac{3}{4}$이므로 일차함수의 식은

$y=\frac{3}{4}x+3$

즉, $-\frac{6}{b}=3$, $b=-2$

$\frac{a}{-2}=\frac{3}{4}$, $a=-\frac{3}{2}$

따라서 $ab=-\frac{3}{2}\times(-2)=3$

답 ①

[다른 풀이]
$-ax+by+6=0$에 $x=-4$, $y=0$을 대입하면
$-a\times(-4)+b\times0+6=0$, $a=-\frac{3}{2}$
$x=0$, $y=3$을 대입하면
$-a\times0+b\times3+6=0$, $b=-2$
따라서 $ab=-\frac{3}{2}\times(-2)=3$

13
$ax+4y-12=0$, $y=-\frac{a}{4}x+3$의 그래프가
$y=\frac{5}{2}x+\frac{3}{2}$의 그래프와 평행하므로
$-\frac{a}{4}=\frac{5}{2}$, $a=-10$
즉, 일차함수의 식은 $y=\frac{5}{2}x+3$
이 식에 $x=-6$, $y=b$를 대입하면
$b=\frac{5}{2}\times(-6)+3=-12$
따라서 $a-b=-10-(-12)=2$

답 ③

14
점 (a, b)가 제4사분면 위의 점이므로
$a>0$, $b<0$
$ax+3y+b=0$, $y=-\frac{a}{3}x-\frac{b}{3}$의 그래프에서
(기울기)$=-\frac{a}{3}<0$, (y절편)$=-\frac{b}{3}>0$이므로
제1, 2, 4사분면을 지난다
따라서 제3사분면을 지나지 않는다.

답 ③

15
$2x+6=0$, $x=-3$이므로
① y축에 평행하다.
③ 일차방정식 $x=3$의 그래프와 평행하다.
④ 그래프 위의 점의 x좌표는 항상 3이므로 점 (6, 1)을 지나지 않는다.

답 ②, ⑤

16
점 $(-5, 2)$를 지나고 x축에 평행한 직선의 방정식은 $y=2$이다.
① $x=1$
② $x=5$
③ $y=2$
④ $y=1$
⑤ $y=-7$

답 ③

17
x축에 평행한 직선의 y좌표는 같으므로
$a-3=3a+11$, $-2a=14$
따라서 $a=-7$

답 ①

18
직선의 방정식이 $x=-6$이므로 $a=0$
$-2x+3=b$, $x=-\frac{b-3}{2}$
즉, $-\frac{b-3}{2}=-6$, $b=15$
따라서 $a+b=0+15=15$

답 ⑤

19
그래프가 원점을 지나므로 $c=0$
$ax-by=0$, $y=\frac{a}{b}x$에서 $\frac{a}{b}<0$
한편, $ax+cy-b=0$에서 $ax-b=0$, $x=\frac{b}{a}$
이때 $\frac{b}{a}<0$이므로 그래프는 ②와 같다.

답 ②

20
네 직선 $x=2$, $x=8$, $y=-3$, $y=4$의 그래프는 다음 그림과 같다.

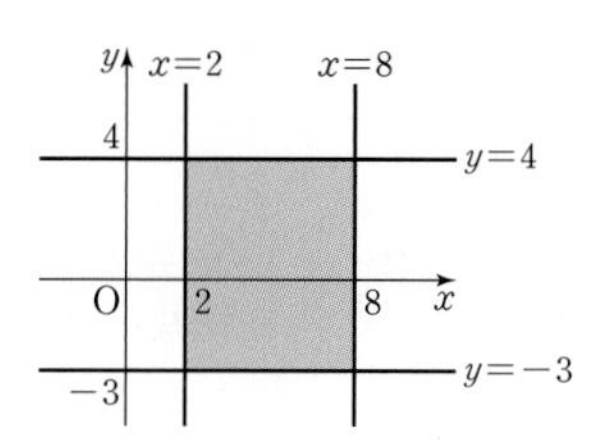

따라서 구하는 도형의 넓이는
$6\times7=42$

답 ②

21

$2x-5y+5=0$에 $x=k$, $y=3$을 대입하면

$2\times k-5\times 3+5=0$, $k=5$

$-6x+ay+3=0$에 $x=5$, $y=3$을 대입하면

$-6\times 5+a\times 3+3=0$, $3a=27$, $a=9$

따라서 $a+k=9+5=14$

답 ⑤

22

$x+ay=-8$에 $x=-4$, $y=1$을 대입하면

$-4+a\times 1=-8$, $a=-4$

$x+y=b$에 $x=-4$, $y=1$을 대입하면

$-4+1=b$, $b=-3$

따라서 $ab=(-4)\times(-3)=12$

답 ②

23

$4x+5y-1=0$, $y=-\frac{4}{5}x+\frac{1}{5}$이므로 기울기는 $-\frac{4}{5}$

구하는 일차함수의 식을 $y=-\frac{4}{5}x+b$라고 놓자.

연립방정식 $\begin{cases}2x-3y=-1\\3x-y=2\end{cases}$의 해가 $x=1$, $y=1$이므로

일차함수 $y=-\frac{4}{5}x+b$에 $x=1$, $y=1$을 대입하면

$1=-\frac{4}{5}\times 1+b$, $b=\frac{9}{5}$

따라서 구하는 일차함수의 식은

$y=-\frac{4}{5}x+\frac{9}{5}$

답 $y=-\frac{4}{5}x+\frac{9}{5}$

24

연립방정식 $\begin{cases}5x+4y-6=0\\-x-2y+6=0\end{cases}$의 해가 $x=-2$, $y=4$이므로

$y=3ax-14$에 $x=-2$, $y=4$를 대입하면

$4=3a\times(-2)-14$, $6a=-18$

따라서 $a=-3$

답 ⑤

25

연립방정식 $\begin{cases}2ax+y=-2\\6x-y=b\end{cases}$에서 $\begin{cases}y=-2ax-2\\y=6x-b\end{cases}$

해가 없으므로

$-2a=6$, $a=-3$

$-2\neq -b$, $b\neq 2$

답 ③

26

$3x-2y-12=0$에서 $y=\frac{3}{2}x-6$

① $y=\frac{3}{2}x-3$이므로 만나지 않는다.

② $y=\frac{3}{2}x+6$이므로 만나지 않는다.

③ $y=\frac{3}{2}x-6$이므로 일치한다.

④ $y=3x+4$이므로 한 점에서 만난다.

⑤ $y=\frac{3}{2}x-6$이므로 일치한다.

답 ④

27

연립방정식 $\begin{cases}-4x+2y+2=a\\(b-1)x-4y=8\end{cases}$에서 $\begin{cases}y=2x+\frac{a-2}{2}\\y=\frac{b-1}{4}x-2\end{cases}$

해가 무수히 많으므로

$\frac{b-1}{4}=2$, $b=9$

$\frac{a-2}{2}=-2$, $a=-2$

따라서 $b-a=9-(-2)=11$

답 11

28

$ax+by+c=0$, $y=-\frac{a}{b}x-\frac{c}{b}$에서

(기울기)$=-\frac{a}{b}<0$, $ab>0$

(y절편)$=-\frac{c}{b}>0$, $bc<0$

a와 b는 부호가 같고, b와 c는 부호가 다르다.

즉, a와 c는 부호가 다르다.

한편, $bx-cy+a=0$, $y=\frac{b}{c}x+\frac{a}{c}$에서

(기울기)$=\frac{b}{c}<0$, (y절편)$=\frac{a}{c}<0$이므로

제2, 3, 4사분면을 지난다.

따라서 제1사분면을 지나지 않는다.

답 제1사분면

29

네 개의 일차방정식을 정리하면 $x=-5$, $x=6$, $y=-5$, $y=1$이므로 네 개의 일차방정식과 $y=x+k$의 그래프를 그리면 다음 그림과 같다.

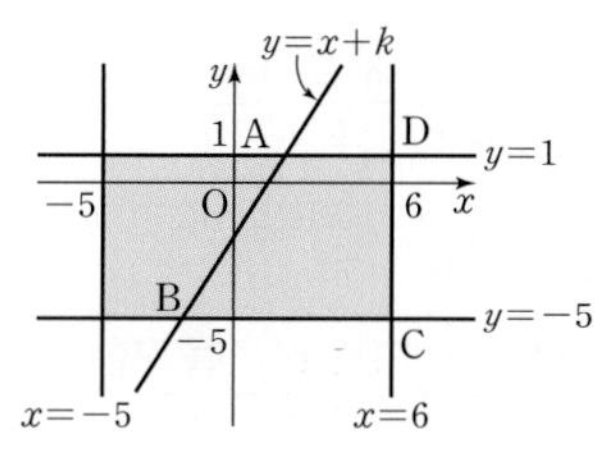

일차함수의 그래프와 방정식 $y=1$, $y=-5$의 교점을 각각 A, B라고 하자.

$y=x+k$에 $y=1$을 대입하면

$x=1-k$, 즉 $A(1-k,\ 1)$

$y=x+k$에 $y=-5$를 대입하면

$x=-5-k$, 즉 $B(-5-k,\ -5)$

$\overline{AD}=6-(1-k)=5+k$, $\overline{BC}=6-(-5-k)=11+k$

(사다리꼴 ABCD의 넓이)

$=\frac{1}{2}\times(5+k+11+k)\times6$

$=48+6k$

이때 네 개의 일차방정식으로 둘러싸인 직사각형의 넓이가 $11\times6=66$이므로 사다리꼴 ABCD의 넓이는 33이다.

즉, $48+6k=33$에서 $6k=-15$

따라서 $k=-\frac{5}{2}$

답 $-\frac{5}{2}$

30

연립방정식 $\begin{cases} ax-2by=10 \\ (a+1)x+2y=-4b-8 \end{cases}$에 $x=-2$, $y=-4$를 대입하면

$\begin{cases} -2a+8b=10 \\ -2(a+1)-8=-4b-8 \end{cases}$, $\begin{cases} a-4b=-5 \\ a-2b=-1 \end{cases}$

연립하여 풀면 $a=3$, $b=2$

따라서 $a+b=3+2=5$

답 5

수행평가 서술형으로 중단원 마무리

본문 140~141쪽

서술형 예제 3, 3, 5, -2, $-\frac{1}{2}$, 5, $-\frac{1}{2}$, -5, -8

서술형 유제 -12

1 31 2 3 3 27 4 14

서술형 예제

$ax-4y+12=0$에서 $y=\frac{a}{4}x+\boxed{3}$

$y=\frac{a}{4}x+\boxed{3}$의 그래프를 y축의 방향으로 -8만큼 평행이동하면

$y=\frac{a}{4}x+3-8$, $y=\frac{a}{4}x-\boxed{5}$

이 식에 $x=2$, $y=-6$을 대입하면

$-6=\frac{a}{4}\times2-5$, $a=\boxed{-2}$ … 1단계

즉, 구하는 일차함수의 식은 $y=\boxed{-\frac{1}{2}}x-\boxed{5}$ … 2단계

따라서 $m=\boxed{-\frac{1}{2}}$, $n=\boxed{-5}$이므로 … 3단계

$a+2m+n=-2+2\times\left(-\frac{1}{2}\right)-5=\boxed{-8}$ … 4단계

답 풀이 참조

단계	채점 기준	비율
1단계	a의 값을 구한 경우	40 %
2단계	평행이동한 일차함수의 그래프의 식을 구한 경우	30 %
3단계	m, n의 값을 각각 구한 경우	20 %
4단계	$a+2m+n$의 값을 구한 경우	10 %

서술형 유제

$12x-3y+a=0$에서 $y=4x+\frac{a}{3}$

$y=4x+\frac{a}{3}$의 그래프를 y축의 방향으로 6만큼 평행이동하면

$y=4x+\frac{a}{3}+6$

이 식에 $x=-3$, $y=a$를 대입하면

$a=4\times(-3)+\frac{a}{3}+6$, $\frac{2}{3}a=-6$, $a=-9$ … 1단계

즉, 구하는 일차함수의 식은 $y=4x+3$ … 2단계

$y=0$을 대입하면 $0=4x+3$, $x=-\frac{3}{4}$, 즉 $m=-\frac{3}{4}$

$x=0$을 대입하면 $y=4\times0+3=3$, 즉 $n=3$ … 3단계

따라서 $a+8m+n=-9+8\times\left(-\frac{3}{4}\right)+3=-12$ … 4단계

답 -12

단계	채점 기준	비율
1단계	a의 값을 구한 경우	40 %
2단계	평행이동한 일차함수의 그래프의 식을 구한 경우	20 %
3단계	m, n의 값을 각각 구한 경우	30 %
4단계	$a+8m+n$의 값을 구한 경우	10 %

1

$ax-12y+b=0$, $y=\frac{a}{12}x+\frac{b}{12}$의 그래프에서

$\frac{b}{12}=\frac{4}{3}$, $b=16$ … 1단계

$ax-12y+16=0$에 $x=2$, $y=3$을 대입하면

$a\times2-12\times3+16=0$, $a=10$ … 2단계

즉, 구하는 일차함수의 식은 $y=\frac{5}{6}x+\frac{4}{3}$이므로

(기울기)$=m=\frac{5}{6}$ … 3단계

따라서 $a+b+6m=10+16+6\times\frac{5}{6}=31$ … 4단계

답 31

단계	채점 기준	비율
1단계	b의 값을 구한 경우	30 %
2단계	a의 값을 구한 경우	30 %
3단계	m의 값을 구한 경우	20 %
4단계	$a+b+6m$의 값을 구한 경우	20 %

2

연립방정식 $\begin{cases}4x-y+1=0\\7x+2y=17\end{cases}$의 해는 $x=1$, $y=5$이므로

교점의 좌표는 $(1, 5)$이다. … 1단계

점 $(1, 5)$를 지나고 x축에 평행한 직선의 방정식은 $y=5$

즉, $3y-15=0$ … 2단계

따라서 $a=0$, $b=3$이므로 … 3단계

$a+b=0+3=3$ … 4단계

답 3

단계	채점 기준	비율
1단계	교점의 좌표를 구한 경우	40 %
2단계	x축에 평행한 직선의 방정식을 구한 경우	30 %
3단계	a, b의 값을 각각 구한 경우	20 %
4단계	$a+b$의 값을 구한 경우	10 %

3

연립방정식 $\begin{cases}3x-4y=-12\\2x+y=14\end{cases}$의 해는 $x=4$, $y=6$이므로

교점의 좌표 $A(4, 6)$이다. … 1단계

$3x-4y=-12$에서 x절편은 -4, y절편은 3 … 2단계

$2x+y=14$에서 x절편은 7 … 3단계

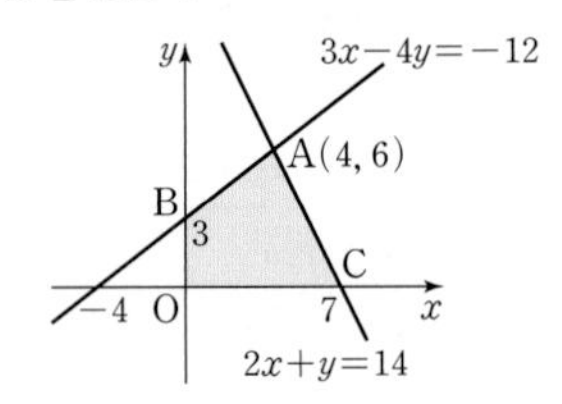

따라서 사각형 ABOC의 넓이는

$\frac{1}{2}\times11\times6-\frac{1}{2}\times4\times3=33-6=27$ … 4단계

답 27

단계	채점 기준	비율
1단계	교점의 좌표를 구한 경우	30 %
2단계	$3x-4y=-12$의 그래프의 x절편, y절편을 각각 구한 경우	30 %
3단계	$2x+y=14$의 그래프의 x절편을 구한 경우	20 %
4단계	사각형 ABOC의 넓이를 구한 경우	20 %

4

일차방정식 $ax+by-4=0$, $y=-\frac{a}{b}x+\frac{4}{b}$

일차방정식 $5x-2y+2=0$, $y=\frac{5}{2}x+1$의 그래프와 y축에서 만나므로

$\frac{4}{b}=1$, $b=4$ … 1단계

한편, $6x-4y+2=0$, $y=\frac{3}{2}x+\frac{1}{2}$의 그래프와 평행하므로

$-\frac{a}{4}=\frac{3}{2}$, $a=-6$ … 2단계

따라서 $2b-a=2\times4-(-6)=14$ … 3단계

답 14

단계	채점 기준	비율
1단계	b의 값을 구한 경우	40 %
2단계	a의 값을 구한 경우	40 %
3단계	$2b-a$의 값을 구한 경우	20 %

EBS 중학

뉴런

| 수학 2(상) |

정답과 풀이 <실전책>

정답과 풀이 실전책

중단원 실전 테스트

I. 수와 식의 계산

I-1 유리수와 순환소수 본문 4~7쪽

01 ④ **02** ③ **03** ③ **04** ⑤ **05** ④ **06** ⑤ **07** ③
08 ④ **09** ④ **10** ② **11** ①, ④ **12** ④ **13** ②
14 ③, ④ **15** ③ **16** ③ **17** ③ **18** 70
19 $p=21$, $q=8$ **20** 4 **21** $0.\dot{6}\dot{5}$ **22** 45 **23** 8개
24 77 **25** $4.\dot{6}$

01

④ $1.261261261\cdots=1.\dot{2}6\dot{1}$

답 ④

02

$\frac{3}{22}=0.1363636\cdots$이므로 순환마디는 36이다.

답 ③

03

$\frac{5}{12}=0.41666\cdots=0.41\dot{6}$

답 ③

04

순환마디의 숫자의 개수가 3개이고, $30=3\times10$이므로 소수점 아래 30번째 자리의 숫자는 3이다.
또 $50=3\times16+2$이므로 소수점 아래 50번째 자리의 숫자는 7이다.
따라서 $a=3$, $b=7$이므로
$a+b=3+7=10$

답 ⑤

05

$\frac{2}{25}=\frac{2}{5^2}=\frac{2\times2^2}{5^2\times2^2}=\frac{8}{100}=0.08$

답 ④

06

기약분수로 나타낸 후 분모를 소인수분해하면

ㄱ. $\frac{3}{15}=\frac{1}{5}$은 분모의 소인수가 5뿐이므로 유한소수로 나타낼 수 있다.

ㄴ. $\frac{12}{30}=\frac{2}{5}$는 분모의 소인수가 5뿐이므로 유한소수로 나타낼 수 있다.

ㄷ. $\frac{12}{3^2\times5}=\frac{4}{3\times5}$는 분모에 소인수 3이 있으므로 유한소수로 나타낼 수 없다.

ㄹ. $\frac{9}{60}=\frac{3}{20}=\frac{3}{2^2\times5}$은 분모의 소인수가 2와 5뿐이므로 유한소수로 나타낼 수 있다.

ㅁ. $\frac{11}{64}=\frac{11}{2^6}$은 분모의 소인수가 2뿐이므로 유한소수로 나타낼 수 있다.

ㅂ. $\frac{21}{2^2\times5\times7}=\frac{3}{2^2\times5}$은 분모의 소인수가 2와 5뿐이므로 유한소수로 나타낼 수 있다.

따라서 유한소수로 나타낼 수 있는 것은 ㄱ, ㄴ, ㄹ, ㅁ, ㅂ의 5개이다.

답 ⑤

07

유한소수가 되려면 A의 값은 3의 배수이어야 한다.
따라서 A의 값이 될 수 있는 것은 ③ 6이다.

답 ③

08

① $\frac{21}{5^2\times3}=\frac{7}{5^2}$이므로 유한소수가 된다.

② $\frac{21}{5^2\times6}=\frac{7}{5^2\times2}$이므로 유한소수가 된다.

③ $\frac{21}{5^2\times7}=\frac{3}{5^2}$이므로 유한소수가 된다.

④ $\frac{21}{5^2\times9}=\frac{7}{5^2\times3}$이므로 유한소수가 될 수 없다.

⑤ $\frac{21}{5^2\times12}=\frac{7}{5^2\times2^2}$이므로 유한소수가 된다.

답 ④

09

$\frac{x}{15}=\frac{x}{3\times5}$이므로 x는 3의 배수

$\frac{x}{28}=\frac{x}{2^2\times7}$이므로 x는 7의 배수

즉, x는 3의 배수이고 7의 배수이므로 21의 배수이다.
따라서 구하는 가장 작은 수는 21이다.

답 ④

10

$\frac{12}{2^2\times5\times a}=\frac{3}{5\times a}$이므로 a가 될 수 있는 수는 7, 9이다.

따라서 구하는 a의 값의 합은 $7+9=16$

답 ②

11

$\frac{a}{210}=\frac{a}{2\times3\times5\times7}$이므로 a가 될 수 있는 수는 21의 배수가 아닌 수이다.

따라서 a의 값이 될 수 없는 수는 21, 42이다.

답 ①, ④

12

④ 990

답 ④

13

주어진 순환소수와 소수점 아래의 부분이 같도록 하는 두 식을 구하면

$100x=172.\dot{7}\dot{2}$, $x=1.\dot{7}\dot{2}$

따라서 가장 편리한 식은 ② $100x-x$이다.

답 ②

14

② $0.2\dot{6}=\frac{26-2}{90}=\frac{24}{90}=\frac{4}{15}$

③ $0.1\dot{6}=\frac{16-1}{90}=\frac{15}{90}=\frac{1}{6}$

④ $3.\dot{5}\dot{2}=\frac{352-3}{99}=\frac{349}{99}$

⑤ $1.26\dot{7}=\frac{1267-126}{900}=\frac{1141}{900}$

답 ③, ④

15

$0.\dot{4}+2.\dot{7}=\frac{4}{9}+\frac{25}{9}=\frac{29}{9}=3.\dot{2}$

답 ③

16

$0.3\dot{8}=\frac{38-3}{90}=\frac{35}{90}=\frac{7}{18}=\frac{7}{2\times3^2}$이므로 9의 배수를 곱하면 유한소수가 된다.

따라서 구하는 가장 작은 수는 9이다.

답 ③

17

① 모든 기약분수는 유한소수 또는 순환소수로 나타낼 수 있다.

② 무한소수 중에 순환하지 않는 무한소수는 유리수가 아니다.

④ 유한소수로 나타낼 수 있는 기약분수는 분모의 소인수가 2 또는 5뿐이다.

⑤ 소수 중에 순환하지 않는 무한소수는 분수로 나타낼 수 없다.

답 ③

18

$\frac{10}{27}=0.\dot{3}7\dot{0}$

순환마디의 숫자의 개수가 3개이고, $20=3\times6+2$이므로 구하는 합은

$(3+7+0)\times6+(3+7)=10\times6+10=70$

답 70

19

$\frac{p}{56}=\frac{p}{2^3\times7}$이므로 p는 7의 배수

기약분수로 나타내면 $\frac{3}{q}$이 되므로 p는 3의 배수

즉, p는 7의 배수이고 3의 배수이므로 21의 배수이다.

그런데 $20<p<30$이므로 $p=21$

$p=21$을 $\frac{p}{56}$에 대입하면 $\frac{21}{56}=\frac{3}{8}$

따라서 $q=8$

답 $p=21$, $q=8$

20

$12x-1=5a$에서

$12x=1+5a$, $x=\frac{1+5a}{12}$

$\frac{1+5a}{12}=\frac{1+5a}{2^2\times3}$이므로 $1+5a$는 3의 배수이어야 한다.

$a=4$이면 $1+5a=1+20=21$이므로 구하는 a의 값은 4이다.

답 4

21

$A=0.\dot{4}\dot{3}+0.\dot{2}=\frac{43}{99}+\frac{2}{9}=\frac{43}{99}+\frac{22}{99}=\frac{65}{99}=0.\dot{6}\dot{5}$

답 $0.\dot{6}\dot{5}$

22

어떤 자연수를 x라고 하면

$0.\dot{4}x-0.4x=2$

$\frac{4}{9}x-\frac{4}{10}x=2$

$40x-36x=180$

$4x=180$

$x=45$

따라서 어떤 자연수는 45이다.

답 45

23

$\frac{45}{160\times a}=\frac{9}{32\times a}=\frac{9}{2^5\times a}$ … 1단계

a의 값이 될 수 있는 한 자리의 자연수는

1, 2, 3, 4, 5, 6, 8, 9 … 2단계

따라서 구하는 개수는 8개이다. … 3단계

답 8개

단계	채점 기준	비율
1단계	$\frac{45}{160\times a}$를 기약분수로 나타내고 분모를 소인수분해한 경우	40 %
2단계	a의 값이 될 수 있는 한 자리의 자연수를 구한 경우	40 %
3단계	a의 값이 될 수 있는 한 자리의 자연수의 개수를 구한 경우	20 %

24

$\frac{7}{44}=\frac{7}{2^2\times 11}$이므로 n은 11의 배수 … 1단계

$\frac{9}{42}=\frac{3}{14}=\frac{3}{2\times 7}$이므로 n은 7의 배수 … 2단계

즉, n은 11의 배수이고 7의 배수이므로 77의 배수이다. … 3단계

따라서 구하는 가장 작은 수는 77이다. … 4단계

답 77

단계	채점 기준	비율
1단계	n이 11의 배수임을 구한 경우	30 %
2단계	n이 7의 배수임을 구한 경우	30 %
3단계	n이 77의 배수임을 구한 경우	30 %
4단계	가장 작은 수를 구한 경우	10 %

25

선재는 분자를 잘못 보았으므로 분모는 제대로 보았다.

$0.\dot{3}=\frac{3}{9}=\frac{1}{3}$이므로 처음 기약분수의 분모는 3 … 1단계

석현이는 분모를 잘못 보았으므로 분자는 제대로 보았다.

$1.\dot{5}=\frac{14}{9}$이므로 처음 기약분수의 분자는 14 … 2단계

따라서 처음 기약분수를 소수로 나타내면 $\frac{14}{3}=4.\dot{6}$ … 3단계

답 $4.\dot{6}$

단계	채점 기준	비율
1단계	처음 기약분수의 분모를 구한 경우	40 %
2단계	처음 기약분수의 분자를 구한 경우	40 %
3단계	처음 기약분수를 소수로 나타낸 경우	20 %

I-2 단항식과 다항식의 계산

본문 8~11쪽

01 ③ **02** ③ **03** ⑤ **04** ② **05** ④ **06** ④ **07** ④
08 ③, ⑤ **09** ③ **10** ④ **11** ① **12** ④ **13** ①
14 ③ **15** ④ **16** ③ **17** ③ **18** 27 **19** -6
20 $4x^2+x+14$ **21** $-4x^2y$ **22** $32a+18b-24$
23 9 **24** 14 **25** $-35x+10y$

01

$2\times 2^3\times 2^5=2^{1+3}\times 2^5=2^{1+3+5}=2^9$이므로 $n=9$

답 ③

02

$(2^2)^3\times 2^7=2^{2\times 3}\times 2^7=2^6\times 2^7=2^{6+7}=2^{13}$이므로 $n=13$

답 ③

03

$(x^3y^2)^4=(x^3)^4\times(y^2)^4=x^{3\times 4}\times y^{2\times 4}=x^{12}y^8$이므로

$m=12$, $n=8$

따라서 $m+n=12+8=20$

답 ⑤

04

$9^{x+2}=(3^2)^{x+2}=3^{2(x+2)}$이므로

$2(x+2)=12$, $2x+4=12$

$2x=8$

따라서 $x=4$

답 ②

05

① $x^{10}\div x^6=x^{10-6}=x^4$

② $x^9\div x^3\div x^2=x^{9-3}\div x^2=x^6\div x^2=x^{6-2}=x^4$

③ $x^8\div(x^7\div x^3)=x^8\div x^{7-3}=x^8\div x^4=x^{8-4}=x^4$

④ $(x^3)^2\div(x^2)^5=x^6\div x^{10}=\frac{1}{x^{10-6}}=\frac{1}{x^4}$

⑤ $(x^8)^2\div(x^2)^3\div(x^3)^2=x^{16}\div x^6\div x^6$
$=x^{16-6}\div x^6$
$=x^{10}\div x^6=x^{10-6}=x^4$

답 ④

06

$8^4\div 4^x=(2^3)^4\div(2^2)^x=2^{12}\div 2^{2x}=\frac{1}{2^{2x-12}}$, $\frac{1}{64}=\frac{1}{2^6}$이므로

$2x-12=6$, $2x=18$

따라서 $x=9$

답 ④

07

$(x^4)^2\times(x^2)^3=x^8\times x^6=x^{14}$

따라서 $\square=x^{14}$

답 ④

08

① $a^2\times a^3\times a^4=a^5\times a^4=a^9$

② $a^{16}\div a\div(a^4)^2=a^{16-1}\div a^8=a^{15}\div a^8=a^7$

③ $\left(-\frac{a^4}{b^2}\right)^3=(-1)^3\times\left(\frac{a^4}{b^2}\right)^3=-\frac{(a^4)^3}{(b^2)^3}=-\frac{a^{12}}{b^6}$

④ $2^3\times 4^4\times 8^2=2^3\times(2^2)^4\times(2^3)^2$
$=2^3\times 2^8\times 2^6=2^{3+8+6}=2^{17}$

⑤ $2^{15}\div(2^2)^4\div 4^2=2^{15}\div 2^8\div(2^2)^2=2^7\div 2^4=2^3$

답 ③, ⑤

09

$3^4\times 3^4\times 3^4=3^8\times 3^4=3^{12}$이므로

$x=12$

$5^4+5^4+5^4+5^4+5^4=5^4\times 5=5^5$이므로

$y=5$

따라서 $x+y=12+5=17$

답 ③

10

$3^{x+1}+3^{x+2}=3^x\times 3+3^x\times 3^2=3a+9a=12a$

답 ④

11

$\left(\frac{3}{4}x-\frac{3}{2}y\right)-\left(\frac{1}{2}x-\frac{2}{3}y\right)$

$=\frac{3}{4}x-\frac{3}{2}y-\frac{1}{2}x+\frac{2}{3}y$

$=\frac{3}{4}x-\frac{1}{2}x-\frac{3}{2}y+\frac{2}{3}y$

$=\frac{1}{4}x-\frac{5}{6}y$

이므로 $a=\frac{1}{4}$, $b=-\frac{5}{6}$

따라서 $a+b=\frac{1}{4}+\left(-\frac{5}{6}\right)=-\frac{7}{12}$

답 ①

12

$(7x^2+3x-8)-(4x^2-2x+6)$

$=7x^2+3x-8-4x^2+2x-6$

$=7x^2-4x^2+3x+2x-8-6$

$=3x^2+5x-14$

따라서 이차항의 계수는 3, 일차항의 계수는 5이므로 구하는 합은

$3+5=8$

답 ④

13

$4y-[6x-y-\{x-(2x+7y)\}]$

$=4y-\{6x-y-(x-2x-7y)\}$

$=4y-\{6x-y-(-x-7y)\}$

$=4y-(6x-y+x+7y)$

$=4y-(7x+6y)$

$=4y-7x-6y$

$=-7x-2y$

이므로 $a=-7$, $b=-2$

따라서 $a+b=-7+(-2)=-9$

답 ①

14

$4x(x-3)-\frac{1}{2}x(8-10x)$

$=4x^2-12x-4x+5x^2$

$=4x^2+5x^2-12x-4x$

$=9x^2-16x$

답 ③

실전책

15

$(12x^2y^3+24xy^4)\div\frac{3}{4}xy^2$

$=(12x^2y^3+24xy^4)\times\frac{4}{3xy^2}$

$=12x^2y^3\times\frac{4}{3xy^2}+24xy^4\times\frac{4}{3xy^2}$

$=16xy+32y^2$

답 ④

16

$x(3x-5)+(18x^3-12x^2)\div(-3x)$

$=x\times3x-x\times5+(18x^3-12x^2)\times\left(-\frac{1}{3x}\right)$

$=3x^2-5x+18x^3\times\left(-\frac{1}{3x}\right)-12x^2\times\left(-\frac{1}{3x}\right)$

$=3x^2-5x-6x^2+4x$

$=-3x^2-x$

답 ③

17

$(2x^2y)^2\times\square\div(-2x^2y^3)=12x^3y^2$에서

$\square=12x^3y^2\div(2x^2y)^2\times(-2x^2y^3)$

$=12x^3y^2\div4x^4y^2\times(-2x^2y^3)$

$=12x^3y^2\times\frac{1}{4x^4y^2}\times(-2x^2y^3)$

$=-6xy^3$

답 ③

18

$4^8\times5^{19}=(2^2)^8\times5^{19}$

$=2^{16}\times5^{19}$

$=2^{16}\times5^{16}\times5^3$

$=(2\times5)^{16}\times5^3$

$=125\times10^{16}$

19자리의 자연수이므로 $n=19$

각 자리의 숫자의 합은 $1+2+5=8$이므로 $a=8$

따라서 $a+n=8+19=27$

답 27

19

$(ax^2+7x-1)-(3x^2+5x+3a)$

$=ax^2+7x-1-3x^2-5x-3a$

$=(a-3)x^2+2x-1-3a$

x^2의 계수는 $a-3$, 상수항은 $-1-3a$이므로

$(a-3)+(-1-3a)=8$

$-2a-4=8$, $-2a=12$

따라서 $a=-6$

답 -6

20

어떤 다항식을 A라고 하면

$(3x^2-2x+5)+A=2x^2-5x-4$

$A=(2x^2-5x-4)-(3x^2-2x+5)$

$=-x^2-3x-9$

따라서 옳게 계산한 식은

$(3x^2-2x+5)-(-x^2-3x-9)$

$=4x^2+x+14$

답 $4x^2+x+14$

21

$6xy^2\times A\div(-3x^2y)=8xy^2$에서

$A=8xy^2\div6xy^2\times(-3x^2y)$

$=8xy^2\times\frac{1}{6xy^2}\times(-3x^2y)$

$=-4x^2y$

답 $-4x^2y$

22

(색칠한 부분의 넓이)

$=8a\times6b-\frac{1}{2}\times8a\times(6b-8)-\frac{1}{2}\times(8a-6)\times6b-\frac{1}{2}\times6\times8$

$=48ab-4a(6b-8)-3b(8a-6)-24$

$=48ab-24ab+32a-24ab+18b-24$

$=32a+18b-24$

답 $32a+18b-24$

23

$4^b=256$에서

$(2^2)^b=2^8$, $2^{2b}=2^8$

$2b=8$, $b=4$ ··· 1단계

$2^a+2^b=48$에서

$2^a+2^4=48$

$2^a=32$, $a=5$ ··· 2단계

따라서 $a+b=5+4=9$ ··· 3단계

답 9

단계	채점 기준	비율
1단계	b의 값을 구한 경우	40 %
2단계	a의 값을 구한 경우	40 %
3단계	$a+b$의 값을 구한 경우	20 %

24

$-4x(x+2y-5)=-4x\times x-4x\times 2y-4x\times(-5)$
$=-4x^2-8xy+20x$

에서 x^2의 계수는 -4이므로

$a=-4$ … 1단계

$-3x(7x-6y+4)=-3x\times 7x-3x\times(-6y)-3x\times 4$
$=-21x^2+18xy-12x$

에서 xy의 계수는 18이므로

$b=18$ … 2단계

따라서 $a+b=-4+18=14$ … 3단계

답 14

단계	채점 기준	비율
1단계	a의 값을 구한 경우	40 %
2단계	b의 값을 구한 경우	40 %
3단계	$a+b$의 값을 구한 경우	20 %

25

$A=\left(-6x^2y+\frac{9}{5}xy^2\right)\div\frac{3}{5}xy$
$=\left(-6x^2y+\frac{9}{5}xy^2\right)\times\frac{5}{3xy}$
$=-6x^2y\times\frac{5}{3xy}+\frac{9}{5}xy^2\times\frac{5}{3xy}$
$=-10x+3y$ … 1단계

$B=\frac{5}{2}\left(6x-\frac{8}{5}y\right)$
$=\frac{5}{2}\times 6x+\frac{5}{2}\times\left(-\frac{8}{5}y\right)$
$=15x-4y$ … 2단계

따라서

$2A-B=2(-10x+3y)-(15x-4y)$
$=-20x+6y-15x+4y$
$=-35x+10y$ … 3단계

답 $-35x+10y$

단계	채점 기준	비율
1단계	A를 계산한 경우	40 %
2단계	B를 계산한 경우	30 %
3단계	$2A-B$를 계산한 경우	30 %

Ⅱ. 부등식과 연립방정식

Ⅱ-1 일차부등식

본문 12~15쪽

01 ④ **02** ④ **03** ⑤ **04** ③ **05** ③ **06** ④ **07** ③
08 ① **09** ⑤ **10** ④ **11** ① **12** ① **13** ④ **14** ④
15 ④ **16** ② **17** ③ **18** 12 **19** $x>-3$ **20** -4
21 16개 **22** 44 cm **23** $x<6$ **24** 26장
25 2 km

01

① $x=1$을 대입하면
$2-6\times1=-4\le-4$이므로 참

② $x=2$를 대입하면
$4\times2=8$, $2\times2+3=7$에서 $8>7$이므로 참

③ $x=0$을 대입하면
$-3\times(4-0)=-12<-10$이므로 참

④ $x=-2$를 대입하면
$2\times(-2)-14=-18$, $6\times(-2)=-12$에서
$-18<-12$이므로 거짓

⑤ $x=-1$을 대입하면
$2\times(-1-1)+7=3>0$이므로 참

답 ④

02

① $a<b$의 양변에 2를 더하면 $a+2<b+2$
② $a<b$의 양변에서 7을 빼면 $a-7<b-7$
③ $a<b$의 양변에 4를 곱하면 $4a<4b$
④ $a<b$의 양변에 -3을 곱하면 $-3a>-3b$
⑤ $a<b$의 양변을 9로 나누면 $\frac{a}{9}<\frac{b}{9}$

답 ④

03

① $-3a-5\ge-3b-5$의 양변에 5를 더하면 $-3a\ge-3b$
$-3a\ge-3b$의 양변을 -3으로 나누면 $a\le b$
② $a\le b$의 양변에 6을 더하면 $a+6\le b+6$
③ $a\le b$의 양변에 4를 곱하면 $4a\le4b$
$4a\le4b$의 양변에서 3을 빼면 $4a-3\le4b-3$
④ $a\le b$의 양변에서 2를 빼면 $a-2\le b-2$
$a-2\le b-2$의 양변을 4로 나누면 $\frac{a-2}{4}\le\frac{b-2}{4}$
⑤ $a\le b$의 양변을 -5로 나누면 $-\frac{a}{5}\ge-\frac{b}{5}$
$-\frac{a}{5}\ge-\frac{b}{5}$의 양변에 $\frac{1}{3}$을 더하면 $-\frac{a}{5}+\frac{1}{3}\ge-\frac{b}{5}+\frac{1}{3}$

답 ⑤

04

$-2x-3>7$의 양변에 3을 더하면

$-2x-3+3>7+3$

$-2x>10$의 양변을 -2로 나누면

$\frac{-2x}{-2}<\frac{10}{-2}$

따라서 $x<-5$

즉, ㉠: 3, ㉡: -2, ㉢: -5

답 ③

05

모든 항을 좌변으로 이항하여 정리하면

① $3x+5-x>0$, $2x+5>0$이므로 일차부등식이다.

② $x+x-8\le0$, $2x-8\le0$이므로 일차부등식이다.

③ $4x-3-5-4x\le0$, $-8\le0$이므로 일차부등식이 아니다.

④ $2x^2-3-2x^2+5x>0$, $5x-3>0$이므로 일차부등식이다.

⑤ $-2x+6-2x-6\ge0$, $-4x\ge0$이므로 일차부등식이다.

답 ③

06

$ax^2+bx>2x^2-5x+8$의 모든 항을 좌변으로 이항하여 정리하면

$ax^2+bx-2x^2+5x-8>0$

$(a-2)x^2+(b+5)x-8>0$

$a-2=0$, $b+5\ne0$

따라서 $a=2$, $b\ne-5$

답 ④

07

① $4x-5<2x+5$에서 $4x-2x<5+5$

$2x<10$, $x<5$

② $2x+8>5x-7$에서 $2x-5x>-7-8$

$-3x>-15$, $x<5$

③ $-x-6>x-4$에서 $-x-x>-4+6$

$-2x>2$, $x<-1$

④ $6x-11<2x+9$에서 $6x-2x<9+11$

$4x<20$, $x<5$

⑤ $7x-3<4x+12$에서 $7x-4x<12+3$

$3x<15$, $x<5$

답 ③

08

$4(x-1)\ge7(x+2)$에서

$4x-4\ge7x+14$, $4x-7x\ge14+4$

$-3x\ge18$, $x\le-6$

따라서 해를 수직선 위에 나타내면 ①과 같다.

답 ①

09

$9(x-4)<2(x+4)$에서 $9x-36<2x+8$

$9x-2x<8+36$, $7x<44$

$x<\frac{44}{7}=6.2\times\times\times$

따라서 자연수 x는 1, 2, 3, 4, 5, 6이므로 구하는 합은

$1+2+3+4+5+6=21$

답 ⑤

10

$\frac{3}{2}x-\frac{x+5}{3}\ge x-2$의 양변에 6을 곱하면

$9x-2(x+5)\ge6(x-2)$

$9x-2x-10\ge6x-12$

$7x-6x\ge-12+10$

따라서 $x\ge-2$

답 ④

11

$2x-9>-3x+a$에서 $2x+3x>a+9$

$5x>a+9$, $x>\frac{a+9}{5}$

해가 $x>4$이므로 $\frac{a+9}{5}=4$

$a+9=20$

따라서 $a=11$

답 ①

12

$\frac{3}{4}x-3\le\frac{1}{2}x-\frac{3}{2}$의 양변에 4를 곱하면

$3x-12\le2x-6$

$3x-2x\le-6+12$

$x\le6$

또, $2(3-x)\ge6(4-a)$에서

$6-2x\ge24-6a$

$-2x\ge18-6a$

$x\le-9+3a$

해가 서로 같으므로 $-9+3a=6$, $3a=15$
따라서 $a=5$

답 ①

13
$a(x-2)>5a$에서 $ax-2a>5a$
$ax>5a+2a$, $ax>7a$
양변을 a로 나누면 $a<0$이므로
$x<7$

답 ④

14
$ax+2a<3x+6$에서
$ax-3x<6-2a$
$(a-3)x<-2(a-3)$
양변을 $a-3$으로 나누면 $a-3<0$이므로
$x>-2$

답 ④

15
초콜릿을 x개 산다고 하면
$700x+1500\leq 8000$, $700x\leq 6500$
$x\leq \frac{65}{7}=9.2\times\times\times$
따라서 초콜릿을 최대 9개까지 살 수 있다.

답 ④

16
연속하는 세 자연수를 x, $x+1$, $x+2$라고 하면
$x+(x+1)+(x+2)>45$
$3x+3>45$, $3x>42$
$x>14$
따라서 합이 가장 작은 세 자연수는 15, 16, 17이고 이 중 가장 작은 자연수는 15이다.

답 ②

17
볼펜을 x자루 산다고 하면
$1200x>800x+5000$, $400x>5000$
$x>\frac{50}{4}=12.5$
따라서 볼펜을 13자루 이상 살 경우 할인점에서 사는 것이 유리하다.

답 ③

18
$0.3(4x-5)<\frac{4}{5}+0.7x$의 양변에 10을 곱하면
$3(4x-5)<8+7x$, $12x-15<8+7x$
$5x<23$, $x<\frac{23}{5}=4.6$
즉, 가장 큰 정수는 4이므로 $a=4$
$\frac{6}{5}x-1.6>0.5x+\frac{7}{2}$의 양변에 10을 곱하면
$12x-16>5x+35$, $7x>51$
$x>\frac{51}{7}=7.2\times\times\times$
즉, 가장 작은 정수는 8이므로 $b=8$
따라서 $a+b=4+8=12$

답 12

19
$2a+3>4a-5$에서
$2a-4a>-5-3$, $-2a>-8$
$a<4$
즉, $ax+3a<12+4x$에서
$ax-4x<12-3a$
$(a-4)x<-3(a-4)$
양변을 $a-4$로 나누면 $a-4<0$이므로
$x>-3$

답 $x>-3$

20
$ax-8>0$에서 $ax>8$
해가 $x<-2$이므로 $a<0$
$ax>8$의 양변을 a로 나누면
$x<\frac{8}{a}$
$\frac{8}{a}=-2$이므로 $a=-4$

답 -4

21
한 달에 x개의 음원을 내려 받는다고 하면
$13000<4000+600x$
$-600x<-9000$
$x>15$
따라서 한 달에 16개 이상의 음원을 내려 받을 경우 정액제를 이용하는 것이 유리하다.

답 16개

실전책

22

세로의 길이를 x cm라고 하면 가로의 길이는 $(x+12)$ cm이므로

$2\{(x+12)+x\} \geq 200$, $2(2x+12) \geq 200$

$4x+24 \geq 200$, $4x \geq 176$, $x \geq 44$

따라서 세로의 길이는 44 cm 이상이어야 한다.

답 44 cm

23

$2x-a<8$에서 $2x<a+8$

$x<\dfrac{a+8}{2}$ … 1단계

해가 $x<3$이므로 $\dfrac{a+8}{2}=3$

$a+8=6$, $a=-2$ … 2단계

즉, $4(x+3)>7x-6$에서

$4x+12>7x-6$, $-3x>-18$

따라서 $x<6$ … 3단계

답 $x<6$

단계	채점 기준	비율
1단계	$2x-a<8$의 해를 a를 이용하여 나타낸 경우	40 %
2단계	a의 값을 구한 경우	30 %
3단계	$4(x+3)>7x+3a$를 푼 경우	30 %

24

8장을 초과하여 x장을 인화한다고 하면

전체 가격은 $10000+600x$(원)이고 한 장당 800원일 때 전체 가격은 $800(x+8)$(원)이므로

$10000+600x \leq 800(x+8)$ … 1단계

$10000+600x \leq 800x+6400$

$-200x \leq -3600$

$x \geq 18$

따라서 사진을 $8+x=8+18=26$(장) 이상 인화해야 한다. … 2단계

답 26장

단계	채점 기준	비율
1단계	일차부등식을 세운 경우	50 %
2단계	사진을 몇 장 이상 인화해야 하는지 구한 경우	50 %

25

시속 4 km로 걸은 거리를 x km라고 하면 시속 2 km로 걸은 거리는 $(7-x)$ km이므로

$\dfrac{x}{4}+\dfrac{7-x}{2} \leq 3$ … 1단계

$x+2(7-x) \leq 12$, $x+14-2x \leq 12$

$-x \leq -2$, $x \geq 2$ … 2단계

따라서 시속 4 km로 걸은 거리는 2 km 이상이다. … 3단계

답 2 km

단계	채점 기준	비율
1단계	일차부등식을 세운 경우	40 %
2단계	일차부등식을 푼 경우	40 %
3단계	시속 4 km로 걸은 거리는 몇 km 이상인지 구한 경우	20 %

Ⅱ-2 연립일차방정식

본문 16~19쪽

01 ② **02** ③ **03** ② **04** ③ **05** ④ **06** ⑤ **07** ④
08 ②, ⑤ **09** ④ **10** ④ **11** ⑤ **12** ④ **13** ②
14 ⑤ **15** ① **16** ③ **17** ⑤ **18** 1 **19** 3
20 $x=-3$, $y=2$ **21** 6 **22** 63살 **23** 7
24 5 km **25** 9명

01

모든 항을 좌변으로 이항하여 정리하면

$(a+2)x^2+(-b+8)x+3y-1=0$

$a+2=0$, $-b+8 \neq 0$

따라서 $a=-2$, $b \neq 8$

답 ②

02

해는 $(0, 8)$, $(3, 6)$, $(6, 4)$, $(9, 2)$, $(12, 0)$의 5개이다.

답 ③

03

$x=a+3$, $y=a-3$을 $5x-3y=22$에 대입하면

$5(a+3)-3(a-3)=22$

$5a+15-3a+9=22$

$2a=-2$

따라서 $a=-1$

답 ②

04

$x=-3$, $y=2$를 $4x+ay=-2$에 대입하면

$-12+2a=-2$, $2a=10$, $a=5$

$x=-3$, $y=2$를 $bx+7y=8$에 대입하면

$-3b+14=8$, $-3b=-6$, $b=2$

따라서 $a-b=5-2=3$

답 ③

05

㉠을 ㉡에 대입하면

$2(5y-3)-7y=9$

$10y-6-7y=9$

$3y=15$

따라서 $k=3$

답 ④

06

$\begin{cases} y=3x-9 & \cdots\cdots ㉠ \\ 4x-y=11 & \cdots\cdots ㉡ \end{cases}$

㉠을 ㉡에 대입하면

$4x-(3x-9)=11$

$4x-3x+9=11$

$x=2$

$x=2$를 ㉠에 대입하면

$y=6-9=-3$

답 ⑤

07

$\begin{cases} x=3y-10 & \cdots\cdots ㉠ \\ y=4x-4 & \cdots\cdots ㉡ \end{cases}$

㉠을 ㉡에 대입하면

$y=4(3y-10)-4$, $y=12y-40-4$

$-11y=-44$, $y=4$

$y=4$를 ㉠에 대입하면

$x=12-10=2$

$x=2$, $y=4$를 $7x-ay+6=0$에 대입하면

$14-4a+6=0$, $-4a=-20$

따라서 $a=5$

답 ④

08

x를 없애기 위해 필요한 식은 ㉠×3−㉡×2

y를 없애기 위해 필요한 식은 ㉠×5+㉡×3

따라서 필요한 식은 ②, ⑤이다.

답 ②, ⑤

09

① $\begin{cases} 3x+y=-5 & \cdots\cdots ㉠ \\ y=x+3 & \cdots\cdots ㉡ \end{cases}$

㉡을 ㉠에 대입하면

$3x+x+3=-5$, $4x=-8$, $x=-2$

$x=-2$를 ㉡에 대입하면

$y=-2+3=1$

② $\begin{cases} y=2x+5 & \cdots\cdots ㉠ \\ 5x+y=-9 & \cdots\cdots ㉡ \end{cases}$

㉠을 ㉡에 대입하면

$5x+2x+5=-9$, $7x=-14$, $x=-2$

$x=-2$를 ㉠에 대입하면

$y=-4+5=1$

③ $\begin{cases} x+3y=1 & \cdots\cdots ㉠ \\ x-3y=-5 & \cdots\cdots ㉡ \end{cases}$

㉠−㉡을 하면

$6y=6$, $y=1$

$y=1$을 ㉠에 대입하면

$x+3=1$, $x=-2$

④ $\begin{cases} 2x-y=-4 & \cdots\cdots ㉠ \\ 2x+3y=4 & \cdots\cdots ㉡ \end{cases}$

㉠−㉡을 하면

$-4y=-8$, $y=2$

$y=2$를 ㉠에 대입하면

$2x-2=-4$, $2x=-2$, $x=-1$

⑤ $\begin{cases} 4x+3y=-5 & \cdots\cdots ㉠ \\ 3x-y=-7 & \cdots\cdots ㉡ \end{cases}$

㉠+㉡×3을 하면

$13x=-26$, $x=-2$

$x=-2$를 ㉡에 대입하면

$-6-y=-7$, $y=1$

답 ④

10

$x=2$, $y=4$를 일차방정식에 각각 대입하면

$\begin{cases} 2a-4b=-2 & \cdots\cdots ㉠ \\ 4a+2b=26 & \cdots\cdots ㉡ \end{cases}$

㉠×2−㉡을 하면

$-10b=-30$, $b=3$

$b=3$을 ㉠에 대입하면

$2a-12=-2$, $2a=10$, $a=5$

따라서 $a+b=5+3=8$

답 ④

11

y의 값이 x의 값의 2배이므로 $y=2x$

$\begin{cases} 4x-y=-4 & \cdots\cdots ㉠ \\ y=2x & \cdots\cdots ㉡ \end{cases}$

㉡을 ㉠에 대입하면

$4x-2x=-4$, $2x=-4$, $x=-2$

$x=-2$를 ㉡에 대입하면

$y=2\times(-2)=-4$

$x=-2$, $y=-4$를 $x-5y=a+12$에 대입하면

$-2+20=a+12$

따라서 $a=6$

답 ⑤

12

x의 값이 y의 값보다 3만큼 크므로 $x=y+3$

$\begin{cases} 2x+3y=-4 & \cdots\cdots ㉠ \\ x=y+3 & \cdots\cdots ㉡ \end{cases}$

㉡을 ㉠에 대입하면

$2(y+3)+3y=-4$, $5y=-10$, $y=-2$

$y=-2$를 ㉡에 대입하면

$x=-2+3=1$

$x=1$, $y=-2$를 $ax+5y=-6$에 대입하면

$a-10=-6$

따라서 $a=4$

답 ④

13

$\begin{cases} 4x-5y=-7 & \cdots\cdots ㉠ \\ 2x-3y=-5 & \cdots\cdots ㉡ \end{cases}$

㉠$-$㉡$\times 2$를 하면 $y=3$

$y=3$을 ㉡에 대입하면

$2x-9=-5$, $2x=4$, $x=2$

$x=2$, $y=3$을 $3x-(a-2)y=-6$에 대입하면

$6-3(a-2)=-6$, $6-3a+6=-6$

$-3a=-18$

따라서 $a=6$

답 ②

14

$x=-3$을 $4x+5y=8$에 대입하면

$-12+5y=8$, $5y=20$, $y=4$

$3x+2y=-7$의 -7을 A로 놓고

$x=-3$, $y=4$를 $3x+2y=A$에 대입하면

$-9+8=A$, $A=-1$

따라서 -7을 -1로 잘못 보고 풀었다.

답 ⑤

15

아랫변의 길이를 x cm, 윗변의 길이를 y cm라고 하면

$\begin{cases} y=x-5 \\ \frac{1}{2}\times(x+y)\times 8=68 \end{cases}$

연립방정식을 풀면 $x=11$, $y=6$

따라서 사다리꼴의 아랫변의 길이는 11 cm이다.

답 ①

16

십의 자리의 숫자를 x, 일의 자리의 숫자를 y라고 하면

$\begin{cases} x+y=10 \\ 10y+x=2(10x+y)-1 \end{cases}$

연립방정식을 풀면 $x=3$, $y=7$

따라서 처음 수는 37이다.

답 ③

17

올라간 거리를 x km, 내려온 거리를 y km라고 하면

$\begin{cases} \frac{x}{2}+\frac{y}{3}=3 \\ x+y=7 \end{cases}$

연립방정식을 풀면 $x=4$, $y=3$

따라서 올라간 거리는 4 km이다.

답 ⑤

18

$x=-2$, $y=-3$을 $4x+ay=1$에 대입하면

$-8-3a=1$, $-3a=9$, $a=-3$

$x=b$, $y=5$를 $4x-3y=1$에 대입하면

$4b-15=1$, $4b=16$, $b=4$

따라서 $a+b=-3+4=1$

답 1

19

y의 값이 x의 값보다 5만큼 크므로 $y=x+5$

$0.4x+0.9y=0.6$의 양변에 10을 곱하면

$4x+9y=6$

$\begin{cases} 4x+9y=6 & \cdots\cdots ㉠ \\ y=x+5 & \cdots\cdots ㉡ \end{cases}$

㉡을 ㉠에 대입하면

$4x+9(x+5)=6$, $13x=-39$, $x=-3$

$x=-3$을 ㉡에 대입하면

$y=-3+5=2$

$x=-3$, $y=2$를 $\frac{2}{3}x+\frac{5}{2}y=k$에 대입하면

$-2+5=k$

따라서 $k=3$

답 3

20

a, b를 바꾸어 놓으면

$\begin{cases} bx+ay=16 \\ ax+by=-14 \end{cases}$

$x=2$, $y=-3$을 대입하면

$\begin{cases} -3a+2b=16 & \cdots\cdots ㉠ \\ 2a-3b=-14 & \cdots\cdots ㉡ \end{cases}$

㉠$\times 3+$㉡$\times 2$를 하면

$-5a=20$, $a=-4$

$a=-4$를 ㉠에 대입하면

$12+2b=16$, $2b=4$, $b=2$

처음 연립방정식은

$\begin{cases} -4x+2y=16 & \cdots\cdots ㉢ \\ 2x-4y=-14 & \cdots\cdots ㉣ \end{cases}$

㉢$+$㉣$\times 2$를 하면

$-6y=-12$, $y=2$

$y=2$를 ㉣에 대입하면

$2x-8=-14$, $2x=-6$, $x=-3$

따라서 처음 연립방정식의 해는 $x=-3$, $y=2$

답 $x=-3$, $y=2$

21

$\begin{cases} 3x-2y=-9 & \cdots\cdots ㉠ \\ 7x+4y=5 & \cdots\cdots ㉡ \end{cases}$

㉠$\times 2+$㉡을 하면

$13x=-13$, $x=-1$

$x=-1$을 ㉠에 대입하면

$-3-2y=-9$, $-2y=-6$, $y=3$

$x=-1$, $y=3$을 $ax-3y=-11$에 대입하면

$-a-9=-11$, $-a=-2$, $a=2$

$x=-1$, $y=3$을 $3x+by=9$에 대입하면

$-3+3b=9$, $3b=12$, $b=4$

따라서 $a+b=2+4=6$

답 6

22

현재 이모의 나이를 x살, 조카의 나이를 y살이라고 하면

$\begin{cases} x=2y \\ x-14=4(y-14) \end{cases}$

연립방정식을 풀면 $x=42$, $y=21$

따라서 이모와 조카의 나이의 합은

$42+21=63$(살)

답 63살

23

$x=b$, $y=2$를 $2x+3y=-2$에 대입하면

$2b+6=-2$, $2b=-8$

$b=-4$ … 1단계

$x=-4$, $y=2$를 $ax+5y=-2$에 대입하면

$-4a+10=-2$, $-4a=-12$

$a=3$ … 2단계

따라서 $a-b=3-(-4)=7$ … 3단계

답 7

단계	채점 기준	비율
1단계	b의 값을 구한 경우	40 %
2단계	a의 값을 구한 경우	40 %
3단계	$a-b$의 값을 구한 경우	20 %

24

자전거를 타고 간 거리를 x km, 걸어간 거리를 y km라고 하면

$\begin{cases} x+y=10 \\ \frac{x}{15}+\frac{y}{3}=2 \end{cases}$ … 1단계

연립방정식을 풀면 $x=5$, $y=5$ … 2단계

따라서 은규가 걸어간 거리는 5 km이다. … 3단계

답 5 km

단계	채점 기준	비율
1단계	연립방정식을 세운 경우	40 %
2단계	연립방정식을 푼 경우	40 %
3단계	은규가 걸어간 거리를 구한 경우	20 %

25

입장한 어른의 수를 x명, 어린이의 수를 y명이라고 하면

$\begin{cases} x+y=15 \\ 2000x+1200y=25200 \end{cases}$ … 1단계

연립방정식을 풀면 $x=9$, $y=6$ … 2단계

따라서 입장한 어른의 수는 9명이다. … 3단계

답 9명

단계	채점 기준	비율
1단계	연립방정식을 세운 경우	40 %
2단계	연립방정식을 푼 경우	40 %
3단계	입장한 어른의 수를 구한 경우	20 %

Ⅲ. 함수

Ⅲ-1 일차함수와 그래프

본문 20~23쪽

01 ③	02 ⑤	03 ③	04 ④	05 ②	06 ②	07 ③
08 ④	09 ②	10 ③	11 ④	12 ④	13 ②	14 ①
15 ⑤	16 ④	17 ⑤	18 6	19 4	20 24	21 9
22 3	23 -5	24 $\frac{41}{2}$	25 16초 후			

01

③ x의 값이 2일 때, y의 값은 1, 3, 5, 7, …이므로 y는 x의 함수가 아니다.

답 ③

02

$f(3)=\frac{4}{5}\times3-2=\frac{2}{5}$, $f(-1)=\frac{4}{5}\times(-1)-2=-\frac{14}{5}$이므로

$2f(3)+f(-1)=2\times\frac{2}{5}+\left(-\frac{14}{5}\right)=-2$

답 ⑤

03

① $y=-\frac{1}{2}x$에서 $-\frac{1}{2}x$는 일차식이므로 일차함수이다.

② $y=\frac{1}{2}x+\frac{3}{4}$에서 $\frac{1}{2}x+\frac{3}{4}$은 일차식이므로 일차함수이다.

③ $y=\frac{2}{x}$에서 $\frac{2}{x}$는 다항식이 아니다. 즉, 일차식이 아니므로 일차함수가 아니다.

④ $y=x$에서 x는 일차식이므로 일차함수이다.

⑤ $y=3x-6$에서 $3x-6$은 일차식이므로 일차함수이다.

답 ③

04

$y=-\frac{x}{2}-5$에 주어진 점의 좌표를 대입해 본다.

① $x=-4$를 대입하면 $y=-\frac{-4}{2}-5=-3$

② $x=-2$를 대입하면 $y=-\frac{-2}{2}-5=-4$

③ $x=0$을 대입하면 $y=-\frac{0}{2}-5=-5$

④ $x=2$를 대입하면 $y=-\frac{2}{2}-5=-6$

⑤ $x=4$를 대입하면 $y=-\frac{4}{2}-5=-7$

따라서 그래프 위의 점은 ④ $(2,\ -6)$이다.

답 ④

05

$y=-\frac{7}{2}x+4$에 $x=2$, $y=p$를 대입하면

$p=-\frac{7}{2}\times2+4=-3$

$y=ax-a+1$에 $x=2$, $y=-3$을 대입하면

$-3=a\times2-a+1$, $a=-4$

따라서 $ap=(-4)\times(-3)=12$

답 ②

06

직선을 그래프로 하는 일차함수의 식은 $y=-\frac{2}{3}x$

이 그래프를 y축의 방향으로 -4만큼 평행이동하면

$y=-\frac{2}{3}x-4$

답 ②

07

$y=-\frac{4}{5}x-4$의 그래프를 y축의 방향으로 5만큼 평행이동하면

$y=-\frac{4}{5}x-4+5$, $y=-\frac{4}{5}x+1$

이 식에 $x=a$, $y=-11$을 대입하면

$-11=-\frac{4}{5}\times a+1$, $\frac{4}{5}a=12$

따라서 $a=15$

답 ③

08

$y=-\frac{4}{3}x+12$에

$y=0$을 대입하면 $0=-\frac{4}{3}x+12$, $x=9$, 즉 $m=9$

$x=0$을 대입하면 $y=-\frac{4}{3}\times0+12$, $y=12$, 즉 $n=12$

따라서 $m+n=9+12=21$

답 ④

09

(기울기)$=\frac{k-(-7)}{2}=\frac{k+7}{2}$

$\frac{k+7}{2}=\frac{3}{2}$, $k+7=3$

따라서 $k=-4$

답 ②

10
기울기가 $-\frac{3}{2}$이고 y절편이 -3인 직선을 그래프로 하는 일차함수의 식은 $y=-\frac{3}{2}x-3$

답 ③

11
일차함수 $y=ax-b$의 그래프에서

(기울기)$=\frac{0-4}{2-0}=-2$이므로 $a=-2$

(y절편)$=4$이므로 $-b=4$, $b=-4$

$y=-4x-2$에서

$y=0$을 대입하면 $0=-4x-2$, $x=-\frac{1}{2}$, 즉 x절편은 $-\frac{1}{2}$

$x=0$을 대입하면 $y=-4\times0-2=-2$, 즉 y절편은 -2

따라서 이를 만족시키는 그래프는 ④이다.

답 ④

12
④ (기울기)$=\frac{7}{2}>0$, (y절편)$=14>0$이므로 일차함수 $y=\frac{7}{2}x+14$의 그래프는 제1, 2, 3사분면을 지난다.
즉, 제4사분면을 지나지 않는다.

답 ④

13
$ab>0$, $a+b<0$이므로 $a<0$, $b<0$

일차함수 $y=-ax+b$의 그래프에서

(기울기)$=-a>0$, (y절편)$=b<0$이므로

제1, 3, 4사분면을 지난다.

따라서 제2사분면을 지나지 않는다.

답 ②

14
두 그래프가 평행하면 기울기는 같고, y절편은 다르므로

$2a-4=-2$, $2a=2$, $a=1$

$-\frac{1}{2}\neq\frac{b}{4}$, $b\neq-2$

답 ①

15
두 점 $(-1, 5)$, $(3, -7)$을 지나는 직선의 기울기는

$\frac{-7-5}{3-(-1)}=-3$이므로

구하는 일차함수의 식을 $y=-3x+b$라고 놓자.

이 식에 $x=-1$, $y=5$를 대입하면

$5=-3\times(-1)+b$, $b=2$

즉, 일차함수의 식은 $y=-3x+2$

$y=0$을 대입하면 $0=-3x+2$, $x=\frac{2}{3}$, 즉 $m=\frac{2}{3}$

$x=0$을 대입하면 $y=-3\times0+2=2$, 즉 $n=2$

따라서 $6mn=6\times\frac{2}{3}\times2=8$

답 ⑤

16
양초의 길이가 매분마다 $\frac{4}{20}=\frac{1}{5}$(cm)씩 짧아지므로 기울기는 $-\frac{1}{5}$이다.

즉, 구하는 일차함수의 식은 $y=-\frac{1}{5}x+25$이므로

$a=-\frac{1}{5}$, $b=25$

따라서 $ab=\left(-\frac{1}{5}\right)\times25=-5$

답 ④

17
두 점 $(2, 30)$, $(6, 50)$을 지나는 직선의 기울기는

$\frac{50-30}{6-2}=5$이므로

구하는 일차함수의 식을 $y=5x+b$라고 놓자.

이 식에 $x=2$, $y=30$을 대입하면

$30=5\times2+b$, $b=20$

즉, 일차함수의 식은 $y=5x+20$

이 식에 $x=10$을 대입하면

$y=5\times10+20=70$

따라서 물을 끓이기 시작한 지 10분 후의 물의 온도는 70 ℃이다.

답 ⑤

18
$f(1)=a\times1+2=7$, $a=5$

즉, $f(x)=5x+2$

$f(-1)=5\times(-1)+2=-3$

$f(2)=5\times2+2=12$

따라서 $2f(-1)+f(2)=2\times(-3)+12=6$

답 6

19

$y=-\frac{4}{5}x+11$의 그래프를 y축의 방향으로 5만큼 평행이동하면

$y=-\frac{4}{5}x+11+5$, $y=-\frac{4}{5}x+16$

$y=0$을 대입하면 $0=-\frac{4}{5}x+16$, $x=20$, 즉 $a=20$

$x=0$을 대입하면 $y=-\frac{4}{5}\times0+16=16$, 즉 $b=16$

따라서 $a-b=20-16=4$

답 4

20

$y=-x+4$의 그래프의 x절편은 4, y절편은 4이고

$y=2x-8$의 그래프의 x절편은 4, y절편은 -8이므로

두 일차함수의 그래프는 다음 그림과 같다.

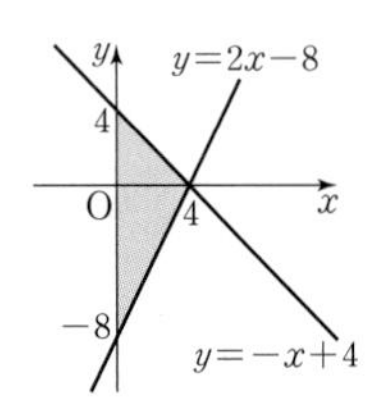

따라서 구하는 도형의 넓이는

$\frac{1}{2}\times12\times4=24$

답 24

21

두 점 $(-3, 1)$, $(3, -7)$을 지나는 직선의 기울기는

$\frac{-7-1}{3-(-3)}=-\frac{4}{3}$이므로

구하는 일차함수의 식을 $y=-\frac{4}{3}x+b$라고 놓자.

이 식에 $x=3$, $y=-7$을 대입하면

$-7=-\frac{4}{3}\times3+b$, $b=-3$

즉, 일차함수의 식은 $y=-\frac{4}{3}x-3$

$y=-\frac{4}{3}x-3$의 그래프를 y축의 방향으로 k만큼 평행이동하면

$y=-\frac{4}{3}x-3+k$

이 식에 $x=6$, $y=-2$를 대입하면

$-2=-\frac{4}{3}\times6-3+k$

따라서 $k=9$

답 9

22

$2a+5=b$, $b=a-2b$이므로

$\begin{cases}2a-b=-5\\a=3b\end{cases}$

연립하여 풀면 $a=-3$, $b=-1$

따라서 $ab=(-3)\times(-1)=3$

답 3

23

$f(0)=a\times0-2b=8$이므로 $b=-4$ … 1단계

즉, $f(x)=ax+8$

$f(-4)=a\times(-4)+8=12$, $a=-1$ … 2단계

따라서 $a+b=-1+(-4)=-5$ … 3단계

답 -5

단계	채점 기준	비율
1단계	b의 값을 구한 경우	40 %
2단계	a의 값을 구한 경우	40 %
3단계	$a+b$의 값을 구한 경우	20 %

24

$y=-x+3$에

$y=0$을 대입하면 $0=-x+3$, $x=3$, 즉 x절편은 3

$x=0$을 대입하면 $y=-0+3=3$, 즉 y절편은 3 … 1단계

$y=-\frac{1}{2}x+5$에

$y=0$을 대입하면 $0=-\frac{1}{2}x+5$, $x=10$, 즉 x절편은 10

$x=0$을 대입하면 $y=-\frac{1}{2}\times0+5=5$, 즉 y절편은 5 … 2단계

두 일차함수의 그래프는 다음 그림과 같다.

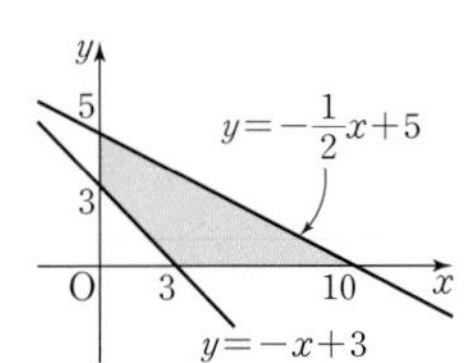

따라서 구하는 도형의 넓이는

$\frac{1}{2}\times10\times5-\frac{1}{2}\times3\times3=\frac{41}{2}$ … 3단계

답 $\frac{41}{2}$

단계	채점 기준	비율
1단계	$y=-x+3$의 그래프의 x절편, y절편을 각각 구한 경우	30 %
2단계	$y=-\frac{1}{2}x+5$의 그래프의 x절편, y절편을 각각 구한 경우	30 %
3단계	도형의 넓이를 구한 경우	40 %

25

점 B를 출발하여 점 C까지 $\overline{BC}$를 따라 1초에 $\frac{1}{4}$ cm씩 움직이므로

x초 후의 $\overline{BP}$의 길이는 $\frac{1}{4}x$ cm

삼각형 ABP의 넓이는 $\frac{1}{2}\times\frac{1}{4}x\times8=x(\text{cm}^2)$ … 1단계

삼각형 DCP의 넓이는

$\frac{1}{2}\times\left(12-\frac{1}{4}x\right)\times4=-\frac{1}{2}x+24(\text{cm}^2)$이므로 … 2단계

$y=x+\left(-\frac{1}{2}x+24\right)$, $y=\frac{1}{2}x+24$ … 3단계

이 식에 $y=32$를 대입하면

$32=\frac{1}{2}x+24$, $\frac{1}{2}x=8$, $x=16$

따라서 점 P가 점 B를 출발한 지 16초 후이다. … 4단계

답 16초 후

단계	채점 기준	비율
1단계	삼각형 ABP의 넓이를 구한 경우	20 %
2단계	삼각형 DCP의 넓이를 구한 경우	20 %
3단계	x와 y 사이의 관계식을 구한 경우	30 %
4단계	점 P가 점 B를 출발한 지 몇 초 후에 두 직각삼각형의 넓이의 합이 32 cm²가 되는지 구한 경우	30 %

Ⅲ-2 일차함수와 일차방정식의 관계 본문 24~27쪽

01 ④ **02** ②, ④ **03** ① **04** ② **05** ⑤ **06** ④
07 ② **08** ③ **09** ④ **10** ② **11** ③ **12** ⑤ **13** ⑤
14 ③ **15** ④ **16** ④ **17** ④ **18** 4 **19** 제2, 3, 4사분면
20 -2 **21** 3 **22** $a=6$, $b\neq-8$ **23** 21 **24** -15
25 48

01

$12x-4y-8=0$에서 $4y=12x-8$

따라서 $y=3x-2$

답 ④

02

$6x+2y-8=0$에서 $y=-3x+4$

① y절편은 4이다.

③ 기울기가 -3이므로 x의 값이 2만큼 증가하면 y의 값은 -6만큼 증가한다.

⑤ $y=-3x$의 그래프를 y축의 방향으로 4만큼 평행이동한 것이다.

답 ②, ④

03

$ax+by-3=0$에서 $y=-\frac{a}{b}x+\frac{3}{b}$

$(y\text{절편})=\frac{3}{b}=\frac{3}{4}$, $b=4$

$y=-\frac{a}{4}x+\frac{3}{4}$의 그래프의 x절편이 1이므로

$y=-\frac{a}{4}x+\frac{3}{4}$에 $x=1$, $y=0$을 대입하면

$0=-\frac{a}{4}\times1+\frac{3}{4}$, $a=3$

따라서 $2a+b=2\times3+4=10$

답 ①

04

점 (a, b)가 제4사분면 위의 점이므로

$a>0$, $b<0$

$3x-ay+b=0$, $y=\frac{3}{a}x+\frac{b}{a}$의 그래프에서

$(\text{기울기})=\frac{3}{a}>0$, $(y\text{절편})=\frac{b}{a}<0$이므로

제1, 3, 4사분면을 지난다.

따라서 제2사분면을 지나지 않는다.

답 ②

05

$-ax+by+c=0$, $y=\frac{a}{b}x-\frac{c}{b}$의 그래프에서

$(\text{기울기})=\frac{a}{b}>0$, $ab>0$

$(y\text{절편})=-\frac{c}{b}<0$, $bc>0$

즉, a와 b의 부호가 같고, b와 c의 부호가 같다.

따라서 a, b, c의 부호가 같으므로 보기 중 될 수 있는 것은 ⑤ $a<0$, $b<0$, $c<0$이다.

답 ⑤

06

$x=-3$의 그래프와 수직인 그래프는 x축에 평행하고,

점 $(2, 5)$를 지나므로 $y=5$이다.

따라서 $3y-15=0$

답 ④

실전책

07

x축에 평행한 직선의 y좌표는 같으므로

$9-4a=-3$, $-4a=-12$

따라서 $a=3$

답 ②

08

주어진 직선의 방정식은 $x=4$이므로

$-3x+12=0$

따라서 $a=-3$, $b=0$이므로

$b-2a=0-2\times(-3)=6$

답 ③

09

주어진 그래프의 방정식은 $y=p$ $(p<0)$의 꼴이고,

$ax+by+c=0$, $y=-\frac{a}{b}x-\frac{c}{b}$이므로

$a=0$이고,

$-\frac{c}{b}<0$, $\frac{c}{b}>0$, 즉 b와 c의 부호는 같다.

$bx-cy-a=0$, $y=\frac{b}{c}x-\frac{a}{c}$에서

$\frac{b}{c}>0$, $\frac{a}{c}=0$이므로 일차방정식 $bx-cy-a=0$의 그래프는 ④와 같다.

답 ④

10

두 일차방정식 $x=-3$, $y=\frac{p}{2}$의 그래프는 다음 그림과 같으므로

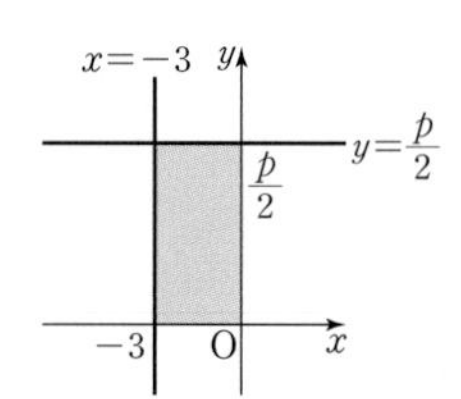

$3\times\frac{p}{2}=18$, $p=12$

답 ②

11

연립방정식 $\begin{cases}3x-y=3\\x+y=5\end{cases}$의 해가 $x=2$, $y=3$이므로

교점의 좌표는 $(2, 3)$이다.

따라서 $a=2$, $b=3$이므로

$2a+b=2\times2+3=7$

답 ③

12

$ax-y=6$에 $x=-2$, $y=4$를 대입하면

$a\times(-2)-4=6$

$a=-5$

$3x+by=-2$에 $x=-2$, $y=4$를 대입하면

$3\times(-2)+b\times4=-2$

$b=1$

따라서 $b-a=1-(-5)=6$

답 ⑤

13

$6x+5y-18=0$에 $y=0$을 대입하면

$6x+5\times0-18=0$, $x=3$

즉, x절편은 3

$2x-y+10=0$에 $y=0$을 대입하면

$2x-0+10=0$, $x=-5$

즉, x절편은 -5

연립방정식 $\begin{cases}6x+5y-18=0\\2x-y+10=0\end{cases}$의 해는 $x=-2$, $y=6$이므로

교점의 좌표는 $(-2, 6)$이다.

두 일차방정식의 그래프는 다음 그림과 같다.

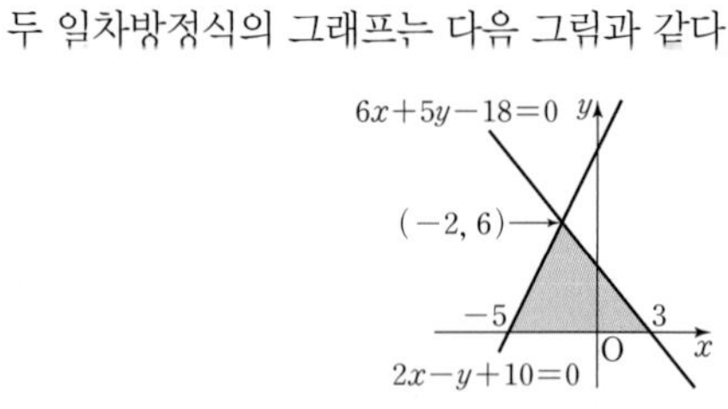

따라서 구하는 도형의 넓이는

$\frac{1}{2}\times8\times6=24$

답 ⑤

14

연립방정식 $\begin{cases}x-2y=-7\\2x-y=1\end{cases}$의 해가 $x=3$, $y=5$이므로

$ax-2y=5$에 $x=3$, $y=5$를 대입하면

$a\times3-2\times5=5$, $3a=15$

따라서 $a=5$

답 ③

15

연립방정식 $\begin{cases}x-y-6=0\\x-3y-12=0\end{cases}$의 해가 $x=3$, $y=-3$이므로

교점의 좌표는 $(3, -3)$이다.

한편, $4x-3y-2=0$, $y=\frac{4}{3}x-\frac{2}{3}$에서 기울기는 $\frac{4}{3}$이므로

구하는 일차함수의 식을 $y=\frac{4}{3}x+b$라고 놓자.

$y=\frac{4}{3}x+b$에 $x=3$, $y=-3$을 대입하면

$-3=\frac{4}{3}\times3+b$, $b=-7$

즉, 일차함수의 식이 $y=\frac{4}{3}x-7$이므로

$a=\frac{4}{3}$, $b=-7$

따라서 $6a-b=6\times\frac{4}{3}-(-7)=15$

답 ④

16

① $\begin{cases} y=-2x+4 \\ y=2x+4 \end{cases}$ 에서 기울기가 다르므로 해가 한 쌍이다.

② $\begin{cases} y=\frac{2}{3}x-\frac{1}{3} \\ y=\frac{2}{3}x-\frac{1}{6} \end{cases}$ 에서 기울기는 같지만 y절편이 다르므로 해가 없다.

③ $\begin{cases} y=\frac{1}{2}x-1 \\ y=-\frac{1}{2}x+\frac{1}{3} \end{cases}$ 에서 기울기가 다르므로 해가 한 쌍이다.

④ $\begin{cases} y=\frac{3}{2}x-2 \\ y=\frac{3}{2}x-2 \end{cases}$ 에서 기울기와 y절편이 모두 같으므로 해가 무수히 많다.

⑤ $\begin{cases} y=\frac{1}{2}x+\frac{1}{3} \\ y=\frac{1}{2}x+\frac{1}{2} \end{cases}$ 에서 기울기는 같지만 y절편이 다르므로 해가 없다.

답 ④

17

연립방정식 $\begin{cases} 3x-ay=1 \\ -6x+2y=-3 \end{cases}$ 에서 $\begin{cases} y=\frac{3}{a}x-\frac{1}{a} \\ y=3x-\frac{3}{2} \end{cases}$

해가 없으므로

$\frac{3}{a}=3$, $a=1$

한편, $a=1$이면 두 일차방정식의 그래프의 y절편은

$-\frac{1}{a}=-1\neq-\frac{3}{2}$이므로

$a=1$일 때, 두 일차방정식의 그래프는 평행하다.

답 ④

18

$-12x+6y+3=0$에서 $y=2x-\frac{1}{2}$

따라서 $a=2$, $b=-\frac{1}{2}$이므로

$a-4b=2-4\times\left(-\frac{1}{2}\right)=4$

답 4

19

$y=abx+a$의 그래프에서

(기울기)$=ab<0$, (y절편)$=a>0$이므로

$a>0$, $b<0$

한편, $(-a+b)x-y+b=0$, $y=(-a+b)x+b$의 그래프에서

(기울기)$=-a+b<0$, (y절편)$=b<0$이므로

제2, 3, 4사분면을 지난다.

답 제2, 3, 4사분면

20

두 점 $(-4, 1)$, $(-4, -2)$를 지나는 직선의 방정식은

$x=-4$, $-\frac{1}{2}x-2=0$이므로

$a=-\frac{1}{2}$, $b=0$

따라서 $4a+3b=4\times\left(-\frac{1}{2}\right)+3\times0=-2$

답 -2

21

$2x-3ay-14=0$에 $x=-2$, $y=3$을 대입하면

$2\times(-2)-3a\times3-14=0$, $a=-2$

$-2x-by-1=0$에 $x=-2$, $y=3$을 대입하면

$-2\times(-2)-b\times3-1=0$, $b=1$

따라서 $b-a=1-(-2)=3$

답 3

22

두 점 $(-3, -1)$, $(2, 2)$를 지나는 직선을 그래프로 하는 일차함수의 식은 $y=\frac{3}{5}x+\frac{4}{5}$이고,

$ax-10y-b=0$에서 $y=\frac{a}{10}x-\frac{b}{10}$

동시에 만족시키는 해가 없으므로 두 일차함수의 그래프는 서로 평행하다. 즉,

$\frac{a}{10}=\frac{3}{5}$, $a=6$

$-\frac{b}{10}\neq\frac{4}{5}$, $b\neq-8$

따라서 $a=6$, $b\neq-8$

답 $a=6$, $b\neq-8$

23

$ax-6y+b=0$, $y=\frac{a}{6}x+\frac{b}{6}$의 그래프가

$y=-\frac{5}{2}x-3$의 그래프와 평행하므로

$\frac{a}{6}=-\frac{5}{2}$, $a=-15$ … 1단계

$y=-\frac{4}{3}x+\frac{1}{2}$의 그래프와 y축에서 만나므로

$\frac{b}{6}=\frac{1}{2}$, $b=3$ … 2단계

따라서 $2b-a=2\times3-(-15)=21$ … 3단계

답 21

단계	채점 기준	비율
1단계	a의 값을 구한 경우	40 %
2단계	b의 값을 구한 경우	40 %
3단계	$2b-a$의 값을 구한 경우	20 %

24

두 점 $(0, -3)$, $(2, 1)$을 지나는 직선의 기울기는

$\frac{1-(-3)}{2-0}=2$이고, y절편은 -3이므로

일차함수의 식은 $y=2x-3$ … 1단계

$y=2x-3$의 그래프를 y축의 방향으로 -6만큼 평행이동하면

$y=2x-3-6$, $y=2x-9$ … 2단계

한편, $ax-3y+b=0$, $y=\frac{a}{3}x+\frac{b}{3}$이므로

$\frac{a}{3}=2$, $a=6$

$\frac{b}{3}=-9$, $b=-27$ … 3단계

따라서 $2a+b=2\times6+(-27)=-15$ … 4단계

답 -15

단계	채점 기준	비율
1단계	두 점 $(0, -3)$, $(2, 1)$을 지나는 직선을 그래프로 하는 일차함수의 식을 구한 경우	40 %
2단계	y축의 방향으로 -6만큼 평행이동한 직선을 그래프로 하는 일차함수의 식을 구한 경우	20 %
3단계	a, b의 값을 각각 구한 경우	30 %
4단계	$2a+b$의 값을 구한 경우	10 %

25

연립방정식 $\begin{cases} x-y+6=0 \\ 2x+y-24=0 \end{cases}$의 해는

$x=6$, $y=12$이므로

두 직선 $x-y+6=0$, $2x+y-24=0$의 교점은 $(6, 12)$ … 1단계

연립방정식 $\begin{cases} x-y+6=0 \\ 2y-8=0 \end{cases}$의 해는

$x=-2$, $y=4$이므로

두 직선 $x-y+6=0$, $2y-8=0$의 교점은 $(-2, 4)$ … 2단계

연립방정식 $\begin{cases} 2x+y-24=0 \\ 2y-8=0 \end{cases}$의 해는

$x=10$, $y=4$이므로

두 직선 $2x+y-24=0$, $2y-8=0$의 교점은 $(10, 4)$ … 3단계

세 직선의 그래프는 다음 그림과 같다.

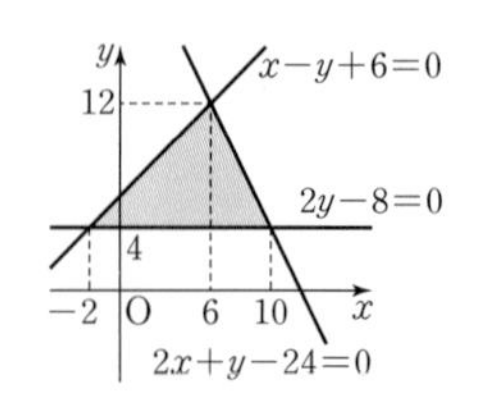

따라서 구하는 삼각형의 넓이는

$\frac{1}{2}\times12\times8=48$ … 4단계

답 48

단계	채점 기준	비율
1단계	두 직선 $x-y+6=0$, $2x+y-24=0$의 교점의 좌표를 구한 경우	30 %
2단계	두 직선 $x-y+6=0$, $2y-8=0$의 교점의 좌표를 구한 경우	20 %
3단계	두 직선 $2x+y-24=0$, $2y-8=0$의 교점의 좌표를 구한 경우	20 %
4단계	삼각형의 넓이를 구한 경우	30 %

중단원 서술형 대비

I. 수와 식의 계산

I-1 유리수와 순환소수 본문 28~31쪽

01 풀이 참조 **02** 풀이 참조 **03** 풀이 참조
04 풀이 참조 **05** 8 **06** 5 **07** 3, 6, 9 **08** 126
09 7개 **10** 3, 6, 9 **11** 4개 **12** 17 **13** 23 **14** $0.\dot{1}\dot{8}$
15 $0.\dot{2}$ **16** 99 **17** $a=3$, $b=75$ **18** 117 **19** 91 **20** 15
21 66 **22** $0.1\dot{5}$

01

$0.\dot{2}\dot{4}$의 순환마디의 숫자의 개수가 2개이고,
$20=2\times10$이므로 소수점 아래 20번째 자리의 숫자는 4이다.
즉, $a=4$ … 1단계
$0.\dot{6}1\dot{5}$의 순환마디의 숫자의 개수가 3개이고,
$20=3\times6+\boxed{2}$이므로 소수점 아래 20번째 자리의 숫자는 $\boxed{1}$이다.
즉, $b=\boxed{1}$ … 2단계
따라서 $a+b=4+\boxed{1}=\boxed{5}$ … 3단계

답 풀이 참조

단계	채점 기준	비율
1단계	a의 값을 구한 경우	40 %
2단계	b의 값을 구한 경우	40 %
3단계	$a+b$의 값을 구한 경우	20 %

02

$\frac{x}{350}=\frac{x}{2\times5^2\times7}$이므로 x는 $\boxed{7}$의 배수이다. … 1단계
따라서 가장 작은 두 자리의 자연수 x의 값은 $\boxed{14}$이다. … 2단계

답 풀이 참조

단계	채점 기준	비율
1단계	x가 7의 배수임을 구한 경우	60 %
2단계	가장 작은 두 자리의 자연수 x의 값을 구한 경우	40 %

03

$0.5\dot{2}$를 x라고 하면
$x=0.5222\cdots$ …… ㉠
㉠의 양변에 $\boxed{100}$을 곱하면
$\boxed{100}x=52.222\cdots$ …… ㉡ … 1단계
㉠의 양변에 $\boxed{10}$을 곱하면
$10x=\boxed{5.222\cdots}$ …… ㉢ … 2단계
㉡−㉢을 하면
$\boxed{90}x=\boxed{47}$
$x=\boxed{\frac{47}{90}}$
따라서 $0.5\dot{2}=\boxed{\frac{47}{90}}$ … 3단계

답 풀이 참조

단계	채점 기준	비율
1단계	$100x$의 값을 구한 경우	40 %
2단계	$10x$의 값을 구한 경우	40 %
3단계	$0.5\dot{2}$를 분수로 나타낸 경우	20 %

04

$0.\dot{2}=\frac{2}{9}$이므로 $a=\frac{\boxed{9}}{2}$ … 1단계
$1.\dot{3}=\frac{12}{9}=\frac{4}{3}$이므로 $b=\frac{\boxed{3}}{4}$ … 2단계
따라서 $\frac{a}{b}=a\times\frac{1}{b}=\frac{\boxed{9}}{2}\times\frac{\boxed{4}}{3}=\boxed{6}$ … 3단계

답 풀이 참조

단계	채점 기준	비율
1단계	a의 값을 구한 경우	40 %
2단계	b의 값을 구한 경우	40 %
3단계	$\frac{a}{b}$의 값을 구한 경우	20 %

05

$\frac{4}{7}=0.\dot{5}7142\dot{8}$에서 순환마디는 571428이므로 $a=6$ … 1단계
$\frac{9}{11}=0.\dot{8}\dot{1}$에서 순환마디는 81이므로 $b=2$ … 2단계
따라서 $a+b=6+2=8$ … 3단계

답 8

단계	채점 기준	비율
1단계	a의 값을 구한 경우	40 %
2단계	b의 값을 구한 경우	40 %
3단계	$a+b$의 값을 구한 경우	20 %

06

$\frac{10}{7}=1.\dot{4}2857\dot{1}$ … 1단계
순환마디의 숫자의 개수가 6개이고, $100=6\times16+4$이므로 소수점 아래 100번째 자리의 숫자는 5이다. … 2단계

답 5

단계	채점 기준	비율
1단계	$\frac{10}{7}$을 순환소수로 나타낸 경우	40 %
2단계	소수점 아래 100번째 자리의 숫자를 구한 경우	60 %

07

$\frac{7}{60}=\frac{7}{2^2\times3\times5}$이므로 a는 3의 배수이다. … 1단계

따라서 구하는 a의 값은 3, 6, 9이다. … 2단계

답 3, 6, 9

단계	채점 기준	비율
1단계	a가 3의 배수임을 구한 경우	60 %
2단계	a의 값을 모두 구한 경우	40 %

08

(가)에서 $\frac{x}{3\times5^3\times7}$가 유한소수로 나타내어지려면 x는 21의 배수이어야 한다. … 1단계

(나)에서 x는 2의 배수이면서 21의 배수이므로 x는 42의 배수이고, 두 자리의 자연수이므로 구하는 x는 42, 84이다. … 2단계

따라서 구하는 합은 $42+84=126$ … 3단계

답 126

단계	채점 기준	비율
1단계	x는 21의 배수임을 구한 경우	40 %
2단계	x의 값을 모두 구한 경우	40 %
3단계	모든 x의 값의 합을 구한 경우	20 %

09

$\frac{72}{75\times a}=\frac{24}{25\times a}=\frac{2^3\times3}{5^2\times a}$ … 1단계

a의 값이 될 수 있는 한 자리의 자연수는

1, 2, 3, 4, 5, 6, 8 … 2단계

따라서 구하는 a의 값의 개수는 7개이다. … 3단계

답 7개

단계	채점 기준	비율
1단계	$\frac{72}{75\times a}$를 기약분수로 나타낸 후 분모를 소인수분해한 경우	40 %
2단계	a의 값을 구한 경우	40 %
3단계	a의 값의 개수를 구한 경우	20 %

10

$\frac{42}{2^2\times3\times a}=\frac{7}{2\times a}$ … 1단계

따라서 a의 값이 될 수 있는 10 이하의 자연수는 3, 6, 9이다. … 2단계

답 3, 6, 9

단계	채점 기준	비율
1단계	$\frac{42}{2^2\times3\times a}$를 기약분수로 나타낸 경우	50 %
2단계	a의 값을 모두 구한 경우	50 %

11

$\frac{1}{6}=\frac{5}{30}$, $\frac{3}{5}=\frac{18}{30}$ … 1단계

$30=2\times3\times5$이므로 분자가 3의 배수이면 유한소수로 나타낼 수 있다. … 2단계

5와 18 사이에 있는 수 중에서 3의 배수는 6, 9, 12, 15이다.

따라서 구하는 분수의 개수는 4개이다. … 3단계

답 4개

단계	채점 기준	비율
1단계	$\frac{1}{6}$과 $\frac{3}{5}$의 분모를 30으로 통분한 경우	40 %
2단계	유한소수로 나타낼 수 있는 분자가 3의 배수임을 구한 경우	40 %
3단계	유한소수가 되는 분수의 개수를 구한 경우	20 %

12

$0.28333\cdots=0.28\dot{3}$ … 1단계

$0.28\dot{3}=\frac{283-28}{900}=\frac{255}{900}=\frac{17}{60}$ … 2단계

$\frac{a}{60}=\frac{17}{60}$에서 $a=17$ … 3단계

답 17

단계	채점 기준	비율
1단계	$0.28333\cdots=0.28\dot{3}$으로 나타낸 경우	30 %
2단계	$0.28\dot{3}$을 기약분수로 나타낸 경우	60 %
3단계	a의 값을 구한 경우	10 %

13

$0.5+0.03+0.003+0.0003+\cdots=0.5333\cdots$

$=0.5\dot{3}$ … 1단계

$0.5\dot{3}=\frac{53-5}{90}=\frac{48}{90}=\frac{8}{15}$ … 2단계

따라서 $a=8$, $b=15$이므로

$a+b=8+15=23$ … 3단계

답 23

단계	채점 기준	비율
1단계	주어진 수를 순환소수 $0.5\dot{3}$으로 나타낸 경우	30 %
2단계	$0.5\dot{3}$을 기약분수로 나타낸 경우	50 %
3단계	$a+b$의 값을 구한 경우	20 %

14

$0.\dot{3}\dot{6}=\frac{36}{99}=\frac{4}{11}$이므로 $a=4$ … 1단계

$0.3\dot{1}\dot{8}=\frac{318-3}{990}=\frac{315}{990}=\frac{7}{22}$이므로 $b=22$ … 2단계

따라서 $\frac{a}{b}=\frac{4}{22}=0.\dot{1}\dot{8}$ … 3단계

답 $0.\dot{1}\dot{8}$

단계	채점 기준	비율
1단계	a의 값을 구한 경우	40 %
2단계	b의 값을 구한 경우	40 %
3단계	$\frac{a}{b}$를 순환소수로 나타낸 경우	20 %

15

어떤 수를 x라고 하면

$0.3x=0.2$

$x=\frac{2}{3}$ … 1단계

따라서 옳게 계산한 값은

$0.\dot{3}\times x=\frac{3}{9}\times\frac{2}{3}=\frac{2}{9}=0.\dot{2}$ … 2단계

답 $0.\dot{2}$

단계	채점 기준	비율
1단계	어떤 수를 구한 경우	40 %
2단계	옳게 계산한 값을 순환소수로 나타낸 경우	60 %

16

$0.3\dot{2}\dot{7}=\frac{327-3}{990}=\frac{324}{990}=\frac{18}{55}=\frac{18}{5\times11}$이므로

a는 11의 배수 … 1단계

$0.2\dot{6}=\frac{26-2}{90}=\frac{24}{90}=\frac{4}{15}=\frac{4}{3\times5}$이므로

a는 3의 배수 … 2단계

즉, a는 11의 배수이고 3의 배수이므로 33의 배수이다.

따라서 구하는 가장 큰 두 자리의 자연수 a의 값은 99이다.

… 3단계

답 99

단계	채점 기준	비율
1단계	a는 11의 배수임을 구한 경우	30 %
2단계	a는 3의 배수임을 구한 경우	30 %
3단계	가장 큰 두 자리의 자연수 a의 값을 구한 경우	40 %

17

$\frac{12}{160}=\frac{3}{40}=\frac{3}{2^3\times5}$ … 1단계

$\frac{3}{2^3\times5}=\frac{3\times5^2}{2^3\times5\times5^2}=\frac{75}{10^3}$ … 2단계

따라서 구하는 가장 작은 자연수

$a=3$, $b=75$ … 3단계

답 $a=3$, $b=75$

단계	채점 기준	비율
1단계	$\frac{12}{160}$를 기약분수로 나타내고 분모를 소인수분해한 경우	40 %
2단계	분모를 10의 거듭제곱으로 고쳐서 분수를 나타낸 경우	40 %
3단계	가장 작은 자연수 a, b의 값을 각각 구한 경우	20 %

18

$\frac{9\times N}{52}=\frac{9\times N}{2^2\times13}$이므로 N은 13의 배수 … 1단계

$\frac{7\times N}{120}=\frac{7\times N}{2^3\times3\times5}$이므로 N은 3의 배수 … 2단계

즉, N은 13의 배수이고 3의 배수이므로 39의 배수이다.

따라서 구하는 가장 작은 세 자리의 자연수 N의 값은

$39\times3=117$ … 3단계

답 117

단계	채점 기준	비율
1단계	N은 13의 배수임을 구한 경우	30 %
2단계	N은 3의 배수임을 구한 경우	30 %
3단계	가장 작은 세 자리의 자연수 N의 값을 구한 경우	40 %

19

$\frac{a}{550}=\frac{a}{2\times5^2\times11}$이므로 a는 11의 배수이고, 기약분수로 나타내면 $\frac{3}{b}$이 되므로 a는 3의 배수이다.

즉, a는 11의 배수이고 3의 배수이므로 33의 배수이다.

… 1단계

(i) $a=33$이면 $\frac{33}{550}=\frac{3}{50}$이므로 $b=50$

(ii) $a=66$이면 $\frac{66}{550}=\frac{3}{25}$이므로 $b=25$

(iii) $a=99$이면 $\frac{99}{550}=\frac{9}{50}$이므로 가능하지 않다. … 2단계

따라서 $a+b$의 값 중에서 가장 큰 값은 $66+25=91$ … 3단계

답 91

실전책

단계	채점 기준	비율
1단계	a는 33의 배수임을 구한 경우	40 %
2단계	가능한 a, b의 값을 모두 구한 경우	40 %
3단계	$a+b$의 값 중에서 가장 큰 값을 구한 경우	20 %

20

$\frac{30}{42}=\frac{5}{7}=0.\dot{7}1428\dot{5}$ … 1단계

순환마디의 숫자의 개수가 6개이고, $40=6\times6+4$이므로

$a_{40}=2$, $a_{41}=8$, $a_{42}=5$ … 2단계

따라서 $a_{40}+a_{41}+a_{42}=2+8+5=15$ … 3단계

답 15

단계	채점 기준	비율
1단계	$\frac{30}{42}$을 순환소수로 나타낸 경우	40 %
2단계	a_{40}, a_{41}, a_{42}의 값을 구한 경우	40 %
3단계	$a_{40}+a_{41}+a_{42}$의 값을 구한 경우	20 %

21

$0.2\dot{1}\dot{5}=\frac{215-2}{990}=\frac{213}{990}=\frac{71}{330}=\frac{71}{2\times3\times5\times11}$이므로

x는 33의 배수 … 1단계

33의 배수 중에서 가장 작은 수는 33이므로 $a=33$

33의 배수 중에서 가장 큰 두 자리의 자연수는 99이므로

$b=99$ … 2단계

따라서 $b-a=99-33=66$ … 3단계

답 66

단계	채점 기준	비율
1단계	x는 33의 배수임을 구한 경우	40 %
2단계	a, b의 값을 각각 구한 경우	40 %
3단계	$b-a$의 값을 구한 경우	20 %

22

성호는 분모를 잘못 보았으므로 분자는 제대로 보았다.

$1.\dot{6}=\frac{15}{9}=\frac{5}{3}$이므로 처음 기약분수의 분자는 5 … 1단계

진우는 분자를 잘못 보았으므로 분모는 제대로 보았다.

$0.\dot{2}\dot{4}=\frac{24}{99}=\frac{8}{33}$이므로 처음 기약분수의 분모는 33 … 2단계

따라서 처음 기약분수를 소수로 나타내면

$\frac{5}{33}=\frac{15}{99}=0.\dot{1}\dot{5}$ … 3단계

답 $0.\dot{1}\dot{5}$

단계	채점 기준	비율
1단계	처음 기약분수의 분자를 구한 경우	40 %
2단계	처음 기약분수의 분모를 구한 경우	40 %
3단계	처음 기약분수를 소수로 나타낸 경우	20 %

Ⅰ-2 단항식과 다항식의 계산

본문 32~35쪽

01 풀이 참조 **02** 풀이 참조 **03** 풀이 참조
04 풀이 참조 **05** 20 **06** 22 **07** 14 **08** 3 **09** x^5
10 $A=-2x^2y^2$, $B=2x^2y^5$, $C=8x^4y^5$ **11** $7x-3y$
12 4 **13** $2x^2$ **14** 8배 **15** $4ab^2$ **16** $3ab^2$ **17** 14 **18** 29
19 x^2-x+4 **20** $\frac{18b^4}{a}$ **21** $-8a^2b^2$
22 $18x^2+11xy$

01

$72^3=(2^3\times3^{\boxed{2}})^3=2^{3\times3}\times3^{\boxed{2}\times3}=2^9\times3^{\boxed{6}}$ … 1단계

이므로 $a=9$, $b=\boxed{6}$

따라서 $a+b=9+\boxed{6}=\boxed{15}$ … 2단계

답 풀이 참조

단계	채점 기준	비율
1단계	72^3을 2와 3의 거듭제곱을 이용하여 나타낸 경우	70 %
2단계	$a+b$의 값을 구한 경우	30 %

02

$2^8\times5^7=2\times(2^{\boxed{7}}\times5^7)=2\times(2\times5)^{\boxed{7}}=2\times10^{\boxed{7}}$

$2\times10^{\boxed{7}}=20000000$

이므로 $2\times10^{\boxed{7}}$은 $\boxed{8}$자리의 자연수이다.

즉, $a=\boxed{8}$ … 1단계

$3\times2^{10}\times5^{12}=3\times5^2\times(2^{\boxed{10}}\times5^{10})=75\times(2\times5)^{\boxed{10}}$

$=75\times10^{\boxed{10}}$

$75\times10^{\boxed{10}}=750000000000$

이므로 $75\times10^{\boxed{10}}$은 $\boxed{12}$자리의 자연수이다.

즉, $b=\boxed{12}$ … 2단계

따라서 $a+b=8+12=\boxed{20}$ … 3단계

답 풀이 참조

단계	채점 기준	비율
1단계	a의 값을 구한 경우	45 %
2단계	b의 값을 구한 경우	45 %
3단계	$a+b$의 값을 구한 경우	10 %

03

$(-3x^Ay^3)^2\times3x^6y^5$

$=9x^{2A}y^6\times3x^6y^5$

$=27x^{2A+\boxed{6}}y^{11}$

이므로 … 1단계

$B=27$, $2A+\boxed{6}=14$

$2A=\boxed{8}$, $A=\boxed{4}$ … 2단계

따라서 $A+B=\boxed{4}+27=\boxed{31}$ … 3단계

답 풀이 참조

단계	채점 기준	비율
1단계	좌변을 계산하여 정리한 경우	50 %
2단계	A, B의 값을 각각 구한 경우	30 %
3단계	$A+B$의 값을 구한 경우	20 %

04

$(16x^2-12xy)\div 4x-(20y^2-15xy)\div 5y$

$=(16x^2-12xy)\times\dfrac{1}{\boxed{4x}}-(20y^2-15xy)\times\dfrac{1}{\boxed{5y}}$

$=4x-3y-(\boxed{4y}-3x)$

$=4x-3y-\boxed{4y}+3x$

$=7x-\boxed{7y}$

이므로 … 1단계

$a=7$, $b=\boxed{-7}$

따라서 $a+b=7+(\boxed{-7})=\boxed{0}$ … 2단계

답 풀이 참조

단계	채점 기준	비율
1단계	좌변을 계산하여 정리한 경우	70 %
2단계	$a+b$의 값을 구한 경우	30 %

05

$(x^3)^a\times(y^b)^6=x^{3\times a}\times y^{b\times 6}=x^{3a}y^{6b}$ … 1단계

$3a=15$, $a=5$

$6b=24$, $b=4$ … 2단계

따라서 $ab=5\times4=20$ … 3단계

답 20

단계	채점 기준	비율
1단계	좌변을 계산하여 정리한 경우	40 %
2단계	a, b의 값을 각각 구한 경우	40 %
3단계	ab의 값을 구한 경우	20 %

06

$5^3+5^3+5^3+5^3+5^3=5^3\times5=5^4$이므로 $a=4$ … 1단계

$4^3\times4^3\times4^3=4^6\times4^3=4^9=(2^2)^9=2^{18}$이므로

$b=18$ … 2단계

따라서 $a+b=4+18=22$ … 3단계

답 22

단계	채점 기준	비율
1단계	a의 값을 구한 경우	40 %
2단계	b의 값을 구한 경우	40 %
3단계	$a+b$의 값을 구한 경우	20 %

07

$4^3=(2^2)^3=2^6$

$16^2=(2^4)^2=2^8$ … 1단계

$2^x\div4^3=16^2$에서 $2^x\div2^6=2^8$

$2^{x-6}=2^8$

$x-6=8$

따라서 $x=14$ … 2단계

답 14

단계	채점 기준	비율
1단계	4^3과 16^2을 2의 거듭제곱으로 나타낸 경우	40 %
2단계	x의 값을 구한 경우	60 %

08

$243=3^5$이므로 … 1단계

$\dfrac{3^{3a+1}}{3^{a+2}}=3^{(3a+1)-(a+2)}$ … 2단계

$(3a+1)-(a+2)=5$

$3a+1-a-2=5$, $2a=6$

따라서 $a=3$ … 3단계

답 3

단계	채점 기준	비율
1단계	243을 3의 거듭제곱으로 나타낸 경우	20 %
2단계	$\dfrac{3^{3a+1}}{3^{a+2}}$을 3의 거듭제곱으로 나타낸 경우	40 %
3단계	a의 값을 구한 경우	40 %

09

(A의 부피)$=x^3\times x^3\times x^3=x^6\times x^3=x^9$ … 1단계

(B의 부피)$=x^2\times x^2\times$(B의 높이)

$=x^4\times$(B의 높이) … 2단계

A와 B의 부피가 서로 같으므로

$x^4\times$(B의 높이)$=x^9$

따라서 (B의 높이)$=x^9\div x^4=x^{9-4}=x^5$ … 3단계

답 x^5

단계	채점 기준	비율
1단계	A의 부피를 구한 경우	30 %
2단계	B의 부피를 구한 경우	30 %
3단계	B의 높이를 구한 경우	40 %

10

$C \div 4x^4y^5 = 2$에서

$C = 2 \times 4x^4y^5 = 8x^4y^5$ … 1단계

$B \times (-2x)^2 = 8x^4y^5$에서

$B = 8x^4y^5 \div (-2x)^2 = 8x^4y^5 \times \frac{1}{4x^2} = 2x^2y^5$ … 2단계

$A \times (-y^3) = 2x^2y^5$에서

$A = 2x^2y^5 \div (-y^3) = 2x^2y^5 \times \left(-\frac{1}{y^3}\right) = -2x^2y^2$ … 3단계

답 $A = -2x^2y^2$, $B = 2x^2y^5$, $C = 8x^4y^5$

단계	채점 기준	비율
1단계	C에 알맞은 식을 구한 경우	30 %
2단계	B에 알맞은 식을 구한 경우	35 %
3단계	A에 알맞은 식을 구한 경우	35 %

11

$(-x+3y)+(3x+2y)=2x+5y$이므로

마주 보는 면에 적힌 두 다항식의 합은 $2x+5y$ … 1단계

$A+(-2x+y)=2x+5y$이므로

$A=(2x+5y)-(-2x+y)=4x+4y$ … 2단계

$(5x-2y)+B=2x+5y$이므로

$B=(2x+5y)-(5x-2y)=-3x+7y$ … 3단계

따라서 $A-B=(4x+4y)-(-3x+7y)=7x-3y$ … 4단계

답 $7x-3y$

단계	채점 기준	비율
1단계	마주 보는 면에 적힌 두 다항식의 합을 구한 경우	25 %
2단계	A를 구한 경우	25 %
3단계	B를 구한 경우	25 %
4단계	$A-B$를 구한 경우	25 %

12

$5x^2-[x-2x^2-\{3x-x^2+(-7x+3x^2)\}]$

$=5x^2-\{x-2x^2-(3x-x^2-7x+3x^2)\}$

$=5x^2-\{x-2x^2-(2x^2-4x)\}$

$=5x^2-(x-2x^2-2x^2+4x)$

$=5x^2-(-4x^2+5x)$

$=5x^2+4x^2-5x$

$=9x^2-5x$

이므로 … 1단계

x^2의 계수는 9, x의 계수는 -5

따라서 구하는 합은 $9+(-5)=4$ … 2단계

답 4

단계	채점 기준	비율
1단계	주어진 식을 계산하여 정리한 경우	70 %
2단계	x^2의 계수와 x의 계수의 합을 구한 경우	30 %

13

$(2x^2-3x+5)+A=-x^2+2x+7$에서

$A=(-x^2+2x+7)-(2x^2-3x+5)$

$\quad=-3x^2+5x+2$ … 1단계

$(5x^2-2x+4)-B=3x+6$에서

$B=(5x^2-2x+4)-(3x+6)$

$\quad=5x^2-5x-2$ … 2단계

따라서

$A+B=(-3x^2+5x+2)+(5x^2-5x-2)$

$\quad=2x^2$ … 3단계

답 $2x^2$

단계	채점 기준	비율
1단계	A를 구한 경우	40 %
2단계	B를 구한 경우	40 %
3단계	$A+B$를 계산한 경우	20 %

14

원기둥의 부피는

$\pi \times \left(\frac{4a}{b}\right)^2 \times ab^2 = \pi \times \frac{16a^2}{b^2} \times ab^2 = 16\pi a^3$ … 1단계

원뿔의 부피는

$\frac{1}{3}\pi \times \left(\frac{2a}{b}\right)^2 \times \frac{3}{2}ab^2 = \frac{1}{3}\pi \times \frac{4a^2}{b^2} \times \frac{3}{2}ab^2 = 2\pi a^3$ … 2단계

따라서 원기둥의 부피는 원뿔의 부피의 $16\pi a^3 \div 2\pi a^3 = 8$(배)이다. … 3단계

답 8배

단계	채점 기준	비율
1단계	원기둥의 부피를 구한 경우	40 %
2단계	원뿔의 부피를 구한 경우	40 %
3단계	원기둥의 부피가 원뿔의 부피의 몇 배인지 구한 경우	20 %

15

어떤 식을 A라고 하면

$A \div \frac{b}{3a} = 36a^3$

$A = 36a^3 \times \frac{b}{3a} = 12a^2b$ … 1단계

따라서 옳게 계산한 식은

$12a^2b \times \frac{b}{3a} = 4ab^2$ … 2단계

답 $4ab^2$

단계	채점 기준	비율
1단계	어떤 식을 구한 경우	50 %
2단계	옳게 계산한 식을 구한 경우	50 %

16

윗변의 길이를 A라고 하면

$\frac{1}{2}\times(A+4a^2b)\times 2ab=4a^3b^2+3a^2b^3$ … 1단계

$A\times ab+4a^3b^2=4a^3b^2+3a^2b^3$

$A\times ab=3a^2b^3$

따라서 $A=3a^2b^3\div ab=3a^2b^3\times\frac{1}{ab}=3ab^2$ … 2단계

답 $3ab^2$

단계	채점 기준	비율
1단계	사다리꼴의 넓이에 대한 식을 세운 경우	50 %
2단계	사다리꼴의 윗변의 길이를 구한 경우	50 %

17

$1\times2\times3\times\cdots\times10$

$=2\times3\times2^2\times5\times(2\times3)\times7\times2^3\times3^2\times(2\times5)$

$=2^8\times3^4\times5^2\times7$

이므로 … 1단계

$a=8,\ b=4,\ c=2$

따라서 $a+b+c=8+4+2=14$ … 2단계

답 14

단계	채점 기준	비율
1단계	1부터 10까지의 자연수의 곱을 소인수분해한 경우	70 %
2단계	$a+b+c$의 값을 구한 경우	30 %

18

$6\times4^8\times5^{12}$

$=(2\times3)\times(2^2)^8\times5^{12}$

$=2\times3\times2^{16}\times5^{12}$

$=3\times2^{17}\times5^{12}$

$=3\times2^5\times(2^{12}\times5^{12})$

$=96\times10^{12}$ … 1단계

14자리의 자연수이므로 $n=14$ … 2단계

각 자리의 숫자의 합은 $9+6=15$이므로 $m=15$ … 3단계

따라서 $m+n=15+14=29$ … 4단계

답 29

단계	채점 기준	비율
1단계	$6\times4^8\times5^{12}$을 10의 거듭제곱을 이용하여 나타낸 경우	40 %
2단계	n의 값을 구한 경우	20 %
3단계	m의 값을 구한 경우	20 %
4단계	$m+n$의 값을 구한 경우	20 %

19

A 아래에 들어갈 식을 C라고 하자.

B		$3x^2+x-7$
x^2-2x+4	$4x^2-3$	A
		C

$(x^2-2x+4)+(4x^2-3)+A=12x^2-9$이므로

$A=7x^2+2x-10$ … 1단계

$(3x^2+x-7)+A+C=12x^2-9$이므로

$(3x^2+x-7)+(7x^2+2x-10)+C=12x^2-9$

$C=2x^2-3x+8$ … 2단계

또 $B+(4x^2-3)+C=12x^2-9$이므로

$B+(4x^2-3)+(2x^2-3x+8)=12x^2-9$

$B=6x^2+3x-14$ … 3단계

따라서

$A-B=(7x^2+2x-10)-(6x^2+3x-14)$

$=x^2-x+4$ … 4단계

답 x^2-x+4

단계	채점 기준	비율
1단계	A에 알맞은 식을 구한 경우	25 %
2단계	C에 알맞은 식을 구한 경우	25 %
3단계	B에 알맞은 식을 구한 경우	25 %
4단계	$A-B$를 계산한 경우	25 %

20

(원기둥의 부피)$=\pi\times(3ab^2)^2\times4ab^2=36\pi a^3b^6$

원뿔의 높이를 h라고 하면

(원뿔의 부피)$=\frac{1}{3}\pi\times(2a^2b)^2\times h=\frac{4}{3}\pi a^4b^2h$ … 1단계

원기둥 모양의 그릇의 높이의 $\frac{2}{3}$만큼 채워졌으므로

$\frac{4}{3}\pi a^4b^2h=\frac{2}{3}\times36\pi a^3b^6$ … 2단계

$h=\frac{2}{3}\times36\pi a^3b^6\div\frac{4}{3}\pi a^4b^2$

$=24\pi a^3b^6\times\frac{3}{4\pi a^4b^2}$

$=\frac{18b^4}{a}$

따라서 원뿔의 높이는 $\frac{18b^4}{a}$이다. … 3단계

답 $\frac{18b^4}{a}$

단계	채점 기준	비율
1단계	원기둥과 원뿔의 부피를 각각 구한 경우	30 %
2단계	원뿔과 원기둥의 부피에 대한 식을 세운 경우	40 %
3단계	원뿔의 높이를 구한 경우	30 %

21

(나)에서

$A=4a^3b^3\div\frac{2}{3}ab^2=4a^3b^3\times\frac{3}{2ab^2}=6a^2b$ … 1단계

(가)에서 $\left(-\frac{1}{2a}\right)\times6a^2b=B$이므로

$B=-3ab$ … 2단계

(다)에서 $C=B\times\left(-\frac{4}{3}b\right)=-3ab\times\left(-\frac{4}{3}b\right)=4ab^2$ … 3단계

따라서

$A\div B\times C=6a^2b\div(-3ab)\times4ab^2$

$=6a^2b\times\left(-\frac{1}{3ab}\right)\times4ab^2$

$=-8a^2b^2$ … 4단계

답 $-8a^2b^2$

단계	채점 기준	비율
1단계	A를 구한 경우	25 %
2단계	B를 구한 경우	25 %
3단계	C를 구한 경우	25 %
4단계	$A\div B\times C$를 계산한 경우	25 %

22

지붕을 제외하고 창문을 포함한 넓이는

$(4x+3y)\times5x=20x^2+15xy$ … 1단계

창문의 넓이는 $2\times(x+2y)\times x=2x^2+4xy$ … 2단계

따라서 구하는 넓이는

$(20x^2+15xy)-(2x^2+4xy)=18x^2+11xy$ … 3단계

답 $18x^2+11xy$

단계	채점 기준	비율
1단계	지붕을 제외하고 창문을 포함한 넓이를 구한 경우	35 %
2단계	창문의 넓이를 구한 경우	35 %
3단계	지붕과 창문을 제외한 부분의 넓이를 구한 경우	30 %

Ⅱ. 부등식과 연립방정식

Ⅱ-1 일차부등식

본문 36~39쪽

01 풀이 참조 **02** 풀이 참조 **03** 풀이 참조
04 풀이 참조 **05** $A\le19$ **06** 10 **07** 풀이 참조
08 -9 **09** 6 **10** 5 **11** -8 **12** 0 **13** $x>4$
14 -4 **15** 11 **16** 15 **17** $x<-3$ **18** $\frac{18}{5}$ cm
19 32000원 **20** 600 mL **21** 31명 **22** 1500 m

01

$4x+3>2x-5$에서

$4x-2x>-5-3$, $2x>-8$

$x>-4$

즉, $a=-4$ … 1단계

또, $3x-2\ge6x+7$에서

$3x-6x\ge7+\boxed{2}$, $-3x\ge\boxed{9}$

$x\le\boxed{-3}$

즉, $b=\boxed{-3}$ … 2단계

따라서 $a+b=-4+(\boxed{-3})=\boxed{-7}$ … 3단계

답 풀이 참조

단계	채점 기준	비율
1단계	a의 값을 구한 경우	40 %
2단계	b의 값을 구한 경우	40 %
3단계	$a+b$의 값을 구한 경우	20 %

02

$7-2x\le a$에서

$-2x\le a-7$

$x\ge\frac{a-7}{\boxed{-2}}$ … 1단계

해 중 가장 작은 수가 2이므로 $\frac{a-7}{\boxed{-2}}=2$ … 2단계

$a-7=\boxed{-4}$

따라서 $a=\boxed{3}$ … 3단계

답 풀이 참조

단계	채점 기준	비율
1단계	일차부등식을 푼 경우	40 %
2단계	a에 대한 방정식을 세운 경우	30 %
3단계	a의 값을 구한 경우	30 %

03

어떤 정수를 x라고 하면

$3x-5\le2(x-\boxed{3})$ … 1단계

$3x-5\le2x-\boxed{6}$

$x\le\boxed{-1}$ … 2단계

따라서 구하는 가장 큰 수는 $\boxed{-1}$이다. … 3단계

답 풀이 참조

단계	채점 기준	비율
1단계	일차부등식을 세운 경우	40 %
2단계	일차부등식을 푼 경우	40 %
3단계	가장 큰 수를 구한 경우	20 %

04

두 정수를 x, $x+6$이라고 하면

$x+(x+\boxed{6})<38$ … 1단계

$2x<\boxed{32}$

$x<\boxed{16}$ … 2단계

따라서 구하는 가장 큰 두 정수는 15, $\boxed{21}$이다. … 3단계

답 풀이 참조

단계	채점 기준	비율
1단계	일차부등식을 세운 경우	40 %
2단계	일차부등식을 푼 경우	40 %
3단계	가장 큰 두 정수를 구한 경우	20 %

05

$x\le7$의 양변에 2를 곱하면

$2x\le14$ … 1단계

$2x\le14$의 양변에 5를 더하면

$2x+5\le19$ … 2단계

따라서 $A\le19$ … 3단계

답 $A\le19$

단계	채점 기준	비율
1단계	$2x$의 값의 범위를 구한 경우	40 %
2단계	$2x+5$의 값의 범위를 구한 경우	40 %
3단계	A의 값의 범위를 구한 경우	20 %

06

$2x-11<13-3x$에서

$2x+3x<13+11$

$5x<24$

$x<\frac{24}{5}=4.8$ … 1단계

따라서 자연수 x는 1, 2, 3, 4이므로 구하는 합은

$1+2+3+4=10$ … 2단계

답 10

단계	채점 기준	비율
1단계	일차부등식을 푼 경우	60 %
2단계	자연수 x의 값의 합을 구한 경우	40 %

07

$2x-5>4x+1$에서

$2x-4x>1+5$

$-2x>6$, $x<-3$ … 1단계

해를 수직선 위에 나타내면 다음 그림과 같다.

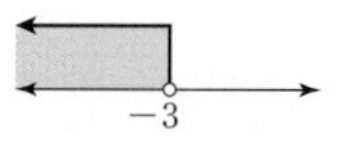

… 2단계

답 풀이 참조

단계	채점 기준	비율
1단계	일차부등식을 푼 경우	60 %
2단계	해를 수직선 위에 나타낸 경우	40 %

08

$7-2(x+1)<-5(x+4)$에서

$7-2x-2<-5x-20$

$-2x+5x<-20-5$, $3x<-25$

$x<-\frac{25}{3}=-8.3\times\times\times$ … 1단계

따라서 구하는 가장 큰 정수는 -9이다. … 2단계

답 -9

단계	채점 기준	비율
1단계	일차부등식을 푼 경우	70 %
2단계	가장 큰 정수를 구한 경우	30 %

09

$7x-3(x+2)<a$에서

$7x-3x-6<a$

$4x<a+6$

$x<\frac{a+6}{4}$ … 1단계

해는 $x<3$이므로 $\frac{a+6}{4}=3$ … 2단계

$a+6=12$

따라서 $a=6$ … 3단계

답 6

단계	채점 기준	비율
1단계	일차부등식을 푼 경우	40 %
2단계	수직선 위에 나타낸 해를 부등식으로 나타낸 경우	20 %
3단계	a의 값을 구한 경우	40 %

10

$0.3(x-4)-0.2(4-x)<0.7$의 양변에 10을 곱하면

$3(x-4)-2(4-x)<7$ … 1단계

$3x-12-8+2x<7$, $5x<27$

$x<\frac{27}{5}=5.4$ … 2단계

따라서 구하는 가장 큰 정수는 5이다. … 3단계

답 5

단계	채점 기준	비율
1단계	계수를 정수로 고친 경우	20 %
2단계	일차부등식을 푼 경우	60 %
3단계	가장 큰 정수를 구한 경우	20 %

11

$\frac{2x+3}{4}-\frac{x-2}{3}>0$의 양변에 12를 곱하면

$3(2x+3)-4(x-2)>0$ … 1단계

$6x+9-4x+8>0$, $2x>-17$

$x>-\frac{17}{2}=-8.5$ … 2단계

따라서 구하는 가장 작은 정수는 -8이다. … 3단계

답 -8

단계	채점 기준	비율
1단계	계수를 정수로 고친 경우	20 %
2단계	일차부등식을 푼 경우	60 %
3단계	가장 작은 정수를 구한 경우	20 %

12

$\frac{1}{2}(x-4)<0.4x-1.3$의 양변에 10을 곱하면

$5(x-4)<4x-13$

$5x-20<4x-13$

$x<7$

즉, 가장 큰 정수는 6이므로 $a=6$ … 1단계

또, $0.3x-0.6<\frac{3}{5}x+\frac{3}{2}$의 양변에 10을 곱하면

$3x-6<6x+15$

$3x-6x<15+6$, $-3x<21$

$x>-7$

즉, 가장 작은 정수는 -6이므로 $b=-6$ … 2단계

따라서 $a+b=6+(-6)=0$ … 3단계

답 0

단계	채점 기준	비율
1단계	a의 값을 구한 경우	45 %
2단계	b의 값을 구한 경우	45 %
3단계	$a+b$의 값을 구한 경우	10 %

13

$4x-a>10$에서 $4x>a+10$

$x>\frac{a+10}{4}$ … 1단계

해가 $x>3$이므로 $\frac{a+10}{4}=3$

$a+10=12$

$a=2$ … 2단계

또, $2(x+7)<8x-10$에서

$2x+14<8x-10$

$2x-8x<-10-14$, $-6x<-24$

따라서 $x>4$ … 3단계

답 $x>4$

단계	채점 기준	비율
1단계	$4x-a>10$의 해를 구한 경우	30 %
2단계	a의 값을 구한 경우	40 %
3단계	$2(x+7)<8x-5a$의 해를 구한 경우	30 %

14

$ax-4>x+6$에서

$ax-x>6+4$

$(a-1)x>10$

해가 $x<-2$이므로 $a-1<0$ … 1단계

양변을 $a-1$로 나누면

$x<\frac{10}{a-1}$ … 2단계

$\frac{10}{a-1}=-2$이므로 $a-1=-5$

따라서 $a=-4$ … 3단계

답 -4

단계	채점 기준	비율
1단계	$a-1$의 부호를 구한 경우	40 %
2단계	일차부등식의 해를 a를 이용하여 나타낸 경우	30 %
3단계	a의 값을 구한 경우	30 %

15

$x-a \geq -2x+4$에서

$x+2x \geq 4+a$, $3x \geq 4+a$

$x \geq \frac{4+a}{3}$ … 1단계

해 중 가장 작은 수가 5이므로

$\frac{4+a}{3}=5$ … 2단계

$4+a=15$

따라서 $a=11$ … 3단계

답 11

단계	채점 기준	비율
1단계	일차부등식을 푼 경우	40 %
2단계	a에 대한 일차방정식을 세운 경우	20 %
3단계	a의 값을 구한 경우	40 %

16

$5x+4 \leq 2x-8$에서

$5x-2x \leq -8-4$, $3x \leq -12$

$x \leq -4$ … 1단계

또, $2x+a \leq 7$에서

$2x \leq 7-a$

$x \leq \frac{7-a}{2}$ … 2단계

해가 서로 같으므로 $\frac{7-a}{2}=-4$

$7-a=-8$, $-a=-15$

따라서 $a=15$ … 3단계

답 15

단계	채점 기준	비율
1단계	$5x+4 \leq 2x-8$을 푼 경우	35 %
2단계	$2x+a \leq 7$을 푼 경우	35 %
3단계	a의 값을 구한 경우	30 %

17

$(a+b)x-2a+b<0$에서 $(a+b)x<2a-b$

해가 $x<-\frac{1}{4}$이므로 $a+b>0$

양변을 $a+b$로 나누면

$x<\frac{2a-b}{a+b}$

$\frac{2a-b}{a+b}=-\frac{1}{4}$, $4(2a-b)=-(a+b)$

$8a-4b=-a-b$, $9a=3b$

즉, $b=3a$ … 1단계

$b=3a$이고 $a+b>0$이므로 $a>0$, $b>0$ … 2단계

$b=3a$를 $(7a-3b)x+9a-5b>0$에 대입하면

$(7a-9a)x+9a-15a>0$, $-2ax-6a>0$

$-2ax>6a$

양변을 $-2a$로 나누면 $-2a<0$이므로

$x<-3$ … 3단계

답 $x<-3$

단계	채점 기준	비율
1단계	a와 b 사이의 관계식을 구한 경우	40 %
2단계	a, b의 부호를 각각 구한 경우	20 %
3단계	일차부등식 $(7a-3b)x+9a-5b>0$을 푼 경우	40 %

18

선분 BP의 길이를 x cm라고 하면

$\triangle ABP=\frac{1}{2}\times x\times 2=x\ (cm^2)$

$\triangle DPC=\frac{1}{2}\times(10-x)\times 12=60-6x\ (cm^2)$

(사다리꼴 ABCD의 넓이)$=\frac{1}{2}\times(2+12)\times 10=70\ (cm^2)$

이므로

$\triangle APD=70-\{x+(60-6x)\}=10+5x\ (cm^2)$ … 1단계

$\triangle$APD의 넓이가 사다리꼴 ABCD의 넓이의 $\frac{2}{5}$ 이하가 되려면

$10+5x \leq \frac{2}{5}\times 70$ … 2단계

$10+5x \leq 28$, $5x \leq 18$

$x \leq \frac{18}{5}$

따라서 선분 BP의 길이는 최대 $\frac{18}{5}$ cm가 될 수 있다. … 3단계

답 $\frac{18}{5}$ cm

단계	채점 기준	비율
1단계	$\triangle$APD의 넓이를 $\overline{BP}$의 길이를 이용하여 나타낸 경우	40 %
2단계	일차부등식을 세운 경우	20 %
3단계	선분 BP의 최대 길이를 구한 경우	40 %

19

티셔츠의 정가를 x원이라고 하면

(판매 가격)$=x-x\times 0.25=0.75x$ (원) … 1단계

(이익)=(판매 가격)−(원가)이므로

$0.75x-20000 \geq 20000\times 0.2$ … 2단계

$0.75x \geq 24000$

$x \geq 32000$

따라서 정가를 32000원 이상으로 정해야 한다. … 3단계

답 32000원

단계	채점 기준	비율
1단계	판매 가격을 정가를 이용하여 나타낸 경우	30 %
2단계	일차부등식을 세운 경우	30 %
3단계	정가를 얼마 이상으로 정해야 하는지 구한 경우	40 %

20

처음에 들어 있던 음료수의 양을 x mL라고 하면

형이 마시고 남은 양은 $x-\frac{1}{3}x=\frac{2}{3}x$ (mL)

동생이 마신 양은 $\frac{2}{3}x\times\frac{1}{4}=\frac{1}{6}x$ (mL)

동생이 마신 후 남아 있는 음료수의 양이 300 mL 이상이므로

$x-\frac{1}{3}x-\frac{1}{6}x\geq 300$ … 1단계

$6x-2x-x\geq 1800$, $3x\geq 1800$

$x\geq 600$ … 2단계

따라서 처음에 들어 있던 음료수의 양은 600 mL 이상이다. … 3단계

답 600 mL

단계	채점 기준	비율
1단계	일차부등식을 세운 경우	50 %
2단계	일차부등식을 푼 경우	30 %
3단계	처음에 들어 있던 음료수의 양을 구한 경우	20 %

21

x명이 관람한다고 하면

$8000x>40\times 6000$ … 1단계

$x>30$ … 2단계

따라서 31명 이상일 때, 40명의 단체 관람권을 사는 것이 비용이 더 적게 든다. … 3단계

답 31명

단계	채점 기준	비율
1단계	일차부등식을 세운 경우	40 %
2단계	일차부등식을 푼 경우	40 %
3단계	몇 명 이상일 때, 단체 관람권을 사는 것이 유리한지 구한 경우	20 %

22

시장과 집 사이의 거리를 x m라고 하면

1시간 20분은 80분이므로

$\frac{x}{60}+\frac{x}{50}+25\leq 80$ … 1단계

$\frac{x}{60}+\frac{x}{50}\leq 55$

$5x+6x\leq 16500$

$11x\leq 16500$

$x\leq 1500$

따라서 시장과 집 사이의 거리는 1500 m 이하이다. … 2단계

답 1500 m

단계	채점 기준	비율
1단계	일차부등식을 세운 경우	50 %
2단계	시장과 집 사이의 거리는 몇 m 이하인지 구한 경우	50 %

Ⅱ-2 연립일차방정식

본문 40~43쪽

01 풀이 참조 **02** 풀이 참조 **03** 풀이 참조
04 풀이 참조 **05** 4 **06** −8 **07** 19 **08** 5 **09** 9
10 −3 **11** 3 **12** 7 **13** −4 **14** 4 **15** 23 **16** 4
17 $a=4$, $b=3$ **18** 10 **19** 8번 **20** 76만 원 **21** 20일
22 12 km

01

$x=4$, $y=2$를 $2x+ay=2$에 대입하면

$8+2a=2$, $2a=-6$

$a=-3$ … 1단계

$x=-5$, $y=b$를 $2x-3y=2$에 대입하면

$-10-3b=2$, $-3b=\boxed{12}$

$b=\boxed{-4}$ … 2단계

따라서 $a+b=-3+(\boxed{-4})=\boxed{-7}$ … 3단계

답 풀이 참조

단계	채점 기준	비율
1단계	a의 값을 구한 경우	40 %
2단계	b의 값을 구한 경우	40 %
3단계	$a+b$의 값을 구한 경우	20 %

02

$x=2$, $y=3$을 $ax-3y=1$에 대입하면

$2a-9=1$, $2a=10$

$a=5$ … 1단계

$x=2$, $y=3$을 $4x+by=2$에 대입하면

$8+3b=2$, $3b=\boxed{-6}$

$b=\boxed{-2}$ … 2단계

따라서 $a-b=5-(\boxed{-2})=\boxed{7}$ … 3단계

답 풀이 참조

단계	채점 기준	비율
1단계	a의 값을 구한 경우	40 %
2단계	b의 값을 구한 경우	40 %
3단계	$a-b$의 값을 구한 경우	20 %

03

작은 자연수를 x, 큰 자연수를 y라고 하면

$\begin{cases} x+y=\boxed{28} \\ y-x=\boxed{4} \end{cases}$ … 1단계

연립방정식을 풀면 $x=12$, $y=\boxed{16}$ … 2단계

따라서 두 자연수는 12, $\boxed{16}$이다. … 3단계

답 풀이 참조

단계	채점 기준	비율
1단계	연립방정식을 세운 경우	40 %
2단계	연립방정식을 푼 경우	40 %
3단계	두 자연수를 구한 경우	20 %

04

작은 자연수를 x, 큰 자연수를 y라고 하면

$\begin{cases} x+y=\boxed{51} \\ y=\boxed{2x} \end{cases}$ … 1단계

연립방정식을 풀면 $x=17$, $y=\boxed{34}$ … 2단계

따라서 두 수는 17, $\boxed{34}$이다. … 3단계

답 풀이 참조

단계	채점 기준	비율
1단계	연립방정식을 세운 경우	40 %
2단계	연립방정식을 푼 경우	40 %
3단계	두 자연수를 구한 경우	20 %

05

$x=3$, $y=1$을 $2x+by=5$에 대입하면

$6+b=5$, $b=-1$ … 1단계

$x=a$, $y=1$을 $2x-y=5$에 대입하면

$2a-1=5$, $2a=6$

$a=3$ … 2단계

따라서 $a-b=3-(-1)=4$ … 3단계

답 4

단계	채점 기준	비율
1단계	b의 값을 구한 경우	40 %
2단계	a의 값을 구한 경우	40 %
3단계	$a-b$의 값을 구한 경우	20 %

06

$x=b$, $y=b+5$를 $3x+4y=6$에 대입하면

$3b+4(b+5)=6$, $7b=-14$

$b=-2$ … 1단계

$x=-2$, $y=3$을 $ax+y=-5$에 대입하면

$-2a+3=-5$, $-2a=-8$

$a=4$ … 2단계

따라서 $ab=4\times(-2)=-8$ … 3단계

답 -8

단계	채점 기준	비율
1단계	b의 값을 구한 경우	40 %
2단계	a의 값을 구한 경우	40 %
3단계	ab의 값을 구한 경우	20 %

07

$x=-4$, $y=b$를 $5x+2y=-8$에 대입하면

$-20+2b=-8$, $2b=12$

$b=6$ … 1단계

$x=-4$, $y=6$을 $3x-2y=-2a+2$에 대입하면

$-12-12=-2a+2$, $2a=26$

$a=13$ … 2단계

따라서 $a+b=13+6=19$ … 3단계

답 19

단계	채점 기준	비율
1단계	b의 값을 구한 경우	40 %
2단계	a의 값을 구한 경우	40 %
3단계	$a+b$의 값을 구한 경우	20 %

08

$y=-2x-4$를 $3x+7y=5$에 대입하면

$3x+7(-2x-4)=5$, $3x-14x-28=5$

$-11x=33$, $x=-3$ … 1단계

$x=-3$을 $y=-2x-4$에 대입하면

$y=6-4=2$ … 2단계

따라서 $a=-3$, $b=2$이므로

$a^2-b^2=(-3)^2-2^2=5$ … 3단계

답 5

단계	채점 기준	비율
1단계	x의 값을 구한 경우	40 %
2단계	y의 값을 구한 경우	40 %
3단계	a^2-b^2의 값을 구한 경우	20 %

09

$\begin{cases} 5x-6y=3 & \cdots\cdots ㉠ \\ 2x+3y=12 & \cdots\cdots ㉡ \end{cases}$

㉠+㉡×2를 하면

$9x=27$, $x=3$ … 1단계

$x=3$을 ㉡에 대입하면

$6+3y=12$, $3y=6$

$y=2$ … 2단계

$x=3$, $y=2$를 $x+3y=a$에 대입하면

$3+6=a$

따라서 $a=9$ … 3단계

답 9

단계	채점 기준	비율
1단계	x의 값을 구한 경우	40 %
2단계	y의 값을 구한 경우	40 %
3단계	a의 값을 구한 경우	20 %

10

괄호를 풀어 정리하면

$\begin{cases} 3x+5y=-12 & \cdots\cdots ㉠ \\ 3x-7y=24 & \cdots\cdots ㉡ \end{cases}$ … 1단계

㉠−㉡을 하면

$12y=-36$, $y=-3$ … 2단계

$y=-3$을 ㉠에 대입하면

$3x-15=-12$, $3x=3$

$x=1$ … 3단계

따라서 $xy=1\times(-3)=-3$ … 4단계

답 −3

단계	채점 기준	비율
1단계	괄호를 풀어 정리한 경우	20 %
2단계	y의 값을 구한 경우	30 %
3단계	x의 값을 구한 경우	30 %
4단계	xy의 값을 구한 경우	20 %

11

두 일차방정식의 양변에 10과 6을 각각 곱하면

$\begin{cases} x-2y=6 & \cdots\cdots ㉠ \\ 2x+3y=5 & \cdots\cdots ㉡ \end{cases}$ … 1단계

㉠×2−㉡을 하면

$-7y=7$, $y=-1$ … 2단계

$y=-1$을 ㉠에 대입하면

$x+2=6$, $x=4$ … 3단계

따라서 $a=4$, $b=-1$이므로

$a+b=4+(-1)=3$ … 4단계

답 3

단계	채점 기준	비율
1단계	계수를 정수로 고친 경우	20 %
2단계	y의 값을 구한 경우	30 %
3단계	x의 값을 구한 경우	30 %
4단계	$a+b$의 값을 구한 경우	20 %

12

$x=2$, $y=-4$를 두 일차방정식에 각각 대입하면

$\begin{cases} 2a-4b=-16 & \cdots\cdots ㉠ \\ 4a+2b=18 & \cdots\cdots ㉡ \end{cases}$ … 1단계

㉠×2−㉡을 하면

$-10b=-50$, $b=5$ … 2단계

$b=5$를 ㉠에 대입하면

$2a-20=-16$, $2a=4$

$a=2$ … 3단계

따라서 $a+b=2+5=7$ … 4단계

답 7

단계	채점 기준	비율
1단계	$x=2$, $y=-4$를 두 일차방정식에 각각 대입한 경우	20 %
2단계	b의 값을 구한 경우	30 %
3단계	a의 값을 구한 경우	30 %
4단계	$a+b$의 값을 구한 경우	20 %

13

$\begin{cases} 5x+2y=11 & \cdots\cdots ㉠ \\ x+4y=-5 & \cdots\cdots ㉡ \end{cases}$ … 1단계

㉠×2−㉡을 하면

$9x=27$, $x=3$ … 2단계

$x=3$을 ㉠에 대입하면

$15+2y=11$, $2y=-4$

$y=-2$ … 3단계

$x=3$, $y=-2$를 $2x+5y=k$에 대입하면

$6-10=k$

따라서 $k=-4$ … 4단계

답 -4

단계	채점 기준	비율
1단계	새로운 연립방정식을 세운 경우	20 %
2단계	x의 값을 구한 경우	30 %
3단계	y의 값을 구한 경우	30 %
4단계	k의 값을 구한 경우	20 %

14

y의 값이 x의 값의 3배이므로 $y=3x$

$\begin{cases} x+3y=-10 & \cdots\cdots ㉠ \\ y=3x & \cdots\cdots ㉡ \end{cases}$ … 1단계

㉡을 ㉠에 대입하면

$x+9x=-10$, $10x=-10$

$x=-1$ … 2단계

$x=-1$을 ㉡에 대입하면

$y=3\times(-1)=-3$ … 3단계

$x=-1$, $y=-3$을 $4x-y=3-k$에 대입하면

$-4+3=3-k$

따라서 $k=4$ … 4단계

답 4

단계	채점 기준	비율
1단계	새로운 연립방정식을 세운 경우	20 %
2단계	x의 값을 구한 경우	30 %
3단계	y의 값을 구한 경우	30 %
4단계	k의 값을 구한 경우	20 %

15

$\begin{cases} 2x-y=1 & \cdots\cdots ㉠ \\ x+3y=11 & \cdots\cdots ㉡ \end{cases}$ … 1단계

㉠$-$㉡$\times 2$를 하면

$-7y=-21$, $y=3$

$y=3$을 ㉡에 대입하면

$x+9=11$, $x=2$ … 2단계

$x=2$, $y=3$을 $x+5y=m$에 대입하면

$2+15=m$, $m=17$

$x=2$, $y=3$을 $nx-y=9$에 대입하면

$2n-3=9$, $2n=12$, $n=6$

따라서 $m+n=17+6=23$ … 3단계

답 23

단계	채점 기준	비율
1단계	새로운 연립방정식을 세운 경우	20 %
2단계	연립방정식을 푼 경우	40 %
3단계	$m+n$의 값을 구한 경우	40 %

16

$y=-1$을 $2x+y=5$에 대입하면

$2x-1=5$, $2x=6$, $x=3$ … 1단계

$3x+5y=9$의 9를 A로 놓고

$x=3$, $y=-1$을 $3x+5y=A$에 대입하면

$9-5=A$, $A=4$

따라서 9를 4로 잘못 보고 풀었다. … 2단계

답 4

단계	채점 기준	비율
1단계	x의 값을 구한 경우	40 %
2단계	9를 어떤 수로 잘못 보고 풀었는지 구한 경우	60 %

17

$x=m$, $y=n$을 $\begin{cases} 4x-3y=-18 \\ 3x+ay=-1 \end{cases}$에 대입하면

$\begin{cases} 4m-3n=-18 & \cdots\cdots ㉠ \\ 3m+an=-1 & \cdots\cdots ㉡ \end{cases}$

$x=m-1$, $y=2n-1$을 $\begin{cases} bx+6y=6 \\ 4x+5y=-1 \end{cases}$에 대입하면

$\begin{cases} b(m-1)+6(2n-1)=6 \\ 4(m-1)+5(2n-1)=-1 \end{cases}$

즉, $\begin{cases} bm+12n=12+b & \cdots\cdots ㉢ \\ 4m+10n=8 & \cdots\cdots ㉣ \end{cases}$

연립방정식 $\begin{cases} 4m-3n=-18 & \cdots\cdots ㉠ \\ 4m+10n=8 & \cdots\cdots ㉣ \end{cases}$에서 … 1단계

㉠$-$㉣을 하면

$-13n=-26$, $n=2$

$n=2$를 ㉠에 대입하면

$4m-6=-18$, $4m=-12$, $m=-3$ … 2단계

$m=-3$, $n=2$를 ㉡에 대입하면

$-9+2a=-1$, $2a=8$

따라서 $a=4$

$m=-3$, $n=2$를 ㉢에 대입하면

$-3b+24=12+b$, $-4b=-12$

따라서 $b=3$ … 3단계

답 $a=4$, $b=3$

단계	채점 기준	비율
1단계	m, n에 대한 새로운 연립방정식을 세운 경우	40 %
2단계	m, n의 값을 각각 구한 경우	30 %
3단계	a, b의 값을 각각 구한 경우	30 %

18

선주는 바르게 풀었으므로

$x=2$, $y=-4$를 $\begin{cases} ax+by=-8 \\ cx-2y=18 \end{cases}$에 대입하면

$\begin{cases} 2a-4b=-8 & \cdots\cdots ㉠ \\ 2c+8=18 & \cdots\cdots ㉡ \end{cases}$

㉡에서 $2c=10$, $c=5$ ⋯ 1단계

민호는 c를 잘못 보고 풀었으므로 a, b는 제대로 보고 풀었다.

$x=-1$, $y=-2$를 $ax+by=-8$에 대입하면

$-a-2b=-8$ ⋯⋯ ㉢

$\begin{cases} 2a-4b=-8 & \cdots\cdots ㉠ \\ -a-2b=-8 & \cdots\cdots ㉢ \end{cases}$ ⋯ 2단계

㉠+㉢×2를 하면

$-8b=-24$, $b=3$

$b=3$을 ㉠에 대입하면

$2a-12=-8$, $2a=4$, $a=2$ ⋯ 3단계

따라서 $a+b+c=2+3+5=10$ ⋯ 4단계

답 10

단계	채점 기준	비율
1단계	c의 값을 구한 경우	30 %
2단계	a, b에 대한 연립방정식을 세운 경우	30 %
3단계	a, b의 값을 각각 구한 경우	30 %
4단계	$a+b+c$의 값을 구한 경우	10 %

19

A가 이긴 횟수를 x번, B가 이긴 횟수를 y번이라고 하면

$\begin{cases} 2x-y=10 \\ -x+2y=4 \end{cases}$ ⋯ 1단계

연립방정식을 풀면 $x=8$, $y=6$ ⋯ 2단계

따라서 A가 이긴 횟수는 8번이다. ⋯ 3단계

답 8번

단계	채점 기준	비율
1단계	연립방정식을 세운 경우	40 %
2단계	연립방정식을 푼 경우	40 %
3단계	A가 이긴 횟수를 구한 경우	20 %

20

제품 (가)의 개수를 x개, 제품 (나)의 개수를 y개라고 하면

제품 (가), (나)를 만들 때 A원료는 44 kg 사용되었으므로

$3x+4y=44$

제품 (가), (나)를 만들 때 B원료는 64 kg 사용되었으므로

$6x+5y=64$

연립방정식 $\begin{cases} 3x+4y=44 \\ 6x+5y=64 \end{cases}$를 풀면 ⋯ 1단계

$x=4$, $y=8$ ⋯ 2단계

따라서 제품 (가), (나)를 만들었을 때의 총이익은

$4\times7+8\times6=28+48=76$(만 원) ⋯ 3단계

답 76만 원

단계	채점 기준	비율
1단계	연립방정식을 세운 경우	40 %
2단계	연립방정식을 푼 경우	40 %
3단계	총이익을 구한 경우	20 %

21

전체 일의 양을 1로 놓고 1일 동안 민호가 하는 일의 양을 x, 재원이가 하는 일의 양을 y라고 하면

$\begin{cases} 4(x+y)=1 \\ 3x+8y=1 \end{cases}$ ⋯ 1단계

연립방정식을 풀면 $x=\frac{1}{5}$, $y=\frac{1}{20}$ ⋯ 2단계

따라서 재원이가 혼자서 하면 20일이 걸린다. ⋯ 3단계

답 20일

단계	채점 기준	비율
1단계	연립방정식을 세운 경우	40 %
2단계	연립방정식을 푼 경우	40 %
3단계	재원이가 혼자 하면 며칠이 걸리는지 구한 경우	20 %

22

자전거를 타고 간 거리를 x km, 걸어서 간 거리를 y km라고 하면

$\begin{cases} \frac{x}{20}+\frac{y}{4}=1 \\ x=5y \end{cases}$ ⋯ 1단계

연립방정식을 풀면 $x=10$, $y=2$ ⋯ 2단계

따라서 집에서 서점까지의 거리는 $10+2=12$ (km) ⋯ 3단계

답 12 km

단계	채점 기준	비율
1단계	연립방정식을 세운 경우	40 %
2단계	연립방정식을 푼 경우	40 %
3단계	집에서 서점까지의 거리를 구한 경우	20 %

Ⅲ. 함수

Ⅲ-1 일차함수와 그래프

본문 44~47쪽

01 풀이 참조 **02** 풀이 참조 **03** 풀이 참조
04 풀이 참조 **05** $a=-3$, $b\neq4$ **06** -5 **07** 13
08 6 **09** 제3사분면 **10** 11 **11** 9 **12** 12 **13** 10
14 -11 **15** $y=-\frac{4}{3}x+80$, 30분 후
16 $y=-2x+160$, 140 cm^2 **17** 7 **18** -3, 3
19 30 **20** 5 **21** $y=-90x+280$, 오전 10시 20분
22 $y=-2x+60$, 30분

01

$f(x)=-\frac{3}{2}x+a$에서

$f(-2)=-\frac{3}{2}\times(\boxed{-2})+a=-1$이므로

$a=\boxed{-4}$ … 1단계

$f(\boxed{-4})=-\frac{3}{2}\times(\boxed{-4})-\boxed{4}=b$

즉, $b=\boxed{2}$ … 2단계

따라서 $b-a=2-(-4)=\boxed{6}$ … 3단계

답 풀이 참조

단계	채점 기준	비율
1단계	a의 값을 구한 경우	40 %
2단계	b의 값을 구한 경우	40 %
3단계	$b-a$의 값을 구한 경우	20 %

02

일차함수 $y=2ax$의 그래프를 y축의 방향으로 8만큼 평행이동하면

$y=2ax+\boxed{8}$이고, 기울기가 6이므로

$2a=\boxed{6}$, $a=\boxed{3}$ … 1단계

일차함수 $y=-4x+2$의 그래프를 y축의 방향으로 k만큼 평행이동하면

$y=-4x+\boxed{2+k}$이고,

y절편이 같으므로

$\boxed{2+k}=8$, $k=\boxed{6}$ … 2단계

따라서 $a+k=3+6=\boxed{9}$ … 3단계

답 풀이 참조

단계	채점 기준	비율
1단계	a의 값을 구한 경우	40 %
2단계	k의 값을 구한 경우	40 %
3단계	$a+k$의 값을 구한 경우	20 %

03

$y=-x+4$에

$y=0$을 대입하면 $0=-x+4$, $x=\boxed{4}$

즉, x절편은 $\boxed{4}$, y절편은 $\boxed{4}$ … 1단계

$y=\frac{1}{2}x+4$에

$y=0$을 대입하면 $0=\frac{1}{2}x+4$, $x=\boxed{-8}$

즉, x절편은 $\boxed{-8}$, y절편은 $\boxed{4}$ … 2단계

따라서 두 일차함수의 그래프와 x축으로 둘러싸인 도형의 넓이는 $\frac{1}{2}\times\boxed{12}\times\boxed{4}=\boxed{24}$ … 3단계

답 풀이 참조

단계	채점 기준	비율
1단계	$y=-x+4$의 그래프의 x절편, y절편을 각각 구한 경우	30 %
2단계	$y=\frac{1}{2}x+4$의 그래프의 x절편, y절편을 각각 구한 경우	30 %
3단계	도형의 넓이를 구한 경우	40 %

04

두 점 $(0, 6)$, $(3, 0)$을 지나는 직선의 기울기는

$\frac{\boxed{0}-\boxed{6}}{3-0}=\boxed{-2}$이고, … 1단계

y절편은 6이므로

이 직선을 그래프로 하는 일차함수의 식은

$y=\boxed{-2}x+\boxed{6}$ … 2단계

이 식에 $x=4a$, $y=-10$을 대입하면

$-10=\boxed{-2}\times4a+\boxed{6}$, $8a=16$

따라서 $a=\boxed{2}$ … 3단계

답 풀이 참조

단계	채점 기준	비율
1단계	두 점 $(0, 6)$, $(3, 0)$을 지나는 직선의 기울기를 구한 경우	30 %
2단계	일차함수의 식을 구한 경우	30 %
3단계	a의 값을 구한 경우	40 %

05

$y=x(ax-4)+3x^2+bx-2$에서

$y=ax^2-4x+3x^2+bx-2$

$=(a+3)x^2+(-4+b)x-2$ … 1단계

일차함수가 되기 위해서는

$a+3=0$, $a=-3$ … 2단계

$-4+b\neq 0$, $b\neq 4$ … 3단계

답 $a=-3$, $b\neq 4$

단계	채점 기준	비율
1단계	일차함수의 식을 정리한 경우	20 %
2단계	a의 조건을 구한 경우	40 %
3단계	b의 조건을 구한 경우	40 %

06

$f(5)=a\times 5-1=-16$, $a=-3$ … 1단계

즉, 일차함수의 식은 $f(x)=-3x-1$

$f(b)=-3\times b-1=5$, $b=-2$ … 2단계

따라서 $a+b=-3+(-2)=-5$ … 3단계

답 -5

단계	채점 기준	비율
1단계	a의 값을 구한 경우	40 %
2단계	b의 값을 구한 경우	50 %
3단계	$a+b$의 값을 구한 경우	10 %

07

일차함수 $y=\frac{a}{3}x-2$의 그래프를 y축의 방향으로 k만큼 평행이동하면

$y=\frac{a}{3}x-2+k$

일차함수 $y=-\frac{5}{3}x+1$의 그래프와 평행하므로

$\frac{a}{3}=-\frac{5}{3}$, $a=-5$ … 1단계

즉, 일차함수의 식은 $y=-\frac{5}{3}x-2+k$

한편, 일차함수 $y=-\frac{3}{4}x-9$에 $y=0$을 대입하면

$0=-\frac{3}{4}x-9$, $x=-12$, 즉 x절편은 -12 … 2단계

$y=-\frac{5}{3}x-2+k$에 $x=-12$, $y=0$을 대입하면

$0=-\frac{5}{3}\times(-12)-2+k$, $k=-18$ … 3단계

따라서 $a-k=-5-(-18)=13$ … 4단계

답 13

단계	채점 기준	비율
1단계	a의 값을 구한 경우	30 %
2단계	일차함수 $y=-\frac{3}{4}x-9$의 그래프의 x절편을 구한 경우	30 %
3단계	k의 값을 구한 경우	30 %
4단계	$a-k$의 값을 구한 경우	10 %

08

두 점 $(-3, 1)$, $(1, 3)$을 지나는 직선의 기울기는

$\frac{3-1}{1-(-3)}=\frac{1}{2}$ … 1단계

두 점 $(1, 3)$, $(7, k)$를 지나는 직선의 기울기는

$\frac{k-3}{7-1}=\frac{k-3}{6}$ … 2단계

기울기가 같으므로

$\frac{k-3}{6}=\frac{1}{2}$, $k-3=3$

따라서 $k=6$ … 3단계

답 6

단계	채점 기준	비율
1단계	두 점 $(-3, 1)$, $(1, 3)$을 지나는 직선의 기울기를 구한 경우	40 %
2단계	두 점 $(1, 3)$, $(7, k)$를 지나는 직선의 기울기를 구한 경우	30 %
3단계	k의 값을 구한 경우	30 %

09

일차함수 $y=ax-b$의 그래프에서

(기울기)$=a>0$

(y절편)$=-b<0$, 즉 $b>0$ … 1단계

일차함수 $y=-\frac{a}{b}x+a$의 그래프에서

(기울기)$=-\frac{a}{b}<0$, (y절편)$=a>0$ … 2단계

즉, 제1, 2, 4사분면을 지난다.

따라서 제3사분면을 지나지 않는다. … 3단계

답 제3사분면

단계	채점 기준	비율
1단계	상수 a, b의 부호를 각각 구한 경우	40 %
2단계	일차함수 $y=-\frac{a}{b}x+a$의 그래프의 기울기와 y절편의 부호를 각각 구한 경우	30 %
3단계	일차함수 $y=-\frac{a}{b}x+a$의 그래프가 지나지 않는 사분면을 구한 경우	30 %

10

기울기가 $-\frac{5}{4}$이므로 일차함수의 식을 $y=-\frac{5}{4}x+k$라고 놓자.

이 식에 $x=-8$, $y=6$을 대입하면

$6=-\frac{5}{4}\times(-8)+k$, $k=-4$

즉, 구하는 일차함수의 식은 $y=-\frac{5}{4}x-4$ … 1단계

$y=-\frac{5}{4}x-4$에 $x=a$, $y=1$을 대입하면

$1=-\frac{5}{4}\times a-4$, $a=-4$ … 2단계

$y=-\frac{5}{4}x-4$에 $x=12$, $y=b$를 대입하면

$b=-\frac{5}{4}\times 12-4=-19$ … 3단계

따라서 $2a-b=2\times(-4)-(-19)=11$ … 4단계

답 11

단계	채점 기준	비율
1단계	일차함수의 식을 구한 경우	30 %
2단계	a의 값을 구한 경우	30 %
3단계	b의 값을 구한 경우	30 %
4단계	$2a-b$의 값을 구한 경우	10 %

11

두 점 $(-1, 10)$, $(3, 0)$을 지나는 직선의 기울기는

$\frac{0-10}{3-(-1)}=-\frac{5}{2}$ … 1단계

구하는 일차함수의 식을 $y=-\frac{5}{2}x+n$이라고 놓자.

이 식에 $x=2$, $y=-2$를 대입하면

$-2=-\frac{5}{2}\times 2+n$, $n=3$ … 2단계

즉, 일차함수의 식은 $y=-\frac{5}{2}x+3$

$y=-\frac{5}{2}x+3$에 $y=0$을 대입하면

$0=-\frac{5}{2}x+3$, $x=\frac{6}{5}$, 즉 $m=\frac{6}{5}$ … 3단계

따라서 $5m+n=5\times\frac{6}{5}+3=9$ … 4단계

답 9

단계	채점 기준	비율
1단계	두 점 $(-1, 10)$, $(3, 0)$을 지나는 직선의 기울기를 구한 경우	30 %
2단계	n의 값을 구한 경우	30 %
3단계	m의 값을 구한 경우	30 %
4단계	$5m+n$의 값을 구한 경우	10 %

12

$y=x+10$에

$y=0$을 대입하면 $0=x+10$, $x=-10$

즉, $B(-10, 0)$

$x=0$을 대입하면 $y=0+10=10$

즉, $A(0, 10)$ … 1단계

$\triangle ABC$의 넓이가 20이므로

$\frac{1}{2}\times\overline{AC}\times 10=20$, $\overline{AC}=4$, 즉 $C(0, 6)$ … 2단계

즉, $b=6$

두 점 $(-10, 0)$, $(0, 6)$을 지나는 직선의 기울기는

$a=\frac{6-0}{0-(-10)}=\frac{3}{5}$ … 3단계

따라서 $10a+b=10\times\frac{3}{5}+6=12$ … 4단계

답 12

단계	채점 기준	비율
1단계	두 점 A, B의 좌표를 각각 구한 경우	30 %
2단계	점 C의 좌표를 구한 경우	30 %
3단계	a, b의 값을 각각 구한 경우	30 %
4단계	$10a+b$의 값을 구한 경우	10 %

13

두 점 $(-9, 2)$, $(-3, -2)$를 지나는 일차함수의 그래프의 기울기는

$a=\frac{-2-2}{-3-(-9)}=-\frac{2}{3}$ … 1단계

구하는 일차함수의 식을 $y=-\frac{2}{3}x+b$라고 놓자.

이 식에 $x=-3$, $y=-2$를 대입하면

$-2=-\frac{2}{3}\times(-3)+b$, $b=-4$

즉, 일차함수의 식은 $y=-\frac{2}{3}x-4$ … 2단계

이 식에 $x=k$, $y=0$을 대입하면

$0=-\frac{2}{3}\times k-4$, $k=-6$ … 3단계

따라서 $3a-2k=3\times\left(-\frac{2}{3}\right)-2\times(-6)=10$ … 4단계

답 10

단계	채점 기준	비율
1단계	두 점 $(-9, 2)$, $(-3, -2)$를 지나는 일차함수의 그래프의 기울기를 구한 경우	20 %
2단계	일차함수의 식을 구한 경우	30 %
3단계	k의 값을 구한 경우	30 %
4단계	$3a-2k$의 값을 구한 경우	20 %

14

기울기가 같으므로

$-2=a+3$, $a=-5$ … 1단계

y절편도 같으므로

$a-2b=7$, $-5-2b=7$, $b=-6$ … 2단계

따라서 $a+b=-5+(-6)=-11$ … 3단계

답 -11

단계	채점 기준	비율
1단계	a의 값을 구한 경우	40 %
2단계	b의 값을 구한 경우	40 %
3단계	$a+b$의 값을 구한 경우	20 %

15

15분 동안 20 ℃ 내려갔으므로 기울기는

$\frac{-20}{15}=-\frac{4}{3}$ … 1단계

즉, x와 y 사이의 관계식은 $y=-\frac{4}{3}x+80$ … 2단계

이 식에 $y=40$을 대입하면

$40=-\frac{4}{3}x+80$, $\frac{4}{3}x=40$, $x=30$

따라서 물의 온도가 40 ℃가 되는 것은 실온에 둔 지 30분 후이다. … 3단계

답 $y=-\frac{4}{3}x+80$, 30분 후

단계	채점 기준	비율
1단계	기울기를 구한 경우	30 %
2단계	x와 y 사이의 관계식을 구한 경우	30 %
3단계	물의 온도가 40 ℃가 되는 것은 실온에 둔 지 몇 분 후인지 구한 경우	40 %

16

점 P는 1초에 $\frac{1}{4}$ cm씩 움직이므로 x초 후의 $\overline{CP}$의 길이는

$\overline{CP}=\left(10-\frac{1}{4}x\right)$ cm … 1단계

즉, x와 y 사이의 관계식은

$y=\frac{1}{2}\times\left\{10+\left(10-\frac{1}{4}x\right)\right\}\times16=-2x+160$ … 2단계

이 식에 $x=10$을 대입하면

$y=-2\times10+160=140$

따라서 10초 후의 사각형 ABCP의 넓이는 140 cm²이다. … 3단계

답 $y=-2x+160$, 140 cm²

단계	채점 기준	비율
1단계	$\overline{CP}$의 길이를 일차식으로 나타낸 경우	30 %
2단계	x와 y 사이의 관계식을 구한 경우	50 %
3단계	10초 후의 사각형 ABCP의 넓이를 구한 경우	20 %

17

일차함수 $y=ax+b$의 그래프를 y축의 방향으로 -3만큼 평행이동하면

$y=ax+b-3$

일차함수 $y=ax+b-3$의 그래프를 y축의 방향으로 -5만큼 평행이동하면

$y=ax+b-3-5$, $y=ax+b-8$ … 1단계

$y=ax+b-3$에 $x=-2$, $y=5$를 대입하면

$5=a\times(-2)+b-3$, $2a-b=-8$

$y=ax+b-8$에 $x=3$, $y=-5$를 대입하면

$-5=a\times3+b-8$, $3a+b=3$

$\begin{cases}2a-b=-8\\3a+b=3\end{cases}$을 연립하여 풀면

$a=-1$, $b=6$ … 2단계

따라서 $b-a=6-(-1)=7$ … 3단계

답 7

단계	채점 기준	비율
1단계	일차함수의 그래프를 평행이동한 직선을 그래프로 하는 일차함수의 식을 각각 구한 경우	40 %
2단계	a, b의 값을 각각 구한 경우	40 %
3단계	$b-a$의 값을 구한 경우	20 %

18

두 일차함수 $y=-\frac{1}{2}x+1$, $y=ax+b$의 그래프가 평행하므로

$a=-\frac{1}{2}$ … 1단계

$y=-\frac{1}{2}x+1$에 $y=0$을 대입하면

$0=-\frac{1}{2}x+1$, $x=2$

즉, 점 A의 좌표는 $(2, 0)$

$y=-\frac{1}{2}x+b$에 $y=0$을 대입하면

$0=-\frac{1}{2}x+b$, $x=2b$

즉, 점 B의 좌표는 $(2b, 0)$ … 2단계

$\overline{AB}=3$이므로 $|2b-2|=3$

(i) $2b-2=-3$일 때, $b=-\frac{1}{2}$

즉, $4a+2b=4\times\left(-\frac{1}{2}\right)+2\times\left(-\frac{1}{2}\right)=-3$

(ii) $2b-2=3$일 때, $b=\frac{5}{2}$

즉, $4a+2b=4\times\left(-\frac{1}{2}\right)+2\times\frac{5}{2}=3$

따라서 $4a+2b$의 값은 -3, 3이다. … 3단계

답 -3, 3

단계	채점 기준	비율
1단계	a의 값을 구한 경우	20 %
2단계	두 점 A, B의 좌표를 각각 구한 경우	40 %
3단계	$4a+2b$의 값을 모두 구한 경우	40 %

19

$y=\frac{4}{3}x+m$에 $y=0$을 대입하면

$0=\frac{4}{3}x+m$, $x=-\frac{3}{4}m$

즉, 점 B의 좌표는 $\left(-\frac{3}{4}m,\ 0\right)$ … 1단계

$y=-\frac{1}{3}x+m$에 $y=0$을 대입하면

$0=-\frac{1}{3}x+m$, $x=3m$

즉, 점 C의 좌표는 $(3m,\ 0)$ … 2단계

$\overline{OA}=m$, $\overline{BC}=3m-\left(-\frac{3}{4}m\right)=\frac{15}{4}m$이므로

$\frac{15}{4}m-m=11$, $m=4$ … 3단계

따라서 $A(0,\ 4)$, $B(-3,\ 0)$, $C(12,\ 0)$이므로 삼각형 ABC의 넓이는

$\frac{1}{2}\times15\times4=30$ … 4단계

답 30

단계	채점 기준	비율
1단계	점 B의 좌표를 m의 식으로 나타낸 경우	20 %
2단계	점 C의 좌표를 m의 식으로 나타낸 경우	20 %
3단계	m의 값을 구한 경우	30 %
4단계	삼각형 ABC의 넓이를 구한 경우	30 %

20

두 일차함수의 그래프가 서로 일치하므로

$3a-b=-4$, $a+12=-(a-2b)$

즉, $\begin{cases}3a-b=-4\\a-b=-6\end{cases}$ … 1단계

연립하여 풀면

$a=1$, $b=7$ … 2단계

따라서 $b-2a=7-2\times1=5$ … 3단계

답 5

단계	채점 기준	비율
1단계	a와 b 사이의 관계식을 모두 세운 경우	40 %
2단계	a, b의 값을 각각 구한 경우	40 %
3단계	$b-2a$의 값을 구한 경우	20 %

21

x시간 동안 달린 거리는 지수는 $48x$ km, 삼촌은 $42x$ km이므로 x와 y 사이의 관계식은

$y=280-(48x+42x)$, $y=-90x+280$ … 1단계

$y=-90x+280$에 $y=160$을 대입하면

$160=-90x+280$, $90x=120$, $x=\frac{4}{3}$

즉, 지수와 삼촌이 160 km 떨어진 곳에 있게 되는 것은 출발한 지 $\frac{4}{3}$시간, 즉 1시간 20분 후이다. … 2단계

따라서 오전 10시 20분이다. … 3단계

답 $y=-90x+280$, 오전 10시 20분

단계	채점 기준	비율
1단계	x와 y 사이의 관계식을 구한 경우	40 %
2단계	몇 시간 후에 주어진 위치에 있게 되는지 구한 경우	40 %
3단계	주어진 위치에 있게 되는 시각을 구한 경우	20 %

22

5분 동안 수조의 물의 높이가 10 cm 낮아졌으므로 기울기는

$\frac{-10}{5}=-2$ … 1단계

구하는 일차함수의 식을 $y=-2x+b$라고 놓자.

5분 동안 물을 뺀 후 수조의 물의 높이는 50 cm였으므로

$y=-2x+b$에 $x=5$, $y=50$을 대입하면

$50=-2\times5+b$, $b=60$

즉, $y=-2x+60$ … 2단계

이 식에 $y=0$을 대입하면

$0=-2x+60$, $2x=60$, $x=30$

따라서 수조를 다 비울 때까지 30분이 걸린다. … 3단계

답 $y=-2x+60$, 30분

단계	채점 기준	비율
1단계	기울기를 구한 경우	30 %
2단계	x와 y 사이의 관계식을 구한 경우	40 %
3단계	수조를 다 비울 때까지 걸리는 시간을 구한 경우	30 %

Ⅲ-2 일차함수와 일차방정식의 관계 본문 48~51쪽

01 풀이 참조 **02** 풀이 참조 **03** 풀이 참조
04 풀이 참조 **05** 10 **06** 3 **07** -2 **08** 12
09 제1사분면 **10** -7 **11** $-\frac{2}{5}$ **12** $\frac{25}{2}$ **13** $\frac{4}{5}$ **14** 10
15 33 **16** 14 **17** 6 **18** 제2, 3, 4사분면 **19** -2
20 -3 **21** $\frac{75}{4}$ **22** $y=x+2$

01

$4x+ay-2b=0$에서 $y=-\frac{4}{a}x+\boxed{\frac{2b}{a}}$

기울기가 $-\frac{2}{3}$이므로

$-\frac{4}{a}=\boxed{-\frac{2}{3}}$, $a=\boxed{6}$ … 1단계

y절편이 $\frac{5}{3}$이므로

$\boxed{\frac{2b}{6}}=\frac{5}{3}$, $b=\boxed{5}$ … 2단계

따라서 $a+b=6+5=\boxed{11}$ … 3단계

답 풀이 참조

단계	채점 기준	비율
1단계	a의 값을 구한 경우	40 %
2단계	b의 값을 구한 경우	40 %
3단계	$a+b$의 값을 구한 경우	20 %

02

x축에 평행하고 점 $(-3,\ -2)$를 지나는 직선의 방정식은

$y=\boxed{-2}$이고 … 1단계

$\boxed{-2}y-4=0$이므로

$a-2=\boxed{0}$, $a=\boxed{2}$ … 2단계

$b+3=\boxed{-2}$, $b=\boxed{-5}$ … 3단계

따라서 $3a+2b=3\times2+2\times(-5)=\boxed{-4}$ … 4단계

답 풀이 참조

단계	채점 기준	비율
1단계	x축에 평행하고 점 $(-3,\ -2)$를 지나는 직선의 방정식을 세운 경우	30 %
2단계	a의 값을 구한 경우	30 %
3단계	b의 값을 구한 경우	30 %
4단계	$3a+2b$의 값을 구한 경우	10 %

03

두 일차방정식의 그래프의 교점이 $(4,\ 2)$이므로

연립방정식 $\begin{cases} ax-3y=10 \\ x+by=6 \end{cases}$의 해는 $x=4$, $y=2$이다.

$ax-3y=10$에 $x=\boxed{4}$, $y=\boxed{2}$를 대입하면

$a\times\boxed{4}-3\times\boxed{2}=10$, $a=\boxed{4}$ … 1단계

$x+by=6$에 $x=\boxed{4}$, $y=\boxed{2}$를 대입하면

$\boxed{4}+b\times\boxed{2}=6$, $b=\boxed{1}$ … 2단계

따라서 $b-a=1-4=\boxed{-3}$ … 3단계

답 풀이 참조

단계	채점 기준	비율
1단계	a의 값을 구한 경우	40 %
2단계	b의 값을 구한 경우	40 %
3단계	$b-a$의 값을 구한 경우	20 %

04

$\begin{cases} ax+2y=10 \\ 4x-3y=b \end{cases}$에서 $\begin{cases} y=\boxed{-\frac{a}{2}}x+5 \\ y=\frac{4}{3}x-\boxed{\frac{b}{3}} \end{cases}$

두 일차방정식의 그래프의 기울기가 같으므로

$\boxed{-\frac{a}{2}}=\frac{4}{3}$, $a=\boxed{-\frac{8}{3}}$ … 1단계

y절편도 같으므로

$5=\boxed{-\frac{b}{3}}$, $b=\boxed{-15}$ … 2단계

따라서 $3a-b=3\times\left(-\frac{8}{3}\right)-(-15)=\boxed{7}$ … 3단계

답 풀이 참조

단계	채점 기준	비율
1단계	a의 값을 구한 경우	40 %
2단계	b의 값을 구한 경우	40 %
3단계	$3a-b$의 값을 구한 경우	20 %

05

$-6x+ay-3b=0$, $y=\frac{6}{a}x+\frac{3b}{a}$의 그래프의 기울기가 $\frac{3}{4}$이므로

$\frac{6}{a}=\frac{3}{4}$, $a=8$ … 1단계

$y=\frac{3}{4}x+\frac{3b}{8}$에 $x=1$, $y=0$을 대입하면

$0=\frac{3}{4}\times1+\frac{3b}{8}$, $\frac{3}{8}b=-\frac{3}{4}$, $b=-2$ … 2단계

따라서 $a-b=8-(-2)=10$ … 3단계

답 10

단계	채점 기준	비율
1단계	a의 값을 구한 경우	40 %
2단계	b의 값을 구한 경우	40 %
3단계	$a-b$의 값을 구한 경우	20 %

06

두 점 $(-4,\ 0)$, $(0,\ -2)$를 지나는 직선의 기울기는

$\frac{-2-0}{0-(-4)}=-\frac{1}{2}$이고 y절편은 -2이므로 일차함수의 식은

$y=-\frac{1}{2}x-2$ … 1단계

$y=-\frac{1}{2}x-2$의 그래프를 y축의 방향으로 -2만큼 평행이동하면

$y=-\frac{1}{2}x-2-2$, $y=-\frac{1}{2}x-4$ … 2단계

한편, $ax-10y-5b=0$에서 $y=\frac{a}{10}x-\frac{b}{2}$이므로

$\frac{a}{10}=-\frac{1}{2}$, $a=-5$

$-\frac{b}{2}=-4$, $b=8$ … 3단계

따라서 $a+b=-5+8=3$ … 4단계

답 3

단계	채점 기준	비율
1단계	일차함수의 식을 구한 경우	30 %
2단계	평행이동한 직선을 그래프로 하는 일차함수의 식을 구한 경우	30 %
3단계	a, b의 값을 각각 구한 경우	30 %
4단계	$a+b$의 값을 구한 경우	10 %

07

$ax+4y+12=0$에

$y=0$을 대입하면 $ax+4\times0+12=0$, $x=-\frac{12}{a}$

즉, x절편은 $-\frac{12}{a}>0$

$x=0$을 대입하면 $a\times0+4y+12=0$, $y=-3$

즉, y절편은 -3 … 1단계

$ax+4y+12=0$의 그래프의 x절편이 양수이므로 다음 그림과 같다.

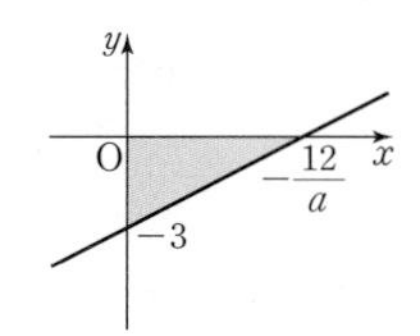

이 그래프와 x축, y축으로 둘러싸인 삼각형의 넓이가 9이므로

$\frac{1}{2}\times\left(-\frac{12}{a}\right)\times3=9$, $-\frac{12}{a}=6$ … 2단계

따라서 $a=-2$ … 3단계

답 -2

단계	채점 기준	비율
1단계	일차방정식 $ax+4y+12=0$의 그래프의 x절편, y절편을 각각 구한 경우	30 %
2단계	넓이를 이용하여 등식을 세운 경우	40 %
3단계	a의 값을 구한 경우	30 %

08

두 점 $(-1, 5)$, $(1, 1)$을 지나는 직선의 기울기는

$\frac{1-5}{1-(-1)}=-2$이므로 일차함수의 식을 $y=-2x+k$라고 놓자.

이 식에 $x=-2$, $y=-2$를 대입하면

$-2=-2\times(-2)+k$, $k=-6$

즉, 일차함수의 식은 $y=-2x-6$ … 1단계

한편, $(2a-1)x-2y+3-b=0$에서 $y=\frac{2a-1}{2}x+\frac{3-b}{2}$

$\frac{2a-1}{2}=-2$, $a=-\frac{3}{2}$ … 2단계

$\frac{3-b}{2}=-6$, $b=15$ … 3단계

따라서 $2a+b=2\times\left(-\frac{3}{2}\right)+15=12$ … 4단계

답 12

단계	채점 기준	비율
1단계	일차함수의 식을 구한 경우	30 %
2단계	a의 값을 구한 경우	30 %
3단계	b의 값을 구한 경우	30 %
4단계	$2a+b$의 값을 구한 경우	10 %

09

점 (ab, a)가 제3사분면 위의 점이므로

$ab<0$, $a<0$, 즉 $b>0$ … 1단계

$ax-by+a-b=0$에서 $y=\frac{a}{b}x+\frac{a-b}{b}$

기울기는 $\frac{a}{b}<0$ … 2단계

$a-b<0$, $b>0$이므로 y절편 $\frac{a-b}{b}<0$ … 3단계

따라서 제2, 3, 4사분면을 지나므로 제1사분면을 지나지 않는다. … 4단계

답 제1사분면

단계	채점 기준	비율
1단계	a, b의 부호를 각각 구한 경우	40 %
2단계	일차방정식의 그래프의 기울기의 부호를 구한 경우	20 %
3단계	일차방정식의 그래프의 y절편의 부호를 구한 경우	20 %
4단계	일차방정식 $ax-by+a-b=0$의 그래프가 지나지 않는 사분면을 구한 경우	20 %

10

$5x+2y+6=0$에 $x=k$, $y=3-k$를 대입하면

$5\times k+2(3-k)+6=0$, $3k=-12$, $k=-4$ … 1단계

점 $(-4, 7)$을 지나고 y축에 평행한 직선의 방정식은

$x=-4$, 즉 $-3x-12=0$이므로 … 2단계

$a=-3$, $b=0$ … 3단계

따라서 $a-b+k=-3-0+(-4)=-7$ … 4단계

답 -7

단계	채점 기준	비율
1단계	k의 값을 구한 경우	30 %
2단계	주어진 점을 지나고 y축에 평행한 직선의 방정식을 구한 경우	30 %
3단계	a, b의 값을 각각 구한 경우	30 %
4단계	$a-b+k$의 값을 구한 경우	10 %

11

$ax-2y+12=0$에서 $y=\frac{a}{2}x+6$

y절편은 6 … 1단계

$y=\frac{a}{2}x+6$에 $x=10$을 대입하면

$y=\frac{a}{2}\times10+6=5a+6$이므로

선분 AB와의 교점의 좌표는 $(10,\ 5a+6)$ … 2단계

다음 그림과 같은 직선에 의해서 나누어진 아랫 부분의 사다리꼴의 넓이는 $\frac{1}{2}\times100=50$이므로

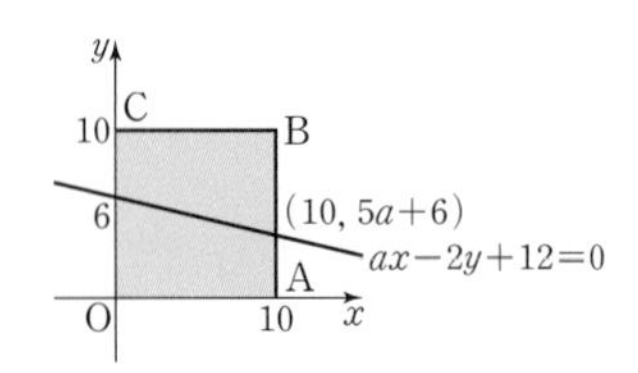

$\frac{1}{2}\times(6+5a+6)\times10=50$ … 3단계

$25a+60=50$

따라서 $a=-\frac{2}{5}$ … 4단계

답 $-\frac{2}{5}$

단계	채점 기준	비율
1단계	$ax-2y+12=0$의 그래프의 y절편을 구한 경우	20 %
2단계	직선과 선분 AB와의 교점의 좌표를 구한 경우	30 %
3단계	a에 대한 방정식을 세운 경우	30 %
4단계	a의 값을 구한 경우	20 %

12

두 직선 $x=5$, $y=6$의 교점의 좌표는 $(5,\ 6)$ … 1단계

$x+y=6$에 $x=5$를 대입하면

$5+y=6$, $y=1$이므로

두 직선 $x=5$와 $x+y=6$의 교점의 좌표는 $(5,\ 1)$ … 2단계

$x+y=6$에 $y=6$을 대입하면

$x+6=6$, $x=0$이므로

두 직선 $y=6$과 $x+y=6$의 교점의 좌표는 $(0,\ 6)$ … 3단계

즉, 세 직선은 다음 그림과 같다.

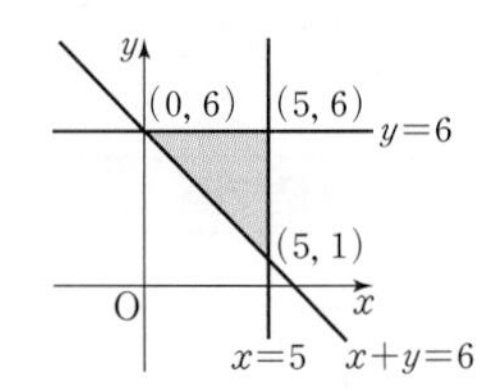

따라서 세 직선으로 둘러싸인 도형의 넓이는

$\frac{1}{2}\times5\times5=\frac{25}{2}$ … 4단계

답 $\frac{25}{2}$

단계	채점 기준	비율
1단계	두 직선 $x=5$, $y=6$의 교점의 좌표를 구한 경우	20 %
2단계	두 직선 $x=5$와 $x+y=6$의 교점의 좌표를 구한 경우	30 %
3단계	두 직선 $y=6$과 $x+y=6$의 교점의 좌표를 구한 경우	30 %
4단계	세 직선으로 둘러싸인 도형의 넓이를 구한 경우	20 %

13

연립방정식 $\begin{cases}2x-5y=-2\\x+2y=8\end{cases}$의 해가 $x=4$, $y=2$

두 직선의 교점의 좌표는 $(4,\ 2)$이다. … 1단계

$3x+ay+8=0$에 $x=4$, $y=2$를 대입하면

$3\times4+a\times2+8=0$, $a=-10$ … 2단계

즉, $3x-10y+8=0$에서 $y=\frac{3}{10}x+\frac{4}{5}$이므로

이 일차방정식의 그래프의 y절편은 $\frac{4}{5}$이다. … 3단계

답 $\frac{4}{5}$

단계	채점 기준	비율
1단계	두 직선의 교점의 좌표를 구한 경우	40 %
2단계	a의 값을 구한 경우	30 %
3단계	일차방정식 $3x+ay+8=0$의 그래프의 y절편을 구한 경우	30 %

14

$x+2y-2=0$에 $x=-2$, $y=k$를 대입하면

$-2+2\times k-2=0$, $k=2$ … 1단계

$ax-2y-12=0$에 $x=-2$, $y=2$를 대입하면

$a\times(-2)-2\times2-12=0$, $a=-8$ … 2단계

따라서 $k-a=2-(-8)=10$ … 3단계

답 10

단계	채점 기준	비율
1단계	k의 값을 구한 경우	40 %
2단계	a의 값을 구한 경우	40 %
3단계	$k-a$의 값을 구한 경우	20 %

15

연립방정식 $\begin{cases}3x-4y=-12\\2x+y=14\end{cases}$의 해는 $x=4$, $y=6$이므로

교점의 좌표는 $(4,\ 6)$이다. 즉, $\mathrm{A}(4,\ 6)$ … 1단계

$3x-4y=-12$, $y=\frac{3}{4}x+3$에서 x절편은 -4, 즉 $\mathrm{B}(-4,\ 0)$

… 2단계

$2x+y=14$에서 x절편은 7, 즉 C(7, 0) … 3단계

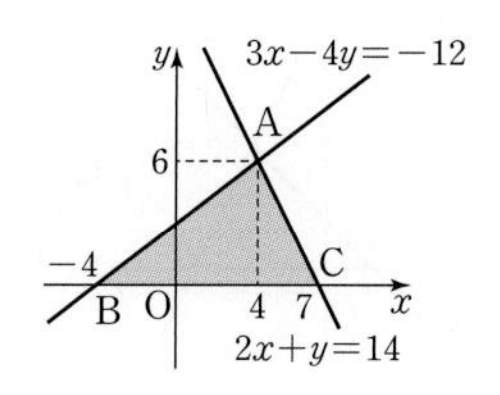

따라서 삼각형 ABC의 넓이는

$\frac{1}{2}\times11\times6=33$ … 4단계

답 33

단계	채점 기준	비율
1단계	두 일차방정식 $3x-4y=-12$, $2x+y=14$의 그래프의 교점을 구한 경우	30 %
2단계	일차방정식 $3x-4y=-12$의 x절편을 구한 경우	30 %
3단계	일차방정식 $2x+y=14$의 x절편을 구한 경우	20 %
4단계	삼각형 ABC의 넓이를 구한 경우	20 %

16

$5x-3y=b$에서 $y=\frac{5}{3}x-\frac{b}{3}$

$ax+2y=4$에서 $y=-\frac{a}{2}+2$

두 직선의 기울기가 같으므로

$\frac{5}{3}=-\frac{a}{2}$, $a=-\frac{10}{3}$ … 1단계

두 직선의 y절편도 같으므로

$-\frac{b}{3}=2$, $b=-6$ … 2단계

따라서 $b-6a=-6-6\times\left(-\frac{10}{3}\right)=14$ … 3단계

답 14

단계	채점 기준	비율
1단계	a의 값을 구한 경우	40 %
2단계	b의 값을 구한 경우	40 %
3단계	$b-6a$의 값을 구한 경우	20 %

17

$(a-3b)x-y+2a=0$, $y=(a-3b)x+2a$의 그래프를 y축의 방향으로 -3만큼 평행이동하면

$y=(a-3b)x+2a-3$ … 1단계

y절편이 5이므로

$2a-3=5$, $a=4$ … 2단계

기울기가 -2이므로

$a-3b=-2$, $4-3b=-2$, $b=2$ … 3단계

따라서 $a+b=4+2=6$ … 4단계

답 6

단계	채점 기준	비율
1단계	일차방정식을 y에 대하여 정리한 경우	30 %
2단계	a의 값을 구한 경우	30 %
3단계	b의 값을 구한 경우	30 %
4단계	$a+b$의 값을 구한 경우	10 %

18

$-5x+(a-b)y+ab=0$, $y=\frac{5}{a-b}x-\frac{ab}{a-b}$의 그래프가 제2, 3, 4사분면을 지난다.

(기울기)$=\frac{5}{a-b}<0$이므로 $a-b<0$, $a<b$

(y절편)$=-\frac{ab}{a-b}<0$, $ab<0$이므로 a와 b의 부호가 서로 다르다.

즉, $a<0$, $b>0$ … 1단계

$ax-by+a-b=0$, $y=\frac{a}{b}x+\frac{a-b}{b}$의 그래프에서

(기울기)$=\frac{a}{b}<0$ … 2단계

(y절편)$=\frac{a-b}{b}<0$ … 3단계

따라서 일차함수 $y=\frac{a}{b}x+\frac{a-b}{b}$의 그래프는 제2, 3, 4사분면을 지난다. … 4단계

답 제2, 3, 4사분면

단계	채점 기준	비율
1단계	a, b의 부호를 각각 구한 경우	40 %
2단계	$ax-by+a-b=0$의 그래프의 기울기의 부호를 구한 경우	20 %
3단계	$ax-by+a-b=0$의 그래프의 y절편의 부호를 구한 경우	20 %
4단계	$ax-by+a-b=0$의 그래프가 지나는 사분면을 모두 구한 경우	20 %

19

x축에 평행한 직선이므로

$-12=3a$, $a=-4$ … 1단계

즉, 직선의 방정식은 $y=-12$이고

$6a=-24$이므로 $-2y-24=0$이다. … 2단계

즉, $m=0$, $n=-2$ … 3단계

따라서 $a-m-n=-4-0-(-2)=-2$ … 4단계

답 −2

단계	채점 기준	비율
1단계	a의 값을 구한 경우	30 %
2단계	직선의 방정식을 구한 경우	20 %
3단계	m, n의 값을 각각 구한 경우	30 %
4단계	$a-m-n$의 값을 구한 경우	20 %

20

연립방정식 $\begin{cases} 3x+2y=6 \\ 4x+3y=6 \end{cases}$의 해가 $x=6$, $y=-6$이므로

두 직선 $3x+2y=6$, $4x+3y=6$의 교점의 좌표는 $(6,\ -6)$

연립방정식 $\begin{cases} 2x+3y=-5 \\ 3x-5y=21 \end{cases}$의 해가 $x=2$, $y=-3$이므로

두 직선 $2x+3y=-5$, $3x-5y=21$의 교점의 좌표는

$(2,\ -3)$ … 1단계

두 점 $(6,\ -6)$, $(2,\ -3)$을 지나는 직선의 기울기는

$\dfrac{-3-(-6)}{2-6}=-\dfrac{3}{4}$이므로 일차함수의 식을

$y=-\dfrac{3}{4}x+k$라고 놓자.

이 식에 $x=2$, $y=-3$을 대입하면

$-3=-\dfrac{3}{4}\times 2+k$, $k=-\dfrac{3}{2}$

즉, 일차함수의 식은 $y=-\dfrac{3}{4}x-\dfrac{3}{2}$ … 2단계

한편, $ax+4y-b=0$, $y=-\dfrac{a}{4}x+\dfrac{b}{4}$이므로

$-\dfrac{a}{4}=-\dfrac{3}{4}$, $a=3$

$\dfrac{b}{4}=-\dfrac{3}{2}$, $b=-6$ … 3단계

따라서 $a+b=3+(-6)=-3$ … 4단계

답 -3

단계	채점 기준	비율
1단계	두 교점의 좌표를 각각 구한 경우	30 %
2단계	두 교점을 지나는 직선을 그래프로 하는 일차함수의 식을 구한 경우	30 %
3단계	a, b의 값을 각각 구한 경우	30 %
4단계	$a+b$의 값을 구한 경우	10 %

21

연립방정식 $\begin{cases} -x+y=3 \\ 2x+y-12=0 \end{cases}$의 해가 $x=3$, $y=6$이므로

두 직선 $-x+y=3$, $2x+y-12=0$의 교점의 좌표는 $(3,\ 6)$ … 1단계

$-x+y=3$에 $y=1$을 대입하면

$-x+1=3$, $x=-2$

즉, 두 직선 $-x+y=3$, $y=1$의 교점의 좌표는 $(-2,\ 1)$ … 2단계

$2x+y-12=0$에 $y=1$을 대입하면

$2x+1-12=0$, $x=\dfrac{11}{2}$

즉, 두 직선 $2x+y-12=0$, $y=1$의 교점의 좌표는 $\left(\dfrac{11}{2},\ 1\right)$ … 3단계

즉, 세 직선은 다음 그림과 같다.

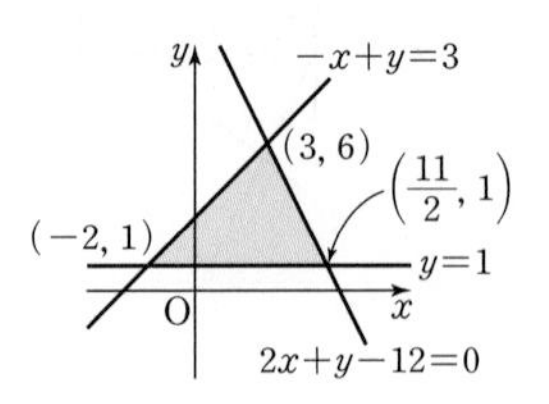

따라서 세 직선으로 둘러싸인 도형의 넓이는

$\dfrac{1}{2}\times\dfrac{15}{2}\times 5=\dfrac{75}{4}$ … 4단계

답 $\dfrac{75}{4}$

단계	채점 기준	비율
1단계	두 직선 $-x+y=3$, $2x+y-12=0$의 교점의 좌표를 구한 경우	30 %
2단계	두 직선 $-x+y=3$, $y=1$의 교점의 좌표를 구한 경우	20 %
3단계	두 직선 $2x+y-12=0$, $y=1$의 교점의 좌표를 구한 경우	20 %
4단계	세 직선으로 둘러싸인 도형의 넓이를 구한 경우	30 %

22

연립방정식 $\begin{cases} 2x-y=-1 \\ x-2y=-5 \end{cases}$의 해가 $x=1$, $y=3$이므로

교점의 좌표는 $(1,\ 3)$이다. 즉, $\mathrm{P}(1,\ 3)$ … 1단계

점 A는 일차방정식 $2x-y+1=0$의 그래프 위의 점이므로

점 A의 x좌표를 a라고 하면 $\mathrm{A}(a,\ 2a+1)$이고,

정사각형 ABCD에서 $\overline{\mathrm{AB}}=3$, $\overline{\mathrm{BC}}=3$이므로

$\mathrm{B}(a,\ 2a-2)$, $\mathrm{C}(a+3,\ 2a-2)$

점 $\mathrm{C}(a+3,\ 2a-2)$는 일차방정식 $x-2y+5=0$의 그래프 위의 점이므로

$a+3-2(2a-2)+5=0$, $-3a+12=0$, $a=4$

즉, $\mathrm{B}(4,\ 6)$ … 2단계

두 점 $\mathrm{P}(1,\ 3)$, $\mathrm{B}(4,\ 6)$을 지나는 직선의 기울기는

$\dfrac{6-3}{4-1}=1$이므로 일차함수의 식을 $y=x+b$라고 놓자.

이 식에 $x=1$, $y=3$을 대입하면

$3=1+b$, $b=2$

따라서 구하는 일차함수의 식은 $y=x+2$ … 3단계

답 $y=x+2$

단계	채점 기준	비율
1단계	점 P의 좌표를 구한 경우	30 %
2단계	점 B의 좌표를 구한 경우	40 %
3단계	일차함수의 식을 구한 경우	30 %

대단원 실전 테스트

I. 수와 식의 계산 1회

본문 52~55쪽

01 ②	**02** 50.045	**03** ③	**04** ②, ③	**05** ②		
06 ④	**07** ③	**08** 14	**09** ④	**10** ⑤	**11** ②	**12** 92
13 4	**14** ④	**15** ③	**16** ④	**17** ④	**18** ⑤	**19** ③
20 ④	**21** ⑤	**22** $5a^2b$	**23** ③	**24** ①	**25** 9	**26** ④
27 $-4x^2-21x+16$		**28** ③				

01
순환마디의 숫자의 개수가 3개이고, $20=1+3\times6+1$이므로 소수점 아래 20번째 자리의 숫자는 2이다.

답 ②

02
$\frac{9}{2^3\times5^2}=\frac{9\times5}{2^3\times5^2\times5}=\frac{45}{1000}=0.045$
따라서 $A=5$, $B=45$, $C=0.045$이므로
$A+B+C=5+45+0.045=50.045$

답 50.045

03
① $\frac{10}{75}=\frac{2}{15}=\frac{2}{3\times5}$는 분모에 소인수 3이 있으므로 유한소수로 나타낼 수 없다.
② $\frac{24}{84}=\frac{2}{7}$는 분모에 소인수 7이 있으므로 유한소수로 나타낼 수 없다.
③ $\frac{45}{120}=\frac{3}{8}=\frac{3}{2^3}$은 분모의 소인수가 2뿐이므로 유한소수로 나타낼 수 있다.
④ $\frac{12}{3^2\times5^3}=\frac{4}{3\times5^3}$는 분모에 소인수 3이 있으므로 유한소수로 나타낼 수 없다.
⑤ $\frac{42}{2^2\times3^2\times7}=\frac{1}{2\times3}$은 분모에 소인수 3이 있으므로 유한소수로 나타낼 수 없다.

답 ③

04
A의 값은 7의 배수이어야 한다.
따라서 A의 값이 될 수 있는 것은 7, 14이다.

답 ②, ③

05
$\frac{7}{32\times x}=\frac{7}{2^5\times x}$이므로 x가 될 수 있는 수는 7, 소인수가 2 또는 5뿐인 수, $7\times$(소인수가 2 또는 5뿐인 수)이다.
따라서 한 자리의 자연수 x는 1, 2, 4, 5, 7, 8의 6개이다.

답 ②

06
$\frac{a}{2^3\times7}$에서 a는 7의 배수이고, $\frac{a}{3\times5^2}$에서 a는 3의 배수이다.
즉, a는 7의 배수이고 3의 배수이므로 a는 21의 배수이다.
따라서 구하는 가장 작은 자연수 a는 21이다.

답 ④

07
$\frac{1}{5}=\frac{12}{60}$, $\frac{5}{12}=\frac{25}{60}$
$60=2^2\times3\times5$이므로 분자가 3의 배수이면 유한소수로 나타낼 수 있다.
12와 25 사이에 있는 수 중에서 3의 배수는 15, 18, 21, 24이므로 구하는 분수의 개수는 4개이다.

답 ③

08
$\frac{x}{72}=\frac{x}{2^3\times3^2}$이므로 x는 9의 배수
$10<x<20$이므로 $x=18$ … 1단계
즉, $\frac{18}{72}=\frac{1}{4}$이므로 $y=4$ … 2단계
따라서 $x-y=18-4=14$ … 3단계

답 14

단계	채점 기준	비율
1단계	x의 값을 구한 경우	40 %
2단계	y의 값을 구한 경우	40 %
3단계	$x-y$의 값을 구한 경우	20 %

09
주어진 순환소수에서 소수점 아래의 부분이 같도록 하는 두 식을 구하면
$1000x=513.\dot{1}\dot{3}$, $10x=5.\dot{1}\dot{3}$
따라서 가장 편리한 식은 ④ $1000x-10x$이다.

답 ④

10
⑤ $\frac{1241}{990}$

답 ⑤

11

① $0.\dot{1}\dot{5}=\frac{15}{99}=\frac{5}{33}$

② $0.\dot{2}0\dot{5}=\frac{205}{999}$

③ $0.1\dot{3}=\frac{13-1}{90}=\frac{12}{90}=\frac{2}{15}$

④ $1.\dot{2}\dot{5}=\frac{125-1}{99}=\frac{124}{99}$

⑤ $2.0\dot{6}=\frac{206-20}{90}=\frac{186}{90}=\frac{31}{15}$

답 ②

12

형우는 분모를 잘못 보았으므로 분자는 제대로 보았다.

$0.0\dot{7}=\frac{7}{90}$이므로 처음 기약분수의 분자는 7

지민이는 분자를 잘못 보았으므로 분모는 제대로 보았다.

$0.\dot{4}\dot{1}=\frac{41}{99}$이므로 처음 기약분수의 분모는 99

즉, 처음 기약분수는 $\frac{7}{99}$이므로 $a=7$, $b=99$

따라서 $b-a=99-7=92$

답 92

13

$0.\dot{4}=\frac{4}{9}$이므로 $a=\frac{9}{4}$

$1.\dot{7}=\frac{16}{9}$이므로 $b=\frac{9}{16}$

따라서 $\frac{a}{b}=a\times\frac{1}{b}=\frac{9}{4}\times\frac{16}{9}=4$

답 4

14

① $\frac{0}{1}=\frac{0}{2}=\frac{0}{3}=\cdots=0$

② 유한소수는 모두 유리수이다.

③ 순환하지 않는 무한소수는 유리수가 아니다.

⑤ 정수가 아닌 모든 유리수는 소수로 나타내면 유한소수 또는 순환소수로 나타내어진다.

답 ④

15

① $x^2\times x^5=x^7$

② $\frac{x^8}{x^2}=x^6$

③ $(-x^2)^5=(-1)^5\times(x^2)^5=-x^{10}$

④ $x^7\div x^7=1$

⑤ $\left(\frac{x^2}{y^3}\right)^4=\frac{(x^2)^4}{(y^3)^4}=\frac{x^8}{y^{12}}$

답 ③

16

$2^x\times 64=2^{10}$에서 $2^x\times 2^6=2^{10}$

$2^{x+6}=2^{10}$

$x+6=10$

$x=4$

또 $3^y\div 3^2=3^8$에서 $3^{y-2}=3^8$

$y-2=8$

$y=10$

따라서 $x+y=4+10=14$

답 ④

17

$3^2\times 3^2\times 3^2=3^4\times 3^2=3^6$

$2^2+2^2=2^2\times 2=2^3$

$4^3+4^3=4^3\times 2=(2^2)^3\times 2=2^6\times 2=2^7$

$3^4+3^4+3^4+3^4=3^4\times 4=3^4\times 2^2$

따라서

$$\frac{3^2\times 3^2\times 3^2}{2^2+2^2}\times\frac{4^3+4^3}{3^4+3^4+3^4+3^4}=\frac{3^6}{2^3}\times\frac{2^7}{3^4\times 2^2}=3^2\times 2^2=36$$

답 ④

18

$8^8=(2^3)^8=2^{24}=(2^4)^6=A^6$

답 ⑤

19

$2^9\times 5^5=2^4\times(2^5\times 5^5)=16\times 10^5$

따라서 $n=7$

답 ③

20

① $2x^3\times(-3x^5)=2\times(-3)\times x^3\times x^5=-6x^8$

② $(x^2)^3\times 4x^5=x^6\times 4x^5=4x^{11}$

③ $18ab\div 6a=18ab\times\frac{1}{6a}=3b$

④ $(2ab^2)^3\div\frac{1}{4}a^2b=8a^3b^6\times\frac{4}{a^2b}=32ab^5$

⑤ $a^3b^2\times(-2a^2b^3)^2=a^3b^2\times 4a^4b^6=4a^7b^8$

답 ④

21

$3a^2b\div\square\times(-4ab^2)^2=4ab^2$에서

$3a^2b\times\frac{1}{\square}\times 16a^2b^4=4ab^2$

$48a^4b^5 \times \dfrac{1}{\square} = 4ab^2$

$\dfrac{1}{\square} = 4ab^2 \div 48a^4b^5 = 4ab^2 \times \dfrac{1}{48a^4b^5} = \dfrac{1}{12a^3b^3}$

따라서 $\square = 12a^3b^3$

답 ⑤

22

원뿔의 높이를 h라고 하면

(원뿔의 부피)$= \dfrac{1}{3} \times \pi \times (3ab^2)^2 \times h = \dfrac{1}{3}\pi \times 9a^2b^4h = 3\pi a^2b^4h$

$3\pi a^2b^4h = 15\pi a^4b^5$에서

$h = 15\pi a^4b^5 \div 3\pi a^2b^4$

$= 15\pi a^4b^5 \times \dfrac{1}{3\pi a^2b^4} = 5a^2b$

따라서 원뿔의 높이는 $5a^2b$이다.

답 $5a^2b$

23

$6x-4y+5-2(x-3y+4)$

$=6x-4y+5-2x+6y-8$

$=6x-2x-4y+6y+5-8$

$=4x+2y-3$

이므로 $a=4,\ b=2,\ c=-3$

따라서 $a+b+c=4+2+(-3)=3$

답 ③

24

$7x+3y-\{2x-(x+2y)\}$

$=7x+3y-(2x-x-2y)$

$=7x+3y-(x-2y)$

$=7x+3y-x+2y$

$=6x+5y$

이므로 $a=6,\ b=5$

따라서 $a-b=6-5=1$

답 ①

25

$(3x^2+2x+5)-(7x^2-4x+2)$

$=3x^2+2x+5-7x^2+4x-2$

$=-4x^2+6x+3$

따라서 x의 계수는 6, 상수항은 3이므로 구하는 합은 $6+3=9$

답 9

26

$(2xy-3x^2)\times 2y+(-12x^2y^2+9x^3y)\div(-3x)$

$=2xy\times 2y-3x^2\times 2y+(-12x^2y^2+9x^3y)\times\left(-\dfrac{1}{3x}\right)$

$=4xy^2-6x^2y+(-12x^2y^2)\times\left(-\dfrac{1}{3x}\right)+9x^3y\times\left(-\dfrac{1}{3x}\right)$

$=4xy^2-6x^2y+4xy^2-3x^2y$

$=8xy^2-9x^2y$

답 ④

27

어떤 다항식을 A라고 하면

$A-(-3x^2-8x+5)=2x^2-5x+6$

$A=(2x^2-5x+6)+(-3x^2-8x+5)$

$=-x^2-13x+11$ … 1단계

따라서 옳게 계산한 식은

$(-x^2-13x+11)+(-3x^2-8x+5)$

$=-4x^2-21x+16$ … 2단계

답 $-4x^2-21x+16$

단계	채점 기준	비율
1단계	어떤 다항식을 구한 경우	50 %
2단계	옳게 계산한 식을 구한 경우	50 %

28

(넓이)$=\dfrac{1}{2}\times\{(2x+5y)+(4x+7y)\}\times 4xy$

$=(6x+12y)\times 2xy$

$=12x^2y+24xy^2$

답 ③

I. 수와 식의 계산 2회

본문 56~59쪽

01 ③ 02 ② 03 78 04 ④ 05 ⑤ 06 132 07 ②
08 ③ 09 32 10 ⑤ 11 ④ 12 ③ 13 ④ 14 ②
15 ⑤ 16 ④ 17 ④ 18 ④ 19 ③ 20 ③ 21 ③
22 $3a^2b^2$ 23 ④ 24 $3a$ 25 ③ 26 ②
27 $-8x^2+13x-15$ 28 $5ab-2a^2$

01

순환마디의 숫자의 개수가 6개이고, $50=6\times 8+2$이므로

소수점 아래 50번째 자리의 숫자는 4이다.

답 ③

02

$\frac{9}{22}=0.4\dot{0}\dot{9}$에서 순환마디는 09이므로 $a=2$

$\frac{7}{36}=0.19\dot{4}$에서 순환마디는 4이므로 $b=1$

따라서 $a+2b=2+2\times1=4$

답 ②

03

$\frac{3}{40}=\frac{3}{2^3\times5}=\frac{3\times5^2}{2^3\times5\times5^2}=\frac{75}{10^3}$

따라서 가장 작은 자연수 $a=75$, $n=3$이므로

$a+n$의 최솟값은 $75+3=78$

답 78

04

① $\frac{5}{12}=\frac{5}{2^2\times3}$는 분모에 소인수 3이 있으므로 유한소수로 나타낼 수 없다.

② $\frac{4}{24}=\frac{1}{6}=\frac{1}{2\times3}$은 분모에 소인수 3이 있으므로 유한소수로 나타낼 수 없다.

③ $\frac{15}{33}=\frac{5}{11}$는 분모에 소인수 11이 있으므로 유한소수로 나타낼 수 없다.

④ $\frac{14}{35}=\frac{2}{5}$는 분모의 소인수가 5뿐이므로 유한소수로 나타낼 수 있다.

⑤ $\frac{21}{36}=\frac{7}{12}=\frac{7}{2^2\times3}$은 분모에 소인수 3이 있으므로 유한소수로 나타낼 수 없다.

답 ④

05

$\frac{23}{308}\times x=\frac{23}{2^2\times7\times11}\times x$이므로 x는 77의 배수

따라서 가장 작은 두 자리의 자연수는 77이다.

답 ⑤

06

$\frac{8}{15}=\frac{8}{3\times5}$이므로 a는 3의 배수 … 1단계

$\frac{21}{66}=\frac{7}{22}=\frac{7}{2\times11}$이므로 a는 11의 배수 … 2단계

즉, a는 3의 배수이고 11의 배수이므로 33의 배수

따라서 구하는 가장 작은 세 자리의 자연수는 $33\times4=132$

… 3단계

답 132

단계	채점 기준	비율
1단계	a는 3의 배수임을 구한 경우	30 %
2단계	a는 11의 배수임을 구한 경우	30 %
3단계	가장 작은 세 자리의 자연수를 구한 경우	40 %

07

① $\frac{42}{2^3\times5\times7}=\frac{3}{2^2\times5}$이므로 유한소수가 된다.

② $\frac{42}{2^3\times5\times9}=\frac{7}{2^2\times5\times3}$이므로 유한소수가 되지 않는다.

③ $\frac{42}{2^3\times5\times12}=\frac{7}{2^4\times5}$이므로 유한소수가 된다.

④ $\frac{42}{2^3\times5\times15}=\frac{7}{2^2\times5^2}$이므로 유한소수가 된다.

⑤ $\frac{42}{2^3\times5\times21}=\frac{1}{2^2\times5}$이므로 유한소수가 된다.

답 ②

08

$450=2\times3^2\times5^2$이므로 분자가 9의 배수이면 유한소수로 나타낼 수 있다.

1부터 50까지의 수 중에서 9의 배수는 9, 18, 27, 36, 45이므로 구하는 분수의 개수는 5개이다.

답 ③

09

$\frac{a}{140}=\frac{a}{2^2\times5\times7}$이므로 a는 7의 배수이고, 기약분수로 나타내면 $\frac{3}{b}$이므로 a는 3의 배수이다.

즉, a는 7의 배수이고 3의 배수이므로 21의 배수이다.

그런데 $40<a<50$이므로 $a=42$

$\frac{42}{140}=\frac{3}{10}$이므로 $b=10$

따라서 $a-b=42-10=32$

답 32

10

⑤ $2.\dot{7}\dot{4}=\frac{274-2}{99}$

답 ⑤

11

$0.2575757\cdots=0.2\dot{5}\dot{7}=\frac{257-2}{990}=\frac{255}{990}=\frac{17}{66}$이므로 $a=17$

$0.225225225\cdots=0.\dot{2}2\dot{5}=\frac{225}{999}=\frac{25}{111}$이므로 $b=111$

따라서 $b-a=111-17=94$

답 ④

12

$0.48+0.008+0.0008+0.00008+\cdots$

$=0.4888\cdots=0.4\dot{8}=\frac{48-4}{90}=\frac{44}{90}=\frac{22}{45}$

따라서 $a=22$, $b=45$이므로

$b-a=45-22=23$

답 ③

13

$x=\frac{9}{10}-0.3\dot{9}=\frac{9}{10}-\frac{36}{90}=\frac{9}{10}-\frac{4}{10}=\frac{5}{10}=\frac{1}{2}$

답 ④

14

ㄱ. 유한소수는 모두 유리수이다.

ㄴ. 무한소수 중에는 순환하지 않는 무한소수도 있다.

ㄹ. 순환하지 않는 무한소수는 유리수가 아니다.

따라서 옳은 것은 ㄷ, ㅁ의 2개이다.

답 ②

15

① $5^2\times5^2\times5^2=5^4\times5^2=5^6$

② $(2^3)^5\times(2^2)^4=2^{15}\times2^8=2^{23}$

③ $3^8\div3^4\div3^2=3^4\div3^2=3^2$

④ $2^5\div\frac{1}{2^5}=2^5\times2^5=2^{10}$

⑤ $\left(-\frac{2x}{y^2}\right)^3=(-2)^3\times\left(\frac{x}{y^2}\right)^3=-\frac{8x^3}{y^6}$

답 ⑤

16

$2^{2a-1}\times4^{a-3}=8^{a+1}$에서

$2^{2a-1}\times(2^2)^{a-3}=(2^3)^{a+1}$

$2^{2a-1}\times2^{2(a-3)}=2^{3(a+1)}$

$2^{(2a-1)+2(a-3)}=2^{3(a+1)}$

$(2a-1)+2(a-3)=3(a+1)$

$4a-7=3a+3$

따라서 $a=10$

답 ④

17

$4^3+4^3+4^3+4^3=4^3\times4=4^4=(2^2)^4=2^8$

$3^3+3^3+3^3=3^3\times3=3^4$

$9^2+9^2+9^2=9^2\times3=(3^2)^2\times3=3^4\times3=3^5$

$2^5+2^5=2^5\times2=2^6$

따라서

$$\frac{4^3+4^3+4^3+4^3}{3^3+3^3+3^3}\times\frac{9^2+9^2+9^2}{2^5+2^5}=\frac{2^8}{3^4}\times\frac{3^5}{2^6}$$
$$=2^2\times3=12$$

답 ④

18

$\left(\frac{81}{16}\right)^6=\left(\frac{3^4}{2^4}\right)^6=\frac{3^{24}}{2^{24}}=\frac{(3^3)^8}{(2^6)^4}=\frac{b^8}{a^4}$

답 ④

19

$2^{15}\times3^2\times5^{12}=3^2\times2^3\times(2^{12}\times5^{12})=72\times10^{12}$

따라서 $n=14$

답 ③

20

③ $8a^3\div\frac{4}{3}a=8a^3\times\frac{3}{4a}=6a^2$

④ $-a^2b^3\div\frac{1}{4}a^3b=-a^2b^3\times\frac{4}{a^3b}=-\frac{4b^2}{a}$

⑤ $(-2a^2b)^3\times(ab^2)^2=-8a^6b^3\times a^2b^4=-8a^8b^7$

답 ③

21

$(-4a^2b)^2\times\square\div(-8a^3b)=-12a^2b^3$에서

$\square=-12a^2b^3\div(-4a^2b)^2\times(-8a^3b)$

$=-12a^2b^3\times\frac{1}{(-4a^2b)^2}\times(-8a^3b)$

$=-12a^2b^3\times\frac{1}{16a^4b^2}\times(-8a^3b)$

$=6ab^2$

답 ③

22

(직사각형의 넓이)$=4a^2b\times3ab^3=12a^3b^4$

삼각형의 높이를 h라고 하면

실전책

(삼각형의 넓이)$=\frac{1}{2}\times 4ab^2\times h=2ab^2h$

직사각형과 삼각형의 넓이의 비가 2 : 1이므로

$12a^3b^4 : 2ab^2h=2 : 1$

$2ab^2h\times 2=12a^3b^4$

$4ab^2h=12a^3b^4$

$h=12a^3b^4\div 4ab^2=3a^2b^2$

따라서 삼각형의 높이는 $3a^2b^2$이다.

답 $3a^2b^2$

23

$-2(x-5y+3)-(4x+2y-8)$

$=-2x+10y-6-4x-2y+8$

$=-2x-4x+10y-2y-6+8$

$=-6x+8y+2$

이므로 $A=-6$, $B=8$, $C=2$

따라서 $A+B+C=-6+8+2=4$

답 ④

24

$4a-[5b-2a-\{7a-(\square+b)\}]$

$=4a-\{5b-2a-(7a-\square-b)\}$

$=4a-(5b-2a-7a+\square+b)$

$=4a-(-9a+6b+\square)$

$=4a+9a-6b-\square$

$=13a-6b-\square$

$13a-6b-\square=10a-6b$이므로

$-\square=(10a-6b)-(13a-6b)=-3a$

따라서 $\square=3a$

답 $3a$

25

$\frac{2}{3}(x^2+4x-2)-\frac{1}{2}(3x^2-5x-1)$

$=\frac{2}{3}x^2+\frac{8}{3}x-\frac{4}{3}-\frac{3}{2}x^2+\frac{5}{2}x+\frac{1}{2}$

$=\frac{2}{3}x^2-\frac{3}{2}x^2+\frac{8}{3}x+\frac{5}{2}x-\frac{4}{3}+\frac{1}{2}$

$=-\frac{5}{6}x^2+\frac{31}{6}x-\frac{5}{6}$

이므로 $a=-\frac{5}{6}$, $b=\frac{31}{6}$

따라서 $a+b=-\frac{5}{6}+\frac{31}{6}=\frac{26}{6}=\frac{13}{3}$

답 ③

26

$(15xy-12x^2)\div 3x-(16x^2y-10xy^2)\div 2xy$

$=(15xy-12x^2)\times\frac{1}{3x}-(16x^2y-10xy^2)\times\frac{1}{2xy}$

$=15xy\times\frac{1}{3x}-12x^2\times\frac{1}{3x}-16x^2y\times\frac{1}{2xy}+10xy^2\times\frac{1}{2xy}$

$=5y-4x-8x+5y$

$=-12x+10y$

답 ②

27

어떤 다항식을 A라고 하면

$A+(3x^2-5x+4)=-2x^2+3x-7$

$A=(-2x^2+3x-7)-(3x^2-5x+4)$

$=-5x^2+8x-11$

따라서 옳게 계산한 식은

$(-5x^2+8x-11)-(3x^2-5x+4)$

$=-8x^2+13x-15$

답 $-8x^2+13x-15$

28

직육면체의 높이를 h라고 하면

(직육면체의 부피)$=3a\times 2b\times h=6abh$

$6abh=30a^2b^2-12a^3b$이므로 … 1단계

$h=(30a^2b^2-12a^3b)\div 6ab$

$=(30a^2b^2-12a^3b)\times\frac{1}{6ab}$

$=30a^2b^2\times\frac{1}{6ab}-12a^3b\times\frac{1}{6ab}$

$=5ab-2a^2$

따라서 직육면체의 높이는 $5ab-2a^2$이다. … 2단계

답 $5ab-2a^2$

단계	채점 기준	비율
1단계	직육면체의 부피에 대한 식을 세운 경우	40 %
2단계	직육면체의 높이를 구한 경우	60 %

II. 부등식과 연립방정식 1회　본문 60~63쪽

01 ④ **02** ③ **03** ④ **04** ③ **05** ④ **06** ⑤ **07** ①
08 ③ **09** ④ **10** ④ **11** 7자루 **12** 17 cm
13 $\frac{15}{4}$ km **14** ③ **15** ② **16** ⑤ **17** ④ **18** ①
19 ②, ③ **20** ③ **21** ④ **22** -3 **23** ④ **24** ⑤
25 $x=3$, $y=-1$ **26** 400원 **27** 35000원
28 3 km

01
① $x=7$을 대입하면
$7-2=5>4$이므로 참
② $x=-2$를 대입하면
$3\times(-2)=-6$에서 $-2\geq-6$이므로 참
③ $x=0$을 대입하면
$3\times0-4=-4\leq-4$이므로 참
④ $x=2$를 대입하면
$5-2\times2=1$이므로 거짓
⑤ $x=3$을 대입하면
$2\times3-3=3$, $3+2=5$에서 $3<5$이므로 참

답 ④

02
① $6-4a<6-4b$의 양변에서 6을 빼면 $-4a<-4b$
$-4a<-4b$의 양변을 -4로 나누면 $a>b$
② $a>b$의 양변에 -5를 곱하면 $-5a<-5b$
③ $a>b$의 양변에 7을 곱하면 $7a>7b$
$7a>7b$의 양변에서 3을 빼면 $7a-3>7b-3$
④ $a>b$의 양변을 6으로 나누면 $\frac{a}{6}>\frac{b}{6}$
⑤ $a>b$의 양변에 $\frac{2}{3}$를 곱하면 $\frac{2}{3}a>\frac{2}{3}b$
$\frac{2}{3}a>\frac{2}{3}b$의 양변에서 4를 빼면 $\frac{2}{3}a-4>\frac{2}{3}b-4$

답 ③

03
$x>-5$의 양변에 -2를 곱하면 $-2x<10$
$-2x<10$의 양변에 4를 더하면 $4-2x<14$
따라서 $A<14$

답 ④

04
모든 항을 좌변으로 이항하여 정리하면
① $3x^2-1-x^2\geq0$, $2x^2-1\geq0$이므로 일차부등식이 아니다.
② $-5-7<0$, $-12<0$이므로 일차부등식이 아니다.
③ $4x+2-2x+6<0$, $2x+8<0$이므로 일차부등식이다.
④ $3x-8-4-3x>0$, $-12>0$이므로 일차부등식이 아니다.
⑤ $-2x+5\leq-2x-10$, $-2x+5+2x+10\leq0$, $15\leq0$이므로 일차부등식이 아니다.

답 ③

05
$5x-2>2x+7$에서 $5x-2x>7+2$
$3x>9$, $x>3$
따라서 해를 수직선 위에 나타내면 ④와 같다.

답 ④

06
$2x-3(8-x)\geq6$에서
$2x-24+3x\geq6$, $5x\geq30$
따라서 $x\geq6$

답 ⑤

07
$0.3x-0.8>0.5x$의 양변에 10을 곱하면
$3x-8>5x$, $3x-5x>8$
$-2x>8$
따라서 $x<-4$

답 ①

08
$\frac{2}{3}x+\frac{5-x}{2}\leq3$의 양변에 6을 곱하면
$4x+3(5-x)\leq18$
$4x+15-3x\leq18$
따라서 $x\leq3$

답 ③

09
$ax-3<2x-5a+7$에서
$ax-2x<-5a+10$
$(a-2)x<-5(a-2)$
양변을 $a-2$로 나누면 $a-2<0$이므로
$x>-5$

답 ④

실전책

10

$x+2\le 5(x-2)$에서 $x+2\le 5x-10$

$x-5x\le -10-2$, $-4x\le -12$

$x\ge 3$

해가 서로 같으므로 $a-5=3$

따라서 $a=8$

답 ④

11

900원짜리 볼펜을 x자루 산다면 700원짜리 연필은 $(15-x)$자루 사므로

$900x+700(15-x)\le 12000$

$900x+10500-700x\le 12000$

$200x\le 1500$

$x\le \frac{15}{2}=7.5$

따라서 900원짜리 볼펜은 최대 7자루까지 살 수 있다.

답 7자루

12

세로의 길이를 x cm라고 하면 가로의 길이는 $(x+6)$ cm이므로

$2\{(x+6)+x\}\ge 80$

$2(2x+6)\ge 80$, $4x+12\ge 80$

$4x\ge 68$, $x\ge 17$

따라서 세로의 길이는 17 cm 이상이어야 한다.

답 17 cm

13

x km 지점까지 올라갔다 온다고 하면

$\frac{x}{3}+\frac{x}{5}\le 2$ … 1단계

$5x+3x\le 30$, $8x\le 30$

$x\le \frac{15}{4}$ … 2단계

따라서 최대 $\frac{15}{4}$ km 지점까지 올라갔다 올 수 있다. … 3단계

답 $\frac{15}{4}$ km

단계	채점 기준	비율
1단계	일차부등식을 세운 경우	40 %
2단계	일차부등식을 푼 경우	40 %
3단계	최대 몇 km 지점까지 올라갔다 올 수 있는지 구한 경우	20 %

14

① $x=5$, $y=-3$을 $3x-y=18$에 대입하면
$3\times 5-(-3)=18$

② $x=6$, $y=0$을 $3x-y=18$에 대입하면
$3\times 6-0=18$

③ $x=7$, $y=2$를 $3x-y=18$에 대입하면
$3\times 7-2=19\ne 18$

④ $x=8$, $y=6$에 $3x-y=18$에 대입하면
$3\times 8-6=18$

⑤ $x=9$, $y=9$를 $3x-y=18$에 대입하면
$3\times 9-9=18$

답 ③

15

해는 $(1, 8)$, $(5, 5)$, $(9, 2)$의 3개이다.

답 ②

16

$x=a+1$, $y=a-3$을 $3x-2y=11$에 대입하면

$3(a+1)-2(a-3)=11$

$3a+3-2a+6=11$

따라서 $a=2$

답 ⑤

17

$x=4$, $y=-1$을 $2x+ay=3$에 대입하면

$8-a=3$, $a=5$

$x=4$, $y=-1$을 $bx-2y=14$에 대입하면

$4b+2=14$, $4b=12$, $b=3$

따라서 $a+b=5+3=8$

답 ④

18

$x=y+6$을 $4x+3y=-4$에 대입하면

$4(y+6)+3y=-4$

$4y+24+3y=-4$

$7y=-28$, $y=-4$

$y=-4$를 $x=y+6$에 대입하면

$x=-4+6=2$

따라서 $a=2$, $b=-4$이므로

$a-2b=2-2\times(-4)=10$

답 ①

19

x를 없애기 위해 필요한 식은 ㉠$\times 5-$㉡$\times 3$

y를 없애기 위해 필요한 식은 ㉠$\times 3+$㉡

따라서 필요한 식은 ②, ③이다.

답 ②, ③

20

괄호를 풀어 정리하면

$$\begin{cases} 4x-3y=-14 & \cdots\cdots ㉠ \\ 2x+7y=10 & \cdots\cdots ㉡ \end{cases}$$

㉠$-$㉡$\times 2$를 하면

$-17y=-34$, $y=2$

$y=2$를 ㉡에 대입하면

$2x+14=10$, $2x=-4$, $x=-2$

따라서 $m=-2$, $m=2$이므로

$m+n=-2+2=0$

답 ③

21

두 일차방정식의 양변에 10과 6을 각각 곱하면

$$\begin{cases} x+3y=6 & \cdots\cdots ㉠ \\ 4x-9y=3 & \cdots\cdots ㉡ \end{cases}$$

㉠$\times 3+$㉡을 하면

$7x=21$, $x=3$

$x=3$을 ㉠에 대입하면

$3+3y=6$, $3y=3$, $y=1$

답 ④

22

$$\begin{cases} x-2y=-4 & \cdots\cdots ㉠ \\ 5x+4y=22 & \cdots\cdots ㉡ \end{cases}$$

㉠$\times 2+$㉡을 하면

$7x=14$, $x=2$

$x=2$를 ㉠에 대입하면

$2-2y=-4$, $-2y=-6$, $y=3$

$x=2$, $y=3$을 $7x+2ay=-4$에 대입하면

$14+6a=-4$, $6a=-18$

따라서 $a=-3$

답 -3

23

x와 y의 값의 비가 $1:3$이므로

$x:y=1:3$에서 $y=3x$

$$\begin{cases} 5x-2y=2 & \cdots\cdots ㉠ \\ y=3x & \cdots\cdots ㉡ \end{cases}$$

㉡을 ㉠에 대입하면

$5x-6x=2$, $-x=2$, $x=-2$

$x=-2$를 ㉡에 대입하면

$y=3\times(-2)=-6$

$x=-2$, $y=-6$을 $3x-5y=7a-4$에 대입하면

$-6+30=7a-4$, $-7a=-28$

따라서 $a=4$

답 ④

24

$$\begin{cases} 4x+3y=-1 & \cdots\cdots ㉠ \\ 2x+y=1 & \cdots\cdots ㉡ \end{cases}$$

㉠$-$㉡$\times 2$를 하면

$y=-3$

$y=-3$을 ㉡에 대입하면

$2x-3=1$, $2x=4$, $x=2$

$x=2$, $y=-3$을 $5x+ay=-11$에 대입하면

$10-3a=-11$, $-3a=-21$

$a=7$

$x=2$, $y=-3$을 $bx-2y=10$에 대입하면

$2b+6=10$, $2b=4$

$b=2$

따라서 $a+b=7+2=9$

답 ⑤

25

a, b를 바꾸어 놓으면

$$\begin{cases} bx+ay=1 \\ ax+by=13 \end{cases}$$

$x=-1$, $y=3$을 대입하면

$$\begin{cases} 3a-b=1 & \cdots\cdots ㉠ \\ -a+3b=13 & \cdots\cdots ㉡ \end{cases}$$

㉠$\times 3+$㉡을 하면

$8a=16$, $a=2$

$a=2$를 ㉠에 대입하면

$6-b=1$, $b=5$

처음 연립방정식은

$$\begin{cases} 2x+5y=1 & \cdots\cdots ㉢ \\ 5x+2y=13 & \cdots\cdots ㉣ \end{cases}$$

㉢$\times 5-$㉣$\times 2$를 하면

$21y=-21$, $y=-1$

$y=-1$을 ㉢에 대입하면

$2x-5=1$, $2x=6$, $x=3$

따라서 처음 연립방정식의 해는 $x=3$, $y=-1$

답 $x=3$, $y=-1$

26

토마토 1개의 가격을 x원, 사과 1개의 가격을 y원이라고 하면

$$\begin{cases} 3x+5y=7200 \\ 6x+7y=10800 \end{cases}$$

연립방정식을 풀면 $x=400$, $y=1200$

따라서 토마토 1개의 가격은 400원이다.

답 400원

27

A제품의 원가를 x원, B제품의 원가를 y원이라고 하면

$$\begin{cases} x+y=65000 \\ \frac{10}{100}x+\frac{15}{100}y=8000 \end{cases}$$

연립방정식을 풀면 $x=35000$, $y=30000$

따라서 A제품의 원가는 35000원이다.

답 35000원

28

뛰어간 거리를 x km, 걸어간 거리를 y km라고 하면

$$\begin{cases} x+y=7 \\ \frac{x}{6}+\frac{y}{3}=1\frac{30}{60} \end{cases}$$ … 1단계

연립방정식을 풀면 $x=5$, $y=2$ … 2단계

따라서 뛰어간 거리와 걸어간 거리의 차는

$5-2=3$ (km) … 3단계

답 3 km

단계	채점 기준	비율
1단계	연립방정식을 세운 경우	40 %
2단계	연립방정식을 푼 경우	40 %
3단계	뛰어간 거리와 걸어간 거리의 차를 구한 경우	20 %

II. 부등식과 연립방정식 2회

본문 64~67쪽

01 ③ **02** ④ **03** ⑤ **04** ③ **05** ① **06** ③ **07** ④
08 ④ **09** ③ **10** ④ **11** ③ **12** 37명 **13** 9 km
14 ②, ⑤ **15** ③ **16** ⑤ **17** ⑤ **18** ②, ⑤
19 ② **20** ② **21** ④ **22** 6 **23** ③ **24** $x=1$, $y=-2$
25 $x=0$, $y=-1$ **26** ⑤ **27** 8분 **28** 10분

01

$x=-2$를 각각 대입하면

① $2\times(-2)+4=0\le 0$이므로 참

② $-2+3=1>-1$이므로 참

③ $3\times(-2)-2=-8>-10$이므로 거짓

④ $-2\times(-2)+5=9\ge 9$이므로 참

⑤ $-4\times(-2)-7=1\ge 1$이므로 참

답 ③

02

$\frac{5-3a}{4}<\frac{5-3b}{4}$의 양변에 4를 곱하면 $5-3a<5-3b$

$5-3a<5-3b$의 양변에서 5를 빼면 $-3a<-3b$

$-3a<-3b$의 양변을 -3으로 나누면 $a>b$

① $a>b$의 양변에서 2를 빼면 $a-2>b-2$

② $a>b$의 양변에 -3을 곱하면 $-3a<-3b$
$-3a<-3b$의 양변에 2를 더하면 $-3a+2<-3b+2$

③ $a>b$의 양변에 6을 곱하면 $6a>6b$
$6a>6b$의 양변에 4를 더하면 $4+6a>4+6b$

④ $a>b$의 양변을 -7로 나누면 $-\frac{a}{7}<-\frac{b}{7}$
$-\frac{a}{7}<-\frac{b}{7}$의 양변에 5를 더하면 $-\frac{a}{7}+5<-\frac{b}{7}+5$

⑤ $a>b$의 양변에 -2를 곱하면 $-2a<-2b$
$-2a<-2b$의 양변에 4를 더하면 $-2a+4<-2b+4$

답 ④

03

$4x^2+ax<bx^2+2x-5$에서

모든 항을 좌변으로 이항하여 정리하면

$4x^2+ax-bx^2-2x+5<0$

$(4-b)x^2+(a-2)x+5<0$

$4-b=0$, $a-2\neq 0$

따라서 $a\neq 2$, $b=4$

답 ⑤

04

$4x+2\le 5(2x-3)-7$에서

$4x+2\le 10x-15-7$

$4x-10x\le -22-2$, $-6x\le -24$

따라서 $x\ge 4$

답 ③

05

$\frac{2(x-1)}{3}<\frac{3x+2}{5}$의 양변에 15를 곱하면

$10(x-1)<3(3x+2)$, $10x-10<9x+6$

$10x-9x<6+10$, $x<16$
따라서 구하는 가장 큰 정수는 15이다.

답 ①

06

$0.7x-0.9<\frac{x+8}{5}$의 양변에 10을 곱하면
$7x-9<2(x+8)$, $7x-9<2x+16$
$7x-2x<16+9$, $5x<25$
$x<5$
따라서 자연수 x는 1, 2, 3, 4이므로 구하는 합은
$1+2+3+4=10$

답 ③

07

$6x+2\geq 4a$에서
$6x\geq 4a-2$
$x\geq\frac{2a-1}{3}$
x의 최솟값이 5이므로 $\frac{2a-1}{3}=5$
$2a-1=15$, $2a=16$
따라서 $a=8$

답 ④

08

$0.5x-0.3(x-2)>1.4$의 양변에 10을 곱하면
$5x-3(x-2)>14$, $5x-3x+6>14$
$2x>8$, $x>4$
$4x+a<2+7x$에서 $4x-7x<2-a$
$-3x<2-a$, $x>\frac{2-a}{-3}$
해가 서로 같으므로 $\frac{2-a}{-3}=4$
$2-a=-12$, $-a=-14$
따라서 $a=14$

답 ④

09

$-3x+a<7$에서
$-3x<7-a$
$x>\frac{7-a}{-3}$
해가 $x>-2$이므로 $\frac{7-a}{-3}=-2$
$7-a=6$
따라서 $a=1$

답 ③

10

$3(x-2)-a<2(x-5)+4$에서
$3x-6-a<2x-10+4$
$3x-2x<-6+6+a$
따라서 $x<a$
주어진 부등식을 만족시키는 자연수 x가 4개이므로
$4<a\leq 5$

답 ④

11

짐을 x개 실어 나른다고 하면
$70\times 2+120x\leq 1500$
$120x\leq 1360$
$x\leq\frac{34}{3}=11.3\times\times\times$
따라서 한 번에 실어 나를 수 있는 짐은 최대 11개이다.

답 ③

12

x명이 입장한다고 하면
$3000x>40\times 3000\times 0.9$ … 1단계
$x>36$ … 2단계
따라서 37명 이상이면 40명의 단체 입장권을 사는 것이 유리하다. … 3단계

답 37명

단계	채점 기준	비율
1단계	일차부등식을 세운 경우	40 %
2단계	일차부등식을 푼 경우	40 %
3단계	몇 명 이상이면 단체 입장권을 사는 것이 유리한지 구한 경우	20 %

13

시속 3 km로 걸어간 거리를 x km라고 하면 시속 4 km로 걸어간 거리는 $(15-x)$ km이므로
$\frac{x}{3}+\frac{15-x}{4}\leq 4\frac{30}{60}$
$4x+3(15-x)\leq 54$
$4x+45-3x\leq 54$
$x\leq 9$
따라서 시속 3 km로 걸어간 거리는 9 km 이하이다.

답 9 km

실전책

14

① $x=-2$, $y=-5$를 $3x-y=11$에 대입하면

$3\times(-2)-(-5)=-1\neq11$

② $x=-1$, $y=-14$를 $3x-y=11$에 대입하면

$3\times(-1)-(-14)=11$

③ $x=0$, $y=11$을 $3x-y=11$에 대입하면

$3\times0-11=-11\neq11$

④ $x=2$, $y=5$를 $3x-y=11$에 대입하면

$3\times2-5=1\neq11$

⑤ $x=4$, $y=1$을 $3x-y=11$에 대입하면

$3\times4-1=11$

답 ②, ⑤

15

$x+4y=16$의 해는 $(4, 3)$, $(8, 2)$, $(12, 1)$의 3개이므로 $a=3$

$3x+y=21$의 해는 $(1, 18)$, $(2, 15)$, $(3, 12)$, $(4, 9)$, $(5, 6)$, $(6, 3)$의 6개이므로 $b=6$

따라서 $a+b=3+6=9$

답 ③

16

$x=3$, $y=2$를 $ax-4y=13$에 대입하면

$3a-8=13$, $3a=21$

$a=7$

$x=b$, $y=-12$를 $7x-4y=13$에 대입하면

$7b+48=13$, $7b=-35$

$b=-5$

따라서 $a+b=7+(-5)=2$

답 ⑤

17

$x=2$, $y=-m+1$을 $mx+3y=-2$에 대입하면

$2m+3(-m+1)=-2$, $2m-3m+3=-2$

$-m=-5$, $m=5$

$x=2$, $y=-4$를 $-3x+ny=-22$에 대입하면

$-6-4n=-22$, $-4n=-16$

$n=4$

따라서 $m+n=5+4=9$

답 ⑤

18

$x=4y+11$을 $2x-3y=12$에 대입하면

$2(4y+11)-3y=12$, $8y+22-3y=12$

$5y=-10$, $y=-2$

$y=-2$를 $x=4y+11$에 대입하면

$x=-8+11=3$

$x=3$, $y=-2$를 각 방정식에 대입해 보면

① $3-4=-1\neq1$

② $9+2=11$

③ $3+8=11\neq-5$

④ $-9-8=-17\neq-1$

④ $15-4=11$

답 ②, ⑤

19

괄호를 풀어 정리하면

$$\begin{cases} x+3y=5 & \cdots\cdots ㉠ \\ 3x+5y=7 & \cdots\cdots ㉡ \end{cases}$$

㉠$\times3-$㉡을 하면

$4y=8$, $y=2$

$y=2$를 ㉠에 대입하면

$x+6=5$, $x=-1$

답 ②

20

두 일차방정식의 양변에 각각 4와 10을 곱하면

$$\begin{cases} 3(x-2)+2y=-4 \\ 5(x-y)+y=-26 \end{cases}$$

괄호를 풀어 정리하면

$$\begin{cases} 3x+2y=2 & \cdots\cdots ㉠ \\ 5x-4y=-26 & \cdots\cdots ㉡ \end{cases}$$

㉠$\times2+$㉡을 하면

$11x=-22$, $x=-2$

$x=-2$를 ㉠에 대입하면

$-6+2y=2$, $2y=8$, $y=4$

따라서 $a=-2$, $b=4$이므로

$b-a=4-(-2)=6$

답 ②

21

$0.3(x+y)-0.4y=0.8$의 양변에 10을 곱하면

$3(x+y)-4y=8$

$3x-y=8$

$(x+3):(2y+1)=2:1$에서

$x+3=2(2y+1)$

$x-4y=-1$

$\begin{cases} 3x-y=8 & \cdots\cdots ㉠ \\ x-4y=-1 & \cdots\cdots ㉡ \end{cases}$

㉠$-$㉡$\times 3$을 하면

$11y=11$, $y=1$

$y=1$을 ㉡에 대입하면

$x-4=-1$, $x=3$

따라서 $a=3$, $b=1$이므로

$a+b=3+1=4$

답 ④

22

x의 값이 y의 값보다 4만큼 작으므로 $x=y-4$

$\begin{cases} 3x-5y=-16 & \cdots\cdots ㉠ \\ x=y-4 & \cdots\cdots ㉡ \end{cases}$ ··· 1단계

㉡을 ㉠에 대입하면

$3(y-4)-5y=-16$

$3y-12-5y=-16$

$-2y=-4$, $y=2$ ··· 2단계

$y=2$를 ㉡에 대입하면

$x=2-4=-2$ ··· 3단계

$x=-2$, $y=2$를 $ax+2y=-8$에 대입하면

$-2a+4=-8$, $-2a=-12$

따라서 $a=6$ ··· 4단계

답 6

단계	채점 기준	비율
1단계	새로운 연립방정식을 세운 경우	20 %
2단계	y의 값을 구한 경우	30 %
3단계	x의 값을 구한 경우	20 %
4단계	a의 값을 구한 경우	30 %

23

$\begin{cases} 4x-y=-14 & \cdots\cdots ㉠ \\ 2x-3y=-12 & \cdots\cdots ㉡ \end{cases}$

㉠$-$㉡$\times 2$를 하면

$5y=10$, $y=2$

$y=2$를 ㉡에 대입하면

$2x-6=-12$, $2x=-6$, $x=-3$

$x=-3$, $y=2$를 $ax+5y=4$에 대입하면

$-3a+10=4$, $-3a=-6$

$a=2$

$x=-3$, $y=2$를 $bx-y=7$에 대입하면

$-3b-2=7$, $-3b=9$

$b=-3$

따라서 $ab=2\times(-3)=-6$

답 ③

24

a, b를 바꾸어 놓으면

$\begin{cases} bx+ay=0 \\ ax-by=10 \end{cases}$

$x=2$, $y=-1$을 대입하면

$\begin{cases} -a+2b=0 & \cdots\cdots ㉠ \\ 2a+b=10 & \cdots\cdots ㉡ \end{cases}$

㉠$\times 2+$㉡을 하면

$5b=10$, $b=2$

$b=2$를 ㉠에 대입하면

$-a+4=0$, $a=4$

처음 연립방정식은

$\begin{cases} 4x+2y=0 & \cdots\cdots ㉢ \\ 2x-4y=10 & \cdots\cdots ㉣ \end{cases}$

㉢$\times 2+$㉣을 하면

$10x=10$, $x=1$

$x=1$을 ㉢에 대입하면

$4+2y=0$, $2y=-4$, $y=-2$

따라서 처음 연립방정식의 해는 $x=1$, $y=-2$

답 $x=1$, $y=-2$

25

$3x+by=-2$는 제대로 보고 풀어서 $x=2$, $y=-4$가 되었으므로

$x=2$, $y=-4$를 $3x+by=-2$에 대입하면

$6-4b=-2$, $-4b=-8$, $b=2$

$ax+4y=-4$는 제대로 보고 풀어서 $x=-2$, $y=1$이 되었으므로

$x=-2$, $y=1$을 $ax+4y=-4$에 대입하면

$-2a+4=-4$, $-2a=-8$, $a=4$

$\begin{cases} 4x+4y=-4 & \cdots\cdots ㉠ \\ 3x+2y=-2 & \cdots\cdots ㉡ \end{cases}$

㉠$-$㉡$\times 2$를 하면

$-2x=0$, $x=0$

$x=0$을 ㉡에 대입하면

$0+2y=-2$, $y=-1$

따라서 처음 연립방정식의 해는 $x=0$, $y=-1$

답 $x=0$, $y=-1$

26

가로의 길이를 x cm, 세로의 길이를 y cm라고 하면

$$\begin{cases} 2(x+y)=64 \\ x=2y-4 \end{cases}$$

연립방정식을 풀면 $x=20$, $y=12$

따라서 직사각형의 넓이는

$20\times12=240\ (\text{cm}^2)$

답 ⑤

27

물통 전체에 들어 가는 물의 양을 1로 놓고 1분 동안 A호스로 넣는 물의 양을 x, B호스로 넣는 물의 양을 y라고 하면

$$\begin{cases} 2x+9y=1 \\ 6x+3y=1 \end{cases}$$

연립방정식을 풀면 $x=\frac{1}{8}$, $y=\frac{1}{12}$

따라서 A호스만으로 가득 채우는 데는 8분이 걸린다.

답 8분

28

형이 출발하여 동생과 만날 때까지 걸린 시간을 x분, 동생이 출발하여 형과 만날 때까지 걸린 시간을 y분이라고 하면

$$\begin{cases} x=y+20 \\ 40x=120y \end{cases}$$ … 1단계

연립방정식을 풀면 $x=30$, $y=10$ … 2단계

따라서 동생은 출발한지 10분 후에 형과 만난다. … 3단계

답 10분

단계	채점 기준	비율
1단계	연립방정식을 세운 경우	40 %
2단계	연립방정식을 푼 경우	40 %
3단계	동생이 출발한지 몇 분 후에 형과 만나는지 구한 경우	20 %

Ⅲ. 함수 1회

본문 68~71쪽

01 ② **02** ③ **03** ③ **04** ④ **05** ④ **06** -5 **07** ⑤
08 ② **09** -4 **10** 제4사분면 **11** ④ **12** ②
13 ②, ④ **14** 13 **15** ③ **16** 10분 후 **17** ②
18 ① **19** ⑤ **20** 6 **21** ③ **22** ① **23** 13 **24** ③
25 11 **26** ①

01

② x의 값이 2일 때, y의 값은 -2, 2로 하나로 정해지지 않으므로 함수가 아니다.

답 ②

02

$f(3)=2\times3+5=11$, $f(-1)=2\times(-1)+5=3$이므로

$f(3)-2f(-1)=11-2\times3=5$

답 ③

03

① $y=x^2-2x$에서 x^2-2x는 일차식이 아니므로 일차함수가 아니다.

② $y=1-\frac{2}{x}$에서 $1-\frac{2}{x}$는 다항식이 아니다. 즉, 일차식이 아니므로 일차함수가 아니다.

④ $y=6$에서 6은 일차식이 아니므로 일차함수가 아니다.

⑤ $y=-x^2-x$에서 $-x^2-x$는 일차식이 아니므로 일차함수가 아니다.

답 ③

04

$f(6)=\frac{2\times6+a}{3}=3$, $12+a=9$, $a=-3$

즉, $f(x)=\frac{2x-3}{3}$

$f(3)=\frac{2\times3-3}{3}=b$, $b=1$

따라서 $b-a=1-(-3)=4$

답 ④

05

일차함수 $y=-\frac{1}{5}x+2$의 그래프를 y축의 방향으로 -4만큼 평행이동하면

$y=-\frac{1}{5}x+2-4$, $y=-\frac{1}{5}x-2$

답 ④

06

일차함수 $y=\frac{4}{3}x-2$의 그래프를 y축의 방향으로 p만큼 평행이동하면

$y=\frac{4}{3}x-2+p$

이 식에 $x=-6$, $y=3p$를 대입하면

$3p=\frac{4}{3}\times(-6)-2+p$, $2p=-10$

따라서 $p=-5$

답 -5

07

$y=\frac{3}{2}x-9$의 y절편은 -9

$y=\frac{3}{2}x-9$에 $y=0$을 대입하면

$0=\frac{3}{2}x-9$, $x=6$, 즉 x절편은 6이므로 일차함수 $y=\frac{3}{2}x-9$의 그래프는 다음 그림과 같다.

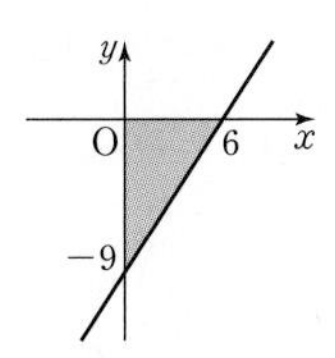

따라서 구하는 삼각형의 넓이는

$\frac{1}{2}\times6\times9=27$

답 ⑤

08

$y=-\frac{3}{4}x+6$의 y절편은 6

$y=-\frac{3}{4}x+6$에 $y=0$을 대입하면

$0=-\frac{3}{4}x+6$, $x=8$, 즉 x절편은 8

따라서 일차함수 $y=-\frac{3}{4}x+6$의 그래프는 ②와 같다.

답 ②

09

$y=ax-1$의 그래프를 y축의 방향으로 -3만큼 평행이동하면

$y=ax-1-3$, $y=ax-4$ … 1단계

$y=ax-4$에 $x=3$, $y=-10$을 대입하면

$-10=a\times3-4$, $a=-2$ … 2단계

$y=-2x-4$에 $y=0$을 대입하면

$0=-2x-4$, $x=-2$이므로 $m=-2$ … 3단계

따라서 $a+m=-2+(-2)=-4$ … 4단계

답 -4

단계	채점 기준	비율
1단계	y축의 방향으로 -3만큼 평행이동한 일차함수의 식을 구한 경우	30 %
2단계	a의 값을 구한 경우	30 %
3단계	m의 값을 구한 경우	30 %
4단계	$a+m$의 값을 구한 경우	10 %

10

주어진 그래프에서

(기울기)$=-a>0$, 즉 $a<0$

(y절편)$=ab<0$이므로 $b>0$

일차함수 $y=-\frac{b}{a}x-a$의 그래프에서

(기울기)$=-\frac{b}{a}>0$이고, (y절편)$=-a>0$이므로

제1, 2, 3사분면을 지난다.

따라서 제4사분면을 지나지 않는다.

답 제4사분면

11

$\frac{k-2}{2-(-4)}=-\frac{3}{2}$, $\frac{k-2}{6}=-\frac{3}{2}$, $k-2=-9$

따라서 $k=-7$

답 ④

12

$y=-2x+6$에 $y=0$을 대입하면

$0=-2x+6$, $x=3$, 즉 x절편은 3

$y=\frac{1}{2}x+6$에 $y=0$을 대입하면

$0=\frac{1}{2}x+6$, $x=-12$, 즉 x절편은 -12

두 직선은 다음 그림과 같다.

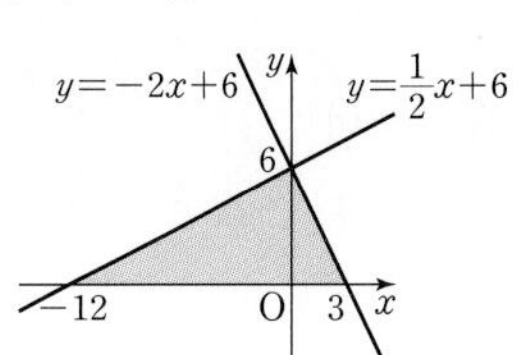

따라서 구하는 도형의 넓이는

$\frac{1}{2}\times15\times6=45$

답 ②

실전책

13

① 기울기가 양수이므로 오른쪽 위로 향하는 직선이다.

② $y=\frac{5}{4}x-\frac{3}{4}$에 $y=0$을 대입하면

$0=\frac{5}{4}x-\frac{3}{4}$, $x=\frac{3}{5}$, x절편은 $\frac{3}{5}$이고 y절편은 $-\frac{3}{4}$이다.

③ x의 값이 4만큼 증가할 때, y의 값은 5만큼 증가한다.

④ 기울기는 양수이고, y절편은 음수이므로 제1, 3, 4사분면을 지난다.

⑤ y절편이 음수이므로 y축과 음의 부분에서 만난다.

답 ②, ④

14

두 점 $(-1, -4)$, $(2, 2)$를 지나는 직선의 기울기는

$\frac{2-(-4)}{2-(-1)}=2$이므로 $a=2$ … 1단계

구하는 일차함수의 식을 $y=2x+b$라고 놓자.

$y=2x+b$에 $x=3$, $y=-5$를 대입하면

$-5=2\times3+b$, $b=-11$ … 2단계

따라서 $a-b=2-(-11)=13$ … 3단계

답 13

단계	채점 기준	비율
1단계	a의 값을 구한 경우	40 %
2단계	b의 값을 구한 경우	40 %
3단계	$a-b$의 값을 구한 경우	20 %

15

기온이 x ℃일 때의 소리의 속력을 초속 y m라고 하면

기온이 1 ℃ 오를 때마다 소리의 속력은 초속 $\frac{5}{10}=\frac{1}{2}$(m)씩 증가하므로 $y=\frac{1}{2}x+331$

이 식에 $x=26$을 대입하면

$y=\frac{1}{2}\times26+331=344$

따라서 기온이 26 ℃일 때 소리의 속력은 초속 344 m이다.

답 ③

16

동생의 그래프의 식을 구하면

두 점 $(0, 0)$, $(30, 3)$을 지나는 직선이므로

$(\text{기울기})=\frac{3-0}{30-0}=\frac{1}{10}$

즉, $y=\frac{1}{10}x$ … 1단계

형의 그래프의 식을 구하면

두 점 $(5, 0)$, $(20, 3)$을 지나는 직선이므로

$(\text{기울기})=\frac{3-0}{20-5}=\frac{1}{5}$

$y=\frac{1}{5}x+b$라 놓고

$y=\frac{1}{5}x+b$에 $x=5$, $y=0$을 대입하면

$0=\frac{1}{5}\times5+b$, $b=-1$

즉, $y=\frac{1}{5}x-1$ … 2단계

연립방정식 $\begin{cases} y=\frac{1}{10}x \\ y=\frac{1}{5}x-1 \end{cases}$ 을 풀면

$x=10$, $y=1$

따라서 형과 동생이 만나는 것은 동생이 출발한 지 10분 후이다. … 3단계

답 10분 후

단계	채점 기준	비율
1단계	동생의 그래프의 식을 구한 경우	40 %
2단계	형의 그래프의 식을 구한 경우	40 %
3단계	동생이 출발한 지 몇 분 후에 형과 동생이 만나는지 구한 경우	20 %

17

$-2x-10y+6=0$, $-10y=2x-6$

따라서 $y=-\frac{1}{5}x+\frac{3}{5}$

답 ②

18

$6x-2y+a=0$, $y=3x+\frac{a}{2}$의 그래프를 y축의 방향으로 -5만큼 평행이동하면

$y=3x+\frac{a}{2}-5$이므로

$b=3$, $\frac{a}{2}-5=-1$, $a=8$

따라서 $a+b=8+3=11$

답 ①

19

$2x-3y-7=0$에 $x=k$, $y=2k+1$을 대입하면

$2\times k-3(2k+1)-7=0$, $-4k-10=0$, $k=-\frac{5}{2}$

점 $\left(-\frac{5}{2}, -4\right)$를 지나고 x축에 평행한 직선의 방정식은

$y=-4$이므로

$2y+8=0$

답 ⑤

20

네 직선은 $y=-1$, $y=3$, $x=p$, $x=-3p$이므로 네 직선으로 둘러싸인 사각형의 넓이는

$\{p-(-3p)\}\times 4=96$

$4p\times 4=96$, $16p=96$

따라서 $p=6$

답 6

21

연립방정식 $\begin{cases} x-5y-5=0 \\ 3x-y+13=0 \end{cases}$의 해가 $x=-5$, $y=-2$이므로

두 일차방정식의 교점의 좌표는 $(-5, -2)$이다.

즉, $p=-5$, $q=-2$

따라서 $p+q=-5+(-2)=-7$

답 ③

22

$3x-2y+12=0$에 $y=0$을 대입하면

$3x-2\times 0+12=0$, $x=-4$, 즉 x절편은 -4

$3x+y=2$에 $x=0$을 대입하면

$3\times 0+y=2$, $y=2$, 즉 y절편은 2

두 점 $(-4, 0)$, $(0, 2)$를 지나는 직선의 기울기는

$a=\dfrac{2-0}{0-(-4)}=\dfrac{1}{2}$

y절편은 2이므로 $b=2$

따라서 $2a+b=2\times\dfrac{1}{2}+2=3$

답 ①

23

연립방정식의 해가 $x=3$, $y=1$이므로

연립방정식 $\begin{cases} 2x+ay=2b+1 \\ (a-1)x-by=2 \end{cases}$에 $x=3$, $y=1$을 대입하여 정리하면

$\begin{cases} a-2b=-5 \\ 3a-b=5 \end{cases}$

연립하여 풀면 $a=3$, $b=4$

따라서 $3a+b=3\times 3+4=13$

답 13

24

$\begin{cases} 3x+y=9 \\ 2x-y=1 \end{cases}$의 해가 $x=2$, $y=3$이므로

교점의 좌표는 $(2, 3)$

$3ax+4y=-6$에 $x=2$, $y=3$을 대입하면

$3a\times 2+4\times 3=-6$, $6a=-18$

따라서 $a=-3$

답 ③

25

연립방정식 $\begin{cases} y=2x \\ x+y=6 \end{cases}$의 해가 $x=2$, $y=4$이므로

교점의 좌표는 $(2, 4)$

직선 $x+y=6$의 x절편이 6이므로

구하는 직선은 두 점 $(2, 4)$, $(3, 0)$을 지난다.

$(\text{기울기})=\dfrac{0-4}{3-2}=-4$

$y=-4x+k$에 $x=3$, $y=0$을 대입하면

$0=-4\times 3+k$, $k=12$

즉, $y=-4x+12$에서 $4x+y=12$이므로

$a=4$, $b=1$

따라서 $2a+3b=2\times 4+3\times 1=11$

답 11

26

$(a+b)x+2y=1$에서 $y=-\dfrac{a+b}{2}x+\dfrac{1}{2}$

$x-4y=a$에서 $y=\dfrac{1}{4}x-\dfrac{a}{4}$

교점이 무수히 많으면 두 직선이 일치하므로

$\dfrac{1}{2}=-\dfrac{a}{4}$, $a=-2$

$-\dfrac{-2+b}{2}=\dfrac{1}{4}$, $b-2=-\dfrac{1}{2}$, $b=\dfrac{3}{2}$

따라서 $ab=(-2)\times\dfrac{3}{2}=-3$

답 ①

Ⅲ. 함수 2회

본문 72~75쪽

01 ④	02 ①	03 ②	04 13	05 ⑤	06 19	07 ③
08 ④	09 ③	10 $-\frac{2}{3}$	11 ②	12 제4사분면		13 ④
14 ⑤	15 20년 후		16 ②	17 ④	18 ③	19 24
20 ⑤	21 ②	22 ③	23 $\frac{35}{2}$	24 ⑤	25 $\frac{1}{5}$, $\frac{2}{5}$, $\frac{3}{2}$	
26 ①						

01

$f(2)=\frac{32}{2}+1=17$, $f(8)=\frac{32}{8}+1=5$이므로

$f(2)-f(8)=17-5=12$

답 ④

02

$f(-3)=-\frac{4\times(-3)+a}{3}=-2$, $a-12=6$, $a=18$

따라서 $f(x)=-\frac{4x+18}{3}=-\frac{4}{3}x-6$이므로

$f(-12)=-\frac{4}{3}\times(-12)-6=10$

답 ①

03

$y=a(2x-3)+12-8x$

$=(2a-8)x-3a+12$

y가 x에 대한 일차함수이므로 $2a-8\neq0$

따라서 $a\neq4$

답 ②

04

일차함수 $y=-\frac{6}{5}x+4$의 그래프를 y축의 방향으로 k만큼 평행이동하면

$y=-\frac{6}{5}x+4+k$

일차함수 $y=ax+9$의 그래프와 일치하므로

$a=-\frac{6}{5}$

$4+k=9$, $k=5$

따라서 $10a+5k=10\times\left(-\frac{6}{5}\right)+5\times5=13$

답 13

05

원점을 지나고 점 $(5, -3)$을 지나는 직선을 그래프로 하는 일차함수의 식은

$y=-\frac{3}{5}x$

이 그래프를 y축의 방향으로 -6만큼 평행이동하면

$y=-\frac{3}{5}x-6$

이 식에 $x=a$, $y=-12$를 대입하면

$-12=-\frac{3}{5}\times a-6$, $a=10$

답 ⑤

06

일차함수 $y=3x-2$, $y=-\frac{1}{5}x+a$의 그래프를 각각 y축의 방향으로 k만큼 평행이동하면

$y=3x-2+k$, $y=-\frac{1}{5}x+a+k$ … 1단계

$y=3x-2+k$에 $x=5$, $y=8$을 대입하면

$8=3\times5-2+k$, $k=-5$ … 2단계

$y=-\frac{1}{5}x+a-5$에 $x=5$, $y=8$을 대입하면

$8=-\frac{1}{5}\times5+a-5$, $a=14$ … 3단계

따라서 $a-k=14-(-5)=19$ … 4단계

답 19

단계	채점 기준	비율
1단계	평행이동한 그래프의 식을 각각 구한 경우	20 %
2단계	k의 값을 구한 경우	30 %
3단계	a의 값을 구한 경우	30 %
4단계	$a-k$의 값을 구한 경우	20 %

07

$y=\frac{5}{6}x-10$에 $y=0$을 대입하면

$0=\frac{5}{6}x-10$, $x=12$, 즉 $m=12$

$y=\frac{5}{6}x-10$에 $x=0$을 대입하면

$y=\frac{5}{6}\times0-10=-10$, 즉 $n=-10$

따라서 $m+n=12+(-10)=2$

답 ③

08

$(\text{기울기})=\frac{(y\text{의 값의 증가량})}{2-(-8)}=\frac{3}{2}$

$\frac{(y\text{의 값의 증가량})}{10}=\frac{3}{2}$

따라서 (y의 값의 증가량)$=15$

답 ④

09

일차함수 $y=ax-1$의 그래프를 y축의 방향으로 k만큼 평행이동하면

$y=ax-1+k$

y절편이 3이므로

$-1+k=3$, $k=4$

두 점 $(0, 3)$, $(4, 5)$를 지나는 직선의 기울기는

$\frac{5-3}{4-0}=\frac{1}{2}$이므로 $a=\frac{1}{2}$

따라서 $2a+k=2\times\frac{1}{2}+4=5$

답 ③

10

$y=ax-6$에 $y=0$을 대입하면

$0=ax-6$, $x=\frac{6}{a}$이므로

x절편은 $\frac{6}{a}$, y절편은 -6

즉, 선분 OA의 길이는 $-\frac{6}{a}$, 선분 OB의 길이는 6이므로

$\frac{1}{2}\times\left(-\frac{6}{a}\right)\times6=27$, $-\frac{18}{a}=27$, $27a=-18$

따라서 $a=-\frac{2}{3}$

답 $-\frac{2}{3}$

11

$y=-\frac{3}{4}x+9$에

$y=0$을 대입하면 $0=-\frac{3}{4}x+9$, $x=12$

즉, A$(12, 0)$

$x=0$을 대입하면 $y=-\frac{3}{4}\times0+9=9$

즉, B$(0, 9)$

따라서 (삼각형 BOA의 넓이)$=\frac{1}{2}\times12\times9=54$

이때 삼각형 BOC의 넓이는 $54\times\frac{1}{2}=27$이므로

C$\left(t, -\frac{3}{4}t+9\right)$라고 하면

$\frac{1}{2}\times9\times t=27$, $t=6$

즉, C$\left(6, \frac{9}{2}\right)$

$y=ax$에 $x=6$, $y=\frac{9}{2}$를 대입하면

$\frac{9}{2}=6a$

따라서 $a=\frac{3}{4}$

답 ②

12

$y=(a-b)x+ab$의 그래프가 제1, 3, 4사분면을 지나는 직선이므로

(기울기)$=a-b>0$, $a>b$, (y절편)$=ab<0$

즉, $a>0$, $b<0$ … 1단계

$y=(a+2)x-\frac{a^2}{b}$의 그래프에서

(기울기)$=a+2>0$ … 2단계

(y절편)$=-\frac{a^2}{b}>0$ … 3단계

즉, $y=(a+2)x-\frac{a^2}{b}$의 그래프는 제1, 2, 3사분면을 지나는 직선이다.

따라서 제4사분면을 지나지 않는다. … 4단계

답 제4사분면

단계	채점 기준	비율
1단계	a, b의 부호를 각각 구한 경우	30 %
2단계	$y=(a+2)x-\frac{a^2}{b}$의 그래프의 기울기의 부호를 구한 경우	20 %
3단계	$y=(a+2)x-\frac{a^2}{b}$의 그래프의 y절편의 부호를 구한 경우	20 %
4단계	$y=(a+2)x-\frac{a^2}{b}$의 그래프가 지나지 않는 사분면을 구한 경우	30 %

13

$y=-\frac{7}{3}x-14$에 $y=0$을 대입하면

$0=-\frac{7}{3}x-14$, $x=-6$, 즉 x절편은 -6

$y=\frac{1}{3}x-2$에 $x=0$을 대입하면

$y=\frac{1}{3}\times0-2=-2$, y절편은 -2, 즉 $b=-2$

일차함수 $y=ax-2$의 그래프의 x절편이 -6이므로

$y=ax-2$에 $x=-6$, $y=0$을 대입하면

$0=a\times(-6)-2$, $a=-\frac{1}{3}$

따라서 $3a+b=3\times\left(-\frac{1}{3}\right)+(-2)=-3$

답 ④

14

x km를 달린 후 남은 휘발유의 양을 y L라고 할 때, 1 km를 달리는 데 $\frac{3}{60}=\frac{1}{20}$(L)의 휘발유가 필요하므로

$y=-\frac{1}{20}x+36$

이 식에 $x=240$을 대입하면

$y=-\frac{1}{20}\times240+36=24$

따라서 남은 휘발유의 양은 24 L이다.

답 ⑤

실전책

15

x와 y 사이의 관계식의 그래프의 기울기는 $\frac{400}{10}=40$이고 … 1단계

y절편은 800이므로

x와 y 사이의 관계식은 $y=40x+800$ … 2단계

원금의 2배는 1600만 원이므로 이 식에 $y=1600$을 대입하면

$1600=40x+800$, $40x=800$, $x=20$

따라서 원금과 이자의 합계 금액이 원금의 2배가 되는 것은 예금한 지 20년 후이다. … 3단계

답 20년 후

단계	채점 기준	비율
1단계	x와 y 사이의 관계식의 그래프의 기울기를 구한 경우	30 %
2단계	x와 y 사이의 관계식을 구한 경우	30 %
3단계	원금과 이자의 합계 금액이 원금의 2배가 되는 것은 예금한 지 몇 년 후인지 구한 경우	40 %

16

$8x+6y-10=0$에서 $y=-\frac{4}{3}x+\frac{5}{3}$이므로

기울기는 $-\frac{4}{3}$이고, y절편은 $\frac{5}{3}$이다.

답 ②

17

$6x-4y+2=0$에서 $y=\frac{3}{2}x+\frac{1}{2}$

① $y=\frac{3}{2}x+\frac{1}{2}$에 $y=0$을 대입하면 $x=-\frac{1}{3}$, 즉 x절편은 $-\frac{1}{3}$이다.

② 기울기가 양수이므로 오른쪽 위로 향하는 직선이다.

③ y절편이 양수이므로 y축과 양의 부분에서 만난다.

④ 기울기가 양수, y절편도 양수이므로 제 1, 2, 3사분면을 지난다.

⑤ 기울기가 $\frac{3}{2}$이므로 x의 값이 2만큼 증가할 때, y의 값은 3만큼 증가한다.

답 ④

18

$3x-4y+20=0$, $y=\frac{3}{4}x+5$의 그래프를 y축의 방향으로 -2만큼 평행이동하면

$y=\frac{3}{4}x+5-2$, $y=\frac{3}{4}x+3$

$y=0$을 대입하면

$0=\frac{3}{4}x+3$, $x=-4$, 즉 $m=-4$

y절편은 3이므로 $n=3$

따라서 $n-m=3-(-4)=7$

답 ③

19

$9x+3y-6=0$, $y=-3x+2$의 그래프를 y축의 방향으로 10만큼 평행이동하면

$y=-3x+2+10$, $y=-3x+12$

$y=-3x+12$에 $y=0$을 대입하면

$0=-3x+12$, $x=4$, 즉 x절편은 4

y절편은 12

즉, 이 직선은 다음 그림과 같다.

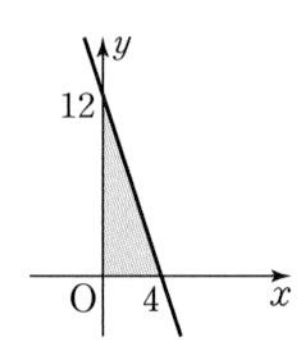

따라서 구하는 도형의 넓이는

$\frac{1}{2}\times4\times12=24$

답 24

20

x축과 평행하므로

$5a+1=3a-7$

$2a=-8$, $a=-4$

$5a+1=5\times(-4)+1=-19$이므로

$y=-19$, 즉 $y+19=0$

답 ⑤

21

연립방정식 $\begin{cases}2x+3y=-1\\4x-y-5=0\end{cases}$의 해가 $x=1$, $y=-1$이므로

교점의 좌표는 $(1, -1)$

즉, 점 $(1, -1)$을 지나고 y축에 수직인 직선의 방정식은

$y=-1$이므로

$-4y-4=0$

즉, $a=0$, $b+1=-4$에서 $b=-5$

따라서 $a-b=0-(-5)=5$

답 ②

22

$2x+ay-8=0$에 $x=3$, $y=2$를 대입하면

$2\times3+a\times2-8=0$, $a=1$

$bx+3y=18$에 $x=3$, $y=2$를 대입하면

$b\times3+3\times2=18$, $3b=12$, $b=4$

따라서 $3b-a=3\times4-1=11$

답 ③

23

연립방정식 $\begin{cases} x-y=4 \\ 2x+5y=1 \end{cases}$의 해는 $x=3$, $y=-1$이므로

$\mathrm{A}(3,\ -1)$

$2x+5y=1$에 $x=-2$를 대입하면

$2\times(-2)+5y=1$, $y=1$이므로 $\mathrm{B}(-2,\ 1)$

$x-y=4$에 $x=-2$를 대입하면

$-2-y=4$, $y=-6$이므로 $\mathrm{C}(-2,\ -6)$

따라서 삼각형 ABC의 넓이는

$\frac{1}{2}\times7\times5=\frac{35}{2}$

답 $\frac{35}{2}$

24

연립방정식 $\begin{cases} 3x-2y=19 \\ 2x+y=1 \end{cases}$의 해가 $x=3$, $y=-5$이므로

일차방정식 $3x-2y=19$, $2x+y=1$의 그래프의 교점의 좌표는 $(3,\ -5)$

연립방정식 $\begin{cases} x+3y=-14 \\ 6x+y=1 \end{cases}$의 해가 $x=1$, $y=-5$이므로

두 일차방정식 $x+3y=-14$, $6x+y=1$의 그래프의 교점의 좌표는 $(1,\ -5)$

즉, 두 점 $(3,\ -5)$, $(1,\ -5)$를 지나는 직선의 방정식은

$y=-5$이므로 $4y+20=0$

따라서 $a=0$, $b=4$이므로

$2a+3b=2\times0+3\times4=12$

답 ⑤

25

다음 세 경우에 해당될 때 삼각형이 만들어지지 않는다.

(i) 직선 $y=ax$가 두 직선 $2x-5y-5=0$, $3x-2y-13=0$의 교점을 지날 때,

연립방정식 $\begin{cases} 2x-5y-5=0 \\ 3x-2y-13=0 \end{cases}$의 해는 $x=5$, $y=1$이므로

두 직선 $2x-5y-5=0$, $3x-2y-13=0$의 교점은 $(5,\ 1)$

$y=ax$에 $x=5$, $y=1$을 대입하면

$1=5a$, $a=\frac{1}{5}$

(ii) 직선 $y=ax$가 직선 $2x-5y-5=0$과 평행할 때,

$2x-5y-5=0$, $y=\frac{2}{5}x-1$의 그래프와 평행하므로

$a=\frac{2}{5}$

(iii) 직선 $y=ax$가 직선 $3x-2y-13=0$과 평행할 때,

$3x-2y-13=0$, $y=\frac{3}{2}x-\frac{13}{2}$의 그래프와 평행하므로

$a=\frac{3}{2}$

따라서 a의 값이 $\frac{1}{5}$, $\frac{2}{5}$, $\frac{3}{2}$이면 삼각형이 되지 않는다.

답 $\frac{1}{5}$, $\frac{2}{5}$, $\frac{3}{2}$

26

$3x+ay=4$에서 $y=-\frac{3}{a}x+\frac{4}{a}$

$-3x+5y=b$에서 $y=\frac{3}{5}x+\frac{b}{5}$

연립방정식의 해가 없으므로

$-\frac{3}{a}=\frac{3}{5}$, $a=-5$

$\frac{4}{-5}\neq\frac{b}{5}$, $b\neq-4$

따라서 $a=-5$, $b\neq-4$

답 ①

실전책

MEMO

문항 코드로 빠르게 강의 검색하기

❶ 교재에서
문항별 고유 코드를 교재에서 확인하세요.

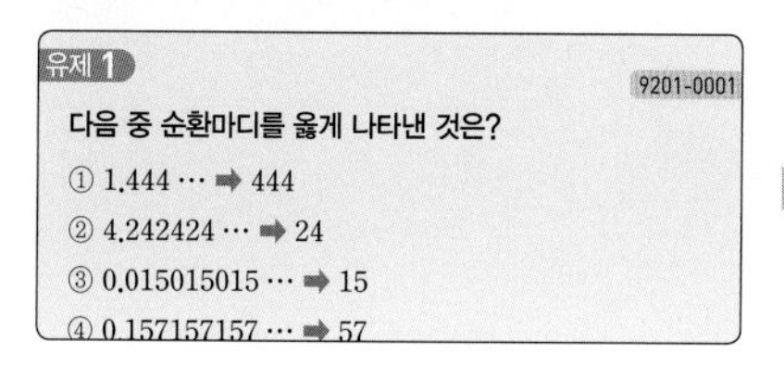

❷ EBS 중학 PC/스마트폰에서
문항 코드를 검색창에 입력하세요.

mid.ebs.co.kr

중학 사이트 상단의 문항코드 검색 클릭 후 노출되는 창에서 교재에 있는 8자리 문항코드를 입력해 주세요.

❸ 강의 화면에서
해설 강의를 수강합니다.

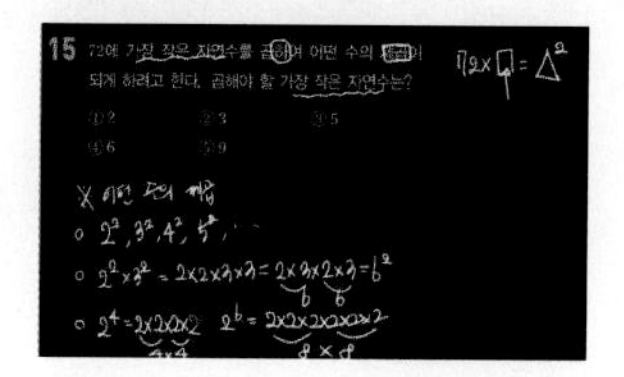

실전책

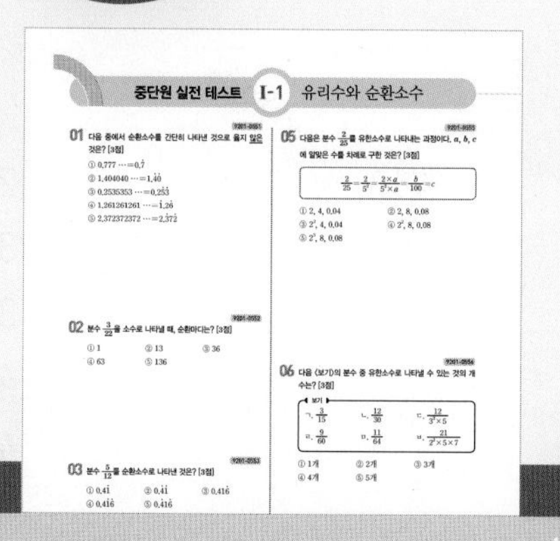

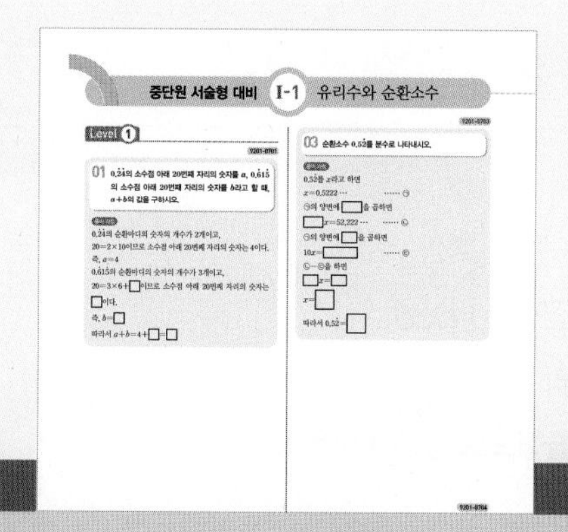

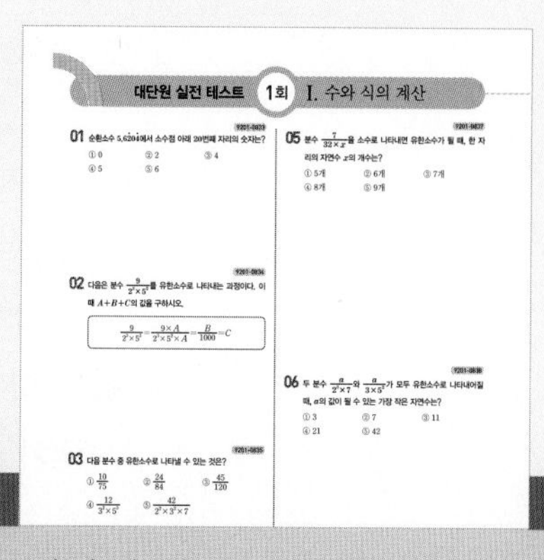

중단원 실전 테스트
실제 시험형태와 비슷하게 객관식, 주관식 비율을 맞추고, 문제는 100점 만점으로 구성하였습니다. 중단원 개념을 공부한 후 실제 시험처럼 풀어 보세요.

중단원 서술형 대비
서술형 문제를 수준별, 단계별로 학습하여 서술형 문제 유형을 완벽하게 연습하세요.

대단원 실전 테스트
실전을 위한 마지막 대비로 대단원별 중요 문제를 통해 실력을 점검하고 실제 시험에 대비하세요.

정답과 풀이

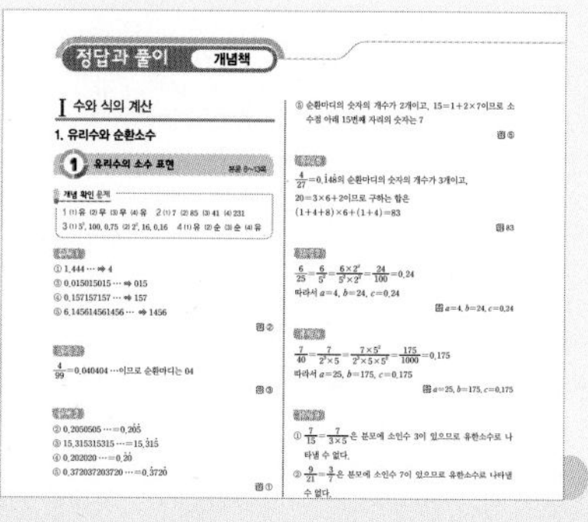

정답과 풀이
자세하고 친절한 풀이로 문제를 쉽게 설명하였습니다.

미니북

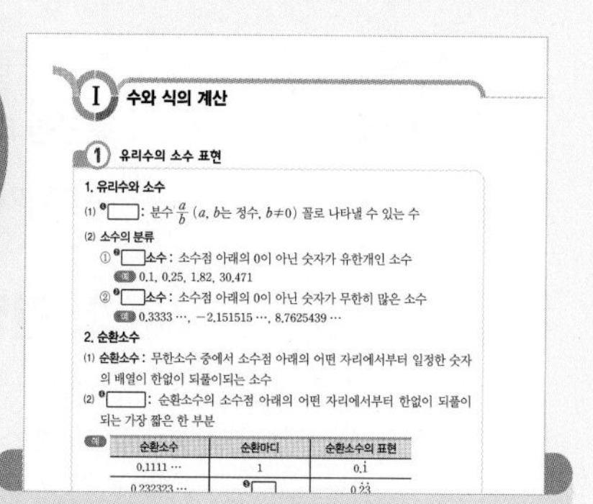

미니북 – 수학 족보
짧은 시간, 핵심만을 보고 싶을 때, 간단히 들고 다니며 볼 수 있는 수학 족보집입니다.

Contents

이 책의 차례

수와 식의 계산

1. 유리수와 순환소수

2. 단항식과 다항식의 계산

부등식과
연립방정식

1. 일차부등식

2. 연립일차방정식

함수

1. 일차함수와 그래프

2. 일차함수와 일차방정식의 관계

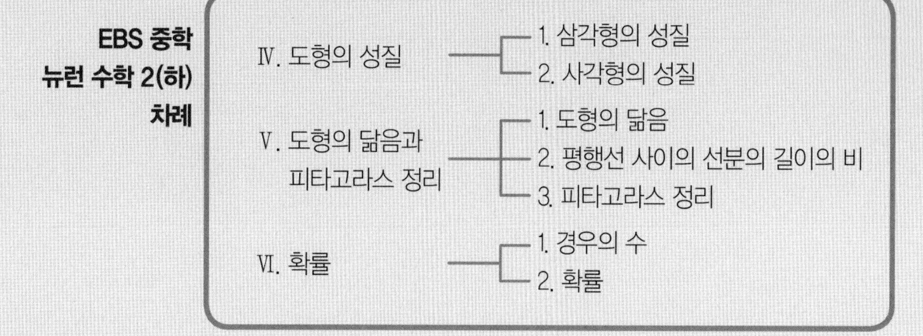

I

수와 식의 계산

1 유리수의 소수 표현

개념 1 유리수와 소수

(1) 유리수: 분수 $\frac{a}{b}$ (a, b는 정수, $b \neq 0$) 꼴로 나타낼 수 있는 수

(2) 소수의 분류

① 유한소수: 소수점 아래의 0이 아닌 숫자가 유한개인 소수

예 0.2, 0.15, 4.736

② 무한소수: 소수점 아래의 0이 아닌 숫자가 무한히 많은 소수

예 0.333 ⋯, 0.141414 ⋯, 6.252525 ⋯

참고 정수가 아닌 유리수는 나눗셈을 통해 유한소수 또는 무한소수로 나타낼 수 있다.

예 $\frac{4}{5}=4\div5=0.8$ ➡ 유한소수, $\frac{2}{3}=2\div3=0.666\cdots$ ➡ 무한소수

• 양의 유리수는 $\frac{(\text{자연수})}{(\text{자연수})}$로 나타내고, 음의 유리수는 $-\frac{(\text{자연수})}{(\text{자연수})}$로 나타낸다.

• 소수 $\begin{cases}\text{유한소수}\\ \text{무한소수}\end{cases}$

개념 확인 문제 1

다음 중 유한소수인 것에는 '유'를, 무한소수인 것에는 '무'를 ( ) 안에 써넣으시오.

(1) 0.3333 ( )

(2) 0.454545 ⋯ ( )

(3) 2.573573573 ⋯ ( )

(4) 4.686868 ( )

개념 2 순환소수

(1) 순환소수: 무한소수 중에서 소수점 아래의 어떤 자리에서부터 일정한 숫자의 배열이 한없이 되풀이되는 소수

예 0.222 ⋯, 0.353535 ⋯, 0.6123123123 ⋯

(2) 순환마디: 순환소수의 소수점 아래의 어떤 자리에서부터 한없이 되풀이되는 가장 짧은 한 부분

예 0.353535 ⋯의 순환마디는 35

(3) 순환소수의 표현: 첫 번째 순환마디의 양 끝의 숫자 위에 점을 찍어 나타낸다.

예

순환소수	순환마디	순환소수의 표현
0.222 ⋯	2	$0.\dot{2}$
0.353535 ⋯	35	$0.\dot{3}\dot{5}$
0.6123123123 ⋯	123	$0.6\dot{1}2\dot{3}$

주의 $0.222\cdots=0.\dot{2}\dot{2}$ (×), $0.353535\cdots=0.\dot{3}5\dot{3}$ (×), $0.6123123123\cdots=0.6\dot{1}\dot{2}\dot{3}$ (×)

• 무한소수 중에는 0.10100100010000 ⋯, 원주율 $\pi=3.141592\cdots$와 같이 순환하지 않는 무한소수도 있다.

• 순환소수를 순환마디에 점을 찍어 간단히 나타낼 때에는 처음 하나의 순환마디 양 끝의 숫자 위에만 점을 찍어서 나타낸다.

개념 확인 문제 2

다음 순환소수의 순환마디를 구하시오.

(1) 0.2777 ⋯

(2) 0.3858585 ⋯

(3) 1.414141 ⋯

(4) 1.231231231 ⋯

개념 3 유한소수로 나타낼 수 있는 분수

(1) 분수의 분모와 분자에 적당한 수를 각각 곱하여 분모를 10의 거듭제곱의 꼴로 고칠 수 있으면 분수를 유한소수로 나타낼 수 있다.

예 $\frac{1}{2}=\frac{1\times5}{2\times5}=\frac{5}{10}=0.5$, $\frac{1}{20}=\frac{1}{2^2\times5}=\frac{1\times5}{2^2\times5\times5}=\frac{5}{100}=0.05$

(2) 정수가 아닌 유리수를 기약분수로 나타내었을 때, 분모의 소인수가 2 또는 5뿐인 유리수는 유한소수로 나타낼 수 있다.

예 $\frac{3}{20}=\frac{3}{2^2\times5}$ ➡ 분모의 소인수가 2와 5뿐이므로 유한소수로 나타낼 수 있다.

➡ $\frac{3}{2^2\times5}=\frac{3\times5}{2^2\times5\times5}=\frac{15}{100}=0.15$

주의 $\frac{6}{15}=\frac{6}{3\times5}$과 같이 분모가 2 또는 5 이외의 소인수를 가져도 유한소수로 나타낼 수 있는 경우가 있다. 따라서 기약분수로 나타낸 후 분모의 소인수를 살펴봐야 한다.

- **기약분수**: 분모와 분자의 공약수가 1뿐인 분수
- 분모에 2 또는 5 이외의 소인수가 있는 기약분수는 분모를 10의 거듭제곱으로 고칠 수 없으므로 유한소수로 나타낼 수 없다.

개념 확인 문제 3

다음은 분수의 분모를 10의 거듭제곱의 꼴로 고쳐서 유한소수로 나타내는 과정이다. □ 안에 알맞은 수를 써넣으시오.

(1) $\frac{3}{4}=\frac{3}{2^2}=\frac{3\times5^2}{2^2\times\square}=\frac{75}{\square}=\square$

(2) $\frac{4}{25}=\frac{4}{5^2}=\frac{4\times2^2}{5^2\times\square}=\frac{\square}{100}=\square$

개념 4 순환소수로 나타낼 수 있는 분수

정수가 아닌 유리수를 기약분수로 나타내었을 때, 분모가 2 또는 5 이외의 소인수를 가지는 유리수는 순환소수로 나타낼 수 있다.

예 $\frac{1}{6}=\frac{1}{2\times3}$ ➡ 분모가 2 또는 5 이외의 소인수 3을 가지므로 순환소수로 나타낼 수 있다.

➡ $\frac{1}{6}=0.1666\cdots=0.1\dot{6}$

개념 확인 문제 4

다음 분수 중 유한소수로 나타낼 수 있는 것에는 '유'를, 순환소수로 나타낼 수 있는 것에는 '순'을 ( ) 안에 써넣으시오.

(1) $\frac{7}{2^2\times5}$ ( )

(2) $\frac{4}{3\times5}$ ( )

(3) $\frac{6}{3^2\times5}$ ( )

(4) $\frac{9}{2\times3\times5}$ ( )

대표예제

예제 1 순환마디

다음 중 순환마디를 옳게 나타낸 것은?

① 0.555 ⋯ ➡ 55

② 0.303030 ⋯ ➡ 03

③ 1.321321321 ⋯ ➡ 132

④ 0.1525252 ⋯ ➡ 52

⑤ 14.514514514 ⋯ ➡ 145

| 풀이전략 |

소수점 아래에서 한없이 되풀이되는 부분을 찾는다.

| 풀이 |

① 0.555 ⋯ ➡ 5

② 0.303030 ⋯ ➡ 30

③ 1.321321321 ⋯ ➡ 321

⑤ 14.514514514 ⋯ ➡ 514

답 ④

유제 1

9201-0001

다음 중 순환마디를 옳게 나타낸 것은?

① 1.444 ⋯ ➡ 444

② 4.242424 ⋯ ➡ 24

③ 0.015015015 ⋯ ➡ 15

④ 0.157157157 ⋯ ➡ 57

⑤ 6.145614561456 ⋯ ➡ 6145

유제 2

9201-0002

분수 $\frac{4}{99}$를 순환소수로 나타낼 때, 순환마디는?

① 0 ② 4 ③ 04

④ 040 ⑤ 404

예제 2 순환소수의 표현

다음 중 순환소수의 표현이 옳은 것을 모두 고르면? (정답 2개)

① $0.303030\cdots=0.\dot{3}\dot{0}$

② $2.142142142\cdots=\dot{2}.1\dot{4}$

③ $0.5222\cdots=0.5\dot{2}$

④ $2.4555\cdots=2.45\dot{5}$

⑤ $0.253253253\cdots=0.\dot{2}\dot{5}\dot{3}$

| 풀이전략 |

순환소수를 간단하게 표현할 때는 첫 번째 순환마디의 양 끝의 숫자 위에 점을 찍어 나타낸다.

| 풀이 |

② $2.142142142\cdots=2.\dot{1}4\dot{2}$

④ $2.4555\cdots=2.4\dot{5}$

⑤ $0.253253253\cdots=0.\dot{2}5\dot{3}$

답 ①, ③

유제 3

9201-0003

다음 중 순환소수의 표현이 옳은 것은?

① $1.666\cdots=1.\dot{6}$

② $0.2050505\cdots=0.20\dot{5}\dot{0}$

③ $15.315315315\cdots=\dot{1}5.\dot{3}$

④ $0.202020\cdots=0.\dot{2}0\dot{2}$

⑤ $0.372037203720\cdots=0.\dot{3}\dot{7}\dot{2}\dot{0}$

유제 4

9201-0004

분수 $\frac{3}{44}$을 순환소수로 나타낸 것은?

① $0.06\dot{8}$ ② $0.0\dot{6}\dot{8}$

③ $0.\dot{0}6\dot{8}$ ④ $0.0\dot{6}8\dot{1}$

⑤ $0.06\dot{8}\dot{1}$

예제 3 순환소수의 소수점 아래 n번째 자리의 숫자

분수 $\frac{5}{11}$를 소수로 나타내었을 때, 소수점 아래 30번째 자리의 숫자를 구하시오.

| 풀이전략 |
분수를 나눗셈한 후 순환마디를 이용하여 순환소수로 나타낸다.

| 풀이 |
$\frac{5}{11}=0.\dot{4}\dot{5}$의 순환마디의 숫자의 개수가 2개이고,
$30=2\times15$이므로
소수점 아래 30번째 자리의 숫자는 5이다.

답 5

유제 5

9201-0005

다음 중 순환소수와 순환소수의 소수점 아래 15번째 자리의 숫자를 나타낸 것으로 옳지 <u>않은</u> 것은?

① $0.2\dot{5}$ ➡ 5
② $0.\dot{3}\dot{2}$ ➡ 3
③ $1.\dot{3}6\dot{4}$ ➡ 4
④ $2.7\dot{3}$ ➡ 3
⑤ $3.4\dot{1}\dot{7}$ ➡ 1

유제 6

9201-0006

분수 $\frac{4}{27}$를 소수로 나타내었을 때, 소수점 아래 첫째 자리의 숫자부터 20번째 자리의 숫자까지의 합을 구하시오.

예제 4 분수를 유한소수로 나타내기

다음은 분수 $\frac{9}{50}$를 유한소수로 나타내는 과정이다. 이때 알맞은 a, b, c에 대하여 $a+b+c$의 값을 구하시오.

$$\frac{9}{50}=\frac{3^2}{2\times5^2}=\frac{3^2\times a}{2\times5^2\times a}=\frac{b}{100}=c$$

| 풀이전략 |
분모를 소인수분해한 후 2 또는 5의 거듭제곱을 곱하여 분모를 10의 거듭제곱의 꼴로 고친다.

| 풀이 |
$\frac{9}{50}=\frac{3^2}{2\times5^2}=\frac{3^2\times2}{2\times5^2\times2}=\frac{18}{100}=0.18$
따라서 $a=2$, $b=18$, $c=0.18$이므로
$a+b+c=2+18+0.18=20.18$

답 20.18

유제 7

9201-0007

다음은 분수 $\frac{6}{25}$을 유한소수로 나타내는 과정이다. 이때 알맞은 a, b, c의 값을 각각 구하시오.

$$\frac{6}{25}=\frac{6}{5^2}=\frac{6\times a}{5^2\times a}=\frac{b}{100}=c$$

유제 8

9201-0008

다음은 분수 $\frac{7}{40}$을 유한소수로 나타내는 과정이다. 이때 알맞은 a, b, c의 값을 각각 구하시오.

$$\frac{7}{40}=\frac{7}{2^3\times5}=\frac{7\times a}{2^3\times5\times a}=\frac{b}{1000}=c$$

대표예제

예제 5 유한소수로 나타낼 수 있는(없는) 분수

다음 분수 중 유한소수로 나타낼 수 있는 것은?

① $\frac{4}{3}$ ② $\frac{5}{14}$ ③ $\frac{9}{60}$
④ $\frac{10}{12}$ ⑤ $\frac{22}{33}$

| 풀이전략 |
기약분수로 나타낸 후 분모의 소인수가 2 또는 5뿐인지 살펴본다.

| 풀이 |

① $\frac{4}{3}$는 분모에 소인수 3이 있으므로 유한소수로 나타낼 수 없다.

② $\frac{5}{14}=\frac{5}{2\times7}$는 분모에 소인수 7이 있으므로 유한소수로 나타낼 수 없다.

③ $\frac{9}{60}=\frac{3}{20}=\frac{3}{2^2\times5}$은 분모의 소인수가 2와 5뿐이므로 유한소수로 나타낼 수 있다.

④ $\frac{10}{12}=\frac{5}{6}=\frac{5}{2\times3}$는 분모에 소인수 3이 있으므로 유한소수로 나타낼 수 없다.

⑤ $\frac{22}{33}=\frac{2}{3}$는 분모에 소인수 3이 있으므로 유한소수로 나타낼 수 없다.

답 ③

유제 9 9201-0009

다음 분수 중 유한소수로 나타낼 수 있는 것은?

① $\frac{7}{15}$ ② $\frac{9}{21}$ ③ $\frac{8}{48}$
④ $\frac{6}{81}$ ⑤ $\frac{12}{150}$

유제 10 9201-0010

다음 분수 중 유한소수로 나타낼 수 없는 것은?

① $\frac{7}{28}$ ② $\frac{14}{60}$ ③ $\frac{9}{2^3\times3}$
④ $\frac{11}{50}$ ⑤ $\frac{21}{2\times5^2\times7}$

예제 6 유한소수가 되도록 하는 값 구하기 (1)

분수 $\frac{13}{60}\times a$를 소수로 나타내면 유한소수가 될 때, a의 값 중에서 가장 작은 자연수를 구하시오.

| 풀이전략 |
분모를 소인수분해하여 분모의 소인수가 2 또는 5뿐이 되도록 하는 a의 값을 살펴본다.

| 풀이 |
$\frac{13}{60}=\frac{13}{2^2\times3\times5}$이므로 a가 3의 배수이면 유한소수가 된다.
따라서 구하는 가장 작은 자연수 a는 3이다.

답 3

유제 11 9201-0011

분수 $\frac{6}{252}\times a$를 소수로 나타내면 유한소수가 될 때, a의 값 중에서 가장 작은 자연수를 구하시오.

유제 12 9201-0012

분수 $\frac{a}{150}$가 유한소수로 나타내어질 때, 다음 중 a의 값이 될 수 없는 것은?

① 3 ② 6 ③ 9
④ 10 ⑤ 12

예제 7 유한소수가 되도록 하는 값 구하기 (2)

분수 $\frac{7}{2^3\times x}$을 소수로 나타내면 유한소수가 될 때, 다음 중 x의 값이 될 수 없는 것은?

① 5 ② 7 ③ 10
④ 12 ⑤ 14

| 풀이전략 |
x가 될 수 있는 수는 7, 소인수가 2 또는 5뿐인 수, 7×(소인수가 2 또는 5뿐인 수)이다.

| 풀이 |
④ $x=12$이면 $\frac{7}{2^3\times 12}=\frac{7}{2^5\times 3}$이므로 유한소수가 되지 않는다.

답 ④

유제 13

9201-0013

분수 $\frac{15}{2^2\times 5\times x}$를 소수로 나타내면 유한소수가 될 때, 다음 중 x의 값이 될 수 있는 것을 모두 고르면? (정답 2개)

① 7 ② 8 ③ 9
④ 11 ⑤ 12

유제 14

9201-0014

분수 $\frac{3}{8\times x}$을 소수로 나타내면 유한소수가 될 때, 한 자리 자연수 x의 개수는?

① 5개 ② 6개 ③ 7개
④ 8개 ⑤ 9개

예제 8 순환소수가 되도록 하는 값 구하기

분수 $\frac{a}{360}$를 소수로 나타내면 순환소수가 될 때, 다음 중 a의 값이 될 수 있는 것을 모두 고르면? (정답 2개)

① 18 ② 21 ③ 27
④ 30 ⑤ 36

| 풀이전략 |
분모를 소인수분해하여 분모의 소인수 중에 2 또는 5 이외의 소인수를 살펴본다.

| 풀이 |
$\frac{a}{360}=\frac{a}{2^3\times 3^2\times 5}$이므로 a가 3^2의 배수가 아니면 $\frac{a}{360}$는 순환소수가 된다.
따라서 21, 30은 9의 배수가 아니므로 a의 값이 될 수 있다.

답 ②, ④

유제 15

9201-0015

분수 $\frac{15}{2^3\times 5\times a}$를 소수로 나타낼 때 순환소수가 되도록 하는 모든 한 자리 자연수 a의 값의 합은?

① 13 ② 14 ③ 15
④ 16 ⑤ 17

유제 16

9201-0016

분수 $\frac{28}{a}$을 소수로 나타내면 순환소수가 될 때, 다음 중 a의 값이 될 수 없는 것을 모두 고르면? (정답 2개)

① 3 ② 5 ③ 21
④ 24 ⑤ 35

9201-0017

01 다음 중 순환마디를 옳게 나타낸 것은?

① $0.151515\cdots$ ➡ 151
② $0.4636363\cdots$ ➡ 63
③ $0.376376376\cdots$ ➡ 3763
④ $1.721721721\cdots$ ➡ 172
⑤ $14.514514514\cdots$ ➡ 145

9201-0018

02 다음 중 순환소수의 표현이 옳지 않은 것을 모두 고르면? (정답 2개)

① $1.3888\cdots=1.\dot{3}\dot{8}$
② $2.5303030\cdots=2.\dot{5}\dot{3}0$
③ $0.2414141\cdots=0.24\dot{1}\dot{4}$
④ $3.165165165\cdots=3.\dot{1}6\dot{5}$
⑤ $4.520452045204\cdots=4.\dot{5}20\dot{4}$

9201-0019

03 순환소수 $3.1\dot{8}0\dot{6}$에서 소수점 아래 18번째 자리의 숫자는?

① 0 ② 1 ③ 3
④ 6 ⑤ 8

9201-0020

04 다음은 분수 $\frac{3}{40}$을 유한소수로 나타내는 과정이다. 이때 알맞은 a, b, c에 대하여 $a+b+c$의 값을 구하시오.

$$\frac{3}{40}=\frac{3}{2^3\times5}=\frac{3\times a}{2^3\times5\times a}=\frac{b}{1000}=c$$

9201-0021

05 다음 분수 중 유한소수로 나타낼 수 있는 것은?

① $\frac{7}{30}$ ② $\frac{11}{18}$ ③ $\frac{8}{6}$
④ $\frac{28}{2\times5^2\times7}$ ⑤ $\frac{6}{2\times3^2\times5}$

9201-0022

06 분수 $\frac{5}{72}\times a$를 소수로 나타내면 유한소수가 될 때, a의 값 중에서 가장 작은 자연수는?

① 3 ② 6 ③ 9
④ 12 ⑤ 15

9201-0023

07 분수 $\frac{21}{50\times x}$을 소수로 나타내면 유한소수가 될 때, 다음 중 x의 값이 될 수 없는 것은?

① 7 ② 12 ③ 14
④ 15 ⑤ 18

9201-0024

08 분수 $\frac{a}{280}$를 소수로 나타내면 순환소수가 될 때, 다음 중 a의 값이 될 수 있는 것을 모두 고르면? (정답 2개)

① 7 ② 9 ③ 11
④ 14 ⑤ 21

2 순환소수의 분수 표현

개념 1 순환소수를 분수로 나타내기 (1)

모든 순환소수를 다음과 같은 방법으로 분수로 나타낼 수 있다.

① 순환소수를 x로 놓는다.

② 등식의 양변에 10의 거듭제곱을 곱하여 소수점 아래의 부분이 같은 두 식을 만든다.

③ 두 식을 빼서 x의 값을 구한다.

- 소수 부분이 같은 두 순환소수의 차는 정수이다.
- $x=1.3\dot{5}$로 놓으면

$$\begin{array}{r} 100x=135.555\cdots \\ -\underline{)\ \ 10x=\ \ 13.555\cdots} \\ 90x=122 \end{array}$$

따라서 $x=\frac{122}{90}=\frac{61}{45}$

- 모든 순환소수는 분수로 나타낼 수 있으므로 모든 순환소수는 유리수이다.

개념 확인 문제 1

다음은 순환소수를 분수로 나타내는 과정이다. □ 안에 알맞은 수를 써넣으시오.

(1) $x=0.\dot{5}$ ➡

$$\begin{array}{r} \square x=5.555\cdots \\ -\underline{)\qquad x=0.555\cdots} \\ \square x=5 \end{array}$$

따라서 $x=\frac{5}{\square}$

(2) $x=1.2\dot{4}$ ➡

$$\begin{array}{r} 100x=124.444\cdots \\ -\underline{)\ \square x=\ \ 12.444\cdots} \\ \square x=112 \end{array}$$

따라서 $x=\frac{\square}{45}$

개념 2 순환소수를 분수로 나타내기 (2)

순환소수를 다음과 같은 방법으로 쉽게 분수로 나타낼 수 있다.

① 분모는 순환마디의 숫자의 개수만큼 9를 쓰고, 그 뒤에 소수점 아래에서 순환마디에 포함되지 않는 숫자의 개수만큼 0을 쓴다.

② 분자는 (전체의 수)−(순환하지 않는 부분의 수)를 쓴다.

예

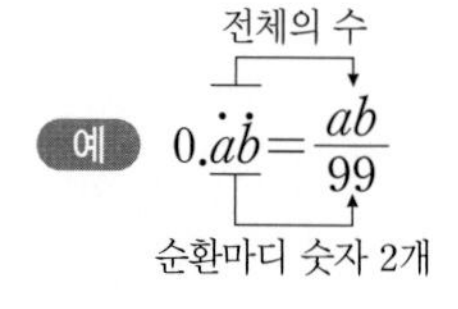

$a.b\dot{c}\dot{d}=\frac{abcd-ab}{990}$ ← 순환하지 않는 부분의 수

(전체의 수 / 순환마디 / 숫자 2개 / 소수점 아래 순환하지 않는 숫자 1개)

예 $0.\dot{4}=\frac{4}{9}$, $1.2\dot{5}=\frac{125-12}{90}=\frac{113}{90}$

- $0.\dot{a}=\frac{a}{9}$

$0.\dot{a}\dot{b}=\frac{ab}{99}$

$0.a\dot{b}=\frac{ab-a}{90}$

$a.b\dot{c}=\frac{abc-ab}{90}$

개념 확인 문제 2

다음은 순환소수를 분수로 나타내는 과정이다. □ 안에 알맞은 수를 써넣으시오.

(1) $0.\dot{7}=\frac{7}{\square}$

(2) $1.7\dot{8}=\frac{178-\square}{90}=\frac{\square}{90}$

2 순환소수의 분수 표현

개념 3 순환소수를 포함한 식의 계산

순환소수를 포함한 식의 덧셈, 뺄셈, 곱셈, 나눗셈은 순환소수를 분수로 나타낸 후 계산한다.

예 $0.\dot{2}+0.\dot{3}=\frac{2}{9}+\frac{3}{9}=\frac{5}{9}$, $0.\dot{7}-0.\dot{2}=\frac{7}{9}-\frac{2}{9}=\frac{5}{9}$

$0.\dot{2}\times0.\dot{4}=\frac{2}{9}\times\frac{4}{9}=\frac{8}{81}$, $0.\dot{4}\div0.\dot{2}=\frac{4}{9}\div\frac{2}{9}=\frac{4}{9}\times\frac{9}{2}=2$

개념 확인 문제 3

다음은 순환소수를 포함한 식의 계산 과정이다. □ 안에 알맞은 수를 써넣으시오.

(1) $0.\dot{4}+0.\dot{7}=\frac{4}{9}+\frac{\square}{9}=\frac{\square}{9}$

(2) $1.\dot{4}-0.\dot{5}=\frac{\square}{9}-\frac{5}{9}=\frac{\square}{9}$

(3) $0.\dot{4}\times0.\dot{6}=\frac{4}{9}\times\frac{\square}{9}=\frac{\square}{27}$

(4) $0.\dot{8}\div0.\dot{2}=\frac{8}{9}\div\frac{\square}{9}=\frac{8}{9}\times\frac{9}{\square}=\square$

개념 4 유리수와 순환소수의 관계

(1) 정수가 아닌 유리수는 유한소수 또는 순환소수로 나타낼 수 있다.

(2) 유한소수와 순환소수는 모두 유리수이다.

소수
- 유한소수 ─┐ ➡ 유리수
- 무한소수
  - 순환소수 ─┘
  - 순환하지 않는 무한소수 ➡ 유리수가 아니다.

개념 확인 문제 4

다음 중 옳은 것에는 'ㅇ'를, 옳지 않은 것에는 '×'를 ( ) 안에 써넣으시오.

(1) 모든 순환소수는 분수로 나타낼 수 있다. ( )

(2) 순환소수 중에는 유리수가 아닌 것도 있다. ( )

(3) 원주율 π는 유리수이다. ( )

(4) 정수가 아닌 유리수는 유한소수 또는 순환소수로 나타낼 수 있다. ( )

대표예제

정답과 풀이 • 4쪽

예제 1 순환소수를 분수로 나타내기 (1)

순환소수 $0.\dot{4}2\dot{5}$를 분수로 나타내려고 한다. $x=0.\dot{4}2\dot{5}$라고 할 때, 가장 편리한 식은?

① $10x-x$　② $100x-10x$
③ $1000x-x$　④ $1000x-10x$
⑤ $10000x-100x$

| 풀이전략 |
주어진 순환소수와 소수점 아래의 부분이 같도록 하는 두 식을 구한다.

| 풀이 |
주어진 순환소수와 소수점 아래의 부분이 같도록 하는 두 식을 구하면
$1000x=425.\dot{4}2\dot{5}$이고 $x=0.\dot{4}2\dot{5}$이므로
$1000x-x=425$
$999x=425$
$x=\frac{425}{999}$
따라서 가장 편리한 식은 ③ $1000x-x$이다.

답 ③

유제 1

9201-0025

순환소수 $3.\dot{2}0\dot{7}$을 분수로 나타내려고 한다. $x=3.\dot{2}0\dot{7}$이라고 할 때, 가장 편리한 식은?

① $10x-x$　② $100x-10x$　③ $1000x-x$
④ $10000x-x$　⑤ $10000x-100x$

유제 2

9201-0026

다음은 순환소수 $1.2\dot{5}$를 분수로 나타내는 과정이다. (가)~(마)에 들어갈 수를 써넣으시오.

> $1.2\dot{5}$를 x라고 하면 $x=1.2555\cdots$　…… ㉠
> ㉠의 양변에 (가) 을 곱하면
> (가) $x=125.555\cdots$　…… ㉡
> ㉠의 양변에 (나) 을 곱하면
> (나) $x=12.555\cdots$　…… ㉢
> ㉡−㉢을 하면 (다) $x=$ (라)
> 따라서 $x=$ (마)

예제 2 순환소수를 분수로 나타내기 (2)

다음 중 순환소수를 분수로 나타낸 것으로 옳지 않은 것은?

① $0.\dot{8}=\frac{8}{9}$　② $1.5\dot{7}=\frac{71}{45}$
③ $1.\dot{4}\dot{5}=\frac{145}{99}$　④ $1.3\dot{6}\dot{4}=\frac{1351}{990}$
⑤ $0.\dot{0}1\dot{4}=\frac{14}{999}$

| 풀이전략 |
분자는 (전체의 수)−(순환하지 않는 부분의 수)를 쓴다.

| 풀이 |
② $1.5\dot{7}=\frac{157-15}{90}=\frac{142}{90}=\frac{71}{45}$
③ $1.\dot{4}\dot{5}=\frac{145-1}{99}=\frac{144}{99}=\frac{16}{11}$
④ $1.3\dot{6}\dot{4}=\frac{1364-13}{990}=\frac{1351}{990}$

답 ③

유제 3

9201-0027

다음 중 순환소수를 분수로 나타낸 것으로 옳지 않은 것을 모두 고르면? (정답 2개)

① $0.\dot{7}\dot{2}=\frac{8}{11}$　② $2.\dot{1}\dot{5}=\frac{215}{99}$　③ $1.\dot{3}=\frac{4}{3}$
④ $0.5\dot{3}=\frac{16}{33}$　⑤ $0.\dot{7}2\dot{5}=\frac{725}{999}$

유제 4

9201-0028

다음 중 순환소수를 분수로 나타내는 과정으로 옳지 않은 것을 모두 고르면? (정답 2개)

① $1.0\dot{5}=\frac{105-1}{90}$　② $0.4\dot{2}\dot{8}=\frac{428-4}{990}$
③ $3.\dot{1}\dot{5}=\frac{315-3}{990}$　④ $3.\dot{7}=\frac{37-3}{9}$
⑤ $4.\dot{6}2\dot{3}=\frac{4623-4}{999}$

예제 3 순환소수를 포함한 식의 계산

$0.\dot{3}$보다 $0.\dot{7}$만큼 큰 수는?

① $1.\dot{1}$ ② $1.1\dot{2}$ ③ $1.\dot{2}$
④ $1.2\dot{3}$ ⑤ $1.\dot{3}$

| 풀이전략 |
순환소수를 분수로 나타낸 후 계산한다.

| 풀이 |

$0.\dot{3}+0.\dot{7}=\frac{3}{9}+\frac{7}{9}=\frac{10}{9}=1.\dot{1}$

답 ①

유제 5

9201-0029

$2.\dot{8}$보다 $0.\dot{5}$만큼 작은 수는?

① $2.\dot{1}$ ② $2.1\dot{2}$ ③ $2.\dot{2}$
④ $2.2\dot{3}$ ⑤ $2.\dot{3}$

유제 6

9201-0030

$a=0.\dot{4}\dot{5}$, $b=0.\dot{2}\dot{7}$일 때, $a-b$의 값은?

① $0.\dot{1}\dot{6}$ ② $0.\dot{1}\dot{7}$ ③ $0.\dot{1}\dot{8}$
④ $0.\dot{2}\dot{0}$ ⑤ $0.\dot{2}\dot{1}$

예제 4 유리수와 소수의 이해

다음 중 옳은 것을 모두 고르면? (정답 2개)

① 모든 유한소수는 유리수이다.
② 순환소수 중에는 유리수가 아닌 것도 있다.
③ 0은 분수로 나타낼 수 있다.
④ 모든 무한소수는 분수로 나타낼 수 있다.
⑤ 기약분수의 분모에 2 또는 5 이외의 소인수가 있으면 유한소수로 나타낼 수 있다.

| 풀이전략 |
정수가 아닌 유리수는 유한소수 또는 순환소수로만 나타낼 수 있다.

| 풀이 |
② 모든 순환소수는 분수로 나타낼 수 있으므로 유리수이다.
④ 순환하지 않는 무한소수는 분수로 나타낼 수 없다.
⑤ 기약분수의 분모에 2 또는 5 이외의 소인수가 있으면 유한소수로 나타낼 수 없다.

답 ①, ③

유제 7

9201-0031

다음 중 두 정수 a, b에 대하여 $\frac{a}{b}$의 꼴로 나타낼 수 없는 것은? (단, $b \neq 0$)

① 정수 ② 유리수
③ 유한소수 ④ 순환소수
⑤ 원주율 π

유제 8

9201-0032

다음 〈보기〉 중 옳은 것을 모두 고르시오.

보기
ㄱ. 모든 정수는 유리수이다.
ㄴ. 정수가 아닌 유리수는 모두 유한소수로 나타낼 수 있다.
ㄷ. 소수 중에는 유리수가 아닌 것도 있다.
ㄹ. 정수가 아닌 유리수는 유한소수 또는 순환소수로 나타낼 수 있다.

형성평가

2. 순환소수의 분수 표현

9201-0033

01 순환소수 $2.\dot{5}\dot{3}$을 분수로 나타내려고 한다. $x=2.\dot{5}\dot{3}$이라고 할 때, 가장 편리한 식은?

① $10x-x$ ② $100x-x$
③ $100x-10x$ ④ $1000x-x$
⑤ $1000x-100x$

9201-0034

02 다음은 순환소수 $3.2\dot{4}\dot{1}$을 분수로 나타내는 과정이다. □ 안에 알맞은 수로 옳지 않은 것은?

> $x=3.2\dot{4}\dot{1}$이라고 하면 $x=3.2414141\cdots$ …… ㉠
> ㉠의 양변에 [①]을 곱하면
> [①]$x=3241.414141\cdots$ …… ㉡
> ㉠의 양변에 [②]을 곱하면
> [②]$x=32.414141\cdots$ …… ㉢
> ㉡－㉢을 하면 [③]$x=$[④]
> 따라서 $x=$[⑤]

① 1000 ② 10 ③ 900
④ 3209 ⑤ $\frac{3209}{990}$

9201-0035

03 다음 중 순환소수를 분수로 나타낸 것으로 옳은 것은?

① $0.\dot{1}\dot{3}=\frac{13}{990}$ ② $0.4\dot{1}=\frac{4}{9}$
③ $1.\dot{7}\dot{3}=\frac{173}{999}$ ④ $0.\dot{3}6\dot{0}=\frac{110}{333}$
⑤ $2.4\dot{8}\dot{5}=\frac{2461}{990}$

9201-0036

04 $0.\dot{6}$보다 $2.\dot{4}$만큼 큰 수는?

① $3.\dot{1}$ ② $3.1\dot{5}$ ③ $3.\dot{2}$
④ $3.2\dot{5}$ ⑤ $3.\dot{3}$

9201-0037

05 $0.\dot{5}\dot{4}-0.\dot{3}\dot{6}$을 계산한 값을 기약분수로 나타내면 $\frac{a}{b}$일 때, 자연수 a, b에 대하여 $a+b$의 값은?

① 12 ② 13 ③ 14
④ 15 ⑤ 16

9201-0038

06 다음 중 옳지 않은 것은?

① 정수는 모두 유리수이다.
② 유한소수 중에는 유리수가 아닌 것도 있다.
③ 순환소수는 무한소수이다.
④ 유리수 중에는 무한소수도 있다.
⑤ 무한소수 중에는 순환소수가 아닌 것도 있다.

9201-0039

07 다음 중 옳지 않은 것을 모두 고르면? (정답 2개)

① 모든 순환소수는 유리수이다.
② $\frac{a}{b}$ (a, b는 정수, $b\neq0$) 꼴로 나타낼 수 없는 유리수도 있다.
③ 분모에 2 또는 5 이외의 소인수를 가지는 기약분수는 순환소수로 나타내어진다.
④ 정수가 아닌 유리수 중에는 유한소수나 순환소수로 나타낼 수 없는 수도 있다.
⑤ 정수가 아닌 유리수는 유한소수 또는 순환소수로 나타낼 수 있다.

중단원 마무리

Level 1

9201-0040

01 다음 〈보기〉에서 무한소수를 모두 고르시오.

보기

ㄱ. 1.3　　ㄴ. 2.444 ⋯

ㄷ. 3.121212 ⋯　　ㄹ. 0.666666

ㅁ. 4.20587431

9201-0041

02 다음 중 순환소수를 간단히 나타낸 것으로 옳지 않은 것은?

① $0.333\cdots=0.\dot{3}$

② $1.606060\cdots=1.\dot{6}\dot{0}$

③ $0.2737373\cdots=0.2\dot{7}\dot{3}$

④ $1.451451451\cdots=\dot{1}.4\dot{5}$

⑤ $2.362362362\cdots=2.\dot{3}6\dot{2}$

9201-0042

03 분수 $\frac{5}{22}$를 소수로 나타낼 때, 순환마디는?

① 2　② 22　③ 27

④ 72　⑤ 227

9201-0043

04 분수 $\frac{7}{12}$을 순환소수로 나타낸 것은?

① $0.5\dot{8}$　② $0.\dot{5}\dot{8}$　③ $0.58\dot{3}$

④ $0.5\dot{8}\dot{3}$　⑤ $0.\dot{5}8\dot{3}$

9201-0044

05 순환소수 $1.\dot{2}5\dot{4}$의 소수점 아래 100번째 자리의 숫자는?

① 1　② 2　③ 3

④ 4　⑤ 5

9201-0045

06 다음 분수 중 어떤 자연수를 분모에 곱해서 분모를 10의 거듭제곱의 꼴로 나타낼 수 없는 것을 모두 고르면? (정답 2개)

① $\frac{1}{3}$　② $\frac{1}{4}$　③ $\frac{1}{5}$

④ $\frac{1}{6}$　⑤ $\frac{1}{8}$

9201-0046

07 다음 중 유한소수로 나타낼 수 있는 것은?

① $\frac{7}{2\times3\times5}$　② $\frac{3}{2^2\times7}$

③ $\frac{2^3}{2\times3\times5}$　④ $\frac{2^2\times11}{2\times11^2\times5^2}$

⑤ $\frac{13^2}{2^2\times13\times5}$

9201-0047

08 다음은 순환소수 $0.\dot{4}$를 분수로 나타내는 과정이다. □ 안에 알맞은 수를 써넣으시오.

$0.\dot{4}$를 x라고 하면 $x=0.444\cdots$　⋯⋯ ㉠

㉠의 양변에 10을 곱하면

$10x=$□　⋯⋯ ㉡

㉡－㉠을 하면 $9x=$□

따라서 $x=$□이므로

$0.\dot{4}=$□

Level 2

9201-0048

09 분수 $\frac{3}{22}$을 소수로 나타낼 때, 소수점 아래 70번째 자리의 숫자는?

① 0　② 1　③ 3　④ 4　⑤ 6

중요 9201-0049

10 순환소수 $0.\dot{2}5\dot{8}$의 소수점 아래 30번째 자리의 숫자를 a, 50번째 자리의 숫자를 b라고 할 때, $a+b$의 값은?

① 7　② 9　③ 10　④ 11　⑤ 13

9201-0050

11 다음은 분수 $\frac{3}{25}$을 유한소수로 나타내는 과정이다. a, b, c에 알맞은 수를 차례로 구한 것은?

$$\frac{3}{25}=\frac{3}{5^2}=\frac{3\times a}{5^2\times a}=\frac{b}{100}=c$$

① 2, 6, 0.06　② 2, 12, 0.12　③ 2^2, 6, 0.06　④ 2^2, 12, 0.12　⑤ 2^3, 12, 0.12

9201-0051

12 다음 〈보기〉의 분수 중 유한소수로 나타낼 수 있는 것의 개수는?

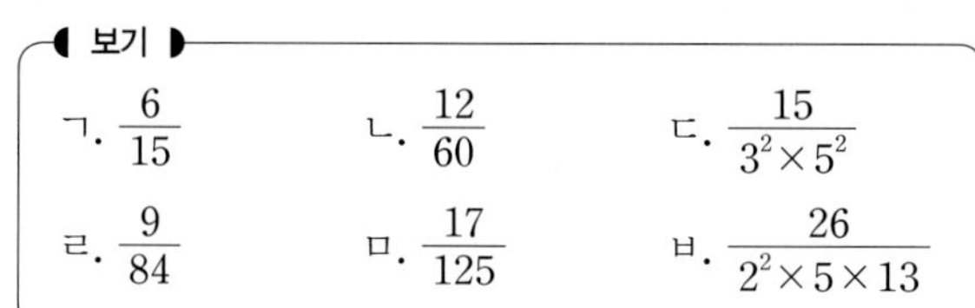
보기

ㄱ. $\frac{6}{15}$　ㄴ. $\frac{12}{60}$　ㄷ. $\frac{15}{3^2\times5^2}$
ㄹ. $\frac{9}{84}$　ㅁ. $\frac{17}{125}$　ㅂ. $\frac{26}{2^2\times5\times13}$

① 1개　② 2개　③ 3개　④ 4개　⑤ 5개

9201-0052

13 분수 $\frac{A}{2\times3\times5^2}$를 소수로 나타내면 유한소수가 될 때, 다음 중 A의 값이 될 수 있는 것은?

① 4　② 5　③ 6　④ 7　⑤ 8

9201-0053

14 분수 $\frac{33}{2^3\times a}$을 소수로 나타내면 유한소수가 될 때, 다음 중 a의 값이 될 수 없는 것은?

① 3　② 6　③ 9　④ 11　⑤ 12

중요 9201-0054

15 두 분수 $\frac{x}{12}$와 $\frac{x}{35}$를 모두 유한소수로 나타낼 수 있을 때, x의 값이 될 수 있는 가장 작은 자연수는?

① 7　② 15　③ 21　④ 30　⑤ 42

9201-0055

16 다음 〈보기〉의 분수를 소수로 나타낼 때, 순환소수가 되는 것의 개수는?

보기

ㄱ. $\frac{9}{4}$　ㄴ. $\frac{21}{6}$　ㄷ. $\frac{8}{15}$
ㄹ. $\frac{33}{55}$　ㅁ. $\frac{4}{56}$

① 1개　② 2개　③ 3개　④ 4개　⑤ 5개

9201-0056

17 분수 $\frac{6}{2^2\times5\times a}$을 소수로 나타내었을 때, 순환소수가 되도록 하는 모든 한 자리 자연수 a의 값의 합은?

① 13　　② 14　　③ 15
④ 16　　⑤ 17

9201-0057

18 분수 $\frac{a}{180}$를 소수로 나타내면 순환소수가 될 때, 다음 중 a의 값이 될 수 있는 것을 모두 고르면? (정답 2개)

① 18　　② 24　　③ 27
④ 30　　⑤ 36

중요

9201-0058

19 다음은 순환소수 $0.1\dot{7}\dot{3}$을 분수로 나타내는 과정이다. □ 안에 알맞은 수로 옳지 않은 것은?

> $0.1\dot{7}\dot{3}$을 x라고 하면
> $x=0.1737373\cdots$ …… ㉠
> ㉠의 양변에 [①]을 곱하면
> [①]$x=173.737373\cdots$ …… ㉡
> ㉠의 양변에 [②]을 곱하면
> $10x=$[③] …… ㉢
> ㉡－㉢을 하면
> [④]$x=$[⑤]

① 1000　　② 10　　③ $1.737373\cdots$
④ 90　　⑤ 172

9201-0059

20 다음 중 순환소수 $x=1.\dot{8}\dot{5}$를 분수로 나타낼 때, 가장 편리한 식은?

① $10x-x$　　② $100x-x$
③ $100x-10x$　　④ $1000x-x$
⑤ $1000x-100x$

9201-0060

21 다음 중 순환소수를 분수로 나타낸 것으로 옳지 않은 것을 모두 고르면? (정답 2개)

① $0.\dot{3}\dot{2}=\frac{32}{99}$　　② $0.5\dot{3}=\frac{8}{15}$
③ $0.1\dot{2}=\frac{4}{33}$　　④ $1.\dot{2}\dot{4}=\frac{124}{99}$
⑤ $1.24\dot{7}=\frac{1123}{900}$

9201-0061

22 순환소수 $1.2\dot{7}$을 기약분수로 나타내었더니 $\frac{b}{a}$일 때, 자연수 a, b에 대하여 $a+b$의 값은?

① 40　　② 41　　③ 42
④ 43　　⑤ 44

9201-0062

23 $0.\dot{6}$보다 $2.\dot{8}$만큼 큰 수는?

① $3.\dot{4}$　　② $3.\dot{4}\dot{5}$　　③ $3.\dot{5}$
④ $3.\dot{5}\dot{6}$　　⑤ $3.\dot{6}$

9201-0063

24 $0.\dot{5}\dot{4}=A-0.\dot{3}$일 때, A의 값을 순환소수로 나타낸 것은?

① $0.\dot{7}$　　② $0.7\dot{8}$　　③ $0.\dot{7}\dot{8}$
④ $0.\dot{8}$　　⑤ $0.\dot{8}\dot{7}$

9201-0064

25 $0.0\dot{4}$에 어떤 자연수를 곱하였더니 유한소수가 되었다. 이때 곱할 수 있는 자연수 중 가장 작은 수는?

① 3　② 6　③ 7　④ 9　⑤ 12

9201-0065

26 어떤 자연수에 $0.\dot{5}$를 곱해야 할 것을 잘못하여 0.5를 곱하였더니 정답과 오답의 차가 5가 되었다. 어떤 자연수는?

① 50　② 60　③ 70　④ 80　⑤ 90

9201-0066

27 다음 설명 중 옳은 것은?

① 정수가 아닌 모든 유리수는 유한소수로 나타낼 수 있다.
② 유한소수 중에는 유리수가 아닌 것도 있다.
③ 순환소수 중에는 유리수가 아닌 것도 있다.
④ 유한소수 또는 순환소수는 유리수이다.
⑤ 유리수를 기약분수로 나타냈을 때 분모의 소인수가 2 또는 5뿐인 유리수는 순환소수가 된다.

9201-0067

28 다음 〈보기〉에서 옳은 것을 모두 고르시오.

보기
ㄱ. 무한소수는 소수점 아래의 0이 아닌 숫자가 무한 번 나타나는 소수이다.
ㄴ. 유한소수로 나타낼 수 있는 기약분수는 분모의 소인수가 2 또는 3뿐이다.
ㄷ. 모든 순환소수는 유리수이다.
ㄹ. 원주율 π는 소수로 나타내면 순환소수이다.

Level 3

9201-0068

29 분수 $\frac{5}{7}$를 소수로 나타내었을 때, 소수점 아래 35번째 자리의 숫자를 a, 소수점 아래 45번째 자리의 숫자를 b라고 하자. 이때 $a+b$의 값은?

① 9　② 10　③ 12　④ 13　⑤ 15

9201-0069

30 분수 $\frac{1}{2}, \frac{1}{3}, \frac{1}{4}, \cdots, \frac{1}{50}$ 중 유한소수로 나타낼 수 없는 것의 개수는?

① 35개　② 36개　③ 37개　④ 38개　⑤ 39개

9201-0070

31 어떤 기약분수를 소수로 나타내는데 지현이는 분자를 잘못 보고 계산하여 $0.\dot{3}$이 되었고, 우준이는 분모를 잘못 보고 계산하여 $1.\dot{8}$이 되었다. 처음 기약분수를 소수로 나타내시오.

서술형으로 중단원 마무리

9201-0071

다음은 순환소수 $0.3\dot{5}\dot{8}$을 기약분수로 나타내는 과정이다. $\square$ 안에 알맞은 수를 써넣으시오.

풀이

$0.3\dot{5}\dot{8}$을 x라고 하면

$x=0.3585858\cdots$ ⋯⋯ ㉠

㉠의 양변에 $\square$을 곱하면

$\square x=358.585858\cdots$ ⋯⋯ ㉡

㉠의 양변에 $\square$을 곱하면

$\square x=3.585858\cdots$ ⋯⋯ ㉢

㉡−㉢을 하면 $\square x=\square$

따라서 $x=\square=\square$

9201-0072

서술형 유제

순환소수 $1.5\dot{2}$를 기약분수로 나타내려고 한다. $x=1.5\dot{2}$일 때, x에 대한 식을 이용하여 기약분수로 나타내시오.

9201-0073

1 분수 $\frac{17}{330}$을 소수로 나타낼 때, 소수점 아래 30번째 자리의 숫자를 구하시오.

9201-0074

2 분수 $\frac{28}{80\times a}$을 소수로 나타내면 유한소수가 될 때, a의 값이 될 수 있는 한 자리의 자연수의 개수를 구하시오.

9201-0075

3 분수 $\frac{a}{360}$를 소수로 나타내면 유한소수이고, 이 분수를 기약분수로 나타내면 $\frac{1}{b}$이라고 한다. a가 $10<a<20$인 자연수일 때, $a+b$의 값을 구하시오.

9201-0076

4 두 분수 $\frac{5}{88}$, $\frac{13}{12}$에 어떤 자연수 n을 각각 곱하여 두 분수를 모두 유한소수가 되게 하려고 한다. 이때 n의 값이 될 수 있는 가장 작은 자연수를 구하시오.

1 지수법칙

개념 1 지수법칙(1)

m, n이 자연수일 때

$a^m \times a^n = a^{m+n}$ ➡ 지수끼리 더한다.

예 $a^2 \times a^3 = (\underbrace{a \times a}_{2개}) \times (\underbrace{a \times a \times a}_{3개})$

$= \underbrace{a \times a \times a \times a \times a}_{(2+3)개} = a^5$ ➡ $a^2 \times a^3 = a^{2+3} = a^5$

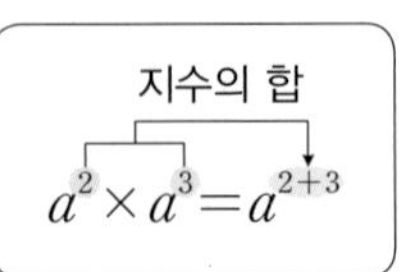

- 2^3 (지수: 3, 밑: 2)
- a는 a^1으로 정한다.
- $a^l \times a^m \times a^n = a^{l+m+n}$

개념 확인 문제 1

다음 □ 안에 알맞은 수를 써넣으시오.

(1) $2^2 \times 2^4 = 2^{2+\square} = 2^{\square}$

(2) $2^3 \times 2^5 = 2^{3+\square} = 2^{\square}$

(3) $a^4 \times a^3 = a^{\square+3} = a^{\square}$

(4) $a^2 \times a \times a^3 = a^{2+\square} \times a^3 = a^{2+\square+3} = a^{\square}$

개념 2 지수법칙(2)

m, n이 자연수일 때

$(a^m)^n = a^{mn}$ ➡ 지수끼리 곱한다.

예 $(a^2)^3 = a^2 \times a^2 \times a^2 = a^{\overset{2\times3}{\overline{2+2+2}}} = a^6$ ➡ $(a^2)^3 = a^{2\times3} = a^6$

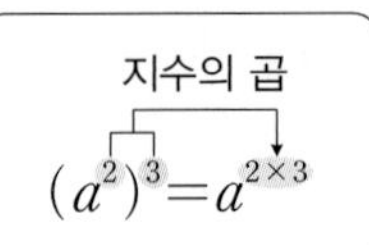

- $\{(a^l)^m\}^n = a^{lmn}$

개념 확인 문제 2

다음 □ 안에 알맞은 수를 써넣으시오.

(1) $(2^2)^4 = 2^{2\times\square} = 2^{\square}$

(2) $(2^3)^4 = 2^{3\times\square} = 2^{\square}$

(3) $(a^2)^5 = a^{2\times\square} = a^{\square}$

(4) $(a^5)^2 = a^{5\times\square} = a^{\square}$

개념 3 지수법칙(3)

$a \neq 0$이고, m, n이 자연수일 때

① $m > n$이면 $a^m \div a^n = a^{m-n}$

② $m = n$이면 $a^m \div a^n = 1$

③ $m < n$이면 $a^m \div a^n = \dfrac{1}{a^{n-m}}$

지수의 차

$a^5 \div a^2 = a^{5-2}$

지수의 차

$a^2 \div a^5 = \dfrac{1}{a^{5-2}}$

예 $a^5 \div a^2 = \dfrac{a^5}{a^2} = \dfrac{a \times a \times a \times a \times a}{a \times a} = a \times a \times a = a^3$

➡ $a^5 \div a^2 = a^{5-2} = a^3$

$a^2 \div a^2 = \dfrac{a^2}{a^2} = \dfrac{a \times a}{a \times a} = 1$ ➡ $a^2 \div a^2 = 1$

$a^2 \div a^5 = \dfrac{a^2}{a^5} = \dfrac{a \times a}{a \times a \times a \times a \times a} = \dfrac{1}{a \times a \times a} = \dfrac{1}{a^3}$ ➡ $a^2 \div a^5 = \dfrac{1}{a^{5-2}} = \dfrac{1}{a^3}$

• $a^m \div a^n$을 계산할 때에는 먼저 지수 m, n의 대소를 비교한다.

개념 확인 문제 3

다음 □ 안에 알맞은 수를 써넣으시오.

(1) $2^5 \div 2^2 = 2^{5-\square} = 2^{\square}$

(2) $2^3 \div 2^6 = \dfrac{1}{2^{\square-3}} = \dfrac{1}{2^{\square}}$

(3) $a^6 \div a^4 = a^{6-\square} = a^{\square}$

(4) $a^2 \div a^7 = \dfrac{1}{a^{\square-2}} = \dfrac{1}{a^{\square}}$

개념 4 지수법칙(4)

m이 자연수일 때

① $(ab)^m = a^m b^m$

② $\left(\dfrac{a}{b}\right)^m = \dfrac{a^m}{b^m}$ (단, $b \neq 0$)

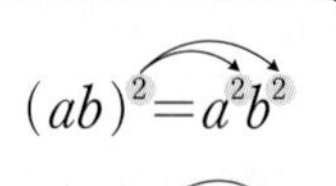

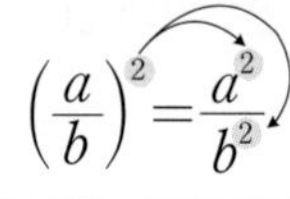

예 $(ab)^2 = ab \times ab = a \times b \times a \times b = a \times a \times b \times b = a^2b^2$

$\left(\dfrac{a}{b}\right)^2 = \dfrac{a}{b} \times \dfrac{a}{b} = \dfrac{a \times a}{b \times b} = \dfrac{a^2}{b^2}$

• $(abc)^m = a^m b^m c^m$

• $(-a)^m = \begin{cases} a^m & (m\text{은 짝수}) \\ -a^m & (m\text{은 홀수}) \end{cases}$

개념 확인 문제 4

다음 □ 안에 알맞은 수를 써넣으시오.

(1) $(ab)^3 = a^{\square} b^{\square}$

(2) $\left(\dfrac{a}{b}\right)^4 = \dfrac{a^{\square}}{b^{\square}}$

(3) $(ab^2)^3 = a^{\square} \times (b^2)^{\square} = a^{\square} b^{\square}$

(4) $\left(\dfrac{a^2}{b}\right)^4 = \dfrac{(a^2)^{\square}}{b^{\square}} = \dfrac{a^{\square}}{b^{\square}}$

대표예제

예제 1 지수법칙(1) – $a^m \times a^n = a^{m+n}$

$2^2 \times 2^3 \times 2^a = 256$일 때, 자연수 a의 값은?

① 2　② 3　③ 4　④ 5　⑤ 6

| 풀이전략 |
m, n이 자연수일 때, $a^m \times a^n = a^{m+n}$임을 이용한다.

| 풀이 |
$2^2 \times 2^3 \times 2^a = 2^{2+3} \times 2^a = 2^{2+3+a}$이고,
$256 = 2^8$
즉, $2+3+a=8$에서
$a=3$

답 ②

유제 1 9201-0077

$a^4 \times a \times a^x = a^9$일 때, 자연수 x의 값은?

① 1　② 2　③ 3　④ 4　⑤ 5

유제 2 9201-0078

$4^{x+2} = 4^x \times \square$일 때, □ 안에 알맞은 수는?

① 2　② 4　③ 8　④ 12　⑤ 16

예제 2 지수법칙(2) – $(a^m)^n = a^{mn}$

$(x^2)^3 \times x^4 = (x^a)^2$일 때, 자연수 a의 값은?

① 2　② 3　③ 4　④ 5　⑤ 6

| 풀이전략 |
m, n이 자연수일 때, $(a^m)^n = a^{mn}$임을 이용한다.

| 풀이 |
$(x^2)^3 \times x^4 = x^{2\times 3} \times x^4 = x^{6+4} = x^{10}$이고,
$(x^a)^2 = x^{2a}$
즉, $2a=10$에서
$a=5$

답 ④

유제 3 9201-0079

$(2^2)^4 \times (2^{\square})^3 = 2^{20}$일 때, □ 안에 알맞은 수는?

① 2　② 3　③ 4　④ 5　⑤ 6

유제 4 9201-0080

$\{(a^3)^2\}^4 = a^n$일 때, 자연수 n의 값은?

① 9　② 12　③ 18　④ 20　⑤ 24

예제 3 지수법칙(3) – $a^m \div a^n$

$a^{11} \div a^x \div a = a^4$일 때, 자연수 x의 값은?

① 2 ② 3 ③ 4
④ 5 ⑤ 6

| 풀이전략 |
$a^{11} \div a^x = a^y$으로 놓고 먼저 y의 값을 구한다.

| 풀이 |
$a^{11} \div a^x = a^y$이라고 하면 $a^y \div a = a^4$
$a^{y-1} = a^4$, $y-1=4$
따라서 $y=5$
$a^{11} \div a^x = a^5$에서
$a^{11-x} = a^5$, $11-x=5$
따라서 $x=6$

답 ⑤

유제 5

9201-0081

$2^{12} \div 2^x \div 2^2 = 2^3$일 때, 자연수 x의 값은?

① 5 ② 6 ③ 7
④ 8 ⑤ 9

유제 6

9201-0082

다음 중 옳은 것은?

① $a^8 \div a^4 = a^2$
② $a^2 \div a^3 = a$
③ $a^6 \div (a^2)^3 = 1$
④ $(a^3)^2 \div a^3 = a^2$
⑤ $a^5 \div a^2 \div a^4 = a^2$

예제 4 지수법칙(4) – $(ab)^m = a^m b^m$, $\left(\frac{a}{b}\right)^m = \frac{a^m}{b^m}$

$(-2x^3)^a = -bx^9$일 때, $a+b$의 값은?

(단, a, b는 자연수)

① 3 ② 5 ③ 7
④ 9 ⑤ 11

| 풀이전략 |
m이 자연수일 때, $(ab)^m = a^m b^m$임을 이용한다.

| 풀이 |
$(-2x^3)^a = (-2)^a \times x^{3a}$
$3a=9$이므로 $a=3$
$-b = (-2)^a = (-2)^3 = -8$, $b=8$
따라서 $a+b=3+8=11$

답 ⑤

유제 7

9201-0083

$(x^{2a}y^b)^3 = x^{12}y^{12}$일 때, 자연수 a, b에 대하여 $a+b$의 값은?

① 3 ② 4 ③ 5
④ 6 ⑤ 7

유제 8

9201-0084

$\left(\frac{3x^a}{y^4}\right)^2 = \frac{bx^6}{y^c}$일 때, 자연수 a, b, c에 대하여 $a+b+c$의 값은?

① 20 ② 21 ③ 22
④ 23 ⑤ 24

대표예제

예제 5 지수법칙 종합

다음 중 옳은 것은?

① $x^4\times(x^2)^3=x^{24}$
② $(x^2)^3\div x^3=\frac{1}{x^2}$
③ $x^{10}\div x^5=x^2$
④ $(x^2y^5)^4=(x^4y^{10})^2$
⑤ $\left(-\frac{x^2}{y}\right)^3=\frac{(x^3)^2}{y^3}$

| 풀이전략 |

지수법칙을 이용하여 식을 간단히 한다.

| 풀이 |

① $x^4\times(x^2)^3=x^4\times x^6=x^{4+6}=x^{10}$

② $(x^2)^3\div x^3=x^6\div x^3=x^{6-3}=x^3$

③ $x^{10}\div x^5=x^{10-5}=x^5$

④ $(x^2y^5)^4=(x^2)^4\times(y^5)^4=x^{2\times4}\times y^{5\times4}=x^8y^{20}$,
$(x^4y^{10})^2=(x^4)^2\times(y^{10})^2=x^{4\times2}\times y^{10\times2}=x^8y^{20}$

⑤ $\left(-\frac{x^2}{y}\right)^3=\frac{(-x^2)^3}{y^3}=\frac{-x^6}{y^3}=-\frac{x^6}{y^3}$, $\frac{(x^3)^2}{y^3}=\frac{x^6}{y^3}$

답 ④

유제 9 9201-0085

다음 중 계산 결과가 나머지 넷과 다른 하나는?

① $a^2\times a^4$
② $(a^3)^2$
③ $a^8\div a^2$
④ $(a^3)^5\div a^7\div a^2$
⑤ $a^{10}\times\frac{1}{a^2}\div(a^3)^2$

유제 10 9201-0086

다음 중 □ 안에 들어갈 수가 나머지 넷과 다른 하나는?

① $a^{\square}\times a^3=a^7$
② $(a^{\square})^2=a^8$
③ $a^{\square}\div a^4=1$
④ $(ab^2)^4=a^{\square}b^8$
⑤ $\left(\frac{2x^2}{y}\right)^{\square}=\frac{8x^6}{y^3}$

예제 6 지수법칙의 응용 – 거듭제곱의 합을 변형하기

$3^4+3^4+3^4=3^n$일 때, n의 값은?

① 4 ② 5 ③ 6 ④ 7 ⑤ 8

| 풀이전략 |

$3^4+3^4+3^4=3^4\times3$임을 이용한다.

| 풀이 |

$3^4+3^4+3^4=3^4\times3=3^5$

따라서 $n=5$

답 ②

유제 11 9201-0087

$3^7+3^7+3^7=3^x$일 때, x의 값은?

① 7 ② 8 ③ 9 ④ 10 ⑤ 11

유제 12 9201-0088

$2^6+2^6+2^6+2^6$을 2의 거듭제곱으로 나타낸 것은?

① 2^7 ② 2^8 ③ 2^9 ④ 2^{10} ⑤ 2^{11}

예제 7 지수법칙의 응용 – 문자에 대한 식으로 나타내기

$2^x=a$일 때, 2^x+2^{x+1}을 a를 사용하여 나타낸 것은?

① a ② $2a$ ③ $3a$
④ $4a$ ⑤ $5a$

| 풀이전략 |
$2^{x+1}=2^x\times 2$임을 이용한다.

| 풀이 |
$2^{x+1}=2^x\times 2=a\times 2=2a$
따라서 $2^x+2^{x+1}=a+2a=3a$

답 ③

유제 13

9201-0089

$3^x=a$일 때, 3^x+3^{x+2}을 a를 사용하여 나타낸 것은?

① $6a$ ② $7a$ ③ $8a$
④ $9a$ ⑤ $10a$

유제 14

9201-0090

$2^4=A$일 때, 4^{10}을 A를 사용하여 나타낸 것은?

① A^2 ② A^3 ③ A^4
④ A^5 ⑤ A^6

예제 8 지수법칙의 응용 – 자릿수 구하기

$2^{10}\times 5^8$이 n자리의 자연수일 때, n의 값은?

① 8 ② 9 ③ 10
④ 11 ⑤ 12

| 풀이전략 |
$2^n\times 5^n=(2\times 5)^n=10^n$임을 이용한다.

| 풀이 |
$$2^{10}\times 5^8=2^2\times 2^8\times 5^8$$
$$=4\times(2\times 5)^8$$
$$=4\times 10^8$$
$$=400000000$$
따라서 $n=9$

답 ②

유제 15

9201-0091

$2^9\times 5^{11}$이 n자리의 자연수일 때, n의 값은?

① 9 ② 10 ③ 11
④ 12 ⑤ 13

유제 16

9201-0092

$2^{12}\times 5^8$이 n자리의 자연수일 때, n의 값은?

① 7 ② 8 ③ 9
④ 10 ⑤ 11

9201-0093

01 $2^4\times32=2^a$일 때, 자연수 a의 값은?

① 6 ② 7 ③ 8
④ 9 ⑤ 10

9201-0094

02 $(3^2)^3\times(3^a)^2=3^{16}$일 때, 자연수 a의 값은?

① 2 ② 3 ③ 4
④ 5 ⑤ 6

9201-0095

03 다음 중 계산 결과가 나머지 넷과 다른 하나는?

① $a^{11}\div a^4\div a^3$ ② $a^9\div a^3\div a^2$
③ $a^6\div(a^7\div a^5)$ ④ $a^9\times(a^2\div a^6)$
⑤ $a^8\div(a\times a^3)$

9201-0096

04 $(5x^a)^b=125x^{15}$일 때, 자연수 a, b에 대하여 $a+b$의 값은?

① 8 ② 9 ③ 10
④ 11 ⑤ 12

9201-0097

05 다음 중 옳지 않은 것은?

① $(x^2)^3\times x^4=x^{10}$ ② $x^8\div(x^3)^4=x^4$
③ $x^5\times x^6\div x^8=x^3$ ④ $(x^4y^3)^2=x^8y^6$
⑤ $\left(-\frac{2x^2}{y}\right)^3=-\frac{8x^6}{y^3}$

9201-0098

06 $3^5+3^5+3^5=3^x$, $4^8+4^8+4^8+4^8=4^y$일 때, $x+y$의 값은?

① 12 ② 13 ③ 14
④ 15 ⑤ 16

9201-0099

07 $2^6=A$일 때, 16^3을 A를 사용하여 나타낸 것은?

① $2A$ ② A^2 ③ $3A$
④ A^3 ⑤ $4A$

9201-0100

08 $2^{12}\times5^7$이 n자리의 자연수일 때, n의 값은?

① 7 ② 8 ③ 9
④ 10 ⑤ 11

2 다항식의 덧셈과 뺄셈

개념 1 일차식의 덧셈과 뺄셈

괄호가 있으면 먼저 괄호를 풀고 동류항끼리 모아서 간단히 한다.

예 $(2a+5b)+(3a+2b)$
$=2a+5b+3a+2b$) 괄호를 푼다.
$=2a+3a+5b+2b$) 동류항끼리 모은다.
$=5a+7b$) 간단히 한다.

$(2a+5b)-(3a+2b)$
$=2a+5b-3a-2b$) 괄호를 푼다.
$=2a-3a+5b-2b$) 동류항끼리 모은다.
$=-a+3b$) 간단히 한다.

• **동류항:** 문자가 같고, 차수도 같은 항

개념 확인 문제 1

다음 식을 계산하시오.

(1) $(2x-y)+(4x-3y)$

(2) $(2x-y)-(4x-3y)$

(3) $(a-3b)+(4a-2b)$

(4) $(a-3b)-(4a-2b)$

개념 2 다항식의 덧셈과 뺄셈

(1) 이차식의 덧셈과 뺄셈

① 이차식: 한 문자에 대한 차수가 2인 다항식을 그 문자에 대한 이차식이라고 한다.

예 x^2-3x+1 ➡ x에 대한 이차식
$3y^2+y-1$ ➡ y에 대한 이차식

② 이차식의 덧셈과 뺄셈: 괄호가 있으면 먼저 괄호를 풀고 동류항끼리 모아서 간단히 한다.

예 $(x^2-2x+4)-(2x^2+3x-1)=x^2-2x+4-2x^2-3x+1$
$=x^2-2x^2-2x-3x+4+1$
$=-x^2-5x+5$

(2) 괄호가 있는 다항식의 덧셈과 뺄셈

여러 가지 괄호가 있는 다항식의 덧셈과 뺄셈은 소괄호, 중괄호, 대괄호 순으로 풀어서 간단히 한다.

• **다항식:** 한 개 또는 두 개 이상의 항의 합으로 이루어진 식

• **다항식의 차수:** 다항식을 이루는 각 항의 차수 중에서 가장 큰 값

• a, b, c는 상수일 때, $a\neq0$이면
$ax+b$ ➡ 일차식
ax^2+bx+c ➡ 이차식

개념 확인 문제 2

다음 중 이차식인 것에는 'O'를, 아닌 것에는 '×'를 ( ) 안에 써넣으시오.

(1) $x-3y+2$ ( )

(2) $3x^2-4$ ( )

(3) $2a^2-5a+1$ ( )

(4) $y^3+4x^2-(3+y^3)$ ( )

대표예제

예제 1 일차식의 덧셈과 뺄셈

$(a+3b+1)-2(3a+b-4)$를 계산한 것은?

① $-5a+b-3$　② $-5a+b+5$
③ $-5a+b+9$　④ $-5a+3b+5$
⑤ $-5a+3b+9$

| 풀이전략 |
괄호를 풀고 동류항끼리 모은다.

| 풀이 |
$(a+3b+1)-2(3a+b-4)$
$=a+3b+1-6a-2b+8$
$=a-6a+3b-2b+1+8$
$=-5a+b+9$

답 ③

유제 1 9201-0101

$(x+ay)+(3x-5y)=bx-2y$일 때, 상수 a, b에 대하여 $a+b$의 값은?

① 3　② 4　③ 5
④ 6　⑤ 7

유제 2 9201-0102

$(4x-5y+2)-2(3x-4y-1)=ax+by+c$일 때, 상수 a, b, c에 대하여 $a+b+c$의 값은?

① 5　② 6　③ 7
④ 8　⑤ 9

예제 2 이차식의 덧셈과 뺄셈

$(2a^2+5a+3)+4(a^2-3a-1)$을 계산한 것은?

① $6a^2-7a-1$　② $6a^2-7a+7$
③ $6a^2+2a-2$　④ $6a^2+2a-1$
⑤ $6a^2+2a+2$

| 풀이전략 |
괄호를 풀고 동류항끼리 모은다.

| 풀이 |
$(2a^2+5a+3)+4(a^2-3a-1)$
$=2a^2+5a+3+4a^2-12a-4$
$=2a^2+4a^2+5a-12a+3-4$
$=6a^2-7a-1$

답 ①

유제 3 9201-0103

$(-x^2+6x-5)-4(x^2+2x-3)=ax^2+bx+c$일 때, 상수 a, b, c에 대하여 $a+b+c$의 값은?

① -2　② -1　③ 0
④ 1　⑤ 2

유제 4 9201-0104

$\left(-x^2+\frac{7}{2}x-\frac{1}{3}\right)-\left(-3x^2-\frac{3}{2}x+\frac{2}{3}\right)$를 계산한 것은?

① $-4x^2+2x-1$　② $-4x^2+2x+1$
③ $-2x^2+4x-2$　④ $2x^2+5x-1$
⑤ $2x^2+5x+1$

예제 3 괄호가 있는 식의 계산

$a-[4b-\{3a+(-a+2b)\}]$를 계산한 것은?

① $-3a-2b$ ② $-3a+2b$
③ $a-2b$ ④ $3a-2b$
⑤ $3a+2b$

| 풀이전략 |
소괄호 → 중괄호 → 대괄호 순으로 풀어서 간단히 한다.

| 풀이 |

$a-[4b-\{3a+(-a+2b)\}]$
$=a-\{4b-(3a-a+2b)\}$
$=a-\{4b-(2a+2b)\}$
$=a-(4b-2a-2b)$
$=a-(-2a+2b)$
$=a+2a-2b$
$=3a-2b$

답 ④

유제 5 9201-0105

$6x-[2x-y+\{3x-5y-2(x-y)\}]$를 계산한 것은?

① $-5x-4y$ ② $-5x-2y$
③ $3x$ ④ $3x+2y$
⑤ $3x+4y$

유제 6 9201-0106

$5x-[6x-4y-\{2x+y-(3x+4y)\}]=ax+by$일 때, 상수 a, b에 대하여 ab의 값은?

① -6 ② -4 ③ -2
④ 2 ⑤ 4

예제 4 옳게 계산한 식 구하기

다항식 $2x^2-x+5$에 어떤 다항식을 더해야 할 것을 잘못하여 빼었더니 $3x^2-7x+4$가 되었다. 옳게 계산한 식을 구하시오.

| 풀이전략 |
어떤 다항식을 A로 놓는다.

| 풀이 |

어떤 다항식을 A라고 하면
$(2x^2-x+5)-A=3x^2-7x+4$
$A=(2x^2-x+5)-(3x^2-7x+4)$
$=-x^2+6x+1$
따라서 옳게 계산한 식은
$(2x^2-x+5)+(-x^2+6x+1)$
$=x^2+5x+6$

답 x^2+5x+6

유제 7 9201-0107

다항식 $7x+2y+4$에 어떤 다항식을 더해야 할 것을 잘못하여 빼었더니 $-x+5y-3$이 되었다. 옳게 계산한 식을 구하시오.

유제 8 9201-0108

다항식 $4x^2-2$에서 어떤 다항식을 빼어야 할 것을 잘못하여 더했더니 $-6x^2-x-1$이 되었다. 옳게 계산한 식을 구하시오.

3 단항식의 곱셈과 나눗셈

개념 1 단항식과 단항식의 곱셈

단항식의 곱셈: 단항식의 곱셈은 계수는 계수끼리, 문자는 문자끼리 곱하여 계산한다. 이때 같은 문자끼리의 곱셈은 지수법칙을 이용하여 간단히 한다.

예 $2a\times4b=2\times a\times4\times b$
$=2\times4\times a\times b$) 교환법칙
$=(2\times4)\times(a\times b)$) 결합법칙
$=8ab$

계수끼리의 곱
$2a\times4b=8ab$
문자끼리의 곱

- **단항식**: 하나의 항으로 이루어진 식
- **계수**: 문자를 포함한 항에서 문자 앞에 곱해진 수

개념 확인 문제 1

다음 □ 안에 알맞은 수를 써넣으시오.

(1) $3a\times5b=3\times\square\times a\times b$
$=\square ab$

(2) $2x\times(-6y)=2\times(\square)\times x\times y$
$=\square xy$

(3) $(-2x^2)\times3xy=(-2)\times\square\times x^2\times x\times y$
$=\square x^3y$

(4) $4a\times(-3a^2b)=4\times(\square)\times a\times a^2\times b$
$=\square a^3b$

개념 2 단항식과 단항식의 나눗셈

단항식의 나눗셈: 분수 꼴로 나타내거나 역수를 이용하여 나눗셈을 곱셈으로 고쳐서 계수는 계수끼리, 문자는 문자끼리 계산한다.

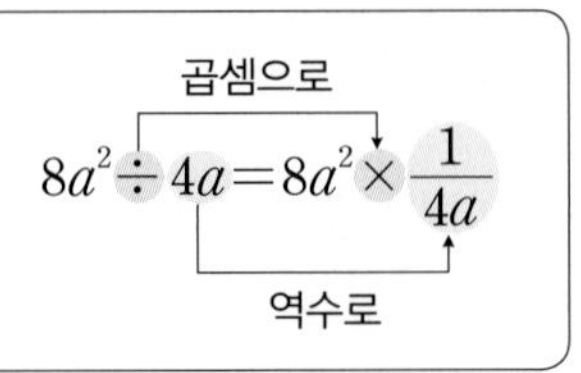

- **역수**: 두 수의 곱이 1이 될 때, 한 수를 다른 수의 역수라고 한다.
  ➡ a의 역수는 $\frac{1}{a}$

예 분수 꼴로 나타낸 경우

$8a^2\div4a=\frac{8a^2}{4a}=2a$

역수를 이용한 경우

$8a^2\div4a=8a^2\times\frac{1}{4a}$
$=8\times\frac{1}{4}\times a^2\times\frac{1}{a}=2a$

개념 확인 문제 2

다음 □ 안에 알맞은 것을 써넣으시오.

(1) $6a^2\div2a=\frac{6a^2}{\square}=\square a$

(2) $10x^3\div(-2x)=\frac{10x^3}{\square}=\square x^2$

(3) $12a^2b\div\frac{1}{2}a=12a^2b\times\frac{\square}{a}=\square ab$

(4) $2xy^3\div\left(-\frac{1}{5}y\right)=2xy^3\times\left(-\frac{\square}{y}\right)=\square xy^2$

개념 3 단항식과 다항식의 곱셈

(1) (단항식)×(다항식)의 계산: 분배법칙을 이용하여 단항식을 다항식의 각 항에 곱한다.

예 $2x(x+3y)=2x\times x+2x\times 3y=2x^2+6xy$

(2) 전개: 단항식과 다항식의 곱셈을 분배법칙을 이용하여 하나의 다항식으로 나타내는 것

전개
$2x(x+3y)=2x^2+6xy$

• 분배법칙
$a(b+c)=ab+ac$
$(a+b)c=ac+bc$

용어
전개 (展 펴다, 開 열다)
괄호를 열어서 펼치는 것

개념 확인 문제 3

다음 □ 안에 알맞은 것을 써넣으시오.

(1) $2a(3b-1)=2a\times\square+2a\times(\square)$
$=\square ab-\square a$

(2) $3x(2x-y)=3x\times\square+3x\times(\square)$
$=\square x^2-\square xy$

(3) $3a(a-2b+5)$
$=3a\times\square+3a\times(\square)+3a\times\square$
$=\square a^2-\square ab+\square a$

(4) $(x-5y+4)(-2x)$
$=x\times(\square)-5y\times(\square)+4\times(\square)$
$=\square x^2+\square xy-\square x$

개념 4 다항식과 단항식의 나눗셈

(다항식)÷(단항식)의 계산: 분수 꼴로 나타내거나 역수를 이용하여 나눗셈을 곱셈으로 고쳐서 계산한다.

예 분수 꼴로 나타낸 경우

$(6x^2+4xy)\div 2x$
$=\dfrac{6x^2+4xy}{2x}$
$=\dfrac{6x^2}{2x}+\dfrac{4xy}{2x}$
$=3x+2y$

역수를 이용한 경우

$(6x^2+4xy)\div 2x$
$=(6x^2+4xy)\times\dfrac{1}{2x}$
$=6x^2\times\dfrac{1}{2x}+4xy\times\dfrac{1}{2x}$
$=3x+2y$

• 나눗셈이 2개 이상이거나 나누는 단항식에 분수가 있는 경우 역수를 이용하는 것이 편리하다.

$A\div B\div C=A\times\dfrac{1}{B}\times\dfrac{1}{C}$

$A\div\dfrac{C}{B}=A\times\dfrac{B}{C}$

개념 확인 문제 4

다음 □ 안에 알맞은 것을 써넣으시오.

(1) $(6a^2+9a)\div 3a=\dfrac{6a^2+9a}{\square}$
$=\dfrac{6a^2}{\square}+\dfrac{9a}{\square}$
$=\square a+\square$

(2) $(8x^2-12xy)\div\dfrac{1}{2}x=(8x^2-12xy)\times\dfrac{\square}{x}$
$=8x^2\times\dfrac{\square}{x}-12xy\times\dfrac{\square}{x}$
$=\square x-\square y$

대표예제

예제 1 단항식과 단항식의 곱셈

$\frac{2}{3}xy \times 6x^2y \times (-2xy^2)^3$을 간단히 하시오.

| 풀이전략 |
지수법칙을 이용하여 괄호를 풀고 계수는 계수끼리, 문자는 문자끼리 곱한다.

| 풀이 |

$\frac{2}{3}xy \times 6x^2y \times (-2xy^2)^3$

$=\frac{2}{3}xy \times 6x^2y \times (-8x^3y^6)$

$=\frac{2}{3} \times 6 \times (-8) \times x \times y \times x^2 \times y \times x^3 \times y^6$

$=-32x^6y^8$

답 $-32x^6y^8$

유제 1

9201-0109

다음 중 옳은 것은?

① $(-2x) \times 4x^2 = -8x^2$

② $3ab \times 2ab^2 = 6ab^3$

③ $(-3x^2y)^2 \times 2xy = 18x^5y^2$

④ $\frac{2b}{3a^2} \times (-3a^2b)^2 = 6a^2b^3$

⑤ $\frac{y^4}{2x} \times \frac{6x^2}{y^2} = 3xy$

유제 2

9201-0110

$4x^3y^2 \times (-2x^2y^A)^3 = Bx^9y^{11}$일 때, 상수 A, B에 대하여 $A-B$의 값을 구하시오.

예제 2 단항식과 단항식의 나눗셈

$(-2x^3)^4 \div \frac{8}{9}x^5 \div \left(-\frac{1}{2}x^3\right)$을 간단히 하시오.

| 풀이전략 |
나누는 항에 분수가 있을 때는 역수를 이용하여 나눗셈을 곱셈으로 고쳐서 계산한다.

| 풀이 |

$(-2x^3)^4 \div \frac{8}{9}x^5 \div \left(-\frac{1}{2}x^3\right)$

$=16x^{12} \div \frac{8}{9}x^5 \div \left(-\frac{1}{2}x^3\right)$

$=16x^{12} \times \frac{9}{8x^5} \times \left(-\frac{2}{x^3}\right)$

$=-36x^4$

답 $-36x^4$

유제 3

9201-0111

다음 중 옳지 <u>않은</u> 것은?

① $8a^3 \div 2a = 4a^2$

② $(-3x^6) \div \frac{1}{3}x^2 = -x^4$

③ $12ab^2 \div 4a^2b = \frac{3b}{a}$

④ $(-3x^2y)^3 \div 3x^4y^2 = -9x^2y$

⑤ $\left(-\frac{2}{5}a^2b\right) \div \frac{a}{10b} = -4ab^2$

유제 4

9201-0112

다음 식을 만족시키는 상수 A, B에 대하여 $A+B$의 값은?

$$32x^7y^A \div (-2xy)^3 = Bx^4y^2$$

① -2　② -1　③ 0　④ 1　⑤ 2

예제 3 단항식과 다항식의 곱셈

$-2x(x^2+4x-2)=ax^3+bx^2+cx$일 때, 상수 a, b, c에 대하여 $a+b+c$의 값은?

① -14 ② -12 ③ -10
④ -8 ⑤ -6

| 풀이전략 |
(단항식)×(다항식)의 계산은 분배법칙을 이용하여 단항식을 다항식의 각 항에 곱한다.

| 풀이 |
$-2x(x^2+4x-2)$
$=-2x\times x^2+(-2x)\times 4x+(-2x)\times(-2)$
$=-2x^3-8x^2+4x$
이므로 $a=-2$, $b=-8$, $c=4$
따라서 $a+b+c=-2+(-8)+4=-6$

답 ⑤

유제 5 9201-0113

$2x(2x-3y+5)=ax^2+bxy+cx$일 때, 상수 a, b, c에 대하여 $a+b+c$의 값은?

① 6 ② 8 ③ 10
④ 12 ⑤ 14

유제 6 9201-0114

$2x(3x-5)-2(x^2-3x+4)$를 계산한 것은?

① $5x^2-13x+4$ ② $5x^2-4x-8$
③ $4x^2-13x+4$ ④ $4x^2-8x-8$
⑤ $4x^2-4x-8$

예제 4 다항식과 단항식의 나눗셈

$(6x^3-ax^2+14x)\div 2x=bx^2+4x+c$일 때, 상수 a, b, c에 대하여 $a+b+c$의 값은?

① 1 ② 2 ③ 3
④ 4 ⑤ 5

| 풀이전략 |
(다항식)÷(단항식)의 계산은 역수를 이용하여 나눗셈을 곱셈으로 고쳐서 계산한다.

| 풀이 |
$(6x^3-ax^2+14x)\div 2x$
$=(6x^3-ax^2+14x)\times\frac{1}{2x}$
$=6x^3\times\frac{1}{2x}-ax^2\times\frac{1}{2x}+14x\times\frac{1}{2x}$
$=3x^2-\frac{a}{2}x+7$
이므로 $b=3$, $-\frac{a}{2}=4$, $c=7$
$-\frac{a}{2}=4$에서 $a=-8$
따라서 $a+b+c=-8+3+7=2$

답 ②

유제 7 9201-0115

$(-6x^2+24xy)\div(-3x)=ax+by$일 때, 상수 a, b에 대하여 $a-b$의 값은?

① 6 ② 7 ③ 8
④ 9 ⑤ 10

유제 8 9201-0116

$(6x^2y^2-3xy^2)\div\frac{1}{3}xy=axy+by$일 때, 상수 a, b에 대하여 $a+b$의 값은?

① 3 ② 5 ③ 9
④ 11 ⑤ 27

예제 5 어떤 다항식 구하기 – 곱셈, 나눗셈

$\square \times \left(-\frac{2}{3}xy\right)=8x^2y-4xy^2$일 때, $\square$ 안에 알맞은 식은?

① $-24x+12y$　② $-18x+9y$
③ $-15x+7y$　④ $-12x+6y$
⑤ $-9x+5y$

| 풀이전략 |
$A\times B=C$이면 $A=C\div B$임을 이용한다.

| 풀이 |

$\square=(8x^2y-4xy^2)\div\left(-\frac{2}{3}xy\right)$
$=(8x^2y-4xy^2)\times\left(-\frac{3}{2xy}\right)$
$=-12x+6y$

답 ④

유제 9
9201-0117

$\square\div 2ab=4ab-3a+2$일 때, $\square$ 안에 알맞은 식은?

① $4a^2b^2-3a^2b+2ab$　② $4a^3b^2-3a^2b^2+2ab$
③ $6a^2b^2-4ab^2+3ab$　④ $8a^2b^2-6a^2b+4ab$
⑤ $8a^3b^2-6a^2b+4ab$

유제 10
9201-0118

다항식 A를 $7x$로 나누었더니 $-4y+5$가 되었다. 다항식 A를 구하시오.

예제 6 도형에서의 식의 계산

오른쪽 그림과 같이 밑면의 가로의 길이가 $3a$, 세로의 길이가 $4b^2$인 직육면체의 부피가 $6a^2b^2+24ab^3$일 때, 이 직육면체의 높이를 구하시오.

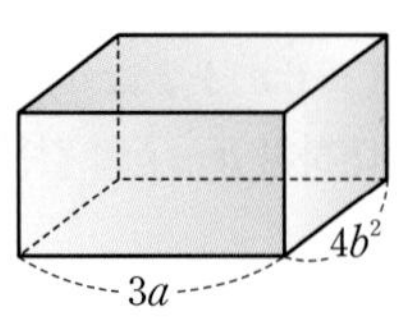

| 풀이전략 |
(직육면체의 부피)=(가로의 길이)×(세로의 길이)×(높이)

| 풀이 |
직육면체의 높이를 A라고 하면
$3a\times 4b^2\times A=6a^2b^2+24ab^3$
$12ab^2\times A=6a^2b^2+24ab^3$
$A=(6a^2b^2+24ab^3)\div 12ab^2$
$=(6a^2b^2+24ab^3)\times\frac{1}{12ab^2}$
$=\frac{1}{2}a+2b$

따라서 직육면체의 높이는 $\frac{1}{2}a+2b$이다.

답 $\frac{1}{2}a+2b$

유제 11
9201-0119

오른쪽 그림과 같이 높이가 $3x$인 직육면체의 부피가 $6x^3-3x^2+15x$일 때, 이 직육면체의 밑면의 넓이를 구하시오.

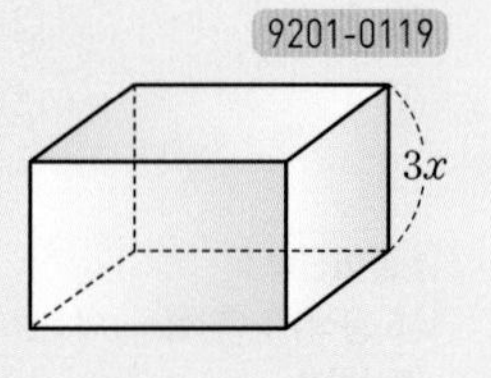

유제 12
9201-0120

오른쪽 그림과 같은 사다리꼴의 넓이를 구하시오.

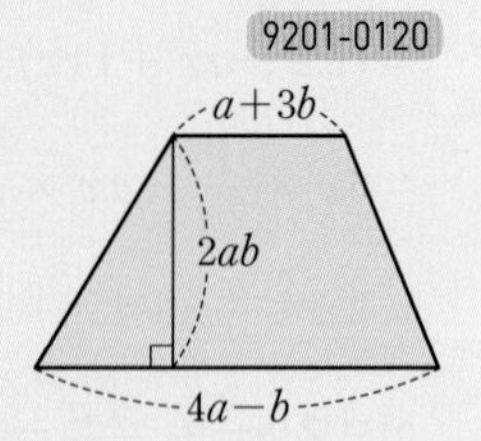

형성평가

2. 다항식의 덧셈과 뺄셈
3. 다항식의 곱셈과 나눗셈

정답과 풀이 • 14쪽

9201-0121

01 $(-5x+3y-9)-2(3x-4y-7)$을 계산한 것은?

① $-13x-5y-16$　② $-13x-5y+5$
③ $-11x-y-2$　④ $-11x+11y-2$
⑤ $-11x+11y+5$

9201-0122

02 $5y-[x+y-\{2x-(6x-7y)\}]=ax+by$일 때, 상수 a, b에 대하여 $a+b$의 값은?

① 2　② 3　③ 4
④ 5　⑤ 6

9201-0123

03 다항식 $2x^2-3x+4$에 어떤 다항식을 더해야 할 것을 잘못 하여 빼었더니 $5x^2+x-3$이 되었다. 이때 옳게 계산한 식을 구하시오.

9201-0124

04 $\left(-\frac{2}{3}x^4y^3\right)^2\times18xy^3\div2x^4y^2$을 계산하면 Ax^By^C일 때, 상수 A, B, C에 대하여 $A+B-C$의 값은?

① -2　② -1　③ 0
④ 1　⑤ 2

9201-0125

05 $-3x(x^2-2x+5)=ax^3+bx^2+cx$일 때, 상수 a, b, c에 대하여 $a+b+c$의 값은?

① -15　② -14　③ -13
④ -12　⑤ -11

9201-0126

06 $(12x^2y^3+6xy^2)\div\frac{3}{2}xy$를 계산한 것은?

① $8xy+4y$　② $8xy^2+4y$
③ $15x^2y+8y$　④ $18xy+9y$
⑤ $18xy^2+9y$

9201-0127

07 $\square\div\left(-\frac{2a}{b}\right)=-4a^2b+8ab-6ab^2$일 때, $\square$ 안에 알맞은 식은?

① $8a^3-16a^2+12a^2b$
② $8a^2b^2-16ab+12ab^2$
③ $6a^2-12a+9ab$
④ $4a^3-8a^2+6a^2b$
⑤ $4a^2b^2-8ab+6ab^2$

9201-0128

08 오른쪽 그림과 같이 가로의 길이가 $8xy-6y$, 세로의 길이가 $5x^2y$인 직사각형의 넓이를 구하시오.

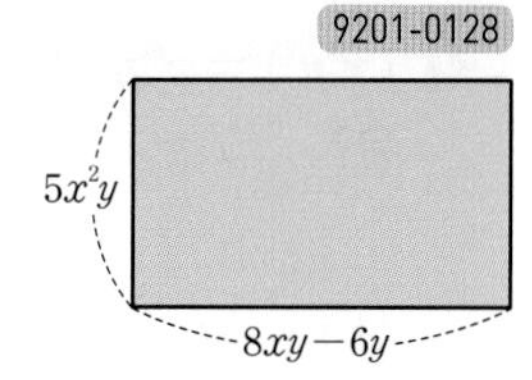

중단원 마무리

Level 1

9201-0129

01 $2\times2^3\times2^4=2^n$일 때, 자연수 n의 값은?

① 7 ② 8 ③ 10
④ 12 ⑤ 13

9201-0130

02 $(2^2)^4\times2^6=2^n$일 때, 자연수 n의 값은?

① 11 ② 12 ③ 13
④ 14 ⑤ 15

9201-0131

03 $2^8\div2^n=2^2$일 때, 자연수 n의 값은?

① 2 ② 3 ③ 4
④ 5 ⑤ 6

9201-0132

04 $(x^4y^2)^3=x^my^n$일 때, 자연수 m, n에 대하여 $m+n$의 값은?

① 12 ② 14 ③ 16
④ 18 ⑤ 20

9201-0133

05 $(5a-3b)+(3a-7b)$를 계산한 것은?

① $8a-10b$ ② $8a-9b$ ③ $8a-8b$
④ $8a-7b$ ⑤ $8a-6b$

9201-0134

06 $(4x^2+x-3)-(2x^2-5x+5)$를 계산한 것은?

① $2x^2-4x-8$ ② $2x^2-4x+2$
③ $2x^2+4x-2$ ④ $2x^2+6x+4$
⑤ $2x^2+6x-8$

9201-0135

07 $3x(2x-y)=ax^2+bxy$일 때, 상수 a, b에 대하여 $a+b$의 값은?

① 2 ② 3 ③ 4
④ 5 ⑤ 6

9201-0136

08 $(8x^2-4x)\div2x=ax+b$일 때, 상수 a, b에 대하여 $a-b$의 값은?

① 2 ② 3 ③ 4
④ 5 ⑤ 6

Level 2

9201-0137

09 $3^{x-1}\times 3^3=243$일 때, 자연수 x의 값은?

① 2 ② 3 ③ 4
④ 5 ⑤ 6

9201-0138

10 $9^{x+2}=3^{14}$일 때, 자연수 x의 값은?

① 3 ② 4 ③ 5
④ 6 ⑤ 7

9201-0139

11 다음 중 계산 결과가 나머지 넷과 다른 하나는?

① $x^9\div x^6$ ② $x^8\div x^3\div x^2$
③ $x^5\div(x^7\div x^5)$ ④ $(x^2)^3\div(x^3)^3$
⑤ $(x^3)^5\div(x^2)^4\div(x^2)^2$

9201-0140

12 $16^3\div 4^x=\frac{1}{256}$일 때, 자연수 x의 값은?

① 6 ② 7 ③ 8
④ 9 ⑤ 10

9201-0141

13 $(x^5)^2\times(x^2)^3\div\square=1$일 때, □ 안에 알맞은 식은?

① x^{12} ② x^{13} ③ x^{14}
④ x^{15} ⑤ x^{16}

9201-0142

14 $(2x^ay^3)^4=bx^{24}y^c$일 때, 자연수 a, b, c에 대하여 $a+b+c$의 값은?

① 30 ② 32 ③ 34
④ 36 ⑤ 38

중요

9201-0143

15 다음 중 옳은 것을 모두 고르면? (정답 2개)

① $a^2\times a^3\times a^5=a^{30}$
② $a^{16}\div a\div(a^8)^2=a^8$
③ $\left(-\frac{b^3}{a^2}\right)^4=\frac{b^{12}}{a^8}$
④ $2^6\times 4^3\times 8^2=2^{11}$
⑤ $3^{18}\div(3^2)^4\div 9^2=3^6$

9201-0144

16 $4^5\times4^5\times4^5=4^x$, $4^5+4^5+4^5+4^5=4^y$일 때, $x+y$의 값은?

① 15 ② 17 ③ 19
④ 21 ⑤ 23

9201-0145

17 $2^x=a$일 때, $2^{x+1}+2^{x+2}$을 a를 사용하여 나타낸 것은?

① $3a$ ② $4a$ ③ $5a$
④ $6a$ ⑤ $7a$

9201-0146

18 다음 등식을 만족시키는 식 A를 구하시오.

$$3xy^2\times A\div(-2x^3y)=9xy$$

9201-0147

19 $2^9\times5^{12}$이 n자리의 자연수일 때, n의 값은?

① 10 ② 11 ③ 12
④ 13 ⑤ 14

9201-0148

20 $\left(\frac{5}{6}x-\frac{2}{3}y\right)-\left(\frac{1}{4}x-\frac{3}{4}y\right)=ax+by$일 때, 상수 a, b에 대하여 $a+b$의 값은?

① $\frac{2}{3}$ ② $\frac{3}{4}$ ③ $\frac{5}{6}$
④ $\frac{11}{12}$ ⑤ 1

9201-0149

21 $(8x^2+3x-5)-(4x^2-2x+3)$을 계산했을 때, 이차항의 계수와 일차항의 계수의 합은?

① 6 ② 7 ③ 8
④ 9 ⑤ 10

9201-0150

22 $4y-[5x-y-\{x-(2x+6y)\}]=ax+by$일 때, 상수 a, b에 대하여 $a+b$의 값은?

① -7 ② -4 ③ 0
④ 4 ⑤ 7

중요

9201-0151

23 다항식 $2x^2-3x+1$에서 어떤 다항식을 빼어야 할 것을 잘못하여 더했더니 $-4x^2+2x-6$이 되었다. 이때 옳게 계산한 식을 구하시오.

9201-0152

24 $3x(x-4)-\frac{1}{2}x(6-10x)$를 계산한 것은?

① $-2x^2-15x$ ② $-2x^2-10x$
③ $4x^2+5x$ ④ $8x^2-15x$
⑤ $8x^2+15x$

9201-0153

25 $(24x^2y^3+12xy^4)\div\frac{4}{3}xy^2$을 계산한 것은?

① $12xy+6y^2$
② $12x^2y+6y^2$
③ $16xy^2+8x^2y$
④ $18xy+9y^2$
⑤ $18x^2y+9xy^2$

9201-0154

26 $x(3x-6)+(15x^3-9x^2)\div(-3x)$를 계산한 것은?

① $-4x^2-8x$
② $-4x^2-5x$
③ $-2x^2-3x$
④ $-2x^2+3x$
⑤ $-2x^2+5x$

중요

9201-0155

27 $(3xy^2)^2\times$ $\square$ $\div(-3x^2y^3)=18xy^5$일 때, $\square$ 안에 알맞은 식은?

① $-6xy^4$
② $-6y^4$
③ $-3xy^4$
④ $-3y^4$
⑤ $-2xy^4$

9201-0156

28 오른쪽 그림과 같이 밑면의 가로의 길이가 $3a$, 세로의 길이가 $6b$인 직육면체의 부피가 $27a^2b$일 때, 이 직육면체의 높이를 구하시오.

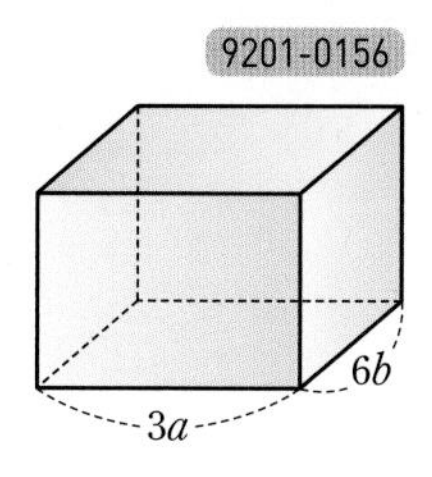

Level 3

9201-0157

29 $4^9\times5^{21}$은 n자리의 자연수이고 각 자리의 숫자의 합은 a이다. 이때 $a+n$의 값을 구하시오.

9201-0158

30 $A=\left(3x^2y-\frac{1}{4}xy^2\right)\div\frac{3}{4}xy$, $B=\frac{5}{2}\left(\frac{4}{5}x-\frac{8}{15}y\right)$일 때, $A-(B+C)=5x-7y+2$를 만족시키는 다항식 C를 구하시오.

9201-0159

31 오른쪽 그림과 같이 가로의 길이가 $5a$, 세로의 길이가 $4b$인 직사각형에서 색칠한 부분의 넓이를 구하시오.

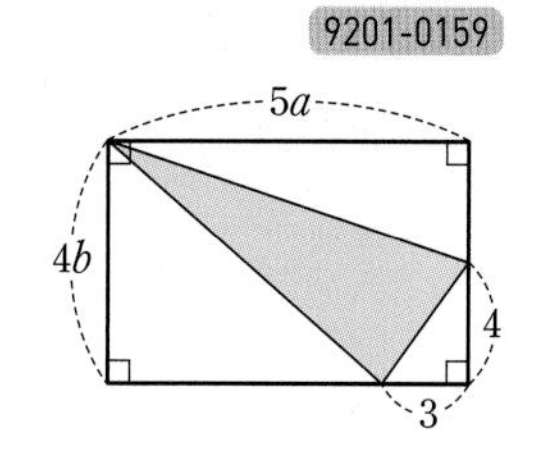

서술형으로 중단원 마무리

9201-0160

$2^a+2^b=40$, $4^b=64$일 때, $a+b$의 값을 구하시오.

풀이

$4^b=64$에서

$(2^2)^b=2^6$, $2^{2b}=2^6$

$2b=\square$, $b=\square$

$2^a+2^b=40$에서

$2^a+\square=40$

$2^a=\square$, $a=\square$

따라서 $a+b=\square+\square=\square$

9201-0161

$2^a-4^b=16$, $8^b=2^6$일 때, $a+b$의 값을 구하시오.

9201-0162

1 다음 두 등식을 만족시키는 자연수 x, y에 대하여 $x+y$의 값을 구하시오.

$$(ab^2)^3=a^3b^x,\ \left(\frac{b}{a^x}\right)^4=\frac{b^4}{a^y}$$

9201-0163

2 다항식 x^2+x-5에 어떤 다항식을 더해야 할 것을 잘못하여 빼었더니 $-3x^2+4x-8$이 되었다. 이때 옳게 계산한 식을 구하시오.

9201-0164

3 $12x^5y^7\div 6x\div(2x^3y)^3=\frac{y^c}{ax^b}$일 때, 상수 a, b, c에 대하여 $a+b+c$의 값을 구하시오.

9201-0165

4 $-4x(x+9y-4)$를 전개한 식의 x^2의 계수를 a, $-3x(2x-4y+6)$을 전개한 식의 xy의 계수를 b라고 할 때, $a+b$의 값을 구하시오.

II

부등식과 연립방정식

부등식과 그 해

개념 1 부등식

(1) 부등식: 부등호 $<$, $>$, $\le$, $\ge$를 사용하여 수 또는 식의 대소 관계를 나타낸 식

① 좌변: 부등호의 왼쪽 부분

② 우변: 부등호의 오른쪽 부분

③ 양변: 부등식의 좌변과 우변

• 참, 거짓에 관계없이 부등호가 있으면 부등식이다.

(2) 부등식의 표현

$a<b$	$a>b$	$a\le b$	$a\ge b$
a는 b보다 작다. a는 b 미만이다.	a는 b보다 크다. a는 b 초과이다.	a는 b보다 작거나 같다. a는 b 이하이다. a는 b보다 크지 않다.	a는 b보다 크거나 같다. a는 b 이상이다. a는 b보다 작지 않다.

• $a\le b$는 $a<b$ 또는 $a=b$
$a\ge b$는 $a>b$ 또는 $a=b$

개념 확인 문제 1

다음 중 부등식인 것에는 'O'를, 아닌 것에는 '×'를 (　　) 안에 써넣으시오.

(1) $2x=4$ (　　)　　(2) $x-3<4$ (　　)

(3) $x+5-2x$ (　　)　　(4) $2x-1\ge x$ (　　)

개념 2 부등식의 해

(1) 부등식의 해: 부등식이 참이 되게 하는 미지수의 값

(2) 부등식을 푼다: 부등식의 해를 모두 구하는 것

예 x의 값이 1, 2, 3일 때, 부등식 $x+2>3$의 해를 구해 보자.

x의 값	좌변	대소 비교	우변	$x+2>3$의 참, 거짓
1	$1+2=3$	$=$	3	거짓
2	$2+2=4$	$>$	3	참
3	$3+2=5$	$>$	3	참

따라서 해는 2, 3이다.

개념 확인 문제 2

다음은 x의 값이 -1, 0, 1일 때, 부등식 $2x+1\ge3$의 해를 구하는 과정이다. □ 안에 알맞은 것을 써넣으시오.

x의 값	좌변	대소 비교	우변	$2x+1\ge3$의 참, 거짓
-1	$2\times(-1)+1=$□	$<$	3	거짓
0	$2\times0+1=$□	□	3	□
1	$2\times1+1=$□	□	3	□

정답과 풀이 • 19쪽

대표예제

예제 1 부등식

다음 중 부등식인 것을 모두 고르면? (정답 2개)

① $2x+1\geq7$　② $3a-4=8$
③ $-5b+8$　④ $7>5$
⑤ $6x-(2x+4)$

| 풀이전략 |
부등식은 부등호를 사용하여 수 또는 식의 대소 관계를 나타낸 식이다.

| 풀이 |
①, ④ 부등호가 있으므로 부등식이다.
②, ③, ⑤ 부등호가 없으므로 부등식이 아니다.

답 ①, ④

유제 1

9201-0166

다음 중 부등식이 아닌 것을 모두 고르면? (정답 2개)

① $3x\geq0$　② $4<9-5$
③ $2x+11$　④ $y-3x=6$
⑤ $2x-3>4$

유제 2

9201-0167

다음 〈보기〉에서 부등식인 것의 개수를 구하시오.

보기
ㄱ. $-2\geq-2$　ㄴ. $3+4\neq6$
ㄷ. $2x+1>4x-5$　ㄹ. $5x-4=1$
ㅁ. $2-x\geq x$　ㅂ. $4x-(x-6)$

예제 2 부등식의 해

다음 부등식 중 $x=2$일 때, 참인 것을 모두 고르면? (정답 2개)

① $2x-1>3$　② $5-2x\geq2$
③ $4(x-1)<5$　④ $1-\frac{x}{2}>\frac{1}{2}$
⑤ $\frac{x}{4}-2>\frac{x}{2}-4$

| 풀이전략 |
$x=2$를 대입하였을 때 부등식이 성립하는지 살펴본다.

| 풀이 |
$x=2$를 각각 대입하면
① $2\times2-1=3$이므로 거짓
② $5-2\times2=1<2$이므로 거짓
③ $4\times(2-1)=4<5$이므로 참
④ $1-\frac{2}{2}=0<\frac{1}{2}$이므로 거짓
⑤ $\frac{2}{4}-2=-\frac{3}{2}$, $\frac{2}{2}-4=-3$에서
$-\frac{3}{2}>-3$이므로 참

답 ③, ⑤

유제 3

9201-0168

다음 중 [ ] 안의 수가 주어진 부등식의 해가 아닌 것을 모두 고르면? (정답 2개)

① $4x\leq x$ [0]　② $\frac{1}{2}x+3\geq0$ [-4]
③ $-2x+3\leq2$ [-1]　④ $5-3x\leq0$ [2]
⑤ $-2x+3\leq5-4x$ [3]

유제 4

9201-0169

x의 값이 1, 2, 3일 때, 부등식 $4-5x<-2x-2$의 해를 구하시오.

2 부등식의 성질

개념 1 부등식의 성질

(1) 부등식의 양변에 같은 수를 더하거나 양변에서 같은 수를 빼어도 부등호의 방향은 바뀌지 않는다.

➡ $a<b$이면 $a+c<b+c$, $a-c<b-c$

(2) 부등식의 양변에 같은 양수를 곱하거나 양변을 같은 양수로 나누어도 부등호의 방향은 바뀌지 않는다.

➡ $a<b$, $c>0$이면 $ac<bc$, $\frac{a}{c}<\frac{b}{c}$

(3) 부등식의 양변에 같은 음수를 곱하거나 양변을 같은 음수로 나누면 부등호의 방향은 바뀐다.

➡ $a<b$, $c<0$이면 $ac>bc$, $\frac{a}{c}>\frac{b}{c}$

- 부등호 $<$, $>$를 각각 $\le$, $\ge$로 바꾸어도 부등식의 성질은 성립한다.
- 등식의 성질과 비교하여 익히도록 한다.
- 0으로 나누는 경우는 생각하지 않는다.

개념 확인 문제 1

$a<b$일 때, 다음 □ 안에 알맞은 부등호를 써넣으시오.

(1) $a-2$ □ $b-2$

(2) $a+3$ □ $b+3$

(3) $2a$ □ $2b$

(4) $a\div(-3)$ □ $b\div(-3)$

개념 2 부등식의 성질을 이용한 부등식의 풀이

부등식의 성질을 이용하여 주어진 부등식을

$$x<(\text{수}),\ x>(\text{수}),\ x\le(\text{수}),\ x\ge(\text{수})$$

중에서 어느 하나의 꼴로 바꾸어 해를 구할 수 있다.

예 부등식 $2x\ge4$의 해를 구해 보자.

양변을 2로 나누면 $\frac{2x}{2}\ge\frac{4}{2}$

따라서 $x\ge2$

개념 확인 문제 2

다음은 부등식 $-3x<6$을 푸는 과정이다. □ 안에 알맞은 것을 써넣으시오.

양변을 -3으로 나누면 $\frac{-3x}{-3}$ □ $\frac{6}{-3}$

따라서 x □ -2

대표예제

정답과 풀이 • 20쪽

예제 1 부등식의 성질

$-a \geq -b$일 때, 다음 중 옳은 것을 모두 고르면? (정답 2개)

① $a \leq b$
② $3a \geq 3b$
③ $a-4 \leq b-4$
④ $a+6 \geq b+6$
⑤ $-\frac{a}{5} \leq -\frac{b}{5}$

| 풀이전략 |
부등식의 양변에 같은 음수를 곱하거나 양변을 같은 음수로 나누면 부등호의 방향은 바뀐다.

| 풀이 |
① $-a \geq -b$의 양변에 -1을 곱하면 $a \leq b$
② $a \leq b$의 양변에 3을 곱하면 $3a \leq 3b$
③ $a \leq b$의 양변에서 4를 빼면 $a-4 \leq b-4$
④ $a \leq b$의 양변에 6을 더하면 $a+6 \leq b+6$
⑤ $-a \geq -b$의 양변을 5로 나누면 $-\frac{a}{5} \geq -\frac{b}{5}$

답 ①, ③

유제 1

9201-0170

$a>b$일 때, 다음 중 □ 안에 들어갈 부등호의 방향이 나머지 넷과 다른 하나는?

① $a+5$ □ $b+5$
② $a-7$ □ $b-7$
③ $4a$ □ $4b$
④ $-a$ □ $-b$
⑤ $\frac{a}{6}$ □ $\frac{b}{6}$

유제 2

9201-0171

$-4a+3<-4b+3$일 때, 다음 중 옳은 것은?

① $a<b$
② $\frac{a}{2}<\frac{b}{2}$
③ $a-6>b-6$
④ $4-3a>4-3b$
⑤ $5a+3<5b+3$

예제 2 부등식의 성질을 이용한 부등식의 풀이

부등식의 성질을 이용하여 부등식 $\frac{1}{2}x-3<1$을 푸시오.

| 풀이전략 |
부등식의 양변에 같은 수를 더하거나 양변에 같은 양수를 곱하면 부등호의 방향은 바뀌지 않는다.

| 풀이 |
양변에 3을 더하면 $\frac{1}{2}x-3+3<1+3$
정리하면 $\frac{1}{2}x<4$
양변에 2를 곱하면 $x<8$

답 $x<8$

유제 3

9201-0172

다음은 부등식 $-2x+3 \geq 9$를 푸는 과정이다. □ 안에 알맞은 수를 써넣으시오.

양변에서 3을 빼면 $-2x+3-$□$\geq 9-$□
정리하면 $-2x \geq$□
양변을 -2로 나누면 $x \leq$□

유제 4

9201-0173

부등식의 성질을 이용하여 부등식 $-\frac{1}{3}x+4>2$를 푸시오.

형성평가

1. 부등식과 그 해
2. 부등식의 성질

정답과 풀이 • 20쪽

9201-0174

01 다음 중 부등식인 것을 모두 고르면? (정답 2개)

① $2a<4$
② $3x+1=-5$
③ $4>6$
④ $-2b+7$
⑤ $4x-(x+3)$

9201-0175

02 어떤 수 x에서 4를 뺀 수의 3배는 x의 2배에 6을 더한 수보다 크지 않을 때, 이를 부등식으로 나타내면?

① $x-3\le 2x+6$
② $3x-4\ge 2x+6$
③ $3(x-4)\le 2x+6$
④ $3x-4\ge 2(x+6)$
⑤ $3(x-4)\le 5x+2$

9201-0176

03 다음 중 $x=3$일 때 참인 부등식은?

① $2x-4>2$
② $x<-3$
③ $-2x+7\le 1$
④ $0.3x+0.2<1$
⑤ $\frac{x}{6}+\frac{1}{2}<0$

9201-0177

04 다음 부등식 중 $x=-2$를 해로 갖는 것을 모두 고르면? (정답 2개)

① $2x-3>3x$
② $-x+3\ge 5$
③ $3x-4>-10$
④ $0.5x+6<5$
⑤ $\frac{1}{2}x+3\le -x$

9201-0178

05 다음 중 [ ] 안의 수가 주어진 부등식의 해가 아닌 것은?

① $3-5x\le -2$ [1]
② $3x>x+3$ [2]
③ $-4(2-x)<-6$ [0]
④ $0.4x+2>-0.6x$ [-2]
⑤ $\frac{x-2}{4}+1>0$ [-1]

9201-0179

06 $a<b$일 때, 다음 중 옳지 않은 것은?

① $2a-5<2b-5$
② $a\div(-7)>b\div(-7)$
③ $4-a>4-b$
④ $6a-(-3)<6b-(-3)$
⑤ $-\frac{a}{8}+2<-\frac{b}{8}+2$

9201-0180

07 $-5a-2>-5b-2$일 때, 다음 중 옳지 않은 것은?

① $a<b$
② $-8a<-8b$
③ $4a-2<4b-2$
④ $\frac{a}{9}<\frac{b}{9}$
⑤ $6-\frac{a}{4}>6-\frac{b}{4}$

9201-0181

08 다음은 부등식의 성질을 이용하여 부등식 $-2x+4>-6$을 푸는 과정이다. ㉠, ㉡, ㉢에 알맞은 수를 차례대로 써넣으시오.

> $-2x+4>-6$에서
> $-2x+4-$ ㉠ $>-6-$ ㉠
> $-2x>-10$
> $\frac{-2x}{㉡}<\frac{-10}{㉡}$
> 따라서 $x<$ ㉢

3 일차부등식의 풀이

개념 1 일차부등식

(1) 이항: 부등식의 성질을 이용하여 부등식의 한 변에 있는 항의 부호를 바꾸어 다른 변으로 옮기는 것

(2) 일차부등식: 부등식의 모든 항을 좌변으로 이항하여 정리하였을 때,

(일차식)>0, (일차식)<0, (일차식)≥ 0, (일차식)≤ 0

중 어느 하나의 꼴로 나타나는 부등식

예 $x+3>1 \xrightarrow{\text{이항}} x+3-1>0 \xrightarrow{\text{정리}} x+2>0$ ➡ 일차부등식이다.

$x+4>x \xrightarrow{\text{이항}} x+4-x>0 \xrightarrow{\text{정리}} 4>0$ ➡ 일차부등식이 아니다.

• 이항할 때는 부등호의 방향이 바뀌지 않는다.

개념 확인 문제 1

다음 중 일차부등식인 것에는 'ㅇ'를, 아닌 것에는 '×'를 (　　) 안에 써넣으시오.

(1) $-3x>x+1$ (　　)
(2) $2x-1=3$ (　　)
(3) $x^2-2x+1>0$ (　　)
(4) $x^2-2x+4\leq 2x+x^2$ (　　)

개념 2 일차부등식의 풀이

① 미지수 x를 포함하는 항은 좌변으로, 상수항은 우변으로 이항한다.

② 양변을 정리하여 $ax>b$, $ax<b$, $ax\geq b$, $ax\leq b$ $(a\neq 0)$ 꼴로 만든다.

③ 양변을 x의 계수 a로 나눈다. 이때 a가 음수이면 부등호의 방향이 바뀐다.

예 부등식 $2x-3>5$의 해를 구해 보자.

-3을 이항하면 $2x>5+3$, $2x>8$

양변을 2로 나누면 $x>4$

• 이항은 '부등식의 양변에 같은 수를 더하거나 빼어도 부등호의 방향은 바뀌지 않는다.'는 성질을 이용한 것이다.

개념 확인 문제 2

다음은 부등식 $x-2<3x+4$를 푸는 과정이다. □ 안에 알맞은 것을 써넣으시오.

$x-2<3x+4$에서

이항하면 $x-3x$ □ $4+2$

정리하면 $-2x$ □ 6

양변을 x의 계수로 나누면 x □ -3

3 일차부등식의 풀이

개념 3 부등식의 해를 수직선 위에 나타내기

부등식의 해를 수직선 위에 나타내기

① $x>a$ ② $x<a$ ③ $x\geq a$ ④ $x\leq a$

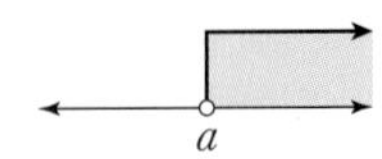

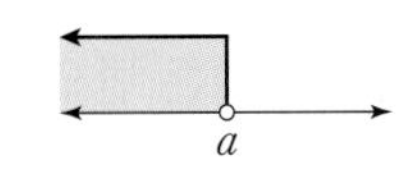

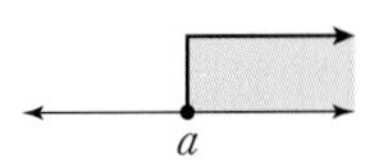

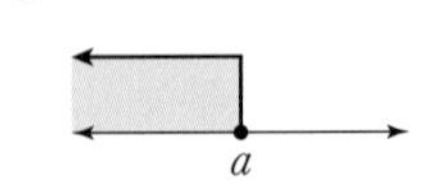

• 해를 수직선 위에 나타낼 때, ○은 그 점에 대응하는 수가 해에 포함되지 않음을 뜻하고, ●은 그 점에 대응하는 수가 해에 포함됨을 뜻한다.

개념 확인 문제 3

다음 일차부등식을 풀고, 그 해를 수직선 위에 나타내시오.

(1) $x+2<6$

(2) $x-1>2$

(3) $x+5\leq 3$

(4) $x-4\geq 3$

개념 4 복잡한 일차부등식의 풀이

(1) 괄호가 있는 일차부등식: 분배법칙을 이용하여 괄호를 풀고 동류항끼리 정리한 후 일차부등식을 푼다.

예 $2(x-1)>x+3 \xrightarrow{\text{괄호 풀기}} 2x-2>x+3 \longrightarrow x>5$

(2) 계수가 소수인 일차부등식: 양변에 10의 거듭제곱을 곱하여 계수를 정수로 고친 후 일차부등식을 푼다.

예 $0.2x+0.3<0.7 \xrightarrow[\text{10을 곱하기}]{\text{양변에}} 2x+3<7,\ 2x<4 \longrightarrow x<2$

(3) 계수가 분수인 일차부등식: 양변에 분모의 최소공배수를 곱하여 계수를 정수로 고친 후 일차부등식을 푼다.

예 $\frac{1}{2}x-\frac{1}{6}\geq\frac{1}{3} \xrightarrow[\text{6을 곱하기}]{\text{양변에}} 3x-1\geq 2,\ 3x\geq 3 \longrightarrow x\geq 1$

• 분배법칙
$a(b+c)=ab+ac$
$(a+b)c=ac+bc$

• 소수점 아래의 숫자의 개수가 1개이면 10, 2개이면 100, 3개이면 1000, …을 곱한다.

• 양변에 10의 거듭제곱이나 최소공배수를 곱할 때, 소수나 분수가 아닌 수에도 곱하는 것을 빠뜨리지 않도록 주의한다.

개념 확인 문제 4

다음은 일차부등식 $\frac{1}{2}x-\frac{4}{3}<\frac{1}{3}x-\frac{2}{3}$를 푸는 과정이다. □ 안에 알맞은 수를 써넣으시오.

$\frac{1}{2}x-\frac{4}{3}<\frac{1}{3}x-\frac{2}{3}$의 양변에 분모의 최소공배수 6을 곱하면

$3x-\square<\square x-4,\ 3x-\square x<-4+\square$

따라서 $x<\square$

대표예제

정답과 풀이 • 21쪽

예제 1 일차부등식

다음 중 일차부등식이 아닌 것은?

① $x<-4$ ② $3x-5<x^2$
③ $2x+6>x-3$ ④ $2x+8<-2x+3$
⑤ $x^2-x>5-2x+x^2$

| 풀이전략 |
부등식의 모든 항을 좌변으로 이항하였을 때 좌변을 정리한 식이 일차식인지 살펴본다.

| 풀이 |
모든 항을 좌변으로 이항하여 정리하면
① $x+4<0$이므로 일차부등식이다.
② $-x^2+3x-5<0$이므로 일차부등식이 아니다.
③ $2x+6-x+3>0$, $x+9>0$이므로 일차부등식이다.
④ $2x+8+2x-3<0$, $4x+5<0$이므로 일차부등식이다.
⑤ $x^2-x-5+2x-x^2>0$, $x-5>0$이므로 일차부등식이다.

답 ②

유제 1 9201-0182

다음 중 일차부등식인 것을 모두 고르면? (정답 2개)

① $x>x-3$ ② $(x-1)^2\geq 0$
③ $8-2\leq 6$ ④ $x(x+4)\leq x^2-4$
⑤ $-3(x-1)>x+5$

유제 2 9201-0183

부등식 $ax-2>7-3x$가 일차부등식일 때, 다음 중 상수 a의 값이 될 수 없는 것은?

① -5 ② -3 ③ -1
④ 1 ⑤ 3

예제 2 일차부등식의 풀이

다음 일차부등식 중 해가 $x<3$인 것은?

① $8-2x<-2$ ② $x<16-3x$
③ $4x-3>2x+7$ ④ $3x-4<-x+8$
⑤ $5x-4>8x+5$

| 풀이전략 |
일차부등식을 $ax(>, <, \geq, \leq)b$의 꼴로 정리한 후 양변을 a로 나눈다.

| 풀이 |
① $-2x<-2-8$, $-2x<-10$, $x>5$
② $x+3x<16$, $4x<16$, $x<4$
③ $4x-2x>7+3$, $2x>10$, $x>5$
④ $3x+x<8+4$, $4x<12$, $x<3$
⑤ $5x-8x>5+4$, $-3x>9$, $x<-3$

답 ④

유제 3 9201-0184

다음 일차부등식 중 해가 나머지 넷과 다른 하나는?

① $2x<-4$ ② $x-4x>6$
③ $-3x>2x+10$ ④ $4x-7<-3$
⑤ $-x+4>x+8$

유제 4 9201-0185

일차부등식 $-2x-7<8+x$를 만족시키는 x의 값 중에서 가장 작은 정수를 구하시오.

대표예제

예제 3 해를 수직선 위에 나타내기

일차부등식 $x+9\leq-3-2x$의 해를 수직선 위에 옳게 나타낸 것은?

①
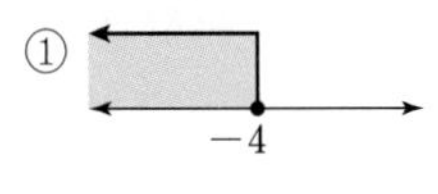

②
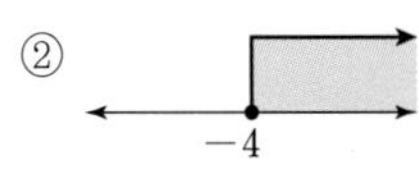

③
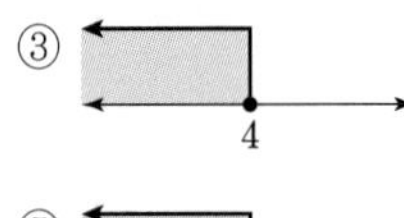

④
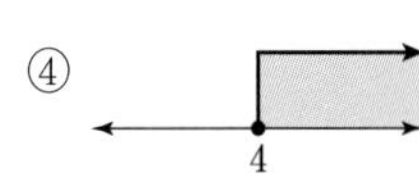

⑤
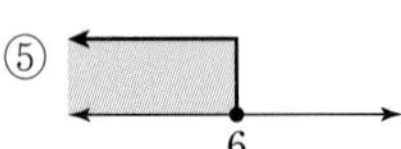

| 풀이전략 |

$x\leq a$를 수직선 위에 나타내면 a의 왼쪽에 표시되고, a가 해에 포함되면 a를 나타내는 점을 ●으로 표현한다.

| 풀이 |

$x+9\leq-3-2x$에서 $x+2x\leq-3-9$

$3x\leq-12$, $x\leq-4$

따라서 해를 수직선 위에 나타내면 ①과 같다.

답 ①

유제 5

9201-0186

일차부등식 $2x+9>6x-15$를 풀고, 그 해를 수직선 위에 나타내시오.

유제 6

9201-0187

다음 부등식 중 해를 수직선 위에 나타내었을 때, 오른쪽 그림과 같은 것은?

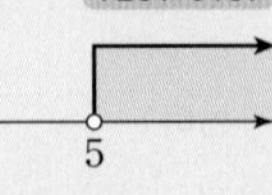

① $3x+3<-12$　② $2x-1>7$

③ $-2x+9>x-6$　④ $12-4x<x-13$

⑤ $5-3x<x-7$

예제 4 괄호가 있는 경우

일차부등식 $3(x+2)\leq-2(x+7)$을 풀면?

① $x\leq-4$　② $x\geq-4$　③ $x\leq-2$

④ $x\geq-2$　⑤ $x\leq2$

| 풀이전략 |

괄호가 있으면 분배법칙을 이용하여 괄호를 푼다.

| 풀이 |

괄호를 풀어 정리하면

$3x+6\leq-2x-14$

$3x+2x\leq-14-6$

$5x\leq-20$

따라서 $x\leq-4$

답 ①

유제 7

9201-0188

일차부등식 $4(2x-5)>3(2x-8)-10$을 만족시키는 x의 값 중에서 가장 작은 정수를 구하시오.

유제 8

9201-0189

일차부등식 $-2(4x-9)+3x\geq-2(x-2)$를 만족시키는 자연수 x의 개수는?

① 3개　② 4개　③ 5개

④ 6개　⑤ 7개

정답과 풀이 • 22쪽

예제 5 계수가 분수 또는 소수인 경우

일차부등식 $\frac{1}{6}x-\frac{x+4}{2}\le\frac{x-2}{3}$를 풀면?

① $x\le-3$　② $x\ge-3$　③ $x\le-2$
④ $x\ge-2$　⑤ $x\le-1$

| 풀이전략 |
계수가 분수이면 분모의 최소공배수를 양변에 곱한다.

| 풀이 |
분모의 최소공배수인 6을 양변에 곱하면
$x-3(x+4)\le2(x-2)$
$x-3x-12\le2x-4$
$-2x-2x\le-4+12$
$-4x\le8$
따라서 $x\ge-2$

답 ④

유제 9

9201-0190

일차부등식 $0.2x-0.9<0.4x+0.5$를 만족시키는 x의 값 중에서 가장 작은 정수는?

① -8　② -7　③ -6
④ 6　⑤ 7

유제 10

9201-0191

일차부등식 $0.3x-0.6<-\frac{x-7}{5}$을 풀면?

① $x<4$　② $x>4$　③ $x<5$
④ $x>5$　⑤ $x<6$

예제 6 x의 계수가 문자인 경우

$a>0$일 때, x에 대한 일차부등식 $ax+2>0$을 풀면?

① $x<-\frac{2}{a}$　② $x>-\frac{2}{a}$　③ $x<-2$
④ $x<\frac{2}{a}$　⑤ $x>\frac{2}{a}$

| 풀이전략 |
$ax>b$의 꼴로 정리한 후 양변을 a로 나눈다.

| 풀이 |
$ax+2>0$에서 $ax>-2$
양변을 a로 나누면 $a>0$이므로
$x>-\frac{2}{a}$

답 ②

유제 11

9201-0192

$a<0$일 때, x에 대한 일차부등식 $ax>3a$를 풀면?

① $x<-3$　② $x>-3$　③ $x<3$
④ $x>3$　⑤ $x<6$

유제 12

9201-0193

$a<1$일 때, x에 대한 일차부등식 $ax+2>x+6$을 풀면?

① $x<\frac{4}{1-a}$　② $x>\frac{4}{1-a}$　③ $x<\frac{4}{a-1}$
④ $x>\frac{4}{a-1}$　⑤ $x<4$

9201-0194

01 다음 중 일차부등식인 것을 모두 고르면? (정답 2개)

① $x+2\leq x+6$ ② $x^2+4\leq -2x+5$
③ $2(x-5)<4+2x$ ④ $3x-2\leq 8$
⑤ $x(2x-3)\geq 2x^2-x+9$

9201-0195

02 다음 일차부등식의 해가 나머지 넷과 다른 하나는?

① $2x<-8$ ② $-x-2x>12$
③ $3x+9<-3$ ④ $x+7<3x-1$
⑤ $4x+5<x-7$

9201-0196

03 다음 부등식 중 해를 수직선 위에 나타내었을 때, 오른쪽 그림과 같은 것은?

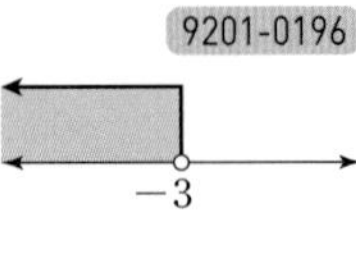

① $12+5x>-3$ ② $3x-6<5x$
③ $5x-8<x+6$ ④ $11x+4<7x-8$
⑤ $4+x>10-x$

9201-0197

04 일차부등식 $\frac{2}{3}x-\frac{5}{6}<\frac{1}{2}x$를 만족시키는 모든 자연수 x의 값의 합은?

① 1 ② 3 ③ 6
④ 10 ⑤ 15

9201-0198

05 일차부등식 $2.5-x>\frac{1}{2}(x-4)$가 참이 되게 하는 자연수 x의 개수는?

① 1개 ② 2개 ③ 3개
④ 4개 ⑤ 5개

9201-0199

06 $a<2$일 때, x에 대한 부등식 $2a(x+3)-7\leq 5+4x$를 풀면?

① $x\leq -3$ ② $x\geq -3$ ③ $x\leq 3$
④ $x\geq 3$ ⑤ $x\leq 6$

9201-0200

07 x에 대한 일차부등식 $ax-4<8$의 해가 $x>-2$일 때, 상수 a의 값은?

① -6 ② -4 ③ -3
④ -2 ⑤ -1

9201-0201

08 일차부등식 $5x-2a\leq 4x-a$를 만족시키는 자연수 x의 개수가 3개일 때, 상수 a의 값의 범위는?

① $2\leq a<3$ ② $2<a\leq 3$ ③ $3\leq a<4$
④ $3<a\leq 4$ ⑤ $4\leq a<5$

4 일차부등식의 활용

개념 1 일차부등식의 활용

일차부등식을 활용하여 문제를 풀 때는 다음과 같은 순서로 해결한다.

① 문제의 뜻을 이해하고 구하려고 하는 것을 미지수 x로 놓는다.

② 문제의 뜻에 맞게 x에 대한 일차부등식을 세운다.

③ 일차부등식의 해를 구한다.

④ 구한 해가 문제의 뜻에 맞는지 확인한다.

- **활용 문제 풀이 순서**
  ① 미지수 정하기
  ② 부등식 세우기
  ③ 부등식 풀기
  ④ 확인하기

개념 확인 문제 1

한 다발에 2000원 하는 안개꽃 한 다발과 한 송이에 1000원 하는 장미꽃을 섞어 꽃다발을 만들려고 한다. 전체 비용을 10000원 이하가 되게 하려면 장미꽃을 최대 몇 송이까지 넣을 수 있는지 구하려고 한다. 장미꽃을 x송이 넣는다고 할 때, 다음 □ 안에 알맞은 것을 써넣으시오.

$2000+1000x$ □ 10000

$1000x$ □ 8000, x □ 8

따라서 장미꽃은 최대 □송이까지 넣을 수 있다.

개념 2 여러 가지 일차부등식의 활용

(1) 수에 대한 문제

① 차가 a인 두 정수: x, $x+a$

② 연속하는 세 정수: x, $x+1$, $x+2$ 또는 $x-1$, x, $x+1$

③ 연속하는 세 짝수 또는 홀수: x, $x+2$, $x+4$ 또는 $x-2$, x, $x+2$

(2) 거리, 속력, 시간에 대한 문제

① (거리)=(속력)×(시간)

② $(\text{속력})=\dfrac{(\text{거리})}{(\text{시간})}$

③ $(\text{시간})=\dfrac{(\text{거리})}{(\text{속력})}$

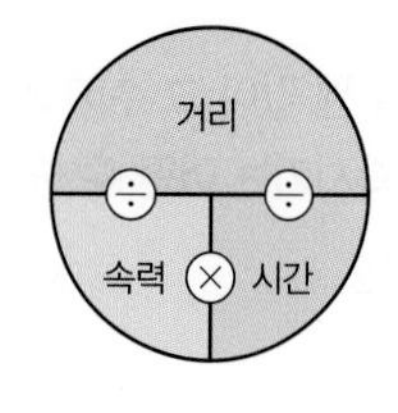

개념 확인 문제 2

차가 9인 두 정수의 합이 25보다 작다고 한다. 이와 같은 두 정수 중에서 가장 큰 두 수를 구하려고 한다. 작은 수를 x라고 할 때, 다음 □ 안에 알맞은 수를 써넣으시오.

차가 9이므로 큰 수는 $x+$□

$x+(x+$□$)<25$

$2x<$□, $x<$□

따라서 가장 큰 두 수는 □, □이다.

대표예제

예제 1 개수에 대한 문제(비용)

어느 박물관의 1인당 입장료가 어른은 2500원, 어린이는 1500원이라고 한다. 어른과 어린이를 합하여 20명이 45000원 이하로 박물관에 입장하려면 어른은 최대 몇 명까지 입장할 수 있는가?

① 11명　② 12명　③ 13명　④ 14명　⑤ 15명

| 풀이전략 |
입장하는 어른의 수를 x명이라 하고 일차부등식을 세운다.

| 풀이 |
입장하는 어른의 수를 x명이라 하면 어린이의 수는 $(20-x)$명이므로

$2500x+1500(20-x)\le 45000$

$2500x+30000-1500x\le 45000$

$1000x\le 15000$

$x\le 15$

따라서 어른은 최대 15명까지 입장할 수 있다.

답 ⑤

유제 1

9201-0202

2000원짜리 바구니에 한 개에 1500원 하는 사과를 넣어서 전체 가격이 20000원 이하가 되게 하려고 할 때, 사과는 최대 몇 개까지 넣을 수 있는가?

① 11개　② 12개　③ 13개　④ 14개　⑤ 15개

유제 2

9201-0203

한 개에 1000원 하는 빵과 한 개에 700원 하는 음료수를 합하여 40개를 사려고 한다. 총금액을 34000원 이하로 하려면 빵은 최대 몇 개까지 살 수 있는가?

① 20개　② 21개　③ 22개　④ 23개　⑤ 24개

예제 2 수에 대한 문제

어떤 정수의 4배에서 7을 뺀 값이 그 수에 2를 더한 값의 3배보다 크지 않다. 이를 만족시키는 어떤 수 중 가장 큰 수는?

① 11　② 12　③ 13　④ 14　⑤ 15

| 풀이전략 |
어떤 정수를 x라 하고 일차부등식을 세운다.

| 풀이 |
어떤 정수를 x라고 하면

$4x-7\le 3(x+2)$

$4x-7\le 3x+6$

$x\le 13$

따라서 구하는 가장 큰 수는 13이다.

답 ③

유제 3

9201-0204

연속하는 세 정수에 대하여 작은 두 수의 합에서 가장 큰 수를 뺀 것이 8보다 작다. 이와 같은 수 중에서 가장 큰 세 정수를 구하시오.

유제 4

9201-0205

연속하는 세 짝수의 합이 45보다 크다고 한다. 이와 같은 수 중에서 가장 작은 세 짝수를 구하시오.

예제 3 예금액에 대한 문제

현재 언니의 저축액은 45000원, 동생의 저축액은 25000원이다. 다음 달부터 매달 언니는 3000원씩, 동생은 5000원씩 저축한다면 몇 개월 후부터 동생의 저축액이 언니의 저축액보다 많아지는가?

① 7개월 ② 8개월 ③ 9개월
④ 10개월 ⑤ 11개월

| 풀이전략 |
x개월 후부터라 하고 일차부등식을 세운다.

| 풀이 |
x개월 후부터라고 하면
$45000+3000x<25000+5000x$
$-2000x<-20000$
$x>10$
따라서 11개월 후부터 동생의 저축액이 언니의 저축액보다 많아진다.

답 ⑤

유제 5

9201-0206

현재 상우의 통장에는 6000원이 들어 있다. 내일부터 매일 500원씩 저금을 한다면 며칠 후부터 예금액이 20000원보다 많아지는가?

① 26일 ② 27일 ③ 28일
④ 29일 ⑤ 30일

유제 6

9201-0207

현재까지 형은 10000원, 동생은 25000원을 예금하였다. 다음 달부터 매달 형은 4000원씩, 동생은 1000원씩 예금한다고 할 때, 형의 예금액이 동생의 예금액의 2배보다 많아지는 것은 몇 개월 후부터인가?

① 21개월 ② 22개월 ③ 23개월
④ 24개월 ⑤ 25개월

예제 4 도형에 대한 문제

가로의 길이가 세로의 길이보다 10 cm 긴 직사각형이 있다. 이 직사각형의 둘레의 길이를 100 cm 이하가 되게 하려면 세로의 길이는 몇 cm 이하이어야 하는가?

① 10 cm ② 15 cm ③ 20 cm
④ 25 cm ⑤ 30 cm

| 풀이전략 |
세로의 길이를 x cm라 하고 일차부등식을 세운다.

| 풀이 |
세로의 길이를 x cm라고 하면 가로의 길이는 $(10+x)$ cm이므로
$2\{x+(10+x)\}\leq 100$, $4x+20\leq 100$
$4x\leq 80$, $x\leq 20$
따라서 세로의 길이는 20 cm 이하이어야 한다.

답 ③

유제 7

9201-0208

밑변의 길이가 8 cm인 삼각형이 있다. 이 삼각형의 넓이가 48 cm^2 이상이 되도록 하려면 삼각형의 높이는 몇 cm 이상이어야 하는가?

① 10 cm ② 12 cm ③ 14 cm
④ 16 cm ⑤ 18 cm

유제 8

9201-0209

윗변의 길이가 6 cm이고 높이가 8 cm인 사다리꼴이 있다. 이 사다리꼴의 넓이가 64 cm^2 이상일 때, 사다리꼴의 아랫변의 길이는 몇 cm 이상이어야 하는가?

① 8 cm ② 9 cm ③ 10 cm
④ 11 cm ⑤ 12 cm

정답과 풀이 • 24쪽

예제 5 유리한 선택에 대한 문제

집 앞 문구점에서는 볼펜 한 자루의 가격이 1200원인데 할인매장에서는 800원이다. 할인매장에 가려면 왕복 요금이 4000원이 든다고 할 때, 볼펜을 몇 자루 이상 사야 할인매장에 가는 것이 유리한가?

① 10자루 ② 11자루 ③ 12자루
④ 13자루 ⑤ 14자루

| 풀이전략 |
볼펜을 x자루 산다고 하고 일차부등식을 세운다.

| 풀이 |
볼펜을 x자루 산다고 하면
$1200x > 800x + 4000$
$400x > 4000$
$x > 10$
따라서 볼펜을 11자루 이상 사야 할인매장에 가는 것이 유리하다.

답 ②

유제 9

9201-0210

집 앞 가게에서는 생수 한 통의 가격이 1400원인데 할인매장에서는 1000원이다. 할인매장에 갔다오는 데 교통비가 3000원이 든다면 생수를 몇 통 이상 사야 할인매장에서 사는 것이 유리한가?

① 6통 ② 7통 ③ 8통
④ 9통 ⑤ 10통

유제 10

9201-0211

어느 전시회의 입장료는 한 사람당 3000원이고 30명 이상의 단체인 경우의 입장료는 한 사람당 2500원이라고 한다. 몇 명 이상이면 30명의 단체 입장권을 사는 것이 유리한가?

① 22명 ② 23명 ③ 24명
④ 25명 ⑤ 26명

예제 6 거리, 속력, 시간에 대한 문제

등산을 하는데 올라갈 때는 시속 2 km로 걷고, 내려올 때는 같은 길을 시속 4 km로 걸어서 3시간 이내에 등산을 마치려고 한다. 이때 최대 몇 km까지 올라갔다 올 수 있는가?

① 3 km ② 3.5 km ③ 4 km
④ 4.5 km ⑤ 5 km

| 풀이전략 |
x km까지 올라갔다 온다고 하고 일차부등식을 세운다.

| 풀이 |
x km까지 올라갔다 온다고 하면
$\frac{x}{2} + \frac{x}{4} \leq 3$, $2x + x \leq 12$
$3x \leq 12$, $x \leq 4$
따라서 최대 4 km까지 올라갔다 올 수 있다.

답 ③

유제 11

9201-0212

등산을 하는데 올라갈 때는 시속 2 km로 걷고, 내려올 때는 같은 길을 시속 3 km로 걸어서 5시간 이내에 등산을 마치려고 한다. 이때 최대 몇 km까지 올라갔다 올 수 있는가?

① 3 km ② 4 km ③ 5 km
④ 6 km ⑤ 7 km

유제 12

9201-0213

산책을 하는데 갈 때는 시속 2 km로 걷고, 돌아올 때는 갈 때보다 1 km 더 먼 길을 시속 4 km로 걸었다. 산책을 하는 데 걸린 시간이 4시간 이내였다면 시속 2 km로 걸은 거리는 최대 몇 km인가?

① 3 km ② 3.5 km ③ 4 km
④ 4.5 km ⑤ 5 km

9201-0214

01 한 다발에 2000원 하는 안개꽃 한 다발과 한 송이에 1000원 하는 장미꽃을 섞어 꽃다발을 만들려고 한다. 포장비 3000원을 포함하여 전체 비용을 20000원 이하로 하려면 장미꽃은 최대 몇 송이까지 넣을 수 있는가?

① 11송이 ② 12송이 ③ 13송이
④ 14송이 ⑤ 15송이

9201-0215

02 한 개에 1200원인 빵과 한 개에 900원인 음료수를 합하여 20개를 사려고 한다. 전체 가격이 21000원 이하가 되게 하려면 빵은 최대 몇 개까지 살 수 있는가?

① 8개 ② 9개 ③ 10개
④ 11개 ⑤ 12개

9201-0216

03 차가 5인 두 정수의 합이 40보다 작다고 한다. 이와 같은 두 정수 중에서 가장 큰 두 정수를 구하시오.

9201-0217

04 현재 형의 예금액은 10000원, 동생의 예금액은 20000원이다. 다음 주부터 매주 형은 1500원씩, 동생은 1000원씩 예금한다고 할 때, 형의 예금액이 동생의 예금액보다 많아지는 것은 몇 주 후부터인가?

① 20주 ② 21주 ③ 22주
④ 23주 ⑤ 24주

9201-0218

05 가로의 길이가 8 cm인 직사각형이 있다. 이 직사각형의 둘레의 길이가 42 cm 이하가 되게 하려면 직사각형의 세로의 길이는 몇 cm 이하이어야 하는가?

① 10 cm ② 11 cm ③ 12 cm
④ 13 cm ⑤ 14 cm

9201-0219

06 영화관의 입장료는 6000원인데 40명 이상의 단체에 대해서는 입장료의 10 %를 할인해 준다고 한다. 몇 명 이상이면 40명의 단체 입장권을 사는 것이 유리한가?

① 33명 ② 34명 ③ 35명
④ 36명 ⑤ 37명

9201-0220

07 집 앞 상점에서는 생수 한 통의 가격이 1200원인데 할인매장에서는 700원이다. 할인매장에 갔다오는 데 교통비가 3000원이 든다고 할 때, 생수를 몇 통 이상 사야 할인매장에서 사는 것이 유리한가?

① 5통 ② 6통 ③ 7통
④ 8통 ⑤ 9통

9201-0221

08 등산을 하는데 올라갈 때는 시속 2 km로 걷고, 내려올 때는 같은 길을 시속 3 km로 걸어서 4시간 이내에 등산을 마치려고 한다. 출발 지점에서 최대 몇 km 떨어진 지점까지 갔다올 수 있는가?

① 4 km ② 4.2 km ③ 4.4 km
④ 4.6 km ⑤ 4.8 km

중단원 마무리

Level 1

9201-0222

01 다음 중 부등식인 것을 모두 고르면? (정답 2개)

① $-2a+6b$　② $4<9$　③ $3x-8=7$　④ $-6x+5\geq 1$　⑤ $-3x+7=2-3x$

9201-0223

02 어떤 수 x의 2배에 9를 더한 수는 x에서 3을 뺀 것의 4배보다 작지 않을 때, 이를 부등식으로 나타내면?

① $2x+9\leq 4(x-3)$　② $2x+9\geq 4(x-3)$　③ $2x+9\leq 4x-3$　④ $2x+9\geq 4x-3$　⑤ $2(x+9)\leq 4x-3$

9201-0224

03 x의 값이 1, 2, 3, 4일 때, 부등식 $3x-4>3$의 해를 구하시오.

9201-0225

04 다음 일차부등식 중 해가 $x=-4$인 것은?

① $x+7\leq 3x$　② $-2x+2<10$　③ $-x+2<5$　④ $4x+4\leq -10$　⑤ $\frac{1}{2}x-5\leq -8$

9201-0226

05 $a<b$일 때, 다음 중 옳지 <u>않은</u> 것은?

① $a+3<b+3$　② $a-6<b-6$　③ $5a<5b$　④ $-4a<-4b$　⑤ $\frac{a}{7}<\frac{b}{7}$

9201-0227

06 다음 중 일차부등식이 <u>아닌</u> 것은?

① $2x+8>x$　② $x\geq -x+6$　③ $2x-5<9+2x$　④ $x^2-2>x^2-4x$　⑤ $-x+7\geq x+7$

9201-0228

07 일차부등식 $13-2x>3x-7$을 풀면?

① $x<-4$　② $x>-4$　③ $x<4$　④ $x>4$　⑤ $x<6$

9201-0229

08 일차부등식 $-3x-5\leq 4x+9$의 해를 수직선 위에 옳게 나타낸 것은?

①
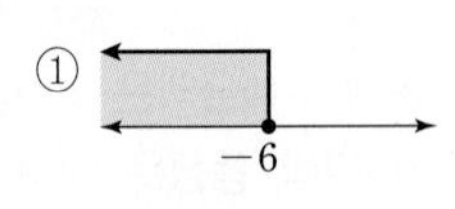

②
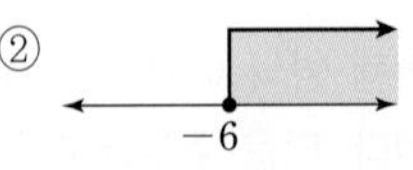

③
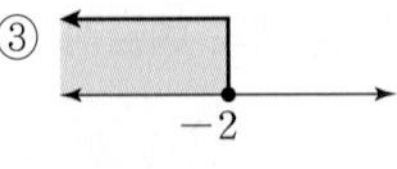

④
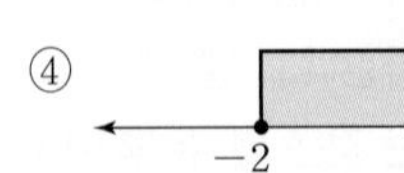

⑤ -1

Level 2

9201-0230

09 $-2a+7\leq-2b+7$일 때, 다음 중 옳은 것은?

① $a\leq b$ ② $a+4\geq b+4$

③ $2a-5\leq 2b-5$ ④ $\frac{a-1}{3}\leq\frac{b-1}{3}$

⑤ $-\frac{a}{6}+\frac{1}{2}\geq-\frac{b}{6}+\frac{1}{2}$

9201-0231

10 다음 중 부등식의 해가 나머지 넷과 다른 하나는?

① $-x-4<-3x+6$ ② $2x-12>6x-8$

③ $8-x>2x-7$ ④ $3x-2<8+x$

⑤ $7x-7<5x+3$

9201-0232

11 $ax^2+bx>x^2-6x+9$가 일차부등식이 되기 위한 상수 a, b의 조건은?

① $a=-1$, $b\neq-6$ ② $a=-1$, $b\neq 6$

③ $a=0$, $b=9$ ④ $a=1$, $b\neq-6$

⑤ $a=1$, $b\neq 6$

9201-0233

12 일차부등식 $2(x+7)>5(x-2)$의 해를 수직선 위에 옳게 나타낸 것은?

① 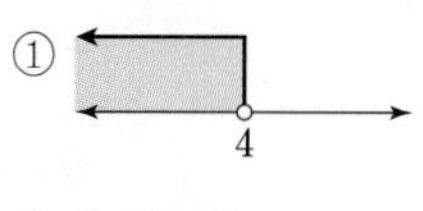

② 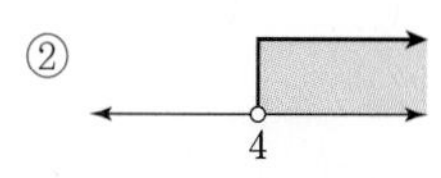

③ 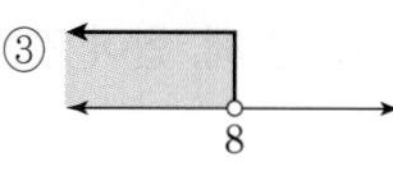

④ 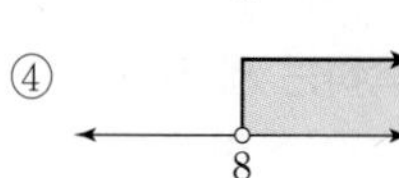

⑤ 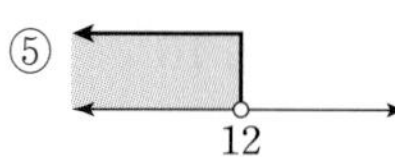

9201-0234

13 일차부등식 $7(x-3)<2(x+3)$을 만족시키는 모든 자연수 x의 값의 합은?

① 3 ② 6 ③ 10

④ 15 ⑤ 21

9201-0235

14 일차부등식 $\frac{1}{3}x-\frac{x+2}{4}\leq x+5$를 풀면?

① $x\geq-6$ ② $x\geq-5$ ③ $x\leq-4$

④ $x\geq-3$ ⑤ $x\leq-2$

9201-0236

15 일차부등식 $0.4(x-5)<\frac{2}{5}-0.3x$를 만족시키는 가장 큰 정수를 a, 일차부등식 $\frac{3}{5}x-0.8>0.4x+\frac{3}{2}$을 만족시키는 가장 작은 정수를 b라고 할 때, $a+b$의 값은?

① 13 ② 14 ③ 15

④ 16 ⑤ 17

9201-0237

16 일차부등식 $2x-5\leq-4x+a$의 해가 $x\leq 3$일 때, 상수 a의 값은?

① 11 ② 12 ③ 13

④ 14 ⑤ 15

9201-0238

17 다음 두 일차부등식의 해가 서로 같을 때, 상수 a의 값은?

$$\frac{5}{6}x-2\geq\frac{1}{2}x+\frac{1}{3},\ 2(1-x)\leq6(2+a)$$

① -5 ② -4 ③ -3
④ -2 ⑤ -1

9201-0239

18 $a<0$일 때, x에 대한 일차부등식 $a(x+2)>5a$를 풀면?

① $x<-3$ ② $x>-3$ ③ $x<3$
④ $x>3$ ⑤ $x<5$

중요

9201-0240

19 $a<-2$일 때, x에 대한 일차부등식 $ax-4a<8-2x$를 풀면?

① $x<-4$ ② $x>-4$ ③ $x<4$
④ $x>4$ ⑤ $x<8$

9201-0241

20 x에 대한 일차부등식 $ax+6<0$의 해가 $x>3$일 때, 상수 a의 값은?

① -6 ② -3 ③ -2
④ 3 ⑤ 6

9201-0242

21 일차부등식 $(a-2)x-6\leq12$의 해를 수직선 위에 나타내면 오른쪽 그림과 같을 때, 상수 a의 값은?

6

① -3 ② -1 ③ 1
④ 3 ⑤ 5

9201-0243

22 한 개에 800원인 초콜릿을 1000원짜리 상자에 담아서 사는데 총금액이 6000원 이하가 되게 하려면 초콜릿을 최대 몇 개까지 살 수 있는가?

① 5개 ② 6개 ③ 7개
④ 8개 ⑤ 9개

9201-0244

23 한 개에 1500원인 빵과 한 개에 700원인 우유를 합하여 15개를 사려고 한다. 전체 가격이 20000원 이하가 되게 하려면 빵은 최대 몇 개까지 살 수 있는가?

① 8개 ② 9개 ③ 10개
④ 11개 ⑤ 12개

9201-0245

24 연속하는 세 자연수의 합이 43보다 클 때, 합이 가장 작은 세 자연수 중 가장 작은 자연수는?

① 13 ② 14 ③ 15
④ 16 ⑤ 17

9201-0246

25 현재 형의 저축액은 22000원, 동생의 저축액은 11000원이다. 다음 주부터 매주 형은 1000원씩, 동생은 1500원씩 저축한다고 할 때, 동생의 저축액이 형의 저축액보다 많아지는 것은 몇 주 후부터인가?

① 20주 ② 21주 ③ 22주
④ 23주 ⑤ 24주

9201-0247

26 오른쪽 그림과 같이 아랫변의 길이가 15 cm, 높이가 8 cm인 사다리꼴이 있다. 이 사다리꼴의 넓이가 96 cm^2 이하가 되게 하려면 윗변의 길이는 몇 cm 이하가 되어야 하는가?

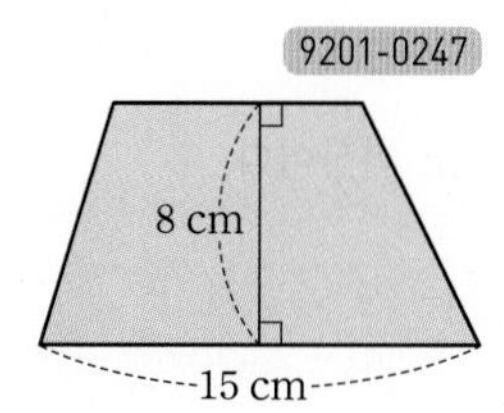

① 5 cm ② 6 cm ③ 7 cm
④ 8 cm ⑤ 9 cm

9201-0248

27 집 앞 문구점에서는 볼펜 한 자루의 가격이 1100원인데 할인점에서는 800원이다. 할인점에 가려면 왕복 교통비가 4000원 든다고 할 때, 볼펜을 몇 자루 이상 살 경우 할인점에서 사는 것이 유리한가?

① 11자루 ② 12자루 ③ 13자루
④ 14자루 ⑤ 15자루

중요

9201-0249

28 A지점에서는 15 km 떨어져 있는 B지점까지 가는데 처음에는 시속 4 km로 걷다가 도중에 시속 8 km로 뛰어서 3시간 이내에 B지점에 도착하려고 한다. 몇 km 이상을 뛰어가야 하는가?

① 4 km ② 4.5 km ③ 5 km
④ 5.5 km ⑤ 6 km

Level 3

9201-0250

29 $-a-3>2a+6$일 때, x에 대한 일차부등식 $ax+5a<-15-3x$를 풀면?

① $x<-5$ ② $x>-5$ ③ $x<-3$
④ $x<5$ ⑤ $x>5$

9201-0251

30 일차부등식 $2x-8\geq 6x-3a$를 만족시키는 자연수 x의 값이 존재하지 않을 때, 상수 a의 값의 범위를 구하시오.

9201-0252

31 준서는 역에서 상점까지 시속 3 km로 걸어가서 물건을 사려고 한다. 기차 출발 시각까지 2시간이 남았고 상점에서 물건을 사는 데에는 20분이 걸린다면 상점이 역에서부터 몇 km의 범위 내에 있어야 물건을 살 수 있는지 구하시오.

서술형으로 중단원 마무리

9201-0253

A지점에서 5 km 떨어진 B지점까지 가는데 처음에는 시속 4 km로 걷다가 도중에 시속 2 km로 걸어서 2시간 이내에 B지점에 도착하였다. 이때 시속 4 km로 걸은 거리는 몇 km 이상인지 구하시오.

풀이

시속 4 km로 걸은 거리를 x km라고 하면 시속 2 km로 걸은 거리는 $(5-x)$ km이므로

$\frac{x}{4}+\frac{5-x}{\square}\le\square$

부등식을 풀면 $x\ge\square$

따라서 시속 4 km로 걸은 거리는 $\square$ km 이상이다.

9201-0254

장호는 집에서 10 km 떨어진 할머니 댁까지 자전거를 타고 가는데 처음에는 시속 6 km로 달리다가 도중에 자전거가 고장나서 시속 2 km로 걸어서 2시간 이내에 도착하였다. 자전거가 고장난 지점은 집에서 최소 몇 km 떨어진 지점인지 구하시오.

정답과 풀이 • 29쪽

9201-0255

1 일차부등식 $3(2x-1)<x+7$을 만족시키는 x에 대하여 $A=-6x+4$일 때, 가장 작은 정수 A의 값을 구하시오.

9201-0256

2 x에 대한 일차부등식 $3x-a>5$의 해가 $x>1$일 때, 일차부등식 $5(x+2)<7x+2a$를 푸시오. (단, a는 상수)

9201-0257

3 한 다발에 1500원 하는 안개꽃 한 다발과 한 송이에 600원 하는 장미꽃을 섞어 꽃다발을 만들려고 한다. 포장비 2000원을 포함하여 전체 비용을 10000원 이하로 하려면 장미꽃은 최대 몇 송이까지 넣을 수 있는지 구하시오.

9201-0258

4 가로의 길이가 세로의 길이보다 15 cm 긴 직사각형이 있다. 이 직사각형의 둘레의 길이가 150 cm 이상이 되도록 하는 세로의 길이는 최소 몇 cm인지 구하시오.

1 미지수가 2개인 일차방정식

개념 1 미지수가 2개인 일차방정식

미지수가 2개인 일차방정식: 미지수가 2개이고, 그 차수가 모두 1인 방정식

➡ $ax+by+c=0$ (단, a, b, c는 상수, $a\neq0$, $b\neq0$)

예 $x-2y+4=0$ ➡ 미지수가 2개인 일차방정식이다.

$2x-3=0$ ➡ 미지수가 1개이므로 미지수가 2개인 일차방정식이 아니다.

$x^2+2y-3=0$ ➡ x^2의 차수가 1이 아니므로 미지수가 2개인 일차방정식이 아니다.

방정식: 미지수의 값에 따라 참이 되기도 하고 거짓이 되기도 하는 등식

• 미지수가 1개 또는 2개인 일차방정식을 간단히 일차방정식이라고 한다.

• 변하지 않는 고정된 수를 상수라고 한다.

개념 확인 문제 1

다음 중 미지수가 2개인 일차방정식인 것에는 'O'를, 아닌 것에는 '×'를 (　　) 안에 써넣으시오.

(1) $2x+3=0$ (　　)

(2) $3x-2y=4$ (　　)

(3) $x+2y=2(x+y)$ (　　)

(4) $3x^2=y+2$ (　　)

개념 2 미지수가 2개인 일차방정식의 해

(1) **미지수가 2개인 일차방정식의 해:** x, y에 대한 일차방정식이 참이 되게 하는 x, y의 값 또는 그 순서쌍 (x, y)

예 미지수가 x, y인 일차방정식 $x+y=3$에서

$x=1$, $y=2$를 대입하면 $1+2=3$이 참이므로 $(1, 2)$는 해이다.

$x=2$, $y=2$를 대입하면 $2+2=3$이 거짓이므로 $(2, 2)$는 해가 아니다.

(2) **일차방정식을 푼다:** 일차방정식의 해를 모두 구하는 것

예 x, y가 자연수일 때, 일차방정식 $x+y=4$를 풀어 보자.

일차방정식에 $x=1, 2, 3, \cdots$을 차례로 대입하여 y의 값을 구하면 오른쪽 표와 같다.

x	1	2	3	4	$\cdots$
y	3	2	1	0	$\cdots$

따라서 해는 $(1, 3)$, $(2, 2)$, $(3, 1)$이다.

• 미지수가 1개인 일차방정식의 해는 1개이지만 미지수가 2개인 일차방정식의 해는 여러 개일 수 있다.

개념 확인 문제 2

다음은 x, y가 자연수일 때, 일차방정식 $2x+y=7$을 푸는 과정이다. □ 안에 알맞은 수를 써넣으시오.

x	1	2	3	4	$\cdots$
y	5	□	□	□	$\cdots$

따라서 해는 $(1, 5)$, $(2, □)$, $(3, □)$이다.

대표예제

예제 1 미지수가 2개인 일차방정식

다음 중 미지수가 2개인 일차방정식은?

① $x+2=6$　② $xy-4=0$
③ $x^2-y+3=0$　④ $x+2y=5$
⑤ $x+4y-2$

| 풀이전략 |
미지수가 2개인지, 미지수의 차수가 1인지 살펴본다.

| 풀이 |
① 미지수가 1개이므로 미지수가 2개인 일차방정식이 아니다.
② xy는 차수가 1이 아니므로 미지수가 2개인 일차방정식이 아니다.
③ x^2은 차수가 1이 아니므로 미지수가 2개인 일차방정식이 아니다.
⑤ 등호가 없으므로 방정식이 아니다.

답 ④

유제 1

9201-0259

다음 〈보기〉에서 미지수가 2개인 일차방정식을 모두 고르시오.

보기
ㄱ. $2x^2-y=5$　ㄴ. $-2x=y+4$
ㄷ. $x+xy=1$　ㄹ. $x-3y=x+7$
ㅁ. $2x^2-2x(x-1)+y-3=0$

유제 2

9201-0260

다음 중 $ax+3y=4x-y$가 미지수가 2개인 일차방정식이 되도록 하는 상수 a의 값이 될 수 없는 것은?

① -4　② -3　③ 0
④ 3　⑤ 4

예제 2 미지수가 2개인 일차방정식의 해

다음 중 일차방정식 $3x-2y=-5$의 해가 아닌 것은?

① $(-3, -2)$　② $(-1, 1)$　③ $(1, 4)$
④ $(3, 7)$　⑤ $(5, 9)$

| 풀이전략 |
x, y 대신에 순서쌍의 x좌표와 y좌표를 일차방정식에 대입해 본다.

| 풀이 |
① $x=-3$, $y=-2$를 대입하면
$3\times(-3)-2\times(-2)=-5$
② $x=-1$, $y=1$을 대입하면 $3\times(-1)-2\times1=-5$
③ $x=1$, $y=4$를 대입하면 $3\times1-2\times4=-5$
④ $x=3$, $y=7$을 대입하면 $3\times3-2\times7=-5$
⑤ $x=5$, $y=9$를 대입하면 $3\times5-2\times9=-3\neq-5$

답 ⑤

유제 3

9201-0261

다음 중 일차방정식 $2x+y=7$의 해인 것을 모두 고르면? (정답 2개)

① $(-2, 11)$　② $(-1, 8)$　③ $(0, -6)$
④ $(1, 4)$　⑤ $(2, 3)$

유제 4

9201-0262

다음 일차방정식 중 $x=-1$, $y=2$를 해로 갖는 것을 모두 고르면? (정답 2개)

① $2x+y=-1$　② $x+3y=5$
③ $3x+y=1$　④ $4x-2y=-8$
⑤ $5x+2y=-2$

예제 3 미지수가 2개인 일차방정식의 해 구하기

x, y가 자연수일 때, 일차방정식 $3x+y=18$의 해의 개수는?

① 3개 ② 4개 ③ 5개
④ 6개 ⑤ 7개

| 풀이전략 |
x 대신에 1부터 차례로 대입했을 때 y의 값이 자연수인 것을 구한다.

| 풀이 |
해는 $(1, 15)$, $(2, 12)$, $(3, 9)$, $(4, 6)$, $(5, 3)$의 5개이다.

답 ③

유제 5 9201-0263

x, y가 음이 아닌 정수일 때, 일차방정식 $3x+2y=15$의 해의 개수를 구하시오.

유제 6 9201-0264

x, y가 자연수일 때, 일차방정식 $2x+3y=17$의 해의 개수를 a개, 일차방정식 $4x+y=20$의 해의 개수를 b개라고 할 때, $a+b$의 값은?

① 5 ② 6 ③ 7
④ 8 ⑤ 9

예제 4 일차방정식의 해가 주어진 경우

순서쌍 $(1, 3)$이 일차방정식 $4x+ay+2=0$의 해일 때, 상수 a의 값은?

① -3 ② -2 ③ -1
④ 1 ⑤ 2

| 풀이전략 |
$x=1$, $y=3$을 일차방정식에 대입한다.

| 풀이 |
$x=1$, $y=3$을 대입하면
$4\times1+a\times3+2=0$
$4+3a+2=0$
$3a=-6$
따라서 $a=-2$

답 ②

유제 7 9201-0265

순서쌍 $(-1, k)$가 일차방정식 $3x-2y+9=0$의 해일 때, k의 값은?

① -3 ② -2 ③ 1
④ 2 ⑤ 3

유제 8 9201-0266

순서쌍 (a, b)가 일차방정식 $-2x+3y=6$의 해일 때, $2a-3b+11$의 값은?

① 4 ② 5 ③ 6
④ 7 ⑤ 8

2 연립방정식과 그 해

개념 1 미지수가 2개인 연립일차방정식

(1) 연립방정식: 두 방정식을 한 쌍으로 묶어서 나타낸 것

(2) 미지수가 2개인 연립일차방정식: 각각의 두 방정식이 미지수가 2개인 일차방정식인 연립방정식

예 $\begin{cases} x+y=3 \\ 2x-y=3 \end{cases}$, $\begin{cases} x-y=2 \\ x-2y=8 \end{cases}$

• 연립일차방정식을 간단히 연립방정식이라고도 한다.

개념 확인 문제 1

한 자루에 500원짜리 연필과 한 개에 300원짜리 지우개를 합하여 모두 4개를 사고 1800원을 지불하였다. 500원짜리 연필의 개수를 x개, 300원짜리 지우개의 개수를 y개라고 할 때, 다음 □ 안에 알맞은 수를 써넣으시오.

(1) 연필과 지우개의 개수를 미지수가 2개인 일차방정식으로 나타내면

$x+y=\square$

(2) 지불한 금액을 미지수가 2개인 일차방정식으로 나타내면

$500x+\square y=1800$

(3) 미지수가 2개인 연립방정식으로 나타내면

$\begin{cases} x+y=\square \\ 500x+\square y=1800 \end{cases}$

개념 2 연립방정식의 해

(1) 연립방정식의 해: 연립방정식에서 두 일차방정식을 동시에 만족시키는 x, y의 값 또는 그 순서쌍 (x, y)

(2) 연립방정식을 푼다: 연립방정식의 해를 구하는 것

• 연립방정식의 해는 두 일차방정식을 동시에 만족시키므로 연립방정식의 해를 두 일차방정식에 대입하면 모두 참이 된다.

개념 확인 문제 2

다음 연립방정식 중 $x=2$, $y=1$이 해인 것에는 '○'를, 아닌 것에는 '×'를 (　　) 안에 써넣으시오.

(1) $\begin{cases} x+y=3 \\ x+2y=4 \end{cases}$ (　　)

(2) $\begin{cases} x-y=1 \\ 2x-y=5 \end{cases}$ (　　)

(3) $\begin{cases} 3x+y=7 \\ x-2y=0 \end{cases}$ (　　)

(4) $\begin{cases} 2x+y=5 \\ x-3y=-2 \end{cases}$ (　　)

대표예제

정답과 풀이 • 31쪽

예제 1 연립방정식의 해

다음 연립방정식 중 $x=2$, $y=-1$을 해로 갖는 것은?

① $\begin{cases} x-y=3 \\ 2x+y=5 \end{cases}$ ② $\begin{cases} 3x+y=5 \\ x-2y=0 \end{cases}$

③ $\begin{cases} 2x+3y=1 \\ 4x+y=9 \end{cases}$ ④ $\begin{cases} 3x-2y=4 \\ x+4y=-2 \end{cases}$

⑤ $\begin{cases} x-4y=6 \\ 2x+5y=-1 \end{cases}$

| 풀이전략 |

$x=2$, $y=-1$을 연립방정식의 각각의 일차방정식에 대입해 본다.

| 풀이 |

$x=2$, $y=-1$을 각 방정식에 대입해 보면

① $2x+y=5$에 대입하면 $2\times2+(-1)=3\neq5$

② $x-2y=0$에 대입하면 $2-2\times(-1)=4\neq0$

③ $4x+y=9$에 대입하면 $4\times2+(-1)=7\neq9$

④ $3x-2y=4$에 대입하면 $3\times2-2\times(-1)=8\neq4$

⑤ $x-4y=6$에 대입하면 $2-4\times(-1)=6$

$2x+5y=-1$에 대입하면 $2\times2+5\times(-1)=-1$

답 ⑤

유제 1

9201-0267

다음 연립방정식 중 $x=-1$, $y=3$을 해로 갖는 것은?

① $\begin{cases} x+y=2 \\ x+2y=3 \end{cases}$ ② $\begin{cases} x=2y-1 \\ x-y=-4 \end{cases}$

③ $\begin{cases} 2x+y=1 \\ x-3y=-8 \end{cases}$ ④ $\begin{cases} y=x+2 \\ 2x-y=-5 \end{cases}$

⑤ $\begin{cases} 3x+y=0 \\ x+3y=8 \end{cases}$

유제 2

9201-0268

다음 <보기>의 일차방정식 중 두 방정식을 짝 지어 만든 연립방정식의 해가 $x=1$, $y=-2$인 것은?

보기

ㄱ. $x+4y=-7$ ㄴ. $-2x+y=0$

ㄷ. $3x-y-1=0$ ㄹ. $4x=3y+10$

① ㄱ, ㄴ ② ㄱ, ㄷ ③ ㄱ, ㄹ

④ ㄴ, ㄷ ⑤ ㄴ, ㄹ

예제 2 연립방정식의 해가 주어질 때 상수 구하기

연립방정식 $\begin{cases} x+y=a \\ 2x-by=12 \end{cases}$의 해가 $(2, -4)$일 때, 상수 a, b에 대하여 $a+b$의 값을 구하시오.

| 풀이전략 |

$x=2$, $y=-4$를 연립방정식의 각각의 일차방정식에 대입한다.

| 풀이 |

$x=2$, $y=-4$를 $x+y=a$에 대입하면

$2+(-4)=a$, $a=-2$

$x=2$, $y=-4$를 $2x-by=12$에 대입하면

$2\times2-b\times(-4)=12$, $4+4b=12$

$4b=8$, $b=2$

따라서 $a+b=-2+2=0$

답 0

유제 3

9201-0269

연립방정식 $\begin{cases} x+3y=-2 \\ ax+y=10 \end{cases}$의 해가 $(4, b)$일 때, $a-b$의 값은? (단, a는 상수)

① 3 ② 4 ③ 5

④ 6 ⑤ 7

유제 4

9201-0270

연립방정식 $\begin{cases} 2x-3y=3 \\ ax+y=7 \end{cases}$의 해가 $x=b$, $y=-b+4$일 때, $a+b$의 값을 구하시오. (단, a는 상수)

형성평가

1. 미지수가 2개인 일차방정식
2. 연립방정식과 그 해

정답과 풀이 • 31쪽

9201-0271

01 다음 〈보기〉에서 미지수가 2개인 일차방정식을 모두 고른 것은?

보기

ㄱ. $2xy=5$

ㄴ. $x-4y=y-x$

ㄷ. $2x-y=7+2x-6y$

ㄹ. $-x^2+x=y+3-x^2$

ㅁ. $4x-2y=8-2y-4x$

① ㄱ, ㄴ ② ㄱ, ㄹ ③ ㄴ, ㄷ
④ ㄴ, ㄹ ⑤ ㄴ, ㅁ

9201-0272

02 다음 일차방정식 중 순서쌍 $(3,\ -2)$를 해로 갖는 것을 모두 고르면? (정답 2개)

① $x+3y=3$ ② $2x-y=8$
③ $-x+2y=-4$ ④ $3x-y=10$
⑤ $2x+5y=-4$

9201-0273

03 x, y가 음이 아닌 정수일 때, $x+3y=15$의 해의 개수는?

① 3개 ② 4개 ③ 5개
④ 6개 ⑤ 7개

9201-0274

04 x, y가 10 이하의 자연수일 때, 일차방정식 $3x-y=18$의 모든 해를 x, y의 순서쌍 $(x,\ y)$로 나타내시오.

9201-0275

05 일차방정식 $4x-ay+10=0$의 한 해가 $(-1,\ 2)$이다. $x=2$일 때, y의 값은? (단, a는 상수)

① 4 ② 5 ③ 6
④ 7 ⑤ 8

9201-0276

06 두 순서쌍 $(3,\ 2)$, $(b,\ -2)$가 일차방정식 $ax-5y=-4$의 해일 때, $a+b$의 값은? (단, a는 상수)

① -7 ② -6 ③ -5
④ -4 ⑤ -3

9201-0277

07 연립방정식 $\begin{cases} 2x+3y=a+2 \\ 3x+by=-1 \end{cases}$의 해가 $x=-3$, $y=a$일 때, $a+b$의 값은? (단, b는 상수)

① 5 ② 6 ③ 7
④ 8 ⑤ 9

9201-0278

08 연립방정식 $\begin{cases} ax-3y=6 \\ 2x-5y=-2 \end{cases}$를 만족시키는 x의 값이 4일 때, 상수 a의 값을 구하시오.

3 연립방정식의 풀이

개념 1 식의 대입을 이용하는 방법

연립방정식에서 한 방정식을 다른 방정식에 대입하여 한 미지수를 없앤 후 해를 구할 수 있다.
① 한 방정식을 하나의 미지수에 대하여 정리한다.
② ①을 다른 방정식에 대입하여 한 미지수를 없앤 후 일차방정식을 푼다.
③ ②에서 구한 값을 ①의 식에 대입하여 다른 미지수의 값을 구한다.

예 식의 대입을 이용하여 연립방정식 $\begin{cases} y=5-x & \cdots\cdots ㉠ \\ x-y=3 & \cdots\cdots ㉡ \end{cases}$을 풀어 보자.

㉠을 ㉡에 대입하면 $x-(5-x)=3$, $2x=8$, $x=4$
$x=4$를 ㉠에 대입하면 $y=5-4=1$
따라서 연립방정식의 해는 $x=4$, $y=1$이다.

• 한 방정식을 한 미지수에 대하여 정리하고, 이를 다른 방정식에 대입하여 한 미지수를 없애 연립방정식을 푸는 방법을 대입법이라고 한다.

개념 확인 문제 1

다음은 식의 대입을 이용하여 연립방정식 $\begin{cases} y=x+3 & \cdots\cdots ㉠ \\ 2x+y=9 & \cdots\cdots ㉡ \end{cases}$를 푸는 과정이다. □ 안에 알맞은 수를 써넣으시오.

㉠을 ㉡에 대입하면 $2x+(x+3)=$□
$3x=$□, $x=$□
$x=$□를 ㉠에 대입하면 $y=$□$+3=$□

개념 2 두 식을 더하거나 빼는 방법

연립방정식에서 두 방정식을 변끼리 더하거나 빼어서 한 미지수를 없앤 후 해를 구할 수 있다.
① 각 방정식의 양변에 적당한 수를 곱하여 없애려는 미지수의 계수의 절댓값을 같게 한다.
② ①의 두 방정식을 변끼리 더하거나 빼어서 한 미지수의 값을 구한다.
③ ②에서 구한 값을 둘 중 하나의 방정식에 대입하여 다른 미지수의 값을 구한다.

• 방정식을 변끼리 더하거나 빼어서 한 미지수를 없애 연립방정식을 푸는 방법을 가감법이라고 한다.

개념 확인 문제 2

다음은 두 식을 더하거나 빼어서 연립방정식 $\begin{cases} x+2y=4 & \cdots\cdots ㉠ \\ 3x+2y=8 & \cdots\cdots ㉡ \end{cases}$을 푸는 과정이다. □ 안에 알맞은 수를 써넣으시오.

㉠－㉡을 하면 $-2x=$□, $x=$□
$x=$□를 ㉠에 대입하면 □$+2y=4$, $y=$□

개념 3 복잡한 연립방정식의 풀이

괄호가 있으면 분배법칙을 이용하여 괄호를 풀고 동류항끼리 정리한 후 푼다.

예 $\begin{cases} 2(x-3y)+3y=2 \\ x+3(x+y)=15 \end{cases} \xrightarrow{\text{괄호 풀기}} \begin{cases} 2x-6y+3y=2 \\ x+3x+3y=15 \end{cases} \xrightarrow{\text{정리하기}} \begin{cases} 2x-3y=2 \\ 4x+3y=15 \end{cases}$

- 분배법칙
  $a(b+c)=ab+ac$
  $a(b-c)=ab-ac$
- 등식의 양변에 수를 곱할 때, 모든 항에 같은 수를 곱하도록 주의한다.

개념 확인 문제 3

다음은 연립방정식 $\begin{cases} x+3(y-1)=-4 & \cdots\cdots ㉠ \\ 3(x-2)-4(x-y)=2 & \cdots\cdots ㉡ \end{cases}$를 푸는 과정이다. □ 안에 알맞은 수를 써넣으시오.

㉠에서 괄호를 풀어 정리하면 $x+3y=$□ ⋯⋯ ㉢
㉡에서 괄호를 풀어 정리하면 $-x+4y=$□ ⋯⋯ ㉣
㉢+㉣을 하면 $7y=$□, $y=$□
$y=$□을 ㉢에 대입하면 $x=$□

개념 4 계수가 소수 또는 분수인 연립방정식

(1) 계수가 소수이면 양변에 10의 거듭제곱을 곱하여 계수를 정수로 고친 후 푼다.

예 $\begin{cases} 0.3x+0.2y=0.8 \\ 0.2x-0.1y=0.3 \end{cases} \xrightarrow[\text{10을 곱하기}]{\text{양변에}} \begin{cases} 3x+2y=8 \\ 2x-y=3 \end{cases}$

(2) 계수가 분수이면 양변에 분모의 최소공배수를 곱하여 계수를 정수로 고친 후 푼다.

예 $\begin{cases} \frac{1}{4}x-\frac{1}{2}y=\frac{3}{4} \\ \frac{1}{3}x+\frac{1}{6}y=\frac{2}{3} \end{cases} \xrightarrow[\text{최소공배수 곱하기}]{\text{양변에 분모의}} \begin{cases} x-2y=3 \\ 2x+y=4 \end{cases}$

- 소수점 아래의 숫자의 개수가 1개이면 10, 2개이면 100, 3개이면 1000, ⋯을 곱한다.
- 양변에 10의 거듭제곱이나 최소공배수를 곱할 때, 소수나 분수가 아닌 수에도 곱하는 것을 빠뜨리지 않도록 주의한다.

개념 확인 문제 4

다음은 연립방정식 $\begin{cases} \frac{1}{2}x-\frac{1}{4}y=-\frac{5}{4} & \cdots\cdots ㉠ \\ \frac{1}{5}x+\frac{1}{10}y=-\frac{3}{10} & \cdots\cdots ㉡ \end{cases}$을 푸는 과정이다. □ 안에 알맞은 수를 써넣으시오.

㉠×4를 하면 $2x-y=$□ ⋯⋯ ㉢
㉡×10을 하면 $2x+y=$□ ⋯⋯ ㉣
㉢+㉣을 하면 $4x=$□, $x=$□
$x=$□를 ㉣에 대입하면 $y=$□

대표예제

예제 1 연립방정식의 풀이 – 대입법

연립방정식 $\begin{cases} x=2y-4 & \cdots\cdots ㉠ \\ 3x-y=-2 & \cdots\cdots ㉡ \end{cases}$에서 ㉠을 ㉡에 대입하여 x를 없앴더니 $ay=10$이 되었다. 이때 상수 a의 값은?

① 2 ② 3 ③ 5
④ 7 ⑤ 9

| 풀이전략 |
㉠을 ㉡에 대입한 후 좌변에는 y가 있는 항을, 우변에는 상수항을 있게 한다.

| 풀이 |
㉠을 ㉡에 대입하면 $3(2y-4)-y=-2$
$6y-12-y=-2$
$5y=10$
따라서 $a=5$

답 ③

유제 1

9201-0279

다음은 연립방정식 $\begin{cases} x=y-2 & \cdots\cdots ㉠ \\ 2x-3y=-7 & \cdots\cdots ㉡ \end{cases}$을 푸는 과정이다. 상수 a, b, c에 대하여 $a+b+c$의 값은?

> ㉠을 ㉡에 대입하면 $ay=-3$, $y=b$
> $y=b$를 ㉠에 대입하면 $x=c$

① 3 ② 4 ③ 5
④ 6 ⑤ 7

유제 2

9201-0280

연립방정식 $\begin{cases} x=3y-2 \\ 3x-5y=2 \end{cases}$의 해가 $x=a$, $y=b$일 때, $a+b$의 값을 구하시오.

예제 2 가감법에서 미지수 없애기

연립방정식 $\begin{cases} 4x+3y=6 & \cdots\cdots ㉠ \\ 3x-2y=13 & \cdots\cdots ㉡ \end{cases}$에서 y를 없애려고 한다. 이때 필요한 식은?

① ㉠−㉡×3 ② ㉠×2+㉡×3
③ ㉠×3−㉡×4 ④ ㉠×3+㉡×4
⑤ ㉠×4−㉡×3

| 풀이전략 |
두 일차방정식에서 y의 계수의 절댓값이 같도록 적당한 수를 곱한다.

| 풀이 |
y를 없애기 위해 y의 계수의 절댓값이 3, 2의 최소공배수인 6으로 같게 맞춘 다음, y의 계수의 부호가 다르므로 더한다.
따라서 필요한 식은 ㉠×2+㉡×3

답 ②

유제 3

9201-0281

연립방정식 $\begin{cases} 2x+3y=1 & \cdots\cdots ㉠ \\ 6x+5y=7 & \cdots\cdots ㉡ \end{cases}$에서 x를 없앴더니 $ay=-4$가 되었다. 이때 상수 a의 값을 구하시오.

유제 4

9201-0282

연립방정식 $\begin{cases} 4x-5y=-2 & \cdots\cdots ㉠ \\ 3x+2y=10 & \cdots\cdots ㉡ \end{cases}$에서 x 또는 y를 없애기 위해 필요한 식을 〈보기〉에서 모두 고르면?

보기
ㄱ. ㉠×2−㉡×5 ㄴ. ㉠×2+㉡×5
ㄷ. ㉠×3−㉡×4 ㄹ. ㉠×3+㉡×4

① ㄱ, ㄴ ② ㄱ, ㄷ ③ ㄴ, ㄷ
④ ㄴ, ㄹ ⑤ ㄷ, ㄹ

예제 3 연립방정식의 풀이 – 가감법

연립방정식 $\begin{cases} 2x+y=8 \\ 3x-y=7 \end{cases}$의 해가 $x=a$, $y=b$일 때, $a+b$의 값은?

① 1 ② 2 ③ 3
④ 4 ⑤ 5

| 풀이전략 |
두 일차방정식에서 미지수의 절댓값이 같고, 부호가 다르면 두 방정식을 변끼리 더한다.

| 풀이 |

$\begin{cases} 2x+y=8 & \cdots\cdots ㉠ \\ 3x-y=7 & \cdots\cdots ㉡ \end{cases}$

㉠+㉡을 하면 $5x=15$, $x=3$
$x=3$을 ㉠에 대입하면 $6+y=8$, $y=2$
따라서 $a=3$, $b=2$이므로
$a+b=3+2=5$

 ⑤

유제 5

9201-0283

연립방정식 $\begin{cases} x-2y=-6 & \cdots\cdots ㉠ \\ 3x-y=2 & \cdots\cdots ㉡ \end{cases}$의 해가 일차방정식 $5x-y=a$를 만족시킬 때, 상수 a의 값은?

① 5 ② 6 ③ 7
④ 8 ⑤ 9

유제 6

9201-0284

순서쌍 $(5, 4)$, $(-4, -2)$가 모두 일차방정식 $ax+by=-2$의 해일 때, 상수 a, b에 대하여 ab의 값은?

① -10 ② -8 ③ -6
④ -4 ⑤ -2

예제 4 괄호가 있는 경우

연립방정식 $\begin{cases} 2(x-y)+3y=3 \\ x+3(x-y)=11 \end{cases}$을 풀면?

① $x=-2$, $y=11$ ② $x=-1$, $y=8$
③ $x=0$, $y=5$ ④ $x=1$, $y=2$
⑤ $x=2$, $y=-1$

| 풀이전략 |
분배법칙을 이용하여 괄호를 풀어 정리한다.

| 풀이 |

괄호를 풀어 정리하면

$\begin{cases} 2x+y=3 & \cdots\cdots ㉠ \\ 4x-3y=11 & \cdots\cdots ㉡ \end{cases}$

㉠×2−㉡을 하면 $5y=-5$, $y=-1$
$y=-1$을 ㉠에 대입하면 $2x-1=3$
$2x=4$, $x=2$

답 ⑤

유제 7

9201-0285

연립방정식 $\begin{cases} x+4(y-1)=5 \\ 3(x-1)+2y=-6 \end{cases}$의 해가 $x=m$, $y=n$일 때, $m+n$의 값은?

① -2 ② -1 ③ 0
④ 1 ⑤ 2

유제 8

9201-0286

연립방정식 $\begin{cases} 2(x+4y)=5(y+2)-1 \\ 5-\{4x-(6x-y)+2\}=8 \end{cases}$을 만족시키는 x, y에 대하여 $x+y$의 값은?

① 1 ② 2 ③ 3
④ 4 ⑤ 5

대표예제

예제 5 계수가 소수인 경우

연립방정식 $\begin{cases} 0.5x-0.2y=1.1 \\ 0.3x-0.1y=0.7 \end{cases}$의 해가 $x=a$, $y=b$일 때, $a+b$의 값은?

① 5 ② 6 ③ 7
④ 8 ⑤ 9

| 풀이전략 |
적당한 10의 거듭제곱을 곱하여 계수를 정수로 고친다.

| 풀이 |
두 일차방정식의 양변에 10을 각각 곱하면
$\begin{cases} 5x-2y=11 & \cdots\cdots ㉠ \\ 3x-y=7 & \cdots\cdots ㉡ \end{cases}$
㉠$-$㉡$\times 2$를 하면 $-x=-3$, $x=3$
$x=3$을 ㉡에 대입하면 $9-y=7$, $y=2$
따라서 $a=3$, $b=2$이므로
$a+b=3+2=5$

답 ①

유제 9
9201-0287

연립방정식 $\begin{cases} 0.1x+0.4y=0.6 \\ 0.2x+0.3y=0.2 \end{cases}$의 해가 $x=m$, $y=n$일 때, mn의 값은?

① -6 ② -4 ③ -2
④ 2 ⑤ 4

유제 10
9201-0288

연립방정식 $\begin{cases} 0.2x+0.3y=-0.8 \\ 0.01x-0.02y=0.1 \end{cases}$을 만족시키는 x, y에 대하여 $x-y$의 값은?

① 5 ② 6 ③ 7
④ 8 ⑤ 9

예제 6 계수가 분수인 경우

연립방정식 $\begin{cases} \frac{1}{3}x+\frac{1}{2}y=\frac{1}{2} \\ \frac{1}{2}x-\frac{1}{3}y=\frac{11}{6} \end{cases}$의 해가 $x=a$, $y=b$일 때, $a+b$의 값은?

① 2 ② 3 ③ 4
④ 5 ⑤ 6

| 풀이전략 |
분모의 최소공배수를 곱하여 계수를 정수로 고친다.

| 풀이 |
두 일차방정식의 양변에 6을 각각 곱하면
$\begin{cases} 2x+3y=3 & \cdots\cdots ㉠ \\ 3x-2y=11 & \cdots\cdots ㉡ \end{cases}$
㉠$\times 2+$㉡$\times 3$을 하면 $13x=39$, $x=3$
$x=3$을 ㉠에 대입하면 $6+3y=3$
$3y=-3$, $y=-1$
따라서 $a=3$, $b=-1$이므로
$a+b=3+(-1)=2$

답 ①

유제 11
9201-0289

연립방정식 $\begin{cases} \frac{1}{4}x+\frac{1}{2}y=-\frac{1}{4} \\ \frac{1}{2}x+\frac{1}{3}y=\frac{5}{6} \end{cases}$의 해가 $x=m$, $y=n$일 때, $m+n$의 값은?

① 1 ② 2 ③ 3
④ 4 ⑤ 5

유제 12
9201-0290

연립방정식 $\begin{cases} \frac{1}{2}x-\frac{1}{3}y=-\frac{1}{3} \\ \frac{3}{4}x+\frac{1}{4}y=\frac{5}{2} \end{cases}$를 만족시키는 x, y에 대하여 $y-x$의 값은?

① 1 ② 2 ③ 3
④ 4 ⑤ 5

예제 7 연립방정식의 해가 주어질 때 상수 구하기

연립방정식 $\begin{cases} ax+by=3 \\ bx-ay=11 \end{cases}$의 해가 $x=3$, $y=-1$일 때, 상수 a, b의 값을 각각 구하시오.

| 풀이전략 |
$x=3$, $y=-1$을 각각의 일차방정식에 대입한 후 a, b에 대한 연립방정식을 푼다.

| 풀이 |
$x=3$, $y=-1$을 두 일차방정식에 각각 대입하면

$\begin{cases} 3a-b=3 & \cdots\cdots ㉠ \\ a+3b=11 & \cdots\cdots ㉡ \end{cases}$

㉠$\times 3+$㉡을 하면 $10a=20$, $a=2$

$a=2$를 ㉠에 대입하면 $6-b=3$, $b=3$

답 $a=2$, $b=3$

유제 13 9201-0291

연립방정식 $\begin{cases} ax+by=12 \\ bx-ay=5 \end{cases}$의 해가 $x=2$, $y=-3$일 때, 상수 a, b에 대하여 $a+b$의 값은?

① -2 ② -1 ③ 1
④ 2 ⑤ 3

유제 14 9201-0292

순서쌍 $(m, 2)$가 연립방정식 $\begin{cases} 2x-3y=-5n \\ 3x+4ny=10 \end{cases}$의 해일 때, mn의 값은? (단, n은 상수)

① -6 ② -4 ③ -2
④ 2 ⑤ 4

예제 8 연립방정식의 해의 조건이 주어진 경우

연립방정식 $\begin{cases} x+3y=-5 \\ 3x-4y=a \end{cases}$를 만족시키는 x의 값이 y의 값의 2배일 때, 상수 a의 값은?

① -5 ② -4 ③ -3
④ -2 ⑤ -1

| 풀이전략 |
해의 조건을 보고 x, y에 대한 관계식을 세운 후 a가 없는 일차방정식과 연립방정식을 만든다.

| 풀이 |
x의 값이 y의 값의 2배이므로 $x=2y$

$\begin{cases} x+3y=-5 & \cdots\cdots ㉠ \\ x=2y & \cdots\cdots ㉡ \end{cases}$

㉡을 ㉠에 대입하면 $2y+3y=-5$

$5y=-5$, $y=-1$

$y=-1$을 ㉡에 대입하면 $x=-2$

$x=-2$, $y=-1$을 $3x-4y=a$에 대입하면

$-6+4=a$

따라서 $a=-2$

답 ④

유제 15 9201-0293

연립방정식 $\begin{cases} 2x-y=a+3 \\ 3x+y=12 \end{cases}$를 만족시키는 y의 값이 x의 값의 3배일 때, 상수 a의 값은?

① -6 ② -5 ③ -4
④ -3 ⑤ -2

유제 16 9201-0294

연립방정식 $\begin{cases} 2x-3y=-12 \\ ax+7y=5 \end{cases}$의 해가 일차방정식 $x+4y=5$를 만족시킬 때, 상수 a의 값은?

① -3 ② -2 ③ 2
④ 3 ⑤ 4

대표예제

정답과 풀이 • 34쪽

예제 9 잘못 보고 구한 해

연립방정식 $\begin{cases} 3x-5y=4 \\ x+4y=12 \end{cases}$에서 $3x-5y=4$의 4를 잘못 보고 풀어서 $y=2$를 얻었다. 4를 무엇으로 잘못 보고 풀었는가?

① -2　② -1　③ 0　④ 1　⑤ 2

| 풀이전략 |
$x+4y=12$는 제대로 보고 풀어서 $y=2$를 얻었음을 이용한다.

| 풀이 |
$y=2$를 $x+4y=12$에 대입하면
$x+8=12$, $x=4$
$3x-5y=4$의 4를 A로 놓고
$x=4$, $y=2$를 $3x-5y=A$에 대입하면
$12-10=A$, $A=2$
따라서 4를 2로 잘못 보고 풀었다.

답 ⑤

유제 17

9201-0295

연립방정식 $\begin{cases} 3x-y=5 \\ 4x-3y=-8 \end{cases}$에서 $4x-3y=-8$의 3을 잘못 보고 풀어서 $x=3$이 되었다. 3을 무엇으로 잘못 보고 풀었는가?

① 4　② 5　③ 6　④ 7　⑤ 8

유제 18

9201-0296

연립방정식 $\begin{cases} ax-by=-10 \\ -bx+ay=11 \end{cases}$에서 a, b를 서로 바꾸어 놓고 풀었더니 해가 $x=-1$, $y=2$였다. 이때 상수 a, b에 대하여 $a+b$의 값은?

① 3　② 4　③ 5　④ 6　⑤ 7

예제 10 두 연립방정식의 해가 서로 같은 경우

두 연립방정식 $\begin{cases} 4x+5y=7 \\ ax+y=7 \end{cases}$, $\begin{cases} 3x+by=9 \\ 2x-3y=-13 \end{cases}$의 해가 서로 같을 때, 상수 a, b에 대하여 $a+b$의 값은?

① 2　② 3　③ 4　④ 5　⑤ 6

| 풀이전략 |
a 또는 b가 없는 두 일차방정식으로 연립방정식을 만든다.

| 풀이 |
$\begin{cases} 4x+5y=7 & \cdots\cdots ㉠ \\ 2x-3y=-13 & \cdots\cdots ㉡ \end{cases}$
㉠$-$㉡$\times 2$를 하면 $11y=33$, $y=3$
$y=3$을 ㉠에 대입하면 $4x+15=7$
$4x=-8$, $x=-2$
$x=-2$, $y=3$을 $ax+y=7$에 대입하면
$-2a+3=7$, $-2a=4$, $a=-2$
$x=-2$, $y=3$을 $3x+by=9$에 대입하면
$-6+3b=9$, $3b=15$, $b=5$
따라서 $a+b=-2+5=3$

답 ②

유제 19

9201-0297

다음 두 연립방정식의 해가 서로 같을 때, 상수 a, b에 대하여 $b-a$의 값을 구하시오.

$$\begin{cases} ax-2y=8 \\ 4x-3y=10 \end{cases}, \begin{cases} 2x-y=6 \\ 3x-by=-2 \end{cases}$$

유제 20

9201-0298

다음 4개의 일차방정식이 한 개의 공통인 해를 가질 때, 상수 a, b에 대하여 $a+b$의 값은?

$$x-2y=5,\ ax+by=11,\ 2x-3y=9,\ bx+ay=-17$$

① -3　② -2　③ -1　④ 1　⑤ 3

9201-0299

01 연립방정식 $\begin{cases} 3x-2y=-4 \\ x=y-3 \end{cases}$의 해가 (a, b)일 때, $a+b$의 값은?

① 5 ② 6 ③ 7
④ 8 ⑤ 9

9201-0300

02 일차방정식 $x-2y=2$의 해 중에서 x의 값이 y의 값의 3배인 해를 $x=a$, $y=b$라고 할 때, $a-b$의 값은?

① -6 ② -4 ③ -2
④ 2 ⑤ 4

9201-0301

03 연립방정식 $\begin{cases} x+4y=11 \\ 2y=3x-5 \end{cases}$의 해가 일차방정식 $2x+3y-5=k$를 만족시킬 때, 상수 k의 값은?

① 3 ② 4 ③ 5
④ 6 ⑤ 7

9201-0302

04 연립방정식 $\begin{cases} 2x-3y=-7 & \cdots\cdots ㉠ \\ 3x+4y=-2 & \cdots\cdots ㉡ \end{cases}$에서 미지수를 없애기 위해 다음 중 필요한 식을 모두 고르면? (정답 2개)

① ㉠×2−㉡×3 ② ㉠×3−㉡×2
③ ㉠×3+㉡×2 ④ ㉠×4−㉡×3
⑤ ㉠×4+㉡×3

9201-0303

05 연립방정식 $\begin{cases} x+2y=1 \\ 3x-4y=13 \end{cases}$의 해가 일차방정식 $2x+y=a$를 만족시킬 때, 상수 a의 값을 구하시오.

9201-0304

06 순서쌍 $(2, 3)$, $(4, 8)$이 일차방정식 $ax+by=4$의 해일 때, 상수 a, b에 대하여 ab의 값은?

① -12 ② -10 ③ -8
④ -6 ⑤ -4

9201-0305

07 연립방정식 $\begin{cases} 5x-2(x+y)=8 \\ -3x+4(x-y)=-4 \end{cases}$의 해가 $x=m$, $y=n$일 때, $m+n$의 값은?

① 5 ② 6 ③ 7
④ 8 ⑤ 9

9201-0306

08 연립방정식 $\begin{cases} 0.2x-0.4y=1.6 \\ 0.03x-0.02y=0.16 \end{cases}$의 해를 $x=a$, $y=b$라고 할 때, $a+b$의 값은?

① 1 ② 2 ③ 3
④ 4 ⑤ 5

9201-0307

09 연립방정식 $\begin{cases} 0.1x+0.2y=0.7 \\ \frac{1}{2}x-\frac{2}{3}y=\frac{1}{6} \end{cases}$ 의 해를 $x=a$, $y=b$라고 할 때, $a+b$의 값은?

① 5 ② 6 ③ 7
④ 8 ⑤ 9

9201-0308

10 연립방정식 $\begin{cases} x+3y=a+10 \\ 3x-y=2 \end{cases}$ 를 만족시키는 y의 값이 x의 값의 2배일 때, 상수 a의 값은?

① 2 ② 3 ③ 4
④ 5 ⑤ 6

9201-0309

11 연립방정식 $\begin{cases} 2x+y=3 \\ 3x-2y=3k-1 \end{cases}$ 을 만족시키는 x의 값이 y의 값보다 3만큼 클 때, 상수 k의 값은?

① -3 ② -1 ③ 1
④ 2 ⑤ 3

9201-0310

12 연립방정식 $\begin{cases} x+(2a+1)y=20 \\ x-2y=-7 \end{cases}$ 의 해가 일차방정식 $5x+2y=1$을 만족시킬 때, 상수 a의 값은?

① -2 ② -1 ③ 1
④ 2 ⑤ 3

9201-0311

13 연립방정식 $\begin{cases} ax+by=5 \\ bx+ay=10 \end{cases}$ 의 해가 $x=4$, $y=-1$일 때, 상수 a, b에 대하여 $a+b$의 값은?

① 3 ② 4 ③ 5
④ 6 ⑤ 7

9201-0312

14 연립방정식 $\begin{cases} 3x-ay=18 \\ x-2y=8 \end{cases}$ 에서 a를 $a+2$로 잘못 보고 풀었더니 해가 $x=2$, $y=k$이었다. 이때 주어진 연립방정식의 해를 구하시오. (단, a는 상수)

9201-0313

15 연립방정식 $\begin{cases} 2x+5y=-9 \\ x-4y=5 \end{cases}$ 를 풀 때, $x-4y=5$의 5를 잘못 보고 풀어서 $x=-2$가 되었다. 이때 상수항 5를 어떤 수로 잘못 보고 풀었는가?

① -4 ② -2 ③ 1
④ 2 ⑤ 4

9201-0314

16 다음 두 연립방정식의 해가 서로 같을 때, a, b의 값을 각각 구하시오. (단, a, b는 상수)

$$\begin{cases} 2x-y=4 \\ ax+3y=12 \end{cases}, \begin{cases} 3ax-by=8 \\ 4x+y=14 \end{cases}$$

4 연립방정식의 활용

개념 1 연립방정식의 활용

연립방정식을 활용하여 문제를 풀 때는 다음과 같은 순서로 해결한다.
① 무엇을 미지수 x, y로 나타낼 것인가를 정한다.
② x, y를 사용하여 문제의 뜻에 맞게 연립방정식을 세운다.
③ 연립방정식을 풀어 x, y의 값을 구한다.
④ 구한 해가 문제의 뜻에 맞는지 확인한다.

• **활용 문제 풀이 순서**
① 미지수 정하기
② 연립방정식 세우기
③ 연립방정식 풀기
④ 확인하기

개념 확인 문제 1

합이 30이고, 차가 4인 두 자연수를 구하시오.

개념 2 여러 가지 연립방정식의 활용

(1) 두 자리 자연수에 대한 문제
십의 자리의 숫자가 x, 일의 자리의 숫자가 y이면
① 원래의 수: $10x+y$
② 십의 자리의 숫자와 일의 자리의 숫자를 바꾼 수: $10y+x$

(2) 거리, 속력, 시간에 대한 문제
① (거리)$=$(속력)$\times$(시간)
② (속력)$=\dfrac{(\text{거리})}{(\text{시간})}$
③ (시간)$=\dfrac{(\text{거리})}{(\text{속력})}$

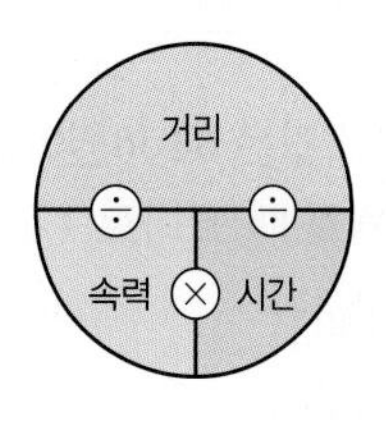

개념 확인 문제 2

두 자리의 자연수가 있다. 이 수의 각 자리의 숫자의 합은 7이고, 십의 자리의 숫자와 일의 자리의 숫자를 바꾼 수는 처음 수보다 27이 크다고 한다. 다음은 십의 자리의 숫자를 x, 일의 자리의 숫자를 y라고 할 때, 처음 수를 구하기 위해 연립방정식을 세우는 과정이다. □ 안에 알맞은 것을 써넣으시오.

각 자리의 숫자의 합은 7이므로 $x+y=$□
십의 자리의 숫자와 일의 자리의 숫자를 바꾼 수는 처음 수보다 27이 크므로
10□+□=10□+□+27
연립방정식을 세우면 $\begin{cases} x+y=\square \\ 10\square+\square=10\square+\square+27 \end{cases}$

대표예제

예제 1 두 자리 자연수에 대한 문제

두 자리의 자연수가 있다. 이 수의 각 자리의 숫자의 합은 9이고, 십의 자리의 숫자와 일의 자리의 숫자를 바꾼 수는 처음 수보다 27이 작다고 한다. 이때 처음 수를 구하시오.

| 풀이전략 |

십의 자리의 숫자를 x, 일의 자리의 숫자를 y로 놓는다.

| 풀이 |

십의 자리의 숫자를 x, 일의 자리의 숫자를 y라고 하면

$$\begin{cases} x+y=9 \\ 10y+x=10x+y-27 \end{cases}$$

연립방정식을 풀면 $x=6$, $y=3$

따라서 처음 수는 63이다.

답 63

유제 1 9201-0315

두 자리의 자연수가 있다. 이 수의 각 자리의 숫자의 합은 10이고, 십의 자리의 숫자와 일의 자리의 숫자를 바꾼 수는 처음 수보다 54가 크다고 한다. 이때 처음 수를 구하시오.

유제 2 9201-0316

두 자리의 자연수가 있다. 이 수의 일의 자리의 숫자는 십의 자리의 숫자의 2배보다 1만큼 작고, 십의 자리의 숫자와 일의 자리의 숫자를 바꾼 수는 처음 수의 2배보다 20만큼 작다고 할 때, 처음 수는?

① 13 ② 23 ③ 35
④ 47 ⑤ 59

예제 2 개수에 대한 문제(비용)

토마토 3개와 사과 4개의 값은 5400원이고, 토마토 5개와 사과 2개의 값은 4800원일 때, 토마토 1개의 가격은?

① 300원 ② 400원 ③ 500원
④ 600원 ⑤ 700원

| 풀이전략 |

토마토 1개의 가격을 x원, 사과 1개의 가격을 y원으로 놓는다.

| 풀이 |

토마토 1개의 가격을 x원, 사과 1개의 가격을 y원이라고 하면

$$\begin{cases} 3x+4y=5400 \\ 5x+2y=4800 \end{cases}$$

연립방정식을 풀면 $x=600$, $y=900$

따라서 토마토 1개의 가격은 600원이다.

답 ④

유제 3 9201-0317

500원짜리 볼펜과 800원짜리 볼펜을 합하여 12자루를 사고 7500원을 지불하였다. 이때 500원짜리 볼펜은 몇 자루를 샀는가?

① 3자루 ② 4자루 ③ 5자루
④ 6자루 ⑤ 7자루

유제 4 9201-0318

700원짜리 흰 우유와 1100원짜리 초코 우유를 여러 개 사고 12700원을 지불하였다. 초코 우유의 개수가 흰 우유의 개수의 2배보다 1개 많다고 할 때, 전체 우유의 개수는?

① 10개 ② 11개 ③ 12개
④ 13개 ⑤ 14개

예제 3 나이에 대한 문제

현재 어머니와 아들의 나이의 합은 45살이고, 10년 후에는 어머니의 나이가 아들의 나이의 3배보다 3살이 적다고 한다. 현재 아들의 나이는?

① 6살 ② 7살 ③ 8살
④ 9살 ⑤ 10살

| 풀이전략 |
현재 어머니의 나이를 x살, 아들의 나이를 y살로 놓는다.

| 풀이 |
현재 어머니의 나이를 x살, 아들의 나이를 y살이라고 하면

$$\begin{cases} x+y=45 \\ x+10=3(y+10)-3 \end{cases}$$

연립방정식을 풀면 $x=38$, $y=7$
따라서 현재 아들의 나이는 7살이다.

답 ②

유제 5 9201-0319

현재 아버지와 아들의 나이의 차는 32살이다. 지금부터 6년 후에는 아버지의 나이가 아들의 나이의 3배가 된다고 한다. 현재 아버지의 나이는?

① 40살 ② 41살 ③ 42살
④ 43살 ⑤ 44살

유제 6 9201-0320

현재 이모의 나이는 조카의 나이보다 23살이 많고, 지금부터 10년 후에는 이모의 나이가 조카의 나이의 2배보다 2살이 많다고 한다. 현재 이모의 나이는?

① 34살 ② 35살 ③ 36살
④ 37살 ⑤ 38살

예제 4 도형에 대한 문제

가로의 길이가 세로의 길이보다 3 cm 긴 직사각형의 둘레의 길이가 38 cm일 때, 이 직사각형의 넓이는?

① 54 cm^2 ② 70 cm^2 ③ 88 cm^2
④ 108 cm^2 ⑤ 130 cm^2

| 풀이전략 |
가로의 길이를 x cm, 세로의 길이를 y cm로 놓는다.

| 풀이 |
가로의 길이를 x cm, 세로의 길이를 y cm라고 하면

$$\begin{cases} x=y+3 \\ 2(x+y)=38 \end{cases}$$

연립방정식을 풀면 $x=11$, $y=8$
따라서 직사각형의 넓이는 $11\times8=88(cm^2)$

답 ③

유제 7 9201-0321

윗변의 길이가 아랫변의 길이보다 4 cm 짧은 사다리꼴이 있다. 이 사다리꼴의 높이가 8 cm이고 넓이가 72 cm^2일 때, 아랫변의 길이는?

① 9 cm ② 10 cm ③ 11 cm
④ 12 cm ⑤ 13 cm

유제 8 9201-0322

둘레의 길이가 36 cm인 직사각형이 있다. 이 직사각형의 가로의 길이를 8 cm 늘이고, 세로의 길이를 2배로 늘였더니 둘레의 길이가 64 cm가 되었다. 처음 직사각형의 가로의 길이는?

① 10 cm ② 11 cm ③ 12 cm
④ 13 cm ⑤ 14 cm

예제 5 증가, 감소에 대한 문제

어느 학교의 작년 전체 학생 수는 300명이었다. 올해 남학생 수는 작년에 비해 5 % 증가하고, 여학생 수는 10 % 증가하여 전체적으로 학생 수는 21명이 증가하였다. 작년의 남학생 수는?

① 180명 ② 200명 ③ 220명
④ 240명 ⑤ 260명

| 풀이전략 |
작년 남학생 수를 x명, 여학생 수를 y명으로 놓는다.

| 풀이 |
작년 남학생 수를 x명, 여학생 수를 y명이라고 하면

$$\begin{cases} x+y=300 \\ \frac{5}{100}x+\frac{10}{100}y=21 \end{cases}$$

연립방정식을 풀면 $x=180$, $y=120$
따라서 작년의 남학생 수는 180명이다.

답 ①

유제 9

9201-0323

어느 학교의 작년 전체 학생 수는 400명이었다. 올해는 작년에 비하여 남학생은 10 % 감소하고, 여학생은 5 % 증가하여 전체적으로 7명이 감소하였다고 한다. 작년의 여학생 수는?

① 200명 ② 220명 ③ 240명
④ 260명 ⑤ 280명

유제 10

9201-0324

A, B 두 제품을 합하여 50000원에 사서 A제품은 원가의 5 %, B제품은 원가의 10 %의 이익을 붙여서 팔았더니 3800원의 이익이 발생하였다. A제품의 원가는?

① 20000원 ② 22000원 ③ 24000원
④ 26000원 ⑤ 28000원

예제 6 거리, 속력, 시간에 대한 문제

정만이는 집에서 4 km 떨어진 도서관까지 처음에는 시속 2 km로 걷다가 나중에는 시속 6 km로 달렸더니 1시간이 걸렸다. 정만이가 달린 거리를 구하시오.

| 풀이전략 |
걸은 거리를 x km, 달린 거리를 y km로 놓는다.

| 풀이 |
걸은 거리를 x km, 달린 거리를 y km라고 하면

$$\begin{cases} x+y=4 \\ \frac{x}{2}+\frac{y}{6}=1 \end{cases}$$

연립방정식을 풀면 $x=1$, $y=3$
따라서 정만이가 달린 거리는 3 km이다.

답 3 km

유제 11

9201-0325

정우의 집에서 도서관까지의 거리는 5 km이다. 정우가 도서관을 가기 위해 집을 나서서 시속 4 km로 걷다가 나중에는 시속 8 km로 달렸더니 1시간이 걸렸다. 정우가 달린 거리를 구하시오.

유제 12

9201-0326

등산을 하는데 올라갈 때는 시속 3 km로 걷고, 내려올 때는 다른 길을 택하여 시속 5 km로 걸어서 모두 3시간이 걸렸다. 총 11 km를 걸었다고 할 때, 올라간 거리는?

① 5 km ② 5.5 km ③ 6 km
④ 6.5 km ⑤ 7 km

9201-0327

01 두 자리의 자연수가 있다. 이 수는 각 자리의 숫자의 합의 7배이고, 십의 자리의 숫자와 일의 자리의 숫자를 바꾼 수는 처음 수보다 18이 작다고 한다. 이때 처음 수를 구하시오.

9201-0328

02 사탕 2개와 초콜릿 3개의 가격은 2700원이고, 사탕 3개와 초콜릿 4개의 가격은 3700원일 때, 사탕 1개의 가격은?

① 200원 ② 300원 ③ 400원
④ 500원 ⑤ 600원

9201-0329

03 한 개에 600원인 자두와 한 개에 1200원인 오렌지를 합하여 12개를 구입하고 9000원을 지불하였다. 이때 구입한 자두의 개수는?

① 5개 ② 6개 ③ 7개
④ 8개 ⑤ 9개

9201-0330

04 현재 아버지와 딸의 나이의 합은 57살이고, 10년 후에는 아버지의 나이가 딸의 나이의 3배보다 1살이 많다고 한다. 현재 딸의 나이는?

① 7살 ② 8살 ③ 9살
④ 10살 ⑤ 11살

9201-0331

05 세로의 길이가 가로의 길이보다 6 cm 긴 직사각형이 있다. 이 직사각형의 둘레의 길이가 40 cm일 때, 이 직사각형의 넓이는?

① 55 cm^2 ② 72 cm^2 ③ 91 cm^2
④ 112 cm^2 ⑤ 135 cm^2

9201-0332

06 어떤 중학교의 작년 학생 수는 200명이었는데 올해는 작년에 비하여 남학생 수는 10 % 증가하고, 여학생 수는 5 % 감소하여 전체적으로 학생 수는 2명이 증가하였다. 작년의 남학생 수는?

① 80명 ② 100명 ③ 120명
④ 140명 ⑤ 160명

9201-0333

07 총거리가 7 km인 산책로를 걷는데 처음에는 시속 4 km로 걷다가 도중에 힘이 들어 남은 거리는 시속 2 km로 걸어서 3시간 만에 산책을 마쳤다. 시속 4 km로 걸은 거리는?

① 1 km ② 1.5 km ③ 2 km
④ 2.5 km ⑤ 3 km

9201-0334

08 등산을 하는데 올라갈 때는 시속 2 km로 걷고, 내려올 때는 올라갈 때보다 3 km가 더 먼 길을 따라 시속 4 km로 걸었다고 한다. 올라갔다가 내려오는 데 모두 3시간이 걸렸다면 올라간 거리는?

① 3 km ② 3.5 km ③ 4 km
④ 4.5 km ⑤ 5 km

Level 1

9201-0335

01 다음 〈보기〉에서 미지수가 2개인 일차방정식을 모두 고르시오.

보기

ㄱ. $x+2y-6=0$　　ㄴ. $4x+y=1$

ㄷ. $x+7y=x-7y+3$　　ㄹ. $x^2-5x=-8$

9201-0336

02 다음 표는 x, y가 자연수일 때, 일차방정식 $x+y=5$를 만족시키는 값을 나타낸 것이다. 빈칸에 알맞은 수를 써넣으시오.

x	1	2	3	4
y	4			

9201-0337

03 x, y가 자연수일 때, 다음 일차방정식을 푸시오.

(1) $x+4y=16$　　(2) $3x+2y=18$

9201-0338

04 다음 〈보기〉에서 해가 $(2, 3)$인 연립방정식을 모두 고르시오.

보기

ㄱ. $\begin{cases} x-y=-1 \\ 2x+y=7 \end{cases}$　　ㄴ. $\begin{cases} x+y=5 \\ 2x-y=-1 \end{cases}$

ㄷ. $\begin{cases} 2x-3y=-5 \\ 4x+3y=17 \end{cases}$　　ㄹ. $\begin{cases} x-4y=-10 \\ 2x-5y=-9 \end{cases}$

9201-0339

05 연립방정식 $\begin{cases} 3x=4y+2 & \cdots\cdots ㉠ \\ 3x-10y=14 & \cdots\cdots ㉡ \end{cases}$에서 ㉠을 ㉡에 대입하여 x를 없애면 $ky=12$이다. 이때 상수 k의 값은?

① -6　② -3　③ -2
④ 2　⑤ 3

중요

9201-0340

06 연립방정식 $\begin{cases} y=2x-7 \\ 3x-y=11 \end{cases}$을 풀면?

① $x=-4$, $y=-11$　② $x=-1$, $y=-8$
③ $x=0$, $y=-7$　④ $x=4$, $y=-1$
⑤ $x=4$, $y=1$

9201-0341

07 연립방정식 $\begin{cases} 5x-2y=6 & \cdots\cdots ㉠ \\ 3x+5y=16 & \cdots\cdots ㉡ \end{cases}$에서 y를 없애려고 한다. 이때 필요한 식은?

① ㉠$\times3-$㉡$\times5$　② ㉠$\times3+$㉡$\times5$
③ ㉠$\times5-$㉡$\times2$　④ ㉠$\times5+$㉡$\times2$
⑤ ㉠$\times5-$㉡$\times3$

9201-0342

08 연립방정식 $\begin{cases} 2x-y=-1 \\ x+2y=7 \end{cases}$을 풀면?

① $x=-2$, $y=-3$　② $x=-1$, $y=-1$
③ $x=0$, $y=1$　④ $x=1$, $y=3$
⑤ $x=2$, $y=5$

Level 2

9201-0343

09 상수 a, b에 대하여 방정식
$ax^2+4x+3y-1=2x^2+(b-3)x+y$가 미지수가 2개인 일차방정식이 되기 위한 조건은?

① $a=-4$, $b=7$ ② $a=-4$, $b\neq1$
③ $a=0$, $b=3$ ④ $a=2$, $b=5$
⑤ $a=2$, $b\neq7$

9201-0344

10 x, y가 음이 아닌 정수일 때, 일차방정식 $x+5y=20$의 해의 개수는?

① 3개 ② 4개 ③ 5개
④ 6개 ⑤ 7개

중요

9201-0345

11 일차방정식 $3x-2y=11$의 한 해가 $(a+2,\ a-1)$일 때, a의 값은?

① -3 ② -1 ③ 0
④ 1 ⑤ 3

9201-0346

12 두 순서쌍 $(2,\ a)$, $(b,\ 6)$이 미지수가 2개인 일차방정식 $2x-3y=-8$의 해일 때, $a+b$의 값은?

① 5 ② 6 ③ 7
④ 8 ⑤ 9

9201-0347

13 일차방정식 $2x-ay=26$에서 $x=3$일 때 $y=-4$이다. $x=-2$일 때, y의 값은? (단, a는 상수)

① -8 ② -7 ③ -6
④ -5 ⑤ -4

9201-0348

14 연립방정식 $\begin{cases}4x+ay=2\\bx-3y=12\end{cases}$의 해가 $(3,\ -2)$일 때, 상수 a, b에 대하여 $a-b$의 값은?

① 1 ② 2 ③ 3
④ 4 ⑤ 5

9201-0349

15 연립방정식 $\begin{cases}x+2y=-10\\4x-3y=b+2\end{cases}$의 해가 $(a,\ 2a)$일 때, 상수 a, b에 대하여 $a+b$의 값은?

① -4 ② -2 ③ 0
④ 2 ⑤ 4

9201-0350

16 연립방정식 $\begin{cases}ax-y=3\\x+3y=17\end{cases}$의 해가 $(2,\ b)$일 때, $b-a$의 값은? (단, a는 상수)

① 1 ② 2 ③ 3
④ 4 ⑤ 5

9201-0351

17 다음 일차방정식 중 연립방정식 $\begin{cases} y=3x-9 \\ 2x+3y=-5 \end{cases}$의 해를 한 해로 갖는 것을 모두 고르면? (정답 2개)

① $x-y=5$ ② $2x+y=-1$
③ $x-3y=9$ ④ $4x-2y=14$
⑤ $5x-2y=4$

9201-0352

18 연립방정식 $\begin{cases} x=2y-2 \\ y=3x-9 \end{cases}$의 해가 일차방정식 $5x-ay-8=0$을 만족시킬 때, 상수 a의 값은?

① 2 ② 3 ③ 4
④ 5 ⑤ 6

9201-0353

19 다음 중 연립방정식의 해가 나머지 넷과 다른 하나는?

① $\begin{cases} 4x+y=11 \\ y=x-4 \end{cases}$ ② $\begin{cases} y=3x-10 \\ 5x+y=14 \end{cases}$
③ $\begin{cases} x+2y=1 \\ x-2y=5 \end{cases}$ ④ $\begin{cases} 2x-y=5 \\ 2x+y=7 \end{cases}$
⑤ $\begin{cases} 2x-3y=9 \\ 3x+y=8 \end{cases}$

9201-0354

20 연립방정식 $\begin{cases} ax-by=-4 \\ bx+ay=22 \end{cases}$의 해가 $x=2$, $y=4$일 때, $a+b$의 값은? (단, a, b는 상수)

① 5 ② 6 ③ 7
④ 8 ⑤ 9

9201-0355

21 연립방정식 $\begin{cases} 4x+y=-5 \\ ax+3y=5 \end{cases}$를 만족시키는 x의 값이 y의 값보다 5만큼 작을 때, 상수 a의 값은?

① 1 ② 2 ③ 3
④ 4 ⑤ 5

9201-0356

22 연립방정식 $\begin{cases} x+(a-2)y=16 \\ 3x-2y=8 \end{cases}$의 해가 $4x-y=14$를 만족시킬 때, 상수 a의 값은?

① 5 ② 6 ③ 7
④ 8 ⑤ 9

9201-0357

23 연립방정식 $\begin{cases} 2x+ay=2 \\ bx+2y=-4 \end{cases}$를 푸는데 a를 잘못 보고 풀었더니 $x=-3$, $y=4$가 되었고, b를 잘못 보고 풀었더니 $x=-8$, $y=6$이 되었다. 이때 처음 연립방정식의 해를 구하시오. (단, a, b는 상수)

9201-0358

24 두 연립방정식 $\begin{cases} 3x-y=7 \\ ax+y=11 \end{cases}$, $\begin{cases} 3x-by=8 \\ 4x+3y=5 \end{cases}$의 해가 서로 같을 때, 상수 a, b에 대하여 $a-b$의 값은?

① -4 ② -2 ③ 0
④ 2 ⑤ 4

중요 9201-0359

25 두 자리의 자연수가 있다. 각 자리의 숫자의 합이 11이고, 십의 자리의 숫자와 일의 자리의 숫자를 바꾼 수는 처음 수의 2배보다 7만큼 크다고 한다. 이때 처음 수는?

① 29 ② 38 ③ 47
④ 56 ⑤ 65

9201-0360

26 돼지와 닭을 합하여 15마리가 있다. 다리의 수의 합이 42개일 때, 돼지와 닭의 수의 차는?

① 2마리 ② 3마리 ③ 4마리
④ 5마리 ⑤ 6마리

9201-0361

27 윗변의 길이가 아랫변의 길이보다 6 cm 짧은 사다리꼴이 있다. 이 사다리꼴의 높이가 10 cm이고 넓이가 110 cm^2일 때, 아랫변의 길이는?

① 11 cm ② 12 cm ③ 13 cm
④ 14 cm ⑤ 15 cm

9201-0362

28 등산을 하는데 올라갈 때는 시속 2 km로 걷고, 내려올 때는 다른 길을 따라 시속 4 km로 걸어서 모두 2시간이 걸렸다. 총 5 km를 걸었을 때, 올라간 거리는?

① 2 km ② 2.5 km ③ 3 km
④ 3.5 km ⑤ 4 km

Level 3

9201-0363

29 연립방정식 $\begin{cases} 0.2x-0.7y=-1.3 \\ \frac{1}{3}x+\frac{3}{2}y=k \end{cases}$를 만족시키는 y의 값이 x의 값보다 4만큼 클 때, 상수 k의 값은?

① -1 ② $-\frac{1}{2}$ ③ $\frac{1}{2}$
④ 1 ⑤ $\frac{3}{2}$

9201-0364

30 연립방정식 $\begin{cases} ax+by=-4 \\ bx+ay=11 \end{cases}$에서 잘못하여 a, b를 바꾸어 놓고 풀었더니 해가 $x=-2$, $y=3$이었다. 이때 처음 연립방정식의 해를 구하시오. (단, a, b는 상수)

9201-0365

31 20문제가 출제된 시험에서 한 문제를 맞히면 5점을 얻고, 틀리면 2점을 잃는다고 한다. 20문제를 모두 풀어서 79점을 받았을 때, 맞힌 문제의 개수는?

① 13개 ② 14개 ③ 15개
④ 16개 ⑤ 17개

서술형으로 중단원 마무리

9201-0366

서술형 예제

기태는 집에서 5 km 떨어진 체육관을 가는데 시속 4 km로 걷다가 늦을 것 같아서 시속 8 km로 뛰어 1시간 만에 체육관에 도착하였다. 이때 기태가 뛰어간 거리를 구하시오.

풀이

시속 4 km로 걸어간 거리를 x km, 시속 8 km로 뛰어간 거리를 y km라고 하면

$$\begin{cases} x+y=\square \\ \dfrac{x}{4}+\dfrac{y}{\square}=\square \end{cases}$$

연립방정식을 풀면 $x=\square$, $y=\square$

따라서 기태가 뛰어간 거리는 $\square$ km이다.

9201-0367

서술형 유제

광호는 집에서 10 km 떨어진 공원에 가는데 시속 16 km로 자전거를 타고 가다가 자전거가 고장이 나서 시속 4 km로 걸어갔더니 총 1시간이 걸렸다. 이때 광호가 자전거를 타고 간 거리를 구하시오.

9201-0368

1 일차방정식 $5x+ay=-11$의 해가 $(-4, -3)$, $(b, 7)$일 때, 상수 a, b에 대하여 $a+b$의 값을 구하시오.

9201-0369

2 연립방정식 $\begin{cases} ax-4y=4 \\ 5x-2y=8 \end{cases}$을 만족시키는 x, y에 대하여 $x : y=2 : 3$일 때, 상수 a의 값을 구하시오.

9201-0370

3 어느 박물관의 입장료는 어른이 1500원, 어린이가 500원이다. 어른과 어린이를 합하여 15명이 입장하였을 때, 총입장료가 15500원이었다. 이때 입장한 어린이의 수를 구하시오.

9201-0371

4 현재 고모의 나이는 조카의 나이의 2배이고, 10년 전에는 고모의 나이가 조카의 나이의 4배였다고 한다. 현재 고모와 조카의 나이의 합을 구하시오.

III

함수

1 함수와 함숫값

개념 1 함수의 뜻

(1) 변수: x, y와 같이 여러 가지로 변하는 값을 나타내는 문자

(2) 함수: 두 변수 x, y에 대하여 x의 값이 변함에 따라 y의 값이 하나씩 정해지는 대응 관계가 성립할 때, y를 x의 함수라고 한다.

예 한 개에 800원 하는 음료수를 x개 살 때, 지불하는 금액을 y원이라고 하면 x의 값이 1, 2, 3, …으로 변함에 따라 y의 값은 800, 1600, 2400, …과 같이 하나씩 정해지는 대응 관계가 있으므로 y는 x의 함수이다.

• 변수와 달리 일정한 값을 갖는 수나 문자를 상수라고 한다.

• x의 값 하나에 정해지는 y의 값이 없거나 2개 이상이면 y는 x의 함수가 아니다.

개념 확인 문제 1

넓이가 120 cm^2인 직사각형의 가로와 세로의 길이를 각각 x cm, y cm라고 할 때, 다음 표를 완성하고 y는 x의 함수인지 아닌지를 말하시오.

x	1	2	3	4	5	…
y	120					…

개념 2 함숫값

(1) y는 x의 함수이고 y가 x의 식 $f(x)$로 주어질 때, 이 함수를 기호로

$$y=f(x)$$

와 같이 나타낸다.

(2) 함숫값: 함수 $y=f(x)$에서 x의 값에 따라 하나씩 정해지는 y의 값 $f(x)$를 x에 대한 함숫값이라고 한다.

예 $f(x)=3x$에서 $x=2$일 때의 함숫값은

x에 2를 대입

$$f(x)=3x \Rightarrow f(2)=3\times2=6$$

x 대신 2　　$x=2$일 때의 함숫값

• 함수 $y=f(x)$에서 f는 함수를 뜻하는 function의 첫 글자이다.

• 함수 $y=f(x)$에서 $f(a)$는
➡ $x=a$일 때의 함숫값
➡ $x=a$일 때의 y의 값
➡ $f(x)$에 x 대신 a를 대입해서 얻은 값

개념 확인 문제 2

함수 $f(x)=-2x+1$에 대하여 다음 함숫값을 구하시오.

(1) $f(-4)$　　(2) $f(0)$

(3) $f\left(\frac{1}{2}\right)$　　(4) $f(6)$

대표예제

정답과 풀이 • 45쪽

예제 1 함수의 뜻

다음 중 y가 x의 함수가 아닌 것은?

① 자연수 x의 3배는 y이다.
② y는 자연수 x의 역수이다.
③ 자연수 x의 약수의 개수는 y이다.
④ 절댓값이 x인 수는 y이다.
⑤ 자연수 x를 3으로 나누었을 때의 나머지는 y이다.

| 풀이전략 |
x의 값을 정했을 때, 이에 대응하는 y의 값이 한 개뿐인지 확인한다.

| 풀이 |
④ x의 값이 2이면 절댓값이 2인 수는 -2 또는 2이다. 즉, y의 값은 -2 또는 2이므로 y가 x의 함수가 아니다.

답 ④

유제 1

9201-0372

두 변수 x, y에 대하여 y가 x의 함수인지 아닌지를 말하시오.

(1) 가로의 길이가 6 cm이고 세로의 길이가 x cm인 직사각형의 넓이 y cm^2
(2) 자연수 x의 배수 y

유제 2

9201-0373

다음 <보기>에서 y가 x의 함수인 것을 모두 고른 것은?

보기
ㄱ. 자연수 x보다 10만큼 큰 수 y
ㄴ. 자연수 x의 약수 y
ㄷ. 한 변의 길이가 x cm인 정삼각형의 둘레의 길이 y cm
ㄹ. 둘레의 길이가 x cm인 직사각형의 넓이 y cm^2

① ㄱ, ㄴ ② ㄱ, ㄷ ③ ㄱ, ㄹ
④ ㄴ, ㄹ ⑤ ㄷ, ㄹ

예제 2 함숫값

함수 $f(x)=-2x+5$에 대하여 $f(2)+f(-3)$의 값은?

① 6 ② 8 ③ 10
④ 12 ⑤ 14

| 풀이전략 |
함수 $y=f(x)$에서 $f(a)$는 $f(x)$에 x 대신 a를 대입해서 얻은 값이다.

| 풀이 |
$f(2)=-2\times2+5=1$, $f(-3)=-2\times(-3)+5=11$
이므로
$f(2)+f(-3)=1+11=12$

답 ④

유제 3

9201-0374

함수 $f(x)=5x-1$에 대하여 $f(-1)+f(4)$의 값은?

① 11 ② 12 ③ 13
④ 14 ⑤ 15

유제 4

9201-0375

함수 $f(x)=-3x+a$에 대하여 $f(3)=-5$일 때, 상수 a의 값은?

① 3 ② 4 ③ 5
④ 6 ⑤ 7

9201-0376

01 한 다스에 12자루의 연필이 들어 있다. x다스에 들어 있는 연필이 y자루일 때, 다음 물음에 답하시오.

(1) 다음 표를 완성하시오.

x	1	2	3	4	$\cdots$
y					$\cdots$

(2) y는 x의 함수인지 아닌지를 말하시오.

9201-0377

02 다음 중 y가 x의 함수인 것은?

① 자연수 x의 약수 y
② 자연수 x의 2배보다 큰 수 y
③ 자연수 x와 서로소인 수 y
④ 자연수 x보다 작은 홀수 y
⑤ 자연수 x를 10으로 나누었을 때의 나머지 y

9201-0378

03 다음 〈보기〉에서 y가 x의 함수가 아닌 것을 모두 고른 것은?

보기
ㄱ. x시간은 y분이다.
ㄴ. 자연수 x보다 큰 소수는 y이다.
ㄷ. 가로의 길이와 세로의 길이의 합이 x cm인 직사각형의 넓이는 y cm^{2}이다.
ㄹ. 한 변의 길이가 x cm인 정사각형의 둘레의 길이는 y cm이다.

① ㄱ, ㄴ ② ㄱ, ㄷ ③ ㄱ, ㄹ
④ ㄴ, ㄷ ⑤ ㄷ, ㄹ

9201-0379

04 함수 $f(x)=\frac{24}{x}$에 대하여 다음 중 옳은 것은?

① $f(-8)=-4$ ② $f(-4)=6$
③ $f(-2)=-12$ ④ $f(3)=-8$
⑤ $f(6)=3$

9201-0380

05 함수 $f(x)=-\frac{1}{2}x+6$에 대하여 $f(-2)+f(4)$의 값은?

① 5 ② 7 ③ 9
④ 11 ⑤ 13

9201-0381

06 함수 $f(x)=\frac{x+6}{3}$에 대하여 $3f(4)-6f(-3)$의 값은?

① 2 ② 4 ③ 6
④ 8 ⑤ 10

9201-0382

07 함수 $f(x)=\frac{a}{x}$에서 $f(-4)=-3$일 때, 상수 a의 값은?

① -12 ② -6 ③ 6
④ 8 ⑤ 12

9201-0383

08 함수 $f(x)=5x+a$에서 $f(3)=12$이고 $f(-1)=b$일 때, $a-b$의 값은? (단, a는 상수)

① 5 ② 6 ③ 7
④ 8 ⑤ 9

2 일차함수와 그 그래프

개념 1 일차함수의 뜻

함수 $y=f(x)$에서 $f(x)$가 x에 대한 일차식일 때, 즉

$y=ax+b$ (a, b는 상수, $a\neq0$)

로 나타내어질 때, 이 함수를 x에 대한 **일차함수**라고 한다.

예 함수 $y=2x+1$에서 $2x+1$은 x에 대한 일차식이므로 일차함수이다.
함수 $y=x^2-2$에서 x^2-2는 x에 대한 일차식이 아니므로 일차함수가 아니다.

- $2x+1$ ➡ 일차식
- $2x+1=0$ ➡ 일차방정식
- $2x+1>0$ ➡ 일차부등식
- $y=2x+1$ ➡ 일차함수

개념 확인 문제 1

다음 중 y가 x에 대한 일차함수인 것은 'O'를, 일차함수가 아닌 것은 '×'를 (　　) 안에 써넣으시오.

(1) $y=-5x+2$ (　　)　　(2) $y=3x-3(x+2)$ (　　)

(3) $2x-y=3$ (　　)　　(4) $y=-\frac{2}{x}+6$ (　　)

개념 2 일차함수 $y=ax+b\,(a\neq0)$의 그래프

(1) 평행이동: 한 도형을 일정한 방향으로 일정한 거리만큼 옮기는 것

(2) 일차함수 $y=ax+b$의 그래프

일차함수 $y=ax+b$의 그래프는 $y=ax$의 그래프를 y축의 방향으로 b만큼 평행이동한 직선이다.

① $b>0$이면 y축을 따라 위로 b만큼 평행이동한다.

② $b<0$이면 y축을 따라 아래로 $|b|$만큼 평행이동한다.

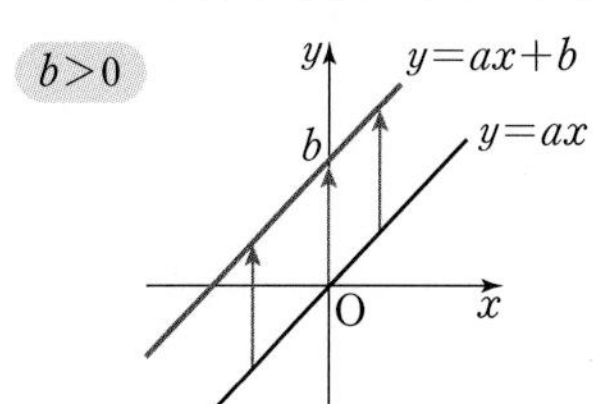

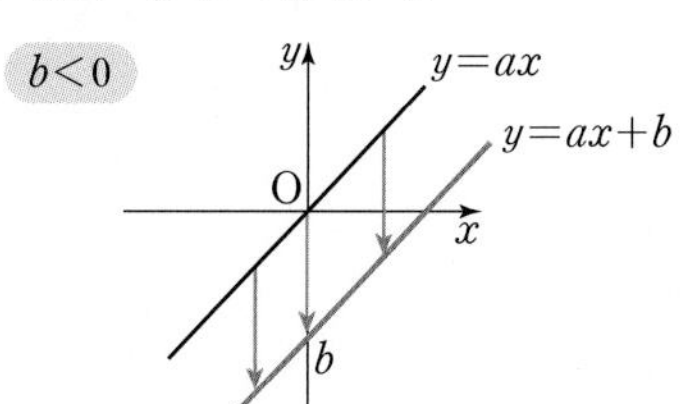

- 일차함수 $y=ax+b$의 그래프를 y축의 방향으로 k만큼 평행이동한 직선을 그래프로 하는 일차함수의 식은 $y=ax+b+k$
- 평행이동은 옮기기만 하는 것이므로 모양이 변하지 않는다.

개념 확인 문제 2

주어진 일차함수의 그래프를 이용하여 다음 일차함수의 그래프를 그리시오.

(1) $y=-\frac{1}{2}x+2$

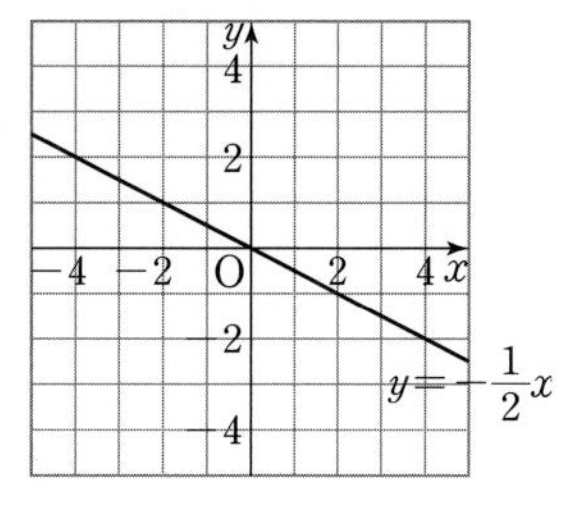

(2) $y=2x-4$

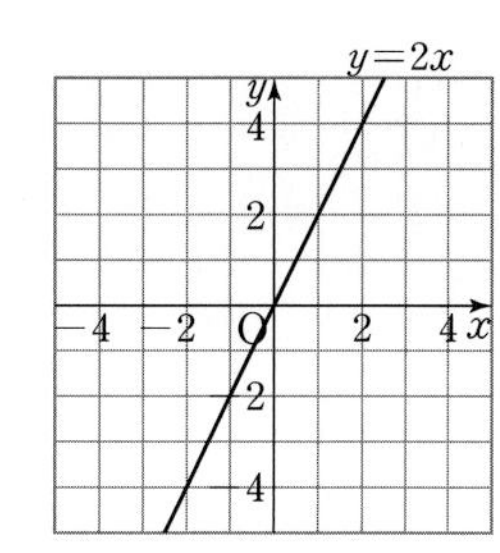

개념 3 일차함수 $y=ax+b\,(a\neq0)$의 그래프의 x절편과 y절편

(1) x절편: 그래프가 x축과 만나는 점의 x좌표

➡ $y=0$일 때 x의 값

(2) y절편: 그래프가 y축과 만나는 점의 y좌표

➡ $x=0$일 때 y의 값

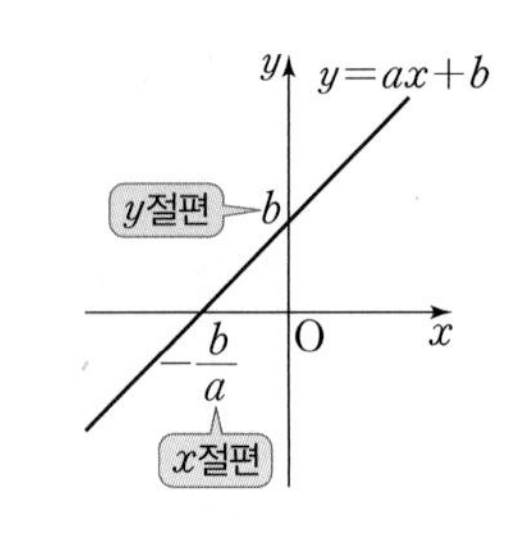

참고 일차함수 $y=ax+b\,(a\neq0)$의 그래프에서

① x절편: $-\dfrac{b}{a}$ ② y절편: b

예 일차함수 $y=x+3$의 그래프에서

$y=0$일 때, $0=x+3$, $x=-3$ ➡ x절편: -3

$x=0$일 때, $y=0+3=3$ ➡ y절편: 3

용어

절편 (截 끊다, 片 조각)
끊어낸 조각

- x절편과 y절편은 순서쌍이 아니라 수이다.
- x축과 만나는 점의 좌표
  ➡ (x절편, 0)
  y축과 만나는 점의 좌표
  ➡ (0, y절편)

개념 확인 문제 3

다음 일차함수의 그래프의 x절편, y절편을 각각 구하시오.

(1) $y=x+5$

(2) $y=-2x-6$

(3) $y=\dfrac{3}{2}x+9$

(4) $y=-\dfrac{1}{3}x+2$

개념 4 x절편과 y절편을 이용하여 일차함수의 그래프 그리기

① x절편, y절편을 구한다.

② x축, y축과 만나는 두 점을 좌표평면 위에 나타낸다.

③ 두 점을 직선으로 연결한다.

예 일차함수 $y=-2x+4$에서

① $y=0$일 때, $0=-2x+4$, $x=2$ ➡ x절편: 2

$x=0$일 때, $y=-2\times0+4=4$ ➡ y절편: 4

② 두 점 $(2,\ 0)$, $(0,\ 4)$를 좌표평면 위에 나타낸다.

③ 일차함수의 그래프는 오른쪽 그림과 같이 두 점 $(2,\ 0)$, $(0,\ 4)$를 연결한 직선이다.

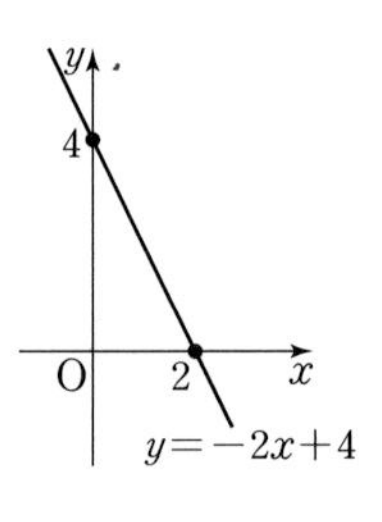

- x절편이 m, y절편이 n인 일차함수의 그래프는 두 점 $(m,\ 0)$, $(0,\ n)$을 지나는 직선이다.

개념 확인 문제 4

일차함수 $y=\dfrac{3}{2}x+3$의 그래프의 x절편, y절편을 각각 구하고, 그 그래프를 그리시오.

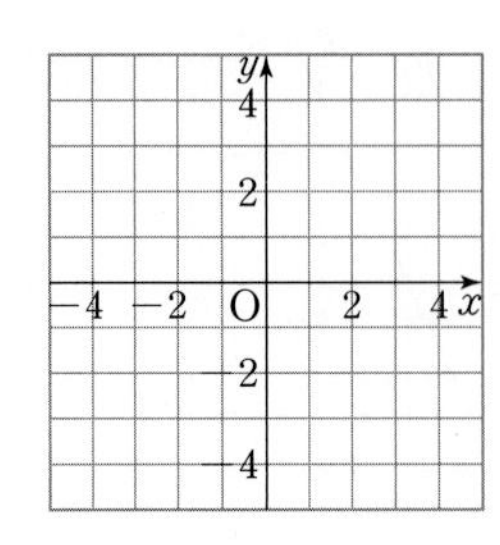

개념 5 일차함수의 그래프의 기울기

일차함수 $y=ax+b$에서 x의 값의 증가량에 대한 y의 값의 증가량의 비율은 항상 일정하며, 그 값은 x의 계수 a와 같다. 이 증가량의 비율 a를 일차함수 $y=ax+b$의 그래프의 **기울기**라고 한다.

$$(\text{기울기})=\frac{(y\text{의 값의 증가량})}{(x\text{의 값의 증가량})}=a$$

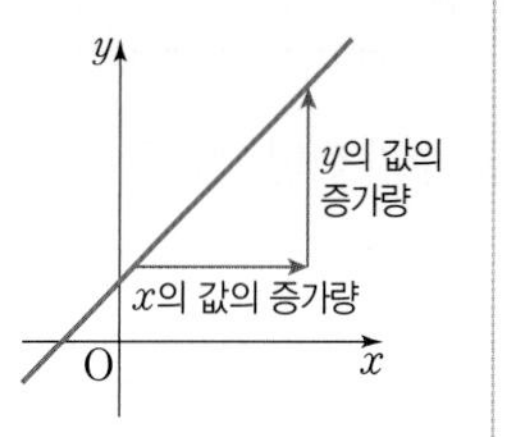

참고 한 직선 위에 있는 어느 두 점의 좌표를 이용하여 기울기를 구하여도 모두 같다.

• 서로 다른 두 점 (a, b), (c, d) $(a\neq c)$를 지나는 일차함수의 그래프의 기울기
➡ $\frac{d-b}{c-a}$ $\left(\text{또는 } \frac{b-d}{a-c}\right)$

$y=ⓐx+ⓑ$
기울기 y절편

개념 확인 문제 5

다음 일차함수의 그래프의 기울기를 구하고, x의 값이 0에서 2까지 증가할 때 y의 값의 증가량을 구하시오.

(1) $y=\frac{1}{2}x+6$

(2) $y=-3x+1$

(3) $y=4x-2$

(4) $y=-\frac{5}{2}x-6$

개념 6 기울기와 y절편을 이용하여 일차함수의 그래프 그리기

① y절편을 이용하여 y축과 만나는 한 점을 좌표평면 위에 나타낸다.
② 기울기를 이용하여 그래프가 지나는 다른 한 점을 찾는다.
③ 두 점을 직선으로 연결한다.

예 일차함수 $y=\frac{3}{2}x-2$에서

① y절편이 -2이므로 좌표평면 위에 점 $(0,\ -2)$를 나타낸다.

② 기울기가 $\frac{3}{2}$이므로 점 $(0,\ -2)$에서 x축의 방향으로 2만큼, y축의 방향으로 3만큼 이동한 점 $(2,\ 1)$을 찾는다.

③ 일차함수의 그래프는 오른쪽 그림과 같이 두 점 $(0,\ -2)$, $(2,\ 1)$을 연결한 직선이다.

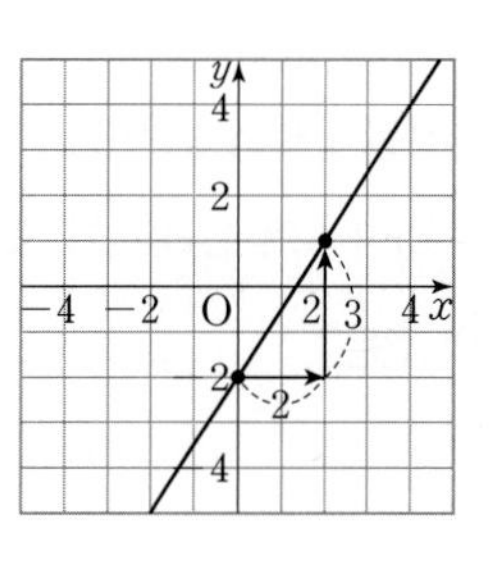

• 일차함수 $y=ax+b$의 그래프의 기울기 a는 x의 값이 1만큼 증가할 때 y의 값이 증가하는 양이다.

개념 확인 문제 6

일차함수 $y=-\frac{2}{3}x+4$의 그래프의 y절편, 기울기를 구하고, 그 그래프를 그리시오.

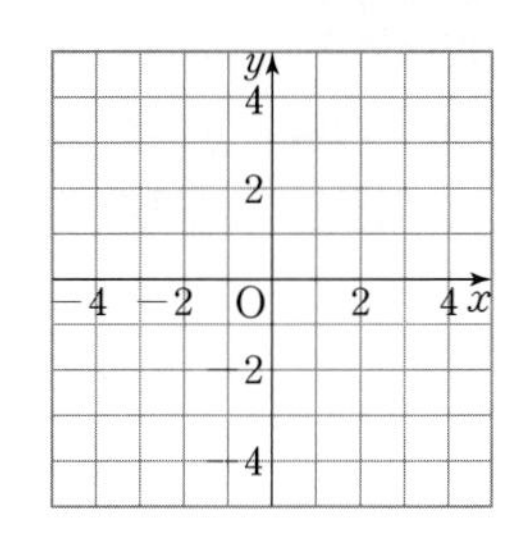

대표예제

예제 1 일차함수의 뜻

다음 중 y가 x의 일차함수가 아닌 것은?

① $y=3-2x$

② $y=5x-3+5x$

③ $x-y=1-2y$

④ $y=x(x+6)-2x^2$

⑤ $y=x^2-x(x-3)$

| 풀이전략 |

함수 $y=f(x)$에서 $f(x)$가 x에 대한 일차식일 때, 이 함수를 x에 대한 일차함수라고 한다.

| 풀이 |

① $y=-2x+3$에서 $-2x+3$은 x에 대한 일차식이다.

② $y=10x-3$에서 $10x-3$은 x에 대한 일차식이다.

③ $y=-x+1$에서 $-x+1$은 x에 대한 일차식이다.

④ $y=-x^2+6x$에서 $-x^2+6x$는 x에 대한 일차식이 아니다.

⑤ $y=3x$에서 $3x$는 x에 대한 일차식이다.

답 ④

유제 1

9201-0384

다음 〈보기〉에서 y가 x의 일차함수인 것을 모두 고른 것은?

보기

ㄱ. $y+2x=3(x-1)$　　ㄴ. $xy=-3$

ㄷ. $y-x^2=x(x-1)$　　ㄹ. $y+2x^2=x(2x-1)$

① ㄱ, ㄷ　② ㄱ, ㄹ　③ ㄴ, ㄷ

④ ㄴ, ㄹ　⑤ ㄷ, ㄹ

유제 2

9201-0385

다음에서 y를 x에 대한 식으로 나타내고, y가 x의 일차함수인지 말하시오.

(1) 10000원을 내고 한 개에 x원인 아이스크림을 2개 샀을 때, 지불하고 남은 돈 y원

(2) 반지름의 길이가 x cm인 원의 넓이 y cm^2

예제 2 일차함수 $y=ax+b\,(a\neq0)$의 그래프

일차함수 $y=ax$의 그래프를 y축의 방향으로 -6만큼 평행이동하였더니 $y=-\frac{5}{2}x+b$의 그래프가 되었다. 이때 상수 a, b에 대하여 ab의 값은?

① -10　② -5　③ 5

④ 10　⑤ 15

| 풀이전략 |

일차함수 $y=ax+b$의 그래프는 $y=ax$의 그래프를 y축의 방향으로 b만큼 평행이동한 직선이다.

| 풀이 |

일차함수 $y=ax$의 그래프를 y축의 방향으로 -6만큼 평행이동하면 $y=ax-6$의 그래프가 되므로

$a=-\frac{5}{2}$, $b=-6$

따라서 $ab=\left(-\frac{5}{2}\right)\times(-6)=15$

답 ⑤

유제 3

9201-0386

다음 일차함수의 그래프 중 일차함수 $y=2x$의 그래프를 y축의 방향으로 4만큼 평행이동한 그래프와 겹치는 것은?

① $y=-2x-4$　② $y=-\frac{1}{2}x+4$

③ $y=\frac{1}{2}x-4$　④ $y=2x+4$

⑤ $y=2x-4$

유제 4

9201-0387

일차함수 $y=-3x$의 그래프를 y축의 방향으로 a만큼 평행이동한 그래프가 점 $(-1, 5)$를 지날 때, a의 값은?

① -4　② -2　③ 2

④ 4　⑤ 6

예제 3 일차함수 $y=ax+b\,(a\neq 0)$의 그래프의 x절편과 y절편(1)

일차함수 $y=-6x+3$의 그래프에서 x절편을 m, y절편을 n이라고 할 때, $4m+2n$의 값은?

① 5 ② 6 ③ 7
④ 8 ⑤ 9

| 풀이전략 |
x절편은 $y=0$일 때 x의 값이고, y절편은 $x=0$일 때 y의 값이다.

| 풀이 |
일차함수 $y=-6x+3$의 그래프에서
$y=0$일 때, $0=-6x+3$, $x=\frac{1}{2}$, 즉 $m=\frac{1}{2}$
$x=0$일 때, $y=-6\times 0+3=3$, 즉 $n=3$
따라서 $4m+2n=4\times\frac{1}{2}+2\times 3=8$

답 ④

유제 5

9201-0388

일차함수 $y=-\frac{1}{4}x+\frac{1}{2}$의 그래프에서 x절편을 a, y절편을 b라고 할 때, $4ab$의 값은?

① -2 ② 2 ③ 4
④ 6 ⑤ 8

유제 6

9201-0389

일차함수 $y=2x$의 그래프를 y축의 방향으로 -8만큼 평행이동한 그래프에서 x절편을 a, y절편을 b라고 할 때, $a-b$의 값은?

① 10 ② 12 ③ 14
④ 16 ⑤ 18

예제 4 일차함수 $y=ax+b\,(a\neq 0)$의 그래프의 x절편과 y절편(2)

일차함수 $y=\frac{1}{4}x+k$의 그래프의 x절편이 2일 때, y절편은? (단, k는 상수)

① -2 ② $-\frac{1}{2}$ ③ $-\frac{1}{4}$
④ $\frac{1}{2}$ ⑤ 2

| 풀이전략 |
x절편이 m인 일차함수의 그래프는 점 $(m, 0)$을 지나는 직선이므로 일차함수의 식에 $x=m$, $y=0$을 대입하면 참이 된다.

| 풀이 |
x절편이 2이므로 일차함수 $y=\frac{1}{4}x+k$의 그래프는 점 $(2, 0)$을 지난다.
$y=\frac{1}{4}x+k$에 $x=2$, $y=0$을 대입하면 $0=\frac{1}{4}\times 2+k$
따라서 $k=-\frac{1}{2}$
이때 y절편은 k이므로 y절편은 $-\frac{1}{2}$

답 ②

유제 7

9201-0390

일차함수 $y=ax-3$의 그래프의 x절편이 $\frac{3}{2}$일 때, 상수 a의 값은?

① -3 ② -2 ③ 1
④ 2 ⑤ 3

유제 8

9201-0391

일차함수 $y=\frac{2}{3}x+k$의 그래프가 오른쪽 그림과 같을 때, 상수 k의 값을 구하시오.

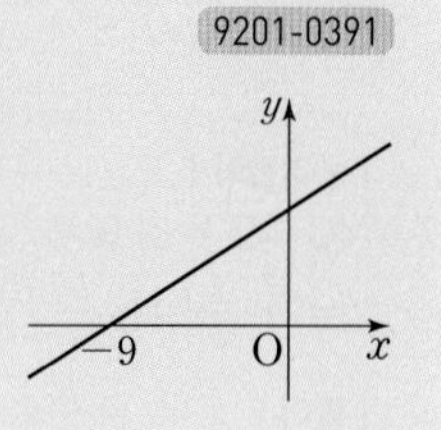

대표예제

정답과 풀이 • 48쪽

예제 5 일차함수의 그래프의 기울기(1)

다음 일차함수의 그래프 중 x의 값이 -3에서 3까지 증가할 때, y의 값이 4만큼 감소하는 것은?

① $y=-\frac{5}{3}x-3$　② $y=-\frac{3}{2}x+2$
③ $y=-\frac{2}{3}x+5$　④ $y=\frac{2}{3}x-1$
⑤ $y=\frac{3}{2}x+4$

| 풀이전략 |
$(\text{기울기})=\frac{(y\text{의 값의 증가량})}{(x\text{의 값의 증가량})}$임을 이용해서 문제를 해결한다.

| 풀이 |
$(x$의 값의 증가량$)=3-(-3)=6$이므로
$(\text{기울기})=\frac{(y\text{의 값의 증가량})}{(x\text{의 값의 증가량})}=\frac{-4}{6}=-\frac{2}{3}$

 ③

유제 9

9201-0392

일차함수 $y=-\frac{3}{4}x+2$의 그래프에서 x의 값이 -7에서 1까지 증가할 때, y의 값의 증가량은?

① -8　② -6　③ -4
④ 4　⑤ 6

유제 10

9201-0393

일차함수 $y=-3x+2$의 그래프에서 x의 값이 3만큼 증가할 때, y의 값은 -1에서 k까지 증가한다고 한다. 이때 k의 값을 구하시오.

예제 6 일차함수의 그래프의 기울기(2)

두 점 $(-3, 6)$, $(4, k)$를 지나는 일차함수의 그래프의 기울기가 -2일 때, k의 값은?

① -8　② -7　③ -6
④ -5　⑤ -4

| 풀이전략 |
서로 다른 두 점 (a, b), (c, d) $(a\neq c)$를 지나는 일차함수의 그래프의 기울기는 $\frac{d-b}{c-a}\left(\text{또는 } \frac{b-d}{a-c}\right)$이다.

| 풀이 |
$(\text{기울기})=\frac{(y\text{의 값의 증가량})}{(x\text{의 값의 증가량})}=\frac{k-6}{4-(-3)}=\frac{k-6}{7}=-2$
$k-6=-14$
따라서 $k=-8$

답 ①

유제 11

9201-0394

다음 두 점을 지나는 일차함수의 그래프의 기울기를 구하시오.

(1) $(2, 6)$, $(4, 12)$
(2) $(-5, 4)$, $(1, -5)$

유제 12

9201-0395

두 점 $(-2, 3)$, $(1, -12)$를 지나는 일차함수의 그래프에서 x의 값이 2만큼 증가할 때, y의 값의 증가량은?

① -20　② -15　③ -10
④ -5　⑤ 5

9201-0396

01 다음 중 y가 x의 일차함수인 것은?

① $y=\dfrac{1}{x-3}$ ② $y=6x-3(2x+5)$
③ $y=x(3x-1)$ ④ $y=5(2x-1)-5x$
⑤ $y=x(x-1)+x$

9201-0397

02 다음 〈보기〉에서 y가 x의 일차함수인 것을 모두 고른 것은?

보기
ㄱ. x각형의 대각선의 총 개수는 y개이다.
ㄴ. 한 권에 x원인 공책 5권의 가격은 y원이다.
ㄷ. 가로의 길이가 x cm, 세로의 길이가 y cm인 직사각형의 넓이는 50 cm^2이다.
ㄹ. 한 개에 800원짜리 빵 2개와 한 잔에 x원짜리 음료수 2잔의 가격은 y원이다.

① ㄱ, ㄴ ② ㄱ, ㄹ ③ ㄴ, ㄷ
④ ㄴ, ㄹ ⑤ ㄷ, ㄹ

9201-0398

03 함수 $y=6x+4-2ax$가 x에 대한 일차함수일 때, 상수 a의 조건은?

① $a=3$ ② $a\neq3$ ③ $b\neq4$
④ $a=6$ ⑤ $a\neq6$

9201-0399

04 일차함수 $y=6x$의 그래프를 y축의 방향으로 5만큼 평행이동한 직선을 그래프로 하는 일차함수의 식은?

① $y=-6(x+5)$ ② $y=-6x+5$
③ $y=6(x+5)$ ④ $y=6x-5$
⑤ $y=6x+5$

9201-0400

05 다음은 일차함수 $y=-\dfrac{1}{3}x$의 그래프를 y축의 방향으로 평행이동한 그래프를 그린 것이다. (1), (2)의 직선을 그래프로 하는 일차함수의 식을 구하시오.

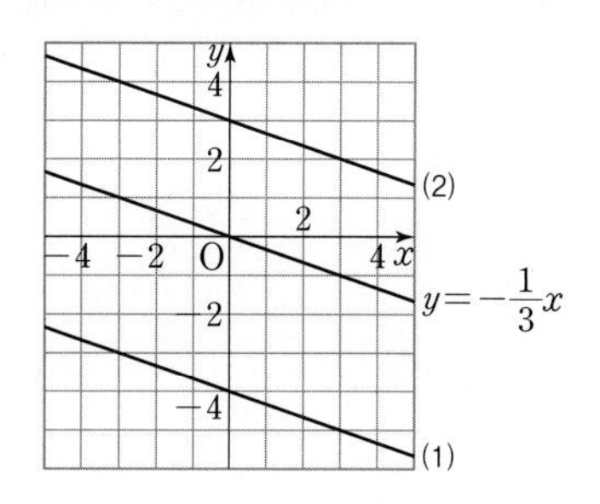

9201-0401

06 일차함수 $y=-2(x+4)+3$의 그래프는 일차함수 $y=-2x$의 그래프를 y축의 방향으로 얼마만큼 평행이동한 것인가?

① -7 ② -5 ③ -3
④ 5 ⑤ 7

9201-0402

07 일차함수 $y=\dfrac{1}{2}x-6$의 그래프를 y축의 방향으로 10만큼 평행이동한 직선을 그래프로 하는 일차함수의 식이 $y=ax+b$일 때, ab의 값은? (단, a, b는 상수)

① -3 ② -2 ③ -1
④ 1 ⑤ 2

9201-0403

08 일차함수 $y=3(x+1)$의 그래프를 y축의 방향으로 k만큼 평행이동한 그래프가 점 $(-2, 4)$를 지날 때, k의 값은?

① 3 ② 5 ③ 7
④ 9 ⑤ 11

9201-0404

09 일차함수 $y=\frac{7}{3}x-7$의 그래프에서 x절편을 a, y절편을 b라고 할 때, ab의 값은?

① -28　② -21　③ -14
④ -7　⑤ 7

9201-0405

10 다음 중 일차함수 $y=\frac{1}{2}x-2$의 그래프는?

①
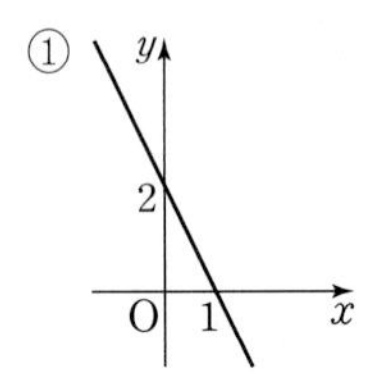

②

③
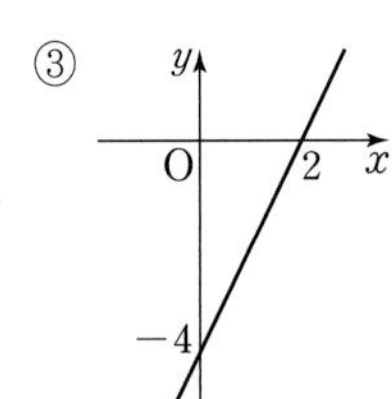

④
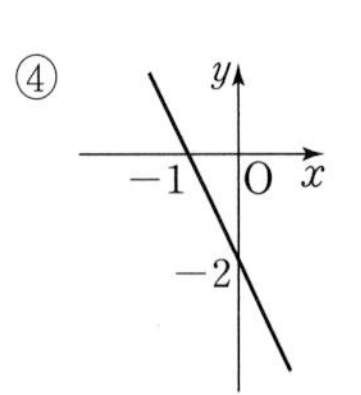

⑤
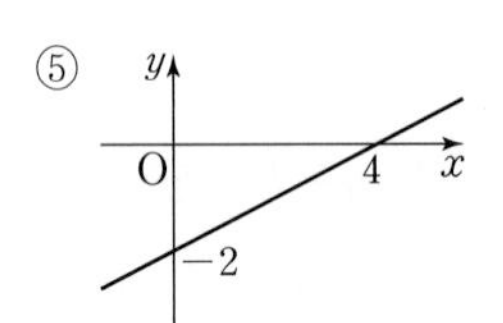

9201-0406

11 일차함수 $y=3x+k$의 그래프의 x절편이 -2이고 점 $(-3, m)$을 지날 때, $k-m$의 값은? (단, k는 상수)

① 5　② 6　③ 7
④ 8　⑤ 9

9201-0407

12 일차함수 $y=-\frac{5}{3}x-1$의 그래프에서 x의 값이 9만큼 증가할 때, y의 값의 증가량은?

① -45　② -35　③ -25
④ -15　⑤ -5

9201-0408

13 오른쪽 그림과 같이 x절편이 -3, y절편이 -6인 일차함수의 그래프의 기울기는?

① -2　② $-\frac{5}{3}$
③ $-\frac{4}{3}$　④ -1
⑤ $-\frac{2}{3}$

9201-0409

14 오른쪽 그림과 같은 일차함수의 그래프에서 x의 값이 -1에서 7까지 증가할 때, y의 값의 증가량은?

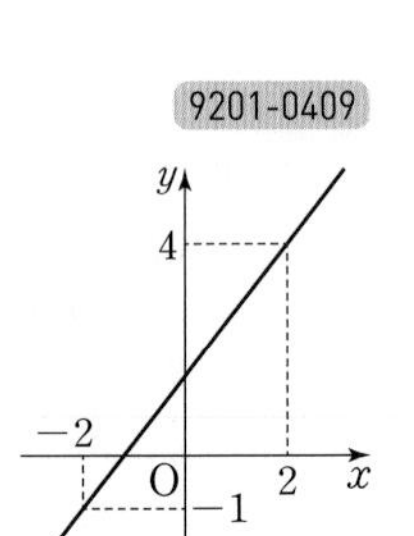

① 4　② 6

③ 8　④ 10
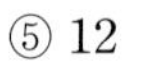
⑤ 12

9201-0410

15 세 점 $(-6, 2)$, $(-4, 8)$, $(-1, a)$가 한 직선 위에 있을 때, a의 값을 구하시오.

3 일차함수의 그래프의 성질

개념 1 일차함수 $y=ax+b$의 그래프의 성질

일차함수 $y=ax+b$의 그래프에서

(1) a의 부호: 그래프의 모양 결정

① $a>0$일 때, x의 값이 증가할 때, y의 값도 증가한다.

② $a<0$일 때, x의 값이 증가할 때, y의 값은 감소한다.

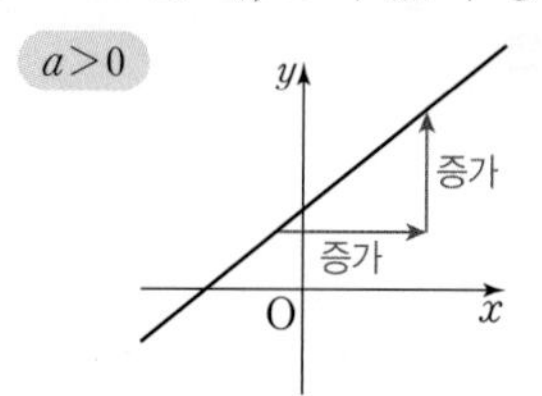

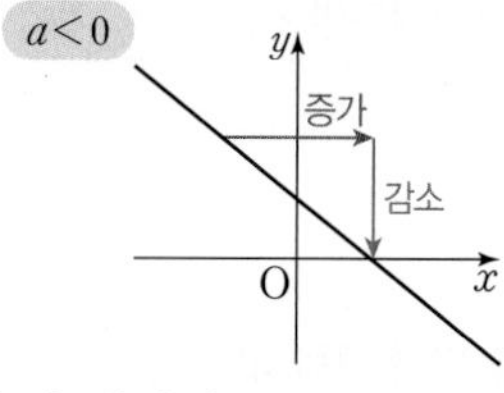

(2) a의 절댓값이 클수록 그래프는 y축에 가깝다.

(3) b의 부호: 그래프가 y축과 만나는 부분 결정

① $b>0$일 때, y축과 양의 부분에서 만난다.

➡ (y절편)>0

② $b<0$일 때, y축과 음의 부분에서 만난다.

➡ (y절편)<0

- 일차함수 $y=ax+b$의 그래프에서 $a>0$이면 오른쪽 위로 향하는 직선이고, $a<0$이면 오른쪽 아래로 향하는 직선이다.
- 일차함수 $y=ax+b$의 그래프에서 $b=0$이면 원점을 지나는 직선이다.

개념 확인 문제 1

일차함수 $y=-2x+4$의 그래프에 대한 다음 설명 중 옳은 것은 'O'를, 옳지 않은 것은 '×'를 (　　) 안에 써넣으시오.

(1) 오른쪽 위로 향하는 직선이다. (　　)

(2) 오른쪽 아래로 향하는 직선이다. (　　)

(3) 원점을 지난다. (　　)

(4) y축과 양의 부분에서 만난다. (　　)

(5) y축과 음의 부분에서 만난다. (　　)

(6) 일차함수 $y=4x+4$의 그래프보다 y축에 가깝다. (　　)

(7) 일차함수 $y=\frac{1}{2}x+4$의 그래프보다 y축에 가깝다. (　　)

개념 2 a, b의 부호에 따른 일차함수 $y=ax+b$의 그래프가 지나는 사분면

일차함수 $y=ax+b$의 그래프는 a, b의 부호에 따라 그래프가 지나는 사분면이 다음과 같다.

$a>0$, $b>0$	$a>0$, $b<0$	$a<0$, $b>0$	$a<0$, $b<0$
y, 증가, 증가, O, x	y, O, 증가, 증가, x	y, 증가, 감소, O, x	y, O, 증가, 감소, x
제1, 2, 3사분면	제1, 3, 4사분면	제1, 2, 4사분면	제2, 3, 4사분면

• $y=ax+b$의 그래프에서 $|a|$가 클수록 그래프는 y축에 가깝고, $|a|$가 작을수록 그래프는 x축에 가깝다.

개념 확인 문제 2

일차함수 $y=ax-b$의 그래프가 다음과 같을 때, a, b의 부호를 각각 구하시오.

(1)

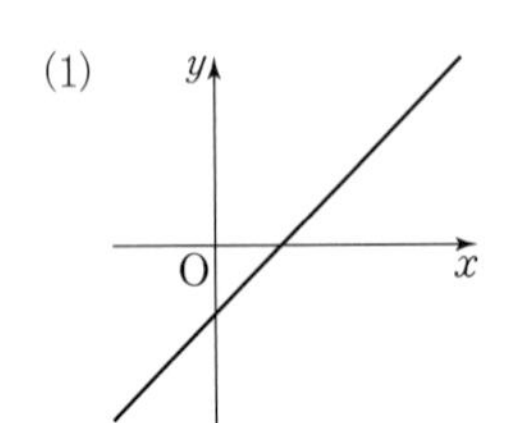

(2)

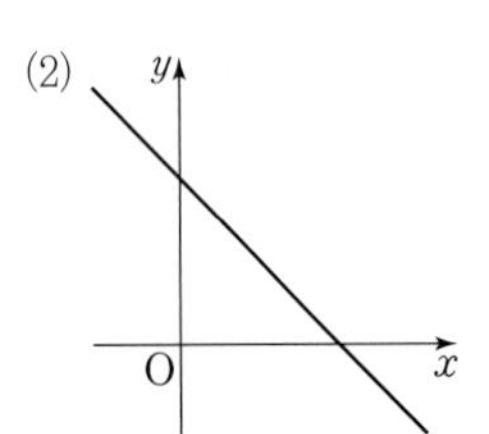

개념 3 일차함수의 그래프의 평행, 일치

(1) 기울기가 같은 두 일차함수의 그래프는 서로 평행하거나 일치한다.
즉, 두 일차함수 $y=ax+b$와 $y=cx+d$에서
① $a=c$, $b\neq d$이면 두 그래프는 서로 평행하다.
② $a=c$, $b=d$이면 두 그래프는 일치한다.
예 두 일차함수 $y=3x+2$와 $y=3x-2$의 그래프는 기울기가 같고 y절편이 다르므로 서로 평행하다.

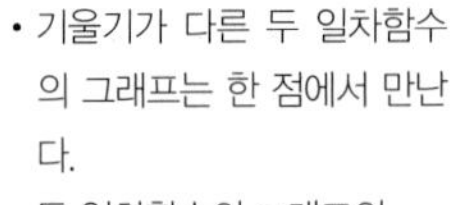
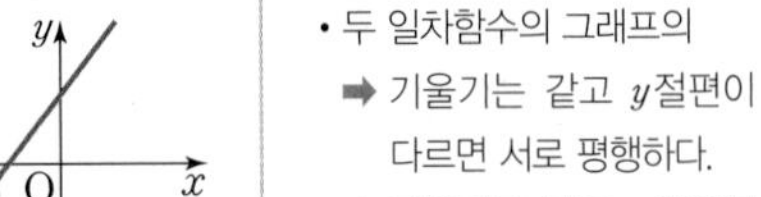

(2) 평행한 두 일차함수의 그래프의 기울기는 같다.
참고 기울기가 같은 두 일차함수의 그래프는 일치하는 경우도 있으므로 기울기가 같다고 반드시 평행한 것은 아니다.

• 기울기가 다른 두 일차함수의 그래프는 한 점에서 만난다.
• 두 일차함수의 그래프의
➡ 기울기는 같고 y절편이 다르면 서로 평행하다.
➡ 기울기가 같고 y절편도 같으면 일치한다.

개념 확인 문제 3

다음 두 일차함수의 그래프가 서로 평행하면 '평행'을, 일치하면 '일치'를, 한 점에서 만나면 '한점'을 ( ) 안에 써넣으시오.

(1) $y=-2x-3$, $y=2x+2$ ( )

(2) $y=-\frac{1}{2}x+1$, $y=-\frac{1}{2}x+2$ ( )

(3) $y=3x+5$, $y=3x+5$ ( )

(4) $y=-\frac{3}{4}x+2$, $y=-\frac{3}{4}x+6$ ( )

개념 4 일차함수의 식 구하기 (1)

(1) 기울기와 y절편을 알 때: 기울기가 a이고, y절편이 b인 직선을 그래프로 하는 일차함수의 식은 $y=ax+b$

예 기울기가 -2이고, y절편이 3인 직선을 그래프로 하는 일차함수의 식은 $y=-2x+3$

(2) 기울기와 한 점의 좌표를 알 때: 기울기가 a이고, 한 점 (p, q)를 지나는 직선을 그래프로 하는 일차함수의 식은 다음과 같은 순서로 구한다.

① 일차함수의 식을 $y=ax+b$라고 놓는다.

② $y=ax+b$에 $x=p$, $y=q$를 대입하여 b의 값을 구한다.

• 직선의 기울기는 다음과 같이 주어질 수 있다.
① 평행한 직선을 그래프로 하는 일차함수의 식
➡ 기울기가 같다.
② x의 값의 증가량과 y의 값의 증가량이 주어진 경우
➡ (기울기) $=\frac{(y\text{의 값의 증가량})}{(x\text{의 값의 증가량})}$

개념 확인 문제 4

다음은 기울기가 -6이고 점 $(1, -2)$를 지나는 직선을 그래프로 하는 일차함수의 식을 구하는 과정이다. □ 안에 알맞은 수를 써넣으시오.

기울기가 -6이므로 구하는 일차함수의 식을 $y=\square x+b$라고 놓는다.
이 그래프가 점 $(1, -2)$를 지나므로 $y=\square x+b$에 $x=1$, $y=-2$를 대입하면 $b=\square$
따라서 구하는 일차함수의 식은 $y=\square x+\square$

개념 5 일차함수의 식 구하기 (2)

서로 다른 두 점 (p, q), (r, s)를 지나는 직선을 그래프로 하는 일차함수의 식은 다음과 같은 순서로 구한다. (단, $p\neq r$)

① 기울기 a를 구한다. 즉, $a=\frac{s-q}{r-p}=\frac{q-s}{p-r}$

② 한 점의 좌표를 $y=ax+b$에 대입하여 b의 값을 구한다.

예 두 점 $(1, 3)$, $(3, 7)$을 지날 때
① (기울기) $=\frac{7-3}{3-1}=2$
② $y=2x+b$에 $x=1$, $y=3$을 대입하면 $3=2\times1+b$, $b=1$
따라서 구하는 일차함수의 식은 $y=2x+1$

• x절편이 m, y절편이 n인 직선을 그래프로 하는 일차함수의 식은 두 점 $(m, 0)$, $(0, n)$을 지나므로
(기울기) $=\frac{n-0}{0-m}=-\frac{n}{m}$
(y절편) $=n$

개념 확인 문제 5

다음은 두 점 $(-6, 2)$, $(-2, 0)$을 지나는 직선을 그래프로 하는 일차함수의 식을 구하는 과정이다. □ 안에 알맞은 수를 써넣으시오.

두 점 $(-6, 2)$, $(-2, 0)$을 지나는 직선의 기울기는 $\frac{0-\square}{-2-(\square)}=\square$이므로
구하는 일차함수의 식을 $y=\square x+b$로 놓고, $x=-2$, $y=0$을 대입하면 $b=\square$
따라서 구하는 일차함수의 식은 $y=\square x-\square$

대표예제

예제 1 일차함수 $y=ax+b$의 그래프의 성질

다음 중 일차함수 $y=-\frac{5}{3}x+2$의 그래프에 대한 설명으로 옳은 것을 모두 고르면? (정답 2개)

① x의 값이 증가하면 y의 값도 증가한다.
② 오른쪽 아래로 향하는 직선이다.
③ 오른쪽 위로 향하는 직선이다.
④ 일차함수 $y=2x+2$의 그래프보다 y축에 가깝다.
⑤ y축과 양의 부분에서 만난다.

| 풀이전략 |
일차함수 $y=ax+b$의 그래프에서
$a>0$이면 오른쪽 위로 향하는 직선이고,
$a<0$이면 오른쪽 아래로 향하는 직선이다.

| 풀이 |
①, ②, ③ 기울기가 음수이므로 x의 값이 증가하면 y의 값은 감소한다. 즉, 오른쪽 아래로 향하는 직선이다.
④ $\left|-\frac{5}{3}\right|<2$이므로 일차함수 $y=2x+2$의 그래프가 더 y축에 가깝다.

답 ②, ⑤

유제 1

9201-0411

다음 중 함수의 그래프가 오른쪽 아래로 향하는 직선인 것을 모두 고르면? (정답 2개)

① $y=-x+6$ ② $y=4x-3$ ③ $y=\frac{3}{x}$
④ $y=\frac{4x+3}{9}$ ⑤ $y=\frac{-2x+3}{4}$

유제 2

9201-0412

아래 〈보기〉의 일차함수의 그래프 중 다음에 해당하는 것을 모두 고르시오.

◀ 보기 ▶
ㄱ. $y=-\frac{3}{2}x-6$ ㄴ. $y=\frac{3}{5}x-1$
ㄷ. $y=3x+\frac{2}{5}$ ㄹ. $y=-4x+\frac{1}{2}$

(1) 오른쪽 아래로 향하는 직선
(2) y축과 음의 부분에서 만나는 직선

예제 2 일차함수 $y=ax+b$의 그래프가 지나는 사분면

오른쪽 그림은 일차함수 $y=ax+b$의 그래프일 때, 일차함수 $y=bx+a$의 그래프가 지나지 않는 사분면은? (단, a, b는 상수)

① 제1사분면 ② 제2사분면
③ 제3사분면 ④ 제4사분면
⑤ 제1, 3사분면

| 풀이전략 |
그래프를 보고 일차함수 $y=ax+b$의 그래프에서 상수 a, b의 부호를 결정한다.

| 풀이 |
일차함수 $y=ax+b$의 그래프가 오른쪽 아래로 향하고, y축과 양의 부분에서 만나므로 $a<0$, $b>0$
즉, $y=bx+a$의 그래프는 (기울기)$=b>0$, (y절편)$=a<0$이므로 제1, 3, 4사분면을 지난다.
따라서 제2사분면을 지나지 않는다.

답 ②

유제 3

9201-0413

$a<0$, $b<0$일 때, 일차함수 $y=ax+ab$의 그래프가 지나지 않는 사분면은?

① 제1사분면 ② 제2사분면
③ 제3사분면 ④ 제4사분면
⑤ 제1, 4사분면

유제 4

9201-0414

일차함수 $y=ax+b$의 그래프가 오른쪽 그림과 같을 때, 일차함수 $y=\frac{a}{b}x+ab$의 그래프가 지나는 사분면을 모두 구하시오. (단, a, b는 상수)

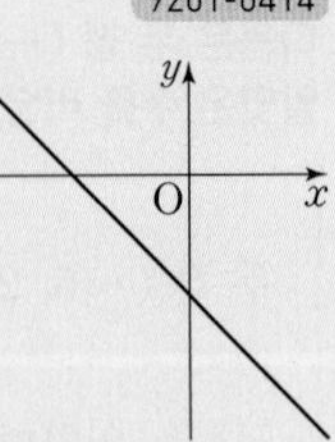

예제 3 일차함수의 그래프의 평행, 일치

다음 일차함수 중 그 그래프가 오른쪽 그림의 그래프와 평행한 것은?

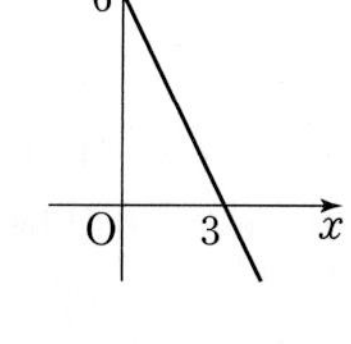

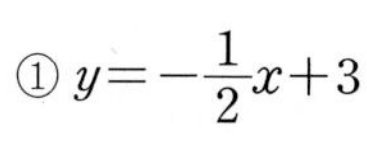

① $y=-\frac{1}{2}x+3$

② $y=-\frac{1}{2}x+6$

③ $y=-2x+3$

④ $y=-2x+6$

⑤ $y=2x+6$

| 풀이전략 |

두 일차함수의 그래프의 기울기가 같고 y절편이 다르면 서로 평행하다.

| 풀이 |

두 점 $(0, 6)$, $(3, 0)$을 지나는 직선의 기울기는

$\frac{0-6}{3-0}=-2$이고, y절편은 6이다.

① $y=-\frac{1}{2}x+3$, ② $y=-\frac{1}{2}x+6$, ⑤ $y=2x+6$은 기울기가 다르므로 한 점에서 만난다.

④ $y=-2x+6$은 기울기와 y절편이 같으므로 일치한다.

답 ③

유제 5

9201-0415

다음 일차함수의 그래프 중 일차함수 $y=-\frac{1}{3}x-2$의 그래프와 서로 만나지 않는 것은?

① $y=-3(x+1)$　② $y=-3(x+6)$

③ $y=-\frac{1}{3}(x+6)$　④ $y=-\frac{1}{3}(x-6)$

⑤ $y=\frac{1}{3}(x-6)$

유제 6

9201-0416

두 일차함수 $y=mx-3$과 $y=\frac{2}{3}x+n$의 그래프가 서로 일치할 때, 상수 m, n에 대하여 $3mn$의 값을 구하시오.

예제 4 기울기와 y절편이 주어질 때, 일차함수의 식 구하기

x의 값이 8만큼 증가할 때, y의 값은 10만큼 감소하고 일차함수 $y=\frac{4}{3}x+5$의 그래프와 y축에서 만나는 직선을 그래프로 하는 일차함수의 식은?

① $y=-\frac{5}{4}x+5$　② $y=-\frac{5}{4}x-5$

③ $y=\frac{5}{4}x+5$　④ $y=\frac{4}{3}x+5$

⑤ $y=\frac{4}{3}x-5$

| 풀이전략 |

두 일차함수의 그래프가 y축에서 만난다는 것은 두 그래프의 y절편이 같다는 의미이다.

| 풀이 |

$(\text{기울기})=\frac{-10}{8}=-\frac{5}{4}$, ($y$절편)$=5$이므로

구하는 일차함수의 식은 $y=-\frac{5}{4}x+5$

답 ①

유제 7

9201-0417

일차함수 $y=-5x+2$의 그래프와 서로 평행하고, 점 $(0, -6)$을 지나는 직선을 그래프로 하는 일차함수의 식을 $y=ax+b$라고 할 때, 상수 a, b에 대하여 $a-2b$의 값은?

① 3　② 5　③ 7

④ 9　⑤ 11

유제 8

9201-0418

기울기가 -2이고 y절편이 7인 직선이 점 $(k-1, k)$를 지날 때, k의 값은?

① -3　② -1　③ 1

④ 3　⑤ 5

예제 5 기울기와 한 점이 주어질 때, 일차함수의 식 구하기

일차함수 $y=\frac{4}{5}x-2$의 그래프와 평행하고 점 $(10, -6)$을 지나는 직선을 그래프로 하는 일차함수의 식은?

① $y=-\frac{4}{5}x-10$　② $y=-\frac{4}{5}x-8$
③ $y=\frac{4}{5}x-14$　④ $y=\frac{4}{5}x-12$
⑤ $y=\frac{4}{5}x-10$

| 풀이전략 |
두 일차함수의 그래프가 평행하면 기울기가 같다.

| 풀이 |
기울기가 $\frac{4}{5}$이므로 구하는 일차함수의 식을 $y=\frac{4}{5}x+b$라고 놓는다.
이 식에 $x=10$, $y=-6$을 대입하면
$-6=\frac{4}{5}\times 10+b$, $b=-14$
따라서 구하는 일차함수의 식은 $y=\frac{4}{5}x-14$

답 ③

유제 9
9201-0419

x의 값이 2만큼 증가할 때, y의 값은 8만큼 증가하고, 점 $(3, 0)$을 지나는 직선을 그래프로 하는 일차함수의 식이 $y=ax+b$일 때, 상수 a, b에 대하여 $a+b$의 값은?

① -12　② -11　③ -10
④ -9　⑤ -8

유제 10
9201-0420

기울기가 $-\frac{1}{3}$이고 점 $(-12, 5)$를 지나는 직선이 점 $(k, -4)$를 지날 때, k의 값을 구하시오.

예제 6 두 점이 주어질 때, 일차함수의 식 구하기

두 점 $(-5, 2)$, $(-1, -6)$을 지나는 직선을 그래프로 하는 일차함수의 식이 $y=ax+b$일 때, 상수 a, b에 대하여 $2a-b$의 값은?

① 4　② 5　③ 6
④ 7　⑤ 8

| 풀이전략 |
두 점 (p, q), (r, s)를 지나는 직선의 기울기는 $\frac{s-q}{r-p}$ 또는 $\frac{q-s}{p-r}$이다.

| 풀이 |
기울기가 $a=\frac{-6-2}{-1-(-5)}=-2$이므로 구하는 일차함수의 식을 $y=-2x+b$라고 놓는다.
이 식에 $x=-1$, $y=-6$을 대입하면
$-6=-2\times(-1)+b$, $b=-8$
따라서 $2a-b=2\times(-2)-(-8)=4$

답 ①

유제 11
9201-0421

두 점 $(-3, -1)$, $(3, 3)$을 지나는 직선을 그래프로 하는 일차함수의 식은?

① $y=-\frac{1}{3}x-1$　② $y=-\frac{1}{3}x+1$
③ $y=\frac{2}{3}x-1$　④ $y=\frac{2}{3}x+1$
⑤ $y=2x+1$

유제 12
9201-0422

두 점 $(-2, 0)$, $(0, -6)$을 지나는 직선을 y축의 방향으로 3만큼 평행이동한 직선을 그래프로 하는 일차함수의 식을 구하시오.

정답과 풀이 • 51쪽

9201-0423

01 다음 〈보기〉의 일차함수의 그래프 중 오른쪽 위로 향하는 것을 모두 고른 것은?

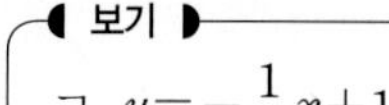

ㄱ. $y=-\frac{1}{4}x+1$　　ㄴ. $y=\frac{7}{3}x-1$
ㄷ. $y=3x-2$　　ㄹ. $y=-7x+6$

① ㄱ, ㄴ　② ㄱ, ㄷ　③ ㄱ, ㄹ
④ ㄴ, ㄷ　⑤ ㄴ, ㄹ

9201-0424

02 다음 중 일차함수 $y=-\frac{5}{4}x+6$의 그래프에 대한 설명으로 옳지 않은 것을 모두 고르면? (정답 2개)

① x의 값이 증가하면 y의 값은 감소한다.
② 오른쪽 위로 향하는 직선이다.
③ 오른쪽 아래로 향하는 직선이다.
④ y축과 양의 부분에서 만난다.
⑤ 일차함수 $y=\frac{3}{2}x+6$의 그래프보다 y축에 가깝다.

9201-0425

03 일차함수 $y=3x-2$의 그래프가 지나지 않는 사분면은?

① 제1사분면　② 제2사분면
③ 제3사분면　④ 제4사분면
⑤ 제1, 3사분면

9201-0426

04 일차함수 $y=ax-b$의 그래프가 제2, 3, 4사분면을 지나는 직선일 때, 상수 a, b의 부호는?

① $a>0$, $b>0$　② $a>0$, $b<0$
③ $a<0$, $b>0$　④ $a<0$, $b<0$
⑤ $a<0$, $b=0$

9201-0427

05 일차함수 $y=ax+b$의 그래프가 오른쪽 그림과 같을 때, 다음 중 일차함수 $y=abx-b$의 그래프로 알맞은 것은? (단, a, b는 상수)

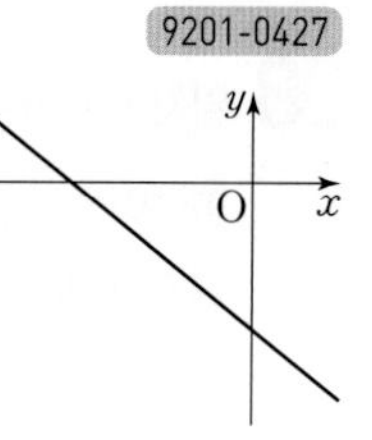

①

②
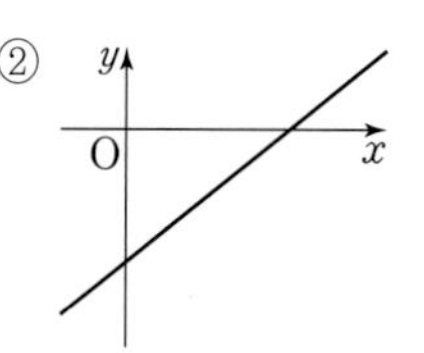

③

④
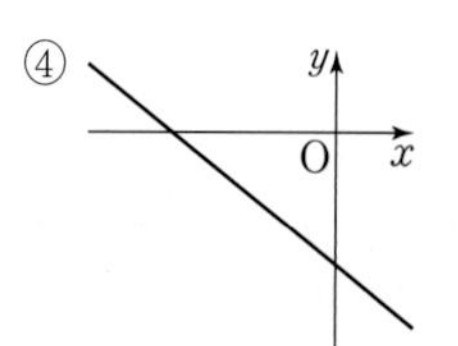

⑤
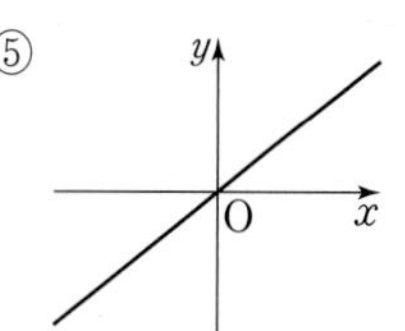

9201-0428

06 두 일차함수 $y=ax+6$, $y=-\frac{1}{2}x+b$의 그래프에 대하여 다음 물음에 답하시오.

(1) 두 그래프가 서로 평행하도록 하는 상수 a, b의 조건을 구하시오.
(2) 두 그래프가 일치하도록 하는 상수 a, b의 값을 각각 구하시오.

9201-0429

07 다음 일차함수의 그래프 중 일차함수 $y=\frac{1}{2}x+4$의 그래프와 서로 만나지 않는 것은?

① $y=-\frac{1}{2}(x-8)$　② $y=-\frac{1}{2}(x+2)+4$
③ $y=\frac{1}{2}(x+8)$　④ $y=\frac{1}{2}(x+4)+2$
⑤ $y=\frac{1}{2}(x+2)+6$

9201-0430

08 일차함수 $y=\frac{3}{8}x+b$의 그래프를 y축의 방향으로 10만큼 평행이동하면 일차함수 $y=ax+2$의 그래프와 일치할 때, 상수 a, b에 대하여 ab의 값은?

① -6 ② -3 ③ 3
④ 6 ⑤ 9

9201-0431

09 기울기가 -2이고 y절편이 5인 직선이 점 $(a, -3)$을 지날 때, a의 값은?

① 2 ② 3 ③ 4
④ 5 ⑤ 6

9201-0432

10 일차함수 $y=6x-2$의 그래프와 서로 평행하고 점 $(-2, -9)$를 지나는 직선을 그래프로 하는 일차함수의 식은?

① $y=-2x+1$ ② $y=-2x+5$
③ $y=6x+1$ ④ $y=6x+3$
⑤ $y=6x+5$

9201-0433

11 다음 일차함수 중 그 그래프가 오른쪽 그림의 그래프와 평행한 것은?

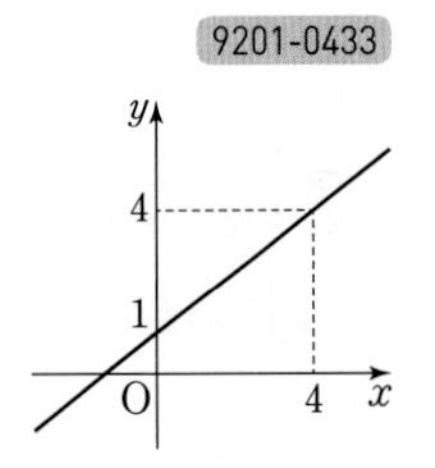

① $y=x-1$
② $y=x+1$
③ $y=\frac{3}{4}x-1$
④ $y=\frac{3}{4}x+1$
⑤ $y=2x-1$

9201-0434

12 오른쪽 그림의 일차함수의 그래프와 평행하고, x절편이 6인 직선을 그래프로 하는 일차함수의 식은?

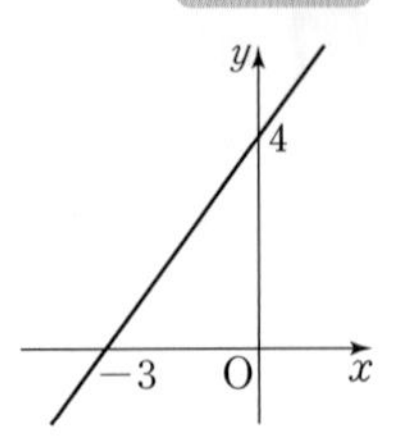

① $y=\frac{4}{3}x-8$
② $y=\frac{4}{3}x-4$
③ $y=\frac{4}{3}x-2$
④ $y=\frac{3}{4}x-8$
⑤ $y=\frac{3}{4}x-4$

9201-0435

13 오른쪽 그림과 같이 두 점 $(-2, 1)$, $(3, 4)$를 지나는 직선의 y절편은?

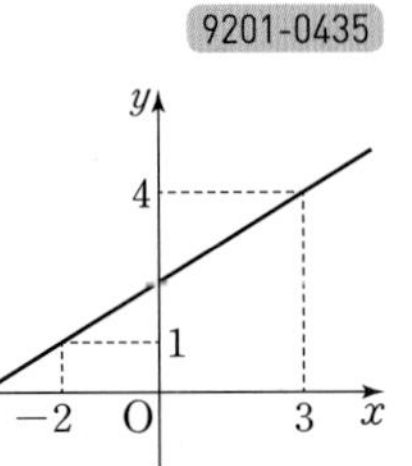

① 2 ② $\frac{11}{5}$
③ $\frac{12}{5}$ ④ $\frac{13}{5}$
⑤ $\frac{14}{5}$

9201-0436

14 두 점 $(-1, 10)$, $(2, -2)$를 지나는 직선을 그래프로 하는 일차함수의 식을 $y=ax+b$라고 할 때, 상수 a, b에 대하여 $3a+b$의 값은?

① -6 ② -5 ③ -4
④ -3 ⑤ -2

9201-0437

15 두 점 $(1, -5)$, $(3, 7)$을 지나는 직선을 y축의 방향으로 k만큼 평행이동하면 점 $(2, -4)$를 지난다고 할 때, k의 값을 구하시오.

일차함수의 활용

개념 1 일차함수의 활용

일차함수의 활용은 다음과 같은 순서로 푼다.

① 변수 정하기 ➡ 문제의 뜻을 파악하고 변수 x, y를 정한다.
② 일차함수의 식 세우기 ➡ x, y 사이의 관계를 $y=ax+b$로 나타낸다.
③ 답 구하기 ➡ 함수식이나 그래프를 이용하여 조건에 맞는 답을 구한다.
④ 확인하기 ➡ 구한 답이 문제의 뜻에 맞는지 확인한다.

예 전체 쪽수가 280쪽인 책을 매일 20쪽씩 읽기로 할 때, 이 책을 모두 읽는 데 며칠이 걸리는지 알아보자.

① 책을 읽기 시작한 지 x일 후 남은 책의 쪽수를 y쪽이라고 하자.
② 하루에 20쪽씩 읽으므로 x일 후 읽은 책의 쪽수는 $20x$쪽이다.
전체 책의 쪽수가 280쪽이므로 x와 y 사이의 관계식은
$y=-20x+280$
③ $y=-20x+280$에 $y=0$을 대입하면
$0=-20x+280$, $x=14$
즉, 책을 다 읽으려면 14일이 걸린다.
④ 14일 동안 읽은 책의 쪽수는 $20\times14=280$(쪽)이고, 이것은 전체 책의 쪽수와 같으므로 구한 값은 문제의 뜻에 맞는다.

참고 여러 가지 활용
다음 경우에 일차함수의 식을 $y=kx+a$라고 놓는다.
① 온도에 대한 문제
처음 온도가 a ℃이고 1분마다 온도가 k ℃씩 증가할 때, x분 후의 온도 y ℃
② 길이에 대한 문제
처음 길이가 a cm이고 1분마다 k cm씩 증가할 때, x분 후의 길이 y cm
③ 물에 대한 문제
처음 물의 양이 a L이고 1분마다 k L씩 증가할 때, x분 후의 물의 양 y L

• 주어진 두 변량에서 먼저 변하는 것을 x, x에 따라 변하는 것을 y로 놓는다.
• x의 값의 범위에 따라 일차함수의 그래프가 일부분 제한될 수 있다.
• 속력에 대한 문제는 (거리)=(속력)×(시간)임을 이용하여 x와 y 사이의 관계를 식으로 나타낸다.

개념 확인 문제 1

주전자에 82 ℃의 물이 있다. 이 주전자를 실온에 두었더니 1분마다 물의 온도가 3 ℃씩 내려간다고 한다. x분 후에 주전자에 있는 물의 온도를 y ℃라고 할 때, 다음 물음에 답하시오.

(1) 다음 표를 완성하시오.

x(분)	0	1	2	3	…
y(℃)	82				…

(2) x와 y 사이의 관계식을 구하시오.
(3) 15분 후 주전자에 있는 물의 온도를 구하시오.

대표예제

예제 1 일차함수의 활용(1)

길이가 10 cm인 용수철에 2 g의 추를 달 때마다 용수철의 길이가 1 cm씩 늘어난다고 한다. 무게가 9 g인 추를 달았을 때, 용수철의 길이는?

① 13 cm ② 13.5 cm ③ 14 cm
④ 14.5 cm ⑤ 15 cm

| 풀이전략 |
길이가 a cm인 용수철에 1 g의 추를 달 때마다 k cm씩 늘어나므로 x g의 추를 달 때, 용수철의 길이를 y cm라고 하면 $y=kx+a$이다.

| 풀이 |
추의 무게가 x g일 때, 용수철의 길이를 y cm라고 하면 용수철에 2 g의 추를 달 때마다 용수철의 길이가 1 cm씩 늘어나므로 기울기는 $\frac{1}{2}$이다. 즉, $y=\frac{1}{2}x+10$
이 식에 $x=9$를 대입하면
$y=\frac{1}{2}\times 9+10=14.5$
따라서 9 g인 추를 달았을 때 용수철의 길이는 14.5 cm이다.

답 ④

유제 1

9201-0438

길이가 20 cm인 양초에 불을 붙이면 양초의 길이가 매분마다 0.4 cm씩 짧아진다고 할 때, 양초에 불을 붙인 지 20분 후의 양초의 길이는?

① 10 cm ② 11 cm ③ 12 cm
④ 13 cm ⑤ 14 cm

유제 2

9201-0439

100 L의 물이 들어 있는 물통에서 5분마다 15 L씩 물이 흘러 나간다고 할 때, 22분 후 물통에 남아 있는 물의 양은?

① 26 L ② 28 L ③ 30 L
④ 32 L ⑤ 34 L

예제 2 일차함수의 활용(2)

오른쪽 그림과 같이 가로의 길이가 12 cm, 세로의 길이가 8 cm인 직사각형이 있다. 이 직사각형의 가로의 길이를 x cm만큼 줄인 직사각형의 넓이를 y cm²라고 한다. x와 y 사이의 관계식이 $y=ax+b$일 때, $a+b$의 값을 구하시오. (단, a, b는 상수)

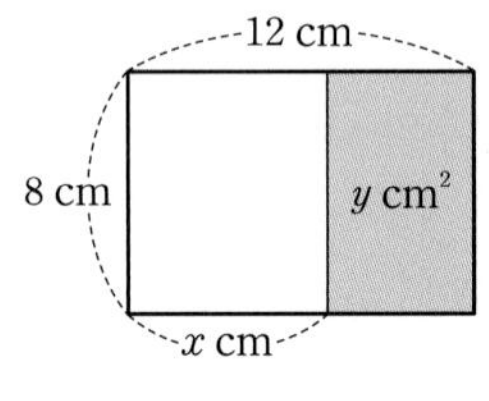

| 풀이전략 |
직사각형의 넓이는 (가로의 길이)×(세로의 길이)이다.

| 풀이 |
직사각형의 넓이는 $12\times 8=96(\text{cm}^2)$
줄어든 직사각형의 넓이가 $x\times 8=8x(\text{cm}^2)$이므로
$y=-8x+96$
따라서 $a=-8$, $b=96$이므로
$a+b=-8+96=88$

답 88

유제 3

9201-0440

오른쪽 그림과 같이 가로의 길이가 8 cm, 세로의 길이가 6 cm인 직사각형 ABCD에서 점 P는 선분 BC 위를 일정한 속력으로 움직인다. $\overline{BP}=x$ cm일 때의 삼각형 DPC의 넓이를 y cm²라고 한다. x와 y 사이의 관계식이 $y=ax+b$일 때, $b-a$의 값은? (단, a, b는 상수)

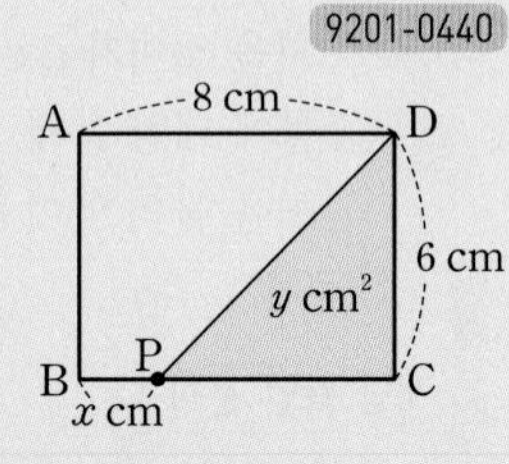

① 26 ② 27 ③ 28
④ 29 ⑤ 30

9201-0441

01 환자에게 500 mL들이 링거 주사를 매분 12 mL의 비율로 일정하게 투여하고 있다. 링거를 투여하기 시작한 지 x분 후에 남아 있는 링거액의 양을 y mL라고 할 때, 다음 물음에 답하시오.

(1) x와 y 사이의 관계식을 구하시오.

(2) 링거를 투여한 지 30분 후에 남아 있는 링거액의 양을 구하시오.

9201-0442

02 길이가 16 cm인 양초에 불을 붙이면 10분에 2 cm씩 양초의 길이가 일정하게 짧아진다고 한다. 불을 붙인 지 x분 후의 양초의 길이를 y cm라고 할 때, 다음 물음에 답하시오.

(1) x와 y 사이의 관계식을 구하시오.

(2) 불을 붙인 지 16분 후의 양초의 길이를 구하시오.

9201-0443

03 길이가 15 cm인 용수철에 1 g의 추를 달 때마다 용수철의 길이는 0.5 cm씩 늘어난다고 한다. 어떤 추를 매달았더니 용수철의 길이가 23.5 cm가 되었을 때, 매단 추의 무게는?

① 15 g ② 16 g ③ 17 g
④ 18 g ⑤ 19 g

9201-0444

04 컵에 담긴 80 ℃의 물을 실온에 둔 지 5분 후의 물의 온도가 70 ℃이었다. 실온에 둔 지 24분 후에 컵에 담긴 물의 온도는? (단, 실온에서 물의 온도는 일정하게 내려간다.)

① 26 ℃ ② 28 ℃ ③ 30 ℃
④ 32 ℃ ⑤ 34 ℃

9201-0445

05 오른쪽 그래프는 용량이 80 mL인 방향제를 개봉하고 x일이 지난 후에 남아 있는 방향제의 용량을 y mL라고 할 때, x와 y 사이의 관계를 나타낸 것이다. 남아 있는 방향제가 35 mL가 되는 날은 방향제를 개봉하고 며칠 후인가?

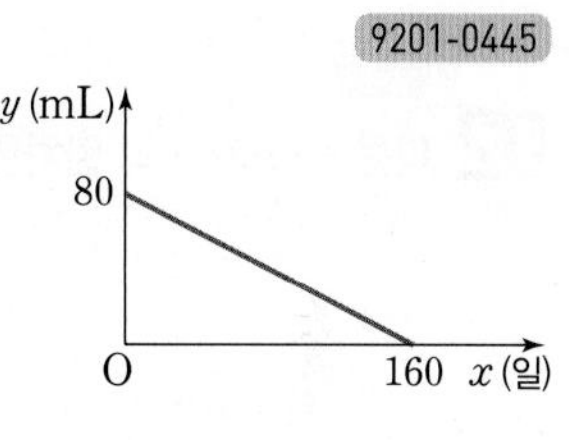

① 80일 ② 85일 ③ 90일
④ 95일 ⑤ 100일

9201-0446

06 오른쪽 그림과 같이 가로의 길이가 12 cm, 세로의 길이가 15 cm인 직사각형 ABCD에서 점 P가 점 D를 출발하여 $\overline{CD}$를 따라 C방향으로 2초에 1 cm씩 일정한 속력으로 움직일 때, 다음 물음에 답하시오.

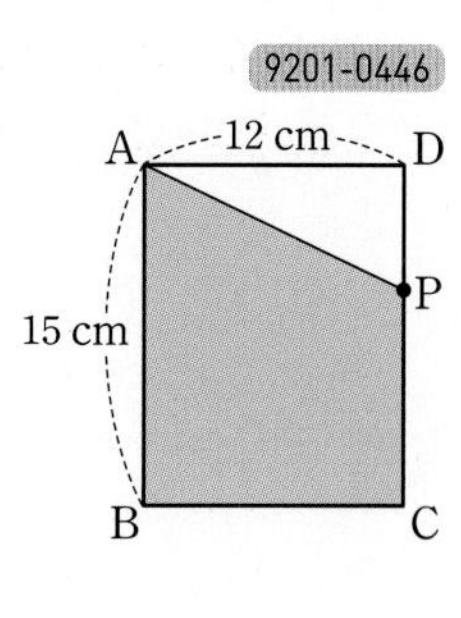

(1) 점 P가 점 D를 출발한 지 x초 후의 사각형 ABCP의 넓이를 y cm^{2}라고 할 때, x와 y 사이의 관계식을 구하시오.

(2) 점 P가 점 D를 출발한 지 20초 후의 사각형 ABCP의 넓이를 구하시오.

중단원 마무리

Level 1

9201-0447

01 함수 $f(x)=-\frac{3}{2}x+1$에서 $x=4$일 때의 함숫값은?

① -9　② -7　③ -5
④ -3　⑤ -1

중요　9201-0448

02 다음 중 y가 x의 일차함수인 것은?

① $y=3x-4-3x$　② $y=3x^2+2x$
③ $y=-\frac{3}{x+2}$　④ $y=\frac{2}{5}x-1-x$
⑤ $y=x(x-2)$

9201-0449

03 일차함수 $y=-5x$의 그래프를 y축의 방향으로 8만큼 평행이동한 직선을 그래프로 하는 일차함수의 식은?

① $y=-5x-8$　② $y=-5x+8$
③ $y=-5x+10$　④ $y=5x-8$
⑤ $y=5x+8$

9201-0450

04 일차함수 $y=\frac{1}{2}x-3$의 그래프에서 x절편을 a, y절편을 b라고 할 때, $a-b$의 값은?

① 9　② 10　③ 11
④ 12　⑤ 13

9201-0451

05 일차함수 $y=-\frac{5}{4}x+\frac{7}{4}$의 그래프에서 x의 값이 4만큼 증가할 때, y의 값의 증가량은?

① -7　② -5　③ 5
④ 7　⑤ 9

9201-0452

06 다음 일차함수의 그래프 중에서 오른쪽 아래로 향하는 직선인 것을 모두 고르면? (정답 2개)

① $y=4x+4$　② $y=-8x+1$
③ $y=\frac{1}{2}x-2$　④ $y=\frac{3}{2}x+5$
⑤ $y=-\frac{6}{7}x+1$

9201-0453

07 일차함수 $y=4x-1$의 그래프가 지나는 사분면은?

① 제1, 2, 3사분면　② 제1, 2, 4사분면
③ 제1, 3, 4사분면　④ 제2, 3, 4사분면
⑤ 제2, 4사분면

9201-0454

08 일차함수 $y=-\frac{1}{2}x+2$의 그래프와 평행하고 y절편이 4인 직선을 그래프로 하는 일차함수의 식은?

① $y=-2x+2$　② $y=-2x+4$
③ $y=-\frac{1}{2}x-2$　④ $y=-\frac{1}{2}x+4$
⑤ $y=2x+4$

Level 2

9201-0455

09 다음 〈보기〉에서 y가 x의 함수인 것을 모두 고른 것은?

보기

ㄱ. x의 5배에서 6을 뺀 수 y

ㄴ. 자연수 x의 배수 y

ㄷ. 자연수 x보다 큰 소수 y

ㄹ. 한 변의 길이가 x cm인 정팔각형의 둘레의 길이 y cm

① ㄱ, ㄴ ② ㄱ, ㄷ ③ ㄱ, ㄹ
④ ㄴ, ㄷ ⑤ ㄷ, ㄹ

9201-0456

10 함수 $f(x)=-\frac{3}{2}x+2$에서 $5f(2)+2f(-4)$의 값은?

① 5 ② 7 ③ 9
④ 11 ⑤ 13

중요

9201-0457

11 함수 $f(x)=4x-8$에서 $f(3)=a$, $f(a)=b$일 때, $a+b$의 값은?

① 10 ② 12 ③ 14
④ 16 ⑤ 18

9201-0458

12 $y=3(ax-2)+3-12x$가 x에 대한 일차함수가 되는 조건은? (단, a는 상수)

① $a=3$ ② $a\neq3$ ③ $a=4$
④ $a\neq4$ ⑤ $a\neq5$

9201-0459

13 일차함수 $y=\frac{8}{5}x-7$의 그래프를 y축의 방향으로 -9만큼 평행이동한 직선을 그래프로 하는 일차함수의 식이 $y=ax+b$일 때, $\frac{b}{a}$의 값은? (단, a, b는 상수)

① -10 ② -5 ③ -1
④ 5 ⑤ 10

중요

9201-0460

14 일차함수 $y=-5x$의 그래프를 y축의 방향으로 $2k$만큼 평행이동한 그래프가 점 $(k, -12)$를 지날 때, k의 값은?

① -4 ② -2 ③ 2
④ 4 ⑤ 6

9201-0461

15 다음 일차함수의 그래프 중 x절편이 나머지 넷과 다른 하나는?

① $y=2x-16$ ② $y=-\frac{1}{2}x+4$
③ $y=-3x+12$ ④ $y=4x-32$
⑤ $y=-\frac{1}{8}x+1$

9201-0462

16 일차함수 $y=ax-2a+12$의 그래프의 x절편이 -2일 때, 상수 a의 값은?

① -4 ② -3 ③ -1
④ 2 ⑤ 3

중요 9201-0463

17 두 일차함수 $y=-2x+8$, $y=\frac{1}{2}x+8$의 그래프와 x축으로 둘러싸인 도형의 넓이는?

① 72 ② 80 ③ 88
④ 96 ⑤ 104

9201-0464

18 일차함수 $y=\frac{7}{2}x+2$의 그래프에서 x의 값이 4만큼 증가할 때, y의 값은 -3에서 k까지 증가한다. 이때 k의 값은?

① 5 ② 7 ③ 9
④ 11 ⑤ 13

9201-0465

19 다음 중 일차함수 $y=-\frac{3}{2}x+2$의 그래프와 평행하고 일차함수 $y=-2x+3$의 그래프와 y축에서 만나는 일차함수의 그래프에 대한 설명으로 옳지 않은 것을 모두 고르면? (정답 2개)

① 기울기는 $-\frac{3}{2}$이고, y절편은 3이다.
② 제1, 3, 4사분면을 지난다.
③ 오른쪽 아래로 향하는 직선이다.
④ y축과 양의 부분에서 만난다.
⑤ x절편은 -2이다.

9201-0466

20 다음 조건을 모두 만족시키는 직선을 그래프로 하는 일차함수의 식이 될 수 있는 것은?

(가) 오른쪽 위로 향하는 직선이다.
(나) y축과 음의 부분에서 만난다.
(다) $y=-2x-6$보다 y축에 가깝다.

① $y=\frac{3}{2}x-6$ ② $y=-3x+5$
③ $y=3x+3$ ④ $y=-\frac{1}{4}x-1$
⑤ $y=\frac{5}{2}x-6$

9201-0467

21 일차함수 $y=-ax+ab$의 그래프가 오른쪽 그림과 같을 때, 상수 a, b의 부호는?

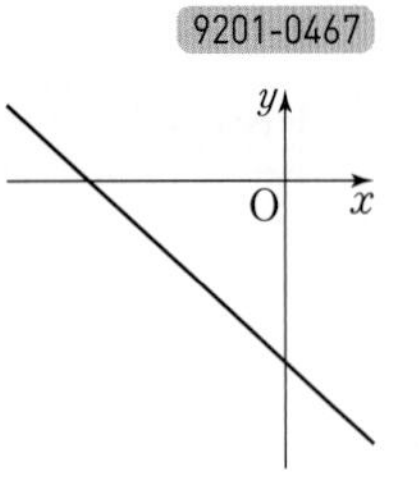

① $a>0$, $b>0$
② $a>0$, $b<0$
③ $a<0$, $b>0$
④ $a<0$, $b<0$
⑤ $a<0$, $b=0$

중요 9201-0468

22 두 일차함수 $y=3(x+a)$, $y=-bx-15$의 그래프가 일치할 때, 상수 a, b에 대하여 $a+b$의 값은?

① -8 ② -7 ③ -6
④ -5 ⑤ -4

9201-0469

23 x의 값이 3만큼 증가할 때 y의 값은 12만큼 감소하고, 점 $(-2, -2)$를 지나는 직선을 그래프로 하는 직선이 점 $(k, 2)$를 지날 때, k의 값은?

① -6 ② -5 ③ -4
④ -3 ⑤ -2

9201-0470

24 일차함수 $y=ax+b$의 그래프가 오른쪽 그림과 같을 때, 상수 a, b에 대하여 $5a+3b$의 값은?

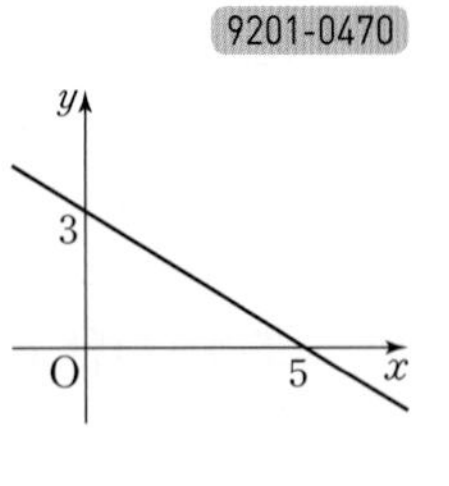

① 2 ② 4
③ 6 ④ 8
⑤ 10

9201-0471

25 두 점 $(1, 2)$, $(5, 4)$를 지나는 직선의 기울기를 a, x절편을 m이라 고 할 때, $a-m$의 값은?

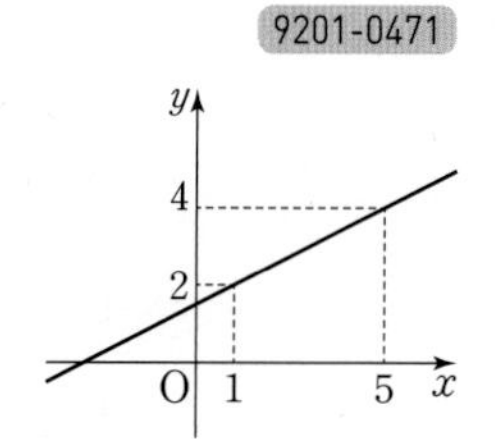

① 2 ② $\frac{5}{2}$

③ 3 ④ $\frac{7}{2}$

⑤ 4

중요

9201-0472

26 휘발유 1 L로 12 km를 달릴 수 있는 자동차에 60 L의 휘발유를 채우고 출발하였다. 132 km를 달린 후에 남아 있는 휘발유의 양은?

① 45 L ② 46 L ③ 47 L
④ 48 L ⑤ 49 L

9201-0473

27 오른쪽 그림과 같은 직각삼각형 ABC에서 점 P가 점 B를 출발해서 2초마다 1 cm씩 변 AB를 따라 점 A를 향하여 일정한 속력으로 움직인다. 점 P가 점 B를 출발한 지 10초 후의 삼각형 APC의 넓이는?

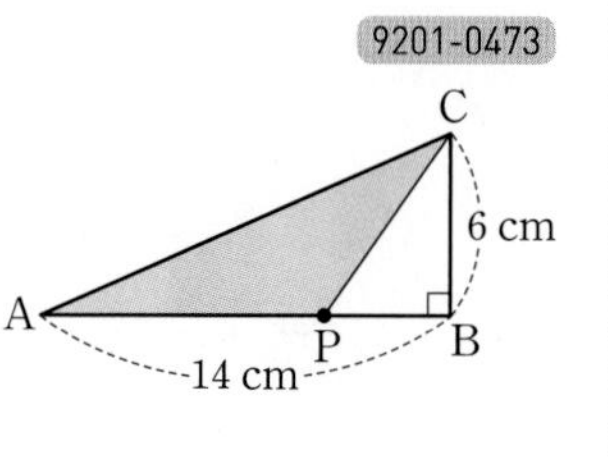

① 25 cm^2 ② 26 cm^2 ③ 27 cm^2
④ 28 cm^2 ⑤ 29 cm^2

Level 3

9201-0474

28 일차함수 $y=\frac{1}{2}x-3$의 그래프와 일차함수 $y=\frac{1}{2}x-3$의 그래프를 y축의 방향으로 -5만큼 평행이동한 그래프와 x축, y축으로 둘러싸인 도형의 넓이를 구하시오.

9201-0475

29 일차함수 $y=abx-3$의 그래프가 오른쪽 그림과 같고, 일차함수 $y=-acx-\frac{1}{c}$의 그래프는 제2사분면을 지나지 않는다. 이때 일차함수 $y=bcx-b$의 그래프가 지나는 사분면을 모두 구하시오. (단, a, b, c는 상수)

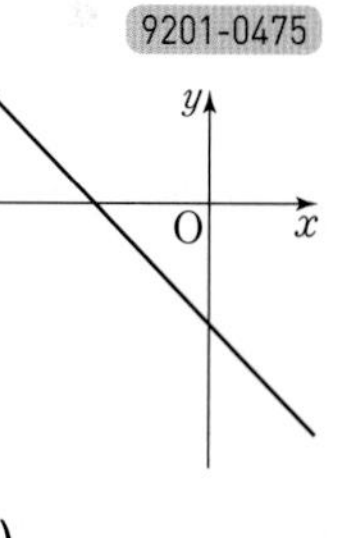

9201-0476

30 연준이가 역사 프로젝트 자료를 찾기 위해 도서관까지 걸어가는데 필기도구를 두고 가서 연준이네 형이 필기도구를 전해 주기 위해 20분 후에 집을 출발해서 연준이를 뒤따라갔다. 연준이가 시속 3 km, 형이 시속 5 km의 속력으로 걸어갔을 때, 두 사람이 만나는 것은 형이 출발한 지 몇 분 후인지 구하시오.

서술형으로 중단원 마무리

9201-0477

서술형 예제 두 점 $(-2, -1)$, $(1, 5)$를 지나는 직선이 점 $(k, 3k-2)$를 지날 때, k의 값을 구하시오.

풀이

(기울기)$=\dfrac{\square-(\square)}{1-(-2)}=\square$이므로 구하는 일차함수의 식을 $y=\square x+b$라고 놓자.

$y=\square x+b$에 $x=1$, $y=5$를 대입하면

$b=\square$

즉, 구하는 일차함수의 식은 $y=\square x+\square$

이 식에 $x=k$, $y=3k-2$를 대입하면

$3k-2=\square\times k+\square$

따라서 $k=\square$

9201-0478

서술형 유제 오른쪽 그림과 같이 두 점 $(-4, 2)$, $(2, 0)$을 지나는 직선이 점 $(2k, 2-k)$를 지날 때, k의 값을 구하시오.

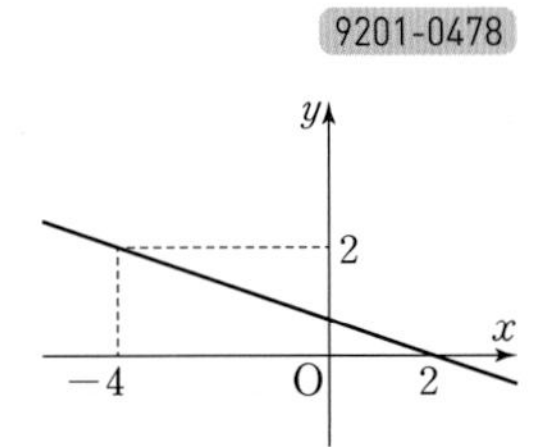

9201-0479

1 일차함수 $y=ax+8$의 그래프는 점 $(3,\ -1)$을 지나고, 이 그래프를 y축의 방향으로 b만큼 평행이동한 그래프는 점 $(2,\ 11)$을 지난다. 이때 $a+b$의 값을 구하시오. (단, a는 상수)

9201-0480

2 일차함수 $y=-\frac{5}{3}x-10$의 그래프와 x축에서 만나고, 일차함수 $y=-\frac{5}{7}x-3$의 그래프와 y축에서 만나는 직선을 그래프로 하는 일차함수의 식을 구하시오.

9201-0481

3 오른쪽 그림의 일차함수의 그래프와 서로 평행하고, 점 $(-9,\ 3)$을 지나는 직선과 x축, y축으로 둘러싸인 도형의 넓이를 구하시오.

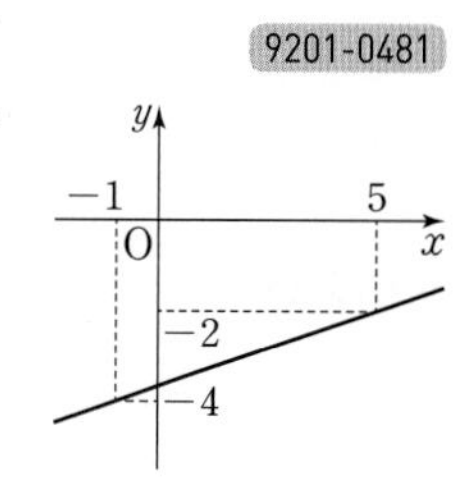

9201-0482

4 형석이는 260 km 떨어진 A 휴양지를 향하여 일정한 속도로 차를 타고 달리고 있다. 오른쪽 그림의 그래프는 형석이가 차로 출발한 지 x시간 후의 차와 A 휴양지 사이의 거리를 y km라고 할 때, x와 y 사이의 관계를 나타낸 것이다. A 휴양지에 도착하는 데 걸리는 시간이 a시간 b분일 때, 자연수 a, b에 대하여 $a+b$의 값을 구하시오. (단, $0\le b<60$)

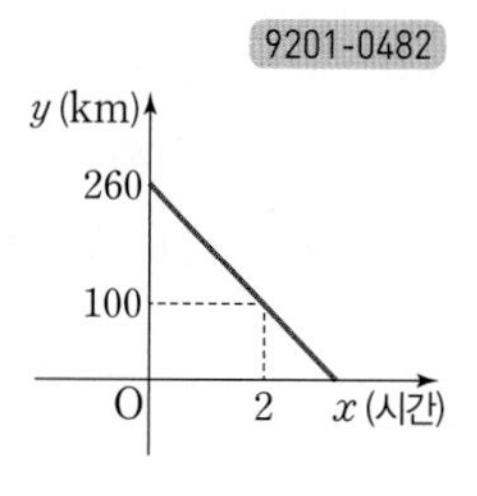

1 일차함수와 일차방정식

개념 1 일차함수와 일차방정식의 관계

(1) 미지수가 2개인 일차방정식의 그래프

미지수가 2개인 일차방정식 $ax+by+c=0$ (a, b, c는 상수, $a\neq0$, $b\neq0$)의 해의 순서쌍 (x, y)를 좌표로 하는 점을 좌표평면 위에 나타내면 직선이 되고, 이 직선을 일차방정식의 그래프라고 한다.

(2) 일차함수와 일차방정식의 관계

미지수가 2개인 일차방정식 $ax+by+c=0$ (a, b, c는 상수, $a\neq0$, $b\neq0$)의 그래프는 $y=-\frac{a}{b}x-\frac{c}{b}$의 그래프와 같다.

• 변수와 달리 일정한 값을 갖는 수나 문자를 상수라고 한다.

• x의 값 하나에 정해지는 y의 값이 없거나 2개 이상이면 y는 x의 함수가 아니다.

개념 확인 문제 1

다음 일차방정식을 $y=ax+b$의 꼴로 나타내시오.

(1) $3x+y+5=0$

(2) $2x-y-1=0$

(3) $8x+2y+4=0$

(4) $6x-3y+1=0$

개념 2 직선의 방정식

(1) 일차방정식 $x=p$, $y=q$의 그래프

① $x=p(p\neq0)$의 그래프: 점 $(p, 0)$을 지나고 y축에 평행한 직선

② $y=q(q\neq0)$의 그래프: 점 $(0, q)$를 지나고 x축에 평행한 직선

참고 방정식 $x=0$의 그래프 ➡ y축

방정식 $y=0$의 그래프 ➡ x축

(2) 직선의 방정식

x, y의 범위가 수 전체일 때, 일차방정식

$ax+by+c=0$ (a, b, c는 상수, $a\neq0$ 또는 $b\neq0$)

의 해는 무수히 많고, 이 해를 좌표평면 위에 나타내면 직선이 된다.

이때 일차방정식 $ax+by+c=0$을 직선의 방정식이라고 한다.

• 일차방정식 $ax+by+c=0$에서 $a\neq0$, $b=0$일 때, $x=p$의 꼴이 된다.
➡ y축에 평행한(x축에 수직인) 직선의 기울기는 생각할 수 없다.

• 일차방정식 $ax+by+c=0$에서 $a=0$, $b\neq0$일 때, $y=q$의 꼴이 된다.
➡ x축에 평행한(y축에 수직인) 직선의 기울기는 0이다.

개념 확인 문제 2

다음 일차방정식의 그래프를 오른쪽 그림의 좌표평면 위에 그리시오.

(1) $x=-4$

(2) $y=2$

(3) $2x-6=0$

(4) $3y+9=0$

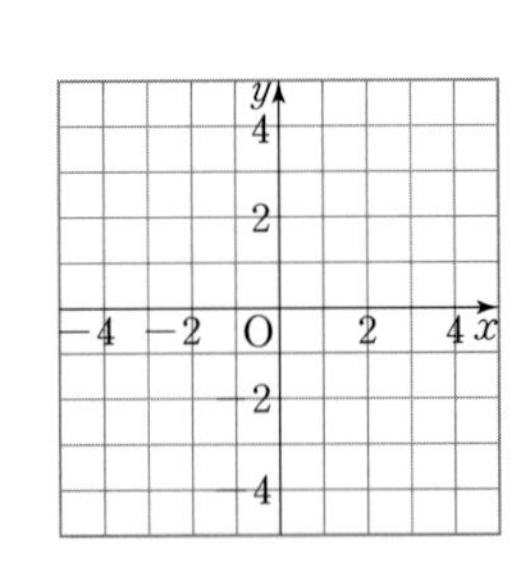

대표예제

정답과 풀이 • 59쪽

예제 1 일차함수와 일차방정식의 관계(1)

다음 일차함수 중 그 그래프가 일차방정식 $-4x-12y+3=0$의 그래프와 일치하는 것은?

① $y=-\frac{2}{3}x+\frac{1}{3}$　② $y=\frac{2}{3}x-\frac{1}{3}$

③ $y=-\frac{1}{3}x+\frac{1}{4}$　④ $y=\frac{1}{3}x-\frac{1}{4}$

⑤ $y=\frac{1}{4}x-\frac{1}{3}$

| 풀이전략 |

일차방정식 $ax+by+c=0$ (a, b, c는 상수, $a\neq0$, $b\neq0$)의 그래프는 일차함수 $y=-\frac{a}{b}x-\frac{c}{b}$의 그래프와 같다.

| 풀이 |

$-4x-12y+3=0$에서 $-12y=4x-3$

따라서 $y=-\frac{1}{3}x+\frac{1}{4}$

 ③

유제 1 9201-0483

일차함수 $15x-5y-10=0$의 그래프가 일차함수 $y=ax-b$의 그래프와 같을 때, 상수 a, b에 대하여 $a+b$의 값은?

① 3　② 5　③ 7

④ 9　⑤ 11

유제 2 9201-0484

일차방정식 $6x+9y-12=0$의 그래프와 평행하고, y절편이 -3인 직선을 그래프로 하는 일차함수의 식을 구하시오.

예제 2 일차함수와 일차방정식의 관계(2)

일차방정식 $4x-8y-8=0$의 그래프를 y축의 방향으로 4만큼 평행이동한 그래프가 점 $(-8, a)$를 지날 때, a의 값은?

① -5　② -4　③ -3

④ -2　⑤ -1

| 풀이전략 |

일차함수 $y=ax+b$의 그래프를 y축의 방향으로 k만큼 평행이동한 직선을 그래프로 하는 일차함수의 식은 $y=ax+b+k$

| 풀이 |

$4x-8y-8=0$에서 $-8y=-4x+8$, $y=\frac{1}{2}x-1$

$y=\frac{1}{2}x-1$의 그래프를 y축의 방향으로 4만큼 평행이동하면

$y=\frac{1}{2}x-1+4$, $y=\frac{1}{2}x+3$

이 식에 $x=-8$, $y=a$를 대입하면

$a=\frac{1}{2}\times(-8)+3=-1$

답 ⑤

유제 3 9201-0485

일차방정식 $9x-3y-15=0$의 그래프를 y축의 방향으로 -2만큼 평행이동한 것을 그래프로 하는 일차함수의 식이 $y=ax+b$일 때, 상수 a, b에 대하여 $a+b$의 값은?

① -6　② -5　③ -4

④ -3　⑤ -2

유제 4 9201-0486

일차방정식 $2x+5y-4=0$의 그래프를 y축의 방향으로 2만큼 평행이동한 그래프의 x절편은?

① 3　② 4　③ 5

④ 6　⑤ 7

대표예제

정답과 풀이 • 60쪽

예제 3 일차방정식 $x=p$, $y=q$의 그래프(1)

다음 중 점 $(-2, 3)$을 지나고, x축에 평행한 직선의 방정식은?

① $2x-4=0$ ② $2x+4=0$ ③ $3y+6=0$
④ $3y-9=0$ ⑤ $3y+9=0$

| 풀이전략 |
점 (p, q)를 지나고 x축에 평행한 직선의 방정식은 $y=q$이다.

| 풀이 |
점 $(-2, 3)$을 지나고, x축에 평행한 직선의 방정식은 $y=3$이므로 $3y-9=0$

답 ④

유제 5

9201-0487

다음 중 오른쪽 그림과 같이 점 $(-3, 5)$를 지나고, y축에 평행한 직선의 방정식은?

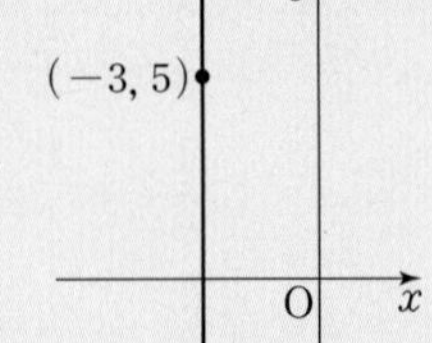

① $3x-9=0$ ② $3x+9=0$
③ $3x-15=0$ ④ $2y-10=0$
⑤ $2y+10=0$

유제 6

9201-0488

점 $(-2, -1)$을 지나고, x축에 평행한 직선의 방정식이 $ax+by-4=0$일 때, 상수 a, b에 대하여 $b-a$의 값은?

① -6 ② -5 ③ -4
④ -3 ⑤ -2

예제 4 일차방정식 $x=p$, $y=q$의 그래프(2)

두 직선 $x=-3$, $y=4$와 x축, y축으로 둘러싸인 도형의 넓이는?

① 10 ② 12 ③ 14
④ 16 ⑤ 18

| 풀이전략 |
좌표평면 위에 그래프를 그린 후 도형의 넓이를 구한다.

| 풀이 |
두 직선 $x=-3$, $y=4$의 그래프는 다음 그림과 같다.

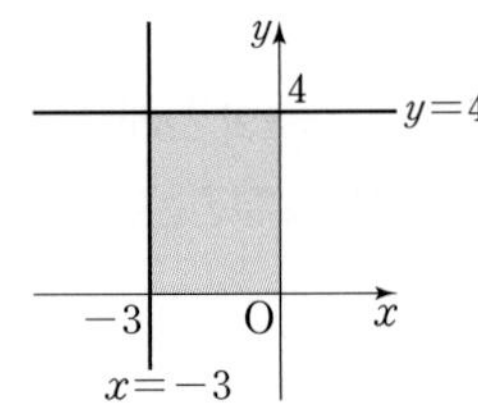

따라서 두 직선 $x=-3$, $y=4$와 x축, y축으로 둘러싸인 도형의 넓이는
$3\times4=12$

답 ②

유제 7

9201-0489

두 직선 $x=5$, $y=-6$과 x축, y축으로 둘러싸인 도형의 넓이는?

① 30 ② 32 ③ 34
④ 36 ⑤ 38

유제 8

9201-0490

두 직선 $x=a$, $y=3$과 x축, y축으로 둘러싸인 도형의 넓이가 27일 때, 양수 a의 값을 구하시오.

9201-0491

01 다음 일차함수의 그래프 중에서 일차방정식 $4x-3y+2=0$의 그래프와 일치하는 것은?

① $y=-\frac{4}{3}x-\frac{2}{3}$ ② $y=\frac{4}{3}x-\frac{2}{3}$
③ $y=\frac{4}{3}x+\frac{2}{3}$ ④ $y=-\frac{3}{4}x-\frac{3}{2}$
⑤ $y=\frac{3}{4}x+\frac{3}{2}$

9201-0492

02 다음 중 일차방정식 $5x-3y+10=0$의 그래프에 대한 설명으로 옳은 것을 모두 고르면? (정답 2개)

① y절편은 -2이다.
② 점 $(2, 1)$을 지난다.
③ 오른쪽 위로 향하는 직선이다.
④ 직선 $y=-\frac{5}{3}x+1$과 평행하다.
⑤ 제1, 2, 3사분면을 지난다.

9201-0493

03 일차방정식 $2x+3y-5=0$의 그래프가 점 $(-2, a)$를 지날 때, a의 값은?

① 1 ② 3 ③ 4
④ 5 ⑤ 6

9201-0494

04 일차방정식 $2x-4y-12=0$의 그래프를 y축의 방향으로 -1만큼 평행이동하면 일차함수 $y=-\frac{a}{4}x+\frac{b}{4}$의 그래프와 겹쳐질 때, 상수 a, b에 대하여 $a-b$의 값은?

① 8 ② 10 ③ 12
④ 14 ⑤ 16

9201-0495

05 점 $(-3, 2)$를 지나는 일차방정식 $ax+3y-9=0$의 그래프의 x절편은 m, y절편은 n일 때, $a+m+n$의 값은? (단, a는 상수)

① -10 ② -9 ③ -8
④ -7 ⑤ -6

9201-0496

06 다음 중 두 점 $(-6, 4)$, $(-4, 4)$를 지나는 직선의 방정식은?

① $2x-12=0$ ② $3x+12=0$
③ $y+4=0$ ④ $3y-12=0$
⑤ $x-y+12=0$

9201-0497

07 두 점 $(2a, 4+a)$, $(3a+2, -3a)$를 지나는 직선이 y축에 평행할 때, a의 값은?

① -4 ② -3 ③ -2
④ 2 ⑤ 3

9201-0498

08 네 직선 $x=-2$, $x=4$, $y=-1$, $y=3$으로 둘러싸인 도형의 넓이는?

① 24 ② 25 ③ 26
④ 27 ⑤ 28

2 두 일차함수와 일차방정식의 관계

개념 1 연립일차방정식의 해와 그래프

연립일차방정식 $\begin{cases} ax+by=c \\ a'x+b'y=c' \end{cases}$의 해는 두 일차방정식 $ax+by=c$, $a'x+b'y=c'$의 그래프의 교점의 좌표와 같다.

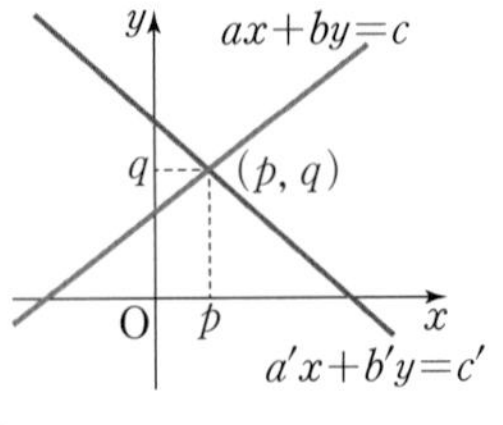

예 두 일차방정식 $3x-4y=-12$, $2x+y=14$의 그래프는 오른쪽 그림과 같다. 두 그래프의 교점의 좌표가 $(4, 6)$이므로 연립방정식 $\begin{cases} 3x-4y=-12 \\ 2x+y=14 \end{cases}$의 해는 $x=4$, $y=6$

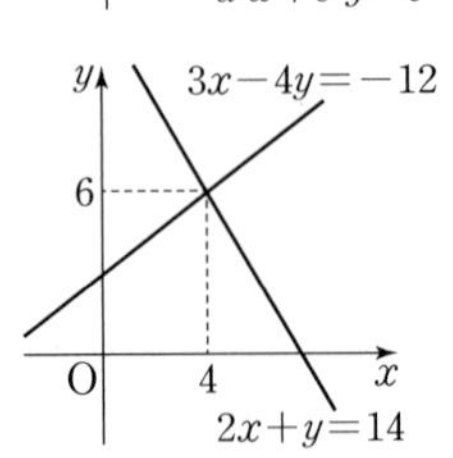

- 연립일차방정식 $\begin{cases} ax+by=c \\ a'x+b'y=c' \end{cases}$의 해는 두 일차함수 $y=-\frac{a}{b}x+\frac{c}{b}$, $y=-\frac{a'}{b'}x+\frac{c'}{b'}$의 그래프의 교점의 좌표와 같다.

개념 확인 문제 1

오른쪽 그림의 좌표평면 위에 두 일차방정식 $2x-y=0$, $x+y=3$의 그래프를 그리고, 이를 이용해서 연립방정식 $\begin{cases} 2x-y=0 \\ x+y=3 \end{cases}$의 해를 구하시오.

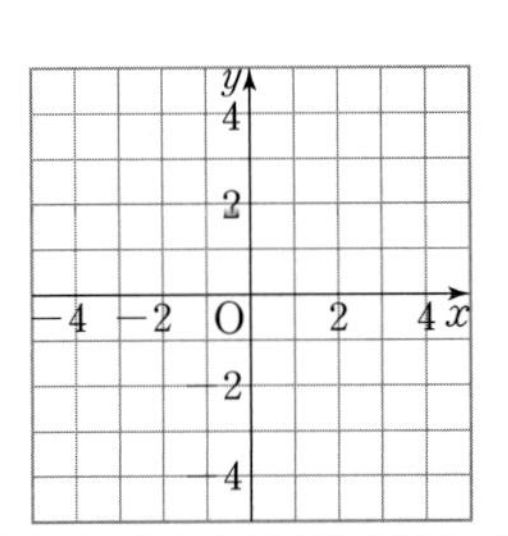

개념 2 연립일차방정식의 해의 개수와 그래프의 위치 관계

연립일차방정식 $\begin{cases} ax+by=c \\ a'x+b'y=c' \end{cases}$의 해의 개수는 두 일차방정식 $ax+by=c$, $a'x+b'y=c'$의 그래프의 교점의 개수와 같다.

두 일차방정식의 위치 관계	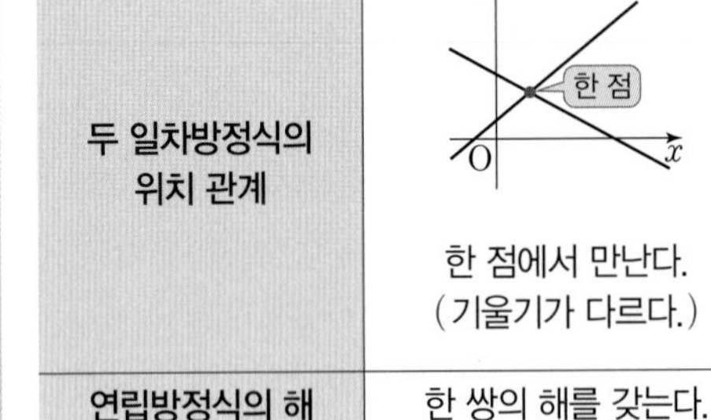 한 점에서 만난다. (기울기가 다르다.)	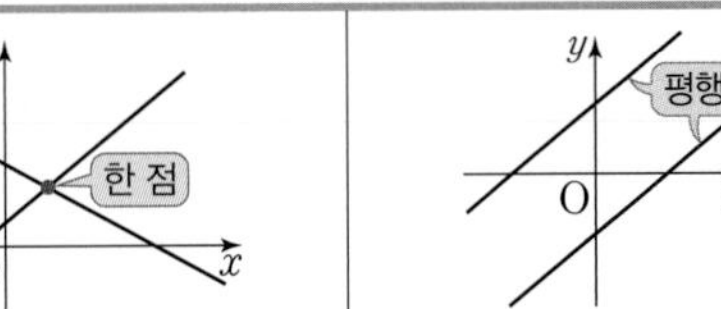 평행하다. (기울기는 같고, y절편은 다르다.)	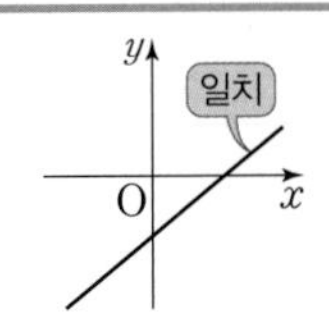 일치한다. (기울기와 y절편이 모두 같다.)
연립방정식의 해	한 쌍의 해를 갖는다.	해가 없다.	해가 무수히 많다.

- 연립일차방정식 $\begin{cases} ax+by=c \\ a'x+b'y=c' \end{cases}$에서
① $\frac{a}{a'} \neq \frac{b}{b'}$이면 한 쌍의 해를 갖는다.
② $\frac{a}{a'} = \frac{b}{b'} \neq \frac{c}{c'}$이면 해가 없다.
③ $\frac{a}{a'} = \frac{b}{b'} = \frac{c}{c'}$이면 해가 무수히 많다.

개념 확인 문제 2

연립방정식 $\begin{cases} ax+y=2 \\ 4x-2y=-2b \end{cases}$의 해가 다음과 같을 때, 상수 a, b의 조건을 구하시오.

(1) 해가 한 쌍이다. (2) 해가 없다. (3) 해가 무수히 많다.

대표예제

정답과 풀이 • 61쪽

예제 1 연립일차방정식의 해와 그래프(1)

연립방정식 $\begin{cases} 2x-y=a \\ x+2y=b \end{cases}$에서 두 일차방정식의 그래프가 오른쪽 그림과 같을 때, 상수 a, b에 대하여 $a+b$의 값은?

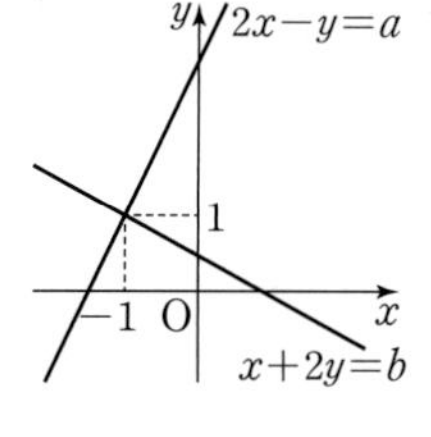

① -4 ② -2
③ 2 ④ 4
⑤ 6

| 풀이전략 |

연립일차방정식 $\begin{cases} ax+by=c \\ a'x+b'y=c' \end{cases}$의 해는 두 일차방정식 $ax+by=c$, $a'x+b'y=c'$의 그래프의 교점의 좌표와 같다.

| 풀이 |

교점의 좌표가 $(-1,\ 1)$이므로

$2x-y=a$에 $x=-1$, $y=1$을 대입하면

$2\times(-1)-1=a$, $a=-3$

$x+2y=b$에 $x=-1$, $y=1$을 대입하면

$-1+2\times1=b$, $b=1$

따라서 $a+b=-3+1=-2$

 ②

유제 1

9201-0499

연립방정식 $\begin{cases} x+y=a \\ x+by=-1 \end{cases}$에서 두 일차방정식의 그래프가 오른쪽 그림과 같을 때, 상수 a, b에 대하여 $a-b$의 값은?

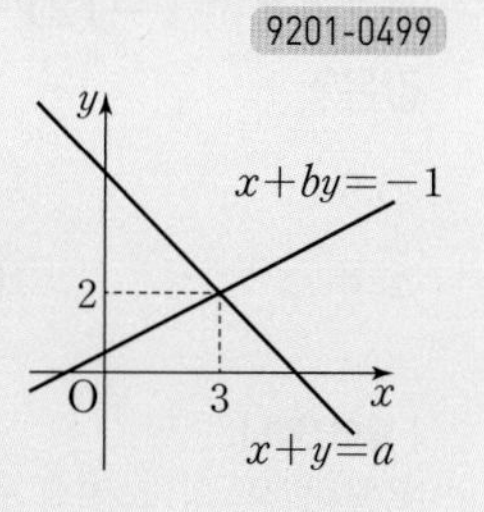

① 5 ② 6
③ 7 ④ 8
⑤ 9

유제 2

9201-0500

두 일차방정식 $-2x-3y=6$, $3x-ay=10$의 그래프의 교점이 y축 위에 있을 때, 상수 a의 값을 구하시오.

예제 2 연립일차방정식의 해와 그래프(2)

두 일차방정식 $x-2y=2$, $3x-y=-4$의 그래프의 교점의 좌표가 $(a,\ b)$일 때, $2a+b$의 값은?

① -6 ② -4 ③ -2
④ 2 ⑤ 4

| 풀이전략 |

두 일차방정식 $ax+by=c$, $a'x+b'y=c'$의 그래프의 교점의 좌표는 연립일차방정식 $\begin{cases} ax+by=c \\ a'x+b'y=c' \end{cases}$의 해와 같다.

| 풀이 |

연립방정식 $\begin{cases} x-2y=2 \\ 3x-y=-4 \end{cases}$의 해가 $x=-2$, $y=-2$이므로

$a=-2$, $b=-2$

따라서 $2a+b=2\times(-2)+(-2)=-6$

답 ①

유제 3

9201-0501

두 직선 $2x+3y-3=0$, $x-y=4$의 교점의 좌표가 $(a,\ b)$일 때, ab의 값은?

① -7 ② -6 ③ -5
④ -4 ⑤ -3

유제 4

9201-0502

오른쪽 그림과 같은 두 일차방정식의 그래프의 교점의 좌표가 $(p,\ q)$일 때, $q-p$의 값을 구하시오.

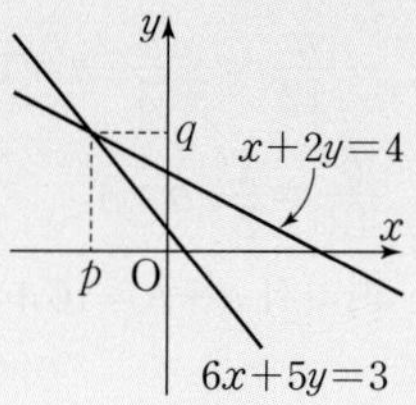

대표예제

정답과 풀이 • 62쪽

예제 3 연립일차방정식의 해의 개수와 그래프(1)

연립방정식 $\begin{cases} ax-2y=4 \\ -12x+3y=1 \end{cases}$의 해가 없을 때, 상수 a의 값은?

① 5 ② 6 ③ 7
④ 8 ⑤ 9

| 풀이전략 |
두 일차방정식의 그래프의 기울기는 같고, y절편이 다르면 두 그래프는 평행하다. 즉, 연립방정식의 해가 없다.

| 풀이 |
연립방정식 $\begin{cases} ax-2y=4 \\ -12x+3y=1 \end{cases}$에서 $\begin{cases} y=\frac{a}{2}x-2 \\ y=4x+\frac{1}{3} \end{cases}$

해가 없으므로

$\frac{a}{2}=4$

따라서 $a=8$

답 ④

유제 5

9201-0503

연립방정식 $\begin{cases} 2x-3y=2 \\ ax+6y=3 \end{cases}$의 해가 없을 때, 상수 a의 값은?

① -6 ② -4 ③ -2
④ 2 ⑤ 4

유제 6

9201-0504

연립방정식 $\begin{cases} ax+2y=b \\ 5x+4y=-6 \end{cases}$의 해가 없을 때, 상수 a, b의 조건을 구하시오.

예제 4 연립일차방정식의 해의 개수와 그래프(2)

연립방정식 $\begin{cases} ax+12y=b \\ -4x-3y=-1 \end{cases}$의 해가 무수히 많을 때, 상수 a, b에 대하여 $a+b$의 값은?

① 16 ② 17 ③ 18
④ 19 ⑤ 20

| 풀이전략 |
두 일차방정식의 그래프의 기울기와 y절편이 같으면 두 그래프는 일치한다. 즉, 연립방정식의 해가 무수히 많다.

| 풀이 |
연립방정식 $\begin{cases} ax+12y=b \\ -4x-3y=-1 \end{cases}$에서 $\begin{cases} y=-\frac{a}{12}x+\frac{b}{12} \\ y=-\frac{4}{3}x+\frac{1}{3} \end{cases}$

해가 무수히 많으므로

$-\frac{a}{12}=-\frac{4}{3}$, $a=16$

$\frac{b}{12}=\frac{1}{3}$, $b=4$

따라서 $a+b=16+4=20$

답 ⑤

유제 7

9201-0505

두 일차방정식 $ax+7y=4$, $8x-14y=b$의 그래프가 일치할 때, 상수 a, b에 대하여 ab의 값은?

① 30 ② 32 ③ 34
④ 36 ⑤ 38

유제 8

9201-0506

두 직선 $10x-15y=a$, $bx-3y=2$의 교점이 무수히 많을 때, 상수 a, b에 대하여 $2a+b$의 값을 구하시오.

9201-0507

01 연립방정식 $\begin{cases} 3x+2y=a \\ 4x-3y=b \end{cases}$에서 두 일차방정식의 그래프가 오른쪽 그림과 같을 때, 상수 a, b에 대하여 $a+b$의 값은?

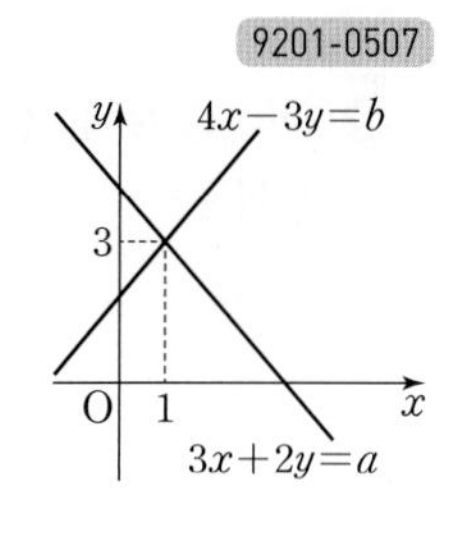

① 2　② 4　③ 6　④ 8　⑤ 10

9201-0508

02 두 일차방정식 $-2x+ay=-5$, $bx-y=-5$의 그래프의 교점의 좌표가 $(-2,\ -3)$일 때, 상수 a, b에 대하여 $2a+b$의 값은?

① 6　② 8　③ 10　④ 12　⑤ 14

9201-0509

03 두 일차방정식 $5x-y=1$, $2x+y=6$의 그래프의 교점의 좌표가 (a, b)일 때, $b-a$의 값은?

① 3　② 5　③ 7　④ 9　⑤ 11

9201-0510

04 세 직선 $x+2y=4$, $2x-ay=-4$, $3x-4y=2$가 한 점에서 만날 때, 상수 a의 값은?

① 5　② 6　③ 7　④ 8　⑤ 9

9201-0511

05 두 일차방정식 $6x-4y=3$, $kx+2y=k+2$의 그래프의 교점이 x축 위에 있을 때, 상수 k의 값은?

① -6　② $-\frac{11}{2}$　③ -5　④ $-\frac{9}{2}$　⑤ -4

9201-0512

06 오른쪽 그림과 같이 두 직선 $x-2y=4$, $x+y=1$과 y축으로 둘러싸인 도형의 넓이를 구하시오.

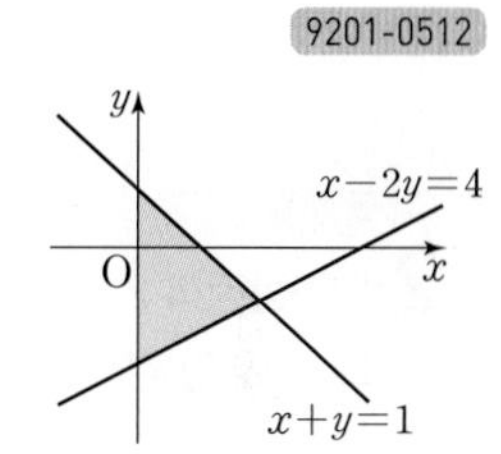

9201-0513

07 다음 연립방정식 중 해가 없는 것은?

① $\begin{cases} x+y=5 \\ x+2y=1 \end{cases}$　② $\begin{cases} 3x-2y=2 \\ -6x+4y=-4 \end{cases}$

③ $\begin{cases} 6x-9y=3 \\ 2x-3y=-1 \end{cases}$　④ $\begin{cases} 10x-2y=2 \\ 5x-y=1 \end{cases}$

⑤ $\begin{cases} x=2y-12 \\ 2x-y=-1 \end{cases}$

9201-0514

08 두 직선 $(a-3)x+2y=12$, $4x-y=b$의 교점이 무수히 많을 때, 상수 a, b에 대하여 $a+b$의 값은?

① -12　② -11　③ -10　④ -9　⑤ -8

Level 1

9201-0515

01 다음 일차함수 중 그 그래프가 일차방정식 $6x-2y+10=0$의 그래프와 일치하는 것은?

① $y=-3x+5$ ② $y=-3x-5$
③ $y=-3x-2$ ④ $y=3x-5$
⑤ $y=3x+5$

중요 9201-0516

02 일차방정식 $3x-5y-8=0$의 그래프가 점 $(a, 2)$를 지날 때, a의 값은?

① 3 ② 4 ③ 5
④ 6 ⑤ 7

9201-0517

03 일차방정식 $5x+2y+8=0$의 그래프가 지나지 않는 사분면은?

① 제1사분면 ② 제2사분면
③ 제3사분면 ④ 제4사분면
⑤ 제1, 3사분면

9201-0518

04 다음 일차방정식의 그래프 중에서 x축에 평행한 것은?

① $y=x$ ② $2x-3=0$
③ $x+y+2=0$ ④ $4y+8=0$
⑤ $y=3x-1$

9201-0519

05 다음 중 두 점 $(-5, 4)$, $(-5, -4)$를 지나는 직선의 방정식은?

① $2x+5=0$ ② $2x+10=0$
③ $2y-8=0$ ④ $3y+12=0$
⑤ $2x+y-10=0$

9201-0520

06 연립방정식 $\begin{cases} 2x+3y=a \\ 2x-5y=b \end{cases}$에서 두 일차방정식의 그래프가 오른쪽 그림과 같을 때, 상수 a, b에 대하여 $a-b$의 값은?

① 4 ② 5 ③ 6
④ 7 ⑤ 8

9201-0521

07 두 일차방정식 $2x+y=1$, $x-y=-10$의 그래프의 교점의 좌표를 (a, b)라고 할 때, $a+b$의 값은?

① 4 ② 6 ③ 8
④ 10 ⑤ 12

9201-0522

08 연립방정식 $\begin{cases} 3x-4y=7 \\ ax+12y=2 \end{cases}$의 해가 없을 때, 상수 a의 값을 구하시오.

Level 2

9201-0523

09 다음 중 일차방정식 $6x-10y+5=0$의 그래프에 대한 설명으로 옳지 않은 것은?

① 일차함수 $y=\frac{3}{5}x-1$의 그래프와 평행하다.
② y절편은 $\frac{1}{2}$이다.
③ x절편은 $-\frac{5}{6}$이다.
④ 제3사분면을 지나지 않는다.
⑤ 오른쪽 위로 향하는 직선이다.

9201-0524

10 일차방정식 $12x-8y-16=0$의 그래프를 y축의 방향으로 8만큼 평행이동한 직선을 그래프로 하는 일차함수의 식은?

① $y=-\frac{3}{2}x-6$　② $y=-\frac{3}{2}x-2$
③ $y=\frac{2}{3}x+6$　④ $y=\frac{3}{2}x-2$
⑤ $y=\frac{3}{2}x+6$

중요

9201-0525

11 일차방정식 $ax+2y+6=0$의 그래프를 y축의 방향으로 -3만큼 평행이동한 그래프가 점 $(-4, a)$를 지날 때, a의 값은?

① 3　② 4　③ 5
④ 6　⑤ 7

9201-0526

12 일차방정식 $-ax+by+6=0$의 그래프가 오른쪽 그림과 같을 때, 상수 a, b에 대하여 ab의 값은?

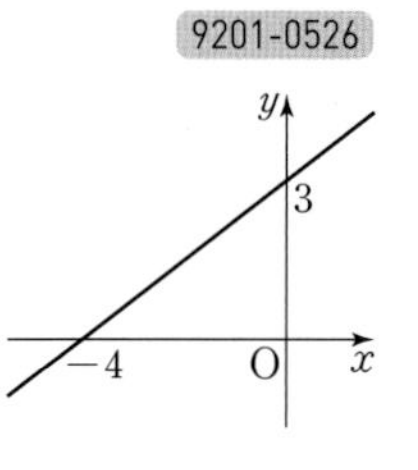

① 3　② 4
③ 5　④ 6
⑤ 7

9201-0527

13 일차방정식 $ax+4y-12=0$의 그래프가 일차함수 $y=\frac{5}{2}x+\frac{3}{2}$의 그래프와 평행하고, 점 $(-6, b)$를 지날 때, $a-b$의 값은? (단, a는 상수)

① -4　② -2　③ 2
④ 4　⑤ 6

중요

9201-0528

14 점 (a, b)가 제4사분면 위의 점일 때, 일차방정식 $ax+3y+b=0$의 그래프가 지나지 않는 사분면은?

① 제1사분면　② 제2사분면
③ 제3사분면　④ 제4사분면
⑤ 제2, 4사분면

9201-0529

15 다음 중 일차방정식 $2x+6=0$의 그래프에 대한 설명으로 옳은 것을 모두 고르면? (정답 2개)

① x축에 평행하다.
② x축에 수직이다.
③ 일차방정식 $x=3$의 그래프와 만난다.
④ 점 $(6, 1)$을 지난다.
⑤ 제2, 3사분면을 지난다.

9201-0530

16 다음 중 점 $(-5, 2)$를 지나고 x축에 평행한 직선의 방정식은?

① $3(x+1)=6$　② $2(x-4)=2$
③ $\frac{1}{2}(y-4)=-1$　④ $3(y+1)=6$
⑤ $-2(y+6)=2$

9201-0531

17 두 점 $(a, a-3)$, $(-a+8, 3a+11)$을 지나는 직선이 x축에 평행할 때, a의 값은?

① -7　② -6　③ -5　④ -4　⑤ -3

9201-0532

18 일차방정식 $-2x+ay+3=b$의 그래프가 오른쪽 그림과 같이 y축에 평행할 때, 상수 a, b에 대하여 $a+b$의 값은?

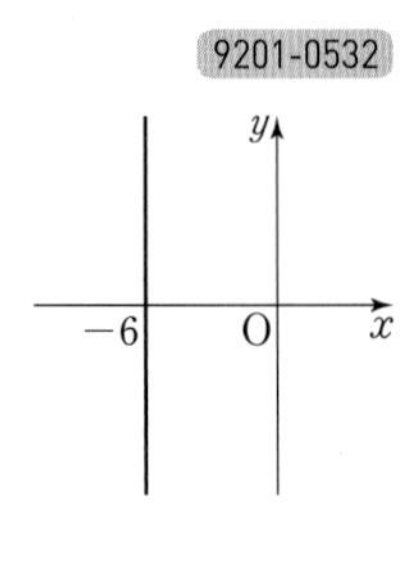

① 11　② 12　③ 13　④ 14　⑤ 15

중요

9201-0533

19 일차방정식 $ax-by+c=0$의 그래프가 오른쪽 그림과 같을 때, 다음 중 일차방정식 $ax+cy-b=0$의 그래프는? (단, a, b, c는 상수)

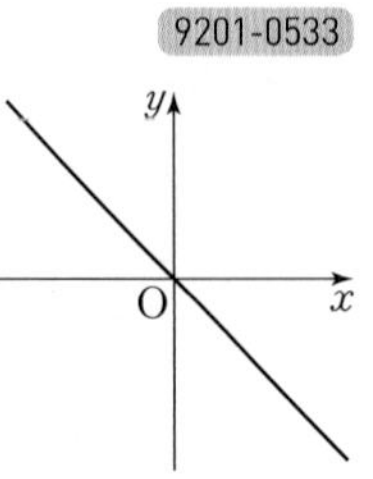

①

②
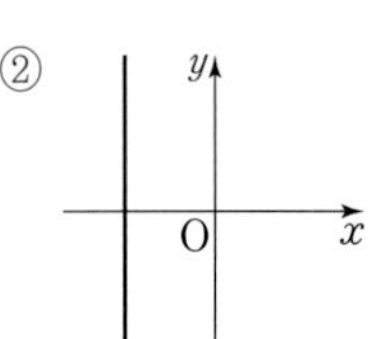

③

④
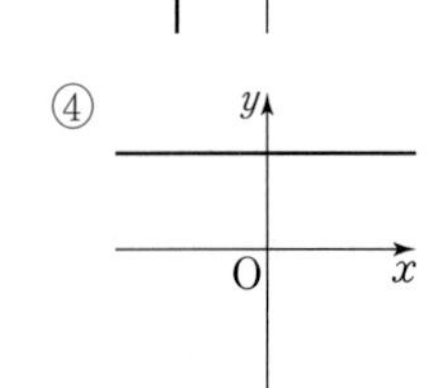

⑤

9201-0534

20 네 직선 $x-2=0$, $2(x-4)=8$, $3y+9=0$, $y-4=0$으로 둘러싸인 도형의 넓이는?

① 40　② 42　③ 44　④ 46　⑤ 48

중요

9201-0535

21 두 일차방정식 $-6x+ay+3=0$, $2x-5y+5=0$의 그래프의 교점의 좌표가 $(k, 3)$일 때, $a+k$의 값은? (단, a는 상수)

① 10　② 11　③ 12　④ 13　⑤ 14

9201-0536

22 연립방정식 $\begin{cases} x+ay=-8 \\ x+y=b \end{cases}$에서 두 일차방정식의 그래프가 오른쪽 그림과 같을 때, 상수 a, b에 대하여 ab의 값은?

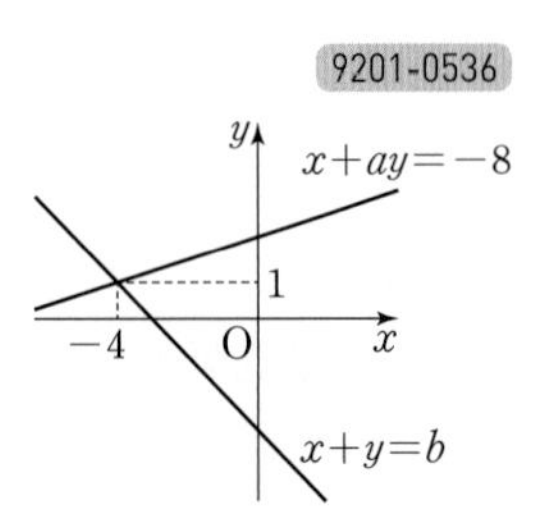

① 10　② 12　③ 14　④ 16　⑤ 18

9201-0537

23 두 일차방정식 $2x-3y=-1$, $3x-y=2$의 그래프의 교점을 지나고, 일차방정식 $4x+5y-1=0$의 그래프와 평행한 일차함수의 식을 구하시오.

9201-0538

24 두 일차방정식 $5x+4y-6=0$, $-x-2y+6=0$의 그래프의 교점이 일차함수 $y=3ax-14$의 그래프 위에 있을 때, 상수 a의 값은?

① -7 ② -6 ③ -5
④ -4 ⑤ -3

9201-0539

25 연립방정식 $\begin{cases} 2ax+y=-2 \\ 6x-y=b \end{cases}$의 해가 없을 때, 상수 a, b의 조건은?

① $a=-6$, $b\neq-2$ ② $a=-6$, $b=2$
③ $a=-3$, $b\neq2$ ④ $a=-3$, $b=-2$
⑤ $a=6$, $b\neq2$

중요

9201-0540

26 다음 중 일차방정식 $3x-2y-12=0$의 그래프와 한 점에서 만나는 직선은?

① $6x-4y-12=0$
② $-3x+2y-12=0$
③ $9x-6y-36=0$
④ $-12x+4y-16=0$
⑤ $\frac{x}{2}-\frac{y}{3}=2$

9201-0541

27 연립방정식 $\begin{cases} -4x+2y+2=a \\ (b-1)x-4y=8 \end{cases}$의 해가 무수히 많을 때, 상수 a, b에 대하여 $b-a$의 값을 구하시오.

Level 3

9201-0542

28 일차방정식 $ax+by+c=0$의 그래프가 오른쪽 그림과 같을 때, 일차방정식 $bx-cy+a=0$의 그래프가 지나지 않는 사분면을 구하시오.

(단, a, b, c는 상수)

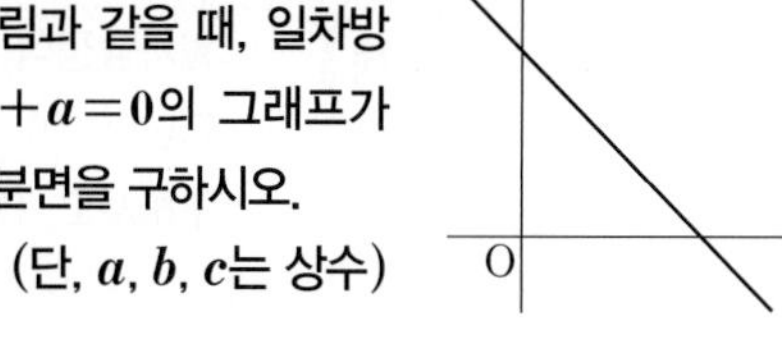

9201-0543

29 일차함수 $y=x+k$의 그래프가 일차방정식 $4x+20=0$, $2(x-1)=10$, $3y+15=0$, $y-1=0$의 그래프로 둘러싸인 도형의 넓이를 이등분할 때, 상수 k의 값을 구하시오.

9201-0544

30 오른쪽 그림은 연립방정식 $\begin{cases} ax-2by=10 \\ (a+1)x+2y=-4b-8 \end{cases}$의 해를 구하기 위해 두 일차방정식의 그래프를 각각 나타낸 것이다. 두 일차방정식의 그래프의 교점의 좌표가 $(-2, -4)$일 때, 상수 a, b에 대하여 $a+b$의 값을 구하시오.

서술형으로 중단원 마무리

9201-0545

일차방정식 $ax-4y+12=0$의 그래프를 y축의 방향으로 -8만큼 평행이동한 그래프가 점 $(2,\ -6)$을 지난다. 이 평행이동한 일차함수의 그래프의 기울기를 m, y절편을 n이라고 할 때, $a+2m+n$의 값을 구하시오. (단, a는 상수)

풀이

$ax-4y+12=0$에서 $y=\frac{a}{4}x+\square$

$y=\frac{a}{4}x+\square$의 그래프를 y축의 방향으로 -8만큼 평행이동하면

$y=\frac{a}{4}x-\square$

이 식에 $x=2$, $y=-6$을 대입하면

$a=\square$

즉, 구하는 일차함수의 식은 $y=\square x-\square$

따라서 $m=\square$, $n=\square$이므로

$a+2m+n-\square$

9201-0546

일차방정식 $12x-3y+a=0$의 그래프를 y축의 방향으로 6만큼 평행이동한 그래프가 점 $(-3,\ a)$를 지난다. 이 평행이동한 일차함수의 그래프의 x절편은 m, y절편은 n일 때, $a+8m+n$의 값을 구하시오. (단, a는 상수)

9201-0547

1 일차방정식 $ax-12y+b=0$의 그래프는 점 $(2, 3)$을 지나고, y절편이 $\frac{4}{3}$, 기울기가 m이다. 이때 $a+b+6m$의 값을 구하시오. (단, a, b는 상수)

9201-0548

2 두 일차방정식 $4x-y+1=0$, $7x+2y=17$의 그래프의 교점을 지나고, x축에 평행한 직선을 그래프로 하는 일차방정식이 $ax+by-15=0$일 때, $a+b$의 값을 구하시오. (단, a, b는 상수)

9201-0549

3 두 일차방정식 $3x-4y=-12$, $2x+y=14$의 그래프가 오른쪽 그림과 같을 때, 사각형 ABOC의 넓이를 구하시오.

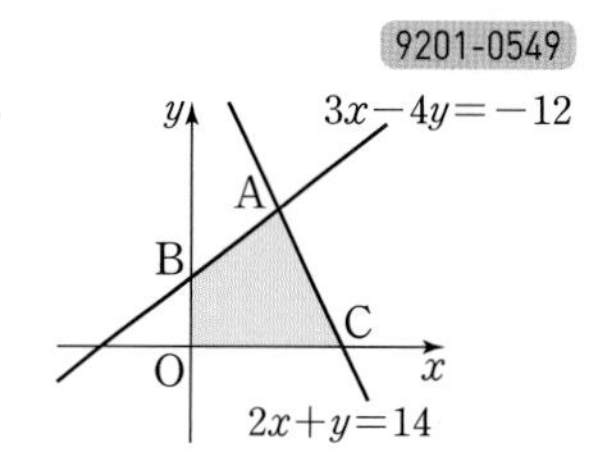

9201-0550

4 일차방정식 $ax+by-4=0$의 그래프는 일차방정식 $6x-4y+2=0$의 그래프와 서로 평행하고, 일차방정식 $5x-2y+2=0$의 그래프와 y축에서 만난다. 상수 a, b에 대하여 $2b-a$의 값을 구하시오.

MEMO

MEMO

MEMO

EBS 중학

뉴런

| 수학 2(상) |

미니북

I 수와 식의 계산

1 유리수의 소수 표현

1. 유리수와 소수

(1) ❶ ☐ : 분수 $\frac{a}{b}$ (a, b는 정수, $b \neq 0$) 꼴로 나타낼 수 있는 수

(2) **소수의 분류**

① ❷ ☐ **소수** : 소수점 아래의 0이 아닌 숫자가 유한개인 소수

예 0.1, 0.25, 1.82, 30.471

② ❸ ☐ **소수** : 소수점 아래의 0이 아닌 숫자가 무한히 많은 소수

예 0.3333 ⋯, -2.151515 ⋯, 8.7625439 ⋯

2. 순환소수

(1) **순환소수** : 무한소수 중에서 소수점 아래의 어떤 자리에서부터 일정한 숫자의 배열이 한없이 되풀이되는 소수

(2) ❹ ☐ : 순환소수의 소수점 아래의 어떤 자리에서부터 한없이 되풀이되는 가장 짧은 한 부분

예

순환소수	순환마디	순환소수의 표현
0.1111 ⋯	1	$0.\dot{1}$
0.232323 ⋯	❺ ☐	$0.\dot{2}\dot{3}$
2.456456 ⋯	456	❻ ☐

3. 유한소수로 나타낼 수 있는 분수

(1) 분수의 분모와 분자에 적당한 수를 각각 곱하여 분모를 ❼ ☐의 거듭제곱의 꼴로 고칠 수 있으면 분수를 유한소수로 나타낼 수 있다.

예 $\frac{1}{4}=\frac{1}{2^2}=\frac{1\times5^2}{2^2\times5^2}=\frac{25}{100}=0.25$

(2) 정수가 아닌 유리수를 기약분수로 나타내었을 때, 분모의 소인수가 ❽ ☐ 또는 ❾ ☐뿐인 유리수는 유한소수로 나타낼 수 있다.

4. 순환소수로 나타낼 수 있는 분수

정수가 아닌 유리수를 기약분수로 나타내었을 때, 분모가 2 또는 5 이외의 소인수를 가지는 유리수는 ❿ ☐소수로 나타낼 수 있다.

답 ❶ 유리수 ❷ 유한 ❸ 무한 ❹ 순환마디 ❺ 23 ❻ $2.\dot{4}5\dot{6}$ ❼ 10 ❽ 2 ❾ 5 ❿ 순환

01

다음 중 순환소수의 표현이 옳은 것을 모두 고르면? (정답 2개)

① $0.777\cdots=0.\dot{7}\dot{7}$

② $3.343434\cdots=\dot{3}.3\dot{4}$

③ $0.01474747\cdots=0.01\dot{4}\dot{7}$

④ $0.5626262\cdots=0.\dot{5}6\dot{2}$

⑤ $0.0476476476\cdots=0.0\dot{4}7\dot{6}$

02

분수 $\frac{5}{33}$를 소수로 나타내었을 때, 소수점 아래 25번째 자리의 숫자를 구하시오.

03

다음 분수 중 유한소수로 나타낼 수 없는 것은?

① $\frac{7}{5\times14}$ ② $\frac{6}{2^5\times3}$

③ $\frac{99}{2^2\times5^3\times11}$ ④ $\frac{26}{5^3\times13}$

⑤ $\frac{3}{2^4\times3^2\times5}$

04

분수 $\frac{21}{108}\times a$를 소수로 나타내면 유한소수가 될 때, 자연수 a의 값 중 가장 작은 것은?

① 3 ② 9 ③ 18

④ 27 ⑤ 81

답 01 ③, ⑤ 02 1 03 ⑤ 04 ②

2 순환소수의 분수 표현

1. 순환소수를 분수로 나타내기(1)

(1) $x=0.\dot{6}$ ➡ ❶□$x=6.666\cdots$
−) $x=0.666\cdots$
❷□$x=6$

따라서 $x=$ ❸ $\frac{6}{\square}=$ ❹□

(2) $x=0.1\dot{2}\dot{3}$ ➡ $1000x=123.2323\cdots$
−) ❺□$x=\ \ 1.2323\cdots$
❻□$x=122$

따라서 $x=$ ❼ $\frac{122}{\square}=$ ❽□

2. 순환소수를 분수로 나타내기(2)

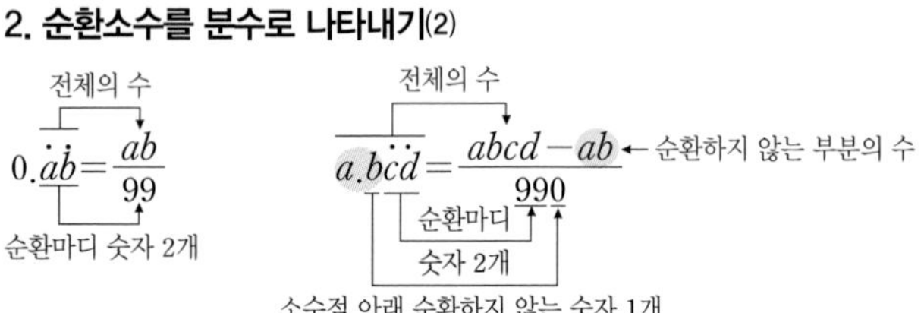

예 $0.\dot{2}=\frac{2}{9}$, $0.\dot{1}\dot{2}=\frac{❾\square}{99}=$ ❿□

$1.2\dot{4}\dot{3}=\frac{1243-❶❶\square}{990}=\frac{❶❷\square}{990}$

3. 유리수와 순환소수의 관계

(1) 정수가 아닌 유리수는 유한소수 또는 ⓭□소수로 나타낼 수 있다.

(2) 유한소수와 순환소수는 모두 ⓮□이다.

소수 { 유한소수 ─────────── ➡ 유리수
무한소수 { 순환소수 ─────┘
순환하지 않는 무한소수 ➡ 유리수가 아니다.

답 ❶ 10 ❷ 9 ❸ 9 ❹ $\frac{2}{3}$ ❺ 10 ❻ 990 ❼ 990 ❽ $\frac{61}{495}$ ❾ 12 ❿ $\frac{4}{33}$ ⓫ 12 ⓬ 1231 ⓭ 순환 ⓮ 유리수

05

순환소수 $3.1\dot{9}\dot{2}$를 분수로 나타내려고 한다. $x=3.1\dot{9}\dot{2}$라고 할 때, 가장 편리한 식은?

① $10x-x$
② $100x-10x$
③ $1000x-x$
④ $1000x-10x$
⑤ $1000x-100x$

06

다음 중 순환소수를 분수로 나타낸 것으로 옳은 것은?

① $2.\dot{3}\dot{4}=\frac{13}{55}$
② $0.1\dot{4}=\frac{7}{45}$
③ $0.7\dot{5}\dot{8}=\frac{751}{990}$
④ $0.\dot{6}0\dot{3}=\frac{67}{11}$
⑤ $1.\dot{8}=2$

07

$3.\dot{2}$보다 $0.\dot{8}$만큼 작은 수는?

① $2.\dot{3}$
② $2.3\dot{4}$
③ $2.\dot{4}$
④ $2.4\dot{3}$
⑤ $2.\dot{5}$

08

다음 중 옳은 것을 모두 고르면? (정답 2개)

① 모든 유한소수는 유리수이다.
② 모든 무한소수는 유리수이다.
③ 정수가 아닌 유리수는 모두 유한소수로 나타낼 수 있다.
④ 모든 순환소수는 분수로 나타낼 수 있다.
⑤ 분모에 2 또는 5 이외의 소인수를 가지는 기약분수는 유한소수로 나타내어진다.

답 05 ④ 06 ③ 07 ① 08 ①, ④

3 지수법칙

1. 지수법칙(1)

m, n이 자연수일 때

$$a^m \times a^n = a^{m+n}$$

예 $a^3 \times a^5 = a^{3+❶\square} = a^{❷\square}$

$x^2 \times x^4 \times x^3 = x^{2+❸\square+❹\square} = x^{❺\square}$

지수의 합

$a^m \times a^n = a^{m+n}$

2. 지수법칙(2)

m, n이 자연수일 때

$$(a^m)^n = a^{mn}$$

예 $(a^4)^3 = a^{4\times❻\square} = a^{❼\square}$

지수의 곱

$(a^m)^n = a^{mn}$

3. 지수법칙(3)

$a \neq 0$이고, m, n이 자연수일 때

(1) $m > n$이면 $a^m \div a^n = a^{m-n}$

(2) $m = n$이면 $a^m \div a^n = 1$

(3) $m < n$이면 $a^m \div a^n = \dfrac{1}{a^{n-m}}$

예 $a^5 \div a^2 = a^{5-❽\square} = a^{❾\square}$, $x^4 \div x^4 = ❿\square$

$y^3 \div y^8 = \dfrac{1}{y^{⓫\square-3}} = \dfrac{1}{y^{⓬\square}}$

지수의 차

$a^m \div a^n = a^{m-n}$

지수의 차

$a^m \div a^n = \dfrac{1}{a^{n-m}}$

4. 지수법칙(4)

m이 자연수일 때

(1) $(ab)^m = a^m b^m$

(2) $\left(\dfrac{a}{b}\right)^m = \dfrac{a^m}{b^m}$ (단, $b \neq 0$)

예 $(xy)^3 = x^{⓭\square}y^3$, $\left(\dfrac{2}{a}\right)^2 = \dfrac{2^{⓮\square}}{a^2} = \dfrac{⓯\square}{a^2}$

$(ab)^m = a^m b^m$

$\left(\dfrac{a}{b}\right)^m = \dfrac{a^m}{b^m}$

답 ❶ 5 ❷ 8 ❸ 4 ❹ 3 ❺ 9 ❻ 3 ❼ 12 ❽ 2 ❾ 3 ❿ 1 ⓫ 8 ⓬ 5 ⓭ 3 ⓮ 2 ⓯ 4

09

$(a^3)^2\times(a^2)^4$을 간단히 한 것은?

① a^8 ② a^{10} ③ a^{12}
④ a^{14} ⑤ a^{16}

10

다음 중 옳지 않은 것은?

① $x^4\times x^2=x^6$
② $(x^5)^4=x^{20}$
③ $x^3\div x^7=x^4$
④ $\left(\frac{-2}{x}\right)^3=-\frac{8}{x^3}$
⑤ $(a^2b)^3=a^6b^3$

11

$2^{14}+2^{14}+2^{14}+2^{14}=2^n$일 때, 자연수 n의 값은?

① 14 ② 15 ③ 16
④ 17 ⑤ 18

12

$3^x=a$일 때, $3^{x+2}+3^x$을 a를 사용하여 나타낸 것은?

① $2a$ ② $4a$ ③ $7a$
④ $10a$ ⑤ $13a$

답 09 ④ 10 ③ 11 ③ 12 ④

4 다항식의 덧셈과 뺄셈

1. 일차식의 덧셈과 뺄셈

괄호가 있으면 먼저 괄호를 풀고 동류항끼리 모아서 간단히 한다.

예 $(3a-4b)-(-2a+b)$
$=3a-4b+2a-b$
$=3a+2a-4b-b$
$=$ ❸□$a-$❹□b

❶□를 푼다.
❷□끼리 모은다.
간단히 한다.

2. 다항식의 덧셈과 뺄셈

(1) **이차식의 덧셈과 뺄셈**

① **이차식 :** 한 문자에 대한 차수가 ❺□인 다항식을 그 문자에 대한 이차식이라고 한다.

예 $2x^2-5x+2$ ➡ x에 대한 이차식
$-5y^2+4y-1$ ➡ y에 대한 이차식

② **이차식의 덧셈과 뺄셈 :** 괄호가 있으면 먼저 괄호를 풀고 ❻□끼리 모아서 간단히 한다.

예 $(2x^2+2x+1)+3(x^2-2x+3)=2x^2+2x+1+3x^2-6x+9$
$=2x^2+3x^2+2x-6x+1+9$
$=$ ❼□x^2-❽□$x+$❾□

(2) **괄호가 있는 다항식의 덧셈과 뺄셈**

여러 가지 괄호가 있는 다항식의 덧셈과 뺄셈은 소괄호, 중괄호, 대괄호 순으로 풀어서 간단히 한다.

예 $x-[2y-\{3x-(x+y)\}]=x-\{2y-(3x-x-y)\}$
$=x-\{2y-(2x-y)\}=x-(2y-2x+y)$
$=x-(-2x+3y)=x+2x-3y$
$=3x-3y$

답 ❶ 괄호 ❷ 동류항 ❸ 5 ❹ 5 ❺ 2 ❻ 동류항 ❼ 5 ❽ 4 ❾ 10

13

$3(a-2b+4)-(2a+b-1)$을 계산한 것은?

① $a-7b+9$
② $a-7b+13$
③ $3a-5b+13$
④ $3a-5b+9$
⑤ $5a-7b+13$

14

$\left(\frac{1}{2}x^2-2x+\frac{1}{2}\right)+\left(-\frac{5}{2}x^2-\frac{1}{2}x+\frac{3}{2}\right)$
$=ax^2+bx+c$
일 때, 상수 a, b, c에 대하여 $a-4b-c$의 값은?

① 4 ② 5 ③ 6
④ 7 ⑤ 8

15

$x-[2y-\{6y+4x-(2x-2y)\}]$를 계산한 것은?

① $3x-6y$ ② $3x+6y$
③ $4x-6y$ ④ $4x+6y$
⑤ $5x-2y$

16

어떤 다항식에 x^2-3x+2를 더해야 할 것을 잘못하여 빼었더니 x^2-3x가 되었다. 이때 옳게 계산한 식을 구하시오.

답 **13** ② **14** ③ **15** ② **16** $3x^2-9x+4$

5 다항식의 곱셈과 나눗셈

1. 단항식과 다항식의 곱셈

(1) **단항식의 곱셈 :** 단항식의 곱셈은 계수는 ❶☐끼리, 문자는 ❷☐끼리 곱하여 계산한다. 이때 같은 문자끼리의 곱셈은 지수법칙을 이용하여 간단히 한다.

예 $3a\times(-2b)=3\times(-2)\times a\times b=-6ab$

(2) **단항식과 다항식의 곱셈**

① **(단항식)×(다항식)의 계산 :** ❸☐법칙을 이용하여 단항식을 다항식의 각 항에 곱한다.

예 $-3x(x+2y-3)=-3x\times x+(-3x)\times 2y+(-3x)\times(-3)$

$=-3x^2-6xy+9x$

② ❹☐: 단항식과 다항식의 곱셈을 분배법칙을 이용하여 하나의 다항식으로 나타내는 것

2. 다항식과 단항식의 나눗셈

(1) **단항식의 나눗셈 :** ❺☐를 이용하여 나눗셈을 곱셈으로 고쳐서 계수는 계수끼리, 문자는 문자끼리 계산한다.

예 $12x^2y\div 4x=12x^2y\times$ ❻☐ $=12\times\frac{1}{4}\times x^2y\times\frac{1}{x}=$ ❼☐

(2) **(다항식)÷(단항식)의 계산 :** ❽☐를 이용하여 나눗셈을 곱셈으로 고쳐서 계산한다.

예 $(15a^2b-3ab^2)\div 3ab=(15a^2b-3ab^2)\times$ ❾☐

$=15a^2b\times\frac{1}{3ab}-3ab^2\times\frac{1}{3ab}$

$=$ ❿☐

답 ❶ 계수 ❷ 문자 ❸ 분배 ❹ 전개 ❺ 역수 ❻ $\frac{1}{4x}$ ❼ $3xy$ ❽ 역수 ❾ $\frac{1}{3ab}$ ❿ $5a-b$

17

다음 중 옳지 않은 것은?

① $-4x\times3xy=-12x^2y$

② $8x^3y^2\div2xy=4x^2y$

③ $(-3xy)^2\times\frac{1}{3}x=3x^2y^2$

④ $6xy\div\frac{3}{2}x=4y$

⑤ $(2xy)^3\div2x^2y=4xy^2$

18

$3x(x-2)-2(x^2-5x+1)$
$=ax^2+bx+c$
일 때, 상수 a, b, c에 대하여 $a+b+c$의 값은?

① 3 ② 4 ③ 5
④ 6 ⑤ 7

19

$(12xy^2-9x^3y^2+3x^2y^2)\div\frac{3}{4}xy^2$을 계산한 것은?

① $-12x^2+4x+8$

② $-12x^2+4x+16$

③ $-8x^2+4x+8$

④ $-8x^2-4x+16$

⑤ $-4x^2-8x+16$

20

$\square\div\left(-\frac{2}{3}ab\right)=15a-6b$일 때, $\square$ 안에 알맞은 식은?

① $-10a^2b^2-4ab^2$

② $-10a^2b^2+2ab^2$

③ $-10a^2b+4ab^2$

④ $10a^2b-4ab^2$

⑤ $10a^2b^2+2ab^2$

답 17 ③ 18 ① 19 ② 20 ③

Ⅱ 부등식과 연립방정식

1 부등식과 그 해/부등식의 성질

1. 부등식과 그 해

(1) ❶☐ : 부등호 <, >, ≤, ≥를 사용하여 수 또는 식의 대소 관계를 나타낸 식

(2) **부등식의 표현**

a ❷☐ b	a ❸☐ b	a ❹☐ b	a ❺☐ b
a는 b보다 작다. a는 b 미만이다.	a는 b보다 크다. a는 b 초과이다.	a는 b보다 작거나 같다. a는 b 이하이다. a는 b보다 크지 않다.	a는 b보다 크거나 같다. a는 b 이상이다. a는 b보다 작지 않다.

(3) **부등식의 해**

① **부등식의 해** : 부등식이 ❻☐이 되게 하는 미지수의 값

② **부등식을 푼다** : 부등식의 해를 모두 구하는 것

2. 부등식의 성질

(1) $a<b$이면 $a+c<b+c$, $a-c<b-c$

(2) $a<b$, $c>0$이면 ac ❼☐ bc, $\frac{a}{c}$ ❽☐ $\frac{b}{c}$

(3) $a<b$, $c<0$이면 ac ❾☐ bc, $\frac{a}{c}$ ❿☐ $\frac{b}{c}$

3. 부등식의 성질을 이용한 부등식의 풀이

부등식의 성질을 이용하여 주어진 부등식을

$$x<(수),\ x>(수),\ x\leq(수),\ x\geq(수)$$

중에서 어느 하나의 꼴로 바꾸어 해를 구할 수 있다.

예 부등식 $-3x\leq6$의 해를 구해 보자.

양변을 -3으로 나누면 $\frac{-3x}{-3}$ ⓫☐ $\frac{6}{-3}$

따라서 x ⓬☐ -2

답 ❶ 부등식 ❷ < ❸ > ❹ ≤ ❺ ≥ ❻ 참 ❼ < ❽ < ❾ > ❿ > ⓫ ≥ ⓬ ≥

01

다음 중 부등식인 것을 모두 고르면? (정답 2개)

① $5x-1=2$　② $3x \le x+1$

③ $2x+(x-1)$　④ $6a+4=a$

⑤ $12>-5$

02

x의 값이 -1, 0, 1, 2일 때, 부등식 $3x-1 \le 1+x$의 해를 구하시오.

03

$a<b$일 때, 다음 중 □ 안에 들어갈 부등호의 방향이 나머지 넷과 다른 하나는?

① $a-3$ □ $b-3$

② $a+2$ □ $b+2$

③ $2a+1$ □ $2b+1$

④ $3-a$ □ $3-b$

⑤ $2+\frac{a}{2}$ □ $2+\frac{b}{2}$

04

부등식의 성질을 이용하여 부등식 $-2x+6<12$를 푸시오.

답 01 ②, ⑤ 02 $-1, 0, 1$ 03 ④ 04 $x>-3$

2 일차부등식의 풀이/일차부등식의 활용

1. 일차부등식

(1) ❶☐: 부등식의 성질을 이용하여 부등식의 한 변에 있는 항의 부호를 바꾸어 다른 변으로 옮기는 것

(2) ❷☐: 부등식의 모든 항을 좌변으로 이항하여 정리하였을 때,

(일차식)>0, (일차식)<0, (일차식)≥ 0, (일차식)≤ 0

중 어느 하나의 꼴로 나타나는 부등식

예 $3x+2>4 \xrightarrow{\text{이항}} 3x+2-4>0 \xrightarrow{\text{정리}} 3x-2>0$ ➡ 일차부등식이다.

2. 일차부등식의 풀이

(1) 일차부등식의 풀이

① 미지수 x를 포함하는 항은 좌변으로, 상수항은 ❸☐으로 이항한다.

② 양변을 정리하여 $ax>b$, $ax<b$, $ax\geq b$, $ax\leq b$ $(a\neq 0)$ 꼴로 만든다.

③ 양변을 x의 계수 a로 나눈다. 이때 a가 ❹☐이면 부등호의 방향을 바꾼다.

예 부등식 $-2x+4>6$의 해를 구해 보자.

4를 이항하면 $-2x>6-4$, $-2x>2$

양변을 ❺☐로 나누면 $x<$ ❻☐

(2) 부등식의 해를 수직선 위에 나타내기

① $x>a$ ② ❼☐ ③ $x\geq a$ ④ ❽☐

3. 일차부등식의 활용

일차부등식을 활용하여 문제를 풀 때는 다음과 같은 순서로 해결한다.

① 문제의 뜻을 이해하고 구하려고 하는 것을 미지수 x로 놓는다.

② 문제의 뜻에 맞게 x에 대한 일차부등식을 세운다.

③ 일차부등식의 ❾☐를 구한다.

④ 구한 해가 문제의 뜻에 맞는지 ❿☐한다.

답 ❶ 이항 ❷ 일차부등식 ❸ 우변 ❹ 음수 ❺ -2 ❻ -1 ❼ $x<a$ ❽ $x\leq a$ ❾ 해 ❿ 확인

05

다음 중 일차부등식이 아닌 것은?

① $2x-3<4$

② $5x-2x>3-6$

③ $x(x+1)>x^2$

④ $3(x-4)\le 3x-2$

⑤ $x(x-2)\le x^2+4x+1$

06

일차부등식 $6-2x>15-5x$의 해를 수직선 위에 옳게 나타낸 것은?

①
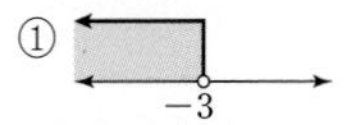

②
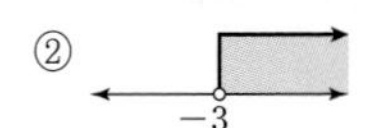

③
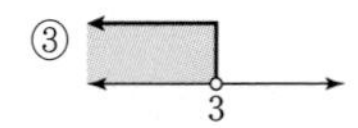

④
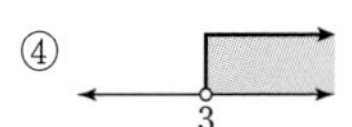

⑤
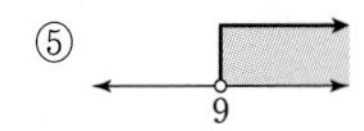

07

일차부등식 $\frac{2x+1}{3}-\frac{3x-2}{2}>-2$를 풀면?

① $x<4$ ② $x>4$ ③ $x<5$

④ $x>5$ ⑤ $x>6$

08

한 다발에 3000원 하는 안개꽃 한 다발과 한 송이에 1500원 하는 장미꽃을 섞어 꽃다발을 만들려고 한다. 포장비 2000원을 포함하여 전체 비용을 25000원 이하로 하려면 장미꽃은 최대 몇 송이까지 넣을 수 있는가?

① 11송이 ② 12송이

③ 13송이 ④ 14송이

⑤ 15송이

답 05 ④ 06 ④ 07 ① 08 ③

3 미지수가 2개인 일차방정식/연립방정식과 그 해

1. 미지수가 2개인 일차방정식과 그 해

(1) **미지수가 2개인 일차방정식 :** 미지수가 ❶☐개이고, 그 차수가 모두 ❷☐인 방정식 ➡ $ax+by+c=0$ (단, a, b, c는 상수, $a\neq0$, $b\neq0$)

예 $3x+y-2=0$ ➡ 미지수가 2개인 일차방정식이다.

$5x+2=0$ ➡ 미지수가 ❸☐개이므로 미지수가 2개인 일차방정식이 아니다.

$x^2+x+1=0$ ➡ x^2의 차수가 ❹☐이 아니므로 미지수가 2개인 일차방정식이 아니다.

(2) **미지수가 2개인 일차방정식의 해 :** x, y에 대한 일차방정식이 ❺☐이 되게 하는 x, y의 값 또는 그 순서쌍 (x, y)

(3) **일차방정식을 ❻☐ :** 일차방정식의 해를 모두 구하는 것

예 x, y가 자연수일 때, 일차방정식 $2x+y=5$의 해는 $(1, 3)$, $(2,$ ❼☐$)$이다.

2. 미지수가 2개인 연립일차방정식과 그 해

(1) **연립방정식 :** 두 방정식을 한 쌍으로 묶어서 나타낸 것

(2) **미지수가 2개인 ❽☐ :** 각각의 두 방정식이 미지수가 2개인 일차방정식인 연립방정식

예 $\begin{cases} 5x-2y=4 \\ x+y=6 \end{cases}$, $\begin{cases} -2x+y=1 \\ x+2y=3 \end{cases}$

(3) **연립방정식의 ❾☐ :** 연립방정식에서 두 일차방정식을 동시에 만족시키는 x, y의 값 또는 그 순서쌍 (x, y)

(4) **연립방정식을 ❿☐ :** 연립방정식의 해를 구하는 것

답 ❶ 2 ❷ 1 ❸ 1 ❹ 1 ❺ 참 ❻ 푼다 ❼ 1 ❽ 연립일차방정식 ❾ 해 ❿ 푼다

09

다음 중 미지수가 2개인 일차방정식은?

① $3x-y+x$

② $x-2y=x+4$

③ $x^2+y-1=0$

④ $x^2+2y=x(x-1)+1$

⑤ $x(1+y)=2$

10

순서쌍 $(-1, 3)$이 일차방정식 $2x+ay-10=0$의 해일 때, 상수 a의 값은?

① -6　② -4　③ -2
④ 2　⑤ 4

11

다음 연립방정식 중 $x=-2$, $y=5$를 해로 갖는 것은?

① $\begin{cases} x+y=3 \\ x-y=7 \end{cases}$　② $\begin{cases} 2x-y=9 \\ 4x+y=-3 \end{cases}$

③ $\begin{cases} -2x+y=7 \\ x+2y=8 \end{cases}$　④ $\begin{cases} 3x+y=-1 \\ x-2y=5 \end{cases}$

⑤ $\begin{cases} -3x+2y=16 \\ 4x+y=-3 \end{cases}$

12

연립방정식 $\begin{cases} 3x+ay=7 \\ bx-3y=-5 \end{cases}$의 해가 $(4, -1)$일 때, 상수 a, b에 대하여 $a+b$의 값을 구하시오.

답 09 ④ 10 ⑤ 11 ⑤ 12 3

4 연립방정식의 풀이/연립방정식의 활용

1. 연립방정식의 풀이

(1) 식의 대입을 이용하는 방법

예 연립방정식 $\begin{cases} y=3-x & \cdots\cdots ㉠ \\ 2x+y=8 & \cdots\cdots ㉡ \end{cases}$을 풀어 보자.

㉠을 ㉡에 대입하면 $2x+(3-x)=8$, $x+3=8$, $x=5$

$x=5$를 ㉠에 대입하면 $y=3-5=$ ❶ ☐

따라서 연립방정식의 해는 $x=$ ❷ ☐, $y=$ ❸ ☐이다.

(2) 두 식을 더하거나 빼는 방법

예 연립방정식 $\begin{cases} 2x+3y=-2 & \cdots\cdots ㉠ \\ x+3y=-4 & \cdots\cdots ㉡ \end{cases}$을 풀어 보자.

㉠－㉡을 하면 $x=2$

$x=2$를 ㉡에 대입하면 $2+3y=-4$, $3y=-6$, $y=$ ❹ ☐

따라서 연립방정식의 해는 $x=$ ❺ ☐, $y=$ ❻ ☐이다.

(3) 복잡한 연립방정식의 풀이

① 괄호가 있으면 분배법칙을 이용하여 괄호를 풀고 동류항끼리 정리한 후 푼다.

② 계수가 소수이면 양변에 ❼ ☐의 거듭제곱을 곱하여 계수를 정수로 고친 후 푼다.

③ 계수가 분수이면 양변에 분모의 ❽ ☐를 곱하여 계수를 정수로 고친 후 푼다.

2. 연립방정식의 활용

연립방정식을 활용하여 문제를 풀 때는 다음과 같은 순서로 해결한다.

① 무엇을 미지수 x, y로 나타낼 것인가를 정한다.

② x, y를 사용하여 문제의 뜻에 맞게 연립방정식을 세운다.

③ 연립방정식을 풀어 x, y의 값을 구한다.

④ 구한 해가 문제의 뜻에 맞는지 ❾ ☐한다.

답 ❶ -2 ❷ 5 ❸ -2 ❹ -2 ❺ 2 ❻ -2 ❼ 10 ❽ 최소공배수 ❾ 확인

13

연립방정식 $\begin{cases} 2x=3y+1 & \cdots\cdots ㉠ \\ 4x+y=-10 & \cdots\cdots ㉡ \end{cases}$

에서 x를 없앴더니 $ay=-12$가 되었다. 이때 상수 a의 값은?

① 4 ② 5 ③ 6
④ 7 ⑤ 8

14

연립방정식 $\begin{cases} x+2y=3 \\ 3x+5y=5 \end{cases}$의 해가 $x=a$, $y=b$일 때, $a+b$의 값은?

① -5 ② -3 ③ -1
④ 1 ⑤ 3

15

연립방정식 $\begin{cases} \frac{x}{3}+\frac{y}{2}=\frac{2}{3} \\ 0.5x-0.3y=3.1 \end{cases}$의 해가 $x=a$, $y=b$일 때, ab의 값을 구하시오.

16

두 자리 자연수가 있다. 이 수의 각 자리의 숫자의 합은 11이고, 십의 자리의 숫자와 일의 자리의 숫자를 바꾼 수는 처음 수보다 45가 크다고 한다. 이때 처음 수를 구하시오.

답 13 ④ 14 ③ 15 -10 16 38

Ⅲ 함수

1 함수와 함숫값

1. 함수의 뜻

(1) ❶☐ : x, y와 같이 여러 가지로 변하는 값을 나타내는 문자

(2) ❷☐ : 두 변수 x, y에 대하여 x의 값이 변함에 따라 y의 값이 하나씩 정해지는 대응 관계가 성립할 때, y를 x의 ❸☐라고 한다.

예 한 자루에 700원 하는 연필을 x자루 살 때, 지불하는 금액을 y원이라고 하면 x의 값이 1, 2, 3, …으로 변함에 따라 y의 값은 700, 1400, 2100, …과 같이 하나씩 정해지는 대응 관계가 있으므로 y는 x의 ❹☐이다.

2. 함숫값

(1) y는 x의 함수이고 y가 x의 식 $f(x)$로 주어질 때, 이 함수를 기호로

$y=$ ❺☐

와 같이 나타낸다.

참고 $y=-3x+2$일 때, 이 함수를 $f(x)=-3x+2$로 표현할 수 있다.

(2) ❻☐ : 함수 $y=f(x)$에서 x의 값에 따라 하나씩 정해지는 y의 값 $f(x)$를 x에 대한 ❼☐이라고 한다.

예 함수 $f(x)=2x+1$에 대하여

$x=-1$일 때의 함숫값은 $f(-1)=2\times($❽☐$)+1=$❾☐

$x=3$일 때의 함숫값은 $f(3)=2\times$❿☐$+1=$⓫☐

답 ❶ 변수 ❷ 함수 ❸ 함수 ❹ 함수 ❺ $f(x)$ ❻ 함숫값 ❼ 함숫값 ❽ -1 ❾ -1 ❿ 3 ⓫ 7

01

시속 3 km의 속력으로 x시간 동안 걸은 거리가 y km일 때, 다음을 구하시오.

(1) 다음 표를 완성하시오.

x	1	2	3	4	$\cdots$
y	3				$\cdots$

(2) y가 x의 함수인지 아닌지를 말하시오.

02

다음 중 y가 x의 함수가 아닌 것을 모두 고르면? (정답 2개)

① 합이 10인 두 자연수 x와 y
② 자연수 x의 약수 y
③ 넓이가 60 cm^2인 직사각형의 가로의 길이가 x cm일 때, 세로의 길이 y cm
④ 자연수 x와 서로소인 자연수 y
⑤ 1200 m의 거리를 분속 x m로 이동한 시간 y분

03

함수 $f(x)=3x+2$에 대하여 $f(-1)+f(2)$의 값은?

① 5 ② 6 ③ 7
④ 8 ⑤ 9

04

함수 $f(x)=ax-4$에 대하여 $f(-2)=8$일 때, 상수 a의 값은?

① -7 ② -6 ③ -5
④ -4 ⑤ -3

답 **01** (1) 6, 9, 12 (2) 함수이다. **02** ②, ④ **03** ③ **04** ②

2 일차함수와 그 그래프

1. 일차함수의 뜻

함수 $y=f(x)$에서 $f(x)$가 x에 대한 일차식일 때, 즉

$y=ax+b$ (a, b는 상수, $a\neq0$)

로 나타내어질 때, 이 함수를 x에 대한 ❶ ☐ 라고 한다.

2. 일차함수 $y=ax+b$ $(a\neq0)$의 그래프

(1) ❷ ☐ : 한 도형을 일정한 방향으로 일정한 거리만큼 옮기는 것

(2) **일차함수 $y=ax+b$의 그래프**

일차함수 $y=ax+b$의 그래프는 $y=ax$의 그래프를 y축의 방향으로 ❸ ☐ 만큼 평행이동한 직선이다.

3. 일차함수 $y=ax+b$ $(a\neq0)$의 그래프의 x절편과 y절편

(1) ❹ ☐ : 그래프가 x축과 만나는 점의 x좌표

➡ $y=0$일 때 x의 값

(2) ❺ ☐ : 그래프가 y축과 만나는 점의 y좌표

➡ $x=0$일 때 y의 값

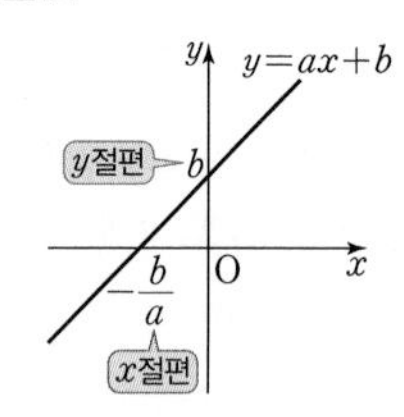

4. 일차함수의 그래프의 기울기

일차함수 $y=ax+b$에서 x의 값의 증가량에 대한 y의 값의 증가량의 비율은 항상 ❻ ☐ 하며, 그 값은 x의 계수 a와 같다. 이 증가량의 비율 a를 일차함수 $y=ax+b$의 그래프의 ❼ ☐ 라고 한다.

$$(\text{기울기})=\frac{(y\text{의 값의 증가량})}{(x\text{의 값의 증가량})}=a$$

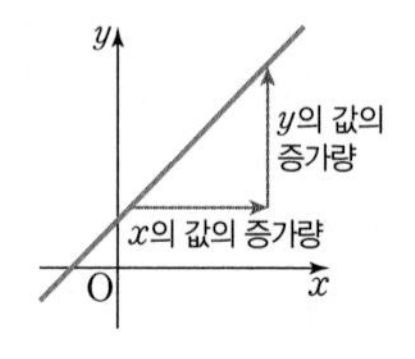

답 ❶ 일차함수 ❷ 평행이동 ❸ b ❹ x절편 ❺ y절편 ❻ 일정 ❼ 기울기

05

다음 〈보기〉에서 y가 x의 일차함수인 것을 모두 고르시오.

보기

ㄱ. $5x-2(x+3)$
ㄴ. $y+3x=x+2$
ㄷ. $y=3x^2-x(2x-1)$
ㄹ. $y=2x(5-3x)+6x^2$
ㅁ. $y=\frac{4}{3x+1}$

06

일차함수 $y=ax$의 그래프를 y축의 방향으로 -10만큼 평행이동하였더니 일차함수 $y=\frac{4}{5}x+b$의 그래프가 되었다. 이때 상수 a, b에 대하여 ab의 값은?

① -15 ② -13 ③ -10
④ -8 ⑤ -5

07

일차함수 $y=\frac{3}{2}x-6$의 그래프에서 x절편을 m, y절편을 n이라고 할 때, $2m+n$의 값은?

① 2 ② 3 ③ 4
④ 5 ⑤ 6

08

두 점 $(-2, 5)$, $(4, k)$를 지나는 일차함수의 그래프의 기울기가 $-\frac{4}{3}$일 때, k의 값은?

① -5 ② -4 ③ -3
④ -2 ⑤ -1

답 05 ㄴ, ㄹ 06 ④ 07 ① 08 ③

3 일차함수의 그래프의 성질

1. 일차함수 $y=ax+b$의 그래프의 성질

(1) **a의 부호 :** 그래프의 모양 결정

① $a>0$일 때, x의 값이 증가할 때 y의 값도 ❶ [ ] 한다.

② $a<0$일 때, x의 값이 증가할 때 y의 값은 ❷ [ ] 한다.

(2) a의 절댓값이 클수록 그래프는 y축에 가깝다.

(3) **b의 부호 :** 그래프가 y축과 만나는 부분 결정

① $b>0$일 때, y축과 ❸ [ ] 의 부분에서 만난다. ➡ (y절편)>0

② $b<0$일 때, y축과 ❹ [ ] 의 부분에서 만난다. ➡ (y절편)<0

2. 일차함수의 그래프의 평행, 일치

기울기가 같은 두 일차함수의 그래프는 서로 평행하거나 일치한다.

즉, 두 일차함수 $y=ax+b$와 $y=cx+d$에서

(1) $a=c$, $b\neq d$이면 두 그래프는 서로 ❺ [ ] 하다.

(2) $a=c$, $b=d$이면 두 그래프는 ❻ [ ] 한다.

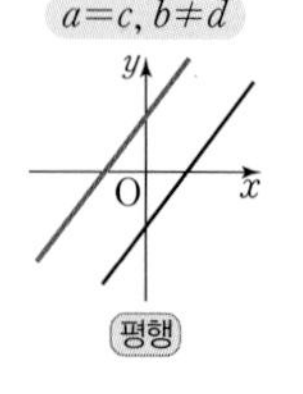

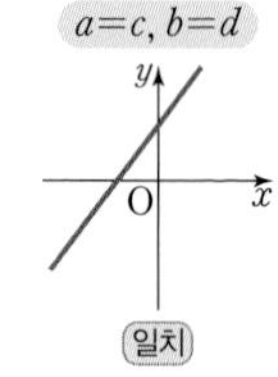

3. 일차함수의 식 구하기

(1) 기울기가 a이고, y절편이 b인 직선을 그래프로 하는 일차함수의 식은 $y=$ ❼ [ ]

(2) 기울기가 a이고, 한 점 $(p,\ q)$를 지나는 직선을 그래프로 하는 일차함수의 식은

① 일차함수의 식을 $y=ax+b$라고 놓는다.

② $y=ax+b$에 $x=p$, $y=q$를 대입하여 b의 값을 구한다.

(3) 서로 다른 두 점 $(p,\ q)$, $(r,\ s)$를 지나는 직선을 그래프로 하는 일차함수의 식은

① 기울기 a를 구한다. 즉, $a=\dfrac{❽\ [\ ]}{r-p}=\dfrac{❾\ [\ ]}{p-r}$

② 한 점의 좌표를 $y=ax+b$에 대입하여 b의 값을 구한다.

답 ❶ 증가 ❷ 감소 ❸ 양 ❹ 음 ❺ 평행 ❻ 일치 ❼ $ax+b$ ❽ $s-q$ ❾ $q-s$

09

다음 중 일차함수 $y=\frac{1}{2}x-4$의 그래프에 대한 설명으로 옳은 것을 모두 고르면? (정답 2개)

① x의 값이 증가하면 y의 값은 감소한다.
② 오른쪽 아래로 향하는 직선이다.
③ 오른쪽 위로 향하는 직선이다.
④ 일차함수 $y=2x-4$의 그래프보다 y축에 가깝다.
⑤ y축과 음의 부분에서 만난다.

10

일차함수 $y=ax-b$의 그래프가 오른쪽 그림과 같을 때, 일차함수 $y=abx-a$의 그래프가 지나지 않는 사분면은? (단, a, b는 상수)

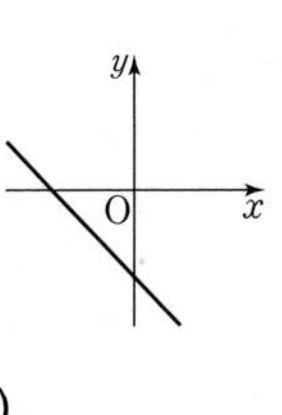

① 제1사분면 ② 제2사분면
③ 제3사분면 ④ 제4사분면
⑤ 제1, 2사분면

11

두 일차함수 $y=2mx+1$과 $y=-4x+n+2$의 그래프가 서로 일치할 때, 상수 m, n에 대하여 $2mn$의 값을 구하시오.

12

다음 직선을 그래프로 하는 일차함수의 식을 구하시오.

(1) 기울기가 -3, y절편이 2인 직선
(2) 기울기가 $\frac{3}{2}$이고 한 점 $(4,\ 1)$을 지나는 직선
(3) 두 점 $(-2,\ -6)$, $(1,\ -3)$을 지나는 직선

답 09 ③, ⑤ 10 ③ 11 4 12 (1) $y=-3x+2$ (2) $y=\frac{3}{2}x-5$ (3) $y=x-4$

4 일차함수의 활용

일차함수의 활용은 다음과 같은 순서로 푼다.

① ❶☐ 정하기 ➡ 문제의 뜻을 파악하고 변수 x, y를 정한다.

② 일차함수의 식 세우기 ➡ x, y 사이의 관계를 $y=ax+b$로 나타낸다.

③ 답 구하기 ➡ 함수식이나 그래프를 이용하여 조건에 맞는 ❷☐을 구한다.

④ ❸☐하기 ➡ 구한 답이 문제의 뜻에 맞는지 확인한다.

예 어느 과수원에서 120그루의 사과나무를 심는데 하루에 15그루씩 심기로 했다. 사과나무를 모두 심는 데 며칠이 걸리는지 알아보자.

① 변수 정하기

➡ 사과나무를 심기 시작한 지 x일 후 남은 사과나무의 수를 ❹☐그루라고 하자.

② 일차함수의 식 세우기

➡ 하루에 15그루씩 심으므로 x일 후 심은 사과나무의 수는 ❺☐그루이다.

③ 답 구하기

➡ 심어야 할 사과나무가 120그루이므로 x와 y 사이의 관계식은

$y=-15x+120$

$y=-15x+120$에 $y=0$을 대입하면

❻☐$=-15x+120$, $x=$❼☐

즉, 사과나무를 모두 심는 데 ❽☐일이 걸린다.

④ 확인하기

❾☐일 동안 심은 사과나무의 수는 $15\times$❿☐$=120$(그루)이고, 이것은 전체 사과나무의 수와 같으므로 구한 값은 문제의 뜻에 맞는다.

답 ❶ 변수 ❷ 답 ❸ 확인 ❹ y ❺ $15x$ ❻ 0 ❼ 8 ❽ 8 ❾ 8 ❿ 8

13

현재 온도가 88 ℃인 물이 있다. 이 물의 온도가 1분에 2 ℃씩 일정하게 내려간다. x분 후의 물의 온도를 y ℃라고 할 때, 다음 물음에 답하시오.

(1) x와 y 사이의 관계식을 구하시오.

(2) 15분 후의 물의 온도를 구하시오.

14

길이가 20 cm인 양초에 불을 붙이면 10분에 4 cm씩 양초의 길이가 일정하게 짧아진다고 한다. 불을 붙인지 x분 후의 양초의 길이를 y cm라고 할 때, 다음 물음에 답하시오.

(1) x와 y 사이의 관계식을 구하시오.

(2) 불을 붙인 지 40분 후 양초의 길이를 구하시오.

15

길이가 25 cm인 용수철 저울에 2 g짜리 추를 한 개 달 때마다 용수철의 길이가 3 cm만큼 늘어난다고 한다. 무게가 7 g인 물건을 달았을 때, 용수철의 길이는?

① 35 cm ② 35.5 cm

③ 36 cm ④ 36.5 cm

⑤ 37 cm

16

오른쪽 그림과 같은 직사각형 ABCD에서 점 P가 점 C를 출발하여 매초 3 cm의 속력으로 점 B까지 $\overline{BC}$ 위를 일정한 속력으로 움직인다. x초 후의 삼각형 ABP의 넓이를 y cm^{2}라고 할 때, x와 y 사이의 관계식을 구하시오.

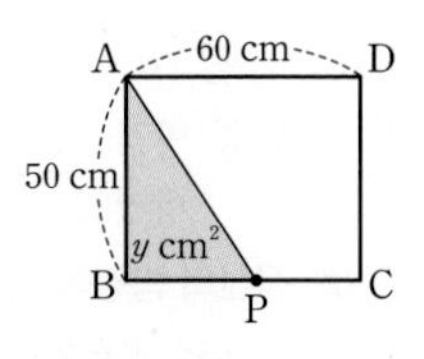

답 **13** (1) $y=-2x+88$ (2) 58 ℃ **14** (1) $y=-\frac{2}{5}x+20$ (2) 4 cm **15** ② **16** $y=-75x+1500$

5 일차함수와 일차방정식

1. 일차함수와 일차방정식의 관계

(1) 미지수가 2개인 일차방정식의 그래프

미지수가 2개인 일차방정식 $ax+by+c=0$ (a, b, c는 상수, $a\neq0$, $b\neq0$)의 해의 순서쌍 (x, y)를 좌표로 하는 점을 좌표평면 위에 나타내면 ❶☐이 되고, 이 직선을 일차방정식의 그래프라고 한다.

(2) 일차함수와 일차방정식의 관계

미지수가 2개인 일차방정식 $ax+by+c=0$ (a, b, c는 상수, $a\neq0$, $b\neq0$)의 그래프는 일차함수 $y=$ ❷☐의 그래프와 같다.

2. 직선의 방정식

(1) 일차방정식 $x=p$, $y=q$의 그래프

① $x=p$ ($p\neq0$)의 그래프
점 $(p, 0)$을 지나고 ❸☐축에 평행한 직선

② $y=q$ ($q\neq0$)의 그래프
점 $(0, q)$를 지나고 ❹☐축에 평행한 직선

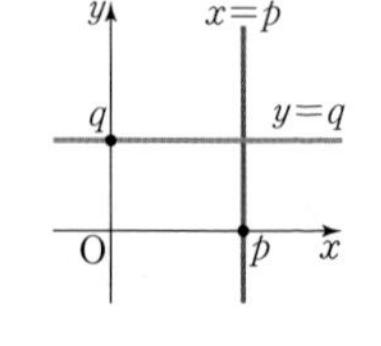

참고 방정식 $x=0$의 그래프 ➡ y축
방정식 $y=0$의 그래프 ➡ x축

(2) 직선의 방정식

x, y의 범위가 수 전체일 때, 일차방정식

$ax+by+c=0$ (a, b, c는 상수, $a\neq0$ 또는 $b\neq0$)

의 해는 무수히 많고, 이 해를 좌표평면 위에 나타내면 ❺☐이 된다.
이때 일차방정식 $ax+by+c=0$을 ❻☐의 방정식이라고 한다.

답 ❶ 직선 ❷ $-\frac{a}{b}x-\frac{c}{b}$ ❸ y ❹ x ❺ 직선 ❻ 직선

17

다음 일차함수 중 그 그래프가 일차방정식 $6x+9y+12=0$의 그래프와 일치하는 것은?

① $y=-\frac{4}{3}x-\frac{1}{3}$

② $y=-\frac{4}{3}x+\frac{1}{3}$

③ $y=-\frac{2}{3}x-\frac{4}{3}$

④ $y=-\frac{2}{3}x+\frac{4}{3}$

⑤ $y=\frac{2}{3}x+\frac{4}{3}$

18

일차방정식 $10x-5y+25=0$의 그래프를 y축의 방향으로 -4만큼 평행이동한 것을 그래프로 하는 일차함수의 식이 $y=ax+b$일 때, 상수 a, b에 대하여 $a+b$의 값은?

① 3 ② 4 ③ 5
④ 6 ⑤ 7

19

다음 중 점 $(4, -2)$를 지나고, y축에 평행한 직선의 방정식은?

① $x+4=0$ ② $2x-8=0$
③ $2x+8=0$ ④ $y+2=0$
⑤ $2y-4=0$

20

두 직선 $x=-4$, $y=8$과 x축, y축으로 둘러싸인 도형의 넓이는?

① 32 ② 34 ③ 36
④ 38 ⑤ 40

답 17 ③ 18 ① 19 ② 20 ①

6 두 일차함수와 일차방정식의 관계

1. 연립일차방정식의 해와 그래프

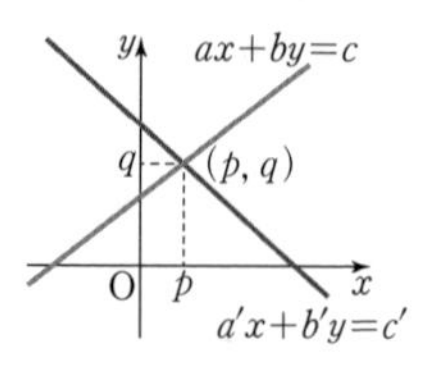

연립일차방정식 $\begin{cases} ax+by=c \\ a'x+b'y=c' \end{cases}$의 해는 두 일차방정식 $ax+by=c$, $a'x+b'y=c'$의 그래프의 ❶ ☐의 좌표와 같다.

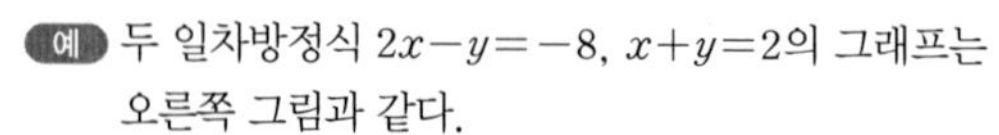

예 두 일차방정식 $2x-y=-8$, $x+y=2$의 그래프는 오른쪽 그림과 같다.

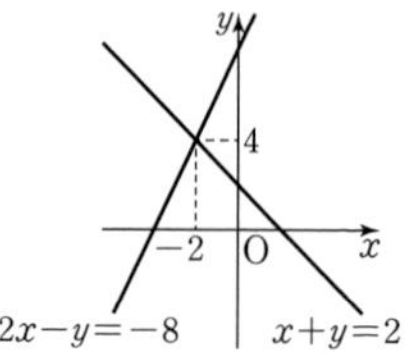

두 그래프의 교점의 좌표가 (❷ ☐, ❸ ☐)이므로 연립방정식 $\begin{cases} 2x-y=-8 \\ x+y=2 \end{cases}$의 해는 $x=$❹ ☐, $y=$❺ ☐

2. 연립일차방정식의 해의 개수와 그래프의 위치 관계

연립일차방정식 $\begin{cases} ax+by=c \\ a'x+b'y=c' \end{cases}$의 해의 개수는 두 일차방정식 $ax+by=c$, $a'x+b'y=c'$의 그래프의 ❻ ☐의 개수와 같다.

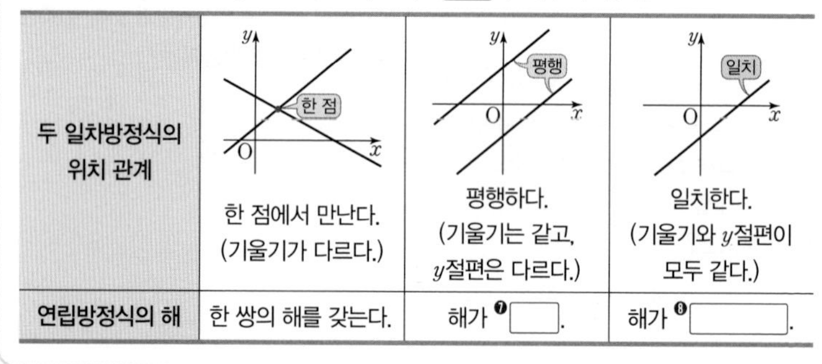

두 일차방정식의 위치 관계	한 점에서 만난다. (기울기가 다르다.)	평행하다. (기울기는 같고, y절편은 다르다.)	일치한다. (기울기와 y절편이 모두 같다.)
연립방정식의 해	한 쌍의 해를 갖는다.	해가 ❼ ☐.	해가 ❽ ☐.

답 ❶ 교점 ❷ −2 ❸ 4 ❹ −2 ❺ 4 ❻ 교점 ❼ 없다 ❽ 무수히 많다

21

연립방정식 $\begin{cases} ax+2y=-2 \\ x-y=b \end{cases}$ 에서 두 일차방정식의 그래프가 오른쪽 그림과 같을 때, 상수 a, b에 대하여 $a-b$의 값을 구하시오.

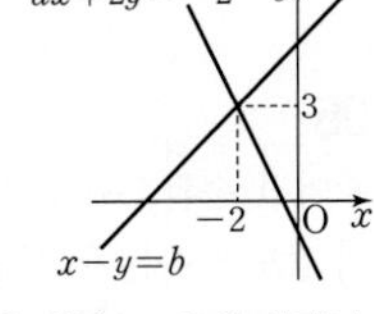

22

두 일차방정식 $2x-y=5$, $2x+3y=1$의 그래프의 교점의 좌표가 (a, b)일 때, $2a+b$의 값은?

① -3 ② -1 ③ 1
④ 3 ⑤ 5

23

연립방정식 $\begin{cases} 2ax-3y=2 \\ 8x-9y=16 \end{cases}$ 의 해가 없을 때, 상수 a의 값은?

① $-\frac{3}{2}$ ② $-\frac{4}{3}$ ③ $\frac{4}{3}$
④ $\frac{3}{2}$ ⑤ $\frac{8}{3}$

24

연립방정식 $\begin{cases} (a+3)x+2y=4 \\ 8x-4y=b \end{cases}$ 의 해가 무수히 많을 때, 상수 a, b에 대하여 $a+b$의 값을 구하시오.

답 **21** 9 **22** ④ **23** ③ **24** -15

미니북

정답과 풀이

Ⅰ. 수와 식의 계산

2~11쪽

01

① $0.777\cdots=0.\dot{7}$

② $3.343434\cdots=3.\dot{3}\dot{4}$

④ $0.5626262\cdots=0.5\dot{6}\dot{2}$

답 ③, ⑤

02

$\frac{5}{33}=0.\dot{1}\dot{5}$의 순환마디의 숫자의 개수는 2개이고, $25=2\times12+1$이므로 소수점 아래 25번째 자리의 숫자는 1이다.

답 1

03

① $\frac{7}{5\times14}=\frac{1}{5\times2}$이므로 유한소수로 나타낼 수 있다.

② $\frac{6}{2^5\times3}=\frac{1}{2^4}$이므로 유한소수로 나타낼 수 있다.

③ $\frac{99}{2^2\times5^3\times11}=\frac{9}{2^2\times5^3}$이므로 유한소수로 나타낼 수 있다.

④ $\frac{26}{5^3\times13}=\frac{2}{5^3}$이므로 유한소수로 나타낼 수 있다.

⑤ $\frac{3}{2^4\times3^2\times5}=\frac{1}{2^4\times3\times5}$이므로 유한소수로 나타낼 수 없다.

답 ⑤

04

$\frac{21}{108}\times a=\frac{7}{2^2\times3^2}\times a$에서 a가 3^2의 배수일 때, 유한소수가 된다.

따라서 a의 값 중 가장 작은 것은 9이다.

답 ②

05

주어진 순환소수와 소수점 아래의 부분이 같도록 하는 두 식을 구하면

$1000x=3192.\dot{9}\dot{2}$, $10x=31.\dot{9}\dot{2}$

따라서 가장 편리한 식은

④ $1000x-10x$이다.

답 ④

06

① $2.\dot{3}\dot{4}=\frac{234-2}{99}=\frac{232}{99}$

② $0.1\dot{4}=\frac{14-1}{90}=\frac{13}{90}$

③ $0.7\dot{5}\dot{8}=\frac{758-7}{990}=\frac{751}{990}$

④ $0.\dot{6}0\dot{3}=\frac{603}{999}=\frac{67}{111}$

⑤ $1.\dot{8}=\frac{18-1}{9}=\frac{17}{9}$

답 ③

07

$3.\dot{2}-0.\dot{8}=\frac{32-3}{9}-\frac{8}{9}=\frac{29}{9}-\frac{8}{9}$

$=\frac{21}{9}=2.\dot{3}$

답 ①

08

② 무한소수는 순환소수와 순환하지 않는 소수로 나뉘고 순환소수가 유리수이지만 순환하지 않는 소수는 유리수가 아니다.

③ $\frac{1}{3}$을 소수로 나타내면 $0.\dot{3}$으로 유한소수로 나타낼 수 없다.

⑤ 분모에 2 또는 5 이외의 소인수를 가지는 기약분수는 순환소수로 나타내어진다.

답 ①, ④

09

$(a^3)^2\times(a^2)^4=a^{3\times2}\times a^{2\times4}=a^6\times a^8$

$=a^{6+8}=a^{14}$

답 ④

10

① $x^4\times x^2=x^{4+2}=x^6$

② $(x^5)^4=x^{5\times4}=x^{20}$

③ $x^3\div x^7=\frac{1}{x^{7-3}}=\frac{1}{x^4}$

④ $\left(\frac{-2}{x}\right)^3=\frac{(-2)^3}{x^3}=-\frac{8}{x^3}$

⑤ $(a^2b)^3=(a^2)^3\times b^3=a^6b^3$

답 ③

11

$2^{14}+2^{14}+2^{14}+2^{14}=2^{14}\times4$

$=2^{14}\times2^2$

$=2^{14+2}=2^{16}$

따라서 $n=16$

답 ③

12

$3^{x+2}=3^x\times3^2=a\times9=9a$

따라서 $3^{x+2}+3^x=9a+a=10a$

답 ④

13

$3(a-2b+4)-(2a+b-1)$

$=3a-6b+12-2a-b+1$

$=3a-2a-6b-b+12+1$

$=a-7b+13$

답 ②

14

$\left(\frac{1}{2}x^2-2x+\frac{1}{2}\right)+\left(-\frac{5}{2}x^2-\frac{1}{2}x+\frac{3}{2}\right)$

$=\frac{1}{2}x^2-2x+\frac{1}{2}-\frac{5}{2}x^2-\frac{1}{2}x+\frac{3}{2}$

$=\frac{1}{2}x^2-\frac{5}{2}x^2-2x-\frac{1}{2}x+\frac{1}{2}+\frac{3}{2}$

$=-2x^2-\frac{5}{2}x+2$

따라서 $a=-2$, $b=-\frac{5}{2}$, $c=2$이므로

$a-4b-c=-2-4\times\left(-\frac{5}{2}\right)-2=6$

답 ③

15

$x-[2y-\{6y+4x-(2x-2y)\}]$

$=x-\{2y-(6y+4x-2x+2y)\}$

$=x-\{2y-(2x+8y)\}$

$=x-(2y-2x-8y)$

$=x-(-2x-6y)$

$=x+2x+6y$

$=3x+6y$

답 ②

16

어떤 다항식을 A라고 하면

$A-(x^2-3x+2)=x^2-3x$

$A=(x^2-3x)+(x^2-3x+2)$
$=x^2-3x+x^2-3x+2$
$=2x^2-6x+2$
따라서 옳게 계산한 식은
$(2x^2-6x+2)+(x^2-3x+2)$
$=3x^2-9x+4$

답 $3x^2-9x+4$

17

① $-4x\times 3xy=(-4)\times 3\times x\times xy$
$=-12x^2y$

② $8x^3y^2\div 2xy=8x^3y^2\times \frac{1}{2xy}$
$=8\times\frac{1}{2}\times x^3y^2\times\frac{1}{xy}$
$=4x^2y$

③ $(-3xy)^2\times\frac{1}{3}x=9x^2y^2\times\frac{1}{3}x$
$=9\times\frac{1}{3}\times x^2y^2\times x$
$=3x^3y^2$

④ $6xy\div\frac{3}{2}x=6xy\times\frac{2}{3x}$
$=6\times\frac{2}{3}\times xy\times\frac{1}{x}=4y$

⑤ $(2xy)^3\div 2x^2y=8x^3y^3\times\frac{1}{2x^2y}$
$=8\times\frac{1}{2}\times x^3y^3\times\frac{1}{x^2y}$
$=4xy^2$

답 ③

18

$3x(x-2)-2(x^2-5x+1)$
$=3x^2-6x-2x^2+10x-2$
$=x^2+4x-2$
이므로 $a=1$, $b=4$, $c=-2$
따라서
$a+b+c=1+4+(-2)=3$

답 ①

19

$(12xy^2-9x^3y^2+3x^2y^2)\div\frac{3}{4}xy^2$
$=(12xy^2-9x^3y^2+3x^2y^2)\times\frac{4}{3xy^2}$
$=12xy^2\times\frac{4}{3xy^2}-9x^3y^2\times\frac{4}{3xy^2}$
$+3x^2y^2\times\frac{4}{3xy^2}$
$=16-12x^2+4x$
$=-12x^2+4x+16$

답 ②

20

$\square=(15a-6b)\times\left(-\frac{2}{3}ab\right)$
$=15a\times\left(-\frac{2}{3}ab\right)-6b\times\left(-\frac{2}{3}ab\right)$
$=-10a^2b+4ab^2$

답 ③

Ⅱ. 부등식과 연립방정식

12~19쪽

01

①, ③, ④ 부등호가 없으므로 부등식이 아니다.

②, ⑤ 부등호가 있으므로 부등식이다.

답 ②, ⑤

02

$x=-1$을 대입하면

$3\times(-1)-1=-4$, $1+(-1)=0$에서

$-4<0$이므로 참

$x=0$을 대입하면

$3\times0-1=-1$, $1+0=1$에서

$-1<1$이므로 참

$x=1$을 대입하면

$3\times1-1=2$, $1+1=2$에서 $2=2$이므로 참

$x=2$를 대입하면

$3\times2-1=5$, $1+2=3$에서 $5>3$이므로 거짓

따라서 해는 -1, 0, 1이다.

답 -1, 0, 1

03

① 양변에서 3을 빼면 $a-3<b-3$

② 양변에 2를 더하면 $a+2<b+2$

③ 양변에 2를 곱하면 $2a<2b$

양변에 1을 더하면 $2a+1<2b+1$

④ 양변에 -1을 곱하면 $-a>-b$

양변에 3을 더하면 $3-a>3-b$

⑤ 양변을 2로 나누면 $\frac{a}{2}<\frac{b}{2}$

양변에 2를 더하면 $2+\frac{a}{2}<2+\frac{b}{2}$

답 ④

04

양변에서 6을 빼면

$-2x+6-6<12-6$

정리하면 $-2x<6$

양변을 -2로 나누면 $\frac{-2x}{-2}>\frac{6}{-2}$

따라서 $x>-3$

답 $x>-3$

05

① $2x-7<0$이므로 일차부등식이다.

② $3x>-3$, $3x+3>0$이므로 일차부등식이다.

③ $x^2+x>x^2$, $x>0$이므로 일차부등식이다.

④ $3x-12\le3x-2$, $-10\le0$이므로 일차부등식이 아니다.

⑤ $x^2-2x\le x^2+4x+1$, $-6x-1\le0$이므로 일차부등식이다.

답 ④

06

$6-2x>15-5x$에서

$-2x+5x>15-6$

$3x>9$, $x>3$

따라서 해를 수직선 위에 나타내면 ④와 같다.

답 ④

07

$\frac{2x+1}{3}-\frac{3x-2}{2}>-2$의 양변에 6을 곱하면

$2(2x+1)-3(3x-2)>-12$

$4x+2-9x+6>-12$

$-5x>-20$

따라서 $x<4$

답 ①

08

장미꽃을 x송이 넣는다고 하면

$3000+1500x+2000\leq 25000$

$1500x\leq 20000$

$x\leq\frac{40}{3}=13.3\times\times\times$

따라서 장미꽃은 최대 13송이까지 넣을 수 있다.

답 ③

09

① 등호가 없으므로 방정식이 아니다.

② $-2y-4=0$이고 미지수가 1개이므로 미지수가 2개인 일차방정식이 아니다.

③ x^2은 차수가 1이 아니므로 미지수가 2개인 일차방정식이 아니다.

④ $x^2+2y=x^2-x+1$, $x+2y-1=0$이므로 미지수가 2개인 일차방정식이다.

⑤ $x+xy=2$, $x+xy-2=0$에서 xy는 차수가 1이 아니므로 미지수가 2개인 일차방정식이 아니다.

답 ④

10

$x=-1$, $y=3$을 $2x+ay-10=0$에 대입하면

$2\times(-1)+a\times 3-10=0$

$-2+3a-10=0$

$3a=12$

따라서 $a=4$

답 ⑤

11

$x=-2$, $y=5$를 각 방정식에 대입해 보면

① $x-y=7$에 대입하면

$-2-5=-7\neq 7$

② $2x-y=9$에 대입하면

$2\times(-2)-5=-9\neq 9$

③ $-2x+y=7$에 대입하면

$-2\times(-2)+5=9\neq 7$

④ $x-2y=5$에 대입하면

$-2-2\times 5=-12\neq 5$

⑤ $-3x+2y=16$에 대입하면

$-3\times(-2)+2\times 5=16$

$4x+y=-3$에 대입하면

$4\times(-2)+5=-3$

답 ⑤

12

$x=4$, $y=-1$을 $3x+ay=7$에 대입하면

$3\times 4+a\times(-1)=7$, $12-a=7$

$a=5$

$x=4$, $y=-1$을 $bx-3y=-5$에 대입하면

$b\times 4-3\times(-1)=-5$, $4b+3=-5$

$4b=-8$, $b=-2$

따라서 $a+b=5+(-2)=3$

답 3

13

㉠을 ㉡에 대입하면

$2(3y+1)+y=-10$

$6y+2+y=-10$

$7y=-12$

따라서 $a=7$

답 ④

14

$$\begin{cases} x+2y=3 & \cdots\cdots ㉠ \\ 3x+5y=5 & \cdots\cdots ㉡ \end{cases}$$

㉠×3−㉡을 하면 $y=4$

$y=4$를 ㉠에 대입하면

$x+8=3$, $x=-5$

따라서 $a=-5$, $b=4$이므로

$a+b=-5+4=-1$

답 ③

15

두 일차방정식의 양변에 6과 10을 각각 곱하면

$$\begin{cases} 2x+3y=4 & \cdots\cdots ㉠ \\ 5x-3y=31 & \cdots\cdots ㉡ \end{cases}$$

㉠+㉡을 하면

$7x=35$, $x=5$

$x=5$를 ㉠에 대입하면

$10+3y=4$, $3y=-6$, $y=-2$

따라서 $a=5$, $b=-2$이므로

$ab=5\times(-2)=-10$

답 -10

16

십의 자리의 숫자를 x, 일의 자리의 숫자를 y라고 하면

$$\begin{cases} x+y=11 \\ 10y+x=10x+y+45 \end{cases}$$

연립방정식을 풀면 $x=3$, $y=8$

따라서 처음 수는 38이다.

답 38

Ⅲ. 함수

20~31쪽

01

(1) (거리)=(속력)×(시간)이므로

x	1	2	3	4	⋯
y	3	6	9	12	⋯

(2) x의 값이 1, 2, 3, 4, ⋯로 변함에 따라 y의 값이 3, 6, 9, 12, ⋯로 하나씩 정해지므로 y는 x의 함수이다.

답 (1) 6, 9, 12 (2) 함수이다.

02

② x의 값이 4일 때, y의 값은 1, 2, 4이므로 하나씩 정해지지 않는다. 즉, y는 x의 함수가 아니다.

④ x의 값이 5일 때, y의 값은 1, 2, 3, 4, 6, ⋯이므로 하나씩 정해지지 않는다. 즉, y는 x의 함수가 아니다.

답 ②, ④

03

$f(-1)=3\times(-1)+2=-1$

$f(2)=3\times2+2=8$

따라서 $f(-1)+f(2)=-1+8=7$

답 ③

04

$f(-2)=a\times(-2)-4=8$, $-2a=12$

따라서 $a=-6$

답 ②

05

ㄱ. $3x-6$은 일차식이다.

ㄴ. $y=-2x+2$에서 $-2x+2$는 x에 대한 일차식이다.

ㄷ. $y=x^2+x$에서 x^2+x는 x에 대한 일차식이 아니다.

ㄹ. $y=10x$에서 $10x$는 x에 대한 일차식이다.

ㅁ. $y=\frac{4}{3x+1}$에서 $\frac{4}{3x+1}$는 다항식이 아니다.

따라서 일차함수인 것은 ㄴ, ㄹ이다.

답 ㄴ, ㄹ

06

일차함수 $y=ax$의 그래프를 y축의 방향으로 -10만큼 평행이동하면

$y=ax-10$이므로

$a=\frac{4}{5}$, $b=-10$

따라서 $ab=\frac{4}{5}\times(-10)=-8$

답 ④

07

일차함수 $y=\frac{3}{2}x-6$의 그래프에서

$y=0$일 때, $0=\frac{3}{2}x-6$, $x=4$

즉, $m=4$

$x=0$일 때, $y=\frac{3}{2}\times 0-6$, $y=-6$

즉, $n=-6$

따라서 $2m+n=2\times 4+(-6)=2$

답 ①

08

$(기울기)=\frac{k-5}{4-(-2)}=\frac{k-5}{6}=-\frac{4}{3}$

$3k-15=-24$

$3k=-9$

따라서 $k=-3$

답 ③

09

①, ② 기울기가 양수이므로 x의 값이 증가하면 y의 값도 증가한다. 즉, 오른쪽 위로 향하는 직선이다.

④ $\left|\frac{1}{2}\right|<|2|$이므로 일차함수 $y=2x-4$의 그래프가 더 y축에 가깝다.

답 ③, ⑤

10

일차함수 $y=ax-b$의 그래프가 오른쪽 아래로 향하고, y축과 음의 부분에서 만나므로 $a<0$, $-b<0$, $b>0$

즉, $y=abx-a$의 그래프는

$(기울기)=ab<0$, $(y절편)=-a>0$

이므로 제1, 2, 4사분면을 지난다.

따라서 제3사분면을 지나지 않는다.

답 ③

11

두 일차함수 $y=2mx+1$과 $y=-4x+n+2$의 그래프가 서로 일치하므로 기울기와 y절편이 각각 같다.

$2m=-4$, $m=-2$

$n+2=1$, $n=-1$

따라서 $2mn=2\times(-2)\times(-1)=4$

답 4

12

(2) 기울기가 $\frac{3}{2}$이므로 구하는 일차함수의 식을 $y=\frac{3}{2}x+b$라고 놓자.

이 식에 $x=4$, $y=1$을 대입하면

$1=\frac{3}{2}\times 4+b$, $b=-5$

따라서 구하는 일차함수의 식은

$y=\frac{3}{2}x-5$

(3) 두 점 $(-2,\ -6)$, $(1,\ -3)$을 지나는 직선의 기울기는 $\frac{-3-(-6)}{1-(-2)}=1$이므로 구하는 일차함수의 식을 $y=x+b$로 놓자.

이 식에 $x=1$, $y=-3$을 대입하면

$-3=1+b$, $b=-4$

따라서 구하는 일차함수의 식은

$y=x-4$

답 (1) $y=-3x+2$
(2) $y=\frac{3}{2}x-5$
(3) $y=x-4$

13

(2) $y=-2x+88$에 $x=15$를 대입하면

$y=-2\times 15+88=58$

따라서 15분 후의 물의 온도는 58 ℃이다.

답 (1) $y=-2x+88$ (2) 58 ℃

14

(1) 1분에 $\frac{4}{10}=\frac{2}{5}$(cm)씩 짧아지므로 x분 후에는 $\frac{2}{5}x$ cm가 짧아진다.

즉, $y=-\frac{2}{5}x+20$

(2) $y=-\frac{2}{5}x+20$에 $x=40$을 대입하면

$y=-\frac{2}{5}\times 40+20=4$

따라서 40분 후 양초의 길이는 4 cm이다.

답 (1) $y=-\frac{2}{5}x+20$ (2) 4 cm

15

1 g짜리 추를 달면 $\frac{3}{2}$ cm씩 늘어나므로 x g의 추를 달았을 때 용수철의 길이를 y cm라고 하면

$y=\frac{3}{2}x+25$

이 식에 $x=7$을 대입하면

$y=\frac{3}{2}\times 7+25=35.5$

따라서 무게가 7 g인 물건을 달았을 때 용수철의 길이는 35.5 cm이다.

답 ②

16

$\overline{BP}=(60-3x)$ cm이므로

$y=\frac{1}{2}\times(60-3x)\times 50$

$y=-75x+1500$

답 $y=-75x+1500$

17

$6x+9y+12=0$에서 $9y=-6x-12$

따라서 $y=-\frac{2}{3}x-\frac{4}{3}$

답 ③

18

$10x-5y+25=0$에서

$-5y=-10x-25$, $y=2x+5$

$y=2x+5$의 그래프를 y축의 방향으로 -4만큼 평행이동하면

$y=2x+5-4$, $y=2x+1$

따라서 $a=2$, $b=1$이므로

$a+b=2+1=3$

답 ①

19

점 $(4, -2)$를 지나고, y축에 평행한 직선의 방정식은 $x=4$이므로

$2x-8=0$

답 ②

20

두 직선 $x=-4$, $y=8$의 그래프는 다음 그림과 같다.

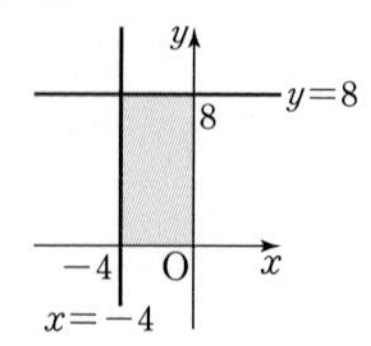

따라서 두 직선 $x=-4$, $y=8$과 x축, y축으로 둘러싸인 도형의 넓이는

$4\times8=32$

답 ①

21

교점의 좌표가 $(-2, 3)$이므로

$x=-2$, $y=3$을 $ax+2y=-2$에 대입하면

$-2a+6=-2$, $a=4$

$x=-2$, $y=3$을 $x-y=b$에 대입하면

$-2-3=b$, $b=-5$

따라서 $a-b=4-(-5)=9$

답 9

22

$$\begin{cases} 2x-y=5 & \cdots\cdots ㉠ \\ 2x+3y=1 & \cdots\cdots ㉡ \end{cases}$$

㉠−㉡을 하면 $-4y=4$, $y=-1$

$y=-1$을 ㉠에 대입하면 $x=2$

따라서 $a=2$, $b=-1$이므로

$2a+b=2\times2+(-1)=3$

답 ④

23

$\begin{cases} 2ax-3y=2 \\ 8x-9y=16 \end{cases}$ 에서 $\begin{cases} y=\frac{2a}{3}x-\frac{2}{3} \\ y=\frac{8}{9}x-\frac{16}{9} \end{cases}$

해가 없으므로 $\frac{2a}{3}=\frac{8}{9}$

따라서 $a=\frac{4}{3}$

답 ③

24

$\begin{cases} (a+3)x+2y=4 \\ 8x-4y=b \end{cases}$ 에서

$$\begin{cases} y=-\frac{a+3}{2}x+2 \\ y=2x-\frac{b}{4} \end{cases}$$

해가 무수히 많으므로

$-\frac{a+3}{2}=2$, $a=-7$

$-\frac{b}{4}=2$, $b=-8$

따라서 $a+b=-7+(-8)=-15$

답 -15